王军军，中国农业大学动物科学技术学院教授、副院长。主要从事猪生长变异的生理基础与营养优化、猪的营养监测与精准供给、精准饲喂研究，在 IUGR 猪的生理发育缺陷、营养代谢特征解析、基于血浆代谢组的猪营养状况评价与优化、基于饲料原料消化和发酵动力学的新型平衡配方体系构建方面开展了系列探索性的研究工作。获得神农中华农业科技奖一等奖，第十四届中国青年科技奖。入选万人计划科技创新领军人才、教育部青年长江学者、基金委优秀青年科学基金、科技部中青年科技创新领军人才等计划。在 *the Journal of Nutrition* 等发表论文 60 余篇，被引频次达 2000余次。担任 *British Journal of Nutrition* 第一责任编辑和 *Canadian Journal of Animal Science* 副主编。

作者简介

刘德稳，男，德州学院农学系动物科学教研室主任，德州市禽业工程技术研究中心主任，德州学院优秀教师。发表科研论文30余篇，其中SCI收录文章11篇、国际会议论文3篇。获得专利3项。主持或参与科研项目4项，其中国家"十二五"科技支撑计划项目和国家自然基金面上项目各1项（均为第2主持人）。

李德发，中国农业大学动物科学技术学院教授、中国工程院院士、中国饲料工业协会会长。长期从事饲料资源高效利用的基础理论研究与应用技术研发，构建了我国主要饲料原料在猪上的有效营养价值数据库、创建了饲料原料有效养分动态预测模型和 NIR 推测饲料有效成分模型、建立了我国第一个猪营养需要动态模型、主持修订了 2004 年版中国《猪饲养标准》。多年从事猪肉品质营养调控的研究工作，为我国养殖业和饲料业可持续发展做出了重要贡献。

内容简介

　　人民日益增长的美好生活需要是我国新时代的社会主要矛盾之一,从养殖业角度出发就是为人们提供稳定、丰富、安全、放心的畜产品。饲料作为养殖业生产的投入品,其稳定的安全供应直接影响畜牧业的健康发展。现阶段世界形势变化莫测,人畜争粮矛盾日益突出,常规饲料原料短缺问题亦成为制约我国养殖业可持续发展的瓶颈,因此充分研究与开发非粮型饲料资源成为重要的缓解饲料资源短缺的策略。

　　本书通过组织我国 17 所高等院校、科研院所及企业的 40 余位专业人员共同完成,系统总结了我国非粮型能量饲料资源的种类与开发现状,结合非粮型饲料资源的特点给出了高效利用策略。

　　本书共有二十六章,主要介绍了我国常见的非粮型能量饲料资源概述、营养价值、抗营养因子及其在动物生产中的应用,并从加工工艺、开发利用技术与政策等方面探讨了其高效利用策略,以期为缓解我国饲料资源不足、促进养殖业健康稳定发展提供理论基础和技术支持。同时,也让读者较全面地了解非粮型饲料资源特点和利用现状,指导其在生产实践中应用。

国家出版基金项目
NATIONAL PUBLICATION FOUNDATION

"十三五"国家重点图书出版规划项目

当代动物营养与饲料科学精品专著

非粮型能量饲料资源开发
现状与高效利用策略

王军军　刘德稳　李德发◎主编

中国农业出版社
北 京

杨在宾（教　授，山东农业大学动物科技学院动物医学院）

李光玉（研究员，中国农业科学院特产研究所）

李军国（研究员，中国农业科学院饲料研究所）

李胜利（教　授，中国农业大学动物科学技术学院）

李爱科（研究员，国家粮食和物资储备局科学研究院粮食品质营养研究所）

吴　德（教　授，四川农业大学动物营养研究所）

呙于明（教　授，中国农业大学动物科学技术学院）

佟建明（研究员，中国农业科学院北京畜牧兽医研究所）

汪以真（教　授，浙江大学动物科学学院）

张日俊（教　授，中国农业大学动物科学技术学院）

张宏福（研究员，中国农业科学院北京畜牧兽医研究所）

陈代文（教　授，四川农业大学动物营养研究所）

林　海（教　授，山东农业大学动物科技学院动物医学院）

罗　军（教　授，西北农林科技大学动物科技学院）

罗绪刚（研究员，中国农业科学院北京畜牧兽医研究所）

周志刚（研究员，中国农业科学院饲料研究所）

单安山（教　授，东北农业大学动物科学技术学院）

孟庆翔（教　授，中国农业大学动物科学技术学院）

侯水生（研究员，中国农业科学院北京畜牧兽医研究所）

侯永清（教　授，武汉轻工大学动物科学与营养工程学院）

姚军虎（教　授，西北农林科技大学动物科技学院）

秦贵信（教　授，吉林农业大学动物科学技术学院）

高秀华（研究员，中国农业科学院饲料研究所）

曹兵海（教　授，中国农业大学动物科学技术学院）

彭　健（教　授，华中农业大学动物科学技术学院动物医学院）

蒋宗勇（研究员，广东省农业科学院动物科学研究所）

蔡辉益（研究员，中国农业科学院饲料研究所）

谭支良（研究员，中国科学院亚热带农业生态研究所）

谯仕彦（教　授，中国农业大学动物科学技术学院）

薛　敏（研究员，中国农业科学院饲料研究所）

瞿明仁（教　授，江西农业大学动物科学技术学院）

审稿专家

卢德勋（研究员，内蒙古自治区农牧业科学院动物营养研究所）

计　成（教　授，中国农业大学动物科学技术学院）

杨振海（局　长，农业农村部畜牧兽医局）

本书编写人员

主　　编　王军军　刘德稳　李德发

副主编　刘　岭　任　莹　张　晶　陈　冰
　　　　　张　帅　孔祥峰

编写人员　（以姓氏笔画为序）

马永喜　王凤来　王文策　王军军
王秀英　毛胜勇　孔祥峰　付桂明
朴香淑　乔国华　乔家运　任　莹
刘　岭　刘玉兰　刘莹莹　刘德稳
阮　征　孙加节　李　平　李亚奎
李德发　杨飞云　肖志刚　吴　信
张　帅　张　晶　张永亮　张秀敏
陆文清　陈　冰　陈晓阳　周笑犁
庞家满　胡　杰　段叶辉　施传信
黄金秀　曹云鹤　赖长华　廖春龙
谭支良　翟双双　冀凤杰

丛书序

　　经过近 40 年的发展，我国畜牧业取得了举世瞩目的成就，不仅是我国农业领域中集约化程度较高的产业，更成为国民经济的基础性产业之一。我国畜牧业现代化进程的飞速发展得益于畜牧科技事业的巨大进步，畜牧科技的发展已成为我国畜牧业进一步发展的强大推动力。作为畜牧科学体系中的重要学科，动物营养和饲料科学也取得了突出的成绩，为推动我国畜牧业现代化进程做出了历史性的重要贡献。

　　畜牧业的传统养殖理念重点放在不断提高家畜生产性能上，现在情况发生了重大变化：对畜牧业的要求不仅是要能满足日益增长的畜产品消费数量的要求，而且对畜产品的品质和安全提出了越来越严格的要求；畜禽养殖从业者越来越认识到养殖效益和动物健康之间相互密切的关系。畜牧业中抗生素的大量使用、饲料原料重金属超标、饲料霉变等问题，使一些有毒有害物质蓄积于畜产品内，直接危害人类健康。这些情况集中到一点，即畜牧业的传统养殖理念必须彻底改变，这是实现我国畜牧业现代化首先要解决的一个最根本的问题。否则，就会出现一系列的问题，如畜牧业的可持续发展受到阻碍、饲料中的非法添加屡禁不止、"人畜争粮"矛盾凸显、食品安全问题受到质疑。

　　我国最大的国情就是在相当长的时期内处于社会主义初级阶段，我国养殖业生产方式由粗放型向集约化型的根本转变是一个相当长的历史过程。从这样的国情出发，发展我国动物营养学理论和技术，既具有中国特色，对制定我国养殖业长期发展战略有指导性意义；同时也对世界养殖业，特别是对发展中国家养殖业发展具有示范性意义。因此，我们必须清醒地意识到，作为畜牧业发展中的重要学科——动物营养学正处在一个关键的历史发展时期。这一发展趋势绝不是动物营养学理论和技术体系的局部性创新，而是一个涉及动物营养学整体学科思维方式、研究范围和内容，乃至研究方法和技术手段更新的全局性战略转变。在此期间，养殖业内部不同程度的集约化水平长期存在。这就要求动物营养学理论不仅能适应高度集约化的养殖业，而且也要能适应中等或初级集约化水平长期存在的需求。近年来，我国学者在动物营养和饲料科学方面作了大量研究，取得了丰硕成果，这些研究成果对我国畜牧业的产业化发展有重要实践价值。

"十三五"饲料工业的持续健康发展，事关动物性"菜篮子"食品的有效供给和质量安全，事关养殖业绿色发展和竞争力提升。从生产发展看，饲料工业是联结种植业和养殖业的中轴产业，而饲料产品又占养殖产品成本的70%。当前，我国粮食库存压力很大，大力发展饲料工业，既是国家粮食去库存的重要渠道，也是实现降低生产成本、提高养殖效益的现实选择。从质量安全看，随着人口的增加和消费的提升，城乡居民对保障"舌尖上的安全"提出了新的更高的要求。饲料作为动物产品质量安全的源头和基础，要保障其安全放心，必须从饲料产业链条的每一个环节抓起，特别是在提质增效和保障质量安全方面，把科技进步放在更加突出的位置，支撑安全发展。从绿色发展看，当前我国畜牧业已走过了追求数量和保障质量的阶段，开始迈入绿色可持续发展的新阶段。畜牧业发展决不能"穿新鞋走老路"，继续高投入、高消耗、高污染，而应在源头上控制投入、减量增效，在过程中实施清洁生产、循环利用，在产品上保障绿色安全、引领消费；推介饲料资源高效利用、精准配方、氮磷和矿物元素源头减排、抗菌药物减量使用、微生物发酵等先进技术，促进形成畜牧业绿色发展新局面。

动物营养与饲料科学的理论与技术在保障国家粮食安全、保障食品安全、保障动物健康、提高动物生产水平、改善畜产品质量、降低生产成本、保护生态环境及推动饲料工业发展等方面具有不可替代的重要作用。当代动物营养与饲料科学精品专著，是我国动物营养和饲料科技界首次推出的大型理论研究与实际应用相结合的科技类应用型专著丛书，对于传播现代动物营养与饲料科学的创新成果、推动畜牧业的绿色发展有重要理论和现实指导意义。

李德发

2018.9.26

前　言

　　饲料是畜牧业发展的基础，随着畜禽存栏量和畜禽产品年产量逐年增加及人口快速增长，"人畜争粮"矛盾日益突出，饲料短缺问题已成为制约我国畜牧业可持续发展的瓶颈。我国幅员辽阔、物产丰富，非粮型能量饲料资源种类繁多，但由于其成分复杂、营养不平衡；含有多种抗营养因子或毒性物质，不经过处理不能直接使用或必须限量使用；适口性差、饲用价值低；受产地来源、加工处理和储存条件等因素的影响，营养成分变异大、质量不稳定等，在畜牧业生产中未被充分利用。为此，有必要系统总结我国常见的非粮型能量饲料资源现状、营养价值、抗营养因子及其在动物生产中的应用，并从加工工艺、开发利用技术与政策等方面探讨其高效利用策略。

　　我们组织了中国农业大学、德州学院、武汉轻工大学、吉林农业大学、中国科学院亚热带农业生态研究所、河南农业大学、南昌大学、沈阳师范大学、中国热带农业科学院热带作物品种资源研究所、谱赛科（江西）生物技术有限公司、贵州学院、重庆市畜牧科学院、南京农业大学、华南农业大学、湖南畜牧兽医研究所、天津农业科学院等单位从事动物营养与饲料科学领域教学、科研及企业研发方面的专业人员编写了这本《非粮型能量饲料资源开发现状与高效利用策略》，旨在缓解我国饲料资源不足，以及由此引发的粮食安全等问题，降低畜禽饲养成本，提高养殖业经济效益，促进养殖业健康、可持续发展。

　　在编写本书过程中，我们收集了大量国内外的研究资料及在相关领域所取得的最新进展，编写人员是来自全国不同科研院校，对非粮型能量饲料资源都比较了解。

虽然我们做了很大努力，但不足之处在所难免，欢迎读者在使用过程中提出批评和建议。

编 者

2019 年 12 月

目　录

03　第三章　高粱及其加工产品开发现状与高效利用策略

04　第四章　玉米麸质饲料开发现状与高效利用策略

05　第五章　甘薯及其加工产品开发现状与高效利用策略

06　第六章　木薯及其加工产品开发现状与高效利用策略

16 第十六章 桑叶及其加工产品开发现状与高效利用策略

19 第十九章　干草及其加工产品开发现状与高效利用策略

20 第二十章　秸秆及其加工产品开发现状与高效利用策略

21 第二十一章 青贮饲料开发现状与高效利用策略

第一章
稻谷及其加工副产品开发现状与高效利用策略

第一节　我国稻谷及其加工副产品作为饲料原料的资源利用现状

一、我国稻谷及其加工副产品资源现状

从世界范围来看，稻谷种植的集中度非常高，亚洲稻谷种植面积和产量均占全球的90%左右。世界大米的消费也主要集中在亚洲，中国、印度、印度尼西亚三国大米消费量占了全球的60%。我国水稻的种植面积仅次于印度，约占世界水稻种植总面积的1/6，占国内粮食种植面积的26.9%。平均单产6.56t/hm²，比世界平均单产高34.3%。当前，我国畜牧业及饲料工业的快速发展，对稻谷加工副产品作为饲料资源开发利用的研究越来越得到人们的重视。我国稻谷消费主要以食用消费为主，约占84%，饲料和工业用粮及种子消费和损耗占一少部分，工业用粮占8%左右，种子消费和损耗占8%左右，饲料所占比例较少，约为6%。

我国水稻分为籼稻（long-grain nonglutinous rice）、粳稻（medium to short-grain nonglutinous rice）。其中，籼稻产量占水稻总产量的2/3左右，粳稻约占1/3。主要产区为东北地区、长江流域、珠江流域，各品种分布区域差异较大。籼稻即籼型非糯性稻谷，根据粒质和收获季节又分为早籼稻谷和晚籼稻谷；粳稻即粳型非糯性稻谷，根据粒质和收获季节又分为早粳稻谷和晚粳稻谷；糯稻按其粒形和粒质分为籼糯稻谷和粳糯稻谷两类。

（一）水稻的品种划分

籼稻与粳稻是在不同温度条件下形成的两个普通栽培稻亚种。籼稻主要分布在秦岭、淮河以南的平原，粳稻主要分布在秦岭淮河以北及以南的高寒山区。籼稻亚种与粳稻亚种在生理特性、栽培特点、形态特征上均有区别。

1. 籼稻　籼稻是籼型非糯性稻的果实，具有耐热、耐湿、耐强光和忌寒冷的特点，主要分布在印度、中南半岛、巴基斯坦、孟加拉国等热带地区及我国南方的热带和亚热带地区。籼稻籽粒一般为细长形，长是宽的3倍以上，扁平，茸毛短而稀，一般无芒，即使有芒也很短，稻壳较薄，腹白较大，角质粒较少，加工时容易出碎米，出米率较低，米质胀性较大而黏性较小。

2. 粳稻　粳稻是粳型非糯性稻的果实，具有耐寒、耐弱光和忌高温的特点，主要分布在我国北方、长江中下游地区和温度较低的云贵高原高海拔地区及韩国、日本等。粳稻籽粒一般呈椭圆形，粒短，长是宽的1.4~2.9倍，茸毛长而密，芒较长，稻壳较厚，腹白小或没有，角质粒多，加工时不易产生碎米，出米率较高，米质胀性较小而黏性较大。

（二）水稻的季节划分

早中晚籼稻和粳稻亚种根据其播种期、生长期和成熟期的不同，又可分为早稻、中稻和晚稻三类。凡全生育期（播种至成熟）为125d以内的为早稻，125~150d的为中稻，150d以上的为晚稻。早、中、晚稻在生理特性和栽培特点上均有区别。

1. 早稻　早稻是生育期较短、成熟季节较早的类型。从纬度上看，我国的水稻南起海南三亚（北纬18°），北至黑龙江黑河（北纬52°）。如此广泛的纬度分布，造成了水稻对温度和光照反应的多样性变异。早稻的感光性极弱或不感光，只要温度条件满足其生长发育，无论在长日照或短日照条件下均能完成由营养生长到生殖生长的转换。华南及长江流域稻区双季稻中的第一季，以及华北、东北和西北高纬度的一季粳稻都属于早稻。由于早稻的生育期较短，成熟季节较早，因此在长江以南稻区既可做双季早稻种植，又可做双季晚稻种植；另外，早、中熟品种还可以"早翻早"，即早稻收获后再播种、移栽。

早稻又分为以下两类：

（1）早籼稻（early long-grain nonglutinous rice）　指生长期较短、收获期较早的籼稻，一般米粒腹白较大，角质粒较少。早籼稻的生长期为90~125d，一般1—4月播种，4月中旬长江中下游地区早籼稻栽插全面开始，7月中下旬进入大面积收割阶段。

早籼稻一般米质疏松，耐压性差，加工时易产生碎米，出米率较低，食味品质也较差。但是，早籼稻也具有许多其他水稻品种无法替代的品质优点：

一是早籼稻营养品质好。稻米蛋白质具有较高的赖氨酸含量、蛋白功效比值（protein efficiency ratio，PER）和生物价，是种子蛋白中的佼佼者；而早籼稻的蛋白质含量和质量都要明显优于中、晚稻。

二是早籼稻用途广泛。除直接作口粮外，早籼稻还可作多种工业加工用粮和饲料。早籼稻直链淀粉含量高，是食用味精、米粉和酿酒等的主要加工原料。据浙江省味精协会介绍，浙江省味精年产量达1.10×10^{10} kg，占全国产量的1/6，每年可转化早籼米2.15×10^{10} kg。用早籼米为主要原料加工的米粉更加松软可口。

三是早籼稻脂肪含量相对较少，大米的陈化速度较慢，耐储藏。《中央储备粮油轮换管理办法（试行）》规定，长江以南地区稻谷的储存年限为2~3年，但从实际情况看，早籼稻即使储存3~5年，质量仍可保持相对稳定，而晚籼稻和晚粳稻储存2~3年后就容易陈化劣变。由于早籼稻耐储存，因此它往往是国家储备粮的首选品种。

四是早籼稻化肥、农药的施用量相对较少，早籼米的卫生品质也相对较高，因而随着早籼米质量的提高和品种多样化的发展，当前及未来还有相当数量的消费群体。

（2）早粳稻（early round-grain nonglutinous rice）　指生长期较短、收获期较早的粳稻，米粒腹白较大，角质粒较少。东北的一季粳稻及长江以南稻区双季稻中第一季早、中熟品种多属于早粳稻类型。

2. 中稻　中稻生育期介于早稻和晚稻之间，生长期为125～150d，一般在早秋季节成熟。多数中粳品种具有中等的感光性，播种至抽穗日数因地区和播期不同而变化较大，遇短日照高温天气，生育期缩短。中籼稻品种的感光性比中粳稻弱，播种至抽穗日数变化较小而相对稳定，因而品种的适应范围较广，可在亚热带和热带地区之间相互引种，如华南稻区的迟熟早籼稻引至长江流域稻区可以作中籼稻种植。

3. 晚稻　晚稻为生育期较长、成熟季节较迟的类型。晚稻对日照长度极为敏感，无论早播还是迟播，都要经9—10月秋季短日照条件的诱导才能抽穗。原来的华南和华中一带单季及连作晚籼或晚粳的地方品种，都属于晚稻。现代改良品种中，许多晚稻品种的感光性被削弱。由于晚稻的成熟灌浆期正值晚秋，昼夜温差较大，因此稻米品质比较优良。

晚稻又分为以下两类：

（1）晚籼稻（late long-grain nonglutinous rice）　指生长期较长、收获期较晚的籼稻。一般米粒腹白较小或无腹白，角质粒较多。晚籼稻的生长期为150～180d，7—8月播种，11月上旬收获。晚籼稻米与早籼稻米相反，一般品质较好。

（2）晚粳稻（late medium to short-grain nonglutinous rice）　指生长期较长、收获期较晚的粳稻。米粒腹白较小，角质粒较多。无论是早稻、中稻还是晚稻，都可根据熟期早晚分为早、中、迟熟三类。熟期是因地、因时相对而言。我国水稻品种全国熟期的划分，以各品种在南京的抽穗期作为标准；地区熟期的划分，则按地区品种在当地生育期的长短而定，不同熟期类型的品种，具有不同的生育期日数、不同生育型。在不同的生态条件下，根据栽种地区土壤水分的不同，早稻、中稻和晚稻又分水稻和陆稻两个土壤生态类型。陆稻是人们从水稻中选择驯化出的具有耐旱性的一种土壤生态型。水稻与陆稻在生理特性、栽培特点上均有区别。水稻种植于水田中，需水量多，产量高，品质较好；陆稻则种植于旱地上，耐旱性强，成熟早，产量低，谷壳及糠层较厚，米粒组织疏松，硬度低，出米率低，大米的色泽和口味也较差，因此播种面积一直较少。此外，还有少量完全依赖雨水的天水稻。水稻约占93%，天水稻约占4%，陆稻约占3%。纳入国家标准的籼稻、粳稻和糯稻，都是指水稻。

（三）常规杂交

1. 常规稻　栽培稻是自花授粉的作物，经过上万年的演化适应了自交繁衍后代而不至于衰退。我国所征集的栽培稻地方品种资源绝大多数都是农艺性状整齐一致的纯合体。常规稻的基因型是纯合的，其子代性状与上代相同，因此它不需要年年制种，只要做好防杂保纯工作，就可以连年种植，利于良种的加速繁殖。

2. 杂交稻　选用2个在遗传上有一定差异，同时它们的优良性状又能互补的水稻品种进行杂交，生产出具有杂种优势的第1代杂交种用于生产，即杂交稻。由于杂交稻的基因型是杂合的，子代性状与上代分离，制种不孕率高，因此需要每年制种。水稻具有明显的杂种优势现象，主要表现在生长旺盛、根系发达、穗大粒多、抗逆性强等方面。因此，利用水稻的杂种优势可以大幅度提高水稻产量。

（四）稻谷加工副产品种类

稻谷生产大米的加工过程中会产生大量副产品，主要为碎米、米糠、大米次粉、砻糠粉。其中，碎米占 10%～15%、米糠约占 6%、大米次粉占 2%～2.5%、砻糠粉占稻谷总量的 20% 左右。近年来，随着稻谷加工技术的进步和一些大型现代化大米加工企业的崛起，我国稻谷加工程度越来越深，产业链也越来越长，但总体上仍以初级加工为主；由于受规模和技术装备的限制，因此绝大多数企业不能对米糠、稻壳等副产品进行深加工与综合利用以实现有效增值，大量大米加工副产品有效利用率偏低。

1. 碎米 碎米是大米加工中的重要副产品。我国《大米》（GB/T 1354—2018）规定，碎米是指长度小于同批试样米粒平均长度的 3/4，留存 1.0mm 圆孔筛上的不完整米粒。目前，我国年产稻谷约 2.0 亿 t，由于受到现有碾米技术的限制，生产加工过程中会产生 10%～15% 的碎米，产量为 2 000 万～3 000 万 t。随着市场对精米需求量的增加，碎米产量也呈现逐年递增的趋势。

碎米的高值化转化主要是充分利用其淀粉发展淀粉糖工业。目前，仅有 10% 左右的碎米被加工成淀粉糖、米淀粉和副产品米蛋白等产品，产量为 200 万～300 万 t，但这些产业消耗不了如此庞大的碎米资源量。而碎米中的蛋白质含量大大高于全米，因此碎米作为优质蛋白质资源用于饲料加工的原料前景广阔。

2. 米糠 米糠是糙米的外皮，是稻米加工中最宝贵的副产品，富含谷维素、植物甾醇、维生素 E、角烯鲨等多种生理活性物质。米糠经过压榨或浸提出稻米毛油，剩下的部分称脱脂米糠。脱脂米糠脂肪含量较少，富含纤维素、蛋白质等营养成分，是良好的饲料原料。

按照我国稻谷年产量 2.0 亿 t，大米加工过程米糠约占稻谷的 6.4% 计算，将产生 1 280 万 t 左右的米糠。如果我国稻米加工过程中所产米糠的 60% 用于榨油，出油率按 16% 计算，则剩余 645.12 万 t 脱脂米糠。如何有效利用这一丰富的资源，大大提高其作为饲料的利用价值，是亟待解决的技术问题。

3. 大米次粉 大米次粉是大米加工过程中去除米糠后，在生产普通大米的过程中所产生的粉状物，其为一种混合物，包括后续加工过程中脱落的米胚和糠粉，也包括前段加工工序中没有清除干净的米糠，其两大成分为淀粉和蛋白质，含量分别为 80% 和 8%，也称为细米糠。

按照我国约 2.0 亿 t 的稻谷产量，则大米次粉所占比例为 2%～2.5%，每年大米次粉产量为 500 万 t 左右。大米次粉营养价值高，是一种优质的能量饲料，可以用其替代部分玉米，大大降低饲料成本。目前，禽畜养殖中已经大规模使用大米次粉。

4. 砻糠粉 稻壳经粉碎获得的产品，称为砻糠粉，主要成分为纤维素和灰分。与其他谷物外壳相比，砻糠粉营养成分较低。我国的稻壳每年产量在 4 000 万 t 左右，是一种量大且价廉的可再生资源。

稻壳粗纤维含量高，很难被单胃动物利用，不能用作饲料，但能作填充物、抗结块剂、赋型剂等，在一些动物的优质精饲料日粮中添加少量砻糠粉，有助于增加饲料的体积，刺激家畜的胃口，降低肝肿大的发病率。

二、开发利用稻谷及其加工副产品作为饲料原料的意义

随着我国饲料工业的快速发展，国内饲料原料供应已经难以自给。国家粮食和物资储备局公布的数据显示，2014年粮食进口量已经突破9 500万 t。其中，大豆进口约7 000万 t，"人畜争粮"局面日趋明显。而作为我国国民膳食第一主粮的水稻，在我国分布广泛、产量巨大，且几乎每个稻谷种植县都建有大米加工厂，使得全脂米糠作为饲料原料非常容易获取，且运输成本低、供应稳定。稻谷加工企业重视产品升级的同时，越来越关注产业链的延伸，不仅生产传统米制品，而且大力推进主食米饭工业化生产进程。随着科学技术的进步，副产品的综合利用已列入稻谷加工企业的重要生产环节。稻壳用于发电、干燥、制取活性炭等；米糠用于制取米糠油、谷维素、天然维生素 E、糠蜡等；碎米用于生产淀粉糖、膨化食品、红曲、味精等。稻谷深加工和综合利用水平的稳步提高，使企业的经济效益、社会效益、生态效益不断增长。

稻谷加工业主要包括大米生产、大米食品生产，碎米、米胚、米糠、稻壳等副产品的综合利用，以及稻谷加工机械装备和检测仪器设备的制造。作为大米加工过程中的碎米、米糠、大米次粉等副产品，营养价值高、量大且价格低廉。例如，碎米中含有75%左右的淀粉和8%左右的蛋白质，与整米相比含有较多的胚，胚中含有丰富的蛋白质、脂肪、维生素、矿物质等成分，营养很丰富，是一种极富增值潜力的良好资源。此外，碎米中的淀粉、蛋白质等营养成分与普通大米、玉米、马铃薯和小麦的相差不大，而且价格一般为普通大米的35%～45%，甚至长期以来还低于玉米。米糠也是很好的猪饲料原料，米糠中的成分因大米加工精白度不同而不同，一般米糠约含粗蛋白质13%、粗脂肪21%、无氮浸出物34.4%、纤维素10%、灰分9.4%；榨油后的米糠含粗蛋白质16%、粗脂肪11%、无氮浸出物41%、粗纤维10.8%、灰分11.40%。当米糠中的干物质含量达到87%时，粗蛋白质含量为13%，能量值在糠麸类中的所占比例比较高。因为米糠中的含油量较高，一般在10%以上，有的高达20%，并且米糠中的脂肪大多为不饱和脂肪酸，动物易吸收、易利用。大米次粉中粗蛋白质的含量为11.73%～14.47%，大米粗蛋白质中容易消化的白蛋白和球蛋白主要存在于碾磨过程中脱落的米胚中，而大米次粉中含有大量米胚，因此大米次粉中的粗蛋白质在动物体内易于被消化吸收。故畜禽饲料中添加大米次粉可减少蛋白质饲料原料在饲料中的添加比例，降低饲料成本。此外，与其他能量饲料原料相比，大米次粉中粗纤维的含量明显偏低，因而其适口性优于玉米、小麦等主要能量饲料。另外，大米次粉中不仅必需氨基酸的绝对含量高于玉米等能量饲料，而且12种必需氨基酸的总有效含量及主要限制性必需氨基酸的有效含量也明显高于玉米等能量饲料。因此，与玉米相比，碎米、大米次粉等副产品在营养和能量上均有一定优势，为其替代玉米作为能量饲料提供了可能性。

对于稻谷产区的南方饲料企业来说，稻谷加工副产品来源广且成本低。如果能就地取材，利用碎米、米糠、大米次粉等副产品中的特有营养成分，将这些大米加工副产品

与其他饲料原料配合使用，以最大限度地提高产品的营养价值和附加值，生产优质饲料，不仅可解决我国南方畜禽养殖主产区能量饲料短缺的问题，也能大大降低饲料成本，节省"南粮北运"的成本，推动大米加工行业的发展。

三、稻谷及其加工副产品作为饲料原料利用存在的问题

随着生活水平的持续提高，人们的主食消费量保持下降趋势，稻谷年度食用消费量稳中略降。在稻谷去库存的背景下，部分不宜食用的稻谷进入饲料和工业消费领域，饲用、工业年度消费量增加。

我国稻谷加工业虽然取得了很大进步，但与发达国家相比，还存在一些差距，现介绍如下。

（一）小企业多、产能分散

2009 年，全国稻谷加工企业中，日处理 100t 以下的为 5 023 个，占总数（7 687）的 65.34%。可见，小企业数量很多，而且布局分散，导致米糠、米粞等稻谷加工副产品资源分散，难以有效开展副产品的综合利用。全国稻谷加工产能利用率一直处于 48% 以下，一半以上的产能量空置，浪费极大，比小麦粉、食用植物油加工业产能利用率低。与国际上超过 70% 的产能利用率相比，处于较低水平。

（二）产品品种单一

目前，稻谷加工的主产品就是大米，留胚米、蒸谷米、营养强化米等产量极少。米制主食品专用米、酿酒专用米等新产品还处于研发阶段。另外，稻谷加工副产品，如米糠、大米次粉、碎米等，大多数情况下经过粉碎后直接单独喂食给动物，容易导致动物在喂养后出现营养不良的问题，影响动物的生长状况。应在充分了解各种大米加工副产品营养特点的情况下，采用多种饲料原料进行搭配，科学配比，以便于发挥各种原料之间营养互补的优势，积极促进动物的生长。

（三）饲料原料易变质

稻谷加工副产品，如以米糖作为饲料原料，其中的油脂含量较高，油脂氧化生成氢过氧化物，进而分解成醛类酮、低级脂肪酸等，原料的香味、滋味随之变化，造成饲料的适口性差。自动氧化变质反应会产生含有氢过氧化物、环氧化物和低碳链的具有过氧羟基和不饱和醛的二次氧化生成物。这些物质在游离状态下有毒性，与体内相关物质结合后的毒性更大。油脂变质导致饲料品质下降，严重时会对动物产生毒害，影响动物生长。

稻谷加工副产品在长期储存过程中容易发生霉变，动物食用后极易受到影响。霉变将会导致饲料适口性差，同时原料中的黄曲霉毒素可损伤动物肝组织，使肝消化解毒功能下降，致使动物发病率增加，造成食欲下降，出现磨牙等神经症状，严重时具有致癌风险。

（四）产品片面追求外观

由于对消费者的引导和宣传不够，因此消费者会产生大米表面越亮越好的错误认识。稻谷加工企业为此使用抛光机，从 20 世纪 90 年代的 2 道抛光增加到目前的 3 道甚至 4 道抛光，造成电耗增加、碎米量增多、出品率降低、投资及生产成本上升等问题。

第二节　稻谷及其加工副产品的营养价值

一、稻谷的营养价值

稻谷中蛋白质含量为 8%～12%。由于谷粒外层蛋白质含量较里层高，因此精制的大米和面粉因过多地去除外皮，蛋白质含量较粗制的米和面的含量低。例如，整粒稻米蛋白质生理价值为 72.7，而精白米的蛋白质生理价值降为 66.2。谷类蛋白质中赖氨酸、苯丙氨酸和蛋氨酸含量较少，尤其是小米和面粉中赖氨酸含量最少，玉米中既缺少赖氨酸又缺少色氨酸。因此，应将多种粮食混合食用或将谷类与动物性食物混合食用，以提高谷类蛋白质的生理价值。

稻谷中脂肪含量较少，约 2%，但玉米和小米中的脂肪含量可达到 4%，主要存在于糊粉层及谷胚中。大部分为不饱和脂肪酸，还有少量磷脂。胚芽油中含有较多的维生素 E，有抗氧化作用。

稻谷中碳水化合物不但含量多（70%～80%），而且大部分是淀粉。谷类的淀粉按其分子结构分为直链淀粉和支链淀粉 2 种，二者的溶解度、黏度、易消化程度的差别，以及在不同谷类中所占的比例不同，直接影响它们的加工特点与食用风味。谷类碳水化合物的利用率较高，在 90% 以上，是提供能量的重要来源。

稻谷是 B 族维生素的重要来源，其中维生素 B_1、维生素 B_2 和烟酸含量较多。小米、玉米中含有胡萝卜素。谷类胚芽中含有较多的维生素 E，这些维生素大部分集中在胚芽、糊粉层和谷皮里。因此，精白米、面中维生素含量很少。

稻谷中无机盐的含量为 1.5% 左右，其中主要是磷和钙。此外，还含有较多的镁。谷类的无机盐也大都集中在谷皮和糊粉层，粗制的米和面由于保留了部分谷皮，因此无机盐的含量较精制的米和面高。谷类中所含的钙和磷，绝大部分以植酸盐形式存在，植酸盐不易为机体吸收利用。据一国外学者研究，谷类中含有植酸酶，可分解植酸盐释放出游离的钙和磷，增加钙、磷的利用率。该植酸酶在 55℃ 环境下活性最强，当米、面在经过蒸、煮或焙烤时，约有 60% 的植酸盐可水解而被吸收利用。

二、全脂米糠的营养价值

全脂米糠（full-fat rice bran，FFRB）又称米皮糠、洗米糠、细米糠或油糠，是稻谷加工成大米过程中的主要副产品之一。根据出糠率的不同，一般占到糙米重的 8%～11%，但受品种、含杂、水分、籽粒饱满度及加工精度等因素的影响，质量差异很大

（张子仪，2000）。

从结构组成看，全脂米糠包含了稻谷的果皮、种皮、糊粉层、亚糊粉层、珠心、胚芽和少部分胚乳（Hu 等，1996）。水稻品种、碾米前预处理方式、碾米工艺流程和加工精度的不同，使得各组分在全脂米糠中所占的比例有很大变异（Saunders，1990）。

从化学组成看，全脂米糠含有 12%～22% 的油脂、11%～17% 的粗蛋白质、6%～14% 的粗纤维、10%～15% 的水分和 8%～17% 的灰分。此外，全脂米糠还含有丰富的维生素 E、维生素 B_1、烟酸、铝、钙、氯、铁、镁、锰、磷、钾、钠、锌等矿物元素（Saunders，1990；Hu 等，1996；Xu，1998）（表 1-1）。

表 1-1　中国饲料用米糠质量标准（饲喂基础，%）

项　目	一　级	二　级	三　级
粗蛋白质	≥13.0	≥12.0	≥11.0
粗纤维	<6.0	<7.0	<8.0
粗灰分	<8.0	<9.0	<10.0

资料来源：《饲料用米糠》（GB 10371—1989）。

从饲用价值看，全脂米糠中的粗蛋白质具有很高的可消化性且赖氨酸含量较高（Kennedy 和 Burlingame，2003），同时全脂米糠还是已知的低过敏性蛋白源之一（Tsuji 等，2001）。全脂米糠中含有约 4% 的生育酚、生育三烯酚和谷维素等天然抗氧化剂，能够对机体健康起到一定的保护作用（Ju 和 Vali，2005）；又因其含有丰富的淀粉和油脂，所以具有良好的适口性（Hu 等，1996）。

第三节　稻谷及其加工副产品中的抗营养因子及其消除方法

全脂米糠从稻谷籽粒上被剥离下来直接暴露于空气中会渐渐散发出异味，这是因为全脂米糠中含有一系列脂肪降解酶，将全脂米糠中所含的游离脂肪酸水解酸败的缘故（Mian 等，2014）。全脂米糠中含植酸、胰蛋白酶抑制因子、非淀粉多糖、血凝素、生长抑制因子等抗营养因子，而这些物质会影响动物对饲料营养的吸收率。为改善原料的营养状况，可在稻谷加工副产品中添加植酸酶、膳食因子等，也可以利用物理、化学或生物学手段将抗营养因子灭活，增加稻谷加工副产品的营养价值、生物利用率及其感官性质。

目前，消除抗营养因子的方法主要有高温法和物理挤压法。高温法又分高温蒸炒法（Sayre 等，1982）、高温蒸汽加热法（Saunders，1986）、微波加热法（Malekian 等，2000）和电加热法（Lakkakula 等，2004）等；物理挤压法是指用高温高压钝化全脂米糠内源酶以达到稳定化的方法，如将全脂米糠送入专门的高温挤压机中，使温度升到 125～130℃，持续数秒然后温度降至 97～99℃，持续 3min 使内源酶钝化（Randall 等，1985）。无论是高温法还是物理挤压法都需要消耗大量的能源，并且处理不当都会导致全脂米糠中的维生素和氨基酸遭到一定程度的破坏。

第四节 稻谷及其加工副产品在动物生产中的应用

一、稻谷和糙米在动物生产中的应用

用稻谷和糙米部分或全部代替玉米配制配合饲料饲养畜禽，对其生产性能无显著影响。用糙米代替全部玉米配制配合饲料饲养蛋鸡和肉鸡，在同等营养水平条件下，其生产性能还优于玉米组；在育肥猪饲料中用糙米替代玉米，其生产性能也没有显著差异。用玉米、糙米、稻谷分别配制饲料饲喂育肥猪，3个组的头均增重、饲料转化率和屠宰率分别为70.08kg、3.54：1和72.7%，组间也无显著差异。湖南省畜牧研究所用糙米加入微量元素、维生素等添加剂替代玉米饲喂育肥猪，结果育肥猪的日增重和饲料转化率比玉米组均显著提高。

在配方中，早稻用量前期为45%、后期为55%，并相应加20%和15%的稻谷浓缩料，猪的平均日增重达到814g，添加4%稻谷型预混料结果平均日增重为657g。

米糠是糙米精加工过程中被碾下的皮层及米胚和碎米的混合物。新鲜的米糠呈黄色，有一股米香味，营养价值较高。米糠中含12%～18%的粗蛋白质，高于玉米；赖氨酸含量也高于玉米；脂肪含量高达24%，且大多为不饱和脂肪酸；油酸和亚油酸含量占79.2%；碳水化合物含量为33%～53%；水分含量为7%～14%，热量为每100g米糠1.38kJ（吕莹果等，2009）。米糠的营养特性有：①钙少磷多。米糠中的钙磷比例是1：20，且磷主要是利用率不高的植酸磷，而动物钙磷的最佳比例应该是（1.3～1.5）：1。因此，利用米糠作为饲料时应注意添加植酸酶，用来分解植酸磷，提高有效磷的含量，同时注意补充钙源。②微量元素中，铁和锰含量丰富而铜含量偏低；B族维生素含量丰富而维生素E、维生素D缺乏。

二、全脂米糠在动物生产中的应用

全脂米糠中粗蛋白质含量较高，氨基酸含量与一般谷物相似或稍高于谷物，且赖氨酸含量较高，粗脂肪含量高达12%～22%，脂肪酸组成中多为不饱和脂肪酸（Hu等，1996）。粗纤维含量也较高，使得全脂米糠质地疏松，容重较轻。但全脂米糠中无氮浸出物含量不高，一般在50%以下。全脂米糠中有效能较高，如消化能（猪）为12.64MJ/kg，代谢能（鸡）为11.21MJ/kg，产奶净能（奶牛）为7.61MJ/kg（《中国饲料成分及营养价值表》，2013）。所含矿物质中钙（0.07%）少磷（1.43%）多，钙磷比例极不平衡，所含的磷中80%以上为植酸磷。B族维生素和维生素E含量丰富，如维生素B_1、维生素B_5和泛酸含量分别为19.6mg/kg、303.0mg/kg和25.8mg/kg。目前，我国尚无现行可用的《饲料用米糠》国家标准，旧版本标准颁布于1989年。

全脂米糠可以在肉鸡日粮中应用，但适宜添加量在不同文献中的报道也不一致。Steyaert等（1989）认为，新鲜全脂米糠在家禽日粮中可以添加到30%。Das和Ghosh

（2000）报道，全脂米糠在肉鸡日粮中可以添加到15%。Farrell（1994）报道，日粮中全脂米糠的添加量超过20%将会影响肉鸡的生长性能，且仔鸡对全脂米糠的代谢能比成年鸡低28%～35%，原因可能是仔鸡对全脂米糠中油脂的消化率低于成年鸡。Mujahid等（2004）发现，当日粮中全脂米糠的添加水平为10%～50%时，肉仔鸡的生长性能随全脂米糠添加量的增加而下降，而通过高温挤压的方法预处理全脂米糠则可以提高肉仔鸡的生长性能。

全脂米糠适于用作牛、羊、马和兔等动物的饲料，用量可达20%～30%。Darley等（2012）用小尾绵羊为实验动物，将全脂米糠分别与大象草和甘蔗配伍作为能量原料进行2×2双因子比较屠宰试验发现，全脂米糠可以用作小尾绵羊的饲料原料，但采食量和营养物质消化率均低于玉米日粮对照组。郑晓中等（1998）选用3头装有永久瘤胃瘘管的阉牛为实验动物，研究了阉牛对全脂米糠的耐受性，结果发现饲喂全脂米糠日粮后瘤胃液中的氨氮浓度比饲喂常规日粮中的显著降低，对瘤胃液中pH、己酸与丙酸比值及总挥发性脂肪酸（volatile fatty acid，VFA）含量的影响与对照组相比均无显著差异。表明全脂米糠对瘤胃发酵特性没有明显影响，可以在牛饲料中大量使用。

全脂米糠中膳食纤维含量较高，可提供鱼类所需的必需脂肪酸、维生素（全脂米糠中肌醇丰富，肌醇是鱼类的重要维生素）等，是鱼类尤其是草食性鱼类饲料的重要饵料原料。韩庆炜等（2011）以Cr_2O_3为指示剂，以初始体重为（30±2.3)g的鲈为实验动物，用替代法研究了鲈对全脂米糠中干物质、粗蛋白质和能量的表观消化率。结果发现，鲈对全脂米糠中粗蛋白质的表观消化率可达98%以上。姜光明（2009）用相似的方法研究了异育银鲫对全脂米糠中营养物质的消化率发现，异育银鲫对全脂米糠粗脂肪表观消化率可达78.5%。

第五节　稻谷及其加工副产品的加工方法与工艺

一、稻谷加工工艺

按生产程序，稻谷的加工工艺流程一般可分为稻谷清理、砻谷及砻下物分离、碾米等工序（图1-1）。

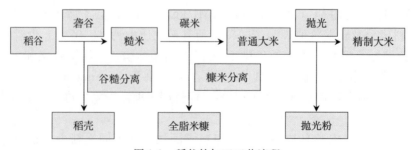

图1-1　稻谷的加工工艺流程

（一）稻谷清理

稻谷清理是整个生产过程中的第一道工序，一般包括初清、筛选、除稗、去石、磁选等。目的是根据稻谷与杂质物质特性的不同，采用一定的清理设备（初清筛、平振筛、高速筛、去石机、磁筒等），有效地去除夹杂在稻谷中的各种杂质，达到净谷上砻的标准。

（二）砻谷及砻下物分离

稻谷加工中脱去稻壳的工艺过程称为砻谷。稻谷砻谷后的混合物称为砻下物。砻下物主要有糙米、未脱壳的稻谷、稻壳及毛糠、碎糙米、未成熟粒等。根据脱壳时受力和脱壳方式，稻谷脱壳可分为挤压搓撕脱壳、端压搓撕脱壳和撞击脱壳3种。

（三）碾米

碾米机主要工作构件有进料机构、碾白室、出料机构、传动机构及机座等。碾白室是碾米机的心脏。碾白室由螺旋输送器、碾辊和米筛等组成。组合碾米机还有擦米室、米糠分离机构等；喷风米机还有喷风机构等。NS型碾米机是一种混合型的横式碾米机，有碾米、擦米组合设备。

二、加工改进方法

对米糠中热敏性组分的加工工艺进行改进，配合饲料经过调质、制粒、膨化或膨胀处理后，能有效杀死一些有害物质（如沙门氏菌），降低或抑制米糠中抗营养因子含量，提高淀粉糊化度，同时可改善米糠饲料的适口性，提高饲料生产的经济效益。但由于受高温、高压和水分的共同作用，这些热加工处理工艺会使大米加工副产品米糠中的许多热敏性组分（如维生素、生物活性因子等）受到严重破坏，并导致饲料品质下降和成本提高。为了降低热加工对热敏性组分造成的损失，一般可采用2种保真加工技术：一种是通过对热敏性组分进行"包被"或"微胶囊"处理来减少其活性损失；另一种是在调质、制粒或膨化后添加液体热敏性组分来保证有效成分的活性。采用"包被"或"微胶囊"技术会增加成本，且不能完全保证有效成分的活性，这需要进一步研究及改进。

三、加工设备

利用碎米、米糠、大米次粉和砻糠粉等大米加工副产品作为饲料原料，可以利用饲料加工原有工艺和设备，但要根据其物理、化学、营养特性选择饲料加工设备，如大米次粉、米糠等，只需要混合机将它们与其他饲料原料配合使用即可。而碎米和稻壳需要粉碎加工，选用操作简单、粉碎效果好的锤片粉碎机比较合适。因此，大米加工副产品饲料加工设备主要有：原料接收和清理阶段的接收设备、输送设备、筛选设备、磁选设备；粉碎阶段的锤片粉碎机、辊式粉碎机等；配料混合阶段的给料机、配料秤、混合机；制粒过程的制粒机、调质器、调制罐、碎粒机、分级筛等。

第六节 稻谷及其加工副产品作为饲料原料
资源开发与高效利用策略

稻壳、碎米、米糠等稻谷加工副产品来源广泛、营养价值丰富，经过加工处理后均可作为饲料原料，以弥补饲料原料的不足，降低养殖成本。稻壳因其纤维素成分含量较高，所以在饲料工业中的应用较少；碎米主要应用于食品工业，在饲料工业中的应用多见于饲喂雏禽；米糠在饲料工业中的应用研究较多，将米糠进行稳定化处理或经脱脂加工成米糠粕解决了米糠容易酸败变质的问题，常配合使用酶制剂或抗氧化剂来缓解米糠中抗营养因子和脂肪酸败对动物的影响。随着研究的深入，稻谷加工副产品在饲料中应用存在的问题不断被解决，在动物饲料中具有广阔的应用前景。

一、加强对稻壳资源的利用

每年我国稻壳的产量在 4 000 万 t 左右。稻壳作为一种农作物废弃物或稻谷行业的加工废弃物丢弃，不仅污染环境，同时又造成资源浪费。目前，稻壳主要用来发电，其资源利用率还很低。可通过超高压膨化等物理、化学或生物的方法处理稻壳，改善其营养状况，解决大量非消化性纤维饲喂效果不佳的难题，这是亟待研究的领域。

二、加强对米糠资源的利用

虽然我国米糠产量很大，但目前我国对米糠深度开发应用及相应基础研究还处于起步阶段，除了 10%～15% 的米糠用于制取米糠油或提取植酸钙等产品外，大部分直接被用作畜禽饲料。米糠粕作为米糠经浸提、脱脂后的副产品，保留了米糠的营养特性，且富含优质蛋白质和膳食纤维，采用高压膨化制粒、微胶囊包被技术，灭活了抗营养因子，减少了其活性损失，同时延长了保质期，提高了消化吸收率。这是一种不错的利用方式。

三、加强对碎米资源的利用

我国碎米资源丰富，传统的喂养方式是简单地将碎米粉碎，并与其他饲料原料配合，经加热后喂给禽畜，这种利用方式比较简单。将碎米资源用来生产高蛋白质饲料具有可行性。例如，利用酶对碎米进行液化糖化处理生产淀粉糖，副产品为高大米蛋白质饲料，这将大大提高碎米资源的利用率。

四、科学确定稻谷及其加工副产品作为饲料原料在日粮中的添加量

应充分考虑稻谷及其加工副产品的营养特性，如蛋白质、能值、脂肪、维生素、矿

物质、抗营养因子等；另外，还要考虑饲养动物的种类、年龄、体重等因素，科学确定稻谷及其加工副产品在日粮中的添加量，以满足动物对其的营养需求。

五、合理开发利用稻谷及其加工副产品作为饲料原料的战略性建议

针对我国稻谷加工主体主要是分布在城乡的小企业，加工稻谷量所占比例较大、比较分散的情况，收集副产品作为饲料加工资源时，需要建立规范的收购渠道，避免大量副产品因简单的处理而造成资源浪费。在稻谷加工企业聚集区建成现代饲料加工企业，实现稻谷及其加工副产品的高效利用。

加大科研力度，提高科技成果转化率，提升关键装备自主化水平，加快建设技术创新服务平台。在对饲料加工工艺和设备升级中，着力开发超高压膨化、高压膨化制粒、微胶囊包被等用于提升稻谷及其加工副产品作为饲料原料的营养性能的技术、工艺和设备。目前，我国稻谷加工副产品作为饲料原料的质量标准还不完善，主要是粗蛋白质含量、粗纤维含量、水分和粉碎粒度等指标，缺少营养和卫生指标，应借鉴国外的标准化经验，修订和制定符合我国饲料工业的稻谷及其加工副产品作为饲料原料的相关标准，保证我国养殖行业对饲料的需求。

➡ 参考文献

曹辉，陈世海，2005. 稻谷碎米利用技术 [J]. 农机化研究 (2)：282-282.

陈庆根，2003. 世界及主要国家稻米进出口贸易分析 [J]. 世界农业 (1)：28-30.

迟明梅，方伟森，2006. 碎米资源的综合利用 [J]. 粮食加工，31 (4)：39-41.

董亚维，王永军，冯涛，2004. 大米次粉——优质的能量饲料 [J]. 饲料广角 (12)：56-57.

娥彝孙，1986. 玉米的用途 [J]. 食品工业科技 (4)：64.

高国章，陶丹丹，2002. 稻壳的科学开发与综合利用 [J]. 农机化研究 (1)：123-124.

韩庆炜，梁萌青，姚宏波，等，2011. 鲈鱼对 7 种饲料原料的表观消化率及其对肝脏、肠道组织结构的影响 [J]. 渔业科学进展，32 (1)：32-39.

何毅，温朝晖，2009. 中国大米加工业行业发展现状及展望 [J]. 粮食科技与经济，34 (6)：4-6.

贾奎连，赵景艳，高继伟，2014. 提高商品大米加工质量的途径 [J]. 沈阳师范大学学报 (自然科学版)，32 (4)：524-528.

姜光明，2009. 异育银鲫对常用饲料蛋白源生物利用性的研究 [D]. 苏州：苏州大学.

卡林尼科夫，1981. 玉米高色氨酸胶蛋白基因 [M]. 张玉霞，译. 新疆农业科学 (4)：32-46.

李忠平，2006. 饲料加工工艺与设备研究进展 [J]. 粮食与饲料工业 (5)：28-31.

刘靖，张石蕊，2010. 米糠的营养价值及其开发利用 [J]. 湖南饲料 (3)：12-14，17.

刘笑然，兰敦臣，李越，2014. 2014 年中国稻米产业研究 [J]. 中国粮食经济 (12)：42-47.

刘宜锋，翁聿颖，何丹华，2007. 碎米应用开发 [J]. 福建轻纺 (1)：30-33.

林建国，黄旭东，徐伟，2006. 稻壳粉在木塑产品中的应用 [J]. 塑料制造 (1)：39-41.

吕莹果，季慧，张晖，等，2009. 米糠资源的综合利用 [J]. 粮食与饲料工业 (4)：19-22.

潘亚萍，2010. 米糠的开发与应用 [J]. 中国油脂，35 (6)：52-54.

秦玉昌，杨俊成，李志宏，等，2001. 几种不同类型饲料的加工方法 [J]. 饲料广角 (1)：27-30.

沈梦烨，张艳群，杨锟，等，2014. 稻壳的高值化利用研究进展 [J]. 粮食与饲料工业（8）：27-31.

施传信，2015. 全脂米糠猪有效能值与养分消化率研究 [D]. 北京：中国农业大学.

施木田，蔡秋红，杨仁崔，等，1995. 早籼杂交稻米的蛋白质含量及其氨基酸组成 [J]. 福建农业大学学报，24（3）：358-362.

孙金堂，孙光华，2005. 稻米的精深加工和综合利用 [J]. 粮食与饲料工业（1）：2-4.

唐家礼，张家年，2000. 碎米综合利用的研究 [J]. 湖北农业科学（2）：60-61.

滕碧蔚，2013. 碎米资源及其综合利用概述 [J]. 轻工科技，29（1）：13-14，31.

王和平，陆晓中，孙晓民，等，2004. 稻壳粉的热稳定性研究初探 [J]. 北京石油化工学院学报，12（2）：23-25.

王瑞元，朱永义，谢健，等，2011. 我国稻谷加工业现状与展望 [J]. 粮食与饲料工业（3）：1-5.

熊本海，2013. 中国饲料成分及营养价值表（第24版）[J]. 中国饲料（21）：34-43.

严松，任传英，孟庆虹，等，2011. 碎米及米糠在食品工业中的综合利用 [J]. 食品科学（S1）：132-134.

杨家晃，何仁春，麦伟虹，等，2006. 统糠在鹅饲料中的应用研究 [J]. 西南农业学报，19（2）：305-309.

杨锁华，刘伟民，杨小明，等，2006. 米糠应用研究进展 [J]. 粮油加工（4）：70-72，75.

袁超，王哲，梁志家，2010. 碎米深加工产品市场概述 [J]. 粮油加工：电子版（12）：142-143.

张朝辉，2014. 水稻产量和品质杂种优势研究 [J]. 北京农业（33）：9.

张子仪，2000. 中国饲料学 [M]. 北京：中国农业出版社.

赵亮，2006. 我国饲料产业研究 [D]. 武汉：华中农业大学.

赵永进，2004. 碎米的利用 [J]. 粮食与食品工业，12（2）：19-21.

赵云学，2011. 大米次粉——优质的能量饲料 [J]. 养殖技术顾问（8）：77.

郑晓中，冯仰廉，莫放，等，1998. 饲喂全脂米糠对肉牛瘤胃发酵影响的研究 [J]. 饲料研究（6）：11-12.

周惠明，张民平，2002. 糙米中功能性成分的研究 [J]. 食品科技（5）：17-19.

周显青，2012. 我国大米加工技术现状及展望 [J]. 粮油食品科技，20（1）：7-11.

周显青，崔岩珂，张玉荣，等，2015. 我国碎米资源及其转化利用技术现状与发展 [J]. 粮食与饲料工业，12（2）：29-34.

祝水兰，冯健雄，幸胜平，等，2009. 大米制品研发现状与前景展望 [J]. 江西农业学报，21（09）：121-123.

Darley O C, Kaliandra S A, Luis R S O, et al. , 2012. Elephant grass, sugarcane, and rice bran in diets for confined sheep [J]. Tropical Animal Health and Production, 44: 1855-1863.

Das A, Ghosh S K, 2000. Effect of feeding different levels of rice bran on performance of broilers [J]. Indian Journal of Animal Nutrition, 17: 333-335.

Farrell D J, 1994. Utilization of rice bran in diets for domestic fowl and ducklings [J]. World's Poultry Science Journal, 50: 115-131.

Hu W, Wells J H, Shin T S, et al. , 1996. Comparison of isopropanol and hexane for extraction of vitamin E and oryzanols from stabilized rice bran [J]. Journal of the American Oil Chemists Society, 73: 1653-1656.

Ju Y H, Vali S R, 2005. Rice bran oil as a potential resource for biodiesel [J]. Journal of Scientific and Industrial Research, 64: 801-822.

Kennedy G, Burlingame B, 2003. Analysis of food composition data on rice from a plant genetic resources perspective [J]. Food Chemistry, 80: 589-596.

Lakkakula N R, Lima M, Walker T, 2004. Rice bran stabilization and rice bran oil extraction using ohmic heating [J]. Bioresource Technology, 92: 157-161.

Malekian F, Rao R M, Prinyawiwatkul W, et al, 2000. Lipase and lipoxygenase activity, functionality, and nutrient losses in rice bran during storage [M]. Louisiana State University Agricultural Center: 1-68.

Mian K S, Masood S B, Faqir M A, et al, 2014. Rice bran: a novel functional ingredient critical reviews [J]. Critical Reviews in Food Science and Nutrition, 54: 807-816.

Mujahid A, Haq I U, Asif M, et al, 2004. Effect of different levels of rice bran processed by various techniques on performance of broiler chicks [J]. British Journal of Poultry Science, 45: 395-399.

Padhye V W, Salunkhe D K, 1979. Extraction and characterization of rice proteins [J]. Cereal Chemistry, 56 (5): 389 -395.

Randall J M, Sayre R N, Schultz W G, et al, 1985. Rice bran stabilization by extrusion cooking for extraction of edible oil [J]. Journal of Food Science, 50: 361-364.

Saunders R M, 1986. Rice bran composition and potential food uses [J]. Food Reviews International, 1: 465-495.

Saunders R M, 1990. The properties of rice bran as a food stuff [J]. Cereal Food World, 35: 632-639.

Sayre R N, Saunders R M, Enochian R V, et al, 1982. Review of rice bran stabilization systems with emphasis on extrusion cooking [J]. Cereal Food World, 27: 317.

Steyaert P, Buldgen A, Compere R, 1989. Influence of the rice bran content in mash on growth performance of broiler chickens in Senegal [J]. Bulletin des Recherches Agronomiques de Gembloux, 24: 385-388.

Tsuji H, Kimoto M, Natori Y, 2001. Allergens in major crops [J]. Nutriton Research, 21: 925-934.

Xu Z, 1998. Purification and antioxidant properties of rice bran γ-oryzanol components [D]. Louisiana State: Louisiana State University.

（商丘师范学院　施传信，南昌大学　付桂明，中国农业大学　王军军 编写）

第二章
小麦制粉副产品开发现状
与高效利用策略

第一节 概 述

一、我国小麦制粉副产品资源现状

小麦制粉副产品（wheat milling by-products）是小麦加工成面粉后一系列副产品的总称。我国的分类标准主要将小麦制粉副产品分为小麦麸（wheat bran）和次粉。其中，按照粗蛋白质、粗纤维和粗灰分可将其各分为三级（表 2-1 和表 2-2）及等外品。次粉与小麦麸同是面粉加工副产品，由于加工工艺、制粉程度和出麸率不同，因此副产品的组成差异很大。次粉的生产流程无定型工艺，各档次产品多根据产品或副产品质量规格勾兑而成（张子仪，2000）。

表 2-1 《饲料用次粉》（NY/T 211—1992）（%）

质量标准	一 级	二 级	三 级
粗蛋白质	≥14.0	≥12.0	≥10.0
粗纤维	<3.5	<5.5	<7.5
粗灰分	<2.0	<3.0	<4.0

表 2-2 《饲料用小麦麸》（GB 10368—1989）（%）

质量标准	一 级	二 级	三 级
粗蛋白质	≥15.0	≥13.0	≥11.0
粗纤维	<9.0	<10.0	<11.0
粗灰分	<6.0	<6.0	<6.0

法国饲料成分与营养价值表将小麦制粉副产品主要分为小麦麸、细小麦麸、次粉和饲用小麦粉（Sauvant 等，2004）。根据美国饲料管理协会（American Association of

Feed Control Officials，AAFCO）的分类，按照粗纤维含量的不同及其他条件，将小麦制粉副产品主要分为小麦麸、细小麦麸（wheat middlings）、小麦次粉（wheat shorts）、低级面粉（wheat red dog）、饲用小麦粉（wheat feed flour）和小麦胚芽（wheat germ）等。在生产实践中一般将小麦制粉副产品分为以下五大类。

小麦麸：指小麦的种皮部分，一般为片状，含有少量筛上物（表皮、胚、胚乳和糊粉层），粗纤维含量在 9.5% 以上。

细小麦麸：由小麦生成的细麸皮、胚芽细粉及少量糊粉层构成，一般呈细粉状，粗纤维含量低于 9.5%。

次粉：又称黑面、下面、黄粉或三等粉等，由小麦的糊粉层、少量细麸和胚芽等构成，粗纤维含量为 4%～7%。

低级面粉：又称灰面或下等面粉等，由小麦的表皮、糊粉层和胚芽组成的细粉，粗纤维含量为 1.5%～4.0%。

饲用小麦粉：含少量小麦麸、胚芽和大量小麦粉，淀粉含量较高，粗纤维含量在 1.5% 以下。

二、小麦制粉副产品作为饲料原料利用存在的问题

小麦制粉副产品是猪较好的能量、氨基酸和磷的来源（Erikson 等，1985；Nelson，1985），是饲料工业中一大类较为常见的饲料原料。但是在生产实践运用中，小麦制粉副产品的化学常规成分及营养价值的变异非常大（张子仪，2000），营养价值不易把握。这与很多因素相关，用于加工的小麦来源、存储条件及时间会导致小麦本身品质不同；加工过程中配麦等工艺及客户对面粉终产品需求不同导致加工工艺的变化（Nelson，1985；Blasi 等，1998；Kim 等，2005），最终都会导致小麦制粉副产品中富含纤维、矿物质、蛋白质的表皮和糊粉层及富含淀粉的胚乳含量不同，而给副产品带来巨大的营养成分变异（Huang 等，2014）。而且，国内外对小麦制粉副产品的分类也比较混乱，没有统一的定义及分类。国内的标准按照粗蛋白质、粗纤维和粗灰分 3 个条件来对小麦麸和次粉进行分级，但是具有一定的分类缺陷，应用受到限制。而且，对于小麦制粉副产品在猪饲料上营养价值评定的数据较少且不系统，使用起来容易出现混乱重复。

三、开发利用小麦制粉副产品作为饲料原料的意义

小麦制粉副产品的产量巨大，来源广泛并且容易获得。如果按照小麦出粉率一般为 75%～80% 计算（田建珍和温纪平，2011），我国每年小麦制粉副产品的产量在 2 000 万 t 以上。随着一些化工产品对玉米等谷物原料的需求增加，如乙醇、淀粉和氨基酸等产量剧增，谷物价格上扬，饲料生产成本提高，用相对较廉价的小麦制粉副产品适量取代谷物原料，能够降低饲料生产成本，提高经济效益。尤其是在小麦加工的主产地区，研究并高效利用这些副产品，已经成为一种趋势，具有较大的价格优势和地域优势。

第二节 小麦制粉副产品的营养价值

一、小麦制粉副产品的化学常规营养成分

不同数据库对小麦制粉副产品的分类不尽相同，而且比较混乱。但是，对小麦制粉副产品分类最重要的一个化学指标就是粗纤维含量，根据这个指标来划分其类别成为一个最主要的特征。而且，各个数据库也将小麦制粉副产品至少分成三类，即小麦麸、次粉和饲用小麦粉（NRC，1998；Sauvant 等，2004；猪饲养标准，2004；CVB，2007）。只是这些副产品同名不同物或者同物不同名。这些副产品化学常规营养成分的变化主要是由于小麦加工面粉过程中对小麦籽实中各物理成分的分离程度不同造成的，主要体现在副产品中的表皮、糊粉层和胚乳含量的递变。表皮和糊粉层中矿物质、蛋白质、脂肪和纤维含量丰富，胚乳含量越高，淀粉含量也就相应更高，其他化学常规营养成分自然就低。从纤维含量最高的小麦麸逐渐到含量最低的饲用小麦粉，除了淀粉含量增加外，纤维含量和其他大部分营养成分含量是减少的（Slominski 等，2004）。其中，粗脂肪含量这个指标值得引起注意。随着小麦制粉工艺的发展，小麦在加工成面粉过程中脱胚加工成小麦胚芽会导致小麦副产品样品中粗脂肪含量相对稳定，没有呈现递增递减的规律（Huang 等，2014）。

二、小麦制粉副产品的有效能值

以干物质为基础，小麦麸（8.96～11.5MJ/kg）和细小麦麸（12.0～14.6MJ/kg）作为富含纤维的能量饲料，有一些相关数据的报道（Morgan 等，1975；Batterham 等，1980；Lin 等，1987；刘彩霞，2000；田少斌，2002；何英，2004）。对于小麦麸和细小麦麸来说，有效能值和其他营养物质利用率都较低，可以用来稀释日粮营养成分的浓度。麦麸作为日粮纤维的代表来源，在生长育肥猪和母猪两个生长阶段的比较及对有效能值、营养物质利用率也有一定数量的相关报道（Graham 等，1986；Shi 和 Noblet，1993；Serena 等，2008）。但是，这些报道的数据样本量比较少，由于试验条件不同等，样品的可比性不强。在麦麸的有效能值上，母猪比生长猪的利用能力要更强（Sauvant 等，2004），一般高于 5% 左右。据报道，猪的后肠道持续生长发育到猪150kg 时，而小肠在猪 20kg 后就已经发育比较完全了（Fernandez，1986）。因此，这也与挥发性脂肪酸产量、能值供应密切相关且差异较大。而针对生长育肥猪阶段麦麸利用率的动态报道较少。Morel 等（2006）报道，当给体重分别为 25kg 和 90kg 的猪饲喂小麦及小麦制粉副产品时，体重 90kg 的猪表观可消化能仅仅提高了 1% 和 1.6%。

次粉（14.2～16.4MJ/kg）、低级面粉（13.6～16.6MJ/kg）和饲用小麦粉（16.7～18.1MJ/kg）数据主要来源于各个国家地区的数据库资料及少数报道（Patience 等，1977；NRC，1998；Sauvant 等，2004；猪饲养标准，2004；CVB，2007）。这些小麦制粉副产品纤维含量较低，淀粉含量较高，所以有效能值较高。同时，也特别适合

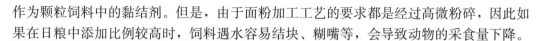

作为颗粒饲料中的黏结剂。但是，由于面粉加工工艺的要求都是经过高微粉碎，因此如果在日粮中添加比例较高时，饲料遇水容易结块、糊嘴等，会导致动物的采食量下降。

三、小麦制粉副产品的氨基酸组成及消化率

小麦制粉副产品作为能量饲料原料，其氨基酸组成比例较好。但是，氨基酸含量及标准回肠末端氨基酸的消化率较低，尤其是纤维含量较高的麦麸和次粉。不同类型小麦制粉副产品中赖氨酸、苏氨酸、缬氨酸和色氨酸的含量及消化率都关注较少。小麦制粉副产品中粗蛋白质含量都比玉米高，但是氨基酸的利用率会随着纤维含量的升高显著下降。在小麦麸和细小麦麸中，氨基酸的消化率比次粉、低级面粉更低（NRC，1998；Sauvant 等，2004；猪饲养标准，2004）。关于小麦制粉副产品中的氨基酸含量、组成及氨基酸消化率预测模型，德国赢创德固赛公司数据库中囊括了几乎所有原料的氨基酸含量、利用粗蛋白质来简单预测其氨基酸含量及猪对原料中标准回肠末端氨基酸消化率的数据。Cromwell 等（2000）也报道了利用 14 个细小麦麸的化学常规营养成分和氨基酸的数值，以及粗蛋白质来预测氨基酸含量建立相关数学模型。对于这些小麦制粉副产品的氨基酸消化率，少数报道是针对单个或者少数几个小麦制粉副产品样品，主要是小麦麸氨基酸消化率的测定（Sauer 等，1977；Erickson 等，1985；Jondreville 等，2000；Yin 等，2000）和次粉氨基酸消化率的测定（Huang 等，1999，2001）。而低级面粉、饲用小麦粉几乎没有相关数据报道，只有一些数据库中的相关数据来源（NRC，1998；Sauvant 等，2004；CVB，2007）。

第三节　小麦制粉副产品中的抗营养因子及其消除方法

小麦制粉副产品小麦麸皮和次粉中含有较高的非淀粉多糖。黄庆华（2015）的研究结果表明，不同品种小麦麸皮中的非淀粉多糖含量为 27.85%～38.25%，其中可溶性非淀粉多糖含量为 1.37%～2.42%，不溶性非淀粉多糖含量为 25.96%～35.23%；小麦麸皮中阿拉伯木聚糖含量为 14.01%～22.88%，其中可溶性阿拉伯木聚糖含量为 0.2%～0.6%，不溶性阿拉伯木聚糖含量为 13.81%～22.27%。不同品种小麦次粉中的非淀粉多糖含量为 13.27%～16.85%，其中可溶性非淀粉多糖含量为 1.80%～2.74%，不溶性非淀粉多糖含量为 11.21%～14.58%；次粉中阿拉伯木聚糖含量为 5.92%～8.52%，可溶性阿拉伯木聚糖含量为 0.43%～1.02%，不溶性阿拉伯木聚糖含量为 5.43%～7.91%。

非淀粉多糖不能被动物消化道分泌的消化酶消化，对动物来讲具有抗营养作用，其抗营养机理主要有以下几点：首先，增加食糜黏性，可溶性非淀粉多糖具有高度黏性，显著增加食糜在肠道停留的时间，降低单位时间内养分的同化作用，从而降低畜禽的生产性能；阻碍被消化的养分接近小肠黏膜表面，因而阻碍养分的吸收；小肠内容物黏度的增加，会降低消化酶及其底物的扩散速度，同时阻止它们在黏膜表面上有效地相互作用。其次，引起消化道形态和生理不良变化，可溶性非淀粉多糖使消化器官增大，蛋白

质、脂类、电解质内源性分泌增加，从而减少它们在体内的存留。肠内高黏度环境会降低肠内 pH，而低 pH 则会刺激胰分泌。再次，扰乱后肠道微生物区系，饲料中非淀粉多糖在上部肠道不被消化，进入下部肠道成为厌氧微生物发酵、增殖的碳源，故在后肠道产生大量生孢梭菌等厌氧微生物。其中，某些生孢梭菌产生毒素，从而抑制畜禽生长。此外，肠内细菌数量增多会刺激肠道，增厚肠道黏膜层，损害微绒毛，从而减少养分的吸收。

小麦制粉副产品中另一种重要的抗营养因子是霉菌毒素。真菌在自然界广泛存在，谷物上的真菌产生的具有毒性的次级代谢产物称为霉菌毒素。霉菌毒素可亲嗜一种或多种组织与器官，并且能对动物免疫系统产生损害，尤其是黄曲霉毒素和玉米赤霉烯酮毒素，可造成免疫复合性损害。小麦麸中的霉菌毒素主要有呕吐毒素、黄曲霉毒素、玉米赤霉烯酮毒素、赭曲霉毒素。李焕等（2017）检测了 12 个麸皮样品中的霉菌毒素含量。其中，黄曲霉毒素 B_1 平均含量为 $5.87\mu g/kg$，变幅为 $0.37\sim17.28\mu g/kg$，变异系数为 1.05；呕吐毒素平均含量为 $863.52\mu g/kg$，变幅为 $454.54\sim1\,215.0\mu g/kg$，变异系数为 0.28；玉米赤霉烯酮毒素平均含量为 $15.96\mu g/kg$，变幅为 $2.79\sim26.29\mu g/kg$，变异系数为 0.48。百奥明饲料添加剂（上海）有限公司公布了 2015 年中国麸皮和面粉霉菌毒素污染情况，其中麸皮中呕吐毒素阳性样品均值为 $1\,652mg/t$，最大值为 $6\,683mg/t$；玉米赤霉烯酮毒素阳性样品均值为 $409mg/t$，最大值为 $3\,274mg/t$；烟曲霉毒素阳性样品均值为 $936mg/t$，最大值为 $2\,103mg/t$。面粉中呕吐毒素阳性样品均值为 $1\,258mg/t$，最大值为 $6\,976mg/t$；玉米赤霉烯酮毒素阳性样品均值为 $270mg/t$，最大值为 $2\,884mg/t$；烟曲霉毒素阳性样品均值为 $796mg/t$，最大值为 $1\,363mg/t$。

小麦制粉副产品中的重金属也是一种重要的抗营养因子，不同的重金属超标均会对动物产生严重的毒害作用。小麦制粉副产品中重金属来源主要是小麦中的重金属。万涛等（2018）检测了我国 72 个小麦产地的 88 个小麦样品中的重金属发现，小麦五大重金属除砷（As）含量未超标外，其他重金属含量均存在不同程度的超标，铅（Pd）超标率 21.59%，镉（Cd）超标率 2.27%，汞（Hg）超标率 15.91%，铬（Cr）超标率 6.82%。李焕等（2017）检测了 12 个麸皮样品 4 种重金属的含量发现，样品中铅的最大含量为 $0.042mg/kg$，样品间无显著性差异，且均不超出国家标准中规定铅含量。各样品中镉与砷的含量差异性较大，有一个样品中镉超标，其含量为 $0.101mg/kg$，其余均未超出国家标准中规定含量。样品中均未检出重金属汞。

第四节　小麦制粉副产品在动物生产中的应用

一、小麦制粉副产品对猪的饲喂效果

麦麸含有轻泻作用的硫酸盐类，有利于胃肠蠕动和通便润肠，容重比较小，在消化道吸水易膨胀，使动物产生饱腹感，是妊娠后期和哺乳期母猪良好的纤维饲料来源（冯定远，2003）。小麦麸用于猪的育肥效果较为一般，会降低猪的胴体品质，产生白色硬体脂（Shaw 等，2006；Barnes 等，2012）。仔猪饲喂不宜过多，以免引起消化不良，在添加相关酶的基础上可以增加 10%～20% 的用量。在保育猪上进行的生长性能试验表明，日粮中添加 15% 以下的细小麦麸，保育猪日增重和日采食量呈线性下降，但饲料转化率无显著差异。因此，在考虑日粮成本及猪价格波动的情况下，适当牺牲一些生产性能是值得考虑的。而在育肥猪试验中，Shaw 等（2006）报道，小麦麸会降低猪肉品质，但是对猪肉的抗氧化能力没有影响。Salyer 等（2012）将日粮细小麦麸水平添加到 20% 时，也不会显著影响猪的采食量，但会降低猪的肉品质，如胴体重、背膘厚、眼肌面积和碘价。虽然增加日粮油脂含量能够弥补猪生产性能的亏空，但是依旧不能改善其胴体品质。在育肥猪上的饲养试验表明，日粮中添加 30% 麦麸对育肥猪的日增重和日采食量没有影响，但是降低了饲料转化率。

次粉和面粉可以作为饲料原料在各个阶段的猪日粮中应用，可替代玉米的 30%～100%，保育猪可替代 30%～50%，生长猪可替代 50%～70%，育肥猪可替代 70%～100%。饲用小麦粉在猪饲料上常作为黏结剂，主要用于保育料或教槽料，一般大量用于水产饲料。次粉或者低级面粉作为饲料原料使用时，需要注意饲料能量、氨基酸及其他营养元素的平衡问题。市场上比较常见的有次粉型的专用预混料，可改善次粉型日粮的营养价值。Patience 等（1977）发现，在日粮中添加 60% 次粉时，苏氨酸成为第一限制性氨基酸，而赖氨酸和蛋氨酸成为第二限制性氨基酸。而 Young（1980）在日粮中添加 0、32.2%、64.4% 和 96.6% 次粉时发现，随着次粉比例的提高，因为有效能值和氨基酸摄入量下降，所以各阶段猪生产性能下降，对大猪的影响较轻，而小猪在高次粉日粮中氨基酸缺乏时影响更为严重。紧接着，Young 和 King（1981）用次粉日粮连续做了 3 个繁殖周期的母猪试验发现，35.5% 的次粉日粮降低了妊娠母猪的采食量，窝产重下降，而且比采食玉米-豆粕型日粮的母猪发情周期更长，但是能够增加窝产仔数。主要的原因还是高次粉日粮影响了母猪的采食量，降低了日粮能量含量，猪群的能量摄入情况比玉米豆粕型日粮差。冯占雨和乔家运（2013）跟踪次粉型妊娠母猪日粮的应用时发现，如果控制好管理，添加阿拉伯木聚糖酶和 β-葡聚糖酶后，妊娠母猪也能获得较好的生产成绩。在添加复合酶的前提下用次粉替代玉米，除综合考虑小麦、次粉和玉米的有效营养成分外，还应考虑各种饲料原料的价格，在小麦次粉价格略高于或低于玉米价格的情况下都可考虑使用小麦次粉以减少谷物原料的用量，降低配方成本（表 2-3）。

二、猪对小麦制粉型日粮中纤维的利用

（一）日粮纤维水平对营养物质利用的影响

小麦麸作为一种非常具有代表性的日粮纤维来源，因其木质化程度较高，日粮总纤维含量和不可溶性日粮纤维含量都非常高（NRC，2012），增加日粮中小麦制粉副产品，如小麦麸、细小麦麸和次粉，势必会增加日粮纤维的水平。Wilfart 等（2007）报道，小麦麸水平从 0 增加到 40%，会降低日粮能量的消化率，这与猪对日粮中干物质和有机物消化率的下降有关；同时发现，在谷物日粮中添加 20%～40% 小麦麸不会影响淀粉的消化率，这表明淀粉在全肠道中的消化比较彻底，一般能达到 98% 以上。Högberg 和 Lindberg（2004）发现，在添加小麦麸的大麦-豆粕型的日粮中，也不影响淀粉的消化率。

表 2-3 不同数据库中小麦制粉副产品化学常规营养成分、有效能值、氨基酸含量及标准回肠末端氨基酸消化率（%，饲喂基础）

项 目	中国[1]				美国[2]				法国[3]				荷兰[4]			
	小麦麸一级	小麦麸二级	次粉一级	次粉二级	小麦麸	细小麦麸	小麦次粉	低级面粉	小麦麸	细小麦麸	次粉	饲用小麦粉	小麦麸	次粉	饲用小麦粉 3.5<CF<5.5	饲用小麦粉 CF<3.5
营养成分																
干物质	87.00	87.00	88.00	87.00	89.00	89.00	88.00	88.00	87.10	88.10	87.90	88.20	88.30	86.80	86.90	86.50
粗蛋白质	15.70	14.30	15.40	13.60	15.70	15.90	16.00	15.30	14.80	15.50	14.90	12.70	15.60	15.40	15.20	15.20
粗脂肪	3.90	4.00	2.20	2.10	4.00	4.20	4.60	3.30	3.40	3.60	3.50	2.40	3.50	3.40	3.70	3.20
粗纤维	6.50	6.80	1.50	2.80	—	—	—	—	9.20	7.00	4.90	1.50	10.70	7.00	4.40	1.90
淀粉	—	—	—	—	—	—	—	—	19.80	27.70	37.80	59.70	14.60	22.90	34.80	46.80
粗灰分	4.90	4.80	1.50	1.80	—	—	—	—	5.00	4.30	3.40	1.40	5.50	4.50	2.90	2.20
钙	0.11	0.10	0.08	0.08	0.16	0.12	0.09	0.07	0.14	0.13	0.12	0.09	0.18	0.10	0.09	0.05
磷	0.92	0.93	0.48	0.48	1.20	0.93	0.57	0.84	0.99	0.87	0.71	0.36	1.20	0.87	0.69	0.40
中性洗涤纤维	37.00	41.30	18.70	—	42.10	35.60	28.40	8.60	39.60	31.30	22.90	9.80	45.30	30.70	20.60	9.40
酸性洗涤纤维	13.00	11.90	4.30	—	11.90	10.70	18.70	4.30	11.90	9.20	6.50	2.20	13.70	9.20	6.10	2.10
无氮浸出物	56.00	57.10	67.10	66.70	—	—	—	—	—	—	—	—	53.00	56.50	60.70	64.00
有效能值																
消化能(MJ/kg)	9.38	9.33	13.68	13.43	10.13	12.87	12.49	13.14	9.30	11.10	12.60	15.00	—	—	—	—
代谢能(MJ/kg)	8.71	8.67	—	—	9.54	12.66	11.80	12.24	8.80	10.60	12.10	14.60	—	—	—	—
猪净能(MJ/kg)	—	—	—	—	5.86	6.53	8.87	8.74	6.30	7.70	9.00	11.20	—	—	—	—
氨基酸含量																
必需氨基酸																
精氨酸	0.97	0.88	0.86	0.85	0.97	1.07	1.07	0.96	0.91	0.97	0.92	0.68	1.05	1.03	1.02	1.02
组氨酸	0.39	0.35	0.41	0.33	0.44	0.43	0.44	0.41	0.38	0.40	0.38	0.33	0.42	0.42	0.41	0.41
异亮氨酸	0.46	0.42	0.55	0.48	0.53	0.58	0.49	0.55	0.47	0.50	0.48	0.40	0.50	0.49	0.49	0.49
亮氨酸	0.81	0.74	1.06	0.98	1.06	1.02	0.98	1.06	0.91	0.95	0.92	0.82	0.97	0.95	0.94	0.94

（续）

项目	中国[1]				美国[2]			低级面粉	法国[3]				荷兰[4]			
	小麦麸一级	小麦麸二级	次粉一级	次粉二级	小麦麸	细小麦麸	小麦次粉		小麦麸	细小麦麸	次粉	饲用小麦粉	小麦麸	次粉	饲用小麦粉 3.5<CF<5.5	饲用小麦粉 CF<3.5
赖氨酸	0.58	0.53	0.59	0.52	0.64	0.57	0.70	0.59	0.58	0.62	0.59	0.46	0.62	0.62	0.61	0.61
蛋氨酸	0.13	0.12	0.23	0.16	0.25	0.26	0.25	0.23	0.23	0.24	0.23	0.19	0.25	0.25	0.24	0.24
胱氨酸	0.26	0.24	0.37	0.33	0.33	0.32	0.28	0.37	0.31	0.31	0.31	0.26	0.33	0.32	0.32	0.32
苯丙氨酸	0.58	0.53	0.66	0.63	0.62	0.70	0.70	0.66	0.58	0.61	0.58	0.69	0.62	0.62	0.61	0.61
苏氨酸	0.43	0.39	0.50	0.50	0.52	0.51	0.57	0.50	0.47	0.49	0.47	0.38	0.51	0.51	0.50	0.50
色氨酸	0.20	0.18	0.21	0.18	0.22	0.20	0.22	0.10	0.19	0.20	0.19	0.15	0.22	0.22	0.21	0.21
缬氨酸	0.63	0.57	0.72	0.68	0.72	0.75	0.87	0.72	0.67	0.70	0.67	0.57	0.73	0.72	0.71	0.71
标准回肠末端氨基酸消化率																
精氨酸	88	88	92	92	87	95	89	—	84	88	91	96	87	89	91	93
组氨酸	84	84	91	91	82	94	84	—	79	84	88	96	79	83	88	93
异亮氨酸	79	79	88	88	76	92	81	—	74	80	85	94	66	80	86	92
亮氨酸	82	82	90	90	78	93	84	—	75	81	86	95	69	80	87	93
赖氨酸	74	74	83	83	91	89	77	—	68	75	82	92	68	76	84	89
蛋氨酸	82	82	90	90	79	93	85	—	76	82	87	95	72	80	88	92
胱氨酸	80	80	87	87	77	91	80	—	72	78	83	92	70	78	84	88
苯丙氨酸	84	84	90	90	81	95	86	—	79	84	88	96	60	76	85	90
苏氨酸	74	74	82	82	70	88	78	—	65	72	79	90	61	73	82	88
色氨酸	70	70	86	86	74	91	83	—	76	80	84	91	73	77	86	90
缬氨酸	78	78	86	86	75	90	81	—	72	78	83	92	66	78	86	92

资料来源：[1] 中国猪饲养标准（2004）；[2] NRC（1998）；[3] Sauvant 等著，谯仕彦等译（2005）；[4] CVB 营养标准与饲料原料数据库（2007）。

日粮纤维降低蛋白质和氨基酸消化率的原因可能是纤维含量的提高导致了消化时间的减少，降低了蛋白质的吸收量，增加了内源蛋白质和氨基酸的损失（Mosennthin 等，1994）。Schulze 等（1994）发现，将从小麦麸提纯的中性洗涤纤维添加到半纯化大豆蛋白和淀粉组成的日粮后，回肠末端氮消化率呈线性下降的趋势。添加 15％纯化的中性洗涤纤维能够降低表观回肠末端氨基酸的消化率，可降低 2％～5.5％（Lenis 等，1996）。而 Sauer 等（1991）用 10％纤维素和大麦秸秆作为纤维来源添加到豆粕-玉米淀粉组成的日粮中，大部分氨基酸的消化率几乎没有下降。同样，Li 等（1994）发现，添加 10％纤维素的日粮应用在小猪上并没有对氨基酸的消化率产生影响。究其原因可能是，猪对日粮中纤维含量具有一定的耐受性，在中性洗涤纤维含量小于 16.8％时，氨基酸的消化率受原料中氨基酸含量的影响更为显著。而当中性洗涤纤维大于这个阈值时，氨基酸消化率才会有下降的趋势。也有研究发现，在日粮中添加羧甲基纤维素会提高氨基酸的消化率（Larsen 等，1994；Fledderus 等，2007）。因此，纤维素来源和含量是影响氨基酸消化率的 2 个重要因素。日粮纤维中物理、化学结构对消化道内消化液，如胰液的分泌、某些分解纤维素菌及其相关纤维素酶活性都有促进作用（Zebrowska 和 Low，1987）。

日粮纤维和脂肪在肠道中存在较强的互作效应。有数据表明，互作效应能够显著降低日粮脂肪和能量的利用效率（Dégen 等，2007；Wilfart 等，2007）。Dégen 等（2007）发现，同时添加 10％油脂和 60％麦麸的日粮总能消化率要比只添加 60％麦麸时的低 1.6％，而且对粗脂肪、粗蛋白质和粗纤维的消化率都具有较强的交互作用。Wilfart（2007）在日粮中添加 20％～40％小麦麸时发现，全肠道粗脂肪的消化率能够下降 7％～12％。

关于日粮纤维对矿物质营养物质吸收利用影响的原因可能是，日粮纤维中含有的多糖物质可能和矿物元素结合，但是关于日粮纤维对矿物元素吸收程度的报道结果不一致，添加 6％纤维素能够降低钙、磷、镁和钾的吸收利用。Girard 等（1995）给母猪饲喂高纤维的麦麸后发现，母猪血液中矿物质含量较低，但是 Moore 等（1988）发现，以燕麦麸、豆皮和苜蓿粉作为纤维素来源并不影响矿物质的吸收利用。

关于猪对纤维含量较高日粮的适应，认为有两个潜在的过程：一是肠道微生物对高纤维日粮的适应及区系数量的改变（Edwards，1993）；二是肠道本身对高纤维日粮的适应和增生（Johnson，1988）。因此，有可能猪在对高纤维日粮适应一段时间后，会提高其中日粮纤维的利用率。在生产实践中，当猪适应一段时间后，有可能会低估高纤维原料的有效能值及养分的利用率。这也就是在测定高纤维原料有效能值和养分消化率时，推荐的适应期的时间比其他原料较长的原因。

（二）日粮纤维来源对猪的影响

关于不同类型纤维源的饲料原料在生猪养殖上的报道非常多，主要集中在消化率、原料替代、生产性能、健康状况、猪的行为及福利等方面。纤维类型，如可溶性日粮纤维或者不可溶性日粮纤维在原料中的比例会影响原料对能值的供应，如甜菜渣碳水化合物的消化率就要高于大豆皮和小麦麸（Mroz 等，2000）。能值的下降是可消化蛋白质、淀粉、脂肪和可消化的碳水化合物能值供应的总体表现。因此，纤维来源和这些营养物质的物理生化结构影响着营养物质的消化吸收利用，进而影响某些肠道功能。le Gall 等（2009）发现，添加小麦麸、玉米皮、大豆皮和甜菜渣都能够降低碳水化合物的消化率。果胶被用作试验材料时，其能够降低空肠对葡萄糖的吸收利用，进而影响碳水化合物的消化率（Owusu-Asiedu 等，2006）。

1. 日粮纤维在不同体重阶段的利用效率　有报道表明，猪的小肠在猪体重为 20kg 时就已经发育得比较完全了，对营养物质消化吸收相对于其他阶段的猪差异不大，而后肠道需要持续发育到体重为 150kg 时才可能会终止（Fernandez，1986）。这表明不同生长阶段的猪后肠道会显著影响高纤维日粮的消化利用。关于生长猪和成年母猪两个阶段对不同日粮纤维来源比较的报道较多，尤其是麦麸在生长猪（Graham 等，1986）和成年母猪（Shi 和 Noblet，1993；le Goff 和 Noblet，2001；Serena 等，2008）上的比较。大部分数据表明，成年母猪能量的消化率要比生长猪高 5％左右。但是消化率的数值与日粮的原料组成密切相关，高纤维日粮比可消化成分更高的谷物淀粉型日粮影响要显著（Chastanet 等，2007）。而关于猪育肥后期阶段的数据比较少，大多数数据也只采用生长猪和成年母猪两套数据来衡量原料的价值。关于生长育肥阶段，Morel 等（2006）比较了体重为 90kg 和 25kg 的猪饲喂小麦及小麦制粉副产品时发现，表观消化能仅提高了 1％和 1.6％，差异非常小，但是这两个体重阶段的猪在不同肠道位点对猪能值的贡献和效率肯定是不一致的。大猪在后肠道能够更加高效利用小麦制粉副产品，从而产生更多的挥发性脂肪酸被猪机体利用。但是不同体重的猪回肠末端对小麦制粉副产品的消化利用情况，很少有文献报道，且容易受到日粮化学组成等因素的影响（表 2-4）。

表 2-4　生长猪和成年母猪对小麦麸营养物质消化率及能量的影响（％）

消化率	生长猪	成年母猪
干物质	60	63
有机物	62	66
粗蛋白质	67	67
粗脂肪	38	46
矿物质	14	20
粗纤维	35	38
中性洗涤纤维	48	51
半纤维素	58	62
酸性洗涤纤维	26	33
非纤维多糖	54	61
阿拉伯糖	37	45
木糖	62	67

（续）

消化率	生长猪	成年母猪
糖醛酸	32	35
纤维素	25	32
不可溶性非淀粉多糖	43	50
总非淀粉多糖	46	54
日粮纤维	38	46
能值	55	62

2. 日粮纤维在后肠道发酵对能值的贡献　不同原料中纤维类型及种类对后肠道纤维消化率的影响不一样（Bindelle 等，2009）。Bach Knudsen 和 Jørgensen（2001）总结了 51 个消化试验发现，日粮纤维表观回肠消化率为 10％～62％，全肠道大麦中纤维素的消化率为 23％～65％，小麦和小麦制粉副产品中纤维素的消化率分别为 24％和 60％。玉米干酒糟及其可溶物（distillers dried grains with solubles，DDGS）全肠道总日粮纤维消化率为 47.5％，一般为 29.3％～57％（Urriola 和 Stein，2010）。可溶性日粮纤维消化率显著高于不可溶性日粮纤维消化率，分别为 92.0％和 41.3％。可发酵日粮纤维根据其自身纤维类型及种类不同而产生的挥发性脂肪酸产量也是各不相同，而后肠道产生的挥发性脂肪酸绝大部分取决于日粮中纤维的消化率及其他营养物质的影响。如大豆中的棉籽糖和水苏糖容易产生甲烷和氢气，引起胃肠胀气，相比于纤维素和半纤维素，棉籽糖和水苏糖产生的挥发性脂肪酸更少（Liener，1994）。乙酸、丙酸和丁酸是对后肠道能值贡献最大的三大物质。而支链氨基酸也可以生成挥发性脂肪酸，产量大概是 5％。此外，猪对日粮纤维的适应时间及较高水平的日粮纤维对能值发酵的贡献能力尤为显著。

三、小麦制粉副产品营养价值的研究

现阶段国内外对小麦制粉副产品在猪上比较全面系统的营养价值评定很少，大多数研究样品数量较小、可比性不强，而且比较单一。尼健君（2012）和张志虎（2012）以干物质为基础，分别分析了 10 个和 15 个小麦麸化学常规营养成分及有效能值，小麦麸消化能值分别为 9.53～15.0MJ/kg 和 9.23～13.51MJ/kg，并且都建立了相关的动态预测方程，即发现中性洗涤纤维是最佳的有效能值的预测因子。但是小麦麸消化代谢能值测定试验用生长猪体重阶段都是 35～40kg。结果表明，每一期试验期间，随着猪体重的不断增加，同一个小麦麸样品有效能值都有一定程度的提高。这个阶段的有效能值数据很难代表整个猪生长的有效能值（Morel 等，2006）。此外，张志虎（2012）采用直接法测定了 10 个小麦麸样品在生长猪中标准回肠末端氨基酸的消化率，也尝试建立动态预测方程，但效果一般。这是由于样品的化学组成变异情况、氨基酸消化率测定方法对预测方程建立本身具有试验日粮设计问题造成的。

基于以上基础，黄强（2015）从深度和广度上继续研究小麦制粉副产品作为猪饲料原料的营养价值。首先，在方法学上测定了不同替代比例（0.0、9.6%、19.2%、28.8%、38.4%和48.0%）下的细小麦麸玉米豆粕型基础日粮中有效能值及变异情况（表2-5），进行原料适宜替代比例的探讨。结果表明，随着细小麦麸在基础日粮中替代比例的提高，每个处理间有效能值的变异系数呈曲线下降。第一，从猪对饲料的适口性、能值变异性等基础上考虑，细小麦麸替代比例在基础日粮中越高，能值测定的准确性越高。第二，在加工工艺方面，测定和比较粉料及颗粒类型对小麦制粉副产品日粮有效能值及营养物质消化率的影响，以及对原料有效能值的影响（表2-6、表2-7）发现，制粒能改变日粮常规营养物质成分的结构状态，起到提高营养物质消化率的作用，但是对氮的沉积代谢没有影响。第三，在饲料能量和氨基酸利用率上，首先选用次粉和低级面粉样品在生长猪上进行有效能值和标准回肠末端氨基酸消化率的测定及回归方程的建立（表2-8至表2-10）。次粉和低级面粉全肠道表观能量消化率平均值分别为72.72%和83.74%。试验对15个样品的化学成分和消化能值进行线性回归模型分析发现，中性洗涤纤维对样品的消化能（digestible energy，DE）和代谢能（metabolizable，ME）值的预测效果最好：$DE = -0.13 \times NDF + 16.92$，$R^2 = 0.84$，$P < 0.01$；$ME = -0.6 NDF - 0.16$ 木聚糖（$Xylans$）$+ 0.26 \times CP - 2.02 \times P + 12.73$，$R^2 = 0.88$，$P < 0.01$。第四，在张志虎（2012）的数据基础上，在生长猪后期阶段测定和比较一系列小麦制粉副产品（30个）的化学常规营养成分及有效能值、线性回归预测方程的建立，并与先前的数据比较分析（表2-11至表2-14）发现，小麦制粉副产品有效能值随着常规化学营养成分变化而存在较大变异，中性洗涤纤维可以用来较好地预测有效能值，因此精确测定小麦制粉副产品的碳水化合物组分对于其作为能值最大的贡献因子来说具有较大的意义。第五，选取小麦麸为实验样品，测定不同饲喂水平下小麦麸在猪两个生长体重阶段不同肠道消化位点的营养物质消化率及有效能值，对先前的数据结果进行验证及探讨。小麦麸在猪两个体重阶段下［初始体重分别为（32.5 ± 2.1)kg 和（59.4±3.2)kg]，后肠道消化能值（3.68MJ/kg 和 4.41MJ/kg）差异显著（$P < 0.05$），小麦麸不同饲喂水平（9.65%和48.25%）下后肠道消化能值（2.34MJ/kg 和 5.75MJ/kg）差异更加显著（$P < 0.01$）（表2-15）。小麦麸在后肠道对有效能值的供应随着生长猪体重的提高而加强。提高纤维原料在基础日粮中的比例，尤其在一段适应期后，其自身的有效能值随着消化能力的提高而升高，因此有效能值可能会被低估。

表2-5 日粮不同细小麦麸水平在生长猪中对营养物质消化率、能量和氮平衡的影响

项 目	细小麦麸玉米-豆粕型基础日粮（%）						均值标准误	P 值		
	0.00	9.60	19.20	28.80	38.40	48.00		处理	线性	二次
消化率（%）										

（续）

项目	细小麦麸玉米-豆粕型基础日粮（%）						均值标准误	P 值		
	0.00	9.60	19.20	28.80	38.40	48.00		处理	线性	二次
干物质 (dry matter, DM)	89.97	86.82	84.44	81.82	78.65	77.44	0.70	<0.01	<0.01	0.32
粗蛋白质 (crude protein, CP)	91.27	89.54	86.41	85.42	85.14	83.83	0.57	<0.01	<0.01	0.14
有机物[1]	89.00	91.24	86.84	84.52	81.52	80.02	0.45	<0.01	<0.01	0.38
粗脂肪 (ether extract, EE)	40.60	38.16	36.57	33.78	33.87	34.61	1.17	0.06	<0.05	0.31
碳水化合物[2] (carbohydrate, CHO)	94.65	91.95	90.10	88.08	84.73	83.57	0.52	<0.01	<0.01	0.68
粗纤维 (crude fiber, CF)	40.03	37.98	45.22	37.41	48.59	32.67	0.81	<0.01	<0.01	<0.01
中性洗涤纤维 (neutral detergent fiber, NDF)	70.69	65.25	58.92	55.51	54.06	56.88	1.00	<0.01	<0.01	<0.01
酸性洗涤纤维 (acid detergent fiber, ADF)	59.04	45.07	41.02	37.29	32.21	37.15	1.31	<0.01	<0.01	<0.01
能量表观消化率 (apparent total tract digestibility, ATTD)	90.15	86.86	84.18	82.34	78.52	77.44	1.06	<0.01	<0.01	<0.01
能量 (MJ/kg DM)										
消化能 (digestible energy, DE)	16.39	15.75	15.38	15.03	14.12	14.11	0.13	<0.01	<0.01	0.41
代谢能 (metabolizable energy, ME)	15.82	14.88	14.62	14.49	13.60	13.55	0.11	<0.01	<0.01	0.13
氮平衡 (g/d)										
氮摄入 (nitrogen in take, NI)	59.04	50.77	56.82	57.26	52.13	48.64	0.80	<0.01	0.72	0.18
粪氮 (nitrogen in feces, FN)	5.17	5.30	7.75	8.30	7.69	7.86	0.31	<0.01	<0.01	<0.05
尿氮 (nitrogen in urine, UN)	12.81	12.15	14.47	11.97	15.55	10.46	1.04	0.66	0.47	0.41
氮沉积 (nitrogen retained, RN)	41.06	33.32	34.60	36.99	28.89	30.32	1.10	<0.01	0.20	0.70

注：[1]有机物=干物质-粗灰分，[2]碳水化合物=干物质-（粗灰分+粗蛋白质+粗脂肪）。

表 2-6 小麦制粉副产品粉料和颗粒料类型对生长猪营养物质消化率、氮平衡和能量的影响

项 目	粉 料				颗 粒 料				均值标准误	主效应 P 值			
	基础日粮	低级面粉	次粉	细小麦麸	基础日粮	低级面粉	次粉	细小麦麸		日粮	试验期	类型	日粮×类型
消化率（%）													
干物质（DM）	88.48ab	86.60bc	84.28de	82.28e	88.94a	87.43ab	85.08cd	84.09de	0.02	<0.01	0.66	0.29	0.85
粗蛋白质（CP）	88.81a	89.30a	87.29ab	85.71b	90.36a	90.40a	89.16a	88.24ab	0.03	<0.01	0.73	0.15	0.70
粗脂肪（ether extract, EE）	40.49b	35.58c	44.87b	36.73c	68.86a	65.07a	43.09b	48.68b	0.10	<0.01	0.02	0.21	<0.01
有机物（organic matter, OM）	91.15a	89.74a	86.67bc	85.85c	91.42a	90.33a	88.25a	87.24bc	0.01	<0.01	0.62	0.18	0.72
碳水化合物（CHO）	94.58a	92.94a	90.27b	89.76b	93.91a	92.58a	91.22b	90.28b	0.01	<0.01	0.99	0.17	0.46
能量	88.91ab	85.53bc	87.56d	88.63e	90.48a	87.17ab	88.94cd	90.18d	0.02	<0.01	0.92	0.25	0.86
能值（MJ/kg DM）													
消化能（DE）	15.92b	15.62bc	15.20de	14.64f	16.36a	15.91b	15.45de	15.00e	0.30	<0.01	0.93	<0.01	0.67
代谢能（ME）	15.43a	14.96abc	14.49cd	14.05d	15.73a	15.17ab	14.71bc	14.38cd	0.50	<0.01	0.68	0.08	0.98
代谢能：消化能（ME：DE）	96.81	96.03	95.29	95.77	95.79	95.91	95.24	95.32	0.02	0.18	0.29	0.16	0.78
氮平衡（g/d）													
氮摄入（NI）	52.48ab	53.18bc	50.23c	54.50ab	54.46ab	51.07c	54.23ab	55.87a	1.92	<0.01	<0.01	<0.01	<0.01
粪氮（FN）	5.56	5.78	6.04	6.60	5.21	5.09	5.24	5.77	1.32	0.42	0.12	0.09	0.65
尿氮（UN）	17.72	17.80	17.80	17.35	19.41	20.02	18.53	16.82	9.17	0.75	0.38	0.76	0.93
氮沉积（RN）	29.20	29.60	26.39	30.55	29.84	25.96	30.46	33.28	9.03	0.72	0.15	0.35	0.81

注：同行上标不同小写字母表示差异显著（P<0.05），相同小写字母表示差异不显著（P>0.005）；碳水化合物=干物质－（粗灰分＋粗蛋白质＋粗脂肪）。

表2-7 低级面粉、次粉和细小麦麸有效能值

项目	粉料			颗粒料			均值标准误	主效因子，P值			
	低级面粉	次粉	细小麦麸	低级面粉	次粉	细小麦麸		日粮	试验期	饲料形式	日粮×类型
消化能（饲喂基础，MJ/kg）	12.51[a]	10.86[bc]	9.77[bc]	12.82[a]	11.24[b]	10.11[c]	0.136	<0.01	0.11	0.22	0.99
代谢能（饲喂基础，MJ/kg）	10.86[ab]	9.83[a]	9.10[a]	11.97[a]	10.10[a]	9.24[a]	0.196	<0.01	0.32	0.27	0.70
消化能（干物质基础，MJ/kg）	14.25[a]	12.31[bc]	11.18[bc]	14.61[a]	12.74[b]	11.56[c]	0.156	<0.01	0.11	0.22	0.99
代谢能（干物质基础，MJ/kg）	12.37[a]	11.15[a]	10.40[a]	13.63[a]	11.45[a]	10.50[a]	0.189	<0.01	0.32	0.27	0.70

注：同行上标不同小写字母表示差异显著（$P<0.05$），相同小写字母表示差异不显著（$P>0.005$）。

表2-8 次粉和低级面粉全肠道消化代谢能量含量和表观消化率

项目	低级面粉								变异系数	次粉							变异系数	P值	
	河南[a]	河南[c]	河北[a]	辽宁	山西	河南[d]	新疆	江苏[b]		甘肃	四川	河南[b]	湖北	福建	河北[b]	江苏[b]		整体	次粉和低级面粉
消化能（风干基础，MJ/kg DM）	13.67	14.52	13.96	13.21	13.17	13.36	12.06	13.08	5.38	12.22	12.05	11.96	11.56	12.59	11.75	11.67	2.97	<0.01	0.02
代谢能（风干基础，MJ/kg DM）	13.05	13.70	13.20	12.30	12.70	12.62	11.69	12.91	4.74	11.81	11.42	11.48	11.06	12.11	11.08	10.97	3.71	<0.01	0.05
消化能（绝干基础，MJ/kg DM）	15.63	16.64	15.96	15.08	14.96	15.31	13.64	15.01	5.72	13.86	13.66	13.39	13.06	14.27	13.31	13.27	3.06	<0.01	0.02
代谢能（绝干基础，MJ/kg DM）	14.92	15.71	15.08	14.04	14.43	14.47	13.22	14.82	5.10	13.40	12.93	12.86	12.49	13.73	12.56	12.48	3.74	<0.01	0.48
表观消化率（%）	85.17	90.72	87.87	82.3	86.83	81.46	75.67	79.90	5.79	79.65	73.58	71.02	77.61	74.65	70.32	69.16	5.28	<0.01	0.03
代谢能：消化能	95.48	94.36	94.51	93.13	96.43	94.51	96.88	98.72	1.86	96.68	94.71	95.99	95.66	96.21	94.36	94.03	1.06	0.14	0.16

注：上标不同小写字母代表同一省（自治区）的不同厂家。

表 2-9　次粉和低级面粉化学组成对有效能值的预测 (DM)

编号	回归方程	决定系数 R²	P 值	残差标准差
1	$DE=-0.13 \times NDF+16.92$	0.84	<0.01	0.43
2	$DE=0.60 \times Starch+11.26$	0.77	<0.01	0.52
3	$DE=-4.60 \times CF+16.51$	0.75	<0.01	0.55
4	$DE=-9.90 \times Ash+16.75$	0.75	<0.01	0.54
5	$DE=-2.91 \times Xylans+16.31$	0.72	<0.01	0.58
6	$DE=-0.18 \times NDF+0.20 \times ADF+16.97$	0.87	<0.01	0.41
7	$ME=-0.11 \times NDF+16.01$	0.76	<0.01	0.50
8	$ME=-0.07 \times NDF+0.12 \times 木聚糖+15.98$	0.80	<0.01	0.46
9	$ME=-0.09 \times NDF-0.16 \times 木聚糖+0.20 \times CP+13.28$	0.85	<0.01	0.46
10	$ME=-0.6 \times NDF-0.16 \times 木聚糖+0.26 \times CP-2.02 \times P+12.73$	0.88	<0.01	0.37
11	$ME=0.92 \times DE+0.44$	0.96	<0.01	0.15

表 2-10　次粉和低级面粉标准回肠末端粗蛋白质和氨基酸的消化率 (%)

项目	低级面粉					平均值	变异系数	次粉					平均值	变异系数	P 值	
	黑龙江	河北	辽宁	山西	新疆			甘肃	四川	河南	山东	湖北			整体	次粉和低级面粉
粗蛋白质	89.25	91.20	89.31	90.02	92.84	90.52	1.67	90.94	90.47	93.97	93.42	90.37	91.83	1.88	<0.01	0.62
必需氨基酸 (essential amino acids, EAA)																
精氨酸	90.32	92.58	96.78	91.68	94.70	93.21	2.74	95.96	92.06	92.86	95.92	96.49	94.66	2.15	<0.01	0.25
组氨酸	90.57	92.04	95.04	93.27	92.62	92.71	1.77	95.34	91.99	92.94	93.39	95.83	93.90	1.74	<0.01	0.72
异亮氨酸	87.61	90.49	92.71	91.97	92.32	91.02	2.29	93.78	91.08	91.26	92.07	94.26	92.49	1.57	<0.01	0.61

（续）

项目	低级面粉 黑龙江	河北	辽宁	山西	新疆	平均值	变异系数	次粉 甘肃	四川	河南	山东	湖北	平均值	变异系数	P值 整体	次粉和低级面粉
亮氨酸	91.51	92.29	94.99	93.71	93.56	93.21	1.45	94.75	92.48	93.24	93.63	94.88	93.80	1.09	<0.01	0.36
赖氨酸	79.54	86.63	88.72	85.33	91.39	86.32	5.13	94.41	84.81	88.30	88.29	90.36	89.23	3.94	0.02	0.04
蛋氨酸	95.26	92.12	93.53	92.98	93.95	93.57	1.25	94.49	90.43	89.35	91.98	94.66	92.18	2.58	0.01	0.05
苯丙氨酸	93.03	92.94	95.00	94.35	92.12	93.49	1.24	95.62	92.03	93.34	93.90	96.07	94.19	1.76	<0.01	0.20
苏氨酸	82.39	86.63	89.06	87.41	84.78	86.05	2.98	91.10	87.09	90.03	89.36	91.09	89.73	1.84	0.02	0.47
色氨酸	88.89	87.22	90.84	90.18	91.06	89.64	1.78	89.13	85.24	85.19	90.48	94.95	89.00	4.57	0.02	0.12
缬氨酸	87.48	90.17	91.84	89.28	91.14	89.98	1.89	94.96	89.27	90.03	91.97	95.13	92.27	2.94	<0.01	0.78

表 2-11 小麦制粉副产品化学成分组成（%）

项目	饲用小麦粉 (n=6) 平均值	范围	变异系数	低级面粉 (n=7) 平均值	范围	变异系数	次粉 (n=5) 平均值	范围	变异系数	细小麦麸 (n=7) 平均值	范围	变异系数	小麦麸 (n=5) 平均值	范围	变异系数
干物质 (DM)	88.34	87.91~88.62	0.30	88.28	87.80~88.90	0.42	89.0	88.59~89.59	0.42	89.05	88.66~89.52	0.36	89.25	89.05~89.52	0.19
化学组成															
粗蛋白质 (CP)	14.16	13.03~15.00	5.42	14.73	13.46~15.61	4.91	16.56	15.44~19.63	10.85	17.57	16.20~18.86	5.57	17.33	15.90~18.38	5.62
粗脂肪 (EE)	1.72	1.27~2.66	29.44	1.87	1.51~2.82	23.48	3.21	1.96~5.07	36.91	3.21	1.54~4.06	27.72	2.37	1.58~3.09	23.17
中性洗涤纤维 (NDF)	10.0	8.89~11.21	10.18	14.66	9.88~19.84	24.77	29.33	23.85~34.13	14.83	40.96	37.47~43.01	4.64	44.85	42.79~48.73	5.15
酸性洗涤纤维 (ADF)	—	—	—	1.38	0.38~2.58	67.25	5.77	2.73~8.21	41.97	10.94	10.39~12.13	5.92	12.11	11.64~13.04	4.48
粗纤维 (CF)	0.92	0.54~1.44	35.93	2.60	1.62~4.17	38.09	5.47	4.52~7.15	18.95	9.17	7.87~10.23	8.57	11.43	10.75~13.42	9.82
粗灰分 (Ash)	1.18	0.8~1.56	3.58	1.47	0.88~2.00	7.45	3.16	1.89~5.05	26.34	5.16	4.42~6.19	6.97	5.47	5.06~5.84	17.11

（续）

项 目	饲用小麦粉 (n=6)			低级面粉 (n=7)			次粉 (n=5)			细小麦麸 (n=7)			小麦麸 (n=5)		
	平均值	范围	变异系数	平均值	范围	变异系数	平均值	范围	变异系数	平均值	范围	变异系数	平均值	范围	变异系数
淀粉	67.42	64.55~71.29	23.62	63.33	55.75~69.76	26.40	40.57	28.01~54.28	37.05	23.95	21.51~25.55	11.31	22.31	19.01~28.81	5.45
钙	0.02	0.01~0.03	40.95	0.04	0.02~0.06	33.62	0.07	0.06~0.09	17.13	0.11	0.08~0.13	19.85	0.09	0.08~0.11	13.66
磷	0.26	0.23~0.31	11.31	0.31	0.27~0.37	15.57	0.63	0.38~0.82	28.13	0.86	0.77~0.96	6.83	0.89	0.85~0.93	3.88
总能 (GE) (MJ/kg)	18.12	17.90~18.32	1.02	18.2	17.96~18.38	0.76	18.63	18.32~19.09	1.68	18.71	18.34~18.92	0.96	18.72	18.64~18.78	0.35
必需氨基酸 (EAA)															
精氨酸	0.74	0.62~0.86	13.16	0.75	0.57~0.85	12.38	1.08	0.97~1.31	13.52	1.28	1.19~1.45	6.91	1.27	1.08~1.43	10.22
组氨酸	0.38	0.32~0.44	11.06	0.37	0.33~0.41	7.04	0.46	0.44~0.52	8.12	0.52	0.49~0.56	4.63	0.53	0.49~0.59	7.61
异亮氨酸	0.58	0.47~0.65	11.22	0.56	0.52~0.63	6.41	0.59	0.57~0.63	4.76	0.62	0.57~0.67	5.29	0.61	0.54~0.68	7.95
亮氨酸	1.12	0.95~1.28	10.23	1.12	1.03~1.24	6.04	1.17	1.13~1.21	4.14	1.22	1.14~1.32	4.64	1.21	1.05~1.31	8.06
赖氨酸	0.43	0.38~0.51	12.70	0.45	0.32~0.52	15.19	0.7	0.59~0.82	13.29	0.79	0.73~0.85	5.54	0.78	0.70~0.88	8.79
蛋氨酸	0.25	0.21~0.27	10.52	0.24	0.21~0.27	6.61	0.26	0.25~0.28	4.57	0.26	0.25~0.27	4.02	0.26	0.24~0.27	6.23
苯丙氨酸	0.87	0.75~1.02	10.83	0.87	0.82~0.94	4.97	0.88	0.83~0.94	5.24	0.89	0.86~0.94	3.29	0.87	0.71~0.97	10.88
苏氨酸	0.48	0.41~0.55	10.45	0.47	0.41~0.49	8.55	0.58	0.55~0.64	6.65	0.63	0.53~0.75	10.49	0.63	0.57~0.64	7.85
色氨酸	0.19	0.16~0.21	9.33	0.19	0.17~0.21	9.31	0.25	0.22~0.30	12.35	0.29	0.26~0.33	9.66	0.29	0.28~0.31	4.03
缬氨酸	0.72	0.61~0.82	10.18	0.7	0.62~0.77	6.66	0.84	0.79~0.92	5.90	0.91	0.79~0.92	5.49	0.91	0.85~1.00	6.42
非必需氨基酸 (NEAA)															
丙氨酸	0.57	0.50~0.64	11.33	0.57	0.45~0.64	11.93	0.81	0.71~0.94	11.12	0.93	0.86~1.11	9.25	0.91	0.85~1.01	6.89
天冬氨酸	0.80	0.68~0.91	11.91	0.80	0.62~0.91	13.63	1.18	1.02~1.42	14.48	1.38	1.28~1.65	9.35	1.33	1.17~1.48	9.16
胱氨酸	0.35	0.30~0.38	7.27	0.35	0.33~0.38	4.52	0.37	0.34~0.39	5.49	0.36	0.34~0.37	3.49	0.36	0.35~0.38	4.38

（续）

项目	饲用小麦粉 (n=6)			低级面粉 (n=7)			次粉 (n=5)			细小麦麸 (n=7)			小麦麸 (n=5)		
	平均值	范围	变异系数	平均值	范围	变异系数	平均值	范围	变异系数	平均值	范围	变异系数	平均值	范围	变异系数
谷氨酸	4.48	3.73~5.32	13.81	4.20	3.85~4.91	10.07	3.61	3.28~4.54	14.86	3.36	3.03~3.71	7.01	3.39	3.01~3.60	6.93
甘氨酸	0.68	0.58~0.77	11.02	0.67	0.55~0.76	10.35	0.90	0.82~1.04	9.76	1.04	0.99~1.15	5.22	1.03	0.90~1.16	8.90
脯氨酸	1.72	1.40~2.02	13.29	1.65	1.49~1.87	8.82	1.39	1.24~1.74	14.99	1.32	1.15~1.51	9.44	1.41	1.25~1.98	21.34
丝氨酸	0.73	0.63~0.84	10.91	0.71	0.64~0.80	6.92	0.77	0.73~0.81	4.00	0.80	0.72~0.89	6.46	0.81	0.72~0.92	9.10
酪氨酸	0.53	0.42~0.61	13.44	0.54	0.49~0.62	9.36	0.56	0.51~0.61	9.09	0.59	0.55~0.62	4.03	0.59	0.43~0.68	16.47

表 2-12　生长猪小麦制粉副产品消化能、代谢能和总能表观消化率及代谢能与消化能的比值

项目	饲用小麦粉 (n=6)			低级面粉 (n=7)			次粉 (n=5)			细小麦麸 (n=7)			小麦麸 (n=5)		
	平均值	范围	变异系数	平均值	范围	变异系数	平均值	范围	变异系数	平均值	范围	变异系数	平均值	范围	变异系数
消化能 (DE)(饲喂基础, MJ/kg)	15.40	14.73~16.02	2.89	14.90	14.34~15.75	3.01	13.43	12.68~14.50	5.31	11.09	10.56~11.78	3.64	10.75	10.40~11.32	3.53
代谢能 (ME)(饲喂基础, MJ/kg)	14.81	14.27~15.27	2.72	14.16	13.84~15.01	1.34	12.72	12.06~13.52	4.42	10.33	9.84~10.84	3.67	9.72	9.28~10.09	3.49
消化能 (DE)(绝干基础, MJ/kg)	17.43	16.71~18.10	2.79	16.88	16.23~17.82	3.03	15.15	14.22~16.37	5.71	12.45	11.80~13.23	3.73	12.04	11.66~12.68	3.56
代谢能 (ME)(绝干基础, MJ/kg)	15.40	14.73~16.02	2.89	14.90	14.34~15.75	2.89	13.43	12.68~14.50	5.31	11.09	10.56~11.78	3.98	10.75	10.40~11.32	3.54
全肠道表观消化率 (ATTD,%)	96.17	95.00~97.51	0.99	95.01	93.98~96.57	0.88	94.76	93.27~96.39	1.21	93.21	92.05~94.71	0.93	90.43	89.08~91.87	1.42
代谢能:消化能 (ME:DE)	94.31	92.86~95.60	1.03	91.91	89.36~93.47	1.93	81.09	74.47~89.36	6.81	66.52	63.99~70.46	3.49	64.32	62.46~67.53	3.54

表 2-13　各类小麦制粉副产品通过化学成分建立的有效能值线性回归预测方程

样品名称	编号	预测方程	残差标准差	决定系数	P 值
饲用小麦粉	1	$DE=0.81\times EE+16.0$	0.21	0.76	0.025
低级面粉	2	$DE=-0.127\times NDF+18.7$	0.22	0.82	0.086
次粉	3	$DE=-0.196\times NDF+20.9$	0.15	0.98	0.001
细小麦麸	4	$DE=0.38\times Starch-0.39\times EE+4.4$	0.23	0.89	0.013
小麦麸	5	$DE=-0.15\times ADF+13.8$	1.18	0.16	NS

表 2-14　生长猪小麦制粉副产品有效能值和能量消化率的线性回归预测方程

样品名称	编号	预测方程	残差标准差	决定系数	P 值
所有原料预测方程					
小麦制粉副产品	1	$DE=-0.16\times NDF+19.2$	0.58	0.94	<0.01
小麦制粉副产品	2	$DE=-0.57\times CF+18.1$	0.57	0.94	<0.01
小麦制粉副产品	3	$DE=-1.18\times Ash+18.7$	0.61	0.93	<0.01
小麦制粉副产品	4	$ME=-0.136\times NDF+16.9$	0.5	0.94	<0.01
小麦制粉副产品	5	$ME=-0.10\times CF+16.4$	0.54	0.94	<0.01
小麦制粉副产品	6	$ME=-0.48\times Ash+15.9$	0.48	0.94	<0.01
能量消化率预测方程（%）					
代谢能：消化能 （ME：DE）	7	$ME=0.85\times DE+0.56$	0.06	0.99	<0.01
全肠道表观消化率 （ATTD）	8	能量全肠道表观消化率$=-0.01\times NDF+1.042$	0.04	0.96	<0.01

表 2-15　不同饲喂水平和生长猪体重阶段下套算法计算小麦麸后肠道能量
及营养物质利用率的影响

项　目	体重阶段一		体重阶段二		均值标准误	P 值		
	9.65%小麦麸	48.25%小麦麸	9.65%小麦麸	48.25%小麦麸		水平	水平×体重	体重
干物质（DM）	19.15	27.41	21.75	39.39	5.87	0.45	0.37	0.20
粗蛋白质（CP）	25.36	25.36	19.54	20.31	6.55	0.51	0.52	0.34
粗脂肪（EE）	-50.74	-43.75	-25.03	-18.43	23.58	0.65	0.90	0.96
中性洗涤纤维（NDF）	8.30^a	6.96^a	18.35^b	19.60^b	1.80	<0.05	0.18	0.46
酸性洗涤纤维（ADF）	-2.65	8.86	42.85	49.42	15.71	0.25	0.47	0.77
粗灰分（Ash）	31.08^a	76.54^{ab}	43.59^a	85.85^b	9.82	<0.05	0.85	0.89
有机物（OM）	13.77^a	24.87^b	17.36^a	37.73^c	3.14	<0.05	0.30	<0.05
碳水化合物（CHO）	11.09^a	26.67^{ab}	28.25^{ab}	42.54^c	4.31	<0.05	0.33	<0.05
消化能（DE）(MJ/kg)	2.56^a	4.80^b	2.12^a	6.70^c	0.45	<0.05	0.46	<0.05

注：同行上标不同小写字母表示差异显著（$P<0.05$），相同小写字母表示差异不显著（$P>0.005$）。

第五节　小麦制粉副产品的加工方法与工艺

小麦加工成面粉和副产品的工艺流程主要包括除杂、水分调节、配麦、清理、研磨筛理—次粉碎制粉、逐步粉碎制粉等（田建珍，2004）。

一、除杂和水分调节

加工过程中需要对小麦中的杂质及有害物质进行清除，一般利用小麦中杂质的不同理化性质进行筛选。同时，对小麦籽粒进行打麦和刷麦处理，尽量做到净麦入磨。进行打麦和刷麦之前，小麦需要进行调质和着水，做到软麦和硬麦分别着水。

二、配麦

小麦的配麦工艺是按照不同类型的小麦进行一定比例混合而进行面粉加工的。配麦的工艺主要按照对应的小麦及小麦相应的品质进行，包括小麦中的杂质、水分、硬度、面筋含量、粉质特性、拉伸特性、降落数值和糊化特性等。一般来说，小麦的配麦主要按照通用小麦粉和专用小麦粉的方案进行。配麦是小麦加工面粉的一道重要工艺，与产品的稳定、加工成本的高低、质量的稳定及经济效益都密切相关。

三、清理

小麦的清理方法一般可以分为湿法清理和干法清理，是指小麦从清理到加工磨制面粉之前，需要将小麦进行连续清理的生产工艺。小麦的清理具有重要作用，比如去除杂质、清理小麦表面和清除金属等作用。一般需要经过筛选、打麦与刷麦、磁选、风选、精选、洗麦与润麦、去石与分级、麦仓的设置、称重和小麦的搭配，杂质含量需要小于0.02%，不能含有磁性物质，应符合国家标准。

四、研磨筛理

因产品类型、生产规模及质量要求不同，制粉工艺也会不同，可分为一次性粉碎制粉和逐步粉碎制粉（田建珍和温纪平，2011）。

五、一次粉碎制粉

这种方法是只进行一次制粉的过程。小麦在经一次粉碎后，进行筛选或不筛选制成小麦粉。这种工艺很难剥离胚乳和种皮，胚乳粉碎的时候也有麦皮被粉碎，并且种皮上的胚乳也易筛选干净。因此，加工出来的小麦粉质量较差，只适合全麦粉和食品小麦粉的加工，不适合加工高等级的小麦粉（图 2-1）。

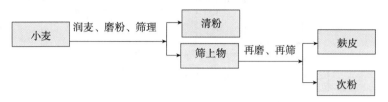

图 2-1　传统一次性粉碎生成麸皮和次粉的加工工艺

（资料来源：张子仪，2000）

六、逐步粉碎制粉

逐步粉碎制粉是面粉加工厂最常用的方法，根据面粉加工复杂的程度，可以分为简化分级制粉和逐步分级制粉。简化分级制粉的大概流程为：小麦进行磨制后，小麦粉筛出，剩下的混合后进行第二次研磨，几次重复后，直到获得相应质量的面粉及其他产品。这种加工方法不需要提取麦渣和麦芯，单个机组便可加工生产。因此，这种方法又称为"一条龙制粉"。逐步分级制粉可分为筛选麦芯麦渣不清粉的分级制粉和提取麦芯麦渣并进行清粉的分级制粉：①不清粉的分级制粉是将小麦经过前几道研磨系统研磨后产生的物料分离成麸皮、麦渣、麦芯和粗粉，然后按物料的粒度和质量分别送往相应的系统研磨（该制粉过程原理见图 2-2）。②提取麦渣及麦芯是在前几道研磨中多处提取麦渣、麦芯和粗粉，并按照颗粒大小和质量分级提纯出麦渣及麦芯。然后将筛选出的麦芯和粗粉进入芯磨系统加工更高等级的小麦粉，而筛选出的质量较次的则送往相应的芯磨系统磨制质量较低的小麦粉（该制粉过程原理见图 2-3）。由于高等级小麦粉的出粉率高，因此这种制粉方法在面粉厂中应用广泛。在该加工过程中，芯磨工艺可尽量避免种皮破碎，并能以撞击机及松粉机来达到松开粉片的目的并提高出粉率（田建珍和温纪平，2011）。

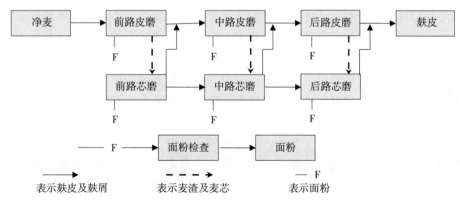

图 2-2　提取粗粒不清粉的制粉方法原理

（资料来源：田建珍和温纪平，2011）

对于小麦制粉副产品来说，一次性粉碎制粉所加工的副产品一般只有混合麸和次粉。而逐步粉碎制粉有多道筛选工艺，生产的副产品可以分开，一般有各种粒度粗细不

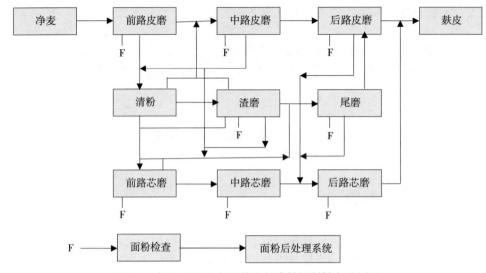

图 2-3　提取麦渣和麦芯并进行清粉的制粉方法原理
(资料来源:田建珍和温纪平,2011)

同的小麦麸、次粉和低级面粉等多种副产品。这需要根据制粉师制订的加工工艺、加工企业机器设备、副产品勾兑工艺等一系列因素决定副产品的种类和质量。因此,对小麦制粉副产品的详细分类评定显得尤为重要。

第六节　小麦制粉副产品作为饲料资源开发与高效利用策略

因为小麦制粉副产品富含非淀粉多糖,因此为了提高小麦制粉副产品的营养价值,需降低非淀粉多糖的抗营养作用。现在主要用水处理、添加抗生素、加工工艺的应用和添加酶制剂等方法来提高其副产品的营养价值(de Vries 等,2012)。

水处理可以消除原料中一些水溶性的非淀粉多糖,激活一些内源酶的活性。但是这种处理会让原料中的其他营养物质严重流失,而且也不能完全消除其抗营养作用。

根据反刍动物瘤胃微生物可以将非淀粉多糖发酵降解,人们尝试在日粮中添加抗生素来调节单胃动物肠道内的微生物区系,以消除非淀粉多糖的抗营养作用。在可溶性非淀粉多糖含量较高的家禽日粮中添加抗生素,能够提高其生产性能。

目前在饲料中添加酶制剂是降低饲料非淀粉多糖含量比较有效的方法,如木聚糖内切酶能够破坏非淀粉多糖的分子结构,进而降低其黏度。

Molist 等(2010)报道,给断奶仔猪饲喂 4% 粗麦麸(1 088μm)和细麦麸(445μm)对其生产性能没有影响,但是适量的粗麦麸能够显著降低回肠食糜大肠埃希氏菌的数量,且能够显著提高回肠食糜挥发性脂肪酸的含量,改善肠道健康。但是,粗麦麸本身的营养物质消化率肯定没有细麦麸高。因此,衡量麦麸的粉碎粒度需要从多角度思考其对动物的影响。

小麦淀粉颗粒黏结性好,故小麦制粉副产品,如次粉和低级面粉非常适合用于作为配方中制粒的黏结剂。蒸汽制粒能提高细小麦麸日粮中能量和干物质的消化率，改善饲料转化率（Skoch 等，1983；Erickson 等，1985）。Bayler 等（1968）发现，将小麦麸、细小麦麸和次粉蒸汽制粒后粉碎，制粒后不仅能够提高肉鸡的日粮代谢能，而且用制粒后的细小麦麸饲喂育肥猪后没有明显的影响，但是减小了原料的容重体积，方便运输。制粒后，小麦制粉副产品中的某些化学常规营养成分有一定变化，内源植酸酶的活性也会失活。

此外，de Vries 等（2012）系统总结了之前的报道发现，其他对原料的加工工艺，如蒸煮、高温高压处理、蒸汽压片、膨胀、膨化及发酵等工艺都能提高小麦麸或者小麦粉的营养价值，主要是能提高原料中非淀粉多糖的溶解性，降低食糜黏度、原料的保水性和系水性等，从而提高一些不可溶性碳水化合物的消化率，如非淀粉多糖、中性洗涤纤维和粗纤维等的消化率。

➡ 参考文献

冯定远，2003. 配合饲料学 [M]. 北京：中国农业出版社：131-148.

冯占雨，乔家运，2013. 次粉型妊娠母猪日粮的应用实践 [J]. 今日养猪业（2）：41-44.

何英，2004. 糠麸、糟渣、饼粕类饲料猪有效能预测模型的研究 [D]. 雅安：四川农业大学.

黄强，2015. 小麦制粉副产品猪有效能值和氨基酸消化率的研究 [D]. 北京：中国农业大学.

黄庆华，2015. 猪饲料中非淀粉多糖组分的测定方法及其对能量消化率的影响研究 [D]. 北京：北京畜牧兽医研究所.

李焕，刘翀，郑学玲，2017. 商业小麦麸皮的营养与安全品质研究 [J]. 食品科技，42（4）：161-166.

刘彩霞，2000. 用中性、酸性洗涤纤维及粗纤维预测猪饲粮消化能值的比较 [J]. 西南农业学报（S1）：51-56.

尼健君，2012. 玉米、豆粕和小麦麸猪有效能值回归方程的构建 [D]. 北京：中国农业大学.

田建珍，2004. 专用小麦粉生产技术 [M]. 郑州：郑州大学出版社.

田建珍，温纪平，2011. 小麦加工工艺与设备 [M]. 北京：科学出版社.

田少斌，2002. 利用纤维因子预测糟渣、糠麸类副产品饲料猪消化能值的研究 [D]. 雅安：四川农业大学.

万涛，李发活，黄玲，2018. 我国不同产地小麦籽粒有害金属含量分析 [J]. 食品科学（16）：248-250，252.

张志虎，2012. 生长猪小麦麸能值和氨基酸消化率预测方程的建立 [D]. 北京：中国农业大学.

张子仪，2000. 中国饲料学 [M]. 北京：中国农业出版社.

中华人民共和国农业部，1993. 饲料用次粉：NY/T 211—1992 [S]. 北京：中国农业出版社.

中华人民共和国农业部，1989. 饲料用小麦麸：GB 10368—1989 [S]. 北京：中国农业出版社.

中华人民共和国农业部，2004. 猪饲养标准：NY/T 65—2004 [S]. 北京：中国农业出版社.

Bach Knudsen K E，Jørgensen H，2001. Intestinal degradation of dietary carbohydrate, from birth to maturity [C] //Lindberg J E，Ogle B. Digestive physiology of pigs. New York：CABI Publishing：109-120.

Barnes J A，DeRouchey J M，Tokach M D，et al，2012. Effects of dietary wheat middlings, distillers dried grains with solubles, and choice white grease on growth performance, carcass characteristics, and carcass fat quality of finishing pigs [J]. Journal of Animal Science，90：2620-2630.

Batterham E S, Lewis C E, Lowe R F, et al, 1980. Digestible energy content of cereals and wheat by-products for growing-pigs [J]. Animal Production Science, 31: 259-271.

Bayler H S, Summers J D, Slinger S J, 1968. Effect of heat-treatment on metabolizable energy value of wheat germ meal and other wheat milling by-products [J]. Cereal Chemistry, 45: 557.

Bindelle J, Buldgen A, Delacollette M, et al, 2009. Influence of source and concentrations of dietary fiber on *in vivo* nitrogen excretion pathways in pigs as reflected by *in vitro* fermentation and nitrogen incorporation by fecal bacteria [J]. Journal of Animal Science, 87: 583-593.

Chastanet F, Pahm A A, Pedersen C, et al, 2007. Effect of feeding schedule on apparent energy and amino acid digestibility by growing pigs [J]. Animal Feed Science and Technology, 132: 94-102.

Cromwell G L, Cline T R, Crenshaw J D, et al, 2000. Variability among sources and laboratories in analyses of wheat middlings [J]. Journal of Animal Science, 78: 2652-2658.

de Vries S, Pustjens A M, Schols H A, et al, 2012. Improving digestive utilization of fiber-rich feedstuffs in pigs and poultry by processing and enzyme technologies [J]. Animal Feed Science and Technology, 178: 123-138.

Edwards C, 1993. Interactions between nutrition and the intestinal microflora [J]. Proceeding of Nutrition Society, 52: 375-382.

Erickson J P, Miller E R, Ku P K, et al, 1985. Wheat middlings as a source of energy, amino-acids, phosphorus and pellet binding quality for swine diets [J]. Journal of Animal Science, 60: 1012-1020.

Fernandez J A, Jørgensen H, Just A, 1986. Comparative digestibility experiments with growing pigs and adult sows [J]. Animal Production Science, 43: 127-132.

Fledderus J, Bikker P, Kluess J W, 2007. Increasing diet viscosity using carboxymethylcellulose in weaned piglets stimulates protein digestibility [J]. Livestock Science, 109: 89-92.

Girard C L, Robert S, Matte J J, et al, 1995. Influence of high fibre diets given to gestating sows on serum concentrations of micronutrients [J]. Livestock Production Science, 4: 15-26.

Graham H, Hesselman K, Aman P, 1986. The influence of wheat bran and sugar-beet pulp on the digestibility of dietary components in a cereal-based pig diet [J]. Journal of Nutrition, 116: 242-251.

Holt J P, Johnston L J, Baidoo S K, et al, 2006. Effects of a high-fiber diet and frequent feeding on behavior, reproductive performance, and nutrient digestibility in gestating sows [J]. Journal of Animal Science, 84: 946-955.

Huang S X, Sauer W C, Marty B, 2001. Ileal digestibilities of neutral detergent fiber, crude protein, and amino acids associated with neutral detergent fiber in wheat shorts for growing pigs [J]. Journal of Animal Science, 79: 2388-2396.

Huang S X, Sauer W C, Marty B, et al, 1999. Amino acid digestibilities in different samples of wheat shorts for growing pigs [J]. Journal of Animal Science, 77: 2469-2477.

Huang Q, Shi C X, Su Y B, et al, 2014. Prediction of the digestible and metabolizable energy content of wheat milling by-products for growing pigs from chemical composition [J]. Animal Feed Science and Technology, 196: 106-117.

Högberg A, Lindberg J E, 2004. Influence of cereal non-starch polysaccharides on digestion site and gut environment in growing pigs [J]. Livestock Production Science, 87: 121-130.

Johnson L R, 1988. Regulation of gastrointestinal mucosal growth [J]. Physiological Revieus, 68: 456-502.

Jondreville C, Broecke J V D, Grosjean F, et al, 2000. Ileal true digestibility of amino acids in wheat milling by-products for pigs [J]. Annales de Zootechnie, 49: 55-65.

Kim J C., Simmins P H, Mullan B P, et al, 2005. The digestible energy value of wheat for pigs, with special reference to the post-weaned animal [J]. Animal Feed Science and Technology, 122: 257-287.

Larsen F M, Wilson M N, Moughan P J, 1994. Dietary fiber viscosity and amino acid digestibility, proteolytic digestive enzyme activity and digestive organ weights in growing rats [J]. Journal of Nutrition, 124: 833-841.

le Goff G, Noblet J, 2001. Comparative total tract digestibility of dietary energy and nutrients in growing pigs and adult sows [J]. Journal of Animal Science, 79: 2418-2427.

le Gall M, Warpechowski M, Jaguelin-Peyraud Y, et al, 2009. Influence of dietary fibre level and pelleting on the digestibility of energy and nutrients in growing pigs and adult sows [J]. Animal, 3: 352-359.

lenis N P, Bikker P, van der Meulen J, et al, 1996. Effect of dietary neutral detergent fiber on ileal digestibility and portal flux of nitrogen and amino acids and on nitrogen utilization in growing pigs [J]. Journal of Animal Science, 74: 2687-2699.

Li S, Sauer W C, Hardin R T, 1994. Effect of dietary fibre level on amino acid digestibility in young pigs [J]. Canadian Journal of Animal Sciences, 74: 327-333.

Liener I E, 1994. Implications of antinutritional components in soybean foods [J]. Critical Reviews in Food Science and Nutrition, 34: 31-67.

Lin F D, Knabe D A, Tanksley Jr T D., et al, 1987. Apparent digestibility of amino acids, gross energy and starch in corn, sorghum, wheat, barely, oat groats and wheat middlings for growing pigs [J]. Journal of Animal Science, 64: 1655-1665.

Molist F, Gómez de Segura A, Pérez J F, et al., 2010. Effect of wheat bran on the health and performance of weaned pigs challenged with Escherichia coli K88+ [J]. Livestock Science, 133: 214-217.

Moore R J, Kornegay E T, Grayson R L, et al, 1988. Growth, nutrient utilization and intestinal morphology of pigs fed high-fiber diets [J]. Journal of Animal Science, 66: 1570-1579.

Morel P C H, Lee T S, Moughan P J, 2006. Effect of feeding level, live weigh and genotype on the apparent faecal digestibility of energy and organic matter in the growing pig [J]. Animal Feed Science and Technology, 126: 63-74.

Mosennthin R, Sauer W C, Ahrens F, 1994. Dietary pectin's effect on ileal and fecal amino acid digestibility and exocrine pancreatic secretions in growing pigs [J]. Journal of Nutrition, 124: 1222-1229.

Mroz Z, Moeser A J, Vreman K, et al, 2000. Effects of dietary carbohydrate and buffering capacity on nutrient digestibility and manure characteristics in finishing pigs [J]. Journal of Animal Science, 78: 3096-3106.

Nelson J H, 1985. Wheat: its process and utilization [J]. American Journal of Clinical Nutrition, 41: 1070-1076.

NRC, 1998. Nutrient requirements of swine [M]. 10th ed. Washington, DC: Proceeding of the National Academy of Sciences.

NRC, 2012. Nutrient requirements of swine [M]. 11th ed. Washington, DC: Proceeding of the National Academy of Sciences.

Owusu-Asiedu A, Patience J F, Laarveld B, et al, 2006. Effects of guar gum and cellulose on digesta passage rate, ileal microbial populations, energy and protein digestibility, and performance of grower pigs [J]. Journal of Animal Science, 84: 843-852.

Patience J F, Young L G, McMillan I, et al, 1977. Limiting amino acids in wheat shorts fed to swine [J]. Journal of Animal Science, 45: 1302-1308.

Ramonet Y, Meunier-Salaün M C, Dourmad J Y, 1999. High-fiber diets in pregnant sows: Digestive utilization and effects on the behavior of the animals [J]. Journal of Animal Science, 77: 591-599.

Rijnen M M J A, 2003. Energetic utilization of dietary fiber in pigs [D]. The Netherlands: Wageningen University.

Salyer J A, DeRouchey J M, Tokach M D, et al, 2012. Effects of dietary wheat middlings, distillers dried grains with solubles, and choice white grease on growth performance, carcass characteristics, and carcass fat quality of finishing pigs [J]. Journal of Animal Science, 90: 2620-2630.

Sauer W C, Stothers S C, Parker R J, 1977. Apparent and true availabilities of amino acids in wheat and milling by-products for growing pigs [J]. Canadian Journal of Animal Sciences, 57: 775-784.

Sauer W C, Mosenthin R, Ahrens F, et al, 1991. The effect of source of fiber on ileal and fecal amino acid digestibility and bacterial nitrogen excretion in growing pigs [J]. Journal of Animal Science, 69: 4070-4077.

Sauvant D, Perez J, Tran G, 2004. Tables of composition and nutritional value of feed materials [M]. 2nd ed. The Netherlands: Wageningen Academic Publishers.

Schulze H, van Leeuwen H, Verstegen M W, et al. , 1994. Effect of level of dietary neutral detergent fiber on ileal apparent digestibility and ileal nitrogen losses in pigs [J]. Journal of Animal Science, 72: 2362-2368.

Serena A, Jørgensen H, Bach Knudsen K E, 2008. Digestion of carbohydrate and utilization of energy in sows fed diets with contrasting levels and physicochemical properties of dietary fiber [J]. Journal of Animal Science, 86: 2208-2216.

Shaw D T, Rozeboom D W, Hill G M, et al. , 2006. Impact of supplement withdrawal and wheat middling inclusion on bone metabolism, bone strength, and the incidence of bone fractures occurring at slaughter in pigs [J]. Journal of Animal Science, 84: 1138-1146.

Shi X S, Noblet J, 1993. Digestible and metabolizable energy values of ten feed ingredients in growing pigs fed ad libitum and sows fed at maintenance level: comparative contribution of the hindgut [J]. Animal Feed Science and Technology, 42: 223-236.

Skoch E R, Binder S F, Deyoe C W, et al, 1983. Effects of steam pelleting conditions and extrusion cooking on a swine diet containing wheat middlings [J]. Journal of Animal Science, 57: 929-935.

Slominski B A, Boros D, Campbell L D, et al, 2004. Wheat by-products in poultry nutrition. Part I. Chemical and nutritive composition of wheat screenings, bakery by-products and wheat mill run [J]. Canadian Journal of Animal Sciences, 84: 421-428.

Urriola P E, Stein H H, 2010. Effects of distillers dried grains with solubles on amino acid, energy, and fiber digestibility and on hindgut fermentation of dietary fiber in a corn-soybean meal diet fed to growing pigs [J]. Journal of Animal Science, 88: 1454-1462.

Wilfart A, Montagne L, Simmins P H, et al, 2007. Sites of nutrient digestion in growing pigs: Effect of dietary fiber [J]. Journal of Animal Science, 85: 976-983.

Yin Y L, Mcevoy J D G, Schulze H, et al, 2000. Apparent digestibility (ileal and overall) of nutrients and endogenous nitrogen losses in growing pigs fed wheat (var. Soissons) or its by-products without or with xylanase supplementation [J]. Livestock Production Science, 62:

119-132.

Young L G，1980. Lysine addition and pelleting of diets containing wheat shorts for growing-finishing pigs［J］. Journal of Animal Science，51：1113-1121.

Young L G，King G L，1981. Wheat shorts in diets of gestating swine［J］. Journal of Animal Science，52：551-556.

Zebrowska T，Low A G，1987. The influence of diets based on whole wheat，wheat flour and wheat bran on exocrine pancreatic secretion in pigs［J］. Journal of Nutrition，117：1212-1216.

（中国农业大学　刘岭　李德发，北方学院　李亚奎　编写）

第三章
高粱及其加工产品开发现状
与高效利用策略

第一节 概　述

一、我国高粱及其加工产品资源现状

关于高粱［*Sorghum bicolor*（L.）Moench］起源问题目前尚未有定论，但是许多研究者认为高粱原产于非洲，以后传入印度，再到远东。高粱分布广，形态变异多。非洲是高粱变种最多的地区。斯诺顿于 1935 年收集到 17 种野生种高粱，其中有 16 种来自非洲。他所确定的 31 个栽培种里，非洲占 28 种；158 个变种里，只有 4 个种来自非洲以外的地方。中国高粱又名蜀黍、秫秫、芦粟、茭子等。关于它的起源和进化问题，多年来一直有两种说法：一说由非洲（或印度）传入；二说是中国原产，因为高粱在中国经过长期的栽培驯化，渐渐形成独特的高粱群，许多植物学形态与农艺性状均明显区别于非洲起源的各种高粱。中国高粱叶脉白色，颖壳包被小，易脱粒，米质好，分蘖少，气生根发达，茎成熟后髓部干涸，糖分少或不含糖分等。另外，中国高粱与非洲高粱杂交，F_1 代容易产生较强的杂种优势，说明两种高粱遗传距离差异较大。高粱是我国最早栽培的禾谷类作物之一。有关高粱的出土文物及农书史籍证明，最少也有 5 000 年历史了。例如，《本草纲目》记载："蜀黍北地种之，以备粮缺，余及牛马，盖栽培已有四千九百年。"

高粱为一年生草本植物，高 3～4m。茎为圆柱形，节上有黄棕色短毛。叶互生，狭披针形，长达 50cm，宽约 4cm；叶鞘无毛或被白粉；叶舌硬膜质，先端圆，边缘生纤毛。圆锥花序长达 30cm，分枝轮生，无柄小穗，卵状，长 5～6mm，成熟时下部硬革质而光滑无毛，上部及边缘有短毛。颖果为倒卵形，成熟后露出颖外，褐色。有柄小穗雄性，其发育程度变化甚大。

高粱有很多品种，有早熟品种、中熟品种和晚熟品种，又分常规品种、杂交品种；口感有常规的、甜的和黏的；株型有高秆的、中高秆的和多穗的等；高粱秆还有甜的与不甜的之分。粮食（面粉做出的食品）颜色有红的、白的和不红不白的等多种。按性状及用途可分为食用高粱、糖用高粱和帚用高粱等。高粱属有 40 余种，分布于东半球热带及亚热带地区。主产国有美国、阿根廷、墨西哥、苏丹、尼日利亚、印度和中国。

高粱经过培育和选择形成许多变种和品种。按其用途、花序和籽粒的形态不同分为4类：粒用高粱、糖用高粱、帚用高粱和饲用高粱。粒用高粱籽粒外露，品质好，有卡佛尔变种，具大而扁的颖果；都拉变种，有紧密下垂的果穗；中国高粱有直立的长果穗和近圆形的颖果。糖用高粱（芦粟）茎秆节间长、髓具甜汁，含糖量 10%～19%。帚用高粱茎皮柔韧，作编织用；花序分枝长，帚用。饲用高粱分蘖多，生长旺，籽粒较长，有苏丹草和约翰逊草等。粒用高粱的颖果，含淀粉、蛋白质、脂肪及钙、铁、B 族维生素和烟酸等。在中国的主要种植区为西北、东北和华北，播种面积约占全国高粱总面积的 2/3，常作主食，种皮中含单宁，带涩味，易与蛋白质结合，难消化，欧美各国多用于畜牧业。

二、开发利用高粱及其加工产品作为饲料原料的意义

（一）籽粒饲用高粱

高粱籽粒作为饲料的历史较长。在美国，所有高粱籽粒均用作饲料；在法国，工业发酵饲料消耗了 70% 的高粱；在我国，配方饲料中，高粱的比例极小。随着人们认识的提高和高粱品质的改善，高粱在我国饲料工业中必将起到重要作用。按照目前我国使用饲料的实际情况看，2014 年饲料产量为 19 340 万 t，如果在饲料中添加 5%～10% 的高粱，那么高粱的年用量就应该为 500 万～1 000 万 t。因此，高粱在饲料中的应用前景非常好。

高粱籽粒是一种优良饲料，其作为饲料的平均可消化率为：蛋白质 62%、脂肪 85%、粗纤维 36%、无氮浸出物 81%，可消化养分总量为 70.46%，平均总淀粉含量为 69.82%，1kg 高粱籽粒的总热量为 18.63×10^3 kJ。这些营养指标表明，高粱籽粒适于作畜禽饲料用，其饲用生产的效能大于燕麦和大麦，大致相当于玉米。

（二）饲草高粱

与普通高粱一样，饲草高粱不仅具有产量高、抗逆性强（抗旱涝、耐盐碱、耐瘠薄、耐高温、耐寒冷）和用途广泛的特点，而且具有较高的营养价值，其粗蛋白质和粗纤维含量分别比苏丹草分别高 2.7% 和 0.26%；蛋白质含量分别比草木樨、沙打旺和青刈玉米的高 2.53%、5.22% 和 2.45%；其蛋白质含量分别与青刈黑麦、串叶松香草相近，是仅次于苜蓿的优良饲草。

饲草高粱是利用高粱雄性不育系作母本、苏丹草作父本杂交产生的杂种一代，是利用杂种优势商品化生产的一种新型牧草。苏丹草是一种有很强承载力的牧场草，每公顷可承载 2～5 头牲畜，最高可达 10～12 头。利用栽培高粱与苏丹草杂交得到的杂交种饲草高粱，表现出了更强大的杂种优势，生物学产量比栽培高粱和苏丹草增加 5%～10%，饲草高粱鲜草产量为 65～150t/hm²，在辽宁省一年可刈割 2～3 次，在江淮流域一年可刈割 4次，刈割后可直接饲喂牲畜。这种杂交饲草高粱既可以青饲、青贮，又可作干草；不仅可饲喂牛、羊和鹿，而且还可饲喂鹅、鱼等，是非常有发展前景的饲草高粱。

畜牧业发达国家，如美国、英国、俄罗斯、澳大利亚和加拿大等国，十分重视高产优质牧草的引种和选育工作，已育成一大批饲草高粱品种，如先锋、标兵、海牛和长青

等。美国从 20 世纪 20 年代即开始了饲草高粱的育种工作，已获得较好的经济效益。美国的草业工作者对饲草高粱的栽培也进行了较深入的研究。现在，他们正在广泛搜集世界各地的优良饲草高粱资源，以便培育出抗病、抗逆性强并且高产优质的饲草高粱新品种，为美国畜牧业持续发展奠定坚实的基础。

饲草高粱作为一种新的饲料作物，于 20 世纪 90 年代初开始逐渐受到我国高粱育种专家的重视。我国选育的皖草 2 号、晋草 1 号和辽草 1 号，以及从国外引进的健宝、苏波丹等杂交饲草高粱均表现出了杂种优势强、生物产量高和抗逆性强的特性。为了保证畜牧业发展对饲草的需求，国内农田的种草面积逐年扩大。以山西省为例，仅雁门关生态畜牧经济区就要发展 40 万 hm^2 草地，若饲草高粱占 1/6，其面积也有近 7 万 hm^2。近年来，全国农田草地面积可能发展到 1 333 万～2 000 万 hm^2，饲草高粱的发展空间十分广阔。

饲草高粱是理想的圈养饲草，在水浇地上种植，每公顷饲草高粱青饲、青贮相结合（不需加精饲料），可喂养 150 只羊或 15 头牛，出栏率比放牧高 50%，可增收 3 万多元，是单纯粮食生产的 3～4 倍，经济效益十分显著。另外，饲草高粱还有一个优点，即在播种后 60d 就可刈割鲜草 45 t/hm^2。在一年一季有余两季不足、两季有余三季不足的农作区，粮草复种可实现一年两作或三作，可大大提高土地的利用率，增加农民收入。

（三）青贮甜高粱

青贮甜高粱与粒用高粱一样，为 C4 植物，光合效率高，且具有多重抗逆性，抗旱、抗涝、耐盐碱和耐瘠薄，非常适合在我国水资源缺乏的干旱和半干旱地区种植。青贮甜高粱生长速度快，除了能收获 3～6t/hm^2 的籽粒外，还可同时获得高达 45～60t/hm^2 的茎叶。青贮甜高粱植株高大，茎秆汁液丰富，含糖量高（茎秆汁液含量和含糖量分别高达 60% 和 1.5% 以上），适口性好，各项营养指标均优于玉米。其含糖量比青贮玉米高 2 倍；无氮浸出物和粗灰分分别比玉米高 64.2% 和 81.5%；粗纤维虽然比玉米多，但由于青贮甜高粱干物质含量比玉米高 41.4%，因而青贮甜高粱中粗纤维占干物质的相对含量为 30.3%，低于玉米（33.2%）。

青贮甜高粱杂交种可在成熟时一次收获进行青贮（与当地青贮收获时间相同），也可分两次青刈进行青贮，第一次在乳熟期前后收割，第二次在秋后收割。青贮甜高粱可以单贮，也可与玉米秸秆混贮，以弥补玉米秸秆水分和糖分的不足。且青贮的质量比较好，营养丰富，牲畜喜食，易于消化吸收。用青贮甜高粱青饲料喂养奶牛，每天可增加产奶量0.8～1.5kg/头。另外，青贮甜高粱茎叶还是养殖鹿、鸵鸟、马和鱼的良好饲料。青贮甜高粱适合于大型奶牛、肉牛等养殖场种植，与养殖企业结合形成产业，非常有应用价值。

总之，近几年由于畜牧业迅速发展，有限的草场资源已不能满足其发展的需要。饲用高粱的利用和发展，不仅为我国畜牧业发展提供了强大的饲料支撑，还可有效地保护有限的草场资源，从而保护环境，具有极佳的生态效益。

三、高粱及其加工产品作为饲料原料利用存在的问题

高粱目前在我国配合饲料中的用量相对较低，主要原因为：①高粱中的能量含量较

玉米、大麦等主要能量饲料低一些；②高粱中含有单宁，其可以降低饲料蛋白质的消化利用；③对高粱加工副产品的营养价值评定工作还不到位。

第二节 高粱及其加工产品的营养价值

每100g高粱中含有蛋白质84g、脂肪2.7g、糖类75.6g、钙7mg、磷188mg、铁4.1mg、维生素$B_1$0.26mg，维生素$B_2$0.09mg，不含维生素C，含热量1 507.25kJ。高粱的营养价值与玉米近似，稍有不同的是高粱籽粒中的淀粉、蛋白质、铁的含量略高于玉米，而脂肪、维生素A的含量又低于玉米。

高粱中的蛋白质以醇溶性蛋白质为多，色氨酸、赖氨酸等人体必需氨基酸含量较少，是一种不完全的蛋白质，不易被人体吸收。如将其与其他粮食混合食用，则可提高营养价值。

高粱蛋白质中的赖氨酸含量在谷物中最低，因而蛋白质的质量也最差，而且烟酸含量也不如玉米高，但烟酸能为人体所吸收，因此以高粱为主食的地区很少发生"癞皮病"。

高粱中钙、磷含量与玉米相当，磷含量为40%～70%；维生素B_1、维生素B_6含量与玉米相当；泛酸、烟酸、生物素含量高于玉米，但烟酸和生物素的利用率低。

高粱中脂肪含量为3%，略低于玉米，脂肪酸中饱和脂肪酸占比也略高，亚油酸含量也较玉米稍低。加工副产品中粗脂肪含量较高，籽粒中粗脂肪的含量较少，仅为3.6%左右。

目前生产加工工艺的多样化和精细化使得其副产品的营养成分变化非常大，表3-1和表3-2对高粱和玉米的营养价值进行了总结。

表3-1 高粱与玉米营养成分的比较

项 目	指 标	高 粱	玉 米
常规养分 （proximate nutrient） （%）	干物质	86	86
	粗蛋白质	9	8.7
	粗脂肪	3.4	3.6
	粗纤维	1.4	1.6
	无氮浸出物（nitrogen free extract，NFE）	70.4	70.7
	粗灰分	1.8	1.4
有效能（kcal*/kg）	消化能（猪）	3 150	3 410
	代谢能（猪）	2 970	3 210
	代谢能（鸡）	2 940	3 240

---

* cal为非法定计量单位。1cal≈4.184J。——编者注

(续)

项　目	指　标	高　粱	玉　米
氨基酸 (amino acids，AA) (%)	赖氨酸	0.28	0.24
	蛋氨酸	0.11	0.18
	胱氨酸	0.18	0.2
	色氨酸	0.11	0.07
	精氨酸	0.37	0.39
	组氨酸	0.24	0.21
	亮氨酸	1.42	0.93
	异亮氨酸	0.56	0.25
	苯丙氨酸	0.48	0.41
	苏氨酸	0.3	0.3
	缬氨酸	0.58	0.38
矿物元素 (%)	钙	0.13	0.02
	磷	0.36	0.27
	非植酸磷 (nonphytate phosphorus，NON-Phy-P)	0.17	0.12
	镁	0.15	0.11
	钠	0.34	0.01
	钾	0.03	0.29
微量元素（mg/kg)	铁	87	36
	铜	7.6	3.4
	锌	17.1	21.1
	锰	20.1	5.8
	硒	0.05	0.04

表 3-2　高粱加工副产品的营养价值（%）

类　别	得　率	占比（干物质）		
		粗蛋白质	粗纤维	粗灰分
高粱麸皮	23	15	10	6
普通高粱粉	4～6	12		1.5
次粉	3～5	14	5	3
胚芽	0.2	28	2	4

第三节　高粱及其加工产品中的抗营养因子及其消除方法

一、高粱中的抗营养因子

与其他主要禾谷类作物相比，目前栽培的大多数粒用高粱营养品质较差。其原因主要

48

是高粱籽粒中单宁的含量较高，直接影响蛋白质的可消化性。另外，高粱的代谢能（ME）与其中单宁的含量呈现负相关。因此，消除单宁的影响可以提高高粱的饲用价值。

二、消除抗营养因子的方法

消除或者降低高粱中单宁的方法主要有以下几种：①作物育种。高粱种皮的颜色与单宁含量相关，种皮褐色越深，单宁含量越高，而白色种皮中的单宁含量很低。高粱单宁的遗传因子是控制颜色遗传的基因，因此可通过遗传基因控制单宁含量，育出单宁含量低的高粱品种。②建立科学的饲养制度。增加日粮中的蛋白质或补充相应的氨基酸，提高日粮蛋白质水平，可以有效减缓或者消除单宁的不利影响。有研究表明，对没食子酸甲基化的甲基来源主要是胆碱和蛋氨酸。给肉仔鸡饲喂高粱-豆粕型日粮，当蛋白质低于最适水平时，在日粮中添加0.15％的蛋氨酸可以改善仔鸡的生长性能，但是不能改变较低的饲料转化率。③物理脱毒。单宁存在于籽实的种皮中，用机械加工脱去外壳，即脱去单宁。然而脱壳的同时也脱去了部分有效成分，这种方法受到了限制。④化学脱毒。一种为加水聚合法，模拟高粱成熟过程中单宁的化学变化规律，加水产生高湿，可使单宁由低聚物聚合成高聚物，失去结合蛋白质的能力。除此之外，还有氨化法、氢氧化钠法等。也有研究发现，聚氧乙烯、山梨聚糖、含油酸基化合物、聚乙烯吡咯烷酮等非离子型聚合物在消化道内可与单宁形成复合物，能降低其与蛋白质的结合率。

一般情况下认为：单宁含量在0.2％以下的高粱，其在饲料中的使用量为30％时对动物无不利影响；当单宁含量超过0.2％时，其在饲料中的使用量下降。在猪饲料中，建议高粱在体重为25kg以上的小猪中开始使用。如果是低单宁高粱，则其使用量最高可以至30％，对体重为60kg的中大猪，最高可以至60％。在肉鸡饲料中，低单宁高粱可以完全替代玉米，在饲料中的用量最高可以至65％，一般建议在中、大鸡饲料中使用。

第四节　高粱及其加工产品在动物生产中的应用

一、在养猪生产中的应用

高粱在猪饲料中的适宜添加比例见表3-3。

表3-3　高粱在猪饲料中的适宜添加比例（％）

生长阶段	添加比例
前期（<25kg）	0
小猪（25～50 kg）	<20
生长期（50～75 kg）	<30
育肥期（75 kg以上）	<60

二、在反刍动物生产中的应用

在奶牛饲料中，由于玉米的价格波动很大，因此高粱和大麦等其他能量饲料的应用越来越多。高粱中的单宁对奶牛日粮的蛋白质并无不良影响，一般在成年奶牛日粮中的用量可达到 15%~25%。

但是，育成牛阶段（3~7 月龄）不建议使用高粱作为大宗的能量原料，因为高粱中的单宁成分会降低蛋白质的消化利用效率。

在肉牛、肉羊的精饲料补充料中高粱可以作为主要的能量原料，一般在料中的添加比例为 40%±5%。

三、在家禽生产中的应用

高粱在家禽饲料中的适宜添加比例见表 3-4。

表 3-4　高粱在家禽饲料中的适宜添加比例（%）

禽　类	添加比例
鸭	<60
肉鸡	<50
蛋鸡	<20

四、在水产品生产中的应用

高粱一般在水产类饲料中使用很少，在成鱼阶段用量一般最多可占日粮的 5%~10%。但是，日粮中必须含有高蛋白质含量的其他原料，如鱼粉、骨粉、玉米蛋白粉等，以弥补高粱中赖氨酸含量的不足。

五、在其他动物生产中的应用

高粱作为高膳食纤维原料，目前在成年宠物日粮中的应用较多，一般的添加比例为 20%±5%（表 3-5），有可以提高宠物健康程度、促进消化和降低宠物血液脂肪含量等作用。在毛皮动物，如狐貉饲料中，高粱的使用量一般在 10% 左右。因为高粱中的蛋氨酸含量相对较低，所以需要添加其他富含蛋氨酸的原料或者是蛋氨酸类的氨基酸添加剂。

表 3-5　高粱在宠物日粮中的适宜添加比例（%）

动　物	添加比例
犬	<40
猫	<30
仓鼠	<25
狐和貉	<10

第五节 高粱及其加工产品的加工方法与工艺

高粱加工是将高粱去壳，取出种仁，碾去种仁的皮层，得到含碎粒最少的高粱米的过程。高粱的籽粒由颖和种仁组成。颖有护颖和包在其内的内颖，两者合称为外壳，表面光滑，厚而隆起。颖和种仁结合较松，在运输过程中因碰撞、摩擦会自动脱落，加工时几乎全部脱掉。种仁由皮层、胚乳和胚组成，皮层较厚，果皮外层细胞全部角质化，因此较坚实，皮层的色泽有白、黄、红和赤褐色。胚乳外围为角质淀粉，中间为粉质淀粉，根据其结构组织松紧程度分为硬质和软质。胚呈长形，长达籽粒的一半。标准是以容重划分等级，有一、二、三等，其容重依次为 $740kg/m^3$、$720kg/m^3$、$700kg/m^3$。

一、高粱的加工方法

高粱加工加工方法较为简单，一般可以不设置脱壳和与其配套的分离工序。工艺过程为清理与分粒、碾米、擦米、成品混合。

分粒是把颗粒大小不同的高粱分开。大粒籽粒坚实，皮层较薄，容易碾去，而小粒则相反。如果不分粒，往往出现大粒过碾，小粒去皮少，造成精度不匀，碎米增加，出品率降低。有两种加工方法：在清理过程中分大小粒和经碾米机粗碾后再分大小粒。粗碾有脱壳作用，因此能提高分粒效果。分粒设备一般采用溜筛和振动筛，分出的小粒控制在总流量的5%～10%。小粒可单独碾制或暂时存放后再用同一辆碾米机和大粒交错碾制。碾米方法随原粮情况不同而有所不同，有一般高粱碾米、高水分高粱碾米、烘干与晾干高粱碾米、粉质高粱碾米4种。但一般都分为粗碾和精碾两个阶段，中间辅以除糠设备。

二、高粱的加工工艺流程及工艺原理

(一) 高粱的加工工艺流程

一般分为初清理工艺流程、毛高粱清理工艺流程和光高粱清理工艺流程3种。

1. 初清理工艺流程 圆筒初清筛-高效振动筛-垂直吸风道-磁选器-称重。

该工艺主要是清理大部分的大杂、小杂及轻杂，特别是危害性较大的麻绳、大粒无机杂质、金属杂质，以保证后续设备运转安全、可靠。

2. 毛高粱清理工艺流程 分为一次着水工艺和二次着水工艺。

（1）一次着水工艺 称重-磁选器-高效振动筛-垂直吸风道-去石机-精选机-打米机-高效振动筛-垂直吸风道-着水机。

（2）二次着水工艺 磁选-打米机-垂直吸风道-着水机。

3. 光高粱清理工艺流程 磁选-打米机-垂直吸风道-去石机-着水绞龙。

(二) 工艺原理

1. 筛选原理 利用被筛理物料之间的粒度（宽度、厚度、长度）差别，借助筛孔分离杂质或将物料进行分级，物料经过筛选后，凡是留在筛面上的未穿过筛孔的物料称为筛上物，穿过筛孔的物料称为筛下物。筛面可分为栅筛面、冲孔筛面、编织筛面。筛孔的形状可分为圆形孔、长形孔、方形孔、三角形孔。圆筒初清筛是用于谷物接收入库的初步清理设备，以提高原料入库质量，为下道工序创造有利条件，防止堵塞管道，损坏设备。筛孔大小一般为φ10～16mm，具体根据产量而定，混杂在谷物中的绳头、砖头、泥块等大型杂质可以被分离出来。高效振动筛是应用于谷物清理最广泛的一种筛选与风选相结合的清理设备，是利用物料间粒度的不同进行除杂或分级的。因此，凡是在粒度上有差异的物料，均可采用筛选的方法进行分离。一般情况下，大杂筛网用φ6.5～7.0mm，小杂筛网用φ2～2.25mm，混杂在谷物中的秸秆、小杂能被分离出来。

2. 高速润米原理 增加高粱皮层的水分，提高皮层的抗破坏强度，在高粱制粉时皮层不易破碎，以产生最少的麸星，进而提高面粉的精度，降低灰分和提高出粉率。同时，研磨时易保持麸片完整。着水量一般控制在7%以内，润米时间为25～40min。一般采用MOZL双转子着水机。也可以配以辅助润米工艺，加水量为0.3%～0.5%。

3. 研磨原理 利用机械作用力把高粱籽粒剥开，然后从高粱片上刮净胚乳，再将胚乳磨成一定细度的高粱粉。

4. 松粉机原理 利用高速旋转体及构件与较纯净的胚乳颗粒之间产生的反复而强烈的碰撞打击作用，能使胚乳被撞击成一定细度的高粱粉。

5. 清粉机原理 气流和筛理的联合作用，能将研磨过程中的高粱渣和高粱芯按质量分成麸屑、带皮的胚乳和纯净的胚乳粒，以实现对高粱渣、高粱芯的提纯。

6. 高方筛原理 把研磨撞击后的物料混合物按照粒度的大小和比重进行分级，并筛出高粱粉。

三、成型/成熟的高粱加工工艺流程示意图

高粱籽实的一般加工工艺流程见图3-1。

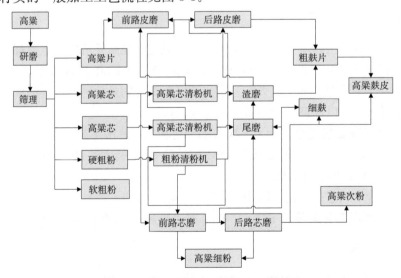

图3-1 高粱籽实的一般加工工艺流程

四、大宗非粮型饲料原料加工设备

设备选型与功能的匹配关系见表 3-6。

表 3-6　设备选型与功能的匹配关系

区　别	分离方法	设备应用	去除杂质
粒度	冲孔板	初清筛、振动筛	沙子、豆类、玉米等
气流阻力	气流	吸风分离器	谷壳、灰尘、轻质粒
比重	气流和稍倾斜筛网	去石机	石头、玻璃、较轻质杂
长度	袋孔	精选机	大麦、燕麦、荞籽
磁性	磁选	磁选器	磁性金属杂质
颜色	颜色	色选机	不同颜色的杂质

除了上述分离机器外，还涉及研磨机（撞粉机、松粉机和打麸机）。

第六节　高粱及其加工产品作为饲料资源开发与高效利用策略

一、加强开发利用高粱及其加工产品作为饲料资源

高粱可提高猪的瘦肉比例。据英国农业科学技术协会报道，对于饲料中蛋白质水平的变化，瘦肉型猪比脂肪型猪的反应更敏感。如果使饲料中蛋白质水平从 12％提高到 20％，则瘦肉型猪的瘦肉率可从 51％提高到 58％，脂肪型猪的瘦肉率只能从 45％提高到 47％。由于高粱籽粒中可消化蛋白质为 54.7g/kg，比玉米（45.3g/kg）多 9.4g/kg，而粗脂肪含量比玉米低 0.25％，且玉米中含有较多的不饱和脂肪酸，而高粱中却很少。因此，高粱作饲料可提高猪的瘦肉率。

高粱籽粒还可用作肉鸡、蛋鸡和火鸡等的饲料，且在配合饲料中完全可以代替玉米。用高粱籽粒饲喂仔鸡可预防肠道疾病，提高成活率。试验表明，用高粱代替玉米饲喂雏鸡，其成活率高、增重速度快、经济效益高。例如，饲料中各用 75％的高粱和玉米饲喂雏鸡，喂高粱的成活率为 84.1％，喂玉米的成活率为 73.7％。

二、改善高粱及其加工产品作为饲料资源开发利用方式

建议对高粱加工副产品进行制粒处理，这样可以提高熟化度和消化率。同时，也可提高适口性。

三、制定高粱及其加工产品作为饲料产品的标准

目前，各个饲料生产厂家也相应制定了自行采购的标准，如容重、水分、蛋白质含

量、是否掺假等。但是，这些标准还不够详尽，不能对高粱及其加工产品的营养价值做出较为准确的判断。另外，高粱中还含有单宁抗营养因子，应该进行检测。

建议增加单宁、非蛋白氮、可溶性糖、淀粉、中性洗涤纤维、酸性洗涤纤维指标的标准。

四、科学制定高粱及其加工产品作为饲料原料在日粮中的适宜添加量

高粱及其加工产品能否作为饲料原料的关键是看其中的营养成分含量，如蛋白质、能量、脂肪、矿物元素等。由于受到加工工艺的影响，因此各种副产品之间，甚至同种副产品之间的营养成分含量变异幅度都很大。例如，益海嘉里金龙鱼粮油食品股份有限公司与其他公司的产品之间差异就很大。这给饲料原料在配合饲料中的利用带来了很大的困惑，不容易掌握其在配合饲料中适宜的添加量。

目前，国际上畜牧业发达强国在大学相关专业师资力量和科研力量的配合下，建立了比较完备的数据库，对新型的饲料原料，如高粱蛋白质饲料等进行备案、留样，并且在科学研究的层面对其进行营养价值评定。美国目前对100多种新出现的饲料原料用体外产气法（in vitro gas production technique）评定了其作为反刍动物饲料的能量价值，并且用酶解法（enzyme hydrolysis method）评定了其蛋白质营养价值；同时，完善了包括钙、磷、硫、铜、锌等的含量；对于纤维性饲料（尤其是高粱副产品）提出了其中性洗涤纤维在瘤胃内30h不降解率（neutral detergent fiber undegraded after 30 hours, NDF_{U30}）的新的评定指标，这个指标能够更好、更快捷地评定纤维性饲料的营养价值。这些工作为副产品在配合饲料中的利用提供了完备的数据基础，为副产品的高效生产提供了必备条件。我国也应该寻求这种模式，建立自己的数据库资源，为饲料工业的发展提供必要的数据支撑。

五、合理开发利用高粱及其加工产品作为饲料原料的战略性建议

饲料成本占整个养殖业总成本的65%～70%，甚至更高，合理、科学地利用饲料是养殖业获得成功的关键。我国养殖业起步晚、发展速度比较慢，尤其是反刍动物养殖业的饲料转化率偏低。据不完全统计，我国奶牛生产效率（精饲料和奶量的比例）为1∶2左右，而荷兰大概为1∶4。造成这个结果的原因除了饲养管理不科学之外，主要就是对饲料的利用不科学。

建议以美国净碳水化合物和蛋白质体系为基础，建立各种加工工艺下的高粱副产品营养价值数据库。另外，对高粱副产品进行制粒工艺的研究，以开发出功能性高粱副产品颗粒饲料系列产品。其中，包括反刍动物过冬保膘饲料、奶牛特殊时期（泌乳高峰期、干奶期、围产期等）饲料、高粱副产品颗粒饲料。在颗粒饲料中可添加符合家畜生理特点的物质，以起到促进采食量、预防疾病的作用。例如，在围产期颗粒饲料中添加阴离子盐，在泌乳高峰期颗粒饲料中添加糖蜜等。针对肉牛、肉羊饲料中蛋白质含量偏低的缺点可以添加糊化尿素等非蛋白氮产品，最终形成可以满足其营养需要的特殊功能

性饲料产品。

以大学和研究所的试验教学工程中心为培养基地，举办针对大型养殖场（其中包括奶牛、肉牛、肉羊）饲料综合利用的培训，及时把国内外先进的饲料及饲养理念灌输和传播出去，在培养人才的同时将饲料技术推广出去，真正实现产学研一体的教学研模式；同时，及时总结饲料利用的技术难点，组织优势科研教学人员利用现有条件重点攻关，并将形成的技术及产品立即用于生产第一线。

参考文献

韩福光，张颖，1993. 高粱不同外植体愈伤组织诱导的研究 [J]. 辽宁农业科学 (1)：45-48.

李玉清，邹丽鹃，2009. 饲用高粱的特性及生产管理 [J]. 养殖技术顾问 (2)：46.

卢庆善，1992. 我国高粱杂种优势利用回顾与展望 [J]. 辽宁农业科学 (3)：40-44.

卢庆善，朱翠云，宋仁本，等，1998. 甜高粱及其产业化问题和方略 [J]. 辽宁农业科学 (5)：24-28.

田晓红，谭宾，谭洪卓，等，2009. 我国主产区高粱的理化性质分析 [J]. 粮食与饲料工业 (4)：10-14.

张润栋，1995. 高粱在家禽日粮中的饲用价值 [J]. 饲料博览 (3)：18-19.

Ajiboye T, Iliasu G, Adeleye A, et al, 2016. A fermented sorghum/millet-based beverage, Obiolor, extenuates high-fat diet-induced dyslipidaemia and redox imbalance in the livers of rats [J]. Journal of the Science Food and Agriculture, 96：791-799.

Malik N, Zain H, Ali N, 2018. Organismic-level acute sorghum toxicology profiling of reactive azo dyes [J]. Environ Monit Assess, 190：6-12.

Muck R, Nadeau E, McAllister T, et al, 2018. Silage review: Recent advances and future uses of silage additives [J]. Journal of Dairy Science, 101：3980-4000.

Muthulakshmi S, Chakrabarti A, Mukherjee S, 2015. Sorghum gene expression profile of high-fat diet-fed C57BL/6J mice: in search of potential role of azelaic acid [J]. Journal of Physiology and Biochemistry, 71：29-42.

Muthusamy S, Dalal M, Chinnusamy V, et al, 2017. Genome-wide identification and analysis of biotic and abiotic stress regulation of small heat shock protein (HSP20) family genes in bread sorghum-wheat [J]. Journal of Plant Physiology, 211：100-113.

Rao K, Chennappa G, Suraj U, et al, 2015. Probiotic potential of lactobacillus strains isolated from sorghum-based traditional fermented food [J]. Probiotics Antimicrob Proteins, 7：146-156.

Rico J, Mathews A, Lovett J, et al, 2016. Palmitic acid feeding increases ceramide supply in association with increased milk yield, circulating non-esterified fatty acids, and adipose tissue responsiveness to a glucose challenge [J]. Journal of Dairy Science, 99：8817-8830.

Verma J, Wardhan V, Singh D, et al, 2018. Genome-wide identification of the Alba gene family in plants and stress-responsive expression of the sorghum-rice Alba genes [J]. Genes, 9：23-31.

（沈阳师范大学　乔国华　肖志刚，中国农业大学　王凤来　编写）

第四章
玉米麸质饲料开发现状与
高效利用策略

第一节 概 述

玉米是我国三大主要粮食作物之一,占全国粮食总产量的1/4。我国玉米产量居世界第二,仅次于美国。国家统计局公布,我国2018年玉米总产量为2.573亿 t,比2017年增长了8.20%。随着社会发展与科技进步,玉米逐渐成为很多工业的原料,人们不断对玉米进行深度加工,开展综合利用的研究。随着玉米在饲料中的大量应用,以及淀粉加工业生产技术水平的不断提高,玉米淀粉加工业不断壮大。2011年,我国淀粉中的玉米淀粉产量明显高于其他品种淀粉(如木薯淀粉、马铃薯淀粉、甘薯淀粉和小麦淀粉等),为2 082.28万 t,占淀粉总产量的92.72%。国内外生产玉米淀粉普遍采用的是湿磨法(wet milling)和干磨法(dry milling)。与湿磨法相比,干磨法投资较小且省水节能,但是湿磨法具有生产的副产品回收率高和整体经济效益高的优势,这使得湿磨法成为世界上生产玉米淀粉的基本方法。而玉米麸质饲料(corn gluten feed,CGF)作为将湿磨法淀粉生产的多种副产品混合的饲料,价格低廉,同时也是产量最多的产品,其生产和应用也越来越受到重视(尤新,2007;陈璇,2009)。

一、我国玉米麸质饲料资源现状

玉米麸质饲料又称玉米蛋白质饲料或喷浆玉米皮。农业部2013年发布的《饲料原料目录》将其定义为将玉米浸泡液(corn steep water)喷到玉米皮(corn bran)上并经干燥获得的产品,在玉米加工副产品中数量最大,玉米麸质饲料占玉米原料的10%~14 %(干基),这是一种蛋白质含量及能量均为中等的饲料。由于玉米麸质饲料来自玉米湿磨筛洗工序,因此由玉米外皮及纤维部分及蛋白质和少量的淀粉组成。国外一般是将混入玉米浆的这种饲料干燥至含水量为10%~11%,得到的蛋白质含量不小于21%、淀粉含量不大于15%、纤维含量不大于10%的混合饲料。国内则因其能耗大、利用价值较低,所以利用程度不高。据卢敏等(1998)介绍,玉米淀粉加工厂生产的各种产品的比例分别为淀粉68.0%、玉米浆3.5%、玉米胚芽(corn germ)6.5%、玉米蛋白粉

(corn gluten meal) 6.5%、玉米麸质饲料 12.5%等，即每吨玉米可以产生 125 kg 的玉米麸质饲料。因此，玉米麸质饲料产量不仅非常大，而且分布广泛。但主要集中分布在我国的山东、吉林、内蒙古、河北、山西、河南和陕西 7 个省（自治区）。

二、开发利用玉米麸质饲料作为饲料原料的意义

玉米麸质饲料主要由玉米皮和玉米浆组成。其中，玉米浆是玉米浸泡水经过多效浓缩或薄膜浓缩制成的，是淀粉加工厂的亚硫酸溶液浸泡液，如果不生产玉米麸质饲料，它将作为废液排放到环境中，导致水土污染。玉米淀粉加工厂通过生产工艺的改进，将亚硫酸溶液浸泡液浓缩加工，进而与玉米皮混合生产出玉米麸质饲料，既可以将玉米淀粉加工厂的副产品变废为宝，又可以减少环境污染。另外，玉米浆作为玉米麸质饲料的主要成分之一，虽然营养成分丰富，但是浆液里面含有浸泡玉米时添加的硫元素，如果将此高浓度的浆液排放到环境中，会造成严重的环境污染（熊杜明等，2009）。但如果能够将其合理地开发应用到饲料中，不仅可以弥补饲料资源的匮乏，减少对环境的污染，符合我国建设资源节约和环境友好型社会的要求，而且能降低饲料成本，从而提高经济效益和社会效益。

三、玉米麸质饲料作为饲料原料利用存在的问题

玉米淀粉厂在生产淀粉时，先用低浓度的亚硫酸溶液浸泡玉米，将玉米中的可溶性营养成分，如球蛋白（globulin）及其降解物（占总蛋白质的 25%）、乳酸、植酸钙镁盐和可溶性糖类等（纪颖，2012）浸到玉米浸泡液中，再将该浸泡液浓缩就能得到玉米浆。浸泡后的玉米再经过碾磨、脱胚芽和纤维分离程序后，玉米皮与淀粉便分离开来，因此玉米皮中含有生产中未被分离的少量淀粉和大量纤维素成分。由于玉米麸质饲料主要是由上述两种玉米淀粉副产品按照一定比例混合而成，且混合比例随玉米淀粉厂的加工条件和市场情况不同而变化，因此玉米麸质饲料的营养物质含量差异很大。玉米麸质饲料作为饲料原料时，一定要准确评价其营养成分，以提高玉米麸质饲料的转化率。

养殖场或饲料厂在制作饲料配方时，需要知道每种原料的有效营养物质含量，如消化能、代谢能和可消化氨基酸含量，但是饲料原料的品种、加工工艺及环境等诸多因素是变化的。尤其是玉米麸质饲料主要由玉米浆和玉米皮两部分组成，因此影响其中任一成分的因素都会直接影响玉米麸质饲料的品质和营养物质含量。这些因素包括玉米的产地、品种和存放时间，加工工艺参数和稳定性等。同样，如果玉米皮和玉米浆的添加比例改变，玉米麸质饲料的营养成分也会发生变化（Ham 等，1995），其消化能、代谢能和氨基酸消化率也会相应改变。因此，在配制饲料时，仅根据玉米麸质饲料营养物质含量的参考数据而不利用玉米麸质饲料的真实有效成分，不但会造成营养物质的浪费，增加饲养成本，而且在很大程度上还限制了玉米麸质饲料在畜牧业中的推广应用。因此，通过动物消化代谢试验，建立玉米麸质饲料有效成分的动态预测模型，只需要测定一批玉米麸质饲料的某些化学成分的含量，就可以准确预测这批玉米麸质饲料的有效能值和氨基酸消化率，不但高效、及时、节约动物试验成本，而且更能有效地提高数据的准确性。

第二节　玉米麸质饲料的营养价值

玉米麸质饲料主要由玉米皮和玉米浆组成，由于玉米淀粉厂没有固定的工艺及产品规格，因此玉米麸质饲料的营养成分含量因玉米浸出液和玉米种皮的组成比例及质量不同而发生变异，且变异很大（熊本海和张子仪，2001）。

表 4-1 列出了笔者查阅到的玉米麸质饲料营养成分数据资料。从此表可以看出，国内外玉米麸质饲料的粗蛋白质和中性洗涤纤维（NDF）变异较大，分别为 17.39%～25.34%和27.50%～44.50%。与国外的玉米麸质饲料营养成分数据相比，中国的玉米麸质饲料粗脂肪含量高。可能的原因是中国的玉米麸质饲料中混有玉米胚芽，而玉米胚芽中富含油脂，因此提高了饲料整体的油脂含量。中国的玉米麸质饲料淀粉含量较高，可能原因是中国的淀粉加工工艺不完善，没有将玉米皮和淀粉完全分离，导致玉米皮中的淀粉含量增加。国内外玉米麸质饲料中钙和总磷（TP）含量水平相近，变异分别为0.07%～0.16%和0.70%～1.25%。从玉米麸质饲料的氨基酸组成来看，不同来源的数据基本吻合，其中必需氨基酸中的精氨酸、亮氨酸和缬氨酸含量较高，而猪的主要限制性氨基酸如赖氨酸、蛋氨酸和色氨酸含量较低。

表 4-1　不同来源玉米麸质饲料常规营养成分

项　目	美　国				中　国	法　国
	美国	美国	美国	美国		
干物质（%）	85.87	87.13	90.0	95.86	88.0	88.0
粗蛋白质（%）	23.00	17.39	22.3	25.34	19.3	19.3
粗脂肪（%）	—	4.21	2.5	2.82	7.5	2.7
粗纤维（%）	—	7.08	8.0	8.93	7.8	7.5
中性洗涤纤维（%）	30.88	27.50	—	44.50	33.6	33.8
酸性洗涤纤维（%）	7.68	8.43	—	10.33	10.5	8.8
日粮总纤维（%）	—	26.80	—	41.80	—	32.8
粗灰分（%）	—	5.14	7.3	7.10	5.4	6.1
钙（%）	0.11	0.09	—	0.07	0.15	0.16
总磷（%）	0.90	0.78	—	1.25	0.70	0.89
淀粉（%）	9.77	23.67	14.0	13.11	21.50	18.00
钠（mg/kg）	—	0.15	—	0.04	0.12	0.23
硫（mg/kg）	—	0.22	—	0.51	—	0.28
总能（MJ/kg）	—	3 989	—	4 735	—	3 920
必需氨基酸						
精氨酸（%）	0.95	1.04	1.0	1.18	0.77	0.89
组氨酸（%）	0.61	0.67	0.7	0.75	0.56	0.56

（续）

项　目	美　国				中　国	法　国
	美国	美国	美国	美国		
异亮氨酸（%）	0.79	0.66	0.6	0.73	0.62	0.59
亮氨酸（%）	1.86	1.96	1.9	2.12	1.82	1.56
赖氨酸（%）	1.02	0.63	0.6	0.70	0.63	0.58
蛋氨酸（%）	0.32	0.35	0.5	0.31	0.29	0.33
苯丙氨酸（%）	0.87	0.76	0.8	0.80	0.70	0.68
苏氨酸（%）	1.21	0.74	0.9	0.81	0.68	0.66
色氨酸（%）	0.16	0.07	0.1	0.14	0.14	0.12
缬氨酸（%）	1.12	1.01	1.0	1.16	0.93	0.89
非必需氨基酸						
丙氨酸（%）	1.48	1.28	1.5	1.59	—	1.24
天冬氨酸（%）	1.44	1.05	1.2	1.51	—	1.07
胱氨酸（%）	0.43	0.46	0.5	0.54	0.33	0.38
谷氨酸（%）	2.70	3.11	3.4	3.86	—	2.74
甘氨酸（%）	1.03	0.79	1.0	1.07	—	0.81
脯氨酸（%）	1.61	1.56	1.7	1.95	—	1.62
丝氨酸（%）	0.73	0.78	1.0	0.92	—	0.80
酪氨酸（%）	0.64	0.58	0.6	0.68	0.50	0.46

　　整体来看，美国 Anderson 等（2012）研究的玉米麸质饲料中，粗蛋白质、粗纤维（crude fiber，CF）、中性洗涤纤维、日粮总纤维（total dietary fiber，TDF）、总磷、硫元素（sulfur）和总能值（gross energy，GE）最多。可能的原因是该玉米麸质饲料的干物质（dry matter，DM）含量为 95.86%，高于其他研究数据。

表 4-2　不同来源玉米麸质饲料有效能值（饲喂基础）

项　目	美　国		中　国	法　国
	美国	美国		
干物质（%）	87.13	95.86	88.0	88.0
粗蛋白质（%）	17.39	24.29	19.3	19.3
猪消化能（kcal/kg）	2 990	2 517	2 480	2 581
猪代谢能（kcal/kg）	2 872	2 334	2 280	2 438
猪净能（kcal/kg）	2 043	—	1 680	1 625
鸡代谢能（kcal/kg）	—	—	2 020	1 840
肉牛维持净能（kcal/kg）	—	—	2 000	—
肉牛增重净能（kcal/kg）	—	—	1 360	—

（续）

项 目	美 国		中 国	法 国
	美国	美国		
奶牛产奶净能（kcal/kg）	—	—	1 700	—
羊消化能（kcal/kg）	—	—	3 200	—

注："—"无数值。

由表 4-2 可知，玉米麸质饲料在猪中的消化能值和代谢能值变异较大，分别为 2 480~2 990kcal/kg 和 2 280~2 872kcal/kg，而在鸡和反刍动物中没有很好的有效能数值可以使用。

不同地区来源玉米麸质饲料粗蛋白质和氨基酸含量有一定的变化，其详细数据见表 4-3。10 种不同地区的玉米麸质饲料粗蛋白质含量变异为 17.21%~27.18%。不同玉米麸质饲料的必需氨基酸含量的变异系数都超过了 10%，但是除了精氨酸、组氨酸、赖氨酸和色氨酸外，其他必需氨基酸含量的变异系数均小于 15%。

表 4-3 玉米麸质饲料粗蛋白质和氨基酸含量分析值（DM,%）

项 目	玉米麸质饲料编号										平均值	变异系数
	1	2	3	4	5	6	7	8	9	10		
粗蛋白质	22.20	21.69	21.16	21.04	24.75	20.89	20.85	17.21	27.18	21.29	21.83	12.02
必需氨基酸												
精氨酸	1.13	0.95	1.04	0.79	0.69	0.64	0.50	0.75	1.29	0.50	0.83	32.28
组氨酸	0.73	0.70	0.62	0.63	0.72	0.65	0.48	0.61	0.98	0.59	0.67	19.26
异亮氨酸	0.68	0.66	0.60	0.64	0.76	0.64	0.59	0.50	0.83	0.61	0.65	13.98
亮氨酸	2.01	1.86	1.84	1.93	2.28	1.95	1.75	1.52	2.42	1.84	1.94	13.23
赖氨酸	0.75	0.70	0.72	0.52	0.65	0.56	0.36	0.54	0.95	0.46	0.62	26.92
蛋氨酸	0.35	0.34	0.30	0.30	0.38	0.31	0.29	0.26	0.41	0.28	0.32	14.60
苯丙氨酸	0.72	0.72	0.68	0.70	0.83	0.67	0.63	0.57	0.90	0.62	0.70	13.81
苏氨酸	0.82	0.80	0.75	0.78	0.91	0.80	0.69	0.67	1.06	0.84	0.81	13.86
色氨酸	0.10	0.11	0.11	0.11	0.10	0.11	0.08	0.07	0.08	0.08	0.09	18.00
缬氨酸	1.14	1.09	0.99	1.01	1.28	1.06	0.98	0.90	1.46	1.06	1.10	14.86
非必需氨基酸												
丙氨酸	1.52	1.61	1.44	1.66	1.79	1.52	1.45	1.07	1.80	1.63	1.55	13.48
天冬氨酸	1.45	1.25	1.07	1.14	1.35	1.00	0.92	0.96	1.71	0.98	1.18	21.69
胱氨酸	0.46	0.44	0.43	0.39	0.51	0.44	0.41	0.43	0.60	0.46	0.46	12.89
谷氨酸	3.38	3.26	3.23	3.19	3.65	3.12	2.79	2.66	4.11	2.97	3.24	12.97
甘氨酸	0.95	0.94	0.85	0.91	1.07	0.98	0.79	0.78	1.26	0.94	0.94	15.13
脯氨酸	1.93	1.80	1.85	1.81	2.23	2.01	1.61	1.66	2.59	2.06	1.96	14.80
丝氨酸	0.90	0.87	0.84	0.78	0.94	0.86	0.76	0.70	1.17	0.86	0.87	14.51
酪氨酸	0.53	0.55	0.44	0.37	0.38	0.39	0.35	0.27	0.56	0.28	0.42	25.95

注：玉米麸质饲料编号 1~6 分别来自我国内蒙古、吉林和山东地区，玉米麸质饲料编号 7~10 分别来自我国山西、河北、河南和陕西地区。

第三节　玉米麸质饲料的抗营养因子

从生产工艺可以看出，玉米麸质饲料主要是指玉米除去淀粉、胚芽后的所得部分，即玉米纤维饲料（玉米皮），再经过玉米浆喷涂干燥后的一种饲料原料，其中的抗营养因子主要来自于玉米本身的纤维素、霉菌毒素和加工过程中掺入的含硫化合物。因此，在畜禽生产中要控制其添加量，避免纤维素含量过高影响日粮能量水平。另外，及时关注霉菌毒素含量和含硫化合物含量是否超标，尤其是在幼龄动物饲料中应用时。

总之，玉米麸质饲料作为一种常见的玉米加工副产品，其本身所含的抗营养因子与玉米相同。虽然玉米本身所含抗营养因子较少，但玉米在储存过程中易受霉菌污染，特别是在收获期间遭受连阴雨天气时更容易产生霉变。霉变后的玉米容易产生黄曲霉毒素、呕吐毒素、玉米赤霉烯酮等有毒有害物质，而且这些有毒有害物质化学性质较稳定，不受玉米加工过程的影响。如果这些被感染的玉米用于生产，那么大多霉菌毒素就会存留在玉米加工副产品中，甚至被浓缩，含量是普通玉米的3倍以上。

第四节　玉米麸质饲料在动物生产中的应用

一、玉米浆的用途

玉米浆是玉米浸泡水经过多效浓缩或薄膜浓缩制成的，由玉米浸泡工序分离出来的可溶物组成，外观一般呈暗棕色膏状，含固形物70%左右。用湿磨法生产玉米淀粉时，会产生大量的浸泡水，这部分浸泡水在浓缩前固形物含量很低，很多工厂均将玉米浸泡水直接排放掉，不仅浪费资源，而且污染环境（卢敏等，1998）。目前，玉米浆被国内发酵工业广为利用，如抗生素、味精和酵母等生产厂用玉米浆作为微生物营养料。同时，玉米浆也是饲料工业的主要配料，将其喷到玉米皮中，可以提高玉米皮的蛋白质含量，生产玉米麸质饲料，并广泛应用到饲料工业中。用湿法生产1t玉米淀粉大约产生1t以上的玉米浸泡水，其中含有1%左右的植酸（熊杜明等，2009）。因此，玉米浆还可以用来制造广泛应用于食品、医药、油漆涂料、塑料工业及高分子工业等领域的菲汀、肌醇和植酸等。

二、玉米皮的用途

玉米皮是玉米加工生产淀粉的副产品之一，占玉米总重量的1%～10%。玉米皮中纤维素、半纤维素和葡萄糖含量丰富，分别为11%、35%和32%，可作为生产木糖醇产品的原料，生产后的残渣可用于发酵生产燃料乙醇，实现玉米皮的全部利用。玉米皮中脂肪含量约为6%，可用来提取玉米纤维油，玉米纤维油中含有高达10%～15%的有强抗氧化能力的植物甾醇。玉米皮含有的糖类品种较多，既有六碳糖又有五碳糖。利用玉米皮水解液培养饲料酵母，就能将水解所获得的糖类转化成饲料酵母，糖的转化率高达45％以上，即每吨玉米皮产糖50％，最终产饲料酵母22.5％（孟宪梅等，1998），这一优质的饲料蛋白质产品可以广泛应用于各种家畜饲料中。

三、玉米麸质饲料在畜禽生产中的应用

（一）反刍动物

现阶段国内外有关玉米麸质饲料的营养价值评定及其在养猪生产中的应用方面研究较少。由于玉米麸质饲料纤维含量高、蛋白质含量中等，而且价格低廉，因此主要作为反刍动物的饲料原料。Alves等（2007）研究表明，在奶牛日粮中添加16％的玉米麸质饲料不但不会影响奶牛的生产性能，而且降低了饲料成本、增加了经济效益。在奶牛日粮中分别添加0、12.4％、24.5％和35.1％4个水平的湿玉米麸质饲料，并用苜蓿干草保持颗粒大小，粗蛋白质、中性洗涤纤维含量保持恒定。结果表明，只要饲料中粗饲料颗粒保持在19 mm以上，玉米麸质饲料含量≥10％，随着湿玉米麸质饲料的增加，瘤胃pH不受影响，但干物质采食量和产奶量增加，湿玉米麸质饲料为24.5％时达到最大，乳蛋白、乳糖和乳脂率也不受影响。

（二）禽和猪

虽然高水平纤维并不利于肉鸡的生长，但是El-Deek等（2009）研究表明，在肉鸡营养平衡的日粮中添加25％的玉米麸质饲料并不会对肉鸡产生有害影响。肉仔鸡对玉米麸质饲料能量的表观利用率为53.14％，氮校正能量的表观利用率为49.58％。仔鸡对玉米麸质饲料中4种限制性氨基酸的回肠末端表观消化率较高，分别为：赖氨酸（75.81±3.47）％、蛋氨酸（85.62±2.84）％、苏氨酸（72.83±1.98）％、胱氨酸（72.78±2.48）％。在不影响猪的生长性能的情况下，生长猪日粮中玉米麸质饲料的推荐添加量为20％（Castaing等，1990），而育肥猪日粮中可添加30％的玉米麸质饲料（Yen等，1971）。

第五节　玉米麸质饲料的加工方法与工艺

玉米湿磨法生产淀粉的原理是通过物理方法即浸泡、研磨和分离将玉米粒中各组成部分分开，提出可溶性物质（可溶蛋白质和无机盐）、蛋白质、脂肪和纤维，最后得到纯净的淀粉和多种副产品，其简易流程图见图4-1（陈瞰，2009）。

首先将原料玉米进行净化除杂，之后投入浸泡罐中，在浓度为0.12％～0.35％、温度为（50±2）℃的亚硫酸溶液中逆流浸泡36～72h。亚硫酸溶液可以与玉米间质蛋白质的二硫键反应，破坏蛋白质网，从而降低蛋白质的分子质量，不但提高了蛋白质的亲水性和可溶性，而且使蛋白质与淀粉更易分离，提高了淀粉的纯度，促进了渗透和扩散作用，使玉米粒大量吸水膨胀，释放出可溶性物质；在亚硫酸溶液中，降低了玉米粒的机械强度，使各组成部分疏松，削弱了相互间联系的同时还抑制了腐败微生物的生长

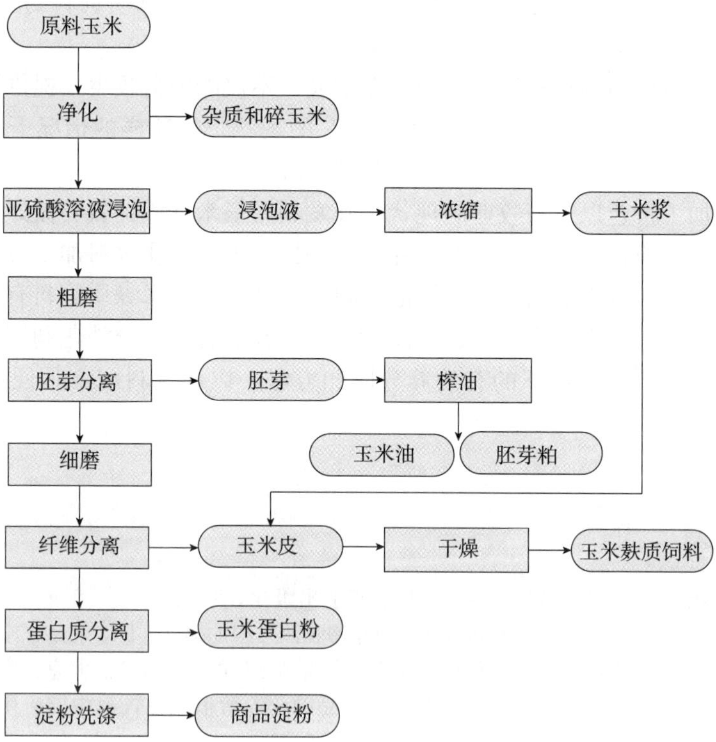

原料玉米

净化 → 杂质和碎玉米

亚硫酸溶液浸泡 → 浸泡液 → 浓缩 → 玉米浆

粗磨

胚芽分离 → 胚芽 → 榨油 → 玉米油　胚芽粕

细磨

纤维分离 → 玉米皮 → 干燥 → 玉米麸质饲料

蛋白质分离 → 玉米蛋白粉

淀粉洗涤 → 商品淀粉

图 4-1　湿磨法生产玉米淀粉的简易工艺流程
（资料来源：陈璨，2009）

（邓奕妮，2012）。玉米浸泡后得到淀粉加工过程中的第一项副产品——玉米浸泡水，玉米浸泡水中含干物质 7%～9%，pH 为 3.9～4.1，经过减压多效蒸发、浓缩至含干物质 40%～70% 的玉米浆。浸泡后的玉米通过粗磨使玉米粒破碎，而软化后的胚芽具有弹性，可以与玉米中余下的成分分离，这样就得到了第二项副产品——玉米胚芽，玉米胚芽经过进一步加工可以提取胚芽油，并产生玉米胚芽粕。提取胚芽后的玉米部分再经过精磨、筛分和洗涤，能使纤维与粗淀粉乳分离，筛上的纤维经过脱水干燥即可得到第三项副产品——玉米纤维或玉米皮。粗淀粉乳经过高效分离设备分离得到的麸质水，含固形物 2% 左右，浓缩、脱水和干燥后可以得到副产品——玉米蛋白粉。精淀粉乳储罐后经脱水干燥就可以得到玉米淀粉。将得到的副产品——玉米浆和玉米皮按照一定比例混合，通过管束干燥机进行干燥，即可得到玉米麸质饲料。

第六节　玉米麸质饲料作为饲料资源开发与高效利用策略

玉米麸质饲料又称为玉米蛋白饲料或简称玉米麸料，是玉米以湿磨法提取油脂和淀粉的过程中产生的工业副产品，其主要成分有玉米皮混合残留的淀粉、蛋白质、玉米浆和胚芽粕，是一种极具开发潜力的蛋白质饲料资源。其粗蛋白质含量为 20%，可以用作牛、家禽、猪的饲料。目前，国内外关于玉米麸质饲料利用的报道主要集中在家畜方面，而关于家禽尤其是肉鸡方面鲜有报道。因此，加大玉米麸质饲料的营养物质评价，对于其在禽生产中的推广利用具有重要意义。

玉米麸质饲料作为饲料资源开发的意义重大，不仅能为畜牧生产提供饲料资源，而且还能够缓解我国饲料资源短缺、"人畜争粮"的现状。在这样的情况下，就要求有更多技术上的革新和支持，以解决资源高效利用的难题。

结合玉米加工行业以及畜牧业的现状，开发利用玉米麸质饲料要做好以下几方面工作：①加强玉米麸质饲料生产加工的研究。严格执行玉米麸质饲料加工过程中每个技术环节，特别是亚硫酸浸泡液的浓度和浸泡时间等。②健全玉米麸质饲料有效成分评价的相关科研技术力量。分别在牛、猪、家禽等动物上开展有效养分消化利用试验，建立不同来源和不同加工工艺条件下的有效养分回归方程，以便饲料配方师便捷而又准确地应用。

参考文献

陈璬，2009. 淀粉加工手册 [M]. 北京：中国轻工业出版社.

邓奕妮，2012. 生长猪人工玉米能值和氨基酸消化率预测方程的建立 [D]. 北京：中国农业大学.

纪颖，2012. 生长猪玉米蛋白粉能值和氨基酸消化率预测方程的建立 [D]. 北京：中国农业大学.

卢敏，王成刚，任恩科，等，1998. 玉米湿磨副产品的营养价值及在饲料中的应用 [J]. 饲料工业，19 (11)：26-27.

孟宪梅，余平，孟先海，1998. 玉米深加工副产品的转化及在饲料中的应用 [J]. 饲料工业，19 (12)：33-35.

熊杜明，王书云，杨立华，等，2009. 玉米浸泡水利用的研究进展 [J]. 武汉工业学院学报，28 (2)：32-35.

熊本海，张子仪，2001. 玉米淀粉及玉米发酵副产品的营养特性 [J]. 中国饲料 (23)：30-31.

熊本海，庞之洪，罗清尧，2012. 中国饲料成分及营养价值表 [J]. 中国饲料 (22)：30-35.

尤新，2007. 玉米深加工的循环经济发展道路 [J]. 粮食加工，32 (1)：14-18.

Sauvant D，Perez J M，Tran G，2005. 饲料成分与营养价值表 [M]. 谯仕彦，等译. 北京：中国农业大学出版社.

Almeida F N，Petersen G I，Stein H H，2011. Digestibility of amino acids in corn, corn coproducts, and bakery meal fed to growing pigs [J]. Journal of Animal Science，89：4109-4115.

Alves N A C，Mattos W R S，Santos F A P，et al，2007. Partial replacement of corn silage by corn gluten feed in the feeding of dairy Holstein cows in lactation [J]. Revista Brasileira De Zootecnia，36：1590-1596.

Anderson P V，Kerr B J，Weber T E，et al，2012. Determination and prediction of digestible and metabolizable energy from chemical analysis of corn coproducts fed to finishing pigs [J]. Journal of Animal Science，90：1242-1254.

Castaing J，Coudure R，Fekete J，et al，1990. Use of maize gluten feed for weaned piglets and meat [J]. Journees Rech Porcine en France，22：159-166.

El-Deek A A，Osman M，Yakout H M，et al，2009. Evaluation of corn gluten feed as a feed ingredient for laying hens [J]. Egyptian Journal of Poultry Science，29：1-19.

Ham G A，Stock R A，Klopfenstein T J，et al，1995. Determining the net energy value of wet and dry corn gluten feed in beef growing and finishing diets［J］. Journal of Animal Science，73：353-359.

NRC，2012. Nutrientrequirements of swine［M］. 11th ed. Washington，DC：National Academy Press.

Yen J T，Baker D H，Harmon B G，et al，1971. Corn gluten feed in swine diets and effect of pelleting on tryptophan availability to pigs and rats［J］. Journal of Animal Science，33：987-991.

（德州学院   刘德稳   陈   冰，吉林大学   张   晶   编   写）

第五章
甘薯及其加工产品开发
现状与高效利用策略

第一节 概　　述

一、我国甘薯及其加工产品资源现状

甘薯 [*Ipomoea batatas* (L.) Lam.] 又称为山芋、红芋、番薯、红薯、白薯、白芋、地瓜等，属于旋花科甘薯属一年生草本植物，原产于南美洲，兼具粮食作物和经济作物的特点。

(一) 甘薯品种

甘薯按薯肉颜色可分为红心、紫心、白心和黄心等种类。甘薯按口感分为粉甜（面甜）型、软甜型和水果型等几个种类（肖利贞，2009）。甘薯按种质来源可分为地方品种、引进品种、育成品种或品系、近缘野生种、突变体、生物技术创新种质等（赵昕，2007）。甘薯按国家区试品种鉴定标准可分：南方薯区，有高产食饲兼用型和优质专用型；北方薯区，有兼用型、淀粉加工型和优质食用型。结合甘薯产业发展的趋势，甘薯还另分出甘薯叶菜型和高花青素型品种（马代夫等，2004）。优质专用型甘薯品种从生产和实际利用出发，针对不同需求又分为适合淀粉生产的高淀粉、低多酚氧化酶型的甘薯，适宜食品加工的高糖型甘薯，适宜生产保健食品的药用甘薯，适合茎尖加工的蔬菜型甘薯，适合鲜食的水果型甘薯等（李政浩和罗仓学，2009）。1949 年以来，我国已经培育出 400 多个甘薯品种，大多数都是通过品种间杂交育成的（杨明爽，1993）。目前，甘薯育种目标正向产业多样化方向发展，而甘薯产业化开发离不开专用型品种的选育。专用型育种又包括高淀粉工业用型、高胡萝卜素型、紫心甘薯型和食用型等。

按照用途，甘薯品种可分类如下（李洪民，2010）：

1. 淀粉加工型　主要是指淀粉含量高的品种，如徐薯 18、徐薯 22、梅营 1 号等。

2. 食用型　口感好，适合直接食用和煮食，淀粉含量适中，产量较高，主要有苏薯 8 号、北京 553、广薯紫 1 号等。

3. 兼用型　淀粉加工与食用兼用，淀粉含量和鲜薯产量均较高，如豫薯 12、广薯 87。

4. 菜用型　茎叶比较适宜作为蔬菜食用，如福薯 7-6、广菜 2 号、台农 71 等。

5. 色素加工型　胡萝卜素、花青素含量较高，可用于加工食品添加剂和化妆品色素，主要是紫薯，如广紫薯 1 号和济薯 18。

6. 饮料型　此类甘薯的含糖量较高，主要用来加工饮料。

7. 饲料型　此类甘薯的茎蔓生长旺盛，蔓和薯块均可作为优质动物饲料。

（二）甘薯产量

中国是世界上最大的甘薯生产国，依据国家甘薯产业技术体系调研资料，2011 年中国种植甘薯面积约为 $4.60 \times 10^6 \, hm^2$ 左右，占世界甘薯种植面积的 50.0% 以上，单产呈逐步增加趋势，为 $22.5 t/hm^2$，鲜薯总产量保持在 $1.0 \times 10^8 \, t$ 左右（马代夫等，2012）。

（三）甘薯地区分布

甘薯主要分布在全球的热带和温带地区南部，从赤道到北纬 45° 均有栽培。根据我国气候条件、甘薯生态型、行政区划和栽培习惯等，将原来的 5 个甘薯种植区进行重新划分，现划成三大种植区：北方薯区、长江中下游流域夏薯区和南方薯区（马标等，2013）。

1. 北方薯区　含原北方春薯区和北方春夏薯区，包括江苏、安徽的北部和河南、山东、河北、山西、陕西及北方各地，其种植面积占全国的 45%。

2. 长江中下游流域夏薯区　是指除了青海和川西北高原以外的整个长江流域，其种植面积占全国的 35%。

3. 南方薯区　含原南方夏秋薯区和南方秋冬薯区，包括广东、广西、福建、海南和江西、云南南部及台湾大部，其种植面积占全国的 20%。

二、开发利用甘薯及其加工产品作为饲料原料的意义

甘薯生育期短、淀粉含量高、高产稳产、适应范围广且抗旱性强。作为一种高淀粉块根作物，甘薯的营养价值较高。紫薯中含有丰富的膳食纤维、淀粉、维生素、微量元素（硒、铁、钙、钾等）及花青苷、糖蛋白、胡萝卜素、去氢表雄（甾）酮等多种功能性因子，具有增加畜禽抗氧化、提高其免疫力功能（白津榕，2013）。紫薯全粉可作为天然的食品添加剂加入饲料中，对饲料品质能起到改善作用。紫薯中含有丰富的天然色素——花青素被添加到饲料中，能够提高饲料的感官质量，且对畜禽无害（张淼等，2012）。

研究表明，甘薯茎叶中蛋白质含量为 1.62%、脂肪含量为 0.46%、碳水化合物含量为 7.33%、灰分含量为 1.65%、纤维含量为 2.04%，其营养价值与一般豆科牧草相当，是良好的鲜饲料和青贮饲料。甘薯渣是以鲜薯为原料提取淀粉后的副产品，从甘薯块根中提取淀粉在我国甘薯加工中占有很大比例，会产生大量废渣，如一个年产甘薯淀粉 3 000t 的加工企业，每年甘薯淀粉湿渣产量高达 4 000t 以上，而这些甘薯淀粉湿渣多数被当作废料丢弃，污染环境，造成资源的大量浪费，不利于可持续发展（李燕，

2014）。生物技术的发展为甘薯渣发酵生产单细胞蛋白质饲料的深入研究和开发奠定了坚实的基础，这种方法是现在利用和研究甘薯渣的热点及趋势。

三、甘薯及其加工产品作为饲料原料利用存在的问题

目前，中国甘薯淀粉加工集中度低，废水治理难度大，环境污染严重，副产品综合利用率低，资源浪费严重。经广泛调研获知，甘薯产业发展的突出问题是加工业的污染，特别是淀粉加工业产生的污水治理难度大，污染问题日益加重。大型甘薯加工企业较少，工艺技术和设备落后，产品缺乏科技含量，加工产品品种少，档次较低，附加值低，难以进入大型超市和国际市场，新型甘薯食品的研发和生产跟不上市场的需求（马代夫等，2012）。

受饲料生产及工艺技术落后的局限，紫薯作为原料其饲料转化率低，经济效益差，远远没有发挥紫薯淀粉应有的潜力。甘薯淀粉加工机械化程度低，鲜薯清洗不干净，杂质含量高，且薯块的粉碎和浆渣分离间隔进行，放置时间较长，淀粉因氧化而发生褐变，致使色泽差而呈现黑褐色，部分商贩在淀粉中加入滑石粉或其他种类的淀粉，破坏了甘薯淀粉原有的品质。甘薯渣中含水量高达60%～90%，不利于长途运输，如不及时处理，极易腐败变质。如采用人工干燥方式，则耗能大、成本高，会导致养殖成本增加。甘薯渣适口性差，营养价值和消化利用率都很低，不能满足家畜的营养均衡需求。

第二节　甘薯及其加工产品的营养价值

一、甘薯干片（粉、粒）的营养价值

甘薯干片（粉、粒）是指由甘薯块根部分加工而成的产品。甘薯块根不仅富含淀粉、糖类、蛋白质及各种氨基酸，而且还含有膳食纤维、胡萝卜素、维生素A、B族维生素、维生素C、维生素E，以及钾、铁、铜、硒、钙等10余种元素，营养价值很高。

对40个不同品种的甘薯样品进行测定的结果表明，其干物质含量为15.14%～34.23%，粗淀粉含量为60.89%～73.46%，还原糖含量为3.82%～17.26%，粗蛋白质含量为3.18%～6.45%，粗纤维含量为2.68%～5.75%，每100g甘薯样品中胡萝卜素含量为0.18～11.09mg、维生素C含量为39.89～71.87mg。张立明等（2003）分析后发现，鲜甘薯中的水分含量为70%，淀粉含量为11.8%，粗蛋白质含量为1.2%。刘春泉等（2009）测定证实，鲜紫薯中水分含量为74.57%，淀粉含量为12.1%，粗蛋白质含量为1.2%，其常规养分与其他甘薯接近。孙敏杰（2012）将甘薯的营养成分进行了总结（表5-1），认为这种波动除了受生态环境和种植条件等因素影响外，主要是由品种差异造成的。例如，日本的高胡萝卜素品种，其胡萝卜素每100g含量在10mg以上；高淀粉品种，淀粉含量在27%以上，直链淀粉含量均低于10%，而且淀粉颗粒大、不含β-淀粉酶、不易氧化褐变。我国高胡萝卜素品种岩薯5号，每100g中胡萝卜素含量为7.7mg（李育明，2007）。余树玺等（2015）证实，高淀粉品种卢选1号、徐

薯 22、冀薯 65、冀薯 98 的淀粉含量占干重 90％以上，直链淀粉含量均低于 22％干重。

表 5-1　每 100g 甘薯块根的组成成分

营养成分		矿物质（mg）		维生素（mg）	
名称	含量（%）	名称	含量	名称	含量
水	68.4~71.1	K	260~380	维生素 A	0.011~0.71
淀粉	11.8~20.8	P	31~51	维生素 B$_1$	0.08~0.11
粗蛋白质	1.03~2.3	Ca	22~46	维生素 B$_2$	0.028~0.7
糖	2.38~25.8	Na	19~52	维生素 C	15~34
膳食纤维	1.64~2.5	Mg	12~26	维生素 B$_5$	0.45~0.8
粗纤维	0.8~1.2	S	13~16		
脂肪	0.12~0.60	Fe	0.4~1.1		
灰分	0.74~1.1	Cu	0.16~0.17		

资料来源：孙敏杰等（2012）。

陈定福等（1988）对渝苏 1 号、徐薯 18 和农大红 3 个品种甘薯块根中的氨基酸含量进行了测定，结果表明，甘薯中赖氨酸含量高、蛋氨酸含量偏低，粗蛋白质和水解氨基酸含量均较高（表 5-2）。

表 5-2　3 个品种的甘薯块根氨基酸组成（鲜重,%）

氨基酸	渝苏 1 号	徐薯 18	农大红
天冬氨酸	0.29	0.22	0.34
丝氨酸	0.11	0.08	0.07
谷氨酸	0.18	0.16	0.14
甘氨酸	0.08	0.06	0.05
丙氨酸	0.10	0.07	0.06
酪氨酸	0.06	0.04	0.04
苏氨酸	0.09	0.07	0.06
缬氨酸	0.11	0.08	0.07
蛋氨酸	0.05	0.03	0.03
异亮氨酸	0.08	0.06	0.05
亮氨酸	0.12	0.09	0.08
苯丙氨酸	0.10	0.08	0.06
组氨酸	0.03	0.02	0.02
赖氨酸	0.09	0.07	0.06
精氨酸	0.07	0.06	0.05
脯氨酸	0.08	0.06	0.04
色氨酸	0.03	0.02	0.02

（续）

氨基酸	渝苏1号	徐薯18	农大红
水解氨基酸总和	1.67	1.28	1.24
粗蛋白质	1.72	1.33	1.32

资料来源：陈定福等（1998）。

二、甘薯茎叶的营养价值

甘薯茎叶俗称甘薯蔓，是甘薯的地上部分，包括叶、基和藤三部分，其产量与块根产量相当或比块根产量略高。甘薯茎叶中粗蛋白质含量高，必需氨基酸含量丰富，维生素中的胡萝卜素、维生素C及矿物质中的铁、钙、镁、钠和钾含量也较高，另外还含有一些活性多糖类物质。

胡锡坤等（1962）研究指出，不同品种间甘薯蔓中的叶、茎和藤对应部分绝大部分营养物质含量差异不显著，但同一品种内叶、茎、藤的营养价值差异较大，以叶中粗蛋白质、粗脂肪含量最高，茎中无氮浸出物和粗灰分含量最高，藤中粗纤维含量最高。Yoshimoto等（2002）对甘薯地上部分进行研究发现，叶、茎和藤中的干物质分配分别为50.1%、23.9%和26.0%，干物质基础上的蛋白质含量分别为28.56%、12.74%、13.64%；粗纤维含量分别为11.10%、16.64%、20.69%，淀粉含量分别为3.25%、4.47%和3.91%，总糖含量分别为5.98%、11.03%和12.64%，以叶片中粗蛋白质含量最高、茎和藤中的粗纤维及总糖含量最高，与国内报道类似。甘薯蔓作为饲料原料的营养价值见表5-3（康坤，2013）。

表5-3 甘薯蔓的饲用价值（%）

项 目	甘薯蔓
粗蛋白质	15.01
粗脂肪	2.34
粗纤维	28.32
无氮浸出物	—
中性洗涤纤维	46.27
酸性洗涤纤维	13.81
粗灰分	—
钙	2.35
磷	0.21
木质素	2.35

资料来源：康坤（2013）。

陈定福等（1988）测定了渝苏1号、徐薯18和农大红3个国产甘薯品种养分组成，结果表明，糖类物质、粗蛋白质、氨基酸和维生素C等的含量，品种间茎、叶和蔓尖相应部分比较，除少数成分的含量有差异外，一般差异不大且并无明显规律性。但同一品种内茎、叶和蔓尖相比，还原糖、可溶性糖和总糖的含量，高低依次为茎＞叶＞蔓尖；粗蛋白质和氨基酸的含量，蔓尖＞叶＞茎，而且一般比相应块根的含量高；同时，茎、叶和蔓尖中不含半胱氨酸；维生素 C 的含量，总是叶＞蔓尖＞茎；至于钙、磷和铁的含量，无论是品种间相应部分的比较，还是同一品种内茎、叶和蔓尖相比，均无明显的规律性，但每个品种茎、叶和蔓尖中均含有丰富的钙、铁和磷，而且含量比相应块根高（表 5-4 和表 5-5）。

表 5-4　3 个品种的甘薯茎、叶和蔓尖营养成分（鲜重，％）

成　分	渝苏 1 号			徐薯 18			农大红		
	茎	叶	蔓尖	茎	叶	蔓尖	茎	叶	蔓尖
水分	90.00	91.30	90.60	89.80	90.90	90.00	88.30	90.90	90.00
还原糖	0.900	0.544	0.328	0.704	0.590	0.320	0.902	0.504	0.330
可溶性糖	1.184	0.720	0.560	0.976	0.720	0.560	1.240	0.704	0.520
总糖	2.800	2.600	1.200	2.760	2.580	1.500	2.600	1.500	1.280
淀粉	1.454	1.692	0.576	1.605	1.674	0.846	1.224	0.716	0.684
粗纤维	3.10	2.05	2.19	3.21	2.16	2.25	4.10	1.80	2.60
粗蛋白质	1.82	2.05	3.13	1.66	1.91	2.61	1.41	2.23	3.05
维生素 C（每 100g，mg）	3.420	23.340	12.750	2.200	18.000	7.650	2.350	23.700	15.060
钙（每 100g，mg）	67.19	47.10	43.70	97.43	68.67	35.37	56.90	93.84	13.76
磷（每 100g，mg）	63.80	56.00	46.20	50.30	61.80	132.60	52.70	112.17	53.80
铁（每 100g，mg）	0.490	0.182	0.206	0.207	0.232	0.517	0.242	0.898	0.381

资料来源：陈定福等（1998）。

表 5-5　3 个品种的甘薯茎、叶和蔓尖氨基酸组成（鲜重，％）

氨基酸	渝苏 1 号			徐薯 18			农大红		
	茎	叶	蔓尖	茎	叶	蔓尖	茎	叶	蔓尖
天冬氨酸	0.115	0.261	0.509	0.271	0.254	0.643	0.076	0.309	0.613
丝氨酸	0.042	0.104	0.174	0.049	0.105	0.237	0.032	0.132	0.259
谷氨酸	0.104	0.299	0.439	0.164	0.310	0.657	0.078	0.380	0.702
甘氨酸	0.044	0.140	0.188	0.050	0.132	0.277	0.033	0.162	0.296
丙氨酸	0.046	0.140	0.190	0.047	0.140	0.271	0.035	0.174	0.316
酪氨酸	0.029	0.089	0.126	0.043	0.088	0.165	0.022	0.106	0.186
苏氨酸	0.037	0.114	0.160	0.048	0.114	0.231	0.028	0.139	0.257
缬氨酸	0.055	0.148	0.223	0.069	0.151	0.311	0.039	0.187	0.347
蛋氨酸	0.016	0.039	0.055	0.020	0.031	0.059	0.016	0.039	0.059
异亮氨酸	0.042	0.116	0.166	0.051	0.115	0.237	0.030	0.142	0.265
亮氨酸	0.068	0.218	0.280	0.079	0.211	0.416	0.051	0.263	0.478
苯丙氨酸	0.042	0.136	0.177	0.049	0.133	0.253	0.032	0.165	0.288
组氨酸	0.017	0.053	0.073	0.025	0.050	0.108	0.012	0.058	0.111
赖氨酸	0.057	0.419	0.249	0.061	0.161	0.370	0.039	0.195	0.395
精氨酸	0.039	0.132	0.188	0.045	0.127	0.270	0.029	0.154	0.309

（续）

氨基酸	渝苏 1 号			徐薯 18			农大红		
	茎	叶	蔓尖	茎	叶	蔓尖	茎	叶	蔓尖
脯氨酸	0.040	0.125	0.170	0.044	0.126	0.249	0.031	0.153	0.274
色氨酸	0.025	0.143	0.056	0.030	0.050	0.060	0.026	0.052	0.062
必需氨基酸总和	0.438	1.643	1.797	0.521	1.269	2.564	0.333	1.547	2.845
水解氨基酸总和	0.818	2.676	3.423	1.145	2.298	4.814	0.609	2.810	5.217

资料来源：陈定福等（1998）。

许丽丽和赵嘉玟（2010）研究报道了 3 种菜用型甘薯茎尖的矿物元素含量，结果显示，重金属元素镍、银、铬、铅、镉和锡均未检出。而雷碧瑶等（2015）报道了 7 种菜用型甘薯茎尖的钙、镁、铁、锌、铜和锰等检测结果，同一品种的钙含量数值相差数倍，这种差异可能与种植环境和检测分析技术有关（表 5-6）。

表 5-6 甘薯茎尖矿物元素含量（$n=3$；每千克干重，mg）

品　种	锰	铜	铁	锌	钙	钾	镁	钠
鄂菜薯	172.8	15.8	83.7	64.7	3 961.9	28 131.0	4 523.3	19 728.1
徐菜薯 1 号	227.2	20.2	78.6	63.1	3 384.2	30 177.0	4 765.0	5 003.1
台农 71	194.4	16.4	75.2	46.9	5 523.2	27 423.0	4 674.2	10 688.2
莆薯 53	180.9	12.9	109.1	38.6	3 907.1	26 909.0	3 847.5	16 491.4
广菜薯 2 号	196.8	12.5	84.4	30.3	6 042.4	23 478.0	5 113.3	10 485.5
广菜薯 1 号	117.6	18.9	107.7	42.6	3 155.8	21 941.0	3 731.7	4 576.2
福薯 7-6	285.0	15.1	229.7	28.9	6 468.7	38 738.0	4 152.5	2 918.2

资料来源：雷碧瑶等（2015）。

三、甘薯渣的营养价值

甘薯渣是甘薯加工淀粉后的副产品，初水含量在 70% 以上。一般农户通过将甘薯渣晾晒或者沉降达到脱水目的，工厂化生产主要靠大型脱水设备脱水，一般不进行烘干处理。甘薯渣中富含粗纤维和淀粉，蛋白质含量较低。韩俊娟和木泰华（2009）报道，甘薯渣中风干样中淀粉含量为 44.74%、膳食纤维含量为 27.40%，其余为可溶性糖、蛋白质、灰分及酚类物质等，这与李燕（2014）的研究结果类似。甘薯渣风干样淀粉含量 55.8%、膳食纤维含量为 27.5%，其余为水分、蛋白质和脂肪。张文火等（2011）和张潇月等（2014）曾先后报道甘薯渣作为饲料的营养成分含量（表 5-7），但是王硕等（2010）报道的甘薯酒精渣中的蛋白质和粗纤维含量绝大多数高于前两者，而无氮浸出物含量偏低（表 5-8；张文火，2011）。

表 5-7 甘薯渣的营养成分

项　目	甘薯渣	甘薯酒精渣
干物质（%）	90.08	92.4

（续）

项　目	甘薯渣	甘薯酒精渣
粗蛋白质（%）	2.63	12.3
粗脂肪（%）	2.77	3.3
粗纤维（%）	10.66	24.6
无氮浸出物（%）	65.29	35.6
中性洗涤纤维（%）	16.9	
酸性洗涤纤维（%）	13.27	
粗灰分（%）	8.74	9.8
钙（%）	1.12	—
磷（%）	0.17	—
木质素（%）	4.56	—
总能（MJ/kg）	13.49	—

数据来源：张潇月（2014）和王硕（2010）。

表 5-8　甘薯渣样品的养分含量（%）

项　目	合川样	西安样	长寿样 1	长寿样 2	成都样	平均值	变异系数
初水分			83.1	83.7	79.8	82.2±2.1	2.6
干物质	87.1	89.5	87.4	88.4	89.8	88.4±1.2	1.4
粗蛋白质	2.0	1.6	2.5	3.9	8.7	3.7±2.9	77.7
粗脂肪	0.1	0.6	0.2	0.1	1.5	0.5±0.6	119.2
粗纤维	8.6	10.9	9.1	9.9	24.7	12.6±6.8	53.8
中性洗涤纤维	24.1	25.7	24.8	25.4	53.4	30.7±12.7	41.4
酸性洗涤纤维	14.6	17.6	17.3	18.0	43.2	22.1±11.8	53.5
酸性洗涤木质素	4.1	5.3	4.5	5.2	12.8	6.4±3.6	56.8
无氮浸出物	71.9	71.0	70.7	71.3	44.8	65.9±11.8	17.9
粗灰分	3.5	5.4	4.9	3.3	11.0	5.6±3.1	55.8
钙	0.87	0.84	0.52	0.65	1.03	0.78±0.20	25.5
磷	0.02	0.01	0.06	0.07	0.12	0.06±0.04	78.4

注：除初水分含量以鲜重基础计外，其余指标均以风干基础计。

资料来源：张文火（2011）。

第三节　甘薯及其加工产品中的抗营养因子

甘薯中的主要抗营养因子是果胶、胰蛋白酶抑制因子、生物毒素及胀气因子。

一、果胶

由于果胶吸水后呈黏性，因此其对单胃动物的蛋白质消化和利用有副作用。因为其降低了营养物质与消化酶的接触，所以在单胃动物营养中被看成是一种抗营养因子（Langhout 等，1999）。红冬甘薯渣中的果胶含量为 20.88％魏海香（2006）。Yu 等（1998）报道，肉鸡日粮中果胶含量太多会影响消化道对饲料中糖类和蛋白质等营养成分的利用率，从而降低肉鸡的生产性能。谭翔文（2002）研究结果显示，在猪日粮中添加 8％的果胶显著降低了能量和氮的表观消化率。在甘薯或者甘薯渣饲料中，使用果胶酶是有效提高其饲用价值的措施之一。雷廷等（2014）研究饼粕类饲料原料中添加果胶酶对肉鸡回肠氨基酸消化率和代谢能的影响发现，除菜籽粕外，肉鸡对其他几种饼粕类饲料原料的代谢能和氨基酸消化率均有不同程度的提高。梅宁安等（2014）也报道，在日粮中添加饲料级果胶酶可显著提高肉仔鸡的生长性能。与单胃动物不同，果胶可被反刍动物的瘤胃微生物降解，产生的乙酸、丙酸等挥发性脂肪酸可以被动物吸收利用，进而可转化并为动物自身提供能量和营养。

二、胰蛋白酶抑制因子

与生豆类一样，新鲜的甘薯块根中也含有胰蛋白酶抑制因子，同样能抑制胰蛋白酶的活性，影响动物对蛋白质营养的消化吸收。因此，甘薯生饲会对营养的消化吸收产生不利影响，最好是进行处理后再喂养动物，如煮熟、发酵、窖藏和晒干打粉等。

田军等（2009）研究结果显示，甘薯中至少有 4 种胰蛋白酶抑制因子组分，分子质量为 20～25ku、等电点 pH 为 5.0～6.6；甘薯胰蛋白酶抑制因子的抑制比活力最高可达到 2 000U/mg。刘鲁林等（2006）研究结果显示，胰蛋白酶抑制因子含量为 0.026～43.6TI U/g（鲜薯），含量受甘薯品种、种植环境和个体植株影响。

常文环等（2003）试验结果表明，生甘薯或甘薯粉由于含有一定量的胰蛋白酶抑制因子且容易腐烂，直接喂猪会降低猪日增重，增加猪每千克增重的饲料成本，因此甘薯（风干基础）生喂时，生长猪不宜超过日粮的 15％，育肥猪不宜超过日粮的 20％。

三、生物毒素

甘薯黑斑病是我国甘薯生产上的一种重要病害，分布广泛，全国各地均有发生，是造成甘薯烂窖、烂床和死苗的主要原因，是一种毁灭性病害，每年因受黑斑病危害造成的损失可达 10％以上。甘薯黑斑病是由真菌引起的病害，病菌侵染薯块后产生甘薯酮、甘薯醇和甘薯宁等有毒物质，奶牛、猪和羊等牲畜食用后引起呼吸困难和皮下水肿，俗称"气喘病"，严重时可导致死亡。甘薯黑斑病的有毒物质耐热性较强，经煮、蒸和烤等高温处理也不会被破坏，因此生食或熟食病薯均可引起动物中毒。甘薯黑斑病可通过种薯或种苗的调运而远距离传播，为防止疫区扩大，我国已将甘薯黑斑病列为国内检疫对象（张勇跃，2007）。

四、胀气因子

甘薯食用过程中易产生胀气是限制其成为主食的主要原因。胃肠胀气常常会导致腹胀、腹部疼痛等肠胃不适症状。刘孝沾（2012）研究结果显示，生甘薯中的可溶性糖主要是蔗糖、葡萄糖和果糖，经过处理（烘烤、蒸、微波处理、煮、高压蒸煮）的甘薯中主要含有麦芽糖、蔗糖、葡萄糖和果糖。所有加工方法都能使淀粉大量转化为还原糖，但在此过程中非还原糖含量变化不大。与大豆相比，甘薯的胀气程度较小。甘薯淀粉与其胀气程度相关性很强，并且热处理能够大大降低甘薯的胀气程度。

第四节　甘薯及其加工产品在动物生产中的应用

国际上甘薯被公认为多用途作物，既是重要的粮食、饲料、工业原料，也是新型能源原料和现代社会优质的抗癌保健食品。刘伟明（2007）报道称，甘薯直接用作饲料的约占50%，作为工业加工利用的约占15%，直接食用的约占14%。近年来，甘薯消费结构继续向饲料比例减少、鲜食和加工比例增加的趋势发展，鲜食、特用（紫肉、叶菜用）甘薯种植面积增加显著。

一、在养猪生产中的应用

（一）甘薯在养猪生产中的应用

甘薯可以新鲜、青贮或者干燥后饲喂，只是依据不同情况用量有所变化。甘薯的营养价值高，其是猪日粮中谷物的良好替代品。Kambashi 等（2014）分析了包括木薯、甘薯和马铃薯在内的20种饲料原料，分析其体外干物质消化率、蛋白质消化率和能量消化率，结果认为，这些原料是潜在的蛋白质和矿物质来源，可以低成本改善猪日粮、增加矿物质摄入和保证肠道健康。

1. 生甘薯　钟香友（1986）曾报道过甘薯养猪的技术。刘兆文（1992）以40%～60%（风干基础）生甘薯饲喂体重为27kg的生长猪60d，生长猪日增重229～564g。常文环等（2003）研究表明，随着生甘薯添加比例的增加，甘薯组饲料转化率增加，每千克增重饲料成本逐渐增加；猪日粮主要养分消化利用率差异不显著，但粗蛋白质和粗脂肪消化利用率有逐渐降低的趋势；生甘薯对猪肉质无明显影响。况应谷等（1996）研究结果显示，在日粮氨基酸平衡模式下，生长猪饲料中添加42%甘薯、育肥猪饲料中添加56%～74%甘薯后猪的生长性能和饲料成本均达到最佳。

2. 生甘薯粉/干　王志祥等（1991）研究生长猪饲料中甘薯粉不同比例及赖氨酸不同添加水平的饲喂效果，结果表明随饲料中甘薯粉比例的升高，猪生长速度显著降低（$P<0.05$），以含15%甘薯粉添加0.24%L-赖氨酸盐酸组成绩最佳；赖氨酸是甘薯粉中的主要限制性氨基酸，甘薯粉对生长猪增重的饲用价值仅相当于玉米的58.62%，替代玉米后添加L-赖氨酸盐酸可以达到或超过玉米对照组饲料的饲喂效果。

用 60 日龄体重 18.5kg 的长白×汉普夏杂交猪，在等能等蛋白质条件下，试验 90d 后，甘薯粉组的采食量提高（$P<0.05$），增重降低（$P<0.05$），饲料转化率降低（$P<0.05$），日粮干物质和总能的消化率无差异，但粗蛋白质和粗脂肪的消化率降低（$P<0.05$），眼肌面积、背膘厚、瘦肉率、肉块组成和风味评分相近，但屠宰率降低（$P<0.05$）。Monteiro 等（1991）用体重 12.7kg 的长白×大白杂交猪（公、母各半）饲以玉米基础日粮及用甘薯粉替代 40%、60%、80% 和 100% 玉米的日粮，甘薯粉日粮中添加适量的蛋氨酸使其与玉米日粮的含硫氨基酸水平一致，结果杂交猪的平均日增重分别为 528g、500g、389g、408g 和 386g；日采食量相应为 1.224kg、1.219kg、0.969kg、1.079kg 和 1.07kg；饲料转化率相应为 2.31、2.44、2.49、2.65 和 2.81。说明甘薯粉替代玉米的比例以不超过 40% 较好。Dominguez（1992）综述了世界用甘薯喂猪的研究结果，认为甘薯干可以替代猪日粮 50% 的玉米，如果煮熟则可完全替代玉米，但需有适宜的蛋白质补充饲料，高水平的甘薯对猪胴体和肉质也没有影响。Fashina 和 Fanimo（1994）用甘薯粉替代生长猪日粮中 33%、67% 和 100% 的玉米，结果发现能显著降低生长猪的生产性能，并建议生长猪日粮中甘薯替代玉米的量不要超过 33%。

3. 甘薯青贮物 黄健等（2002）研究中国甘薯青贮及其对生长育肥猪饲用价值评定，表明随着青贮甘薯用量的增加，猪的日增重变化无显著差异；单位增重饲料成本生长阶段以 20% 组、育肥阶段以 60% 组较低，可分别提高效益 0.76% 和 7.02%。颜宏等（2006）研究甘薯打浆青贮及薯用浓缩料养猪试验发现，甘薯打浆青贮减少了储存损失，保持了原营养，可直接使用。刘进远等（2009）研究表明，在一定比例范围内，甘薯青贮物可提高猪只采食量，25% 甘薯青贮组猪的日增重和采食量出现下降趋势。

（二）甘薯茎叶在养猪生产中的应用

田河山等（2005）进行了生长猪饲料中使用甘薯茎叶粉的试验研究，发现随着甘薯茎叶粉添加量的增加，猪只采食量有所下降，增重也减少，可能是添加甘薯茎叶粉导致饲料的容重变小，从而影响了采食量。用甘薯叶粉替代日粮中 70% 鱼粉蛋白，对试验生长猪日增重、干物质采食量和饲料转化率并没有显著差异，反而饲料成本降低了 17.5%。Régnier 等（2013）在生长猪饲料中分别添加 200g DM/kg 的木薯叶和甘薯叶及各自的茎叶混合物，结果表明除了高单宁含量和高纤维含量外，有效能值低，也是限制这些原料应用在猪饲料中的主要因素。

（三）甘薯渣在养猪生产中的应用

考虑甘薯渣高水分、高纤维、高果胶和低蛋白质的特点，目前常用的饲料化利用技术是微生物发酵生产单细胞蛋白质饲料，以及提取果胶或者使用果胶酶、纤维素酶等酶制剂来提高饲料转化率。

杨朗坤等（1985）研究野生杂草、稻草和甘薯渣等饲喂生长育肥猪的饲料转化率，表明甘薯渣可消化能为 8.92kJ/kg。王淑军等（2002）研究混菌发酵提高甘薯渣的饲用价值发现，经过微生物发酵后，消除了甘薯渣的酸臭味，物料酸甜窖香，发

酵产品中的粗蛋白质含量由发酵前的 8% 提高到发酵后的 26.9%，纤维素降解了
36.16%，产品富含酵母活细胞和消化酶。替代 20% 基础日粮饲喂猪试验表明，产品
适口性好，能提高饲料转化率，促进猪的生长。

王硕等（2010b）发现，用甘薯酒精渣饲喂育肥猪后没有影响其生长性能，反而节
约了成本。Ngoc 等（2011）报道，在生长、育肥阶段日粮中添加木薯渣和甘薯藤，同
时添加复合酶制剂可以提高生长猪的生产性能和消化道表观消化率，但是对育肥猪没有
效果。邹志恒等（2015）研究不同添加水平甘薯渣等比例替代玉米对生长猪的影响，表
明甘薯渣以 2%、4% 和 6% 水平等比例替代基础日粮中的玉米后，生长猪的平均日采食
量和平均日增重呈上升趋势（$P>0.05$），饲料增重比呈上升趋势（$P>0.05$）；对血清
钙、磷、总蛋白质、白蛋白、尿素氮、碱性磷酸酶、谷丙转氨酶、谷草转氨酶、胰岛
素、T_3 和 T_4 等血清生理生化指标基本没有影响；血清胰岛素样生长因子-1 和生长激素
含量表现出提高趋势（$P>0.05$）。综合各项指标，生长猪日粮中甘薯渣的适宜添加比
例为 2%~4%。

二、在反刍动物生产中的应用

我国甘薯的生产主要集中在第一年的 10 月到翌年的 1 月，这段时间正好是养殖
场青饲料相对匮乏的时期。但是甘薯由于含糖高、水分高，收获后极容易腐烂变质；
因此，其为反刍饲料来源，主要是通过甘薯茎叶或藤蔓和甘薯渣的青贮延长储存时
间和改善饲料营养价值，以及作为粗饲料来源替代苜蓿等草粉，解决干草期的饲料
缺乏问题。

（一）甘薯茎叶在反刍动物生产中的应用

早在 1959 年，刘杰就曾报道如何制作甘薯青贮饲料，并发现用甘薯青贮饲料饲喂
奶牛后产奶量可以提高 10% 以上。侯治平（1984）采用堆贮、窖贮和袋贮 3 种方式比
较研究新鲜甘薯蔓直接单一青贮效果，结果发现经 3 种青贮方式青贮后颜色均呈褐色或
黑色，pH 都大于 4.35，青贮效果较差。冯仰生等（1990）以水分晾晒至 79% 左右的
甘薯蔓为原料，采用缸贮、窖贮和袋贮 3 种方式后，感官品质有所提高，但 pH 较高，
为 4.2~4.4，青贮品质较差。郑锦玲等（2007）采用葡萄渣、细米糠和麦麸作为吸附
剂与甘薯蔓进行混贮研究发现，3 个混贮组的感官评价均高于甘薯蔓单一组，粗蛋白
质、干物质极显著高于甘薯蔓直接单一青贮。吴进东（2008）选用花生秧、甘薯蔓和玉
米秸秆 3 种原料混贮 60d 后，结果表明，花生秧∶甘薯蔓∶玉米秸秆混贮比例为 1∶1
∶2 效果最好。游小燕等（2011）在鲜甘薯蔓中添加 24% 的酒糟粉和 1% 的营养添加
剂，青贮 60d 后，与甘薯蔓单一青贮 pH（4.5）相比，混贮的 pH（4.1）更低，营养
价值更高。

赵恒亮和郭荣（2006）研究不同处理甘薯秧对肉用白山羊增重效果的影响发现，甘
薯秧经青贮和微贮后，质地柔软、气味芳香且适口性大大改善，极大限度地提高了肉用
白山羊的食欲，从而提高了采食量；甘薯秧经不同方式处理后，乳酸菌和高效活微生物
复合菌剂使木质素和纤维素结合力降低，提高了甘薯秧的消化率，发酵活干菌使甘薯秧

中的木聚糖链和木质素聚合物的酶间发生酶解，增强了甘薯秧的柔软性和膨胀度，使瘤胃微生物能直接与纤维素接触，提高了饲料转化率，进而提高了生产性能。

王鸿泽等（2014）研究表明，甘薯蔓与酒糟和稻草混合及凋萎处理后青贮均改善了其感官品质；随着混贮组中甘薯蔓比例的升高，干物质含量极显著降低（$P<$0.01），粗蛋白质含量显著降低（$P<0.05$），氨态氮、总氮、丙酸含量极显著增加（$P<0.01$）。综上所述，甘薯蔓、酒糟及稻草混合比例为 40：40：20 时青贮品质最优。

（二）甘薯渣在反刍动物生产中的应用

甘薯渣中含有优良的膳食纤维，其是良好的膳食纤维来源。对反刍动物而言，粗纤维是一种必需营养素，对反刍动物生产性能的发挥具有十分重要的调节作用。故甘薯渣中高消化性的粗纤维使之成为反刍动物优良的饲料资源。

李涛（2001）研究玉米 DDGS 和甘薯酒精糟对肉牛生产性能和肉质的影响及其作用机制。青贮好的饲料可喂猪、牛、羊和鹿等，一般犊牛 1 月龄每头每天喂 0.1～0.2kg，2 月龄每头每天喂 2～3kg，3～4 月龄每头每天喂 3～4kg，育成牛、产奶牛每头每天可喂 12～15kg，羊和鹿一般每只每天喂 2～2.5kg。

陈宇光等（2009）用 5kg 鲜甘薯渣替代苜蓿干草饲喂奶牛 1 个月发现，对产奶量和牛奶成分（乳脂肪、乳蛋白质、乳糖、乳固型物质和非脂固形物）没有显著影响（$P>$0.05），说明鲜甘薯渣直接用来饲喂奶牛是可行的；利用鲜甘薯渣不仅可以解决短时间内部分替代优质干草解决冬季饲草短缺的问题，而且能降低奶牛生产成本。

王硕等（2010）通过试验证明甘薯酒精糟可替代部分 DDGS 作肉牛全价饲料的组成部分，用量控制在 10% 以内，其饲养成本可降低 5%，每天每头肉牛饲养利润增加0.67 元，如甘薯酒精糟用量比例加大，其肉牛生产性能在逐步降低，但生产成本也随之降低。

张文火等（2011）研究甘薯渣对西杂阉公牛肉牛生产性能、免疫功能、胴体和牛肉品质的影响，结果证实日粮中用甘薯渣替代 50% 和 100% 白酒糟对肉牛生产性能无显著影响，促进了日粮中钙的吸收，但降低了血浆中生长激素（growth hormone，GH）、免疫球蛋白 A（immunoglobulin A，IgA）和免疫球蛋白 G（immunoglobulin G，IgG）的含量，对养分消化率、肉牛胴体和牛肉品质无不良影响。综上所述，用甘薯渣替代日粮中白酒糟的比例不宜过高，可控制在日粮组成（风干基础）10% 以内。同时，西杂阉公牛肉牛对甘薯渣的能量表观消化率为 49.86%（表 5-9）。

夏宇（2013），使用小麦秸秆、玉米秸秆、花生壳和麸皮作为吸收剂，马铃薯渣发酵液＋甘薯渣发酵液作为发酵液，分别用来添加到马铃薯渣青贮饲料和甘薯渣青贮饲料中，结果表明，马铃薯渣＋麸皮、马铃薯渣＋玉米秸秆＋绿汁发酵液和甘薯渣＋小麦秸秆＋绿汁发酵液、甘薯渣＋麸皮处理组发酵品质较佳。

李剑楠等（2014）利用尼龙袋法研究了马铃薯渣、甘薯渣青贮前后干物质和淀粉在荷斯坦奶牛瘤胃的降解规律发现，马铃薯渣和甘薯渣青贮后过瘤胃淀粉分别增加了57.43%（42.94g/kg）和 151.37%（122.52g/kg），而且甘薯渣极显著高于马铃薯渣（$P<0.1$）。

表 5-9　西杂阉公牛肉牛对甘薯渣的养分消化率（%）

养分消化率	西杂阉公牛肉牛
干物质	48.32
粗蛋白质	59.17
粗脂肪	29.13
粗纤维	64.91
无氮浸出物	64.81
中性洗涤纤维	45.31
酸性洗涤纤维	36.43
粗灰分	22.6
钙	28.96
磷	30.58

资料来源：张文火等（2011）。

三、在家禽生产中的应用

（一）甘薯茎叶在家禽生产中的应用

张荣生等（1994）研究表明，用甘薯茎叶提取的浓缩叶蛋白替代一定量的鱼粉和豆饼用作蛋白质的补充料，对肉鸭生长和胴体品质无不良影响。

吕玉丽和吴建良（1999）用甘薯茎叶提取的浓缩叶蛋白替代一定量的豆饼饲喂种鸭，其维生素 A、维生素 E 和维生素 B_2 含量显著增加，提高了种蛋品质，有利于提高孵化率和健雏率。

（二）甘薯渣在家禽生产中的应用

朱钦龙和松冈尚二（1995）研究表明，饲料中加入甘薯酒糟（50%）不仅不影响肉鸡的生长速度，而且能明显提高 0.7% 的总肉量，饲料转化率和体增重均没有影响。

吴志勇等（1996）研究甘薯酒糟在肉鸭日粮中的应用发现，日粮中添加 30% 和 50% 的甘薯酒糟（鲜），不仅不影响肉鸭的成活率，而且还可提高肉鸭的增重、降低耗料及饲养成本，提高经济效益。

王苑等（2015）研究不同添加水平甘薯渣对产蛋鸡生产性能、蛋品质及血清激素含量的影响，结果表明当甘薯渣以 2%、4% 和 6% 比例替代基础日粮中玉米后，对产蛋率、蛋壳厚度、强度、蛋黄颜色和哈氏单位及血清甲状腺素 T_3 和 T_4、生长激素和胰岛素样生长因子-1 含量都没有显著影响（$P>0.1$）；6% 甘薯渣组平均蛋重显著下降（$P<0.1$）、料蛋比提高，在产蛋鸡日粮中的适宜添加量为 4% 以下。

（三）紫薯在家禽生产中的应用

Hamza 等（2010）研究日粮中添加紫薯对鸡的免疫调节作用发现，日粮中添加 3% 紫薯组显著提高二免后免疫新城疫病毒抗体水平和绵羊红细胞的抗体水平（$P<0.05$），

极显著提高流产布鲁氏菌病的抗体水平（$P<0.01$）；而日粮中添加1%紫薯组则显著提高流产布鲁氏菌病的抗体水平（$P<0.05$），极显著提高绵羊红细胞抗体水平（$P<0.01$），且脾和胸腺细胞显著增多（$P<0.05$）。日粮中添加紫薯组 CD_4^+ 淋巴细胞比例显著降低（$P<0.05$），外周血淋巴细胞（peripheral blood lymphocyte，PBL）的增殖对淋巴组织的重量和白细胞数没有影响，表明日粮中添加紫薯可提高鸡免疫后的免疫应答能力。

四、在水产动物生产中的应用

甘薯在水产品生产中的应用研究较少。陈菲菲和邬应龙（2014）研究饲料中添加柠檬酸甘薯淀粉对齐口裂腹鱼生长及肠道微环境的影响结果表明，饲料中添加低剂量（7%）的柠檬酸甘薯淀粉能够促进其生长，而高剂量（28%）添加时会抑制其生长，饲料中添加柠檬酸甘薯淀粉能影响齐口裂腹鱼的肠道菌群。

五、在其他动物生产中的应用

余望贻等（2007）研究发现，甘薯叶粉部分或全部代替饲料中的苜蓿草粉，对试验兔生长发育、生理生化指标均无显著影响。王中华等（2012）研究发现在饲料中添加10%～15%酸化甘薯渣可提高肉兔的生长性能和免疫器官指数，降低胃肠 pH。张潇月等（2014）采用套算法进行设计，用全收粪法进行消化试验，结果给出了100日龄左右的健康家兔（白色獭兔）对甘薯渣饲料原料各营养成分的利用率。生长兔对木薯渣饲料原料的干物质、粗蛋白质、粗脂肪、无氮浸出物和钙消化率较高，对粗纤维、中性洗涤纤维、酸性洗涤纤维和磷消化率较低（表5-10和表5-11）。

表5-10　家兔对甘薯渣的表观消化率和能量表观消化率

项　目	表观消化能（MJ/kg）	能量表观消化率（%）
甘薯渣	9.99±0.30	74.04±2.24

资料来源：张潇月等（2014）。

表5-11　家兔对甘薯渣主要营养物质的表观消化率（%）

养分消化率	家　兔
干物质	74.64±10.53
粗蛋白质	87.53±3.42
粗脂肪	69.81±4.32
粗纤维	26.92±2.24
无氮浸出物	80.40±1.20
中性洗涤纤维	30.13±0.15
酸性洗涤纤维	29.99±1.92

（续）

养分消化率	家　兔
粗灰分	58.51±6.50
钙	47.33±3.02
磷	51.12±12.26

资料来源：张潇月等（2014）。

第五节　甘薯及其加工产品的加工工艺流程

甘薯全粉加工工艺流程是：甘薯原料→挑选→清洗→去皮→护色→刨丝→烫漂→冷却→烘干→粉碎→包装→成品（何胜生等，2010），具体操作要点如下：

一、原料选择

原料收购装运过程应做到通风透气，从产地到加工地的运输时间掌握在 10d 内。原料要求新鲜良好，薯块大小均匀、光滑，无病虫害、无霉烂、无发芽现象。运输途中必须用编织袋包装，尽量避免原料在装袋、运输过程中出现破皮现象。

二、去皮

用清水洗净甘薯表面泥沙，用削皮刀去除甘薯两端，削去薯皮，挖除表面根眼。

三、护色

将已去皮的甘薯立即放入配制好的质量分数为 0.1% 的柠檬酸溶液中护色 20min，护色时甘薯块需完全浸没在护色液中。

四、刨丝

将护过色的甘薯人工刨丝或送入刨丝机中进行刨丝，甘薯丝直径为 1~2mm。

五、烫漂

将甘薯丝放入 95℃ 的温水中，烫漂 2~3min。

六、冷却

甘薯丝烫漂后立即放入流动冷水中冷却。

七、烘干

将冷却后的甘薯丝或片放入烤房干燥，至水分含量小于 12％。烤房温度为 70～75℃，干燥 10h，中间翻动 2 次。

八、粉碎

将烘干后的薯片或薯丝放入多用粉碎机中粉碎，产品的终细度为 100～120 目。

九、称量、包装

在全自动包装机上将混合好的配料进行定量包装。包装箱要符合食品包装要求，用胶带封口，并注明产品名称、净质量、规格、生产厂家代号和生产日期。

甘薯深加工产品主要有：甘薯淀粉、免油炸甘薯粉、甘薯果、甘薯果脯、甘薯黄酒等几种。在利用甘薯原料生产加工上述几种深加工产品过程中，产生的主要副产品有废渣、废水、甘薯皮、甘薯根等下脚料。这些深加工副产品经相应的工艺流程处理后，所得到的主要产品有黏合剂、膳食纤维、燃料乙醇、果胶、饲料、沼气等。甘薯深加工过程中产生的主要副产品见图 5-1。

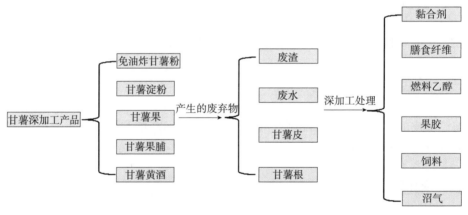

图 5-1　甘薯深加工过程中产生的副产物
（资料来源：陈海军等，2015）

第六节　甘薯及其加工产品作为饲料资源开发与高效利用策略

一、加强甘薯及其加工产品作为饲料资源的开发利用

甘薯全身都是宝，有"抗癌食品"和"宇航食品"等美誉。甘薯块根除含有大量淀

粉、糖、纤维素和多种维生素外，还含有蛋白质、脂肪及钙、磷、铁等多种元素。甘薯块根中的蛋白质品质优良，必需氨基酸含量高，维生素 A、维生素 C 含量高，膳食纤维含量高、质地细。尤其是纤维、钙、磷和维生素 C 含量明显高于其他食物。此外，甘薯中还含有多糖类、糖蛋白类和酚类化合物等功能性成分，对抗肿瘤、增强机体免疫、降血脂和抗突变等都有一定作用（米谷等，2008）。

二、改善甘薯及其加工产品作为饲料资源开发利用方式

（一）青贮饲料

甘薯青贮饲料是以薯块、茎叶或工业副产品等为原料，在不透气的环境里，通过乳酸细菌的发酵作用，制成具有酸香味、黄绿色的多汁饲料。青贮不仅可以防止饲料腐败，还可长期保存，并可避免营养成分的大量损失，尤其是蛋白质和胡萝卜素损失极少。青贮饲料具有特殊的香味，牲畜爱吃，并易吸收消化，可增强牲畜体质、提高产品质量、节省精饲料的喂量。

（二）混合饲料

混合饲料是将鲜薯、茎叶、薯干或甘薯加工后的副产品与其他精饲料按适当比例混合，并加入少量食盐、贝粉等，经简单加工后即可饲喂。其优点是营养丰富，可随配随喂，并可充分利用甘薯的各种加工副产品。混合饲料不但营养完全，而且配合比例适当，可提高饲料转化率，弥补饲料成分单一的不足；饲喂混合饲料的畜禽生长发育速度快，畜禽健壮，肉蛋产量高。混合饲料是今后饲料发展的方向。

（三）发酵饲料

发酵饲料，就是将甘薯干、茎叶或薯干粉碎，加入适量的酵母菌或曲霉菌使其发酵。发酵过程中在酵母菌或曲霉菌的作用下，产生的大量蛋白质和维生素可将不能被利用的粗纤维分解，变成畜禽爱吃且易消化吸收的饲料。

（四）酶制剂

添加饲料酶制剂可以提高动物利用率。目前，酶制剂的研究多集中在复合酶制剂，对单体酶的研究主要以纤维素酶、植酸酶和淀粉酶为主，对饲用果胶酶并没有进行深入的研究。果胶酶是一个多酶复合体系，是所有能够分解果胶质的酶的总称，可将不同果胶酶分为两大类：酯酶和解聚酶。解聚酶根据解聚作用方式的不同又分为聚甲基半乳糖醛酸酶（polymethylgala cturonase，PMG）、聚半乳糖醛酸酶（polygalacturonase，PG）、聚甲基半乳糖醛酸裂解酶（polymethyl gala cturonic acid lyase，PMGL）和聚半乳糖醛酸裂解酶（polygalacturonic acid lyase，PGL）。其中，PMG 和 PG 均属于水解断开糖苷键的解聚方式；PMGL 和 PGL 属于反式消去作用断开糖苷键的解聚方式。饲料级果胶酶的作用有：①补充内源酶的不足，刺激内源酶分泌；②破坏植物的细胞壁，促进营养物质的消化吸收；③消除抗营养因子，提高饲料的营养价值（周小乔和王宝维，2010）。

三、合理开发利用甘薯及其加工产品作为原料的战略性建议

应积极开展针对不同动物种类不同阶段生理消化特点，结合饲料加工工艺技术，进行如何最大限度地提高动物对甘薯及其加工产品的饲料转化率，同时减少甘薯加工过程中废水和废液排放技术的研究。

针对各地区畜禽养殖业中饲料来源不足、日粮营养不均衡及薯类加工副产品利用率偏低等现存问题，以及不同区域、不同薯类及其加工副产品的营养成分特点和不同畜禽品种的营养需要特点，研究确定在不同动物日粮中的适宜添加水平，主要抗营养因子在动物饲料中的最高限量并制定相关标准，以及在不同动物种类不同生理阶段典型日粮中应用的营养调配技术。对相关技术进行总结、集成和组合，形成具有区域特色的针对特定薯类作物及其加工副产品、特定畜禽品种的低成本饲料化应用模式，降低饲料成本，解决规模化养殖场的饲料来源问题，建立产业化示范基地。

➡ 参考文献

白津榕，2013. 紫薯产品的开发研究现状 [J]. 食品工程 (4)：4，17.

常文环，刘国华，童晓莉，等，2003. 不同比例生甘薯饲喂生长育肥猪的效果评价 [J]. 饲料研究 (11)：1-4.

陈定福，杨家泗，李坤培，等，1988. 甘薯 "渝苏 1 号" 茎、叶、蔓尖营养成分的分析研究 [J]. 西南师范大学学报（自然科学版）(1)：69-74.

陈菲菲，邬应龙，2014. 柠檬酸甘薯淀粉对齐口裂腹鱼生长及肠道菌群的影响 [J]. 食品科学，35 (13)：266-270.

陈海军，2015. 红薯深加工过程中的副产物综合利用研究与实践 [J]. 轻工科技，31 (6)：13-14.

陈宇光，张彬，胡泽友，2009. 红薯渣对奶牛产奶量和奶品质的影响 [J]. 饲料与畜牧 (3)：23-24.

冯仰生，白秉刚，王立张，等，1990. 甘薯藤青贮及饲喂肉猪试验 [J]. 养猪 (2)：8-9.

韩俊娟，木泰华，2009. 10 种甘薯渣及其筛分制备的膳食纤维主要成分分析 [J]. 中国粮油学报，24 (1)：40-43.

何胜生，雷文华，廖菊英，2010. 甘薯全粉的研究现状及加工前景 [J]. 农产品加工（学刊）(11)：90-92.

侯治平，1984. 塑料袋青贮技术 [J]. 福建农业科技 (5)：38.

胡锡坤，尤良，张子仪，1962. 甘薯藤在不同收贮条件下所含营养价值的研究 [J]. 中国畜牧兽医 (7)：13-15.

黄健，刘作华，刘宗慧，等，2002. 中国甘薯青贮及其对生长肥育猪饲用价值评定 [J]. 畜禽业 (7)：18-19.

康坤，2013. 不同混合比例和贮藏延迟时间对甘薯蔓、酒糟及稻草混合青贮品质的影响 [D]. 雅安：四川农业大学.

况应谷，周安国，杨凤，等，1996. 红苕型日粮氨基酸平衡对生长肥育猪生产性能的影响 [J]. 四川农业大学学报 (S1)：110-119.

雷碧瑶，卢虹玉，陈秀文，等，2015. 7种菜用甘薯茎尖的感官评定和营养成分分析 [J]. 安徽农业科学，43（24）：232-234.

雷廷，冯于明，王耀辉，等，2014. 饼粕类饲料原料中添加果胶酶对肉鸡回肠氨基酸消化率和代谢能的影响 [J]. 动物营养学报，26（2）：453-465.

李洪民，2010. 国内外甘薯机械化产业发展现状 [J]. 江苏农机化（2）：40-42.

李剑楠，李秋凤，高艳霞，等，2014. 青贮对薯渣干物质和淀粉瘤胃降解规律的影响 [J]. 中国畜牧兽医，41（6）：89-93.

李涛，2001. 甘薯藤的青贮与利用 [J]. 四川畜牧兽医，28（7）：47.

李燕，2014. 甘薯渣生物发酵制备低聚糖的研究 [D]. 临安：浙江农林大学.

李育明，2007. 中国甘薯种质资源遗传多样性分析及高淀粉轮回选择群体改良研究 [D]. 雅安：四川农业大学.

李政浩，罗仓学，2009. 甘薯生产现状及其资源综合应用 [J]. 陕西农业科学，55（1）：75-77，80.

刘春泉，江宁，李大婧，等，2009. 宁紫薯1号甘薯的营养成分及其淀粉理化性质分析 [J]. 江苏农业学报，25（5）：1137-1142.

刘杰，1959. 怎样制作甘薯青贮 [J]. 农业科学通讯（21）：733-734.

刘进远，邹成义，李斌，等，2009. 甘薯青贮物对育肥猪生产性能影响的研究 [J]. 畜禽业（11）：18-19.

刘鲁林，木泰华，孙艳丽，2006. 甘薯块根中胰蛋白酶抑制剂研究进展 [J]. 粮食与油脂（12）：12-14.

刘伟明，2007. 中国甘薯研究开发利用的现状与对策探讨 [J]. 中国农学通报，23（4）：484-488.

刘孝沾，2012. 甘薯胀气因子研究 [D]. 郑州：河南工业大学.

刘兆文，1992. 猪红薯（甘薯）日粮配方筛选试验 [J]. 中国畜牧杂志，28（4）：34-35.

陆国权，施志仁，高旭红，1998. 不同加工方法对甘薯主要营养成分含量的影响 [J]. 中国粮油学报（1）：34-37.

吕玉丽，吴建良，1999. 甘薯浓缩叶蛋白对TD鸭生长和种蛋品质的影响 [J]. 饲料工业，20（9）：18-19.

马标，胡良龙，许良元，等，2013. 国内甘薯种植及其生产机械 [J]. 中国农机化学报，34（1）：42-46.

马代夫，邱军，房伯平，等，2004. 国家甘薯区试考察与产业发展建议 [J]. 杂粮作物，24（5）：306-308.

马代夫，李强，曹清河，等，2012. 中国甘薯产业及产业技术的发展与展望 [J]. 江苏农业学报，28（5）：969-973.

梅宁安，白洁，邵喜成，等，2014. 饲料级果胶酶对肉仔鸡生长性能的影响 [J]. 家禽科学（2）：12-13.

米谷，薛文通，陈明海，等，2008. 我国甘薯的分布、特点与资源利用 [J]. 食品工业科技，29（6）：324-326.

孙敏杰，2012. 甘薯蛋白的营养特性研究 [D]. 北京：中国农业科学院.

孙艳丽，李庆鹏，孙君茂，2009. 鲜甘薯淀粉加工工艺现状分析及其建议 [J]. 中国食物与营养（4）：25-27.

谭翔文，2002. 果胶对生长猪消化代谢和血糖、血氨的影响 [D]. 长沙：湖南农业大学.

田河山，孙灿富，陈树生，等，2005. 生长猪饲粮中使用甘薯茎叶粉的试验研究 [J]. 养猪（6）：17-18.

田军，苏昌茂，周先碗，2009. 甘薯和花生胰蛋白酶抑制剂的初步研究 [J]. 广西植物，29（1）：70-73.

王鸿泽，彭全辉，康坤，等，2014. 不同混合比例对甘薯蔓、酒糟及稻草混合青贮品质的影响 [J]. 动物营养学报，26（12）：3868-3876.

王淑军，吕明生，王永坤，2002. 混菌发酵提高甘薯渣饲用价值的研究 [J]. 食品与发酵工业，28（6）：40-45.

王硕，杨云超，王立常，2010a. 甘薯酒精渣饲喂肉牛饲养试验 [J]. 畜禽业（4）：8-10.

王硕，杨云超，王立常，2010b. 甘薯燃料乙醇糟作为粗饲料在育肥猪上的应用 [J]. 畜禽业（7）：26-29.

王炜，李鹏霞，黄开红，2009. 甘薯全粉研究进展 [J]. 粮食与油脂（1）：11-13.

王苑，于会民，陈宝江，等，2015. 不同添加水平甘薯渣对产蛋鸡生产性能、蛋品质及血清激素含量的影响 [J]. 饲料与畜牧（3）：30-33.

王志祥，杨洪，文龙，1991. 生长猪饲粮甘薯不同比例及赖氨酸不同添加水平的饲喂效果 [J]. 四川农业大学学报，9（4）：550-561.

王中华，毕玉霞，丛付臻，2012. 酸化红薯粉渣对肉兔生长性能、免疫器官指数和胃肠 pH 的影响 [J]. 中国饲料（11）：36-38.

吴进东，2008. 正交设计优化农作物秸秆混合青贮模式 [J]. 中国饲料（3）：33-35，40.

吴志勇，娄佑武，戴征煌，等，1996. 甘薯酒糟在肉鸭日粮中的应用 [J]. 江西畜牧兽医杂志（3）：57-58.

夏宇，2013. 不同吸收剂和发酵液对马铃薯渣和红薯渣青贮饲料发酵品质的影响 [D]. 保定：河北农业大学.

肖利贞，2009. 彩色甘薯的市场前景与产业化经营 [J]. 农村新技术（16）：4-5.

许丽丽，赵嘉玫，2010. 三种菜用型甘薯茎尖的营养成分分析 [J]. 湖北农业科学，49（2）：300-302.

颜宏，罗世勤，李晓泉，2006. 甘薯打浆青贮及薯用浓缩料养猪试验 [J]. 四川畜牧兽医，33（2）：23-24.

杨朗坤，赖定仑，陈芳秀，等，1985. 野生杂草、稻草、甘薯渣等饲喂生长肥育猪的饲料效率（常见粗纤维饲料对生长肥育猪的饲料效率饲养测定试验之二）[J]. 江西畜牧兽医杂志（2）：37-42.

杨明爽，1993. 甘薯粉渣的加工利用方法 [J]. 饲料博览，40（6）：40.

游小燕，肖融，黄健，等，2011. 青贮甘薯藤发酵进程及品质研究 [J]. 饲料工业，32（11）：56-58.

余树玺，邢丽君，木泰华，等，2015. 4 种不同甘薯淀粉成分、物化特性及其粉条品质的相关性研究 [J]. 核农学报，29（4）：734-742.

余望贻，孟琼，刘乐平，等，2007. 红薯藤粉替代颗粒料中苜蓿草粉对兔生长发育的影响 [J]. 中国畜牧兽医，34（11）：136-137.

张立明，王庆美，王荫墀，2003. 甘薯的主要营养成分和保健作用 [J]. 杂粮作物，23（3）：162-166.

张淼，李燮昕，贾洪锋，等，2012. 我国紫薯全粉加工及利用现状研究 [J]. 四川烹饪高等专科学校学报（4）：25-28.

张荣生，陈学智，吕玉丽，等，1994. 甘薯浓缩叶蛋白对肉鸭生长和胴体品质的影响 [J]. 浙江农业学报，6（3）：206-208.

张文火，董国忠，吴永霞，等，2011. 红苕渣对肉牛生产性能、免疫功能、胴体和牛肉品质的影

响 [J]. 中国饲料（8）：17-20.

张文火，2011. 红苕渣和紫苏籽提取物对育肥牛饲用价值的研究 [D]. 重庆：西南大学.

张潇月，李海利，齐大胜，等，2014. 红薯渣和木薯渣对生长獭兔的营养价值评定 [J]. 动物营养学报，26（7）：1996-2002.

张潇月，2014. 家兔五种非常规糟渣类饲料的营养价值评定 [D]. 保定：河北农业大学.

张勇跃，2007. 甘薯主要病害的防治技术研究 [D]. 杨凌：西北农林科技大学.

赵恒亮，郭荣，2006. 不同处理甘薯秧对肉用白山羊增重效果的影响 [J]. 饲料广角（24）：38-39.

赵昕，2007. 甘薯及其近缘种质资源的主要经济性状比较研究 [D]. 重庆：西南大学.

郑锦玲，王瑞，徐英，等，2007. 红薯藤地面青贮品质评价及经济效益分析 [J]. 中国牛业科学，33（3）：15-17.

钟香友，1986. 红苕喂猪技术 [J]. 四川农业科技（5）：32-33.

周小乔，王宝维，2010. 饲用果胶酶研究的进展 [J]. 饲料研究（8）：14-16.

朱钦龙，松冈尚二，1995. 甘薯烧酒糟对肉用仔鸡生产性能和肉质的影响 [J]. 国外畜牧学（饲料）（3）：9-12.

邹志恒，王苑，于会民，等，2015. 不同添加水平甘薯渣等比例替代玉米对生长猪生长性能和血清生理生化指标的影响 [J]. 饲料与畜牧（2）：27-30.

Dominguez P L, 1992. Feeding of sweet potato to monogastrics [J]. FAO-Animal Production and Health Paper（95）：217-233，238.

Fashina B H A, Fanimo O A, 1994. The effects of dietary repacement of maize with sun dried sweet potato meal on performance, carcass characteristics and serum metabolites of weaner-grower pigs [J]. Animal Feed Science and Technology, 47（1/2）：165-170.

Kambashi B, Picron P, Boudry C, Théwis A, 2014. Nutritive value of tropical forage plants fed to pigs in the Western Provinces of the Democratic Republic of the CongoB [J]. Animal Feed Science and Technology, 91：47-56.

Langhout D J, Schutte J B, van Leeuwen P, et al, 1999. Effect of dietary high-and low-methylated citrus pectin on the activity of the ileal microflora and morphology of the small intestinal wall of broiler chicks [J]. British Poultry Science, 40（3）：340-347.

Ngoc T T B, Len N T, Ogle B, et al, 2011. Influence of particle size and multi-enzyme supplementation of fibrous diets on total tract digestibility and performance of weaning（8-20 kg）and growing（20-40 kg）pigs [J]. Animal Feed Science and Technology, 169：86-95.

Régnier C, Bocage B, Archimède H, et al, 2013. Digestive utilization of tropical foliages of cassava, sweet potatoes, wild cocoyam and erythrina in Creole growing pigs [J]. Animal Feed Science and Technology（180）：44-54.

Yoshimoto M, Yahara S, Okuno S, et al, 2002. Antimutagenicity of mono-, di-, and tricaffeoylquinic acid derivatives isolated from sweet potato（*Ipomoea batatas* L.）leaf [J]. Bioscience, Biotechnology, and Biochemistry, 66（11）：2336-2341.

Yu B, Tsai C C, Hsu J C, et al, 1998. Effect of different sources of dietary fiber on growth performance, intestinal morphology and caecal carbohydrases of domestic geese [J]. British Poultry Science, 39：560-567.

（中国热带农业科学院热带作物品种资源研究所 冀凤杰，中国农业大学 张帅 编写）

第六章
木薯及其加工产品开发现状与高效利用策略

第一节 概 述

一、我国木薯及其加工产品资源现状

木薯（*Manihot esculenta* Crantz）是大戟科（Euphorbiaceae）木薯属（*Manihot*）植物，也称木番薯、树薯。木薯原产于南美洲，人类利用的历史有4 000年之久。木薯是热带、亚热带地区重要的粮食、饲料作物，也是重要的工业原料，与马铃薯和甘薯并称为世界三大薯类作物，广泛用于食品、制糖、医药、饲料、纺织、造纸、化工、降解塑料等行业。主要加工产品包括木薯淀粉、变性淀粉、食用乙醇、燃料乙醇、淀粉糖、酶制剂、有机化工产品等，深加工产品多达3 000种，涉及国计民生和人民生活的各个领域（古碧等，2013）。木薯及其加工产品作为饲料原料，主要有木薯干（片、块、粉、颗粒）、木薯叶和木薯渣。

（一）世界木薯栽培品种

木薯属有100多个种，木薯为唯一用于经济栽培的种，其他均为野生种，可分为甜和苦两种类型。木薯共有39个原始品种，全球的木薯栽培品种或者是通过挖掘原生品种或者是采用基因工程进行改良获得的。泰国栽培的主要木薯品种有罗勇系列、KU50、惠风60等。20世纪80年代，泰国几乎都种植罗勇1号，以后改用3号、5号、50和Daertrast 50，使单产提高了8.6t/hm²，出粉率增加了1.7%。马来西亚主要栽培SM 1562-9品种，单产达36.8t/hm²；印度主要栽培H-165、H-206等品种，单产可达33～38t/hm²；巴西主要栽培BAR 900品种；委内瑞拉主要栽培Querepa、Morada和Caribe等品种（方佳等，2010）。

（二）国内木薯栽培品种

根据木薯加工产业发展需求，中国共选育了以下主要木薯品种（表6-1；严华兵等，2015）。

表 6-1　中国育成的主要木薯品种

品　种	选育单位	选育途径	用　途
华南 5 号	中国热带农业科学院热带作物品种资源研究所	杂交与实生种选育	饲用、工业用
华南 6 号	中国热带农业科学院热带作物品种资源研究所	实生种选育	饲用、工业用
华南 7 号	中国热带农业科学院热带作物品种资源研究所	实生种选育	饲用、工业用
华南 8 号	中国热带农业科学院热带作物品种资源研究所	实生种选育	饲用、工业用
华南 9 号	中国热带农业科学院热带作物品种资源研究所	系统选育	食用
华南 10 号	中国热带农业科学院热带作物品种资源研究所	杂交与实生种选育	饲用、工业用
华南 11 号	中国热带农业科学院热带作物品种资源研究所	杂交与实生种选育	饲用、工业用
华南 12 号	中国热带农业科学院热带作物品种资源研究所	杂交与实生种选育	食用、饲用、工业用
华南 8013	中国热带农业科学院热带作物品种资源研究所	杂交与实生种选育	饲用、工业用
华南 8002	中国热带农业科学院热带作物品种资源研究所	实生种选育	饲用、工业用
华南 124	中国热带农业科学院热带作物品种资源研究所	实生种选育	食用、饲用、工业用
华南 205	中国热带农业科学院热带作物品种资源研究所	资源引进与系统选育	饲用、工业用
华南 6068	中国热带农业科学院热带作物品种资源研究所	实生种选育	食用、饲用、工业用
面包木薯	中国热带农业科学院热带作物品种资源研究所	资源引进与系统选育	食用、饲用、工业用
华南 102	中国热带农业科学院热带作物品种资源研究所	资源引进与系统选育	食用、饲用、工业用
华南 201	中国热带农业科学院热带作物品种资源研究所	资源引进与系统选育	饲用、工业用
GR 891	广西亚热带作物研究所	资源引进与系统选育	食用、饲用、工业用
GR 8900	广西亚热带作物研究所	资源引进与系统选育	食用、饲用、工业用
桂热引 1 号	广西亚热带作物研究所	资源引进与系统选育	饲用、工业用
桂热 3 号	广西亚热带作物研究所	资源引进与系统选育	饲用、工业用
桂热 4 号	广西亚热带作物研究所	资源引进与系统选育	饲用、工业用
桂热 5 号	广西亚热带作物研究所	资源引进与系统选育	饲用、工业用
新选 048	广西大学	系统选育	饲用、工业用
辐选 01	广西大学	辐射诱变育种	饲用、工业用
西选 03	广西大学	系统选育	饲用、工业用
西选 04	广西大学	系统选育	饲用、工业用
西选 05	广西大学	辐射诱变育种	饲用、工业用
西选 06	广西大学	辐射诱变育种	饲用、工业用
桂经引 983	广西农业科学院经济作物研究所	系统选育	饲用、工业用
南植 188	中国科学院华南植物研究所	资源引进与系统选育	饲用、工业用
南植 199	中国科学院华南植物研究所	资源引进与系统选育	食用、饲用、工业用

资料来源：严华兵等（2015）。

（三）国际木薯生产

在非洲食品可持续发展战略的推动下，2014 年全球木薯产量达 2.913 亿 t，比 2013 年增长 4.6%。其中，非洲 1.669 亿 t（占 57.3%），拉丁美洲 0.323 亿 t（占 11.1%），亚洲 0.918 亿 t（占 31.5%），其他 0.003 亿 t。各木薯生产国中，尼日利亚的木薯产量仍然位居第一，达 0.551 亿 t；泰国位居第二，达 0.312 亿 t；印度尼西亚位居第三，达 0.250 亿 t；其次是巴西，达 0.233 亿 t（联合国粮食与农业组织，FAO，2014）。

（四）国内木薯生产

据农业部 2014 年度木薯产业技术发展报告统计，2014 年我国木薯种植面积约 39.25 万 hm²，相比 2013 年略有减少，鲜薯总产量为 893.63 万 t，单产约 22.8t/hm²。国内木薯种植主要集中在广西、广东、云南和海南等省、自治区。其中，广西壮族自治区木薯种植面积为 23 万 hm²，鲜薯产量为 540 万 t；广东省木薯种植面积为 8.7 万 hm²，鲜薯产量为 195 万 t；云南省木薯种植面积为 2.7 万 hm²，鲜薯产量为 50 万 t；海南省木薯种植面积为 2.72 万 hm²，鲜薯产量为 57.53 万 t；福建省木薯种植面积为 1.1 万 hm²，鲜薯产量为 26.5 万 t；江西省木薯种植面积为 0.87 万 hm²，鲜薯产量为 21 万 t；其他木薯种植面积约为 0.16 万 hm²，鲜薯产量约为 3.6 万 t。

（五）国际木薯贸易

目前，世界木薯产品贸易的主要品种包括木薯淀粉、干片、粉和颗粒。据 FAO 统计，2014 年其贸易量为 0.162 亿 t（干片和颗粒），其中木薯粉和淀粉 0.080 亿 t，木薯干片和颗粒约 0.082 亿 t；泰国仍然是世界主要出口国，而中国是世界木薯产品的主要进口国。

二、木薯及其加工产品作为饲料原料利用存在的问题

受地域、品种、种植、采收及加工等诸多因素影响，薯类及其加工副产品营养成分变异大，在不同畜禽饲料中的消化率也有巨大波动。同时，某些因素也限制了薯类及其加工副产品作为饲料利用。①有抗营养因子，如氢氰酸、单宁等。②鲜薯、鲜叶和鲜渣水分含量高、含有大量果胶等，脱水难度大；且不耐储存，干燥后在粉碎过程中粉尘含量高，因而对加工有特殊的要求。③蛋白质和脂肪含量低，缺乏必需氨基酸和必需脂肪酸。④矿物质不平衡。⑤木薯渣纤维含量高、有效能值低，含有单宁等物质，导致适口性差；密度低体积大，会降低采食量。⑥供应具有季节性，在田间和仓储过程中容易受到霉菌污染。

三、开发利用木薯及其加工产品作为饲料原料的意义

人口膨胀导致世界范围内谷物资源短缺，迫切需要研究新的非粮食饲料资源用于动物生产。木薯具有粗生粗长，耐贫瘠、耐干旱、耐酸性土壤，可种植于山地土壤，不与粮争地，以无性繁殖为主，管理粗放，种植成本低，光合效率高，单产潜力高等诸多优点（张慧坚等，2012）。薯类作物由于含有丰富的碳水化合物，因此被认为是谷物的最佳替代者。木薯、甘薯与马铃薯，是目前最广为认可，也是应用最广的能量饲料，并且已被证明是畜禽日粮中谷物的最佳替代物（表 6-2）。

表 6-2　薯类、玉米和小麦提供的淀粉产量及总产量等比较

作物名称	淀粉含量 （％，新鲜）	平均单产 （t/hm²，新鲜）	中国种植面积 （万 hm²）	中国总产量 （万 t，新鲜）
玉米	65～75	5.817	3 707.61	21 567.3
小麦	60～70	5.243	2 406.39	12 617.3
木薯	22～28	22.8	39.27	893.63
甘薯	18～26	22.5	460	1 035
马铃薯	24	17.2	568.7	9 754.5

　　泰国和中国分别是世界上最大的木薯出口国和进口国。据泰国木薯贸易协会统计，2014 年，泰国出口到中国的木薯干片及颗粒数量为 816.8 万 t，到岸价平均为 226.5 美元/t。何丽媛（2015）研究显示，2014 年玉米全年均价 2 358 元/t。按照 1 美元汇兑 6.3 元人民币计算，木薯和玉米的差价为 931.05 元。2014 年，我国木薯鲜薯市场价格为 500～600 元/t，木薯原淀粉价格为 3 050～3 800 元/t，木薯干片价格为 1 820～1 860 元/t，木薯渣鲜渣价格为 300～400 元/t。

　　研究开发薯类及其加工副产品作为新饲料资源，具有巨大的资源优势、数量优势、成本优势和营养价值优势；是发展环境友好型畜牧业的重大科研命题，是产业联合攻关系统维护生态安全、保障可持续发展的社会需要，更是缓解粮食危机保障粮食安全的重要战略。

第二节　木薯及其加工产品的营养价值

一、木薯干片（粉、粒）的营养价值

　　鲜木薯由于其本身特性，因此在采后 24～72h 会发生生理劣变。由于鲜木薯的储存极为困难，因此在国际贸易中，木薯主要以木薯淀粉、木薯干片和木薯粒等进行交易。木薯干片是利用机器或者人工的方式将鲜木薯切割成片状，然后干燥除掉大部分水而制成的一类木薯产品。一般来讲，木薯干片中的水分含量为 12％～13％。

　　《饲料用木薯干》（NYT 120—2014），对木薯干的理化指标作了如下规定：水分≤13.0％、粗纤维＜4.0％、粗灰分＜5.0％、淀粉≥65.0％、杂质≤2.0％。

　　因品种、产地、加工方式及检测方法不同，木薯及其加工产品的营养成分含量有所波动。各地区木薯样品营养成分见表 6-3，木薯产品微量元素含量见表 6-4。

表 6-3　各地区木薯样品营养成分含量（DM，％）

木薯产品	风干样干物质含量	粗蛋白质	粗脂肪	粗纤维	粗灰分	无氮浸出物	钙	磷	资料来源
东莞红尾木薯	86.9	2.36	1.50	2.65	2.42	91.08	0.26	0.37	李耀南等（1988）
广西木薯	—	3.60	0.90	2.00	1.90	91.60	0.20	0.09	梁明振和滕若芬（1988）

(续)

木薯产品	风干样干物质含量	粗蛋白质	粗脂肪	粗纤维	粗灰分	无氮浸出物	钙	磷	资料来源
广东木薯	87.19	3.26	0.48	2.13	2.09	—	0.21	0.06	陈小薇等(1992)
南湾木薯(n=17)	88.6±1.6	2.9±0.7	0.9±0.2	2.7±0.7	2.1±0.6	91.2±1.7	—	—	郑诚等(1993)
红尾木薯(n=11)	88.8±1.1	2.8±0.7	0.8±0.3	3.0±0.5	2.2±0.7	91.5±0.8	—	—	郑诚等(1993)
面包木薯(n=9)	89.8±1.3	2.7±0.8	0.8±0.2	3.2±0.9	2.3±0.5	91.1±2.1	—	—	郑诚等(1993)
云南红河县木薯(n=20)	88.6±0.5	1.65±0.6	1.26±1.3	2.69±0.4	2.43±0.4	92.01±1.5	0.12±0.06	0.08±0.02	杨亮宇等(2002)
云南屏边县木薯(n=10)	88.3±0.5	2.53±0.8	0.85±0.5	2.32±0.3	2.00±0.3	92.32±1.3			杨亮宇等(2002)
广西马山木薯	86.2	3.25	0.93	2.67	—		0.23	0.07	何仁春等(2007)
广西普通木薯	87.91	4.64	1.77	6.75	2.91	83.97	—	—	梁明振等(2008)
广西发酵木薯	86.73	21.75	1.26	7.40	3.24	66.36	—	—	梁明振等(2008)
泰国木薯干	88.0	2.31	1.32	2.54	2.72	79.25	0.28	0.07	唐德富等(2014)
泰国木薯粒	87.9	2.30	1.65	5.53	6.57	71.90	0.29	0.07	唐德富等(2014)

表6-4 木薯产品中的微量元素含量（mg/kg）

原 料	铁	铜	锌	锰	资料来源
云南木薯粉(n=10)	170±51	10±5	62±16	45±15	杨亮宇等(2002)
广东、广西、海南木薯(n=10)	166±49	9±4	64±13	43±16	郑诚等(1993)
云南木薯粉(n=10)	170±51	10±5	62±16	45±15	杨亮宇等(2002)
木薯叶	71	3	71	72	Montagnac等(2009)
木薯叶	51.6	7.3	51.6	67.9	Chavez等(2000)
木薯叶	50.8	—	50.8	141	Wobeto等(2006)
木薯叶	172.11	7.08	75.55	499.10	石俭省和王振权(1996)
华南8号木薯叶	250	3.0	25.0	73.0	高超(2011)

　　淀粉是植物碳水化合物的主要储存方式，也是畜禽所需能量的重要来源。木薯肉鲜样干物质含量为31.5%～42.1%，木薯肉干样粗淀粉含量为76.4%～87.0%魏艳等(2015)；与相关研究比较，木薯肉营养优于或不亚于甘薯和马铃薯，木薯皮营养优于或不亚于米糠和小麦麸皮。徐娟和黄洁(2013)研究表明，木薯块根的干物率与淀粉含量呈极显著正相关。

　　淀粉主要有两种分子结构组成：直链淀粉和支链淀粉。也可以根据体外消化动力学将淀粉分为快速消化淀粉（rapid digested starch，RDS）、慢速消化淀粉（slowly digested starch，SDS）和抗性淀粉（resistant starch，RS）。淀粉的消化率与淀粉颗粒的大小存在相关性，颗粒粒径较大的淀粉与其消化率呈负相关。淀粉颗粒表面与淀粉消化有关。马铃薯淀粉颗粒表面光滑，缺少微孔，因此能够抵抗消化酶的水解。宾石玉（2005）研究表明，淀粉颗粒中直链淀粉和支链淀粉含量及比例与其消化性能有关。支链淀粉主要在小肠前段消化，直链淀粉主要在小肠后段消化，小肠淀粉消化率随饲料中支链淀粉含量的增加而提高，随直链淀粉含量的提高而降低。

木薯干和木薯粒中含有约70％的淀粉，与马铃薯中的淀粉含量相当（66.5％），但不及甘薯（79.5％）。木薯淀粉中支链淀粉的相对含量高于玉米，理论上来说易于酶制剂水解，但体外淀粉的消化率均较低，尤其是木薯渣，可能与体外试验方法和抗性淀粉含量相关。

抗性淀粉可被进一步分为物理包埋淀粉（physically trapped starch，RS1）、抗性淀粉颗粒（resistant starch granules，RS2）和回生淀粉（starch retrogradation，RS3）三类。Asp（1992）和Onyango等（2006）研究表明，粗制木薯淀粉中每100 g抗性淀粉分别含有74.94 g RS2和0.44 g RS3，而RS2和RS3很难被酶制剂水解。唐德富（2014）测定木薯渣抗性淀粉含量高达59.23％，可能是由于木薯淀粉生产过程中，某种物理或化学的处理方式有助于抗性淀粉含量的增加。同时发现，木薯粒的淀粉和干物质消化率较高，其原因可能是由于制粒调制使得淀粉糊化程度增加，抗营养因子含量降低，进而改善了消化率。高温高压调制可使1％～2％的淀粉糊化。木薯干和木薯粒粉颗粒直径大于玉米淀粉，然而唐德富等（2014）检测的木薯渣淀粉颗粒直径相对较小，可能主要是由于机械损伤所致（表6-5）。

表6-5　木薯产品、玉米淀粉含量及淀粉颗粒特征的比较

指　标	玉　米	木薯干	木薯粒	木薯渣	SEM	P　值
总淀粉（％）	70.11[a]	75.14[a]	67.83[a]	37.35[b]	1.650	0.028
直链淀粉（％）	30.13[a]	17.37[b]	18.02[b]	11.32[c]	0.420	0.011
支链淀粉（％）	39.84[b]	57.82[a]	49.76[ab]	26.09[c]	0.570	0.007
直链淀粉/支链淀粉	0.76[a]	0.29[b]	0.36[b]	0.43[b]	0.004	0.041
抗性淀粉（％）	33.24[b]	38.97[b]	31.01[b]	59.23[a]	0.630	0.012
淀粉粒形态	多面体	似球形	半球形	半球形	—	—
淀粉粒表面	光滑	光滑	粗糙	粗糙	—	—
淀粉粒直径（μm）	11.3	13.0	14.2	10.9	0.080	0.241
直径最大值（μm）	16.2	19.0	21.0	15.0	—	—
直径最小值（μm）	7.8	6.3	10.0	7.9	—	—

注：同行不同小写字母表示差异显著（$P<0.05$），相同小写字母表示差异不显著（$P>0.005$）。下同。

资料来源：唐德富等（2014）。

Austin等（1999）和Naqvi等（2004）研究表明，水溶性非淀粉多糖可增加肠道食糜黏性，阻碍日粮营养素与消化酶的充分接触，但添加非淀粉多糖酶可使部分可溶性非淀粉多糖（soluble non-starch poly-saccharide，SNSP）被家禽消化利用，进而降低食糜黏性，改善饲料转化率。Meng等（2005）和Charles等（2005）研究表明，木薯

中 SNSP 的含量为 5%～13%。其值高于唐德富等（2014）的测定结果（3.39%）。Chauynarong 等（2009）报道，木薯渣中含有 6.7%～8.5%不溶性非淀粉多糖（insoluble non-starch polysaccharide，INSP）、0.1%～3.0%SNSP 及 0.5%～0.9%可利用游离单糖。上述报道提示，木薯日粮中添加非淀粉多糖酶可能有较好的饲喂效果。Brough 等（1990）报道，木薯中 SNSP 和 INSP 含量与马铃薯相似，其中 70%的 NSP 为 INSP，而 SNSP 仅占 30%。INSP 不能被家禽小肠消化利用，但可进入家禽盲肠后被微生物发酵，产生挥发性脂肪酸。唐德富等（2014）研究认为，木薯产品中含有相对较高的支链淀粉和较低的可溶性非淀粉多糖，木薯粒具有较高的体外干物质和淀粉消化率（表 6-6 和图 6-1；唐德富，2014）。

表 6-6　木薯产品及玉米中非淀粉多糖含量的比较（g/kg DM）

种　类	玉　米	木薯干	木薯粒	木薯渣	SEM	P　值
游离糖						
阿拉伯糖	0.35[b]	0.76[ab]	1.05[ab]	3.15[a]	0.01	0.035
木糖	0.20	—	0.15	0.69	0.01	0.259
甘露糖	2.32[bc]	8.46[a]	5.39[b]	0.81[c]	0.02	0.004
半乳糖	0.41	1.34	1.60	2.06	0.01	0.156
葡萄糖	16.85[a]	7.80[b]	17.10[a]	5.32[b]	1.19	0.002
合计	20.13	18.36	25.29	12.03	1.24	0.456
可溶性非淀粉多糖						
阿拉伯糖	0.63[b]	0.75[b]	0.88[b]	3.75[a]	0.02	0.034
木糖	0.36	0.07	0.16	0.50	0.02	0.782
甘露糖	1.98	0.81	0.99	1.47	0.07	0.128
半乳糖	0.35[b]	2.94[b]	3.35[b]	19.26[a]	0.26	0.001
葡萄糖	0.55[b]	4.17[a]	3.61[b]	3.57[b]	0.10	0.043
合计	3.87[c]	8.74[b]	8.99[b]	28.55[a]	0.47	0.988
不溶性非淀粉多糖						
阿拉伯糖	20.30[a]	3.34[b]	3.93[b]	17.39[a]	1.01	0.001
木糖	26.40[a]	4.85[b]	6.60[b]	34.28[a]	1.32	0.001
甘露糖	1.12	3.03	3.66	3.99	0.12	0.526
半乳糖	5.89[b]	7.94[b]	7.81[b]	18.87[a]	1.21	0.001
葡萄糖	21.70	26.59	35.75	31.67	1.52	0.589
合计	75.41[ab]	45.75[b]	57.75[b]	106.20[a]	5.18	1.118

注：同行上标不同小写字母表示差异显著（$P<0.05$），相同小写字母表示差异不显著（$P>0.05$）。

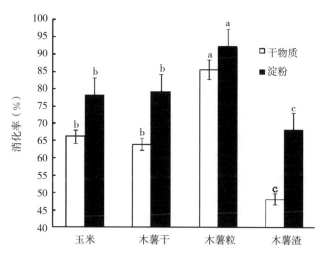

图 6-1 木薯产品、玉米体外干物质及淀粉消化率

（资料来源：唐德富，2014）

徐娟和黄洁（2013）分析并评价了 6 份木薯种质块根的主要营养成分，结果表明不同木薯种质的营养成分含量差异较大；ZM8229 的可溶性糖含量、蛋白质含量分别为 2.29%、2.53%，均高于其余 5 个品种（$P<0.01$）；华南 9 号的 β-胡萝卜素、维生素 C 含量分别为每 100g 0.55mg、19.04mg，高于其他品种（$P<0.05$）；华南 8 号的蛋白质含量为 2.31%，高于华南 6068、GR911、华南 9 号、华南 101（$P<0.01$）。

二、木薯叶的营养价值

《饲料用木薯叶粉》（NY/T 136—1989），定义木薯叶粉是以新鲜木薯叶（含部分叶柄）为原料，经干燥后制作的饲料。把木薯叶粉分为 3 个级别，对一级木薯叶粉的理化指标作如下规定：水分≤13.0%、粗纤维<17.0%、粗灰分<9.0%。不同学者研究的木薯叶组成成分见表 6-7、表 6-8。

木薯叶粉耐储存，在 20～30℃下可储存 8 个月，不会霉变和发生虫害。如遇雨季，可将新鲜木薯叶切成 5cm 长的条状，按每千克鲜重加 50g 糖蜜和 5g 食盐。混合均匀后压紧，排出空气，在 28～32℃条件下密封 40～42d 后即制成青贮木薯叶（高超，2011）。

表 6-7 木薯叶化学组成（DM，%）

粗蛋白质	粗脂肪	中性洗涤纤维	酸性洗涤纤维	粗灰分	酸不溶灰分	木质素	总能（MJ/kg）	资料来源
20.6～27.4	7.2～8.7	25.5～29.3	18.1～21.0	7.0～8.4	0.3～0.8	6.5～8.2	20～22	Dongmeza 等（2009）
21.18	10.19			11.41			19.39	夏中生等（1993）

表 6-8　木薯叶化学组成（DM,%）

粗蛋白质	粗脂肪	粗纤维	粗灰分	无氮浸出物	钙	磷	总能（MJ/kg）	资料来源
15.37	9.29	17.7	10.45	35.95	1.10	0.17		董征纯等（1988）
17.68	6.49	11.92	9.45	43.63			18.37	吴世林等（1993）
17.65	8.98	16.33	11.90	43.99	0.87	0.28		石俭省和王振权（1996）

三、木薯渣的营养价值

木薯渣是木薯提取淀粉或者生产生物乙醇过程中的副产品，主要由木薯类的外皮、破碎细胞壁组织和部分有毒的抗营养物质组成。木薯渣中的水分含量高达 70% 以上，不易运输和储存，极易受微生物污染导致腐败变质（表 6-9 至表 6-11）。

表 6-9　木薯渣化学组成（DM,%）

原料名称	干物质	粗蛋白质	粗脂肪	粗纤维	中性洗涤纤维	酸性洗涤纤维	粗灰分	无氮浸出物	钙	磷	总能（MJ/kg）	资料来源
木薯淀粉渣	92.42	4.92	1.96	14.46	—	—	23.36	47.72	8.45	0.05		胡忠泽和刘雪峰，（2002）
木薯淀粉渣	87.99	1.98	1.25	18.74	32.41	24.65	3.3		—	0.04	16.95	冀凤杰等，（2016）
广西北海木薯酒精渣	91.28	15.33	2.79	—	58.32	41.62	20.06		—	0.25	16.374	冀凤杰等，（2016）
广西武鸣木薯酒精渣	—	7.23	1.04	46.85			14.22		1.79	0.083	—	陈丽新等，（2009）
泰国木薯淀粉渣	88.70	2.92	0.92	14.82			5.24	64.79	0.87	0.05	—	唐德富等，（2014）
木薯渣	95.76	2.39	4.41	16.85	16.64	13.08	3.05		0.91	0.07	14.3	张潇月，（2014）

表 6-10　木薯渣矿物质含量

工艺来源	木薯淀粉渣				木薯酒精渣	
	海南琼中	海南八一	海南白沙	海南昌江	广西南宁	广西北海
钙（%）	0.34	0.25	0.26	0.34	1.16	0.73
磷（%）	0.04	0.03	0.03	0.04	0.3	0.25
Fe（mg/kg）	275.41	220.37	174.57	488.08	7 307.15	6 674.56
Cu（mg/kg）	2.14	1.82	1.5	1.76	8.31	14.4
Zn（mg/kg）	16.91	11.87	11.26	13.79	64.02	38.35
Mn（mg/kg）	28.96	30.21	42.92	27.69	283.23	84.69

表 6-11 木薯渣和木薯叶氨基酸组成（DM，%）

氨基酸	木薯淀粉渣	木薯酒精渣	木薯叶
天冬氨酸	0.16	1.01	2.12
丝氨酸	0.11	0.59	2.53
谷氨酸	0.29	1.24	2.70
甘氨酸	0.08	0.49	1.42
丙氨酸	0.13	0.72	1.60
酪氨酸	0.03	0.24	0.88
苏氨酸	0.09	0.43	1.24
缬氨酸	0.13	0.38	1.69
蛋氨酸	0.02	0.19	0.53
异亮氨酸	0.07	0.26	1.18
亮氨酸	0.16	0.67	2.10
苯丙氨酸	0.08	0.45	1.58
组氨酸	0.09	0.45	0.56
赖氨酸	0.11	0.51	1.58
精氨酸	0.03	0.39	1.38
脯氨酸	0.16	0.49	1.24
必需氨基酸总和	0.93	4.23	13.08
水解氨基酸总和	1.74	8.52	37.41

第三节 木薯及其加工产品中的抗营养因子

木薯中有毒有害物质主要包括农药残留（有机氯农药、有机磷农药、拟除虫菊酯类农药）、化学毒物（磷化物、氰化物、单宁、胰蛋白酶抑制剂、草酸盐和植酸等）、重金属（砷、铅和镉）、霉菌及其毒素。氰化物主要来自木薯本身的生氰糖苷和氰化物类熏蒸剂。目前的处理技术已经可以使氰化物降低到动物食用的安全范围。磷化物主要来自熏蒸剂——磷化铝的污染。

木薯干片和稻谷、玉米、小麦一样都是以淀粉为主的商品，储存过程主要受到具有很强的淀粉利用能力的霉菌的危害，如曲霉、毛霉、根霉和青霉等。霉菌对木薯干片储存的威胁是一个很普遍的问题，霉菌的生长主要出现在缓慢的干燥过程中和潮湿的储存及运输过程中。

一、生氰糖苷

在木薯中，生氰糖苷主要以亚麻苦苷和百脉根苷两种形式存在，分别占体内总量的95%～97%和3%～5%（邹良平等，2013）。生氰糖苷本身不呈现毒性，主要由其水解产物氰化氢（HCN）引发毒性。正常情况下，生氰糖苷一般存在于表皮细胞中，而分解生氰糖苷的酶则存在于叶肉细胞中。但含有生氰糖苷的植物被动物采食、咀嚼后，植物组织的结构遭到破坏，生氰糖苷与其共存的水解酶作用产生 HCN 引起动物中毒（张小冰，2010）。中毒的主要原理是使组织细胞不能利用氧，形成"细胞内窒息"（孙兰萍和许晖，2007）。

要降低或消除木薯氰化物对动物的危害，应从加工工艺和动物饲料配制着手。作物生氰糖苷脱毒技术主要有干法脱毒、湿法脱毒、微波脱毒、溶剂提取脱毒、挤压膨化脱毒和生物法脱毒等（刘义军等，2013），它们各有利弊。动物营养学家使用的经典方法是晒干、65℃烘干和青贮。简单的日晒可以去除 90% 左右的氰化物（陈建新等，1992；Phuc 等，2000；Fasuyi，2005；Nguyena 等，2012）。由于亚麻苦苷在低 pH 下的稳定性（Oke，1978），因此日晒比青贮更能有效去除氰化物。

动物可以通过几个途径降解氰化物，但主要是通过与硫代硫酸盐反应形成硫氰酸盐。这种转化可使毒性降低至原来的 0.5%。脱毒过程就是蛋氨酸中硫的利用过程，故应增加蛋氨酸的供给。其他物质也能脱毒，如在木薯饲料中添加一定量的硫代硫酸钠或碘等，维生素 B_{12} 也是一种脱毒途径（张芬芬等，2013）。

Benito 和 Silvana（2010）连续 30d 给平均体重为 25.6kg 的杂交高山羊雌羊饲喂含有 4.5mg/kg HCN 的木薯叶，结果表明，木薯叶处理组的雌山羊血液化学指标没有受到影响，甲状腺滤泡胶体中吸收液泡数量略有增加，门静脉周围的肝细胞有轻微空泡形成，中脑有轻微海绵状结构。木薯叶对雌山羊造成的毒性作用可能是由于氰化物释放生氰糖苷而不是配糖体引起的。

陈建新等（1993）分析 8 个品种的木薯块根在 270d 植龄时的 HCN 含量，为每千克鲜样 58.9～162.3mg，苦品种的 HCN 含量比甜品种含量多，总平均值为每千克鲜样 95.98mg，折合成干物质后平均氢氰酸含量为每千克干物质 235.0mg。8 个品种的木薯叶 HCN 含量因品种和时间不同变化较大，一般为每千克鲜样 114.9～459.0mg，总平均值为每千克鲜样 266.79mg。8 个品种的木薯块和木薯叶 HCN 含量的相关系数为−0.1，即木薯块和木薯叶的 HCN 含量不存在显著相关性。木薯块根皮层的氢氰酸含量是肉质的 2～5 倍，占全薯氢氰酸的 30.56%。如果去掉皮层，木薯块的毒性就减少了 1/3，而皮层的重量仅占全薯的 13.4%，因此除去皮层是降低木薯块根毒性的一种有效途径。

冀凤杰等（2016）测定出木薯淀粉渣和木薯酒精渣中氢氰酸（以 HCN 计）含量分别为 32.13～92.04mg/kg 和 35.07～126.66mg/kg。饲料卫生标准中没有明确规定木薯渣中氰化物（以 HCN 计）的最大允许量，但是界定了配合饲料中氰化物的限量为 50mg/kg（表 6-12），可以据此推算木薯渣在配合饲料中的最高添加量。实际生产中考虑到消化率和适口性，木薯渣添加量往往低于 15%，所以氰化物的影响微乎其微（表 6-13 和表 6-14）。

表 6-12 中国 8 个品种木薯及其产品中氢氰酸含量分析（mg/kg）

品　　种	鲜　　样				干物质
	木薯皮	木薯肉	全薯	木薯叶	全薯
东莞红尾	386.4	132.6	162.3	259.7	382.8

（续）

品　种	鲜　样				干物质
	木薯皮	木薯肉	全薯	木薯叶	全薯
印尼面包	148.7	68.3	76.5	226.0	221.7
华南 188	251.3	49.7	88.2	331.5	222.7
华南 8002	353.5	112.5	139.7	216.9	323.4
华南 124	145.8	48.4	59.7	264.4	155.5
华南 40441	146.2	77.2	86.0	240.0	205.3
中山细叶	164.1	85.6	96.5	344.8	235.9
印尼黄心	146.1	42.0	58.9	251.0	132.7
平均值	217.76	77.04	95.98	266.79	235

注：木薯叶中氰化氢含量为 128d、160d、198d 植龄的测定平均值；木薯皮、木薯肉和全薯中氰化氢的含量为 270d 植龄（成熟期）的测定值。

资料来源：冀凤杰等（2009）。

表 6-13　木薯中氢氰酸（以 HCN 计）最大允许量（mg/kg）

项　目	氢氰酸（以 HCN 计）最大允许量	参考标准
木薯干	100	《饲料卫生标准》（GB 13078—2001）
猪和鸡配合饲料	50	《饲料卫生标准》（GB 13078—2001）
渔用配合饲料	50	《渔用配合饲料安全限量标准》（NY 5072—2002）

资料来源：Dongmeza（2009）。

表 6-14　木薯叶抗营养因子含量

总单宁酸（g/kg，干物质基础）	缩合单宁（g/kg，干物质基础）	水解单宁（g/kg，干物质基础）	皂角苷（g/kg，干物质基础）	植酸（g/kg，干物质基础）	氰化物（mg/kg*）
36～68	13～29	26～33	68～98	16～46	205～335

注：氰化物含量是指新鲜木薯叶中的含量。

资料来源：Dongmeza（2009）。

二、农药残留和重金属

孙建国（2004）对 2001—2003 年在日照口岸进口的 150 批次、160 万 t 木薯干进行了有毒有害物质含量的检测。对来自泰国、越南的各 45 个样品、6 种农药（六六六、DDT、艾氏剂、狄氏剂、异狄氏剂和七氯，这 6 种农药属国际上公认的 12 种"持久性有机污染物"之列）的残留进行检测，结果均为"未检出"；对木薯干样品的磷化物、氰化物进行检测，结果均为"未检出"；对木薯干样品的铅和砷进行检测发现，越南木薯干样品铅含量超标（＞0.4mg/kg），超标率为 80.0%；泰国木薯干样品中的铅含量超标率为 26.7%。砷含量检测结果均符合国家卫生标准≤0.7mg/kg 的要求。冀凤杰等（2016）测定木薯淀粉渣铅和镉含量分别为 6.06mg/kg 和 0.095mg/kg；木薯酒精渣铅含量为 10.895，镉未检出。《饲料卫生标准》（GB 13078—2001）中没有明确规定木薯渣中的重金属允许限量，规定米糠中镉含量不得超出 1.0mg/kg，木薯渣营养成分与米糠类似，可参照米糠的限量（表 6-15）。

表 6-15　薯类食品中重金属允许的最大限量（mg/kg）

铅	镉	总汞（以 Hg 计）	砷（无机砷）	铬	氟	参考标准
0.2	0.1	0.01	0.2	0.5	1.5	《食品中污染物限量》（GB 2762—2005）

三、霉菌

谢江（2012）对我国主要木薯产区（广西、广东、海南、云南和福建）木薯干片中的霉菌进行了分离，并对优势霉菌进行了鉴定实际中可以参考该结果对来自不同产区的木薯干产品在运输、仓储和使用过程中进行重点监测及预防（表 6-16）。

表 6-16　木薯主产区优势霉菌检出率比较

省（自治区）	黑曲霉	黄曲霉	寄生曲霉	青霉属青霉	黑根霉	总状毛霉
广西	a	c	d	e		b
广东	d	a	c	b		e
海南	d	b	a	c	d	
云南	c	d	b	a		
福建	e	c	d	b	a	

注：a、b、c、d、e 代表检出率由高到低。

资料来源：谢江（2012）。

第四节　木薯及其加工产品在动物生产中的应用

Oke（1978）报道，木薯淀粉中支链淀粉的比例很高，其淀粉的消化率高于玉米淀粉，可作为猪、家禽和反刍动物日粮中的主要能量原料，但必须注意其氢氰酸和氨基酸的含量。

薯类作为畜禽饲料，可以鲜喂、干燥后饲喂或者青贮后饲喂。木薯饲用商品的主要形式是木薯粉或者木薯干片及颗粒。在许多发达国家和发展中国家，木薯一直被广泛作为猪、家禽、奶牛和水产饲料的能量源。尼日利亚和泰国木薯产量长期稳居世界前列，二者将木薯大量用作动物饲料。泰国已进行了很多试验以找出最好的饲料配方，如木薯和去皮豆粕、木薯和膨化全脂大豆等。在菲律宾，由于木薯和玉米价格倒挂产生巨大的成本优势，木薯用作饲料的比例已由过去的 15% 增加到目前的 50%（Basilisa，2001）。欧盟将世界木薯总产量的 17.5% 用作动物饲料（木薯颗粒）。在印度尼西亚，木薯叶可作为蔬菜和饲料，木薯片用作饲料。2009 年，印度尼西亚用作饲料的木薯占总产量的 2.0%～13%（郑华等，2013）。越南也积极开展木薯片、木薯渣和木薯茎叶在水产及家畜饲料中应用的研究工作。国外对薯渣利用主要是生产多不饱和脂肪酸，混合培养生产微生物蛋白、酵母固态发酵富集蛋白等，但成本高、效率低、难以实现工业化。薯渣作为饲料原料，主要在发展中国家使用，是优良的反刍动物饲料，在单胃动物营养和免疫方面也具有开发价值。

一、在养猪生产中的应用

(一)木薯块根在养猪生产中的应用

郑诚等（1993）测定木薯粉的消化能（猪）为（15.07±0.54）MJ/kg，杨亮宇等（2002）测定木薯粉的消化能（猪）为（15.01±0.6）MJ/kg。梁明振和滕若芬（2008）选用体重约45kg的去势三元杂交良种公猪作为实验动物，采用全收粪（尿）法测定，则发酵木薯粉表观消化能为13.57MJ/kg，普通木薯粉的表观消化能为13.97MJ/kg。Wu（1991）选用杜长大三元杂种猪，采用屠宰法测定台湾甜木薯片的消化能（猪）为14.98MJ/kg，代谢能（鸡）为14.56MJ/kg，净能为10.75MJ/kg（表6-17）。

表6-17　猪对木薯主要营养物质的表观消化率

猪品种	木　薯	粗蛋白质（%）	粗脂肪（%）	粗纤维（%）	无氮浸出物（%）	总　能（MJ/kg）	资料来源
汉普夏×广花猪	木薯粉	88.60～88.73	—	18.92～25.50		88.10～88.58	李耀南等（1988）
45 kg去势三元杂交猪	发酵木薯粉	86.5	70.91	30.44	56.78	—	梁明振和滕若芬（2008）
杂交良种公猪	普通木薯粉	76.52	76.48	53.49	79.15	—	梁明振和滕若芬（2008）

黎民伟等（1990）研究表明，大约克夏杂交猪仔猪、生长猪和育肥猪的饲料中分别添加28%、36%和50%的木薯粉，可以显著降低饲料成本，不影响增重和饲料转化率，但是考虑木薯中含有较多的淀粉会导致黏口，因此可在饲料中添加粗纤维含量较高的原料，如米糠、麦麸等来改善适口性。Saesim等（1990）研究表明，采食木薯日粮的母猪繁殖性能与采食碎米日粮的母猪无显著差异，表明木薯可以作为猪日粮中的能量原料。在断奶仔猪4～8周龄日粮中用木薯粉代替碎米，则猪的平均日增重和饲料转化率与采食碎米日粮组相近，且仔猪的腹泻率较低。另外，同年用木薯代替玉米后，与采食100%玉米的日粮组相比，采食100%木薯处理组生长育肥猪的平均日增重有所提高，而饲料转化率有所改善，且达到上市体重所需的天数较少，同时各组间胴体指标无显著差异。

李耀南等（1990）研究表明，长白×广花猪育肥猪日粮中木薯的添加比例以30%为最好，各处理组间背膘厚差异不显著。宾石玉等（2007）在杜洛克×长白×大白三元杂交猪（体重约25kg）饲料中分别添加0～40%的高蛋白质木薯，结果表明，生长猪日粮中高蛋白质木薯饲料的比例以30%较为适宜，其对生长猪屠宰率、胴体瘦肉率、背膘厚和眼肌面积的影响差异不显著（$P>0.05$）。

Régnier等（2010）研究表明，与切片和切块比较，烘干6h后再磨粉的木薯块根最适合在小型规模养殖的猪场应用。相振田（2011）用5～10kg断奶仔猪作为对象，研究用玉米淀粉、木薯淀粉、小麦淀粉和豌豆淀粉配制的半纯合日粮对断奶仔猪肠道微生物区系及肠道结构和功能的影响，以揭示淀粉的作用方式和分子机制。结果表明，以高直链淀粉与支链淀粉比例的豌豆淀粉作为日粮能量来源能够改善仔猪肠道内环境及肠道形态结构，促进肠道发育，可能更有利于断奶仔猪的肠道健康，而木薯淀粉则相反。

木薯淀粉（低直链淀粉与支链淀粉比例）的消化率最高、消化速度最快，其次是玉米淀粉和小麦淀粉，豌豆淀粉（高直链淀粉与支链淀粉比例）的消化率最低、消化速度最慢。与其他 3 种淀粉日粮相比，日粮中添加木薯淀粉显著降低了仔猪肠道（十二指肠、空肠、回肠、盲肠及结肠）食糜中乳酸杆菌属、双歧杆菌属、芽孢杆菌属的数量及比例，显著提高了大肠杆菌属的数量及比例。木薯淀粉显著降低了盲肠及结肠内容物中总短链脂肪酸（short chain fatty acids，SCFA）的浓度、丁酸浓度及摩尔比。木薯淀粉日粮显著提高了断奶仔猪血清胰岛素含量，木薯淀粉、豌豆淀粉日粮显著降低了仔猪小肠肠道发育相关基因胰高血糖素样肽-2（glucagon-like peptide-2，GLP-2）、胰岛素样生长因子-1（insulin-like growth factor，IGF-1）、胰岛素样生长因子-1 型受体（insulin-like growth factor receptor-1，IGF-IR）的 mRNA 表达及葡萄糖转运载体（SGLT-1 和 GGLUT-2）基因 mRNA 表达。

（二）木薯叶在养猪生产中的应用

夏中生等（1993），测得杂交猪（长白×大约克夏×东山杂交去势公猪）木薯叶粉的消化能为 7.44MJ/kg DM，可消化粗蛋白质为 11.35%；吴世林等（1993）测定杂交猪（长广花杂交阉公猪）木薯叶粉的消化能为 11.75MJ/kg DM、代谢能为 11.40MJ/kg DM，可消化粗蛋白质为 11.3%；木薯渣的消化能为 12.78MJ/kg DM、代谢能为 11.62MJ/kg DM，可消化粗蛋白质为 15%；Régnier 等（2013）推算体重 35kg 的生长期阉公猪对木薯叶消化能为 6.22MJ/kg，而对玉米的消化能为 14.27MJ/kg，对豆粕的消化能为 14.26MJ/kg，它们的能量利用率达到 80% 以上。如何提高木薯叶的能量利用率，仍旧是急需解决的问题。

周学芳等（1992）给杜洛克×长白二元杂交生长育肥猪饲喂含 5% 和 10% 的木薯叶粉饲料，其屠宰性能、胴体和肉品质均有所改善，考虑到抗营养因子的存在，建议其用量以不超过 10% 为宜。吴世林等（1993）研究认为，在 20～60kg 生长猪饲料中使用 3%、6% 和 12% 的木薯叶粉对猪的生产性能无不良影响，在 60～90kg 育肥猪日粮中使用 20% 的木薯叶粉显著降低了猪的生产性能（$P<0.05$）。综合来看，木薯叶粉对猪的营养价值优于小麦麸，而和苜蓿粉相近。Phuc 等（2000）研究发现，随木薯叶添加比例升高（4%、8% 和 12%），育肥猪背膘厚降低，猪肉脂肪含量降低，对屠宰率和猪肉蛋白质含量没有影响。

Phuc 等（2000）在 35kg 体重的大白×长白×杜洛克杂交去势公猪饲料中，用晒干和青贮木薯叶分别替代 15%、30% 和 45% 的豆粕。结果发现，随着木薯叶添加比例的升高，猪对晒干和青贮木薯叶的表观消化率下降。Nguyena 等（2012）研究发现，生长猪饲料中添加青贮木薯叶或晒干木薯叶后，干物质、有机物和粗纤维的总消化道表观消化率均显著高于回肠表观消化率（$P<0.05$），且蛋白质消化率也有此趋势，说明生长猪大肠微生物对粗纤维的发酵作用影响显著。Régnier 等（2013）采用体重为 35 kg 的生长期阉公猪进行代谢试验，结果表明与玉米-豆粕型饲料比较，木薯叶饲料食糜在

猪消化道的平均停留时间更短，分别是 42.1h 和 30.4h；木薯叶饲料能量、粗蛋白质的总消化道表观消化率分别是 31.0% 和 11.2%，显著低于玉米-豆粕型饲料，这与木薯叶饲料中性洗涤纤维含量极大负相关（$R^2 = 0.81$）。

与生长猪相比，妊娠母猪非常适宜饲喂高纤维饲料，能从高纤维饲料中获得较多的能量。因此，木薯叶对于妊娠母猪是一种有用的饲料原料，但是关于应用效果的研究目前还很少。Phuc 等（2000）报道，在妊娠母猪饲料中添加 10%、20% 和 30% 的晒干木薯叶替代米糠，结果表明木薯叶处理组仔猪的出生数比对照组高，10% 木薯叶处理组仔猪的腹泻率比对照组低 3%。

猪对木薯叶及木薯渣主要营养物质的表观消化率见表 6-18。

表 6-18　猪对木薯叶及木薯渣主要营养物质的表观消化率（%）

木薯叶和木薯渣	干物质	粗蛋白质	粗脂肪	粗纤维	无氮浸出物	总 能	蛋白质利用率	资料来源
广西横县木薯叶	43.49	48.77	—	16.93		34.93		夏中生等（1993）
广东罗定木薯叶	70.66	63.91	24.14	37.43	72.58	64.00	41.33	吴世林等（1993）
广东增城木薯渣	87.10	80.66	72.36	—	88.30	83.53	39.12	吴世林等（1993）

（三）木薯渣在养猪生产中的应用

潘穗华等（1993）研究认为，在长×长花杂种猪日粮中使用木薯渣，小猪阶段用 2%、中猪和大猪阶段用 5%，增重效果、饲料转化率和经济效益最佳。Bertol 和 Lima（1999）在生长猪和育肥猪的日粮中加入不同比例的木薯渣，结果发现，在生长猪日粮中的添加量最多不超过 6.67% 的木薯渣，对生长猪的生长性能不会造成影响；而在育肥猪的日粮中可以添加至 30% 的木薯渣，对育肥猪的生长没任何不良影响。刘传都（2009）研究结果表明，把混合菌固态发酵的木薯渣蛋白质饲料以 15% 的添加量配成全价料饲喂猪（仔猪、生长猪和育肥猪），结果饲喂混合菌固态发酵木薯渣对猪的日增重和饲料转化率与对照组比较无明显差异，发酵木薯渣适口性好，试验中猪只健康状况良好。

陈锋等（2014）报道，经活力 99 发酵后的木薯渣可以饲喂五指山猪，断奶仔猪以 10% 的木薯渣发酵料加 90% 精饲料喂养；生长猪按木薯渣与麸皮配比为 7∶3 来喂养；育肥猪按木薯渣与麸皮配比为 3∶7 来喂养，均可获得良好的经济效益。梁珠民等（2014）研究表明，添加发酵木薯渣 20% 对生长育肥期特种野猪的日增重最明显，经济效益最显著。廖晓光等（2014）研究表明，日粮中添加 2% 木薯渣生物饲料可明显提高桂科商品猪的日增重、提高饲料转化率、降低饲养成本、提高桂科商品猪的经济效益。周晓容等（2014）研究表明，在不明显影响猪只生产性能的情况下，育肥猪日粮可以使用低于 35.8% 新鲜发酵木薯渣饲料（等同于使用 10% 的风干发酵木薯渣饲料）。

张刚等（2014）研究结果表明，生长猪高木薯渣含量饲料（10% 木薯渣）中添加纤维素酶可显著提高试验猪的平均日增重（$P < 0.05$）和饲料转化率（$P < 0.05$），并明显改善饲料中粗蛋白质和粗纤维的消化率（$P < 0.05$），对干物质和能量表观消化率也

有一定改善，但与对照组相比差异不显著（$P>0.05$）。提示在木薯渣含量较高的饲料中添加纤维素酶可降解部分纤维素，从而消除纤维素的抗营养作用，提高饲料中干物质、粗蛋白质和能量的表观消化率，促进猪的生长。

二、在反刍动物生产中的应用

（一）木薯粉在反刍动物生产中的应用

姜珏（2012）以安装瘘管的去势浏阳黑山羊为实验动物，利用瘤胃尼龙袋法测定 5 种块根类反刍动物常用精饲料的淀粉瘤胃降解率。试验结果表明，饲料淀粉有效降解率分别为蕉藕 59.01%、芋头 56.10%、甘薯 54.86%、马铃薯 37.99% 和木薯 25.31%，甘薯、蕉藕和芋头三者间差异不显著，但与木薯和马铃薯间差异显著。在奶牛中用木薯完全代替日粮中的玉米，结果表明木薯片和木薯粒是奶牛用能量饲料替代原料的理想选择。Pilachai 等（2012）研究表明，玉米和木薯作为淀粉来源并不影响奶牛瘤胃 pH、总 VFA、组胺和脂多糖浓度。玉米和木薯粉都可以引起瘤胃酸中毒，这与增加瘤胃脂多糖和组胺浓度有关。目前的研究结果并不支持典型的泰国奶牛饲料（高淀粉、低粗饲料）会导致蹄叶炎的高发病率的想法。魏秀莲等（2012）试验结果表明，用木薯粉替代奶牛日粮中的玉米，对奶牛产奶性能和乳成分均没有显著影响；而用木薯粉替代玉米可以降低饲料成本，增加每头奶牛的经济效益。吴浩等（2013）研究表明，用木薯粉替代饲料中的玉米对泌乳中期荷斯坦奶牛的产奶性能和血清生化指标均没有显著影响（$P>0.05$），但添加木薯粉可以显著降低饲料成本。结果提示，利用木薯粉作为奶牛能量饲料在生产上是可行的。

（二）木薯渣在反刍动物生产中的应用

Silveira 等（2002）以瘘管牛为实验动物，以木薯渣、甘蔗渣和柑橘果皮为粗饲料来源，研究这些农业废弃物在牛瘤胃中的降解情况。结果发现，以木薯渣和甘蔗渣为主的粗饲料的干物质降解率要高于柑橘果皮，这可能是因为木薯渣中含有较多的纤维素，而瘤胃中含有较多能分解这种纤维素的微生物，这为利用木薯渣的利用找到了新的途径。

蔡永权和杨文巧（2007）以青贮木薯渣为主饲料，日添加精饲料 2kg 饲喂的育肥肉牛，平均日增重为 0.951kg；比以稻草为主饲料提高 34.7%，盈利提高 159.33%。张吉鹍等（2009，2010）研究表明，木薯渣作为能量添补饲料，用于山羊和黄牛的粗饲料补饲时，可以通过改变补饲方式与增加饲喂次数，来调控木薯渣在瘤胃中的降解速度，并使得氮能够同步利用，从而提高山羊和黄牛的生产性能。刘建勇等（2011）研究认为，用木薯渣和甘蔗梢育肥肉牛，增重效果好，平均日增重超过 1 000g；且牛肉品质也较好，牛肉和脂肪颜色正常，处于最好的等级区间。唐春梅等（2011）研究认为，用木薯渣等量替代麦麸对夏季处于湿热应激条件下的育肥肉牛（南德文×雷琼牛）的日增重和饲料转化率均无显著影响，以替代量占精饲料的 4%～7% 为宜。莫慧诚（2012）利用木薯渣饲喂奶牛，产奶量及乳品质差异不显著。黄雅莉等（2012）研究表明，用木薯渣替代奶水牛日粮粗饲料中的 12.5% 的象草是行之有效的。用木薯渣替代粗饲料中

12.5%的象草的日粮，对泌乳水牛的产奶量和日采食量无显著影响（$P>0.05$），但显著提高了牛奶的乳蛋白率、乳脂率、总固形物、非脂固形物和乳脂中各脂肪酸的含量（$P<0.05$），改善了奶水牛的乳品质。曹兵海等（2013）认为，木薯渣应用于肉牛生产可节约成本约50%。张莲英等（2011）研究认为，用精饲料和木薯渣按1∶2混合饲喂圈养山羊的效果较好。高俊峰（2013）研究发酵木薯渣对本地黑山羊［体重（18.28±1.41）kg］生长性能、血液生化指标、养分消化率和瘤胃代谢的影响，结果表明发酵木薯渣能提高黑山羊的生长性能，以添加20%效果最好；日粮中添加发酵木薯渣，对本地黑山羊生化指标无不良影响；能促进黑山羊瘤胃的代谢过程，对瘤胃发酵活动不存在不利影响；发酵木薯渣能提高黑山羊对干物质、粗纤维、粗蛋白质和能量的表观消化率，但对粗脂肪表观消化率的提高无促进作用。

三、在家禽生产中的应用

（一）木薯粉在家禽生产中的应用

经测定，木薯粉的表观代谢能（单冠白来航鸡）为 12.55 MJ/kg（陈小薇等，1992）；真代谢能（鸡）为（14.23±0.38）MJ/kg（郑诚等，1993），代谢能（鸡）为（14.09±0.4）MJ/kg。聂新志等（2008）研究表明，三黄鸡对木薯的表观代谢能为（11.08±0.86）MJ/kg，海南阉鸡对木薯的表观代谢能为（12.65±1.63）MJ/kg。聂新志等（2008）研究表明，北京白鸭对木薯的表观代谢能为（10.82±1.03）MJ/kg，海南鸭对木薯的表观代谢能为（11.87±0.59）MJ/kg。Hoai 等（2011）研究表明，生长发育期的樱桃谷鸭对木薯根粉的代谢能为 13.38 MJ/kg。覃秀华等（2013）采用拉丁方设计，测得樱桃谷鸭对木薯饲料原料的氨基酸表观消化率为（73.38±8.64）%，氨基酸真消化率为（80.11±7.53）%。菲律宾早在 1935 年就有人进行了以木薯粉喂鸡的试验，但在饲料中木薯含量超过 10%时就出现生产性能较饲喂谷物的差，在德国及其他国家也记录到当木薯水平超过饲料的 10%～20%时，鸡的就生长会显著受阻。泰国在动物日粮中添加木薯的常规方法揭示，无论是切片还是颗粒形式，在家禽日粮中均可以完全替代玉米或其他谷类，添加比例为肉鸡 25%～30%、蛋鸡 40%～50%、鸭 40%～50%。梁明振和滕若芬（1988）研究表明，在饲料营养平衡的情况下，用 35%的木薯替代谷物不会对肉仔鸡的生产性能和胴体品质产生影响。郑诚等（1993）饲养试验结果表明，给生长鸡饲喂含 15%木薯粉的饲料，鸡的生长和饲料转化率良好，当木薯粉的用量增加到 45%时生长鸡的增重和饲料转化率降低。杨秀江（2002）用含 20%木薯粉日粮与商品颗粒料饲喂从江小香乌鸡对比试验的结果表明，含 20%木薯粉日粮的试验组与对照组相比，增重、饲料转化率和采食量基本一致，差异不显著，而经济效益显著提高。杨亮宇等（2002）的饲养试验结果表明，给安纳克生长肉鸡饲喂含 15%～25%木薯粉的配合日粮后，肉鸡的生长和饲料转化率良好，认为木薯粉在肉鸡饲料中的用量在 25%以下为宜，当用量增到 35%以上时肉鸡的增重和饲料转化率降低。在肉鸡日粮中用木薯代替玉米后，木薯可代替 50%的玉米，即木薯在肉鸡开食料、生长料和育肥料中的含量分别为 21%、23%和 27%，对其生产性能无任何不良影响，但更高的替代率则会导致肉鸡的增重和饲料转化率显著降低。研究还发现，采食木薯日粮组肉鸡的体质较玉米日粮组强壮，且对药物的需要量较少，死亡率较低。Souza 等（2011）在散养肉鸡饲料中添加 0～60％的木薯，结果表明当添加量达到 60％时对鸡的生产性能、屠宰率、剪切率和肉品质均无显著影响，但是可以加深腿肌和胸肌的颜色。

黄世仪和刘英强（1992）用不同比例（0、30％、40％和 50％）的木薯粉取代玉米饲喂不同阶段的海兰蛋鸡，结果表明木薯日粮对中大雏阶段的增重、产蛋率、受精率和孵化率等均无不良影响，但对幼雏的增重有不良影响。当在木薯日粮中添加了高于对照组 0.2％蛋氨酸时，幼雏增重正常，并且对产蛋率和蛋重有良好效果。饲喂木薯日粮的蛋鸡其蛋黄颜色变淡，可通过添加色素解决。用木薯代替日粮中的玉米后，采食 100％木薯日粮的蛋鸡生产性能与采食 100％玉米日粮组的蛋鸡相近，但蛋黄的色泽评分随着日粮中木薯含量的增加而下降。此试验表明，玉米中的黄体素及玉米黄质有益于蛋黄的着色，但对于蛋黄颜色要求不高的市场而言，木薯则是性价比较高的能量原料。周圻（1991）研究表明，当木薯干在樱桃谷肉鸭（15～50 日龄）日粮中的含量为 30％时，既能保证肉鸭获得最快生长速度，又能大幅度替代玉米；但当含量大于 35％时，能明显抑制肉鸭生长并导致饲料转化率下降。

何仁春等（2007）在 28 日龄的鹅日粮中分别用木薯替代 35％、55％和 75％玉米，结果表明，各组平均日增重组间差异不显著，胴体肉用性能指标无明显差异，其中 55％替代量的生产性能和养殖效益综合最佳。杨家晃等（2010）用木薯代替 35％～75％玉米组成的日粮饲喂试验鹅时，对试验鹅的日粮养分消化率、生长性能、屠宰性能和血液生理指标均没有明显影响；用木薯全部替代玉米时，日粮的养分消化率、试验鹅的生长性能和饲料转化率等均显著下降；当用等量木薯和稻谷共同代替玉米或用 14％木薯、14％稻谷和 17％玉米共同组成能量饲料的日粮时，对试验鹅的日粮养分消化、生长性能、屠宰性能和血液生化指标没有显著影响。

木薯粉在禽类日粮中应用的最大添加量随饲喂天数的增加而提高，可能是受木薯粉中的氢氰酸含量的限制，以及是否添加禽类第一限制性氨基酸蛋氨酸的影响。考虑到木薯中非淀粉多糖物质的影响，在家禽饲料中可以使用酶制剂。唐德富等（2014）试验表明，木薯型日粮中添加 α-淀粉酶可提高商品科宝肉仔鸡 1～21 日龄的平均日采食量和平均日增重。

（二）木薯叶粉在家禽生产中的应用

Ravindran 等（1986）报道，用强饲法（强饲前饥饿 48h）测得木薯叶粉对白来航鸡的真代能为 8.33 MJ/kg；石俭省和王振权（1996）用强饲法测得广西横县木薯叶粉对樱桃谷鸭的表观代谢能为 7.65 MJ/kg，粗蛋白质的表观代谢率为 25.08％。Ravindran 等（1985）研究表明，给杂交鸡饲喂 10％的木薯叶后，鸡的日增重和饲料转化率均较高，原因是该组氨基酸平衡较好。石俭省和王振权（1996）建议，樱桃谷鸭饲料中前期添加 5％，后期添加 10％的木薯叶粉。Ravindran 等（1986）在日本鹌鹑饲料中添加木薯叶粉和苜蓿粉（添加比例均为 2.5％、5％、7.5％和 10％）的结果表明，与对照组相比，饲喂木薯叶粉和苜蓿粉的鹌鹑增重没有明显差异，饲喂含 2.5％木薯叶粉和苜蓿粉日粮的鹌鹑增重速度较快。董征纯等（1988）表明，饲料中木薯叶粉用量在 15％以内时，不影响肉鸡的生产性能、胴体品质、腿肌颜色及甲状腺和血清总 T_4 水平。

而 Iheukwumere 等（2007）在 5 周龄的 Anak 肉仔鸡日粮中分别添加 0～15％的木薯叶粉，结果表明当添加量为 5％时不会对肉仔鸡的生长发育、血液生化特性及产肉量有任何影响。这与王东劲等（2000）的研究结果类似，其认为九九黄鸡日粮中木薯叶粉的添加量以 3％～5％为宜，但是直接添加时会导致鸡挑食。

（三）木薯渣在家禽生产中的应用

Khempaka 等（2009）在肉鸡日粮中添加 0～16％干木薯渣的结果表明，用干木薯渣做能量饲料的最佳添加量为 8％。Ferreira 等（2012）在 22～42 日龄罗斯肉鸡饲料中分别添加 0～200 g/kg 的木薯渣发现，在高温环境下当添加量为 118.75～200 g/kg 时，鸡的体重增加，饲料转化率提高，对干物质、粗蛋白质、总能和氮平衡的代谢率及胴体品质无显著影响。潘穗华等（1992）研究表明，在黄羽肉鸡饲料中添加 3％的木薯渣粉，饲养效果和经济效益可以达到对照组水平。周学芳和陈少龄（1991）的研究表明，在 AA 肉仔鸡日粮中用 6％的发酵木薯渣粉能够获得较好的饲喂效果，并能降低饲料成本，提高肉鸡饲养的经济效益。于向春等（2011）在文昌鸡日粮中添加 15％的复合菌制发酵木薯渣粉，能够得到相对较好的增重效果。俸祥仁等（2013）认为，在饲料中添加 10％～20％微生物发酵木薯渣，可以降低养殖成本，提高肉鸡的成活率和经济效益，且以添加 10％的量效果最佳。韦锦益等（2011）采用禾本科牧草配合木薯渣发酵饲料饲喂鹅后，鹅能正常生长发育，病害少，增重效果明显且降低了饲料成本。艾必燕等（2012）研究表明，在生长鹅饲料中添加 20％的发酵木薯渣，对生长鹅血液生化指标的影响与对照组相比差异不显著，说明在生长鹅饲料中可以添加 20％发酵木薯渣。张芬芬等（2015）在 22～49 日龄仔鹅饲料中分别添加 5％～20％的木薯渣饲料，研究其对仔鹅生长性能、屠宰性能及内脏器官发育的影响，综合考虑日增重和饲料成本后，建议添加水平为 12.4％～17.9％。潘穗华等（1993）研究表明，在肉鸭育雏、生长和育肥阶段日粮中分别添加 2％、4％和 8％的木薯渣来代替"三七糠"（米糠占 30％、稻壳粉占 70％），既能满足肉鸭对粗纤维的需求，也能降低饲料成本。吕武兴等（2012）在双鬼头肉鸭饲料中用 0～30％的木薯替代部分玉米发现，随着木薯添加量的增加，肉鸭平均日采食量逐渐上升、日增重呈现下降趋势，认为肉鸭日粮中木薯的添加量以 10％～20％为宜。蒋建生等（2014）试验结果表明，添加 1％发酵木薯渣饲料替代全价饲料有利于提高雏鸭（1～14 日龄）的饲料转化率；在育肥期（15～45 日龄）以发酵木薯渣饲料替代部分全价饲料对肉鸭生产性能无显著影响。

四、在水产动物生产中的应用

以木薯粉作为畜禽饲料的开发利用已经研究了很多年，并取得了一系列成果，但在水产动物方面进行的相关研究相对较少，已有的报道多是关于木薯粉在罗非鱼等杂食性鱼类饲料中的应用研究。

（一）木薯粉在鱼类饲料中的应用

任泽林和刘颖（2004）以鲤为试验对象，评价 26 种能量饲料原料（包括木薯淀粉、马铃薯淀粉、玉米和高粱等，添加比例分别为8%）对鲤生产性能的影响。结果表明，在鲤增重率上，各原料间差异显著（$P<0.05$），增重率由小到大的顺序为：小麦、大麦、木薯淀粉、玉米、马铃薯淀粉、高粱和小米；饲料系数基本呈现与增重率相反的顺序，成活率均为100%，无显著性差异；生物学综合评定值与增重率基本相同。饲喂木薯淀粉的鲤，其增重率为141.15，饲料系数为1.53，生物学综合测定值为109.09。饲喂马铃薯淀粉的鲤，其增重率为141.86，饲料系数为1.52，生物学综合测定值为109.60。田雪等（2008）发现，饲料中添加0～40%的木薯粉，能提高吉富罗非鱼的增重和蛋白质利用率，40%木薯粉添加组的干物质和蛋白质表观消化率较对照组分别提高13.87%（$P<0.05$）和7.93%（$P<0.05$），全鱼粗蛋白质和粗灰分分别较对照组提高7.07%（$P<0.05$）和8.78%（$P<0.05$），粗脂肪降低了13.0%（$P<0.05$）。这与Ng和Wee（1989）的研究结果类似，在罗非鱼饲料中用适量木薯粉替代鱼粉，会使鱼体蛋白质含量增加，脂肪含量显著降低。但Omoregie等（1991）报道，饲料中木薯粉含量增加会降低罗非鱼的干物质和蛋白质表观消化率。田雪和孟晓林（2010）对木薯粉、豆粕及次粉在罗非鱼饵料中的适口性进行了研究，结果表明，40%和30%木薯粉组的诱食活性显著高于10%和20%木薯粉组（$P<0.01$），40%与30%木薯粉之间没有显著差异（$P>0.05$），三者对罗非鱼的适口性优劣依次为豆粕、木薯粉、次粉。申屠基康（2010）以大黄鱼（黄鱼、黄花鱼和大鲜）为研究对象，以基础饲料和待测原料（木薯淀粉）按70：30的比例配制成表观消化率测定饲料，同时添加0.04%的三氧化二钇为外源指示剂，在海水浮式网箱中进行饲料原料表观消化率测定。结果表明，大黄鱼对木薯淀粉的干物质、磷和能量的表观消化率分别为（63.57±0.33）%、（56.37±1.83）%和（65.04±1.39）%。张建等（2010）以平均体重（72.5±0.55）g的池塘网箱养殖草鱼为试验对象，在饲料等蛋白质、等脂肪的条件下，以玉米、小麦、木薯、甘薯和马铃薯为淀粉饲料原料，结果显示，小麦、玉米、甘薯和木薯可以作为草鱼饲料中的淀粉饲料原料，而马铃薯的使用效果低于前面4种原料；当淀粉饲料原料由15%增加到30%后，有诱发草鱼出现脂肪肝、肝损伤的潜在风险，并引起免疫力下降，认为15%用量的小麦、玉米、木薯和甘薯相对较为安全。这与尹晓静（2010）的研究发现类似，草鱼更适于利用较低水平的玉米、小麦和木薯，在15%添加水平下，与玉米组和小麦组相比，木薯组饲料转化率显著降低（$P<0.05$），血糖、肝体比、肝脂肪含量显著升高（$P<0.05$）；15%木薯养殖效果不如15%玉米和小麦；饲料中玉米和小麦的添加量应低于30%，木薯添加量应低于20%才不会影响草鱼的生长。

（二）木薯渣和木薯叶在鱼类饲料中的应用

张伟涛等（2008）在饲料中添加20%的5种不同发酵木薯渣，检测罗非鱼的生长性能、体内酶活力和鱼体常规营养成分等指标。结果显示，5种木薯渣都具有较好的饲养效果，对罗非鱼的生长没有产生不良影响。Ng和Wee（1989）在制粒罗非鱼饲料中分别添加日晒和浸洗过的甜木薯叶粉（添加比例均为20%、40%、60%和100%），结果表明，日晒和浸洗两种方法对罗非鱼生长性能的影响差异不显著，随甜木薯叶粉添加比例的升高，罗非鱼鱼体成分受到显著影响，添加100%日晒甜木薯叶粉和0.1%蛋氨酸的罗非鱼表现出更好的生产性能。

（三）木薯粉在虾类饲料中的应用

Bombeo-Tuburan 等（1995）研究发现，40％的去皮木薯条经 15min 水煮后和 60％的脱壳蜗牛粉混合，从 16 日龄开始饲喂池塘中的虎虾（*Penaeus monodon*）4 个月，可以显著提高虎虾产量、生长性能及均匀度。饲料中用木薯粉 100％替代玉米后，杂种鲇的生长表现相似。邓田方和吴玉刚（2011）曾研究饲料中以不同水平的木薯粉替代配方中相应的高筋小麦粉对凡纳滨对虾的生长速度、成活率和饵料系数的影响。结果表明，当木薯粉替代水平为 3％时，试验组凡纳滨对虾的增重率与对照组差异不显著，且饵料系数显著低于对照组；随着木薯粉替代水平的提高，试验组凡纳滨对虾的生长性能呈现一定程度的下降趋势。试验过程中未发现木薯粉的替代对凡纳滨对虾产生不良影响，试验组凡纳滨对虾成活率反而显著高于对照组（*P*＜0.05）。由此可见，在凡纳滨对虾饲料中采用经特殊处理过的木薯粉可以规避其有毒有害物质所带来的负面影响。

五、在其他动物生产中的应用

Ravindran 等（1986）研究认为，日粮中木薯叶粉最高添加到 40％对 24 周龄杂种兔的生产性能和胴体品质没有负面影响。Oso 等（2010）分别添加 0、100g/kg、200g/kg、300 g/kg 的晒干木薯干，对断奶仔兔进行为期 10 周的试验，整个试验期间兔的死亡率为 0，并且 200 g/kg 木薯粉处理组兔的生长性能最好，对生长、养分利用率和血清成分上没有任何负面影响。张潇月等（2014）采用套算法进行设计，用全收粪法进行消化试验，给出了 100 日龄左右的健康家兔（白色獭兔）对木薯渣饲料原料各营养成分的消化率。生长兔对木薯渣饲料原料的干物质、粗蛋白质、粗脂肪、粗粉、无氮浸出物和钙消化率较高，对粗纤维、中性洗涤纤维、酸性洗涤纤维和磷消化率较低（表 6-19 和表 6-20）。

表 6-19　家兔对木薯渣的表观消化能和能量表观消化率

项　目	表观消化能（MJ/kg）	能量表观消化率（％）
木薯渣	11.09±1.07	77.56±7.51

资料来源：张潇月（2014）。

表 6-20　家兔对木薯渣主要营养物质的表观消化率（％）

干物质	粗蛋白质	粗脂肪	粗纤维	无氮浸出物	中性洗涤纤维	酸性洗涤纤维	粗灰分	钙	磷
89.92±6.39	82.93±4.83	60.85±3.91	21.61±1.47	79.61±5.30	30.09±0.11	24.96±3.47	67.36±7.13	61.03±5.88	27.43±17.05

资料来源：张潇月（2014）。

第五节　木薯及其加工产品的加工方法与工艺

木薯渣是木薯提取淀粉或者生产燃料乙醇后的副产品。木薯渣生产季节性强，同时排放大量废水废液。我国每年加工木薯淀粉所产生的木薯渣产量大约有 30 万 t，加工乙醇等其他产品的木薯渣总计达 150 万 t 左右（以风干物质计）。以往文献报道木薯渣时，少有明确是来自木薯淀粉或者木薯乙醇的副产品，然而调研结果表明，两者生产工艺截然不同。

一、木薯淀粉渣生产工艺流程

木薯淀粉的生产主要采用湿法工艺，即生产过程中采用新鲜水洗涤鲜木薯和淀粉原浆（刘亚伟，2011）。据调查，木薯渣的产量约为每 1 000kg 鲜木薯生产出 700kg 鲜渣，新鲜木薯渣含水量在 70% 以上。木薯淀粉渣是生产木薯淀粉的副产品，其生产工艺流程如下：

1. 清洗　在清洗机内进行清洗，目的是去泥、除沙和剥皮。

2. 去皮　搅拌并把摩擦下来的薄皮冲掉。

3. 分切　切块机把块根分切成片，每片厚约 30 mm。

4. 粉碎　用粉碎机进行粉碎，目的是使细胞组织破裂、淀粉析出；但不能将纤维粉碎得太细，否则不利于后面的分离。有些淀粉厂粉碎木薯要分 2 次进行，经刨丝机粉碎后再用细磨粉碎。

5. 分离　使用多级分离器分 4 个阶段连续分离，各阶段之间是直接连接的，中间不设储槽。分离器最后阶段流出的浆液含水量为 85%～95%。

6. 精制　淀粉乳进入高速离心机以前必须经过安全粗滤器和分沙器，将其所含杂质全部除去以保证高速离心机的安全。

7. 脱水　精制后的淀粉乳在连续式真空过滤机中脱水，或者在刮刀离心器中脱水，使水分含量降至 40%～45%。

8. 干燥　可使淀粉产品的含水量保持在 12%～13%。快速烘干后冷却、过筛、称重、打包得到淀粉产品。

步骤 1～6 阶段的残渣和废水混合物经管道被输送到终端，挤压脱水后放入储藏池中，得到含水量 70% 以上的鲜木薯淀粉渣。

二、木薯乙醇渣生产工艺流程

木薯乙醇生产的主要方法是淀粉质原料发酵生产乙醇，它是以木薯等含有淀粉的农副产品为主要原料，经蒸煮、糖化工艺将淀粉转化为葡萄糖，并进一步发酵生产乙醇（薛万伟，2005），在此过程中副产品之一为木薯乙醇渣。

木薯乙醇渣生产工艺的前 4 个阶段与木薯淀粉生产工艺的 1～4 步骤相同，其余步骤如下。

液化：使用淀粉酶将淀粉链打断，淀粉的网状结构被破坏，从而使淀粉浆的黏度降低，使淀粉水解为糖和糊精。

糖化：用糖化酶将短的淀粉链即糊精转化为可发酵性糖。

发酵：包括酵母活化、酵母接种和发酵工艺控制。

蒸馏：产生乙醇和废液，乙醇经过提纯和二次蒸馏形成无水乙醇，废液被分离产生清液和带水残渣。

前面各流程产生的废液、残渣经过干燥，即成为木薯乙醇渣。

第六节　木薯及其加工产品作为饲料资源开发与高效利用策略

木薯是优良的能量饲料，木薯叶是良好的蛋白质和氨基酸来源，木薯渣可以提供丰富的碳水化合物。我国是一个饲料资源严重缺乏的国家，研究木薯及其加工产品在主产区动物饲料中的应用，可以缓解当前饲料原料的紧张状态、降低饲料成本、实现资源就地转化，发展因地制宜的节粮型畜牧业。随着科学研究的深入，如何利用现代生物学技术（如酶制剂、微生物发酵）提高木薯及其加工产品的营养价值、提高动物对木薯及其加工产品的利用率，仍需要进一步研究。未来，需要做的科研工作主要包括以下几个方面：①加强开发利用木薯及其加工产品；②改善木薯及其加工产品作为饲料资源的开发利用方式；③制定木薯及其加工产品作为饲料原料的标准；④科学确定木薯及其加工产品作为饲料原料在日粮中的适宜添加量。

➡ **参考文献**

艾必燕，樵星芳，陈建康，等，2012. 发酵木薯渣对生长鹅血液生化指标的影响 [J]. 上海畜牧兽医通讯 (1)：19-20.

宾石玉，2005. 日粮淀粉来源对断奶仔猪生产性能、小肠淀粉消化和内脏组织蛋白质合成的影响 [D]. 成都：四川农业大学.

宾石玉，李维姣，孙涛，2007. 高蛋白木薯饲料对生长猪生产性能和胴体品质的影响 [J]. 湖南畜牧兽医 (5)：3-5.

蔡永权，杨文巧，2007. 青贮木薯渣饲喂杂交牛增重试验 [J]. 广东畜牧兽医科技，32 (1)：51-52.

曹兵海，王之盛，黄必志，等，2013. 木薯渣在肉牛生产上有质量价格优势 [J]. 中国畜牧业 (9)：58-60.

陈锋，林世欣，刘芯晓，等，2014. 发酵木薯渣饲养五指山猪技术 [J]. 现代农业科技 (11)：291-292.

陈建新，刘家运，刘翠珍，等，1992. 不同处理方法对木薯氢氰酸含量的影响 [J]. 广东畜牧兽医科技 (4)：13-14.

陈建新，刘是帼，刘家运，等，1993. 不同时期及不同品种木薯氢氰酸含量分析 [J]. 广东畜牧兽医科技 (2)：7-8.

陈丽新，黄卓忠，韦仕岩，等，2009. 木薯酒精废渣营养成分分析及栽培毛木耳试验 [J]. 食用菌 (6)：34-35.

陈小微，蒋宗勇，沈应然，等，1992. 木薯对鸡的营养价值评定 [J]. 广东畜牧兽医科技 (3)：1.

邓田方，吴玉刚，2011. 对虾饲料中木薯粉替代小麦粉对对虾生长性能的影响 [J]. 粮食与饲料工业 (10)：54-55，59.

董征纯，滕若芬，潘广燧，1988. 木薯叶粉饲养肉鸡试验 [J]. 广西畜牧兽医 (3)：21-25.

方佳，濮文辉，张慧坚，2010. 国内外木薯产业发展近况 [J]. 中国农学通报，26 (16)：353-361.

俸祥仁，崔艳莉，庞继达，等，2013. 微生物发酵木薯渣饲料在肉鸡养殖中的应用 [J]. 广东农业科学 (16)：111-112，119.

高超，2011. 木薯叶营养成分及其膨化食品的研究 [D]. 郑州：河南工业大学.

高俊峰，2013. 发酵木薯渣对本地黑山羊生长性能、血液生化指标和养分消化代谢的影响 [D]. 南宁：广西大学.

古碧，李开绵，张振文，等，2013. 我国木薯加工产业发展现状及发展趋势 [J]. 农业工程技术 (农产品加工业) (11)：25-31.

何丽媛，2015.2014 年中国玉米市场回顾及 2015 年展望 [J]. 中国畜牧杂志，51 (2)：62-66.

何仁春，杨家晃，麦伟虹，等，2007. 木薯代替玉米对鹅饲养效果的研究 [J]. 粮食与饲料工业 (7)：38-40.

何仁春，杨家晃，卢玉发，等，2008. 不同日粮类型对鹅饲养效果的研究 [J]. 饲料工业，29 (3)：23-26.

胡忠泽，刘雪峰，2002. 木薯渣饲用价值研究 [J]. 安徽技术师范学院学报，16 (4)：4-6.

黄世仪，刘英强，1992. 木薯日粮饲喂蛋鸡的效果观察 [J]. 饲料工业，13 (10)：7-12.

黄雅莉，邹彩霞，黄连莹，等，2012. 啤酒糟部分替代豆粕对水牛体外瘤胃发酵特性和甲烷生成的影响 [J]. 动物营养学报，24 (3)：563-570.

黄雅莉，2012. 啤酒糟、木薯渣对奶水牛体外瘤胃发酵特性和产奶性能的影响 [D]. 南宁：广西大学.

冀凤杰，王定发，侯冠彧，等，2016. 木薯渣饲用价值分析 [J]. 中国饲料 (6)：37-40.

冀凤杰，侯冠彧，张振文，等，2015. 木薯叶的营养价值、抗营养因子及其在生猪生产中的应用 [J]. 热带作物学报，36 (7)：1355-1360.

姜豇，2012. 瘤胃尼龙袋法测定 5 种块根类饲料淀粉降解率 [J]. 饲料研究 (9)：54-56.

姜豇，2012. 瘤胃尼龙袋法测定 5 种块根类饲料淀粉降解率 [J]. 饲料研究 (11)：40-42.

蒋建生，庞继达，蒋爱国，等，2014. 发酵木薯渣饲料替代部分全价饲料养殖肉鸭的效果研究 [J]. 中国农学通报，30 (11)：16-20.

黎民伟，唐明诗，吴日辉，等，1990. 木薯代替玉米饲喂育肥猪试验 [J]. 饲料研究 (7)：17-19.

李耀南，黄贤娟，沈应然，1988. 东莞红尾木薯块根粉的营养价值评定 [J]. 广东农业科学 (4)：42-44.

李耀南，黄贤娟，1989. 木薯日粮喂养生长肥育猪的对比试验 [J]. 畜牧兽医科技 (4)：1-5.

李耀南，黄贤娟，沈应然，1990. 木薯粉的营养价值评定 [J]. 养猪 (1)：5-7.

梁明振，李维娇，蒋亮，等，2008. 发酵木薯对生长猪营养价值的评定 [J]. 饲料研究 (4)：24-26.

梁明振，滕若芬，1988. 木薯粉替代谷物配合肉用仔鸡饲粮的研究 [J]. 广西农学院学报 (3)：43-50.

梁珠民，卓潮，李福锋，等，2014. 日粮中添加发酵木薯渣饲养特种野猪试验 [J]. 黑龙江畜牧兽医 (22)：106-107.

廖晓光，方治山，杨楷，等，2014. 木薯渣生物饲料对桂科商品猪生长性能的影响 [J]. 饲料工业，35 (20)：36-39.

刘传都，2009. 利用混合菌固体发酵木薯渣生产菌体蛋白饲料的研究 [D]. 武汉：华中农业大学.

刘建勇，黄必志，王安奎，等，2011. 肉牛饲喂木薯渣及氨化甘蔗梢的育肥效果 [J]. 中国牛业科学，37（5）：13-16.

刘亚伟．2011. 木薯淀粉的加工［J］. 农产品加工（1）：34-35.

刘义军，魏晓奕，王飞，等，2013. 含氰糖苷类作物脱毒技术及其检测方法的研究进展［J］. 食品
　　工业科技，34（12）：357-360.

吕武兴，贺建华，李俊波，等，2012. 日粮中添加木薯对肉鸭生长性能和养分利用率的影响［J］.
　　湖南农业大学学报（自然科学版），38（1）：78-82.

马代夫，李强，曹清河，等，2012. 中国甘薯产业及产业技术的发展与展望［J］. 江苏农业学报，
　　28（5）：969-973.

莫慧诚，2012. 木薯渣对奶牛产奶量和奶品质的影响［J］. 现代农业科技（24）：270-271.

聂新志，林青青，阮振，2008. 家禽对糙米、木薯等饲料代谢能及营养物质消化率的研究［J］. 中
　　国农学通报，24（9）：13-17.

潘穗华，陈颖俊，刘汉林，等，1993. 木薯渣饲养肉猪试验［J］. 广东畜牧兽医科技（1）：13-14.

潘穗华，陈颖俊，刘汉林，等，1993. 木薯渣在肉用鸭日粮中的应用［J］. 饲料博览（4）：28-29.

潘穗华，梁琳，陈颖俊，1992. 木薯渣饲养黄羽肉鸡试验［J］. 广东畜牧兽医科技（3）：19-20.

覃秀华，罗丽萍，张家富，等，2013. 樱桃谷鸭对几种饲料原料氨基酸消化率评定研究［J］. 广西
　　畜牧兽医，29（2）：70-73.

任泽林，刘颖，2004.26 种能量饲料原料对鲤生产性能的影响［C］. 中国畜牧兽医学会动物营养
　　学分会第九届学术研究讨会：157-164.

申屠基康，2010. 大黄鱼对 21 种饲料原料表观消化率及色氨酸营养需要研究［D］. 青岛：中国海
　　洋大学.

石俭省，王振权，1996. 木薯叶粉饲喂肉鸭效果及影响其利用因素的研究［J］. 广西农业大学学
　　报，15（2）：109-114.

孙建国，2004. 进口木薯干有毒有害物质分析及对策［J］. 中国国境卫生检疫杂志，27（4）：
　　243-245.

孙兰萍，许晖，2007. 亚麻籽生氰糖苷的研究进展［J］. 中国油脂，32（10）：24-27.

唐春梅，王之盛，万江虹，等，2011. 木薯渣日粮在夏季对育肥牛生产性能和血液生化指标的影
　　响［J］. 中国畜牧杂志，47（21）：38-40.

唐德富，Iji P，Choct M，等，2014. 木薯产品营养成分的分析与比较研究［J］. 中国畜牧兽医，
　　41（9）：74-80.

唐德富，史兆国，汝应俊，等，2014. 木薯日粮中添加 α-淀粉酶对肉仔鸡生产性能和养分消化利
　　用的影响［J］. 国外畜牧学（猪与禽），34（6）：62-64.

田雪，华雪铭，周洪琪，等，2008. 木薯粉对罗非鱼生长、饲料利用和鱼体营养成分的影响［J］.
　　水产学报，32（1）：71-76.

田雪，孟晓林，2010. 木薯粉在罗非鱼饵料中的适口性研究［J］. 河北渔业（8）：5-7.

王东劲，周汉林，李琼，等，2000. 木薯叶粉养鸡试验［J］. 中国草食动物，2（1）：32-33.

王蔚芳，麦康森，张文兵，等，2009. 饲料中不同糖源对皱纹盘鲍体脂组成的影响［J］. 中国海洋
　　大学学报（自然科学版），39（2）：221-227.

韦锦益，蔡小艳，黄世洋，2011. 禾本科牧草与木薯渣发酵饲料配比饲喂鹅试验初报［J］. 中国草
　　食动物，31（6）：33-36.

魏秀莲，邓程君，孟庆翔，等，2012. 木薯粉代替玉米在奶牛生产中的示范应用［J］. 饲料研究
　　（3）：48-49，53.

魏艳，黄洁，许瑞丽，等，2015. 木薯肉与木薯皮营养成分的研究初报［J］. 热带作物学报，36
　　（3）：536-540.

吴浩，邓程君，石风华，等，2013. 木薯粉替代玉米对奶牛产奶性能和血液生化指标的影响 [J]. 中国畜牧杂志，49（11）：64-66.

吴世林，沈应然，蒋宗勇，等，1993. 木薯叶粉和木薯渣对猪的营养价值评定 [J]. 中国饲料（3）：18-19.

夏中生，李启瑶，王建英，等，1993. 木薯叶粉作猪饲料的营养价值评定 [J]. 西南农业学报（1）：91-94.

相振田，2011. 饲粮不同来源淀粉对断奶仔猪肠道功能和健康的影响及机理研究 [D]. 成都：四川农业大学.

谢江，2012. 我国主产区木薯干片的霉菌分离及防治研究 [D]. 南宁：广西大学.

徐娟，黄洁，2013.6 份木薯种质营养成分与食味的初步分析及评价 [J]. 热带作物学报，34（2）：373-376.

薛万伟，党选举，李鑫，2005. 木薯酒精发酵工艺的研究 [J]. 酿酒，32（4）：39-40.

严华兵，叶剑秋，李开绵，2015，中国木薯育种研究进展 [J]. 中国农学通报，31（15）：63-70.

杨家晃，何仁春，杨禾泽，等，2010. 木薯作为鹅能量饲料的应用研究 [J]. 中国草食动物，30（3）：11-17.

杨亮宇，李清，刘勇，等，2002. 饲用木薯粉的营养价值评定 [J]. 云南畜牧兽医（1）：1-2.

杨秀江，2002. 在日粮中添加木薯粉饲喂从江小香乌鸡试验 [J]. 贵州畜牧兽医，26（2）：3.

尹晓静，2010. 草鱼对玉米、小麦和木薯利用的比较研究 [D]. 苏州：苏州大学.

于向春，刘易均，杨志斌，等，2011. 发酵木薯渣粉在文昌鸡日粮中的应用 [J]. 中国农学通报，27（1）：394-397.

张芬芬，王志跃，杨海明，等，2015. 木薯渣对 22～49 日龄仔鹅生长性能、屠宰性能及内脏器官发育的影响 [J]. 动物营养学报，27（6）：1804-1812.

张芬芬，杨海明，张得才，等，2013. 木薯及其在养猪生产中的应用 [J]. 养猪（5）：11-13.

张刚，张石蕊，戴求仲，2014. 生长猪含高木薯渣饲粮中添加纤维素酶的效果研究 [J]. 湖南畜牧兽医（5）：13-15.

张慧坚，刘恩平，刘海清，等，2012. 广西木薯产业发展现状与对策 [J]. 广东农业科学（5）：161-164.

张吉鹍，包赛娜，赵辉，等，2009. 木薯渣不同补饲方式对山羊生产性能的影响研究 [J]. 饲料工业，30（21）：31-34.

张吉鹍，李华伟，包赛娜，等，2010. 木薯渣不同补饲方式对饲喂混合粗饲料的本地黄牛增重的影响研究 [J]. 江西农业大学学报，32（3）：571-576.

张建，张宝彤，叶元土，等，2010. 五种淀粉原料在草鱼（Ctenopharyngodon idella）饲料中应用效果的研究 [J]. 饲料工业，31（24）：16-21.

张莲英，蒋乔明，罗美娇，2011. 利用木薯渣替代部分精料饲喂圈养山羊的效果 [J]. 广西畜牧兽医，27（5）：259-260.

张伟涛，叶元土，尹晓静，等，2008. 五种发酵木薯渣在罗非鱼饲料中应用的养殖性能比较 [J]. 饲料工业，29（8）：28-32.

张潇月，2014. 家兔五种非常规糟渣类饲料的营养价值评定 [D]. 保定：河北农业大学.

张潇月，李海利，齐大胜，等，2014. 红薯渣和木薯渣对生长獭兔的营养价值评定 [J]. 动物营养学报，26（7）：1996-2002.

张小冰，2010. 植物对植食性动物的化学防御 [J]. 生物学教学，35（10）：2-3.

郑诚，张樾，陈美环，等，1993. 饲料用木薯粉的营养价值评定 [J]. 华南农业大学学报，14（4）：71-75.

郑华，李军，罗燕春，等，2013. 印度尼西亚木薯产业概述 [J]. 农业研究与应用（5）：24-32.

周圻，1991. 不同木薯干配比饲养肉鸭试验 [J]. 海南大学学报（自然科学版）(2)：74-76.

周晓容，杨飞云，谢跃伟，等，2014. 发酵木薯渣在育肥猪上的应用效果研究 [J]. 饲料工业，35（17）：99-101.

周学芳，陈少玲，1991. 发酵木薯渣粉在肉用仔鸡日粮中的利用 [J]. 饲料与畜牧（5）：7-8.

周学芳，王贞平，陈少玲，等，1992. 木薯叶粉对生长肥育猪的饲用价值研究 [J]. 粮食与饲料工业（2）：22-25.

邹良平，起登凤，孙建波，等，2013. 木薯生氰糖苷研究进展 [J]. 热带农业科学，33（10）：43-46.

Basilisa P R，2001. 木薯在菲律宾饲料工业中的应用 [J]. 国外畜牧学（猪与禽）(4)：56-59.

Benito S B，Silvana L G，2010. Toxic effects of prolonged administration of leaves of cassava (*Manihot esculenta Crantz*) to goats [J]. Experimental and Toxicologic Pathology, 62 (4)：361-366.

Bertol T M，Lima G J，1999. Levels of cassava residue in diets for growing and finishing pigs [J]. Pesquisa Agropecuaria Bmsileim, 34 (2)：243-248.

Bombeo-Tuburan I，Fukumotob S，Rodrigueza E M，1995. Use of the golden apple snail，cassava，and maize as feeds for the tiger shrimp, *Penaeus monodon*, in ponds [J]. Aquaculture, 131 (1/2)：91-100.

Bradbury J H，Denton I C，2014. Mild method for removal of cyanogens from cassava leaves with retention of vitamins and protein [J]. Food Chemistry, 158：417-420.

Chavez A L，Bedoya J M，Sánchez T，et al，2000. Iron，carotene，and ascorbic acid in cassava roots and leaves [J]. Food and Nutrition Bulletin, 21 (4)：410-413.

Dongmeza E，Steinbronn S，Francis G，et al，2009. Investigations on the nutrient and antinutrient content of typical plants used as fish feed in small scale aquaculture in the mountainous regions of Northern Vietnam [J]. Animal Feed Science and Technology, 149：162-178.

Fasuyi A O，2005. Nutrient composition and processing effects on cassava leaf (*Manihot esculenta*, *Crantz*) antinutrients [J]. Pak J Nutrition，4：37-42.

Ferreira A H C，Lopes J B，Abreu M L T，et al，2012. Cassava root scrapings for 22 to 42 day old broilers in high temperature environments [J]. Revista Brasileira de Zootechia brazilian Journal of Animal Science (41)：1442-1447.

Hoai H T，Kinh L V，Viet T Q，et al，2011. Determination of the metabolizable energy content of common feedstuffs in meat-type growing ducks [J]. Animal Feed Science and Tecnology，170：1-2.

Iheukwumere F C，Ndubuisi E C，Mazi E A，et al，2007. Onyekwere [J]. International Journal of Poultry Science，8：555-559.

Khempaka S，Molee W，Guillaume M，2009. Dried cassava pulp as an alternative feedstuff for broilers：effect on growth performance，carcass traits，digestive organs，and nutrient digestibility [J]. Journal of Applied Poultry Research，18：487-493.

Montagnac J A，Davis C R，Tanumihardjo S A，2009. Nutritional value of cassava for use as a staple food and recent advances for improvement [J]. Comprehensive review in Food Science and Food Safety (8)：181-194.

Ng W K，Wee K L，1989. The nutritive value of cassava leaf meal in pelleted feed for *Nile tilapia* [J]. Aquaculture, 83 (1/2)：45-58.

Nguyena T H L，Ngoana L D，Bosch G，et al，2012. Ileal and total tract apparent crude protein and amino acid digestibility of ensiled and dried cassava leaves and sweet potato vines in growing pigs [J]. Animal Feed Science and Technology (172): 171-179.

Nguyena T H L, Ngoana L D, Bosch G, et al, 2012. Ileal and total tract apparent crude protein and amino acid digestibility of ensiled and dried cassava leaves and sweet potato vines in growing pigs [J]. Animal Feed Science and Technology (172): 171-179.

Oke O L, 1978. Problem in the use of cassava as animal feed [J]. Animal Feed Science and Technology, 3: 345-380.

Omoregie E, Ufodike E, Umaru M, 1991. Growth and feed utilization of *Oreochromis niloticusfingerlings* fed with diets containing cassava peeling and mango seeds [J]. Aquabyte, 4 (2): 6-7

Oso A O, Oso Olusoga, Bamgbose A M, et al, 2010. Utilization of unpeeled cassava (*Manihot esculenta*) root meal in diets of weaner rabbits [J]. Livestock Science, 127: 192-196.

Phuc B H N, Ogle R B, Lindberg J E, 2000. Effect of replacing soybean protein with cassava leaf protein in cassava root meal based diets for growing pigs on digestibility and N retention [J]. Animal Feed Science and Technology, 83: 223-235.

Phuc B H N, Ogle R B, Lindberg J E, 2000. Effect of replacing soybean protein with cassava leaf protein in cassava root meal based diets for growing pigs on digestibility and N retention [J]. Animal Feed Science and Technology, 83: 223-235.

Pilachai R, Schonewille J T H, Thamrongyoswittayakul C, et al, 2012. Starch source in high concentrate rations does not affect rumen pH, histamine and lipopolysaccharide concentrations in dairy cows [J]. Livestock Science (150): 135-142.

Ravindran V, Rajadevan P, Goonewardene L A, et al, 1986. Effects of feeding cassava leaf meal on the growth of rabbits [J]. Agricultural Wastes, 17 (3): 217-224

Régnier C, Bocage B, Archimède H, et al, 2013. Digestive utilization of tropical foliages of cassava, sweet potatoes, wild cocoyam and erythrina in creole growing pigs [J]. Animal Feed Science and Technology (180): 44-54.

Régnier C, Bocage B, Archimède H, et al, 2010. Effects of processing methods on the digestibility and palatability of cassava root in growing pigs [J]. Animal Feed Science and Technology (162): 135-143.

Saesim P, Kanto U, Sukmanee N, 1990. Utilization of cassava ingestating and lactating sow diets [J]. Pig Magazine, 66: 5-11.

Salmonella O, 2013. Food and Agriculture Organization of the United Nations [J]. Encyclopedia of Food Sciences and Nutrition, 1 (2): 2587-2593.

Silveira R N, Berchielli T T, Freitas D, et al, 2002. Ruminal ferm entation and degradability in bovine fed diet with cassava residue and sugar cane ensiled with pelleted citrus pulp [J]. Sociedade Brasileira de Zootecnia, 31 (2): 793-801.

Souza K M, Carrijo A S, Kiefer C, et al, 2011. Cassava root meal in diets of free range broiler chiakens [J]. Archivos de Zootecnia (20): 489-499.

Wobeto C, Corréa A D, de Abreu C M P, et al, 2006. Nutrients in the cassava (*Manihot esculenta, Crantz*) leaf meal at three ages of the plant [J]. Cienc Technology Aliment, 26: 865-874.

Wu J F, 1991. Energy value of cassava for young swine [J]. Journal of Animal Science, 69: 1349-1353.

（中国热带农业科学院热带作物品种资源研究所 冀凤杰，
中国科学院亚热带农业生态研究所 孔祥峰 编写）

第七章
马铃薯及其加工产品开发现状与
高效利用策略

第一节 概 述

一、我国马铃薯及其加工产品资源现状

马铃薯（*Solanum tuberosum*）是茄科茄属一年生草本植物，又称土豆、山药蛋、洋芋、荷兰薯等，原产自南美安洲第斯山区，已有 7 000年的栽培历史，作为一种粮、饲、菜兼用的经济作物，已成为世界各国的主要经济作物之一（Hawkes，1990）。马铃薯在我国已经有 400 多年的栽培历史，是我国继小麦、水稻和玉米之后的第四大栽培作物。在我国，马铃薯种植面积和产量持续增长，产业持续发展，具有平均单产稳定增长、分布区域广、主产区集中及生产格局发生变化的趋势（金黎平和罗其友，2013）。2015 年，中国启动马铃薯主粮化战略，将马铃薯加工成馒头、面条和米粉等主食，马铃薯已成为稻米、小麦和玉米外的又一主粮。

马铃薯主要生产国有中国、俄罗斯、印度、乌克兰和美国等。中国是世界马铃薯总产量最高的国家。我国马铃薯生产的特点是种植面积大、分布广，传统上将全国马铃薯生产划分为北方一季作区、中原二季作区、南方冬作区和西南一二季混作等四大农业生态区域。2008 年，农业部发布的《马铃薯优势区域规划》中，将我国规划为东北、华北、西北、西南和南方冬作 5 个优势区域。但主产区集中，甘肃（12%）、四川（11%）、内蒙古（10%）、贵州（10%）、云南（8%）、山东（7%）、黑龙江（7%）和重庆（6%）等主产省（直辖市）的马铃薯产量之和占全国总产量的 71%。其中，甘肃、四川、内蒙古和贵州的总产量分别占全国总产量的 10%以上（金黎平和罗其友，2013）。

1. 中国马铃薯品种分类 种薯是马铃薯生产的基础与保证，种薯质量直接影响马铃薯的产量及品质。马铃薯种薯选育是马铃薯生产技术变化的关键性因素。我国从 20世纪 30 年代后期开始开展马铃薯品种的改良工作，经历了引种到育种的过程。从育种发展过程来看，我国马铃薯育种研究经历了 3 个阶段：国外引种鉴定阶段、品种间和种间杂交育种阶段、生物技术育种阶段，我国先后育成了 170 多个品种。近年来，我国优良品种选育和脱毒种薯应用步伐加快，全国已育成拥有自主知识产权的新品种110多个，大面积推广的品种有50多个（表7-1；刘俊霞，2012）。

表7-1 中国主要马铃薯品种

品　种	特征特性	适宜范围
安农5号	早熟菜用和淀粉加工兼用型，植株高抗晚疫病，轻感黑胫病，退化轻，耐旱，耐涝	二季作及间套作
安薯56号	中早熟淀粉加工型品种，植株高抗晚疫病，轻感黑胫病，退化轻，耐旱，耐涝	陕西省秦岭一带
坝薯8号	中晚熟菜用型品种，植株对晚疫病具有田间抗性，块茎较抗病，抗环腐病，轻感黑胫病，退化慢，较抗旱	一季作区土质肥沃、降水较多的河川区
坝薯9号	中熟菜用型品种，植株较抗晚疫病，块茎不感病。轻感环腐病，抗退化	一季作及二季作春播或间套作
坝薯10号	迟熟品种，冬种生长期102d左右，商品性较好，现场田间观察晚疫病、花叶病毒病发病较轻，抗卷叶病毒病	福建省
春薯3号	中晚熟淀粉及油炸薯片加工兼用型品种，高抗晚疫病，抗干腐病，中度退化，抗旱性强	内蒙古、辽宁、吉林、四川、一季作区可试种
春薯4号	大薯率高，商品薯率高，薯肉抗褐变能力强，块茎耐储藏，市场竞争力强	福建省
川芋39	中早熟菜用型品种，抗晚疫病，耐瘠、耐旱	四川山区及坪坝地区，四川以南省份一季或春秋两季栽培
超白	极早熟菜用型品种，辽宁、河北、江苏和浙江等地	二季作区及城郊种植
布尔班克	表皮较粗糙，结薯集中，感束顶及皱缩花叶，感晚疫病，适宜油炸马铃薯条的加工	晚疫病发病较轻的一季作区
大西洋	中晚熟品种，对马铃薯X病毒（potato virus X，PVX）免疫，中抗晚疫病	晚疫病发病较轻地区
荷兰十五	优质早熟食用品种，经济效益高，植株抗晚疫病，块茎较感晚疫病	二季作
紫花白	中熟品种，抗马铃薯Y病毒（potato virus Y，PVY）和马铃薯卷叶病毒（potato leafroll virus，PLRV），高抗环腐病，耐旱耐束顶，较耐涝	黑龙江、吉林、辽宁、内蒙古、山西等省（自治区）
海薯1号	中晚熟、高产品种，抗环腐病，市场前景好	一季种植区
早大白	极早熟国家级品种，高产、品质优良	适应区域较广
尤金	中早熟、高产新品种，商品性状极好，适于鲜薯出口和食品加工	适应区域较广
中薯1号	最新的优质、高产、早熟品种，是早大白、东农303等早熟品种的最佳换代品种	适应区域较广
蒙薯10号	植株和块茎田间高抗晚疫病、抗束顶病、抗卷叶病、抗花叶病等，较抗旱，适应性、稳定性好	一季作区种植
中薯7号	早熟品种，中抗轻花叶病毒病，高抗重花叶病毒病，轻度至中度感晚疫病	中原二作区、南方冬作区冬季早熟栽培
中薯8号	早熟品种，高抗轻花叶病毒病，抗重花叶病毒病，轻度至中度感晚疫病	中原二作区、南方冬作区冬季早熟栽培

（续）

品　种	特征特性	适宜范围
中薯9号	中晚熟品种，抗轻花叶病毒病，感重花叶病毒病，轻度至中度感晚疫病	华北一作区
中薯10号	中熟炸片品种，抗轻花叶病毒病，高抗重花叶病毒病，轻度至中度感晚疫病	华北一作区
中薯11号	中熟炸片品种，高抗轻花叶病毒病，高抗重花叶病毒病，轻度至中度感晚疫病	华北一作区
冀张薯8号	中晚熟品种，高抗轻花叶病毒病，高抗重花叶病毒病，轻度至中度感晚疫病	华北一作区
丽薯1号	中晚熟品种，抗重花叶病毒病，中抗轻花叶病毒病，中抗晚疫病	西南一作区
秦芋31号	中晚熟品种，中抗轻花叶病毒病，中抗重花叶病毒病，中抗晚疫病	西南一作区
克新1号	中熟，植株抗晚疫病，高抗环腐病，抗Y病毒，较耐涝	半干旱及阴湿地区的补充灌溉地种植
克新4号	早熟品种，植株感晚疫病，块茎抗晚疫病，感环腐病，对Y病毒过敏，轻感卷叶病毒，耐束顶病	城市郊区及二季作区
紫罗兰	深紫黑色表皮、紫黑瓤马铃薯，薯形长椭圆形，较抗马铃薯早疫病和晚疫病	黑龙江
青薯4号	晚熟品种，较抗晚疫病、环腐病、黑胫病，抗花叶病毒	青海水田、山地，北方一作区种
底西芮	中晚熟，适应性和抗旱性较强，适于炸片、淀粉加工和鲜食	水、旱地均可种植，特别适合旱地栽培
中大1号	中晚熟高淀粉加工品种	东北
渭薯1号	中抗晚疫病和黑胫病，感环腐病，退化慢	一季作地区
陇薯1号	轻感晚疫病，感环腐病和黑胫病，退化慢	一、二季作均可种植
陇薯3号	晚熟，耐干旱，抗晚疫花叶病毒和卷叶病毒病	半干旱及阴湿地区种植
陇薯6号	中晚熟鲜食品种，中抗轻花叶病毒病，重感花叶病毒病，中感晚疫病	甘肃高寒阴湿及二阴地区、北方一季作区
东农305	中熟类型，植株田间中抗晚疫病，对Y病毒具有过敏抗性。抗旱性及耐涝性中等	黑龙江各地
合作88	中晚熟品种，植株中抗晚疫病、高抗卷叶病毒病，适合加工淀粉和鲜薯食用	
鄂薯3号	中熟品种，植株抗晚疫病、花叶病，适合做鲜薯、炸片	
郑薯5号	早熟，耐储性较好，营养品质好	
同薯23	晚熟品种，抗病性能强	
金冠	早熟菜用型品种	
系薯1号	中早熟品种，高抗晚疫病，不感染环腐病和黑胫病	
晋薯11号	中晚熟品种，适应范围广	
费乌瑞它	早熟、高产型品种，块茎休眠期短，耐储存，植株易感晚疫病	适宜广大南方地区种植

（续）

品　种	特征特性	适宜范围
LK99	中早熟加工专用型马铃薯新品种，早熟菜用型品种，中抗晚疫病，较抗卷叶与花叶病毒病	高寒阴湿地区露地栽培、川水地地膜覆盖、温润地区冬播早熟栽培
L0031-17	晚熟，薯块休眠期长，耐储藏，高抗晚疫病，对病毒病有较强的田间抗性	甘肃高寒阴湿、二阴及半干旱地区种植
东农304	中早熟菜用型品种，抗晚疫病	黑龙江南部
鄂薯1号	早熟淀粉加工型品种，高抗晚疫病，略感青枯病，抗退化	恩施已种植，其他地区可试种
鄂芋783-1	中熟菜用和淀粉加工兼用型品种	西南地区
高原3号	植株抗晚疫病和环腐病，退化轻，抗旱	青海、甘肃、宁夏
高原4号	中晚热淀粉加工型品种，中高抗晚疫病，轻感环腐病，轻抗雹灾	西北地区水浇地种植
高原7号	中晚熟菜用和淀粉加工兼用型品种，轻感晚疫病，较抗环腐病，较耐涝	二季作栽培
呼薯1号	中熟菜用型品种，植株抗病毒，较抗卷叶病毒，感晚疫病和环腐病	一季作早熟和二季作栽培
呼薯4号	早熟菜用和淀粉加工兼用型品种，晚疫病不重。苗期较耐旱	吉林、辽宁和内蒙古
互薯202	晚熟淀粉加工型品种，抗退化，抗环腐病、黑胫病，高抗晚疫病，耐旱、耐霜冻、耐雹灾	青海，其他地区可试种
虎头	植株、块茎均抗晚疫病和黑胫病，轻感卷叶和潜隐花叶病毒病，感束顶病，抗旱性强	华北一季作区
集农958	中熟菜用和淀粉加工兼用型品种，感染晚疫病、环腐病较轻，退化轻	一季作区、南方地区冬作
冀张薯3号	中熟菜用和淀粉加工兼用型品种，植株中抗晚疫病，感环腐病，易退化	北方一季作区和西南山区
金山2号	中熟品种，食用品质较好，晚疫病发生轻	福建
晋薯1号	晚疫病抗性较差，中抗环腐病和黑胫病，轻感卷叶和花叶病毒病	一、二季作区
晋薯2号	中熟淀粉加工型品种，中感晚疫病，抗环腐病，抗旱性较强	一季作区的山川、丘陵地种植
晋薯5号	中熟淀粉加工型品种，抗晚疫病、环腐病和黑胫病	华北一季作区
克新13	中晚熟品种，抗晚疫病，抗环腐病，耐储藏	干旱地区
中心24	中抗晚疫病和卷叶病毒，高抗癌肿病，感青枯病，不抗X、Y病毒	北方一作区
中薯12号	早熟品种，植株抗马铃薯X病毒病、中抗马铃薯Y病毒病，中度感晚疫病	福建、广西、广东、湖南冬作区种植
中薯13号	早熟品种，植株高抗马铃薯X病毒病、抗马铃薯Y病毒病，中度感晚疫病	福建、广西、广东、湖南冬作区种植
中薯14号	早熟品种，植株抗马铃薯X病毒病、抗马铃薯Y病毒病，中度感晚疫病	福建、广西、广东、湖南冬作区种植
克新19号	中晚熟品种，植株抗马铃薯X病毒病、抗马铃薯Y病毒病，轻感晚疫病	北方一季作区

（续）

品　种	特征特性	适宜范围
延薯 4 号	中晚熟品种，植株中抗马铃薯 X 病毒病、抗马铃薯 Y 病毒病，重感晚疫病	北方一季作区
紫色土豆	中早熟品种，耐旱耐寒性强，薯块耐储藏，抗早疫病、晚疫病、环腐病、黑胫病、病毒病	全国马铃薯主产区、次产区栽培
克新 18 号	该品系抗 PLRV、PVX，对 PVY 具有田间过敏抗性，植株常出现病毒性退化，块茎易出现"三瓣嘴"	黑龙江、内蒙古、吉林、福建、广西等地区的冬季栽培
克新 13 号	优质、抗病、高产型品种	黑龙江、吉林、辽宁、内蒙古地区及北方一季作干旱地区
龙引薯 1 号	中早熟，茎叶较抗早疫病和晚疫病，块茎抗晚疫病	黑龙江、吉林、内蒙古东部等地区

2. 中国马铃薯产量　金黎平和罗其友（2013）对马铃薯的统计数据表明，2011 年中国马铃薯种植面积为 568.7 万 hm^2，总产量为 9 754.5 万 t。中国马铃薯生产在面积和总产量持续增加的同时，平均单产稳定缓慢增长，但幅度较小，单产水平依旧较低。2011 年，平均单产为 17.2 t/hm^2，达历史最高水平，但仍低于世界的平均水平（19.4 t/hm^2），且各地区马铃薯单产水平差异大。2011 年，山东、辽宁、吉林和西藏地区马铃薯平均单产为 30 t/hm^2 以上。山东地区马铃薯平均单产高于 37.5 t/hm^2，接近世界先进水平；黑龙江、河南、新疆、青海和广东地区马铃薯平均单产为 20~27 t/hm^2，其余地区马铃薯均低于 20 t/hm^2，尤其是内蒙古、贵州、陕西、河北、宁夏、山西、湖北和云南等地区马铃薯的单产低于全国平均水平。

二、开发利用马铃薯及其加工产品作为饲料原料的意义

中国马铃薯产量位居世界首位，也是马铃薯消费大国。据马铃薯产业 2009—2011 年的平均数据估计，全国马铃薯总产量的 61% 用于蔬菜和粮食，少部分用于饲料，总量约为 4 860 万 t；16% 左右用于淀粉（包括粉皮、粉丝、粉条）、全粉、薯片和薯条等加工，总量约为 1 280 万 t；12% 左右用于种薯，总量约为 990 万 t，储藏和浪费等损失大概 10% 以上，出口占 0.4%（金黎平和罗其友，2013）。另据中国食品工业协会估计，在我国的马铃薯消费结构中，有 30% 的鲜薯用于直接食用，38% 留为种用及饲料用，22% 作为加工原料，10% 用作其他用途，在储藏、加工和运销等环节中 15% 左右的腐烂损耗未统计在内（刘刚等，2010）。

综合国内外研究状况，目前马铃薯渣的转化途径有：对有益物质的提取制备和发酵产品的生产。例如，从薯渣中提取制备果胶和羧甲基纤维素钠作为食品添加剂；提取膳食纤维作为功能性食品；提取草酸作为化学试剂；制备活性纤维用于工业絮凝剂，以及制备清洁能源——氢气和包装纸箱黏合剂等物质。但是产品得率较低，成本较高，生产过程中极易造成二次污染。将马铃薯渣通过微生物发酵生成新的发酵产品，如曲霉多糖和柠檬酸，是马铃薯渣生物转化的主要途径。但随着淀粉生产工艺的发展，发酵过程中单纯依靠薯渣残留淀粉根本无法提供菌体生长所需的非还原性糖，还需要加入大量碳源以满足微生物生长对培养基的要求。因此，其产品造价较高、得率较低，难以实现工业

化生产。马铃薯渣配合其他营养物质生产禽畜饲料，生产工艺简单、产品市场前景广阔，已成为马铃薯渣综合利用的主要途径。

三、马铃薯及其加工产品作为饲料原料利用存在的问题

马铃薯渣的处理问题已经成为制约马铃薯淀粉工业发展的瓶颈，其转化利用和增值增效问题，成为淀粉生产企业亟待解决的重大问题。马铃薯渣营养价值较低，薯渣的利用大多局限于以鲜薯渣或晒干后的薯渣直接作为禽畜饲料，仅有少数薯渣烘干制成干饲料。然而烘干能耗较大，使得薯渣干饲料的生产成本较高，生产难以长期维持，而且这种饲料的营养价值低，不能满足家畜对营养的均衡需求。鲜薯渣水分含量高达 80% 以上，不便于干燥和运输，生产季节若不及时处理，而仅占用场地，而且易腐败变质，造成环境污染。因此，如何采用最经济的方法解决薯渣水分含量高、蛋白质含量低、烘干成本高和运输不方便等问题，同时提高其营养价值，使之转化为能产生一定的经济效益和社会效益的产品，对于万吨级淀粉厂来说，是目前急需解决的问题。

第二节　马铃薯及其加工产品的营养价值

我国马铃薯淀粉加工比例占加工总量的 70% 左右，其余加工制品所占比例是：马铃薯全粉占 20% 左右、薯条占 5% 左右、薯片占 5% 左右。荷兰马铃薯加工比例最高超过 70%，加工制品超过上千种（包括烹调制品），在加工产品中，淀粉比例不超过10%，而且淀粉深加工占 10%～20%（刘刚等，2010）。国内与饲料有关的马铃薯加工产品主要是指马铃薯蛋白粉和马铃薯渣。马铃薯全粉又称脱水马铃薯，主要用作食品，其营养价值接近块茎。

一、马铃薯块茎（全粉）的营养价值

马铃薯的营养价值主要是指块茎的营养价值。樊世勇（2015）测定了甘肃省 15 个品种的马铃薯，结果表明马铃薯干物质含量为 18.1%～31.59%、粗蛋白质含量为0.65%～2.96%、淀粉含量为 13.5%～24.89%、还原糖含量为 0.18%～0.68%、维生素 C 含量为 113.4～287.0mg/kg。马铃薯块茎中高淀粉和低纤维的特点，使其作为能量饲料具有巨大优势。马铃薯中含有丰富的维生素 C（抗坏血酸），这与其他谷物相比作为水产饲料更具有明显优势。马铃薯中蛋白质含量不高，但是蛋白质品质与动物性蛋白质相似，可消化成分高。出于不同育种目的选育的马铃薯导致营养成分变异大，这给马铃薯及其加工产品作为饲料原料的应用造成一定困难，在实际应用中要注意实时监测。另外需要指出的是，在所有的淀粉中，马铃薯淀粉的颗粒是最大的，且其形状也是最接近圆形的。马铃薯淀粉颗粒比其他淀粉颗粒大（25～100μm，玉米一般为 5～26μm），马铃薯淀粉的直链淀粉分子质量要比大多数淀粉高（张攀峰，2012），这给动物消化带来了困难，可能会影响其作为饲料原料的使用效率。然而，用于食品加工尤其是

水产品加工，马铃薯淀粉黏度高、糊化温度低、膨润度高的特性又有利于保存制品的水分和提高食品的口感（于天峰和夏平，2005）。

二、马铃薯蛋白粉的营养价值

马铃薯蛋白粉中富含能量和蛋白质，粗灰分和粗纤维含量较低，是理想的蛋白质来源，其营养价值与豆粕、鱼粉营养成分比较分别见表7-2和表7-3（唐春红，2007）。

表7-2 马铃薯蛋白粉养分含量（DM）

干物质（%）	粗蛋白质（%）	粗脂肪（%）	粗灰分（%）	钙（%）	磷（%）	总 能（MJ/kg）
94.21	75.62	0.37	2.94	0.15	0.63	20.47

资料来源：唐春红（2007）。

由表7-3可以看出，常规营养指标中马铃薯蛋白粉中的粗蛋白质含量分别为豆粕和鱼粉的176.74%和116.92%；粗灰分的含量较低，仅相当于豆粕和鱼粉的32.79%和11.11%；粗纤维的含量与豆粕的基本相当。赖氨酸的含量相当于豆粕和鱼粉的222.22%和133.33%；蛋氨酸的含量相当于豆粕的291.67%，略高于鱼粉中的蛋氨酸含量；苏氨酸的含量较高，相当于豆粕和鱼粉的255.81%和173.91%。

表7-3 马铃薯蛋白粉与几种原料营养成分比较（%）

项 目	豆 粕	鱼 粉	马铃薯蛋白粉
粗蛋白质	43	65	76
粗脂肪	1.9	8.5	1.5
粗灰分	6.1	18	2.0
粗纤维	6.0	0.2	6.3
赖氨酸	2.7	4.5	6.0
蛋氨酸	0.6	1.66	1.75
胱氨酸	0.58	0.5	1.1
苏氨酸	1.72	2.53	4.4
色氨酸	0.55	0.7	1.05

资料来源：唐春红（2007）。

三、马铃薯渣的营养价值

马铃薯渣中含水量高，富含纤维类物质，蛋白质含量较低，营养成分含量波动大，其他营养成分见表7-4。

表7-4 马铃薯渣中的各营养成分

指 标	文献1	文献2	文献3
干物质（%）	94.78	16.67	11.00

（续）

指　标	文献1	文献2	文献3
能量（MJ/kg）	17.47	—	—
粗蛋白质（%）	5.06	5.90	8.65
粗纤维（%）	10.1	—	—
粗脂肪（%）	0.71	—	11.35
粗灰分（%）	—	2.04	4.50
钙（%）	0.19	1.79	—
磷（%）	0.09	0.04	—
ADF（%）	20.37	11.31	13.52
NDF（%）	68.49	20.55	29.40
资料来源	陈亮等（2014）	李剑楠等（2014）	王典等（2012）

第三节　马铃薯及其加工产品中的抗营养因子

马铃薯中最主要的抗营养因子是马铃薯植株和块茎中普遍含有的糖苷生物碱。由于其重要成分——茄碱最早是在龙葵中发现的，因此将马铃薯糖苷生物碱称为茄碱，又称为龙葵素、龙葵碱或马铃薯毒素等。龙葵素具有明显的剧毒性和潜在的慢毒性，当含量超过一定阈值时，不但会影响动物的生产性能，还会损伤肝、刺激和腐蚀胃肠道黏膜、麻痹中枢神经系统并可造成溶血。其致毒机理是抑制体内胆碱酯酶的活性，该酶被抑制失活后，造成乙酰胆碱累积，神经兴奋增强，引起胃肠肌肉痉挛等一系列中毒症状。

马铃薯植株的所有部位，叶、花、表皮及高代谢活性部位（芽眼、绿皮、芽、茎）都存在高浓度的龙葵素，块茎中龙葵素的含量较少。同品种及收获后在不同的储存环境下（光照、机械损伤、湿度等），马铃薯糖苷生物碱的含量差异较大。成熟的马铃薯中，龙葵素的含量一般为 0.07～0.1mg/g，食用是安全的。当马铃薯由于储存不当而变绿或发芽时，会产生大量龙葵素，当龙葵素的含量超过 0.2mg/g 时，人食用后可能会导致中毒甚至死亡（董晓茹，2013）。美国食品和药物管理局规定，马铃薯中的总糖苷生物碱含量应小于 0.2mg/g。马铃薯在储藏过程中，容易腐烂和发芽，见光后表层容易变绿而产生较多的龙葵素，危害家畜健康，致使口感下降。吴耘红等（2008）研究表明，马铃薯渣中的龙葵素含量与储藏时间及温度呈正相关，光照条件对龙葵素含量的影响显著，升高储藏温度及增加光照时间均能促进马铃薯渣中龙葵的素快速合成；随着储藏时间的延长，马铃薯渣中龙葵素的积累量得以增加。近年来，随着马铃薯育种及加工技术的发展，马铃薯蛋白质中总糖苷生物碱含量降低至 1 000～3 000mg/kg，该剂量在动物上的影响是可以被忽略的（杨成，2008）。江成英等（2010）研究多菌种固态发酵马铃薯渣生产饲料过程中龙葵素含量的变化结果表明随着发酵时间的延长，龙葵素含量呈递减趋势，其含量从发酵前期的每百克 0.047 4mg 降低到发酵 96h 时的 0。

第四节　马铃薯及其加工产品在动物生产中的应用

一、在猪生产中的应用

早期，人们直接将马铃薯及其副产品作为饲料原料。董交其等（1996）试验证明，将发酵马铃薯渣加入配合饲料中代替部分麸皮是可行的，添加一定量的发酵马铃薯渣到饲料中对育肥猪增重速度的影响较大，有促进生长的趋势。李继开等（1992）报道，马铃薯（风干基础）以占猪日粮 40% 的比例为宜，可使饲料转化率和生长育肥猪的日增重大幅度提高。田河山等（2001）报道，饲喂 15% 马铃薯日粮的仔猪增重与玉米对照组没有差异。

随着马铃薯淀粉工业的发展，马铃薯蛋白粉已成为美国和一些欧盟国家动物生产中重要的蛋白质原料。国内外很多学者采用不同的试验设计进行的试验表明，进行营养素平衡之后，添加适量的马铃薯蛋白粉能够维持仔猪的正常生长。

（一）马铃薯蛋白粉对仔猪生产性能的影响

Kerr 等（1996）试验表明，在断奶后 0～14 d 仔猪日粮中可以用低糖苷生物碱马铃薯蛋白替代部分喷雾干燥动物血浆；在断奶后 7～28d 仔猪日粮中，低糖苷生物碱马铃薯蛋白粉与喷雾干燥血粉或精制曼哈顿鱼粉混和饲喂的效果相同。Joaehim（2001）研究发现，日粮中添加马铃薯蛋白粉后 1～5 周龄哺乳仔猪的日增重比全部添加大豆粉处理组提高 11%，饲料转化率降低 6%；配以 5% 的乳糖后，哺乳仔猪的日增重与脱脂奶粉处理组无差异，表明马铃薯蛋白粉的营养价值优于大豆粉，相当于脱脂奶粉。Smith 等（1994）、Friedman 和 Dao（1992）报道，饲料中添加 3%～5% 的马铃薯蛋白粉后，仔猪的生长性能好于对照组。断奶仔猪日粮中用 3% 马铃薯蛋白粉替代 3% 乳蛋白，试验 4 周，马铃薯蛋白粉组仔猪的日增重略低于对照组，但日增重和饲料转化率均无显著差异；在仔猪断奶后 5 周添加 5% 马铃薯蛋白粉，与蛋白源为大豆饼（粕）粉、鱼粉和少量乳清粉的对照组相比，仔猪的生产性能无显著差异，但自第 3 周以后试验组饲料转化率显著高于对照组（$P < 0.05$）。Pedersen 和 Lindberg（2004）研究发现，马铃薯蛋白粉作为断奶仔猪蛋白源可以部分或全部替代鱼粉，甚至效果比优质的鱼粉还要好。张玲清（2009）分别用 3.5%、4.5%、5.5% 和 6.5% 马铃薯蛋白粉替代日粮豆粕和鱼粉，研究其对 28 日龄断奶仔猪生产性能的影响，饲养试验 30 d，结果表明，添加 4.5% 马铃薯蛋白粉组仔猪效果最佳，与对照组相比，仔猪日增重提高了 14.66%，料重比降低了 18.56%；6.5% 马铃薯蛋白粉组仔猪日增重降低了 5.28%，料重比提高了 9.09%，其原因可能为马铃薯的配糖生物碱，味苦，添加量过多，适口性差，对仔猪的生产性能产生了一定的抑制作用。结果表明，普通马铃薯蛋白粉在断奶仔猪日粮中的添加量以不超过 5% 为宜。

（二）马铃薯蛋白粉在仔猪体内的消化率

唐春红（2007）以国产马铃薯蛋白粉和豆粕作为唯一蛋白源测定仔猪回肠氨基

酸和常规营养成分的表观消化率，结果表明马铃薯蛋白粉的蛋白质、能量和氨基酸含量及消化率均高于豆粕，其在断奶仔猪饲料中的适宜添加量为2％。马铃薯蛋白粉可消化粗蛋白质含量为74.08％、消化能为18.84MJ/kg、蛋白质真生物学价值为81.05％，分别较豆粕高78.47％、26.01％、8.31％。马铃薯蛋白粉的赖氨酸、蛋氨酸和苏氨酸的回肠氨基酸表观消化率分别为94.46％、89.78％和87.01％，必需氨基酸的表观消化率为91.8％，较豆粕的赖氨酸、蛋氨酸和苏氨酸的回肠氨基酸表观消化率分别高13.36％、8.04％和9.9％，必需氨基酸的表观消化率高10.17％。饲喂马铃薯蛋白粉的猪其消化能为18.83MJ/kg，高于豆粕的14.26 MJ/kg和鱼粉的13.47 MJ/kg。表明马铃薯蛋白粉是一种优质的植物性蛋白质资源，可以在猪饲料中使用，并可替代部分鱼粉和豆粕。

（三）马铃薯蛋白粉对仔猪肠道健康的影响

杨成（2008）试验表明，马铃薯蛋白的酶解（主要是胰蛋白酶和胃蛋白酶）产物能够显著提高仔猪早期断奶后前期的生产性能；能够通过显著或极显著提高小肠绒毛高度、降低隐窝深度维持肠道形态和结构的完整；能够通过显著或极显著提高肠黏膜蛋白质和DNA含量促进肠上皮细胞的分裂和增生，加快肠上皮细胞损伤后的修复过程；能够通过极显著提高十二指肠和空肠分泌型免疫球蛋白A（secretory immunoglobulin，SIgA）含量来提高肠道的免疫能力。Jin等（2008）用不同水平（0、0.25％、0.50％、0.75％）的马铃薯蛋白粉，研究其对杜×长×大断奶仔猪生长性能、营养物质消化率、免疫力、小肠形态、大肠和粪便中细菌菌落数的影响。结果发现，随着日粮中马铃薯蛋白粉添加量的增加，试验组断奶仔猪的日增重（$P<0.05$）、日采食量（$P=0.052$）和料重比（$P=0.098$）呈线性增加，断奶仔猪粪便、盲肠、结肠和直肠中的微生物数量呈线性减少。试验组可以提高植物血凝素的水平，试验组仔猪回肠隐窝深度降低（$P=0.06$）。这些结果表明，马铃薯蛋白粉可以替代抗生素在饲料中的应用，因为它具有抗菌活性，所以能有效减少大肠杆菌的数量，提高断奶仔猪的生长性能。

二、在反刍动物生产中的应用

目前，国内对于马铃薯在养殖业上的研究主要是利用薯渣发酵饲料，通过微生物的发酵作用来改变饲料原料的理化性状，提高其适口性、消化吸收率及营养价值，或解毒、脱毒，或积累有用的中间产物。而这方面研究主要是利用薯渣中的纤维素类物质、淀粉质原料培养菌体蛋白，将马铃薯渣转化为蛋白质饲料。近年来，关于马铃薯淀粉渣发酵生产青贮饲料的报道逐渐增加。Heinemann等（1978）发现，不同比例（0~52％干物质基础）的马铃薯渣对育肥牛的生产性能无不良影响，用马铃薯渣替代大麦甜菜渣（马铃薯渣占干物质基础为26.6％），能显著提高育肥牛采食量、日增重和饲料转化率。Nelson（2010）认为，这很可能是马铃薯渣对瘤胃发酵具有积极作用。Stanhope等（1980）研究发现，马铃薯渣在育肥牛日粮中添加比例为15％时，其消化能是大麦的121％，达到3.68Mcal/kg；而添加比例分别为30％、45％、60％时，仅为大麦的102％，为3.10 Mcal/kg。随后的消化试验显示，马铃薯渣具有较高的干物质和淀粉消化率，表明马铃薯渣作为能量饲料可以在育肥牛日粮中替代大麦。闫晓波（2009）研究表明，可以用马铃薯渣和秸秆混合青贮饲料替代全株青贮玉米饲喂奶牛。用150g/kg马铃薯渣青贮饲料代替大麦谷物进行补充饲喂放牧奶牛时，在总干物质、牛奶产量和牛奶成分上两者没有差别，饲喂马铃薯渣青贮饲料的牛奶中反式-11-十八碳烯酸含量略高。王典和李发弟（2012）研究结果表明，马铃薯淀粉渣青贮后营养价值得到改善，肉羊饲料中添加一定比例的该混合青贮饲料有改善瘤胃内环境的趋势，对肉羊血液生化指标基本无影响。王典等（2012）报道，马铃薯淀粉渣和玉米秸秆混合青贮饲料替代部分玉米秸秆黄贮饲料能提高肉牛瘤胃液中氨态氮的浓度，对瘤胃液中挥发性脂肪酸含量和血清生化指标无影响。马铃薯淀粉渣和玉米秸秆混合青贮饲料可以替代肉牛饲料中75％的玉米秸秆黄贮饲料。李剑楠等（2014）以装有永久性瘘管的荷斯坦奶牛作为实验动物，利用尼龙袋法研究了马铃薯渣青贮饲料和甘薯渣青贮饲料主要营养成分的瘤胃降解规律。结果表明，青贮处理对薯渣各营养成分的降解特性有显著影响。青贮处理有效降低了马铃薯渣和甘薯渣的干物质、淀粉、粗蛋白质、粗灰分、钙和磷的瘤胃降解率，并提高了其过瘤胃淀粉量和可降解蛋白量。两种薯渣青贮更适于和玉米秸秆青贮饲料搭配饲喂动物，其最适合组合比例为25∶75，且马铃薯渣青贮饲料的组合效果优于甘薯渣青贮饲料。以上大量研究表明，马铃薯渣饲料在反刍动物养殖中具有较大的开发潜力。

三、在家禽生产中的应用

朱世海和丁保安（2003）在48周龄的蛋鸡饲料中添加5％～20％的马铃薯替代玉米的结果表明，饲喂10％马铃薯替代玉米的日粮，蛋鸡的代谢能和钙表观利用率与其他组差异不显著（$P>0.05$），蛋白质和磷表观利用率都高于其他各组（$P<0.01$）。在30 d的鹌鹑饲喂试验中发现，马铃薯渣经过固态发酵后可被用作家禽饲料。张伟伟等（2011）研究表明，马铃薯渣发酵蛋白质饲料能提高肉鸡的饲料转化率，提高饲料中蛋白质的利用率，增加鸡肉中的蛋白质含量，降低脂肪含量。另外，张伟伟等（2012）还报道，马铃薯渣发酵蛋白质饲料对蛋鸡的生产性能无影响，且不影响蛋清的重比，以及不影响蛋中蛋白质和脂肪含量，对蛋品质无影响。孙展英（2014）开展的鸡消化代谢试验表明，鸡对发酵马铃薯渣中的粗蛋白质、粗纤维、粗脂肪和总能的表观消化率较发酵前极显著提高（$P<0.01$）。

四、在水产动物生产中的应用

马铃薯淀粉作为碳水化合物来源，在不同水产动物中的应用成为研究焦点。

（一）马铃薯淀粉作为淡水鱼的碳水化合物来源

任泽林和刘颖（2004）以鲤为试验对象的结果表明，饲喂马铃薯淀粉的鲤，其增重率为141.86，饲料系数为1.52，生物学综合测定值为109.60。在鲤增重率上，各原料间差异显著（$P<0.05$），增重率由小到大的顺序为：小麦、大麦、木薯淀粉、玉米、马铃薯淀粉、高粱、小米。张建等（2010）研究发现，用小麦、玉米、木薯、甘薯及马铃薯5种淀粉源饲喂草鱼，发现饲喂马铃薯淀粉组草鱼的生长性能低于其他4个处理组，

且其他 4 种淀粉源间生长性能无差异。孙育平等（2014）研究不同种类碳水化合物（分别添加 30% 比例的南方糙米、次粉、玉米淀粉、马铃薯淀粉、甘薯淀粉和木薯淀粉）对吉富罗非鱼生长性能、体组成和血清生化指标的影响。结果显示，南方糙米和玉米淀粉组吉富罗丰鱼的终末均重、增重率、特定生长率和蛋白效率显著高于其他组，而饲料系数明显最低（$P<0.05$）。发现不同种类碳水化合物明显影响全鱼肌肉的组成（$P<0.05$），玉米淀粉组肝糖原含量明显高于马铃薯淀粉、甘薯淀粉和木薯淀粉组（$P<0.05$），而马铃薯淀粉和甘薯淀粉组的血糖明显低于木薯淀粉、玉米淀粉和次粉组（$P<0.05$）。不同碳水化合物种类对血清免疫抗氧化指标超氧化物歧化酶（superoxide dismutase，SOD）、总抗氧化力（total antioxidant capacity，T-AOC）和丙二醛（malondialdehyde，MDA）的影响不明显，表明 6 种碳水化合物在饲料中添加 30%，不会影响罗非鱼的健康状况。以特定生长率为指标，罗非鱼对南方糙米和玉米淀粉的利用效果较好。

（二）马铃薯淀粉作为鲍类的碳水化合物来源

王蔚芳等（2009）采用单因素试验设计研究饲料中分别添加 6 种不同糖源（糊精、糊化小麦淀粉、小麦淀粉、玉米淀粉、木薯淀粉和马铃薯淀粉）对皱纹盘鲍甘油三酯、胆固醇及脂肪酸含量的影响。结果表明，与糊精、糊化小麦淀粉和小麦淀粉组鲍相比，摄食玉米淀粉、木薯淀粉和马铃薯淀粉组鲍血清胆固醇含量表现为下降趋势。同时，肝胰中亚麻酸含量表现为升高趋势，肌肉和肝胰中多不饱和脂肪酸总量的变化在各组间差异不显著，但是随着摄食糖源结构复杂性（糊精、糊化小麦淀粉、小麦淀粉、玉米淀粉、木薯淀粉和马铃薯淀粉）的增加，多不饱和脂肪酸仍然显现出升高的趋势，以淀粉为来源的多糖（小麦淀粉、玉米淀粉、木薯淀粉和马铃薯淀粉）使鲍体多不饱和脂肪酸含量升高。

（三）马铃薯淀粉在水产品加工中的作用

杨明（2014）研究了马铃薯淀粉及转谷氨酰胺酶复配对鲤肌原纤维蛋白功能特性的影响，认为随着马铃薯淀粉与转谷氨酰胺酶添加量的增加，鲤肌原纤维蛋白溶液的乳化活性逐渐减小，在马铃薯淀粉和转谷氨酰胺酶添加量分别为 3%、0.3% 与 2%、0.5% 时乳化活性基本相同，随着马铃薯淀粉与转谷氨酰胺酶添加量的增加，肌原纤维蛋白溶液的乳化稳定性增大，在马铃薯淀粉和转谷氨酰胺酶添加量分别为 2% 和 0.5% 时达到最大值。从本试验的结果得出，在食品工业的实际生产中，可以适当地加入马铃薯淀粉和转谷氨酰胺酶，以改善淡水鱼糜制品的品质特性和结构质地，对开发新的、优质的鱼糜制品具有借鉴作用。

五、在其他动物生产中的应用

邵淑丽等（2002）研究发现，30% 马铃薯渣发酵蛋白质饲料可提高兔日增重，降低饲料消耗，对兔肉品质和兔免疫功能无不良影响。刘素稳（2008）以马铃薯蛋白粉为研究对象，研究其对大鼠生长发育的影响。结果表明，与酪蛋白组相比，马铃薯蛋白粉组大鼠体重增加了 8.33%，饲料采食量增加了 7.74%，心脏、肝和肾重量显著增加（$P<0.05$）。表明，马铃薯蛋白可以促进动物的生长发育，且动物发育正常，是一种优质的植物性蛋白质来源，可以开发利用。李光然（2010）研究马铃薯部分替代蓝狐日粮中的玉米发现，在

育成期蓝狐饲料中马铃薯部分替代玉米是可行的，最适宜的替代水平为 50％。马铃薯替代玉米对蓝狐生长性能、饲料转化率无显著影响，可以显著提高蓝狐的体长和皮张长度。

第五节　马铃薯及其加工产品的加工方法与工艺

目前，我国马铃薯加工的主要产品为淀粉、薯条、薯片和脱水马铃薯，有相当规模的各种加工生产线。其中，马铃薯淀粉深加工工业是主要增值途径之一，可以产生可观的经济效益。马铃薯全粉，作为马铃薯深加工的基本产品在国内外得到迅速发展，主要包括马铃薯颗粒全粉和马铃薯雪花粉两种产品。两者的主要区别在于加工工艺过程的后期处理不同。不同种类的马铃薯全粉加工工艺如图 7-1 所示。马铃薯全粉是指以新鲜马

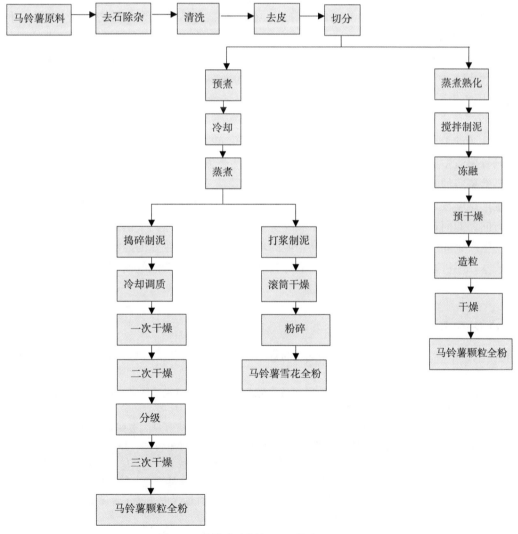

图 7-1　马铃薯全粉加工工艺流程

（资料来源：肖莲荣，2005）

铃薯为原料，经过除杂、清洗、去皮、切分、蒸煮、破碎、干燥等工序加工而成。马铃薯全粉水分含量低，所以能够长时间保存，并且保持了新鲜马铃薯的营养和风味，是一种优质的食品原料（肖莲荣，2005）。马铃薯渣是以新鲜马铃薯为原料加工生产淀粉后的主要副产品，由马铃薯的细胞碎片、细胞壁残余物、残余淀粉颗粒及细胞壁、薯皮细胞或细胞结合物构成。一般每产出 1 t 淀粉会伴有 6.5～7.0 t 的废渣被排出（曾凡逵等，2013）。

第六节　马铃薯及其加工产品作为饲料资源开发与高效利用策略

综上所述，马铃薯由于种植面积大，又是高产作物，因此原料便宜，加之所含有的营养成分较高，特别是所含淀粉的特殊性，在工业、食品加工等方面均有较大潜力。但是受到马铃薯主粮化战略的影响，在不与人争粮的畜牧业发展的原则下，马铃薯淀粉作为饲料资源的利用有限，马铃薯蛋白质粉已经被证实是良好的仔猪蛋白质饲料来源，其在畜牧生产中的应用主要取决于原料成本波动的影响。马铃薯加工副产品尤其是马铃薯渣作为饲料资源的开发具有积极的社会效益和经济效益，寻求探索、提升马铃薯渣营养价值的新技术是非常必要的。

作为淀粉生产的废渣，马铃薯渣的处理和转化问题一直没有得到很好的解决。无论是从马铃薯渣中提取有益物质，还是利用马铃薯渣生产发酵产品，技术上面临的主要问题就是马铃薯渣的营养价值较低，经济上面临的瓶颈就是马铃薯渣转化产品的效益较差、市场化推广难度较大。利用马铃薯渣发酵生产畜禽饲料，是未来马铃薯渣处理的最有发展潜力的方向。如何在马铃薯渣的处理技术和经济效益之间找到合适的平衡点，既能解决马铃薯淀粉生产企业废料处理的问题，提高企业的环保水平，增加企业的经济效益，又能降低饲养成本，促进畜牧业发展，是马铃薯渣综合利用中应该主要考虑的问题。

参考文献

陈亮，洪龙，张凌青，等，2014. 马铃薯淀粉渣与玉米秸秆混贮饲喂肉牛效果的研究 [J]. 饲料研究（9）：45-48.

董交其，张爱荣，武换厚，等，1996. 发酵马铃薯渣代替麸皮饲喂生长肥育猪试验 [J]. 内蒙古农牧学院学报，17 (4)：113-117.

董晓茹，2013. 龙葵素及茛菪烷类生物碱的中毒、检测及评价研究 [D]. 苏州：苏州大学.

樊世勇，2015. 甘肃不同品种马铃薯营养成分分析与评价 [J]. 甘肃科技，31 (10)：27-28.

何贤用，2004. 马铃薯颗粒全粉生产线 [J]. 粮油加工与食品机械 (6)：17.

何贤用，杨松，2005. 马铃薯全粉产品的品质与生产控制 [J]. 食品工业 (1)：36-38.

江成英，吴耘红，王拓一，2010. 固态发酵马铃薯渣生产饲料过程中龙葵素含量变化的研究 [J]. 粮食与饲料工业 (12)：54-55, 64.

金黎平，罗其友，2013. 我国马铃薯产业发展现状和展望 [A]. 中国作物学会马铃薯专业委员会. 马铃薯产业与农村区域发展 [C]. 中国作物学会马铃薯专业委员会：11.

李光然，2010. 日粮中能量饲料马铃薯替代玉米对育成期蓝狐体增重及消化的影响［D］. 哈尔滨：东北林业大学.

李继开，任盛友，王晓康，1992. 马铃薯作猪日粮配方的筛选试验［J］. 中国畜牧杂志（5）：21-23.

李剑楠，2014. 薯渣青贮的瘤胃降解规律及其与玉米青贮的组合效应研究［D］. 保定：河北农业大学.

李剑楠，李秋凤，高艳霞，等，2014. 青贮对薯渣干物质和淀粉瘤胃降解规律的影响［J］. 中国畜牧兽医，41（6）：89-93.

刘刚，赵鑫，周添红，等，2010. 我国马铃薯加工产业结构分析与发展思考［J］. 农业工程技术（农产品加工业）（8）：4-11.

刘俊霞，2012. 中国马铃薯国际贸易研究［D］. 杨凌：西北农林科技大学.

刘素稳，2008. 马铃薯蛋白质营养价值评价及功能性质的研究［D］. 天津：天津科技大学.

任泽林，刘颖，2004.26 种能量饲料原料对鲤生产性能的影响［C］. 中国畜牧兽医学会动物营养学分会第九届学术研究讨会：157-164.

邵淑丽，徐兴军，邵会祥，等，2002. 马铃薯渣发酵蛋白饲料喂肉兔效果的研究［J］. 黑龙江大学自然科学学报，19（1）：109-112.

沈晓萍，卢晓黎，闫志农，2004. 工艺方法对马铃薯全粉品质的影响［J］. 食品科学，25（10）：108-112.

孙育平，王国霞，胡俊茹，等，2014. 不同种类碳水化合物对吉富罗非鱼生长性能、体组成和血清生化指标的影响［J］. 水产学报，38（9）：1486-1493.

唐春红，2007. 马铃薯蛋白粉的营养价值及其在断奶仔猪日粮中的应用研究［D］. 成都：四川农业大学.

唐春红，余冰，陈代文，2007. 马铃薯蛋白粉对断奶仔猪的应用效果研究［J］. 养猪（1）：1-4.

田河山，张向东，王冬梅，等，2001. 红薯和马铃薯对断奶仔猪生长性能的影响［J］. 畜牧与兽医，33（6）：17-18.

王典，李发弟，张养东，等，2012. 马铃薯淀粉渣和玉米秸秆混合青贮料对肉牛瘤胃内环境及血清生化指标的影响［J］. 动物营养学报，24（7）：1361-1367.

王典，李发弟，2012. 马铃薯淀粉渣-玉米秸秆混合青贮料对肉羊生产性能、瘤胃内环境和血液生化指标的影响［J］. 草业学报，21（5）：47-54.

王继强，张波，等，2013. 马铃薯蛋白粉的营养特性及在仔猪日粮上的应用效果［J］. 广东饲料，22（10）：36-37.

王蔚芳，麦康森，张文兵，等，2009. 饲料中不同糖源对皱纹盘鲍体脂组成的影响［J］. 中国海洋大学学报（自然科学版），39（2）：221-227.

吴耘红，江成英，王拓一，2008. 储藏条件对马铃薯渣中龙葵素含量影响的研究［J］. 农产品加工（学刊）（7）：144-146.

肖莲荣，2005. 马铃薯颗粒全粉加工新工艺及挤压膨化食品研究［D］. 长沙：湖南农业大学.

徐坤，肖诗明，2002. 马铃薯全粉的生产工艺探讨［J］. 杂粮作物，22（3）：175-177.

闫晓波，2009. 马铃薯渣和秸秆混合青贮对奶牛生产性能的影响［D］. 兰州：甘肃农业大学.

杨成，2008. 酶解马铃薯蛋白及其饲喂效果研究［D］. 雅安：四川农业大学.

杨明，2014. 马铃薯淀粉及转谷氨酰胺酶对鲤鱼肌原纤维蛋白功能特性的研究［D］. 沈阳：东北农业大学.

于天峰，夏平，2005. 马铃薯淀粉特性及其利用研究［J］. 中国农学通报，21（1）：55-58.

曾凡逵，周添红，刘刚，2013. 马铃薯淀粉加工副产物资源化利用研究进展［J］. 农产品加工业（11）：33-37.

张建，张宝彤，叶元土，等，2010. 五种淀粉原料在草鱼（Ctenopharyngodon idella）饲料中应用效果的研究［J］. 饲料工业，31（24）：16-21.

张玲清，2009. 马铃薯蛋白粉对 28 日龄断奶仔猪生长性能的影响［J］. 猪业科学，29（3）：36-37.

张攀峰，2012. 不同品种马铃薯淀粉结构与性质的研究［D］. 广州：华南理工大学.

张伟伟，邵淑丽，徐兴军，2011. 马铃薯渣发酵饲料饲喂肉鸡效果的研究［J］. 中国家禽，33（16）：64-65.

张伟伟，邵淑丽，徐兴军，2012. 马铃薯渣发酵蛋白饲料对蛋鸡饲喂效果的研究［J］. 黑龙江畜牧兽医（9）：81-82.

张岩，仇宏伟，栾明川，等，2002. 单甘脂对马铃薯全粉品质的影响［J］. 莱阳农学院学报，19（1）75-77.

朱世海，丁保安，2003. 马铃薯替代玉米对鸡营养物质代谢率的影响［J］. 青海畜牧兽医杂志，33（3）：14-15.

Friedman M，Dao L，1992. Distribution of glycoalkaloids in potato plants and commercial potato products［J］. Journal of Agricultural and Food Chemistry，40（3）：419-423.

Hawkes J G，1990. The potato evolution biodiversity and genetic resources［M］. London：Belhaven Press.

Hertrampf D J，2001. protein from potatoes［J］. Pig International，31（9）：20-22.

Jin Z，Yang Y X，Choi J Y，et al，2008. Potato（*Solanum tuberosum* L. cv. *Gogu valley*）protein as a novel antimicrobial agent in weanling pigs1［J］. Journal of Animal Science，867.

Joaehim H，2001. Protein from potatoes［J］. dig International，31（9）：20-22.

Nelson M L，2010. Utilization and application of sweet potato processing coproducts for finishing cattle［J］. Journal of Animal Science，88：133-142.

Pedersen C，Lindberg J E，2004. Comparison of low glyeoalkaloid potato protein and fishmeal as protein sources for weaner piglets［J］. Animal Seience，54：75-80.

Stanhope D L，Hinman D D，Everson D O，et al，1980. Finishing diets digestibility of potato processing residue in beef cattle［J］. Journal of Animal Science，51：202-206.

（中国热带农业科学院热带作物品种资源研究所 冀凤杰，
中国科学院亚热带农业生态研究所 吴信 编写）

第八章
魔芋及其加工产品开发现状与高效利用策略

第一节 概　述

一、我国魔芋及其加工产品资源现状

魔芋（*Amorphophallus konjac*）为天南星科魔芋属多年生宿根草本植物，又名鬼芋、花麻蛇、南星头、蛇头草、灰草、山豆等（钟刚琼等，2005），以地下球茎为营养储藏体，可多年生长而球茎逐渐膨大。魔芋喜生于土壤肥厚的林下、山坡及宅旁，喜散射光及弱光，忌强光直射和干旱，生长发育温度为15～35℃，适宜温度为20～30℃。

我国魔芋主要分布于南方各省山地丘陵地区。云南省有15种，广东省有8种，广西壮族自治区有6种，台湾省有5种，湖南省有4种，福建省、江西省、四川省各有3种，湖北省、贵州省、浙江省、安徽省、江苏省、西藏自治区等各有1～2种。从种的分布范围看，花魔芋最广泛，其次是东亚魔芋和南蛇棒。我国魔芋资源主要有花魔芋、白魔芋、田阳魔芋、西盟魔芋、勐海魔芋、东川魔芋、攸乐魔芋、滇魔芋和甜魔芋等种质资源（牛义等，2005），其主要分布于南方丘陵或高山地区。其中，白魔芋是中国特有的种，仅分布于金沙江干热河谷地带（刘佩瑛和陈劲枫，1984）。

（一）花魔芋

块茎近球形，直径为0.7～25cm，顶部中央稍凹陷，内为白色，有的微红。叶柄长10～150cm，基部粗0.3～0.7cm，黄绿色，光滑，有绿褐色斑块。叶片绿色，3裂；佛焰苞呈漏斗形。产量高，平均为2 040kg/hm²。

（二）白魔芋

块茎近球形，直径为0.7～10cm，肉质洁白，顶部中央稍下陷，根状茎较好。叶柄长为10～40cm，基部粗0.3～2cm，淡绿色，光滑，有微小白色或草绿色斑块；基部有膜质白色鳞片4～7片，披针形。佛焰苞呈船形。产量比花魔芋低，平均为1 497.64kg/hm²，但品质好、经济价值高。

二、魔芋及其加工产品作为饲料原料利用存在的问题

魔芋粉是魔芋制品的原料，其腥臭味严重影响口感和风味，并制约着魔芋产业的快速发展和市场扩展，去除魔芋粉中异味物质的技术方法有重要的研究价值和经济意义。

三、开发利用魔芋及其加工产品作为饲料原料的意义

花魔芋和白魔芋具有产量高、质量好、栽培繁殖速度快、营养成分丰富等优点，已经成为魔芋主要栽培种（张盛林等，1999；何家庆，2001）。魔芋为一叶柄支撑的单叶植物，具发达的地下球茎，是植物界中迄今发现唯一能大量合成葡甘聚糖的高等植物。因种类不同，魔芋球茎中葡甘聚糖含量有一定的差异。从现有各类报道看，白魔芋中葡甘聚糖含量为各魔芋种类之冠，品质最好。葡甘聚糖是一种高分子质量碳水化合物，是由 D-甘露糖与 D-葡萄糖按摩尔比 1：1.5 以 $\beta-1$，4-糖苷键结合的杂合多糖（Maeda 等，1980），因具有良好的胶溶性、凝胶性、成膜性、增稠性，以及与其他植物胶的优良复配性等优点而在食品、化工、医药保健、环保和农业等多个领域中具有广泛的应用，具有极高的开发利用价值。

第二节　魔芋及其加工产品的营养价值

李磊（2012）分析不同品种魔芋的化学成分发现，鲜球茎中的水分含量很高，达到80％以上，灰分含量约1％。魔芋粗粉的含水量基本在12％以下。以某品种魔芋为例，魔芋干的化学组成主要为：葡甘聚糖57.79％、淀粉16.45％、氨基酸7.00％、粗蛋白质7.24％、水溶性糖5.29％、粗纤维4.48％、粗脂肪0.39％、生物碱1.82％。不同种之间其化学成分含量均有差异，其中差异最大的是葡甘聚糖和淀粉的含量，葡甘聚糖含量高的种其淀粉含量相对就低，葡甘聚糖含量低的种其淀粉含量相对就高。郭芬（2005）分析，魔芋中还含有钾、钙、镁、钠、铁、锰和铜等人体必需的多种微量元素（各地魔芋营养成分见表 8-1；郭芬，2005）。严睿文等（2002）利用 ICP-MS 测定魔芋中的微量元素，结果表明，微量元素来源于其生长的土壤，不同地方土壤中微量元素种类含量不一样，导致魔芋中的微量元素种类含量也不一样。魔芋（可食部分）营养成分见表 8-2（郭芬，2005）。

表 8-1　各地魔芋营养成分（干重,％）

产　地	干物质	葡甘聚糖	淀　粉	可溶性糖
万源	31.1	58.8	12.3	2.9
綦江	21.7	59	12.7	2.7
务川	19.3	58.3	12.6	2.6

(续)

产　地	干物质	葡甘聚糖	淀　粉	可溶性糖
东川	21.5	54.4	16.2	3.8
屏山	20.3	57.2	13.3	2.6
长阳	18.2	53.1	17.6	2.6
罗甸	18.9	53.9	18.0	2.7
百色	21.7	54.6	17.3	3.2
邵阳	21.3	55.1	14.1	3.4
井冈山	18.2	52.2	19.8	2.9
屏南	19.0	52.1	20.1	3.4

资料来源：郭芬（2005）。

表 8-2　魔芋（可食部分）营养成分

种　类	水分 (%)	蛋白质 (%)	碳水化合物（%）		灰分 (%)	无机盐（每100g 干重，mg）				
			糖质	纤维		钙	磷	铁	钠	钾
魔芋丝	97.3	0.1	2.2	0.1	0.3	43	5	0.4	10	60
魔芋片	96.5	0.2	2.9	0.1	0.3	75	10	0.5	10	22

资料来源：郭芬（2005）。

魔芋飞粉作为魔芋精粉加工生产过程中的下脚料，淀粉含量在40%左右，粗蛋白质含量为5%～10%，氨基酸含量为6%～8%，也具有利用价值。不同种类魔芋其氨基酸含量有所不同，一般都含有16种氨基酸（有7种必需氨基酸，即赖氨酸、苯丙氨酸、蛋氨酸、苏氨酸、亮氨酸、异亮氨酸及缬氨酸）（帅天罡等，2018）。

第三节　魔芋及其加工产品中的抗营养因子

虽然魔芋食品具有保健功能和营养价值，但是魔芋粉具有一种特殊的腥臭味，这种异味严重影响魔芋粉在食品和饲料方面的使用。卢智锋（2014）检测了魔芋中的异味成分，主要包括三甲胺、樟脑、壬醛、氧化芳樟醇等挥发性成分。其中，三甲胺是魔芋粉臭味来源的最重要特质，也是魔芋加工利用过程中首先要去除的重要成分。生物碱是存在于自然界中含氮的碱性有机化合物，本身有毒。在魔芋加工过程中，要将其中的生物碱提取出来才能被人们所食用。魔芋中的其他成分，如单宁等也影响魔芋粉的适口性。李斌等（2001）发现，用pH为5的盐酸溶液、柠檬酸溶液处理魔芋飞粉后，可以使其中的生物碱含量降低92%、单宁含量降低81%、三甲胺含量降低98%。酸处理后的魔芋飞粉营养价值有所提高，粗蛋白质含量处理前为22.37%，处理后提高到30.67%，氨基酸含量基本无变化。朱新鹏等（2016）利用酵母发酵法可以去除魔芋飞粉中62%的三甲胺，降低了产品异味，并且发酵后可溶性糖含量有所增加，淀粉、蛋白质和脂肪因酵母呼吸代谢消耗而降低。对湖北花魔芋粉而言，在乙酸最优的条件下，超声波辅助浸提魔芋粉除异味的效果最好（表8-3；李斌等，2001）。

表8-3　魔芋中常见抗营养因子含量（%）

魔芋粉抗营养因子	含　量
三甲胺	0.635
生物碱	0.493
单宁	0.245

资料来源：李斌等（2001）。

第四节　魔芋及其加工产品在动物生产中的应用

一、在养猪生产中的应用

杨昀等（2002）依次用含魔芋粉渣5%、10%和15%（均全部取代日粮中的麦麸）的日粮饲喂18～35kg、35～55kg和55～85kg体重阶段的苏×本F_1代杂交猪，探讨魔芋粉渣饲喂生长育肥猪的可能性。结果表明，魔芋粉渣日粮对18～35kg阶段猪的日采食量、55～85kg阶段猪的日增重和单位增重耗料成本，以及各阶段饲料转化率均无明显影响，但对35～55kg和55～85kg阶段猪的日采食量有显著增加（$P<0.05$），对18～35kg和35～55kg阶段日增重有显著提高（$P<0.05$），单位增重耗料成本明显降低（$P<0.05$），试验全期试验猪每头盈利增加54.07元。

二、在反刍动物生产中的应用

杨圣贤（1985）自1970年以来用青木香、魔芋和猪油，对45头水牛和31头黄牛的临床应用结果证明，该配方治疗牛瘤胃膨胀效果显著，牛排气迅速。对于已经发生呼吸困难的严重病牛，服药后不到15～20min，开始嗳气直至痊愈。

三、在家禽生产中的应用

罗艺等（2006）为了探索魔芋粉含量对肉鸭饲料颗粒稳定性的影响，试验设计肉鸭配合料中4种魔芋粉用量，对4组肉鸭饲料进行含粉率及颗粒稳定性指数（pellet durability index，PDI）的测定。试验采用单因子4水平6的重复设计，饲料中魔芋粉含量分别为0、2%、3%、4%。结果表明，不同种的魔芋粉含量对肉鸭的颗粒稳定性有影响。随着魔芋粉含量的提高，饲料的颗粒稳定性指数逐渐提高，而含粉率逐渐下降。宋代军和黄嫚秋（2007）用含魔芋粉0、2%、3%、4%的饲料饲喂12日龄的樱桃谷杂交肉鸭SM3，探讨魔芋粉作为一种饲料原料的饲用价值。结果表明，用含魔芋粉的日粮饲喂肉鸭，对肉鸭的日增重、耗料量和增重饲料成本没有明显影响（$P>0.05$），但对鸭的总增重和养殖经济效益有一定影响。在本试验中，添加2%的魔芋粉后肉鸭的总增重增加，养殖经济效益最好。

四、在水产动物生产中的应用

杨振（2012）研究添加魔芋粉对鲤肌原纤维蛋白理化性质的影响时发现，在温度一定时，肌原纤维蛋白溶液的浊度随魔芋粉添加量的增加而越来越大。乳化活力和乳化稳定性随着魔芋粉添加量的增加呈先上升后下降的趋势，并且在魔芋粉添加量为0.1%时的乳化活力和乳化稳定性达到最大值，分别为26.92m²/g和83.79%，表面疏水性随魔芋粉添加量的增加而变大。

五、在其他动物生产中的应用

为改善和提高魔芋食品的保健功效，黄训端和何家庆（2006）将微量银杏黄酮配伍加入魔芋精粉（复配物）中，研究魔芋及其复配物对大鼠肌体抗氧化、降血脂和减肥作用的影响。将Wistar大鼠随机分成4组，设置对照组，分别饲喂不同组分的饲料，检测、分析与比较魔芋及其复配物对血液和肝的抗氧化能力、血脂水平和体重的影响。结果表明，与魔芋精粉组相比，复配物组明显降低了大鼠血清和肝丙二醛含量，提高了超氧化物歧化酶的活性，增强了血液中谷胱甘肽过氧化物酶活性；使血液的高密度脂蛋白胆固醇浓度上升与总胆固醇、低密度脂蛋白胆固醇浓度下降，甘油三酯水平显著降低；而魔芋与其复配物比，减肥作用差异不显著。试验结果说明，复配物能显著提高魔芋食品的抗氧化能力，降低血脂水平，改善和调节脂质代谢，而对魔芋的减肥作用无明显影响。

第五节　魔芋及其加工产品的加工方法与工艺

由于魔芋含水量高、保鲜期短、不耐运输和储存，因此可根据不同的用途，采取不同的加工方法，将其制成二次加工或可直接利用的产品。加工方法包括粗加工和精加工工艺。魔芋粗加工包括干芋片、干芋角、魔芋粗粉的生产，其质量不仅直接决定精加工品的质量，而且还会影响芋农生产的经济效益。

一、干芋片的加工工艺

鲜魔芋→清洗→切片→烘干→包装储藏。

清洗：将收获的鲜魔芋立即放入水中用清水洗净，并去掉须根和外皮，洗至无泥沙、无外皮、外表面白色干净为止，然后晾干。

切片：用切片机或锋利的不锈钢刀（不能用铁刀）或竹刀将块茎迅速切成厚薄一致、大小均匀（厚0.5～1.0cm）的薄片。

烘干：将芋片摊放在竹床或晒席上进行翻晒，不要重叠。天气不好时要放到烘房中烘干，并定时翻动。开始烘烤时，温度控制在80～90℃。当芋片表面收缩快干时，用手翻面再烤；待两面都已收缩时，将温度降到50～60℃，慢翻慢烤。烘烤至六七成干

137

时，将温度降到 30～40℃后再慢慢烘至全干。摊晒和烘干中要注意经常翻动，使其干燥均匀，并禁止用硫黄粉熏蒸漂白。一般每 100g 鲜芋可烘成干片 20g。

包装储藏：包装袋要防潮，一般用聚丙烯袋分装后，再放入纸箱内，封盖。当干魔芋含水量<12%时，储藏安全；但当含水量>13%时，保存期将大大缩短。因此，应存放于通风、干燥处。

二、魔芋粗粉加工工艺

魔芋粗粉加工方法有两种，即干法与湿法。

1. 干法加工工艺　芋片→粉碎→筛选→检验和包装。

粉碎：将芋片粉碎即为粗粉。

筛选：用一定规格的筛网（一般 100 目）筛选粉末，使其符合粗粉粒细度要求。

检验和包装：对筛选后的粗粉检验其色泽、粒度和含水量。并进行分级，密封包装，存放于干燥处。

2. 湿法加工工艺　鲜魔芋→清洗→粉碎→脱水→干燥。

清洗、粉碎：同干法。

脱水：以乙醇为脱水剂进行脱水。

干燥：用热风干燥粗粉。

三、魔芋精加工工艺

魔芋的精加工是指将鲜芋或芋粉加工成魔芋精粉或葡甘聚糖的过程，一般有干法和湿法两种加工工艺。

1. 干法加工工艺　魔芋精粉干法加工工艺流程如图 8-1 所示。魔芋精粉的加工操作流程，按照原料分拣、去皮、切片、定色、干燥、精选分级、粉碎研磨分离，以及筛分、包装等工序进行（段博峰和张东生，2018）。

（1）魔芋原料分拣　指对魔芋进行集中分拣和检测，以便确保原材料质量符合标准。一般采取人工分拣，集中挑选重量在 3～6kg 的魔芋。

（2）魔芋原料去皮　去皮是较为关键的步骤。首先集中浸泡，确保边缘、芽眼及沟槽中的泥土都能得到有效处理和清除，从而提高清洗质量；然后进行清洗；最后去皮。

（3）魔芋切片操作　这是干式魔芋精粉制备工作中十分重要的流程，去皮结束后集中切成条状、片状，主要是为了尽快烘干。切片操作中一般连续自动给料，从而保证尺寸的均匀程度。

（4）魔芋定色　魔芋在切片后，内部物质在空气中氧气的作用下会出现氧化褐变的情况。因此不能直接加工，要进行定色处理，落实抗氧化操作，确保魔芋活性酶能有所钝化，避免褐变对魔芋精粉色泽的影响，从而保证魔芋精粉的整体质量。

（5）魔芋干燥　干燥处理工序较为复杂，并且要集中控制温度参数，建立高温区域、中温区域及低温区域三阶段干燥处理，确保成品的含水量在 13% 以下。

（6）魔芋片精选分类　烘干结束后，要对魔芋片进行分类，以有效除去褐变片、不合格片以及叠加片，保证后续研磨操作的完整性。

（7）魔芋片粉碎和魔芋粉筛选
将魔芋片放入粉碎研磨设备中，去除表面的淀粉物质、纤维素物质，实现剥离和粉碎。之后，进行筛分操作，对于较大块茎及表皮碎片较多的大颗粒魔芋精粉进行筛选，确保处理效果的最优化，控制在 40～80 目。

（8）魔芋精粉的包装 通常情况下，魔芋精粉的内层包装要求为无毒型厚塑料袋，外层用小麻袋或编织袋，而将牛皮纸袋或布袋作为包装的中层。包装后的成品，要保存在通风、干燥处。

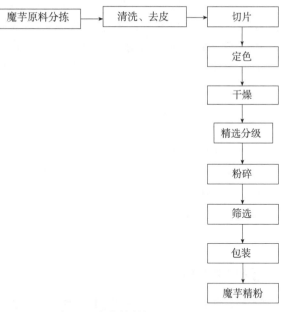

图 8-1 魔芋精粉加工工艺流程

2. 湿法加工工艺 鲜魔芋→粉碎→清水浸泡冲洗→用纱布分离过滤→加入 0.5％亚硫酸盐溶液进行沉淀处理→沉淀提取→烘干→魔芋精粉。

选芋：选用质量为 1.0～1.5kg 的鲜芋，洗刷剥皮工序同上所述。

粉碎：操作步骤同上，之后将魔芋浆放入水池、水缸或水桶里，用清水冲刷搅拌，反复 2～3 次。

过滤分离：将已经冲洗过的魔芋浆先用粗布反复过滤 2～3 次，再用纱布过滤，同样反复 2～3 次，使沙子等杂质与魔芋精粉彻底分离。

沉淀：分离后的魔芋精粉浆沉淀 2～3h，放入 0.5％亚硫酸盐溶液，不断搅动使亚硫酸盐溶液与魔芋精粉浆混匀。

脱水：将沉淀的魔芋精粉浆放入离心机内，经 2～3min 甩水分离，连续 2～3 次，也可用纱布过滤几次。

烘干：将分离后的魔芋精粉用烘烤机烘干，前期高温、中期中温、后期低温，直至烘干为止。

粉碎：烘干后的魔芋精粉用粉碎机粉碎 20min 后，经 120 目过筛，即得精粉。

第六节 魔芋及其加工产品作为饲料资源开发与高效利用策略

魔芋的利用价值主要是其块茎中的葡甘聚糖。魔芋除了具有广泛的食用价值外，药用价值、工业价值及在其他领域的应用价值有待深入研究和不断探索。今后，魔芋应用研究的热点将趋向于高效保健食品的开发、魔芋药品、饲料产品及其在医疗上的应用，以及魔芋与化工技术相结合的高新技术产品研究与开发等。

魔芋作为饲料资源开发的意义重大，不仅为畜牧生产提供饲料资源，而还能够缓解我国饲料资源短缺、人畜争粮现状，在这样的情况下，就要求有更多技术上的革新和支持，解决高效利用资源的难题。除此之外，还需要在试验基础上，制定相应添加方法和剂量标准，使魔芋饲料生产更加规范化，从而推进消费和使用。随着魔芋保健食品和高新技术产品的开发与应用，魔芋原材料的需求量将越来越大。因此，有效地组织魔芋规模化、集约化生产，并建立产、供、销一条龙服务体系，将成为魔芋生产与开发的重点。目前，国际、国内魔芋产业方兴未艾，我国魔芋资源丰富，发展魔芋业既是机遇又是挑战，关键是要有组织、有计划地形成规模化生产加工，以发挥我国天然的魔芋资源优势和种植条件优势，逐渐形成农工贸一体的独立产业，加强出口，使我国的资源及种植优势转化为经济优势，从而为我国广大贫困山区农民脱贫致富开辟一条新途径。

◆ 参考文献

段博峰，张东生，2018. 浅析魔芋精粉加工技术 [J]. 南方农机，49（2）：5.

郭芬，2005. 魔芋的采收贮藏及加工 [J]. 云南农业（1）：16.

何家庆，2001. 论我国魔芋资源产业化与可持续发展 [J]. 湖北民族学院学报（自然科学版），19（1）：5-9.

黄训端，何家庆，2006. 银杏黄酮魔芋精粉对大鼠抗氧化及减肥作用的影响 [J]. 营养学报，28（5）：409-411.

李斌，谢笔钧，彭宏伟，等，2001. 魔芋飞粉中抗营养因子的去除研究 [J]. 粮食与饲料工业（11）：39-40.

李磊，2012. 不同种魔芋生物学性状及化学成分比较研究 [D]. 长沙：湖南农业大学.

刘佩瑛，陈劲枫，1984. 魔芋属一新种 [J]. 西南农业大学学报，6（1）：67-69.

卢智锋，2014. 魔芋粉异味去除技术研究 [D]. 长沙：湖南农业大学.

罗艺，罗恩全，宋代军，2006. 不同魔芋粉使用量对肉鸭饲料颗粒稳定性的影响 [J]. 中国家禽，28（4）：116-118.

牛义，张盛林，王志敏，等，2005. 中国魔芋资源的研究与利用 [J]. 西南农业大学学报（自然科学版），27（5）：69-73.

帅天罡，王敏，钟耕，2018. 魔芋粉对急性酒精中毒小鼠脑损伤的保护作用 [J]. 食品科学，39（11）：207-213.

宋代军，黄嫚秋，2007. 魔芋粉饲喂肉鸭的价值探讨 [J]. 饲料工业，28（23）：37-39.

严睿文，何家庆，王虎，2002. 魔芋球茎及其种植土壤中的微量元素测定 [J]. 微量元素与健康研究，19（2）：40-41，45.

杨圣贤，1985. 青木香、魔芋、猪油治牛瘤胃臌胀 [J]. 中兽医学杂志（2）：50.

杨昀，周万能，潘兴仁，2002. 在日粮中添加魔芋粉渣饲喂生长育肥猪试验 [J]. 贵州畜牧兽医，26（1）：1-2.

杨振，2012. 魔芋粉、转谷氨酰胺酶和大豆分离蛋白对鲤鱼肌原纤维蛋白凝胶特性的影响 [D]. 沈阳：东北农业大学.

张盛林，刘佩瑛，张兴国，等，1999. 中国魔芋资源和开发利用方案 [J]. 西南农业大学学报，21（3）：9-13.

钟刚琼，盛德贤，滕建勋，等，2005. 魔芋食品的开发利用与研究进展 [J]. 食品研究与开发，26 (1)：106-108.

朱新鹏，唐冬雪，丁彤，2016. 酵母发酵法去除魔芋飞粉中三甲胺的研究 [J]. 湖北农业科学，55 (18)：4793-4795，4818.

Maeda M，Shimahara H，Sugiyama N，1980. The branched structure of konjak glucomamman [J]. Agricultural and Biological Chemistry，44：245-252.

（中国热带农业科学院热带作物品种资源研究所 冀凤杰，
中国农业大学 赖长华，南昌大学 付桂明 编写）

第九章
甘蔗及其加工产品开发现状与
高效利用策略

第一节 概 述

一、我国甘蔗及其加工产品资源现状

甘蔗（*Saccharum officinarum*）是禾本科（Gramineae）蜀黍族（Andropogoneae）甘蔗属（*Saccharum* L.）一年生或多年生热带和亚热带草本植物。根状茎粗壮发达，秆高 3～5m。全世界有 100 多个国家出产甘蔗，生产量较大的国家有巴西、印度和中国。中国台湾、福建、广东、海南、广西、四川、云南等南方热带地区广泛种植。甘蔗是制造蔗糖的原料，且可提炼乙醇作为能源替代品。甘蔗中含有丰富的糖分和水分，以及有对人体新陈代谢非常有益的各种维生素、脂肪、蛋白质、有机酸、钙和铁等物质。甘蔗主要用于制糖，表皮一般为紫色和绿色两种常见颜色，也有红色和褐色，但比较少见。甘蔗属于 C4 植物，具有很高的光能转化率，单位面积产量较高，是高效利用太阳能的一种经济作物。2014 年，全国甘蔗种植面积为 173 万 hm²。根据国家统计局的数据，2014 年，全国甘蔗产量为 12 561.13 万 t。甘蔗梢是指从甘蔗顶部 2～3 个嫩节砍下的整个叶片的总和，占甘蔗全重的 20%～30%。2014 年，我国甘蔗梢产量估计为 3 768 万 t。其中，南方地区甘蔗梢叶占全国总量的 98% 以上。目前，我国甘蔗梢的利用率还不到 10%，大部分甘蔗尾叶在砍收时直接遗弃在田间，不易收集后的集中处理，其传统方式主要是直接田间焚烧。与焚烧秸秆的危害相同，甘蔗焚烧产生的大量烟尘也会污染环境，危害人体健康，而且十分危险，一旦失去控制极易发生火灾，造成经济损失和人身伤亡，现在已全面禁止焚烧秸秆与蔗叶。甘蔗收获期正值南方枯草期，利用甘蔗梢作青粗饲料，可以解决南方地区牛群越冬渡春饲料不足等问题。甘蔗制糖后的副产品主要是甘蔗渣和糖蜜。甘蔗渣（其中含水量约 50%）质地粗硬，占甘蔗的 24%～27%，每生产出 1t 的蔗糖，就会产生 2～3t 的蔗渣。蔗渣是一种集中而数量又多的资源，除了部分用于造纸外，大部分作为燃料被烧掉，造成浪费。蔗渣中含有丰富的纤维素，而木质素含量较少，又含有少量糖分，故蔗渣作为纤维类粗饲料具有很大的优越性。在制糖过程中将提纯的甘蔗汁蒸发浓缩至带有晶体的糖膏，用离心机分出结晶糖后所余的母

液，称"糖蜜"。这种经过第1次分离的糖蜜中还含有大量糖分，经过重复上述工艺而分离得出第2、第3次糖蜜等，在经过多次分离后剩下的一种液体，因无法再蒸发浓缩结晶，则称之为废糖蜜。一般我们所说的甘蔗糖蜜指的就是废糖蜜，是制糖工艺过程产生的副产品。甘蔗糖蜜中的总糖分含量在50%左右，且含有维生素及微量元素等多种可利用成分。甘蔗糖蜜是一种用途广泛的原料，可用于发酵、养殖、饲料、食品、医药、建材和塑胶等工业。除了加工成各种发酵产品（乙醇、味精、柠檬酸、赖氨酸和酵母等），甘蔗糖蜜也用来生产抗生素、核黄素和焦糖色素等，也常作饲料添加剂或直接用于养殖。

蔗糖是人类基本的食品添加剂之一，已有几千年的历史，是光合作用的主要产物，广泛分布于植物体内，特别是在甜菜、甘蔗和水果中的含量极高。以蔗糖为主要成分的食糖根据纯度由高到低又分为：冰糖、白砂糖、绵白糖和赤砂糖（也称红糖或黑糖）。蔗糖在甜菜和甘蔗中的含量最丰富，平时使用的白糖、红糖都是蔗糖。蔗糖是人类生活不可缺少的必需品，同时也是世界各国政府高度关注的农产品之一。从蔗糖的种类分析，蔗糖分为甘蔗糖和甜菜糖两种。从蔗糖生产国经济条件分析，由于甘蔗糖生产成本较低，甜菜糖生产成本较高，故甘蔗糖的生产多数分布于发展中国家，而甜菜糖的生产主要分布于发达国家。从地理气候条件分析，甘蔗种植主要集中于热带、亚热带地区，而甜菜种植主要集中在欧洲、日本、美国北部、加拿大及中国北部地区。中国、美国、日本、巴基斯坦等同时生产甘蔗糖及甜菜糖。2014—2015年榨季（至2015年9月），我国甘蔗糖产量为981.82万t，甜菜糖产量为73.78万t，食糖产量为1 055.6万t。

二、开发利用甘蔗及其加工产品作为饲料原料的意义

目前，我国饲料中的主要能量饲料是玉米，而我国的玉米高产区主要集中在东北平原，这就不利于我国南方地区的畜牧业集约化、规模化发展。而南方地区是我国的主要甘蔗产区，甘蔗种植量占全国的98%，利用甘蔗副产品作为饲料原料，不仅可以提高糖厂的经济效益、解决副产品污染环境的问题，而且还可为畜牧业提供大量饲料资源，降低饲养成本，对我国南方发展环保型、节粮型畜牧业具有重大意义。早期断奶仔猪具有特殊的消化生理特点，日粮中添加乳清粉或乳糖对其维持健康和保持良好的生长性能具有重要意义。然而，我国乳品产量低、价格高，不可能像发达国家一样在仔猪料中大量使用乳清粉。使用蔗糖代替部分乳清粉或乳糖，对经济、有效地利用饲料资源，提高日粮配制的精确性和灵活性，降低饲养成本有较大的意义。

三、甘蔗及其加工产品作为饲料原料利用存在的问题

第一，甘蔗梢与甘蔗渣都属于纤维素含量较高的饲料原料，直接喂养家畜存在适口性差的问题，改善甘蔗梢和甘蔗渣的适口性，是其作为饲料原料需要解决的问题。第二，甘蔗梢和甘蔗渣含有木质素，而动物瘤胃不能消化木质素，较高的木质素含量会降低采食量，损害和扰乱反刍动物的消化系统，通过青贮或者是发酵减少木质素的含量也

是甘蔗梢和甘蔗渣作为饲料原料需要解决的问题之一。第三，甘蔗渣中的其他营养物质含量少，所以单纯蔗渣饲喂效果并不理想，无法取代牧草和粮食稻秆作为日粮。此外，单位体积密度低、粉尘多、易腐败发霉等也是蔗渣作为饲料原料利用的问题。

因为小于14日龄的仔猪肠道内蔗糖酶和果糖酶活性很低，不能很好地利用蔗糖，所以低日龄仔猪饲料不添加蔗糖。

第二节　甘蔗及其加工产品的营养价值

甘蔗渣是甘蔗榨糖后的渣粕，蛋白质和能量含量均比较低（其营养成分见表9-1；聂艳丽等，2007）。

表 9-1　甘蔗渣中的营养成分（％）

项　目	干物质	粗蛋白质	粗纤维	粗脂肪	无氮浸出物	粗灰分
含量	90～92	2.0	44～46	0.7	42	2～3

资料来源：聂艳丽等（2007）。

甘蔗渣的成分特点造成了直接饲用适口性差、消化率低、能量价值低的特点，其并非是优良饲料，但此类饲料原料种类繁多，资源极为丰富，作为非竞争性的饲料资源用来饲喂家畜，可节约大量粮食，间接地为人类提供动物性蛋白质产品。

甘蔗梢是甘蔗的副产品，约占全株甘蔗的20％，每年产量巨大。各个地区的甘蔗梢营养成分稍有不同，江西高安地区甘蔗梢营养成分见表9-2（高雨飞等，2014）。

表 9-2　江西高安地区甘蔗梢中的营养成分（％）

项　目	干物质	粗蛋白质	粗脂肪	中性洗涤纤维	酸性洗涤纤维	灰　分
含量	90.56	7.06	4.05	55.42	25.14	6.05

资料来源：高雨飞等（2014）。

甘蔗糖蜜是制糖工业的主要副产品，总糖分含量为48％～56％，且含有泛酸及微量元素等多种可利用成分，主要用作动物性饲料、生物肥料和发酵工业的原材料，利用甘蔗糖蜜生产蛋白质饲料酵母极具开发潜力，可减少糖蜜的污染。甘蔗糖蜜营养成分见表9-3（李崇，2014）。

表 9-3　甘蔗糖蜜中的营养成分（％）

项目	干固	全糖分	蔗糖分	还原糖分	非发酵性糖	非糖有机物	乌头酸	蛋白质	硫酸灰分	Na、K、Ca 等
含量	75	48～56	30～40	15～20	2～4	9～12	3	9～10	10～15	3～12

资料来源：李崇（2014）。

第三节　甘蔗及其加工产品中的抗营养因子

鲜甘蔗梢虽然饲用价值高，但含有两种对牛有害的物质，即硅土和草酸。有研究发现，熟石灰处理后可消除这些不良因子的影响。刘建勇等（2011）利用氨化甘蔗梢饲喂肉牛后，肉牛的平均日增重高达 992g；屠宰率、净肉率、眼肌面积分别达到 60.25%、18.45%、86.5cm²，牛肉质量达到优质标准。

甘蔗渣是一种含木质纤维素的糖厂加工副产品，由于其中含有较多的木质素，直接饲喂动物可引起动物消化系统的损伤和紊乱。现国内只限于用甘蔗渣来喂牛、羊等反刍动物，且用量不超过日粮的 20%，这也因此限制了甘蔗渣作为饲料原料的开发和利用。

第四节　甘蔗及其加工产品在动物生产中的应用

研究证实，2~3 周龄的仔猪能很好地利用蔗糖，且与其他简单糖类，如葡萄糖、果糖和麦芽糖配合使用可降低乳糖的用量。蔗糖可有效取代 50% 的乳糖，但当蔗糖比例高于 50% 时猪的生长性能下降。在氨基酸平衡的低蛋白质日粮中添加蔗糖，也不会有负面效果。负丽娟（2004）的研究表明，在断奶仔猪日粮中添加适量蔗糖，既可降低饲养成本，同时又不会影响仔猪的生产性能。孟宪生（2002）的试验证实，在生长育肥猪的日粮中添加一定量蔗糖后，不仅能提高饲料的适口性和猪的采食量，而且对提高猪的日增重、饲料转化率及经济效益等均具有一定的良好效果，证明蔗糖是生长育肥猪的一种良好的营养性诱食剂。韦惠峰和邓传凤（1993）证实，日粮中加入 1% 蔗糖可显著提高雏鸭的采食量和增长速度。黑龙江省肇东县养鸭场 1979 年对北京鸭雏鸭进行了饲喂蔗糖的试验。结果表明可提高北京鸭雏鸭的成活率，增重效果也较好。另外有报道称，给初生雏鸡喂食蔗糖水，可提高成活率及增重。周雄等（2015）通过研究发现，粗饲料中青贮甘蔗尾叶替代一定比例的王草可在一定程度上改善黑山羊的生长性能，提高养分表观消化率，且对其血清生化指标无不利影响，粗饲料中用青贮甘蔗尾叶替代 75% 王草时饲喂效果最佳。江明生等（1999）通过氨化微贮处理甘蔗叶，经 60d 饲养山羊的试验表明，同等条件下氨化组和微贮组山羊的平均日增重比对照组分别提高 42.6% 和 29.0%；饲喂水牛试验的结果表明，氨化组和微贮组比对照组分别提高 110% 和 30.8%。新鲜甘蔗梢主要作为淡水鱼，特别是草鱼的青饲料，既可以降低农民收取草料的强度，又解决了蔗梢和蔗叶利用率低的问题。其主要利用方式有直接投喂和切碎后投喂两种。选择甘蔗梢作为鱼的青饲料时，应选择比较幼嫩的部分。根据对比，以甘蔗梢养鱼，鲜鱼产量比用传统草料喂养增长约 20%。

目前，国内外使用甘蔗渣喂猪的报道还比较少，广西大学的夏中生将糖蜜乙醇废液与蔗渣混合后，采用多菌种发酵技术进行固体发酵，用生产出的富含氨基酸和维生素的饲料饲喂猪，与喂普通饲料对比发现，饲喂经过发酵后的甘蔗渣对猪的日增重没有影响，同时还降低了饲料消耗，无形中降低了饲料厂和养殖户的成本。美国发明了一种能将甘蔗渣氨化处理后变成高蛋白质饲料的方法。巴西通过生物发酵的方法，不但提高了甘蔗渣的适口性，还使甘蔗渣中的粗蛋白质和粗脂肪含量提高了几倍，广泛用于提高奶牛的产奶量。将糖蜜引入饲料中的研究以反刍动物的颗粒饲料为主。在反刍动物的研究中发现，糖蜜能大幅度提高各类反刍家畜的肉、奶等方面的生产性能。糖蜜提高反刍家畜生产性能最重要的原因是它能够有效地滋养瘤胃微生态中的各种微生物菌群，使其充分发挥体内微生态的消化能力。与此同时，糖蜜还可以相当程度地补充反刍家畜饲料中所含的能量，也能大幅度地改善颗粒饲料的适口性，从而提高反刍家畜的采食效率与日增重，提高反刍家畜日粮的转化效率。研究表明，给初产母猪饲喂含 51% 的糖蜜日粮，能提高母猪的排卵率，可使黄体数由 12.1 个增至 14.5 个，并且能较长时间地保持体内的胰岛素浓度，而并不影响发情间期，窝产仔数也有增加（封伟贤，1997）。李崇（2014）通过研究发现，在断奶仔猪的基础日粮中添加固态甘蔗糖蜜不仅能提高仔猪的生长性能，而且在一定程度上能提高断奶仔猪的免疫功能和优化肠道有益菌群；另外，也不会对肝和肾生理功能造成负面影响。金秋岩等（2016）在限饲条件下研究了甘蔗糖蜜对断奶仔兔生长性能及消化道的影响，发现在 8% 添加水平时，甘蔗糖蜜对于仔兔的生长发育与生产性能存在积极的影响趋势。Yan 和 Roberts 1992—1995 年在苏格兰皇家牧场的研究表明，在蛋白质含量为 16% 的青贮饲料配方中加入糖蜜，且当糖蜜的含量改变时，奶牛产奶量及奶的成分也发生了显著变化。当糖蜜添加量分别为 13% 和 25% 时，奶牛产奶量从 15.5kg/d 增加到 17.4kg/d；同时，蛋白质的含量也由 3.16% 增加到 3.27%。

第五节　甘蔗及其加工产品作为饲料资源开发与高效利用策略

在我国南方地区，甘蔗制糖副产品，如甘蔗梢、甘蔗渣及甘蔗糖蜜产地集中且产量巨大，加强开发利用甘蔗制糖副产品的饲料化利用对南方畜牧业的发展有着积极的作用，也有利于制糖行业的健康发展。目前，我国对甘蔗制糖副产品的饲料利用率较低，因此应当进一步加强开发利用甘蔗制糖副产品作为饲料资源。

改善甘蔗制糖副产品作为饲料资源开发利用方式，积极探索利用微生物发酵或者酶解技术对甘蔗制糖副产品进行加工，提高消化率和利用率。另外，积极制定甘蔗制糖副产品作为饲料产品的标准和在日粮中的适宜添加标准，对积极推动甘蔗制糖副产品饲料化具有指导意义。

目前，大部分蔗农和制糖企业的甘蔗制糖副产品资源利用意识依然很弱，大多数甘蔗制糖副产品资源被随意丢弃或者随意焚烧，相关企业即使对甘蔗制糖副产品资源进行利用，也只是粗放型的，甘蔗制糖副产品资源的附加值远远没有得到充分挖掘。政府和科研单位及制糖企业应该大力提高蔗农的制糖副产品利用意识，更新观念，提高其利用甘蔗制糖副产品的积极性，充分挖掘甘蔗制糖副产品的资源附加值，形成甘蔗制糖副产品资源利用的良性循环。对于以蔗糖作为饲料添加剂，目前还没有相应的产品以及适宜添加标准，对于其在动物生产中的研究还很少，应该加强相关研究。

➡ 参考文献

封伟贤, 1997. 甘蔗糖蜜是一种待开发的饲料资源 [J]. 中国畜牧兽医 (4)：22-25.

高雨飞, 黎力之, 欧阳克蕙, 等, 2014. 甘蔗梢作为饲料资源的开发与利用 [J]. 饲料广角 (21)：44-45.

江明生, 韦英明, 邹隆树, 等, 1999. 氨化与微贮处理甘蔗叶梢饲喂水牛试验 [J]. 广东农业生物科学, 18 (2)：124-127.

江明生, 邹隆树, 2000. 氨化与微贮处理甘蔗叶饲喂山羊试验 [J]. 中国草食动物, 3 (11)：26-27.

金秋岩, 郭东新, 田河, 2016. 限饲条件下甘蔗糖蜜对断奶幼兔生长性能及消化道的影响 [J]. 饲料工业, 37 (5)：42-46.

李崇, 2014. 固态甘蔗糖蜜对断奶仔猪生长性能和部分理化指标的影响研究 [D]. 南宁：广西大学.

刘红岩, 1982. 用甘蔗梢喂牛的安全方法 [J]. 世界农业 (5)：13-13.

刘建勇, 黄必志, 王安奎, 等, 2011. 肉牛饲喂木薯渣及氨化甘蔗梢的育肥效果 [J]. 中国牛业科学, 37 (5)：13-16.

孟宪生, 2002. 日粮中添加蔗糖饲喂生长肥育的增重效果 [J]. 当代畜牧 (2)：41-42.

聂艳丽, 刘永国, 李娅, 等, 2007. 甘蔗渣资源利用现状及开发前景 [J]. 林业经济 (5)：61-63.

宋志刚, 袁磊, 2002. 单糖间的协同作用可提高仔猪生产性能 [J]. 国外畜牧科技, 29 (1)：6-7.

韦惠峰, 邓传凤, 1993. 雏鸭日粮添加蔗糖的饲养试验 [J]. 广西农业科学 (2)：92.

夏中生, 杨胜远, 潘天彪, 等, 2001. 糖蜜酒精废液蔗渣吸附发酵产物对猪的饲用价值研究 [J]. 粮食与饲料工业 (1)：25-27.

负丽娟, 2004. 蔗糖在断奶仔猪日粮中的应用研究 [D]. 杨凌：西北农林科技大学.

周雄, 周璐丽, 王定发, 等, 2015. 日粮中青贮甘蔗尾叶替代不同比例王草对海南黑山羊生长性能、养分表观消化率及血清生化指标的影响 [J]. 中国畜牧兽医, 42 (6)：1443-1448.

[南昌大学 阮征，谱赛科（江西）生物技术有限公司 廖春龙 编写]

第十章
甜菜及其加工产品开发现状与高效利用策略

第一节 概 述

一、我国甜菜及其加工产品资源现状

甜菜（*Beta vulgaris*），又名恭菜，二年生草本植物，原产于欧洲西部和南部沿海，从瑞典移植到西班牙，是热带甘蔗以外的一个主要糖来源。糖用甜菜起源于地中海沿岸，野生种滨海甜菜是栽培甜菜的祖先，公元 1500 年左右从阿拉伯国家传入中国。1906 年，糖用甜菜引进中国。目前甜菜在我国广为栽培，品种很多，引种来源很杂，但常见的有 4 种栽培类型，作为变种归类：糖用甜菜、叶用甜菜、根用甜菜和饲用甜菜。

（一）糖用甜菜及其加工产品资源现状

糖用甜菜是世界第二大制糖原料，也是我国一种重要的糖料作物，世界上食用糖产量中，甜菜糖约占总量的 20%。我国糖用甜菜产业始于 1896 年，100 多年来特别是中华人民共和国成立以来，糖用甜菜产业历经波折并取得一定发展。糖用甜菜糖占我国糖总产量的 10%～20%，最好时期曾达 30%。与甘蔗相反，改革开放以来，我国糖用甜菜种植面积整体上呈现出下降趋势，尤其是从 20 世纪 90 年代起，糖用甜菜种植面积及面积比下降明显。2012—2013 年榨季，全国糖用甜菜糖产量为 108.5 万 t，约占世界的3%。在我国，糖用甜菜种植比例虽然很低（与其他作物的平均面积之比都不足 10%，2009 年跌到 2% 的历史最低点），然而，作为一种重要的糖料作物，或者说作为我国农作物家族中的一员，糖用甜菜对于农民收入的增长还是有其特有的价值的。我国糖用甜菜产区主要在北纬 40°以北的东北、华北和西北地区。近年来，西南部和黄淮流域也开始种植糖用甜菜。我国糖用甜菜种植面积变化呈单峰曲线：1949—1998 年种植面积呈增长趋势；1998 年，创历史纪录达 78.35 万 hm²；1998 年以后，种植面积逐年下降；2012 年，降至约 15 万 hm²。根据国家统计局的数据，2013—2014 年榨季，全国糖用甜菜产量为 800.04 万 t。

甜菜粕又名甜菜渣，是糖用甜菜在制糖过程中，经切丝、渗出和充分提取糖后含糖量很低的糖用甜菜丝。2014—2015 榨季，全球甜菜粕产量为 1 400 万～1 500 万 t。鲜甜菜粕是一种适口性好、营养较丰富、质优价廉、多汁的饲料资源，但因其水分含量高，所用不便运输和储存。目前，大多数制糖厂约有 20％甜菜粕作为粗饲料直接应用于养殖业，70％经压榨除去部分水分后，通过 600～800℃的高温气流干燥，挤压成颗粒干粕，出口日本，但其经济效益仍较低，对甜菜粕的资源也是一种浪费。部分鲜甜菜粕就地积压腐败，造成资源浪费和环境污染。这些甜菜粕产量很高、产期集中，因此应尽快改变甜菜粕利用单一的局面，开发技术含量高、市场竞争力强的产品。

甜菜粕含有很高的可消化纤维、果胶和糖分，具有在动物胃肠道内流过速度慢和在盲肠内存留时间长的消化特性，以及其粗纤维具有易被动物胃肠道中的微生物降解的特点，可作为反刍动物饲料中的一种能量饲料资源。甜菜粕消化率高达 80％，消化能高达 13.39MJ/kg，适口性好（张建红和周恩芳，2002），淀粉含量较低，常为饲料中生产反刍动物精饲料补充料的主要原料。

甜菜糖蜜是以糖用甜菜为原料制糖而得的残余糖浆，是一种深棕色、黏稠状和半流动的液体，作为甜菜制糖的一种副产品，产量为甜菜的 3％～4％。一般总糖含量以蔗糖计为 40％～56％。其中，蔗糖的含量约为 30％，转化糖为 10％～20％。此外，还含有丰富的维生素、无机盐及其 3％～6％的少量粗蛋白质，并且含有大量有机物和无机物，广泛用于发酵工业。

（二）饲用甜菜资源现状

饲用甜菜是藜科、甜菜属、甜菜栽培种的一个变种。饲用甜菜是二年生植物，第 1 年主要是营养生长，生长块根；第 2 年主要为生殖生长，抽薹和开花。饲用甜菜的块根和茎叶是各种家畜，特别是猪、奶牛和肉牛的良好多汁饲料。在国外，如欧洲及苏联、美国、澳大利亚和日本等畜牧业发达国家特别重视多汁饲料与其他饲料的搭配。在这些国家中，饲用甜菜已成为主要的多汁饲料。被世界称为奶桶立国的荷兰，1985 年，饲用甜菜已占多汁饲料的 88％。然而，我国牲畜所必需的多汁饲料十分短缺，严重制约了养殖业发展。饲用甜菜产量很高，但因栽培条件不同，产量差异也很大。在一般栽培条件下，亩*产根叶为5 000～7 500kg。其中，根量为3 000～5 000kg。在水肥充足的情况下，每亩根叶产量可达12 000～20 000kg。其中，根量为6 500～8 000kg。饲用甜菜不论正茬或移栽复种，均比糖用甜菜的产量高，从单位面积干物质计算，饲用甜菜比糖用甜菜产量低，但从饲用价值看，应以种植饲用甜菜为宜。

二、开发利用甜菜及其加工产品作为饲料原料的意义

进入 21 世纪以来，我国种植业结构从二元结构向三元结构转变，农区畜牧业比重进一步增加。随着耕地面积的逐年减少，农业增产的余地与潜力越来越小，种植结构的调整也面临着人口众多的压力。目前，我国人均粮食占有量不足，难以拿出更多的粮食

---

* 亩为非法定计量单位。1 亩≈667m²。——编者注

满足畜牧业发展的需要。随着我国畜牧业发展及牲畜结构的变化，特别是北方奶牛业发展速度很快，禽存栏量和畜禽产品产量也逐年增加，对饲料的需求量很大。目前，反刍动物饲料的市场需求将会以每年超过10％的速度增长，增长率超过饲料产品总的增长率。此外，由于饲料原料短缺，粮食价格不断上涨，"人畜争粮"的矛盾使饲料价格不断上涨。饲料原料短缺一直是影响畜牧业发展的头等问题之一，更是我国畜牧业更快发展面临的一大挑战。从甜菜种植区域和我国畜牧业特别是奶牛业的养殖区域来看，以甜菜制糖副产品及饲用甜菜作为优质的饲料原料，对缓解我国北方地区畜牧业饲料短缺和价格上涨有着重要作用，对我国畜牧业发展具有积极的意义。同时，甜菜制糖副产品及饲用甜菜的合理开发利用，可以减少资源的浪费和环境的污染，同时对发展低耗、高效、节粮型畜牧业具有重要意义，有着良好的经济效益、生态效益及社会效益。

三、甜菜及其加工产品作为饲料原料利用存在的问题

目前，我国甜菜粕主要以鲜粕的形式利用。但由于其水分含量大，不便于运输和储存，因此每年只有糖厂附近的农户可以利用一部分，一部分制粒后出口，而其他大部分鲜粕就地积压腐败，造成资源浪费和环境污染。目前，大多数制糖厂对甜菜粕的处理为制成颗粒饲料直接应用于畜禽养殖业，但其经济效益仍较低，对甜菜粕资源也是一种浪费。我国应尽快改变甜菜粕利用单一的局面，开发技术含量高、具有市场竞争力的产品。

我国饲用甜菜发展还存在以下许多问题：

第一，地域性限制。饲用甜菜只适于在我国北方种植，又只能在当地完成生产消化和喂饲利用，缺少专业化的组织造成生产和使用脱节，经济效益降低。

第二，饲用甜菜虽可做主料，但目前我国一般还只限于做配料辅料，相关的喂饲试验研究亟待开展。

第三，收获后的饲用甜菜不耐储存，种植者必须在短期内卖掉，使用者必须在短期内进行加工，以防腐烂。因此，饲用甜菜的青贮研究工作还有待于进一步加强。

第四，由于饲用甜菜生物产量高，需水需肥量大，消耗地力，因此不主张在贫瘠、耕作条件不好的土地上种植。最好进行4年以上轮作养地，以克服根腐病等病害的危害。

第五，饲用甜菜的高生物产量决定了高强度劳动作业量，基于其他作物的比较优势，饲用甜菜机械化作业的程度和水平还不高，因此难以形成竞争性优势。

第六，可用于生产的产量高、质量好、饲用价值高且抗病耐储存的优良品种少。由于缺少可供选育的品种资源，且大多为多粒种，不适于机械化作业，因此现育的饲用甜菜品种与理想的推广应用前景还有一定的差距。

第二节　甜菜及其加工产品的营养价值

甜菜粕产品大致可分鲜甜菜粕、甜菜粕青贮及干甜菜粕颗粒，其主要营养价值见表

10-1。

表 10-1 鲜甜菜粕、甜菜粕青贮及干甜菜粕中的颗粒营养成分（DM,%）

项目	干物质	粗蛋白质	粗脂肪	中性洗涤纤维	酸性洗涤纤维	灰分	钙	磷
鲜甜菜粕	11.79	10.73	0.80	51.20	28.48	4.94	0.06	0.01
甜菜粕青贮	17.38	13.15	0.94	49.71	33.87	9.56	1.45	0.05
甜菜粕颗粒	86.65	10.14	0.70	51.19	26.59	5.49	0.98	0.09

甜菜糖蜜是甜菜制糖的主要副产品之一，是一种黏稠、黑褐色、半流动的物体。甜菜糖蜜的主要成分是糖类，如蔗糖、葡萄糖和果糖。甜菜糖蜜的营养成分见表 10-2。

表 10-2 甜菜糖蜜中的营养成分（%）

项目	固形物	蔗糖	棉籽糖	葡萄糖	果糖	肌醇半乳糖苷	甜菜碱氮	氨基酸	灰分
含量	75.9	41.8	8.9	2.7	1.9	1.2	2.13	0.02	0.29

饲用甜菜的根和茎叶均是猪、牛、羊等多种畜禽的良好多汁饲料，有极高的饲用价值，营养丰富。在其块根干物质中，代谢能可达 $11.5\sim13.5MJ/kg$，消化率达 80% 以上，在畜牧业中具有较好的经济效益。饲用甜菜营养成分见表 10-3。

表 10-3 饲用甜菜中的营养成分（DM,%）

项目	粗蛋白质	粗脂肪	粗纤维	无氮浸出物	灰分
饲用甜菜	13.38	2.90	12.46	63.40	9.79
叶片	20.30	2.90	10.50	60.85	5.89

第三节 甜菜及其加工产品中的抗营养因子

目前，我国对于甜菜制糖副产品及饲用甜菜的利用方式主要还是以直接添加为主，但甜菜粕、甜菜糖蜜及饲用甜菜成分限制了其在饲料中的添加量。例如，甜菜渣内可消化蛋白质、维生素 A 含量不足，钙多磷少，且含有硝酸盐和游离酸等。甜菜粕中缺乏维生素 A 和维生素 D，饲喂动物时应配合饲喂胡萝卜或者其他维生素 A 或维生素 D 含量高的饲料资源；无论鲜甜菜粕或者干甜菜粕颗粒，均存在着钙磷含量不平衡的问题——钙多磷少，饲喂过程中应补充适当的磷元素，防止钙磷代谢病的发生；鲜甜菜粕和个别饲用甜菜品种水分含量高，不易储存运输，且含大量游离酸，大量食用后易导致家畜腹泻，严重时甚至导致其死亡，饲喂时需严格控制饲喂量或者配合饲喂碳酸氢钠。饲用甜菜中含有较多的硝酸钾，甜菜在生热发酵或腐烂时，硝酸钾会发生还原作用变成亚硝酸盐，家畜食用后会导致组织缺氧，呼吸中枢发生麻痹窒息而死。另外，甜菜粕中果胶含量很高，可达到其干重的 19.6%；而蛋白质含量较低，含量约 10%；果胶在反刍动物瘤胃中的发酵速度很快，进入瘤胃后发酵不平衡，导致微生物蛋白质的合成量下降，总蛋白质供应量不足。建议饲喂过程中补充一定量的非蛋白氮，尽可能达到能氮同步的效果。

第四节　甜菜及其加工产品在动物生产中的应用

甜菜粕由于其粗纤维含量高，且易被肠道微生物所利用，因此广泛应用于反刍动物饲料中；且甜菜粕中中性洗涤纤维（NDF）占干物质59%左右，其能够促进反刍动物的咀嚼，延长反刍时间，从而促进唾液分泌，维持瘤胃正常pH。林曦（2010）用甜菜渣青贮饲料饲喂奶牛发现，添加量为20kg/（头·d）的处理组奶牛的产奶量、乳成分和各营养物质的表观消化率均显著高于其他各个处理组。因此，建议产奶期奶牛添加量20kg/（头·d）［干物质3.6kg/（头·d）］的甜菜粕青贮饲料。Bhattacharya和Lubbadah（1971）报道，甜菜粕可以同玉米一样作为能量来源，当添加合适比例时不影响产奶量。研究发现，用甜菜粕替代高精饲料日粮中的玉米，对奶牛产奶量、乳成分和体重等方面差异不显著。Castle等（2010）研究表明，在青贮饲料和精饲料混合的日粮中，添加不同水平的甜菜粕（2.22kg和4.44kg）时，干物质采食量随着甜菜粕饲喂量的增加而增大，奶牛平均体重随甜菜粕饲喂量的增加而明显增加。甜菜粕中富含纤维素，杨玉芬等（2002）将其与苜蓿草粉混合作为纤维源饲喂育肥猪的结果显示，日粮中粗纤维含量为6%时，育肥猪可以获得较为理想的生产性能，对胴体品质没有不良影响。路福伍和王忠淳（1993）研究发现，用高蛋白甜菜粕替代鱼粉饲喂蛋鸡，蛋鸡的各项生长性能均不受影响，但可大大降低生产成本。

甜菜糖蜜是一种易消化、适口性好、颗粒质量高的能量原料。作为一种物美价廉的饲料原料，在一些欧美国家和地区，甜菜糖蜜直接作为饲料添加剂与草料、豆粕等混合后喂养牲畜。怀建军（2008）通过研究发现，饲料中添加6%的甜菜糖蜜，可明显提高羔羊的日增重。王世雄等（2010）将糖蜜添加在肉牛日粮中，显著提高了肉牛的净增重及平均日增重。王新峰等（2006）发现，添加4%的甜菜糖蜜就足以给绵羊提供所需的热量，并且有助于瘤胃微生物对营养物质的利用，从而提高粗饲料的利用率。王永和刘国志（2007）研究得到，糖蜜尿素舔块可以有效促进瘤胃发酵，提高瘤胃微生物蛋白质的生产量。目前大量研究报道发现，糖蜜尿素舔块作为反刍动物的补饲，不仅能提高牛和羊的采食量、产奶量、羊毛质量及产毛量，改善牛奶品质、加强冬季保膘，还能起到提高饲料中营养素，如粗纤维的消化率，对氮的沉积等也起到积极的作用。据内蒙古自治区农牧业科学院报道，与其他多汁饲料相比，奶牛日补饲用甜菜10～15kg，产奶量可提高10%～30%，平均也可提高15%左右。柴长国（2005）对中国荷斯坦泌乳母牛采用正常日粮＋甜饲1号鲜茎叶组、正常日粮＋甜饲1号鲜叶青贮组、正常日粮组进行饲喂试验。结果表明，添加饲用甜菜鲜茎叶或青贮叶后均能提高奶牛的产奶量和经济效益，但以添加鲜茎叶的效果最好，其每头奶牛的日均产奶量为20.5kg，比对照组分别增加2.7kg和0.9kg，每头奶牛的日均纯收益为48.4元，比对照提高13.3%。黄恒等（2003）发现，使用饲用甜菜后，育肥肉牛的平均日增重增加102g，降低饲养成本11.9%。李淑霞（2013）为探索日粮中添加饲用甜菜对奶牛泌乳量的影响，将健康的黑白花奶牛 6 头随机分为试验组（饲用甜菜组）和对照组（普通饲料组），结果表明，用饲用甜菜饲喂奶牛后，牛奶产量和质量明显提高，经济效益也得了提高，可以在实践中大力推广。

第五节　甜菜及其加工产品作为饲料资源开发与高效利用策略

　　甜菜是我国特别是北方的重要经济作物，是农村经济和工业的重要支柱产业之一。近年来，甜菜种植面积不断下降，主要原因是市场机制在发挥作用，一旦甜菜的收益低于其他作物，种植户则会转向其他作物的种植。只要收益增加，种植户种植甜菜的积极性就会提高。从这方面来看，将甜菜粕和甜菜糖蜜的制糖副产品作为饲料原料，提高制糖企业利润率，从而增加种植户的收入，是优化产业结构的有效途径。我国对于甜菜制糖副产品及饲用甜菜的利用方式，主要还是以直接添加为主。但甜菜粕、甜菜糖蜜及饲用甜菜成分，限制了其在饲料中的添加量，也限制了其在饲料中的直接使用。根据市场需求，用先进的生物化工技术开发的附加值高的甜菜制糖副产品及饲用甜菜深加工产品，如果胶、食物纤维和高蛋白质生物饲料等，变传统利用为深加工利用，具有原料来源丰富、成本低、有效节约粮食的特点，产品市场前景十分广阔。目前，利用甜菜制糖副产品及饲用甜菜作为饲料原料还没有相应的产品标准，相关企业应积极推进相关标准的制定，使行业健康、有序地发展。

　　结合甜菜行业及畜牧业现状，我们要做好以下几方面工作：

　　1. 加强育种研究与种子加工技术研究　选育具有自主知识产权的甜菜品种满足当前生产需要，特别是加强饲用甜菜的育种研究，是我国甜菜产业急需解决的首要问题。

　　2. 加强相关科研技术力量　首先，解决类似科研机构重复建设、层次不清的问题，集中科研投入，提高科研技术水平。其次，健全科技成果转化体系，实现甜菜科研的新成果、新技术与生产的快速转换。

⟳ 参考文献

柴长国，2005. 饲用甜菜茎叶饲喂奶牛的效果研究 [J]. 甘肃农业科技 (9)：53-54.

怀建军，2008. 甜菜糖蜜对羔羊采食量与增重的影响 [J]. 新疆农垦科技，31 (4)：42-43.

黄恒，王庆福，李志宁，2003. 饲用甜菜育肥肉牛增重试验 [J]. 当代畜牧 (3)：4-4.

李淑霞，2013. 饲料甜菜对奶牛产奶量的影响 [J]. 中兽医医药杂志，32 (4)：46-47.

李婷婷，2015. 甜菜粕的研究进展及发展前景 [J]. 饲料与畜牧·新饲料 (3)：59-63.

林曦，2010. 甜菜渣青贮营养价值的评定及其在奶牛生产中应用的研究 [D]. 哈尔滨：东北农业大学.

路福伍，王忠淳，1993. 甜菜粕高蛋白质饲料代替鱼粉喂鸡试验初报 [J]. 辽宁畜牧兽医 (4)：11-13.

任燕锋，陈丽丽，李忠秋，等，2010. 甜菜渣饲料资源化利用的现状及发展趋势饲料 [J]. 中国奶牛 (11)：22-25.

王世雄，尹尚芬，郑锦玲，2010. 不同糖蜜对肉牛育肥效果的研究 [J]. 中国牛业科学，36 (1)：32-35.

王新峰，潘晓亮，向春和，等，2006. 添加甜菜糖蜜对绵羊瘤胃 pH 和 NH3-N 浓度的影响 [J]. 中国饲料 (2)：25-27.

王永，刘国志，2007. 尿素在奶牛养殖业中的应用 [J]. 广东奶业 (2)：21-22.

姚庭香，1991. 开发利用甜菜渣的新途径 [J]. 食品科学 (3)：34-37.

杨玉芬，卢德勋，许梓荣，等，2002. 日粮纤维对肥育猪生产性能和胴体品质的影响 [J]. 福建农林大学学报（自然科学版），31 (3)：366-369.

张建红，周恩芳，2002. 饲料资源及利用大全 [M]. 北京：中国农业出版社.

Bhattacharya A N，Sleiman F T，1971. Beet pulp as a grain replacement for dairy cows and sheep [J]. Journal of Dairy Science，54 (1)：89-94.

Bhattacharya A N，Lubbadah W F，1971. Feeding high levels of beet pulp in high concentrate dairy rations 1 [J]. Journal of Dairy Science，54 (1)：95-99.

Castle M E，Gill M S，Watson J N，2010. Silage and milk production：a comparison between barley and dried sugar-beet pulp as silage supplements [J]. Grass and Forage Science，36 (4)：319-324.

[谱赛科（江西）生物技术有限公司　廖春龙，南昌大学　阮　征　编写]

第十一章
大豆糖蜜开发现状与
高效利用策略

第一节 概 述

一、我国大豆糖蜜资源现状

大豆是一年生草本植物，是世界上最重要的豆类。大豆起源于中国，中国学者大多认为大豆原产地是云贵高原一带，也有很多植物学家认为是由原产中国的乌苏里大豆衍生而来。现种植的栽培大豆是由野生大豆通过长期定向选择、改良驯化而来的。我国栽培大豆至今已有 5 000 年的历史。现在全国普遍种植，东北、华北、陕西、四川及长江下游地区均有种植，以长江流域及西南栽培较多，以东北大豆质量最优。大豆可以加工成豆腐、豆浆、腐竹等豆制品。其中，发酵豆制品包括腐乳、臭豆腐、豆瓣酱、酱油、豆豉、纳豆等；而非发酵豆制品，有水豆腐、干豆腐（百页）、豆芽、卤制豆制品、油炸豆制品、熏制豆制品、炸卤豆制品、冷冻豆制品、干燥豆制品等。另外，豆粉则是代替肉类的高蛋白质食物，可制成多种食品，包括婴儿食品。

大豆糖蜜是生产大豆浓缩蛋白过程中，醇溶部分物质经过浓缩处理后的产品，因富含糖类物质，颜色和流动性类似蜂蜜，所以命名为大豆糖蜜。每生产 4t 大豆浓缩蛋白可以得到 1t 大豆糖蜜（固形物含量 50%）。由此计，全国每年可产生 3 万～5 万 t 大豆糖蜜。大豆糖蜜颜色较深，呈棕红色，微甜，是大豆中多种植物化学成分的集合体。国外有关糖蜜的产品很多，其使用价值也在不断上升，用途也很广，包括饲料、食品、医药、化工原料、能源等。按主要用途可以分为以下几类：第一类是动物饲料；第二类是深加工成保健食品；第三类是能源及化工原料等。美国大量利用大豆糖蜜喂养家畜，原因是大豆糖蜜的营养价值很高，用大豆糖蜜来做配合饲料的组成部分可以节省谷物用量，提高饲料的能量价值，使饲料中能量和蛋白质的比例平衡。

二、大豆糖蜜作为饲料原料利用存在的问题

大豆糖蜜由于保存期受限和对其抗营养成分的认识不足，目前尚未广泛应用于饲料

中。大豆糖蜜成分中有抗营养因子，因此在饲用时需要注意添加量，防止拌料不均造成过量食用。另外，鉴于动物的耐受能力不同，因此应用于不同生长期的动物时具体添加量及添加形式需根据实际情况进行调整。

三、开发利用大豆糖蜜作为饲料原料的意义

大豆糖蜜是一种可以被利用的资源，全国一年有 3 万～5 万 t 的产量。由于其成分复杂、黏稠、色泽深等特性难以处理，因此目前大部分厂家将其废弃或低价出售用作动物饲料，造成环境污染和资源浪费，这是制约生产企业扩大生产规模的主要原因之一。若能将大豆糖蜜加以开发利用，既降低生产成本，又能"变废为宝"，不仅能为众多大豆蛋白、油脂生产厂家解决废液排放的难题，而且还能减少环境污染。

第二节　大豆糖蜜的营养价值

大豆糖蜜的主要成分是糖（58%～65%），包括低聚糖（23%～26%的水苏糖和4%～5%的棉籽糖）、二糖（26%～32%的蔗糖）和少量单糖（1.2%～1.6%的果糖和0.9%～1.3%的葡萄糖）；次要成分包括皂苷（6%～15%）、蛋白质（5%～7%）、脂质（4%～7%，包括磷脂）、矿物质（3%～7%）、异黄酮（0.8%～2.5%）和其他有机成分，包括酚酸和无色花青素等。

大豆低聚糖是大豆糖蜜中的重要组分，是大豆中可溶性糖的总称，主要包括蔗糖、棉籽糖和水苏糖，其中棉籽糖和水苏糖属于 α-半乳糖苷类，它们不为人体消化吸收，但可被大肠中的细菌分解，生成醋酸、乳酸等有机酸，从而降低肠道中的 pH，使得有益菌群（主要指双歧杆菌）增殖。大豆低聚糖对动物的营养作用主要有调节肠道菌群平衡、润肠通便、保护肝脏、增强机体免疫力、降血脂、抗氧化、防衰老、抗癌防癌、促进营养物质消化与吸收、促进钙的吸收等。大豆异黄酮是大豆等豆科植物生长过程中形成的一类具有多酚结构的次级混合代谢物，其植物雌激素种类较多，主要包括大豆黄酮、染料木素和大豆黄素。近年来，通过对反刍动物的研究发现，大豆异黄酮能通过对乳腺免疫指标表达量的调控，提高奶牛乳腺上皮细胞的泌乳性能，促进乳腺肥大细胞 IL-4 的分泌，增强奶牛的免疫功能及显著增强其抗氧化能力。此外，大豆异黄酮还具有促进生殖系统发育、提高繁殖性能和改善牛奶品质等作用。

第三节　大豆糖蜜中的抗营养因子

大豆糖蜜中含有一定量的胰蛋白酶抑制剂，其是一种广泛存在于豆类中的抗营养剂，当进入生物体时，可以迅速与小肠内的胰蛋白酶和胰凝乳蛋白酶发生反应，形成稳定的复合物而失去活性，从而导致小肠对蛋白质的消化率降低。当人和动物食用未完全除去胰蛋白酶抑制剂的大豆产品后，胰蛋白酶抑制剂一方面阻碍肠道内蛋白水解酶的作用而使蛋白

质消化率下降，引起恶心、呕吐等肠胃中毒症状；另一方面胰蛋白酶抑制剂还作用于胰腺本身，发生补偿性反应，造成机能亢进，刺激胰腺分泌过多的胰腺酶，造成胰腺分泌的内源性必需氨基酸缺乏，引起消化吸收功能失调或紊乱，严重时出现腹泻，抑制机体生长。另外，大豆糖蜜中的大豆低聚糖也具有一定的抗营养特性，被称为胃肠胀气因子。由于人或动物缺乏 α-半乳糖苷酶，因此不能水解棉籽糖与水苏糖，摄入的 α-半乳糖苷不能被消化吸收，而直接进入动物的大肠中，经肠道产气微生物的作用，转化成挥发性脂肪酸，然后再产生 CO_2、H_2、NH_3、甲烷等气体，从而引起消化不良、腹胀、肠鸣、腹泻等现象，同时也降低了 α-半乳糖苷的消化能值。

皂苷也兼具抗营养特性，大豆皂苷可使动物红细胞破裂，引起溶血，具有致甲状腺肿作用，另外还能抑制胰凝乳蛋白酶和胆碱酯酶活性。

第四节　大豆糖蜜在动物生产中的应用

大豆糖蜜常以大豆纤维为载体，加工成饲料添加剂或直接添加到燕麦中制成良好的青贮饲料。也有人在饲料的配合生产中添加大豆糖蜜，以提高饲料的营养价值和改善适口性。Murphy（1999）发现，将大豆糖蜜作为能量饲料添加到奶牛日粮中，可明显提高牛奶中各种营养成分的比例。李改英等（2011）研究发现，在泌乳早期奶牛日粮中添加大豆糖蜜能明显降低奶牛能量负平衡现象，从而提高泌乳早期奶牛的体况恢复能力，为奶牛产出更多更优质的牛奶打下基础。冉双存（2008）在 5~6 月龄青藏高原毛肉兼用半细毛羊日粮中添加不同剂量的大豆糖蜜，结果表明日增重和饲料转化率均显著增加，分别提高了 7.72% 和 6.13%。其中，以添加 6.0% 大豆糖蜜的效果最为显著。毛朝阳（2009）通过研究发现，日粮中大豆糖蜜的添加水平在 6% 左右时，鲁山牛腿山羊的日增重和饲料转化率比较显著。马群山等（2008）为研究饲料中添加大豆糖蜜的效果及适宜水平，选择 4 月龄德国美利奴与东北细毛羊杂交羊 12 只，进行舍饲试验，测定不同添加剂量的大豆糖蜜对绵羊生长发育的影响。经 45d 的饲养试验表明，饲喂含 5% 大豆糖蜜饲料的肉羊日增重和饲料转化率均比对照组和饲喂 2% 组及 8% 组的明显提高，且达显著水平（$P<0.05$）。梁丽莉和赵海明（2007）研究了日粮中添加大豆糖蜜对泌乳高峰期奶牛的影响发现，日大豆糖蜜可提高泌乳高峰期奶牛体质、产奶量和乳脂率。由此可见，在玉米较缺乏的地区奶牛日粮中添加大豆糖蜜可替代一部分玉米。

第五节　大豆糖蜜的加工方法与工艺

一、已有的加工方法与工艺

大豆糖蜜是醇法生产大豆浓缩蛋白的副产品，生产工艺如图 11-1 所示：

目前，大豆糖蜜作为饲料原料的主要加工方法为：①大豆糖蜜直接按一定比例添加至饲料中直接喂饲。②制成大豆糖蜜粕。大豆糖蜜粕是以大豆糖蜜为原料、以大豆纤维

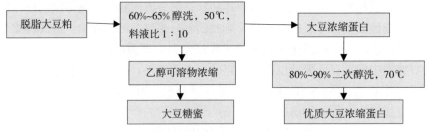

图 11-1　大豆糖蜜生产工艺

为载体，经均质、干燥和膨化等特殊工艺加工而成。大豆糖蜜粕中含有丰富的大豆低聚糖、皂苷、大豆异黄酮、大豆乳清蛋白和大豆纤维等营养物质，而且产品适口性佳、营养物质丰富、功能性强，是优质的动物饲料原料，可代替优质谷物广泛应用于畜禽及水产饲料中。③与其他饲料混合制成固体复合饲料。④大豆糖蜜中含有大豆低聚糖、大豆异黄酮、大豆皂苷及大豆磷脂等，是一种很好的提取原料。由于大豆糖蜜成分中有抗营养因子，因此直接喂饲可能会出现问题，将各种有效成分从大豆糖蜜中分离出来，再添加至饲料中能有效避免抗营养因子引起的各种问题。

二、需要改进的加工方法与工艺

目前，将大豆糖蜜作为饲料原料直接饲喂还是比较少的。应当加强大豆糖蜜复合饲料的研发，制成各种可直接添加的固体颗粒饲料。

三、大宗非粮型饲料原料加工设备

由于大豆糖蜜作为饲料原料还没有得到很好的推广，国内相关的企业也比较少，因此目前市场上没有专门针对大豆糖蜜的饲料原料加工设备，需要相关企业根据生产实际自制或借鉴其他饲料加工设备进行研制。为保证行业健康发展，应当研发针对大豆糖蜜性质的标准加工设备。

四、饲料原料的加工标准和产品标准

作为非常规饲料原料，大豆糖蜜目前还没有相应的加工标准和产品标准，相关的行业协会和企业应当尽快制定，以便行业健康、有序地发展。

第六节　大豆糖蜜作为饲料资源开发与高效利用策略

随着国内醇法大豆浓缩蛋白产业的不断发展，大豆糖蜜的综合利用是企业必须面对的难题。研究开发利用大豆糖蜜是企业盈利的必然途径，将为企业创造更高的经济效益。大豆糖蜜在动物营养调控领域的研发和综合利用，对于开发新的能量饲料来源、提高动物生产性能和养殖效益、促进动物健康具有重要意义。大豆糖蜜在我国动物营养中的综合利用远远落后于畜牧业发达国家，还需进一步深入研究和开发。另外，积极制定大豆糖蜜作为饲料产品的产品标准和探索不同生长时期不同动物的具体添加量及添加形式，对积极推动副产品饲料化具有指导意义。

为了进一步开发利用大豆糖蜜作为饲料原料，第一，要加强大豆糖蜜作为饲料原料的营养价值评价和喂养效果研究，为大豆糖蜜作为饲料原料提供数据支持。第二，政府应加强对相关产业的政策支持，企业应该加强对大豆糖蜜的综合利用，以降低成本、提高效益。第三，国内的养殖户对大豆糖蜜作为饲料原料的益处还不太了解，相关企业应在销售的同时做好宣传和服务工作。

➤ 参考文献

方洛云，赵燕飞，金凯，等，2015. 大豆异黄酮对奶牛泌乳性能、血液免疫及抗氧化指标的影响 [J]. 中国农学通报，31 (11)：9-15.

谷春梅，韩玲玲，曲洪生，等，2012. 大豆胰蛋白酶抑制因子的研究进展 [J]. 大豆科学，31 (1)：149-151.

金征宇，朱建津，1995. 大豆的抗营养因子及对饲用价值的影响 [J]. 中国饲料 (10)：25-27.

李改英，傅彤，廉红霞，等，2010. 糖蜜在反刍动物生产及青贮饲料中的应用研究 [J]. 中国畜牧兽医，37 (3)：32-34.

梁丽莉，赵海明，2007. 日粮中添加大豆糖蜜对泌乳高峰期奶牛的影响 [J]. 饲料研究 (7)：51-52.

卢志勇，梁代华，杨运玲，等，2013. 大豆异黄酮对奶牛乳腺上皮细胞泌乳性能及抗氧化能力的影响 [J]. 饲料与畜牧 (2)：25-28.

马群山，袁荣志，唐德江，2008. 饲料添加大豆糖蜜对绵羊生长发育的影响 [J]. 黑龙江八一农垦大学学报，20 (1)：63-65.

毛朝阳，2009. 鲁山牛腿山羊饲喂大豆糖蜜粕试验研究 [J]. 河南畜牧兽医 (综合版)，30 (11)：8-9.

穆莹，江连洲，2013. 大豆异黄酮对奶牛乳腺上皮细胞增殖及泌乳性能的影响 [J]. 大豆科技，40 (3)：187-190.

冉双存，2008. 青海高原半细毛羊饲喂大豆糖蜜粕试验研究 [J]. 中国畜禽种业，4 (23)：65-67.

石云，孔祥珍，华欲飞，2015. 大豆糖蜜上清液中胰蛋白酶抑制剂的去除 [J]. 大豆科学，34 (2)：298-301.

隋美霞，朱成明，刘大森，2007. 大豆异黄酮在反刍动物中的应用 [J]. 中国饲料 (13)：25-26.

Murphy J J, 1999. The effects of increasing the proportion of molasses in the diet of milking dairy cows on milk production and composition [J]. Animal Feed Science and Technology, 78 (3/4)：189-198.

［南昌大学 阮征，谱赛科（江西）生物技术有限公司 廖春龙 编写］

第十二章
甜叶菊渣开发现状与
高效利用策略

第一节 概 述

一、我国甜叶菊资源现状

甜叶菊（*Stevia rebaudiana*），别名甜草、糖草、甜菊、甜茶，属菊科（Compositae）、斯台维亚属，为多年生草本植物，原产于巴拉圭的 Amambay 及 Mbaxacayu 山脉。1970年，日本从巴西引进甜叶菊，开始驯化、栽培、制苷，同时进行毒理、食品检测等试验，并首先开发利用甜叶菊产品——甜菊糖苷。我国于 1976 年从日本引种试种，并获成功。目前，除在中国、日本引种和推广外，韩国、泰国和菲律宾等也有不同程度的推广栽培。经过近 40 年的发展，中国已成为世界甜菊糖苷的生产大国，甜菊糖苷主要销往美国、日本、韩国和南亚。近年来，甜菊糖苷价格逐年上涨，产品供不应求。我国的甜菊糖苷发展之所以如此迅速，与其生产原料充足密切相关。2015 年，全国甜叶菊种植面积为 1.68 万 hm^2，原料干叶总产量约为 5.77 万 t，主要分布在江西、湖南、安徽、江苏、甘肃、新疆、内蒙古、黑龙江和湖北等 9 个省（自治区）。甜菊糖苷是从甜叶菊的叶片中提取的，其甜度是蔗糖的 200~300 倍，而能量仅为蔗糖的 1/300，含有 14 种微量元素、32 种营养成分，是一种天然、无热量高倍甜味剂，在体内不参加代谢、不蓄积、无毒性，其安全性已得到 FAO 和世界卫生组织（World Health Organization，WHO）等国际组织的认可。2004 年 7 月 6 日，世界卫生组织正式通过允许甜菊糖苷在世界范围内通用的决议，这是甜菊糖苷安全性的有利证明。甜菊糖苷可替代糖精或部分替代蔗糖，应用于各种食品饮料中，甜菊糖苷还有预防糖尿病肥胖症及小儿龋齿等疾病的作用，是患者理想的甜味剂，已成为继蔗糖、甜菜糖之后的第 3 种天然糖源。甜叶菊这一新兴糖料作物，已引起世界各国的广泛重视，甜叶菊的科学研究与开发利用范围和途径也迅速扩大。

二、开发利用甜叶菊渣作为饲料原料的意义

我国是目前世界上最大的甜菊糖苷产品生产供应国。然而，甜叶菊叶中含菊糖

10%左右，以 2015 年干叶产量为 5.77 万 t 来计算，提取甜菊糖后有接近 5 万 t 的干甜叶菊渣产生。能否对废渣进行有效的处理直接关系甜菊糖苷企业是否能够正常生产。目前，甜叶菊渣利用率不高，主要的利用方式有作为肥料和燃料。而大部分的甜叶菊渣未得到很好的利用，被直接丢弃，不仅造成资源的极大浪费，还严重污染了环境。

三、甜叶菊渣作为饲料原料利用存在的问题

甜叶菊渣虽然可以作为饲料使用，但是甜叶菊渣中粗纤维含量较高，这是影响其作为饲料大比例添加的主要因素。粗纤维不但难以消化、营养价值不高，而且饲料中粗纤维含量高的话，反而影响其他营养成分的消化吸收，粗纤维含量越高，其他营养成分越难被吸收，尤其对单胃的猪、鸡等更是如此。因此，降低甜叶菊渣中粗纤维的含量，提高其营养价值，改善其适口性，得到较易被动物消化利用的具有高饲用价值的发酵饲料，是甜叶菊渣作为饲料原料利用的重要研究课题。

第二节　甜叶菊渣的营养价值

经江西出入境检验检疫局检测（表 12-1），甜叶菊渣中粗蛋白质含量为 24.59%，可作为可替代蛋白源开发；由于甜叶菊渣中含有少量甜菊糖苷，添加进饲料中可增加动物的食欲，故可作为增食剂使用。有报道称，甜叶菊能够治疗动物的慢性疾病及不孕症等。因此，甜叶菊渣作为饲料或添加剂极具利用价值，可以实现甜叶菊渣低成本、无二次污染的综合利用，为拓展饲料资源、降低饲料成本探索一条新途径。

表 12-1　甜叶菊渣常规营养成分

检测指标	检测结果（%）	检测方法
粗蛋白质	24.59	SN/T 2115—2008
粗脂肪	3.55	GB/T 6433—2006
粗纤维	20.09	GB/T 5009.10—2003
灰分	11.58	GB 5009.4—2010
碳水化合物	40.19	《食品营养标签管理规范》卫监督发（2007）300 号

第三节　甜叶菊渣在动物生产中的应用

检测显示，甜叶菊渣中含有粗蛋白质、粗纤维、粗脂肪、粗灰分、无氮浸出物等。其中，蛋白质组成检测甜叶菊渣中含有 18 种氨基酸，这些充分说明了甜叶菊渣作为饲料或添加剂极具利用价值。孙艳宾等（2011）研究了甜叶菊渣对肉兔生产性能、主要养分消化率及器官指数的影响指出，适当添加甜叶菊渣有提高兔的免疫器官指数和增强免疫效果的趋势。甜叶菊渣以 5% 比例加入禽类饲料中，能起到预防禽类腹泻、调节禽类

消化功能、提高产蛋率的作用。甜叶菊渣可掺到饲料中用来喂奶牛、奶羊，增加奶的甜度，提高奶质量和奶中微量元素、氨基酸等物质的含量，对产奶量有一定的促进作用。郭礼荣等（2016）通过研究发现，发酵后的甜叶菊渣适口性好，可提高猪的食欲。猪肉中赖氨酸、酪氨酸、亚油酸、亚麻酸和多不饱和脂肪酸含量更高，说明饲喂发酵甜叶菊渣能够提高猪肌肉中赖氨酸、酪氨酸和多不饱和脂肪酸的含量。左滕直彦和吴文学（1996）认为，甜叶菊作为天然饲料添加剂，可增进家畜、赛马及宠物的食欲，并能治疗慢性疾病及不孕症。孔智伟等（2017）用含有一定比例甜叶菊渣的发酵饲料和基础日粮分别饲喂 5 头 5 月龄巴马香猪与赣中南花猪杂交的肉猪 140d，测定分析不同阶段试验猪个体重、日增重及料重比等指标。结果显示，使用含有一定比例甜叶菊渣的发酵饲料对巴马香猪与赣中南花猪杂交肉猪的个体重及日增重的影响不显著，但明显降低料重比达 14.5%。因此，甜叶菊渣通过发酵技术处理后，替代部分土杂肉猪饲料具有可行性。唐兴（2014）通过试验认为，用甜叶菊渣代替草粉能显著提高 7 周龄肉兔的平均日增重（$P<0.05$），降低料重比（$P<0.01$）。甜叶菊渣代替草粉饲喂肉兔效果显著。

第四节　甜叶菊渣的加工方法与工艺

目前，甜叶菊渣作为饲料主要的加工方法有以下两种：①甜叶菊渣直接按一定比例添加至饲料中，添加的比例控制在 10% 以下。影响甜叶菊渣作为饲料或者饲料添加剂大量添加的主要因素是甜叶菊渣中的粗纤维比例过大，影响其适口性。②以甜叶菊渣为主要原料配合适当辅料生产微生物发酵浓缩饲料。甜叶菊渣经微生物发酵后，能够有效地提高蛋白质含量，降低粗纤维含量，并产生一些消化酶类和维生素类物质，改善口感，能够有效提高甜叶菊渣的综合利用率。其生产工艺路线如图 12-1 所示：

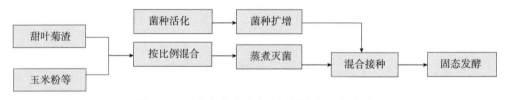

图 12-1　固态发酵甜叶菊渣饲料生产工艺路线

第五节　甜叶菊渣作为饲料资源开发与高效利用策略

随着甜菊糖产业的发展，越来越多的甜叶菊渣需要处理。与别的处理方式相比，甜叶菊渣加工成发酵饲料具有综合利用率高、产品附加值高等特点，是一种理想的饲料资源，可以大力推广。甜叶菊渣在畜禽饲料上的研究不是特别多，在实际生产和养殖环节也没有得到全面推广。建议加大甜叶菊渣作为饲料资源的研究，甜叶菊糖加工企业则应对甜叶菊渣的精深加工工艺进行研究，加强甜叶菊渣作为饲料添加剂在饲料配方中的配合比例和对畜禽生产性能的对比试验研究，科学制定甜叶菊渣及其加工产品作为饲料原料在日粮中的适宜添加标准，提高甜叶菊副产品的利用价值。目前，将甜叶菊渣及其加工产品作为饲料还没有相应的产品标准，相关企业应该推进相关标准的制定，使行业健康、有序地发展。

参考文献

郭礼荣，苏州，孔智伟，等，2016. 饲喂发酵甜叶菊废渣对猪肌内氨基酸和脂肪酸组成的影响 [J]. 猪业科学，33（12）：72-73.

孔智伟，张强，陈荣强，等，2017. 甜叶菊废渣发酵饲料对土杂肉猪生产性能的影响 [J]. 中国猪业，12（11）：46-48.

马磊，石岩，2009. 甜叶菊的综合开发利用 [J]. 中国糖料（1）：68-69，72.

唐兴，2014. 木薯渣、甜叶菊渣代替王草草粉对肉兔生产性能的影响 [J]. 兽医导刊（18）：35-35.

孙艳宾，林英庭，王利华，等，2011. 甜叶菊渣对肉兔生产性能和养分消化率的影响 [J]. 饲料研究（1）：52-53.

左藤直彦，吴文学，1996. 天然饲料添加剂——甜叶菊 [J]. 中国畜牧兽医（1）：5-6.

　　［南昌大学　阮征，谱赛科（江西）生物技术有限公司　廖春龙　编写］

第十三章
果蔬及其加工产品开发现状与高效利用策略

第一节 概 述

一、我国果蔬及其加工产品资源现状

　　我国是世界最大的水果生产国和出口国，苹果、梨、桃和西瓜产量均居世界第一位，柑橘、樱桃、菠萝、香蕉等水果产量也居世界前列。近年来，我国水果加工业实现了跨越式发展。布局趋于集中化，尤其是加入WTO后，为了满足消费者对水果加工品不断上升的需求，我国大力发展河西走廊、新疆和云贵高原等特色水果加工基地，以及陇东地区、四川和渭北高原等地区的优质水果加工基地，逐步形成了具有鲜明特色的优势产业带。由于果树生长对生态地理环境要求较高，因此我国水果的生产呈现不同的地域分布特征。华南地区盛产香蕉、菠萝、木瓜、龙眼、荔枝、芒果等热带水果；四川地区盛产柑橘；秦岭-淮河以北地区气温较低，主要生产苹果、梨、葡萄、柿子、杏等耐寒水果。其中，苹果、梨、桃、李和柿子的产量均为世界前五位。尤其是柿子和梨，中国的产量分别占世界总产量的71.5％和52.9％。我国水果加工业区域布局与水果种植区域布局非常相似。我国的水果加工种类繁多，主要包括果汁、果酱、果脯、果胶、果酒、水果罐头等。南方主要发展香蕉、菠萝、芒果、木瓜等水果加工业；西南地区主要发展柑橘加工业；西北和华北地区主要发展苹果、桃子、梨、杏等水果加工业。浓缩葡萄汁加工业主要在内蒙古、宁夏、新疆、甘肃等西部地区；浓缩枣汁加工业主要在新疆、山东等地；浓缩梨汁、浓缩桃汁加工业主要集中在河北、安徽、天津等地；苹果汁加工业主要集中在山东、辽宁、陕西等地区；柑橘汁加工业主要集中在重庆、四川、湖北等地；热带水果加工业主要分布在海南、广西和广东等南方亚热带地区；菠萝、香蕉和芒果汁加工业主要分布在云南和海南等地；直饮型果汁终端产品及复合型饮品主要集中在上海、北京和广州等地区。

　　蔬菜产业是近年来农产品发展较快的产业之一，已成为仅次于粮食作物的第二大农业产业。我国蔬菜种植面积约2 000万 hm^2，年产量超过7亿t，人均占有量超过500kg，均居世界第一位。大白菜在全国蔬菜栽培面积中占第1位，而且各地都将其作为主要蔬菜，但种质资源主要集中在山东、河南、河北、辽宁、四川和云南。叶用芥菜主要分布在长江以南的各省份，品种较多的有四川、云南、贵州、广东、福建、浙江等省。冬瓜耐高温高湿，除东北外，各地均将其作为淡季的主要蔬菜，但主要种质资源集中在广东、湖南、福建、江苏等省。大豆起源于中国，且适应性强，在我国南北方都能种植。菜豆的农家品种特别多，主要集中在东北的辽宁、吉林、黑龙江地区。豇豆的品种分布与菜豆相反，广东、广西等地区以豇豆为主，四川、贵州、山东、河北等地区是菜豆和豇豆并重，两种豆类种质资源都很丰富。韭菜种质资源全国各地都有分布，但集中在华北地区的河北、山西、内蒙古、山东、河南、天津地区。在各类蔬菜中，韭菜的栽培面积列于第 16 位，是中国主要蔬菜种类之一，而且起源地也在中国，已有几千年的栽培历史。苦瓜的种质资源分布在广东、广西、福建、湖南、四川、贵州等地区。全国各地都作为主要蔬菜，且栽培面积大、种质资源也丰富的有萝卜、甘蓝、黄瓜、番茄、茄子、辣（甜）椒、芹菜等。目前，中国栽培的蔬菜有 100 多种（含部分变种），起源于中国的蔬菜在生产中占主导地位，南北方利用的蔬菜种类有很大差异，南方蔬菜种类比北方丰富。我国的蔬菜消费主要以鲜菜为主，但由于蔬菜含水量高、难保存、易腐烂，因此对蔬菜进行深加工是国内外学者长期研究的重要课题之一。目前，蔬菜加工的产品种类主要有腌制蔬菜、脱水蔬菜、速冻蔬菜、罐藏蔬菜、蔬菜汁、蔬菜脆片、蔬菜粉、蔬菜纸等。

二、开发利用果蔬及其加工产品作为饲料原料的意义

果蔬具有较强的地域性和季节性，收获集中，上市期短，如不能及时销售、储藏和加工，则因其高水分含量（＞80%）而容易导致腐烂变质，既污染环境又造成了资源浪费。我国新鲜水果的平均损耗率为 20%～30%，而蔬菜损耗率为 30%～40%，造成了巨大的资源浪费和经济损失。果蔬渣是食品工业的副产品，大多数蔬菜渣属于高纤维、低蛋白质、高含水量的糟渣，如豆角渣、番茄渣等。与国际发达国家果蔬加工利用率较高相比，我国亟待提高果蔬精深加工水平及原料利用率，以推动果蔬产业的快速发展。FAO 统计，全世界年产香蕉 4 190 万 t，其中有 12%～15% 用于畜禽饲料生产，利用能力非常有限。通过对加工中产生的大量富含活性因子的副产品进行加工，包括皮和核在内都可以得到有效利用，将大大提高果蔬原料的利用率。综合利用后的果蔬不仅保持了原有果蔬的营养成分及风味，且一些营养和功能组分更利于消化吸收，是一种良好的全营养深加工产品。在大力发展集约化养殖和节粮型畜牧业的今天，研究果蔬渣的营养价值和更多的应用效果，以及其增强畜禽健康的确切机理具有良好的应用前景。而且果蔬渣经过深加工可生产出良好的果蔬渣饲料，在提高养殖业经济效益的同时还可减轻环境污染，具有很大的发展潜力。

三、果蔬及其加工产品作为饲料原料利用存在的问题

果渣中不仅含有一些抗营养因子，同时含水量大，储存和运输不便，且易发霉变质，因而往往被废弃。如直接饲喂苹果鲜渣还存在一定局限性，因为苹果渣供应受季节

的影响大，存放时间短，易酸败变质，发霉变质后易造成动物中毒或肠道疾病，因此直接饲喂苹果鲜渣仅适用于果汁厂周边的农户或小型养殖场。果渣要求无污染、无霉变，对混入土、石块、瓦片、塑料薄膜等杂质的果渣，须进行清杂处理后方可使用。同时，考虑到饲料成本与畜产品的高品质，给家畜饲喂果蔬渣时应选择适宜的添加量，并且饲喂前要进行脱毒处理。

第二节　果蔬及其加工产品的营养价值

果蔬类籽实中含有丰富的粗蛋白质和粗脂肪。在水果类加工产品中，李春燕等（2011）报道苹果籽中粗蛋白质和粗脂肪含量分别为 51.23% 和 26.2%，其中，必需氨基酸含量为 113.2mg/g，必需氨基酸和非必需氨基酸的比值达到 0.52，接近 FAO/WHO 提出的氨基酸模式。这些氨基酸中又以谷氨酸和天冬氨酸含量居高，分别达到 78.9mg/g 和 35.9mg/g。柑橘果渣占柑橘果重的 40% 多。其中，蛋白质含量为 6.5%，脂肪含量为 4.4%，粗纤维含量为 25%（DM）。番茄果渣中粗蛋白质含量为 20%～25%，其中赖氨酸含量比大豆蛋白中的高 13%，粗脂肪含量比大豆中的高 2.2%～3.2%，粗纤维含量比大豆中的高 20.8%～30.5%，矿物质含量比大豆中的高 3.1%～7.4%，并且其中的 B 族维生素和维生素 A 的含量也较高。番茄果渣中的叶黄素与玉米蛋白粉或紫花苜蓿粉中的含量相当。番茄籽中粗蛋白质和粗脂肪含量分别为 29% 和 28%。此外，果蔬籽实中还含有一些功能性物质。苹果籽中含有丰富的还原性物质，如根皮苷、杏苷、多酚、多糖等，具有抑制脂质过氧化、清除自由基、减缓细胞衰老、促进机体健康生长的作用。于修烛（2004）发现，苹果籽乙醚提取物的抗氧化效果要好于 2，6-二叔丁基对甲酚（butylated hydroxytoluene，BHT）。在葡萄籽中发现含有包括儿茶素、表儿茶素和没食子酸在内的单体多酚，占总多酚含量的 10%，聚合多酚则主要以原花青素为主，占总多酚含量的 75%～85%。在蔬菜类食品中，裸仁南瓜籽中粗脂肪和粗蛋白质含量分别为 39.22% 和 35.64%，油酸和亚油酸含量分别达到 42.2% 和 39.7%。其中，花椒籽的油酸、亚油酸和亚麻酸的含量分别高达 31.37%、32.64% 和 24.13%。在黑色南瓜籽中存在抗真菌多肽。在食品和保健领域的研究表明，南瓜籽和苹果籽均具有驱虫、降血糖和血脂的功效。原花青素中含有较多的酚羟基，其独特的立体化学结构，使各种不同聚体之间表现出协同作用，是一种高效的抗氧化剂，其抗氧化效果是维生素 C 的 2 000%、是维生素 E 的 5 000%。此外，原花青素中还具有能被广泛应用于医疗、食品及化妆品领域的多种生物活性物质。

第三节　果蔬及其加工产品中的抗营养因子

果蔬及其加工产品具有丰富的营养价值，含有机体所需的多种维生素、微量元素、各种糖类和有机酸等物质，从而维护机体正常的生理功能，保证健康。虽然大豆、花生、鹰嘴豆、蚕豆等豆科籽实为极好的蛋白质来源，尤其是豆粕作为大豆提取豆油后得到的一种副产品，氨基酸比较平衡而成为全世界最主要的植物蛋白质饲料原料，但它们均含有抗营养因子，从而限制了其在动物日粮中的使用。正由于其中所含一些对养分的消化、吸收和利用产生不利影响的物质，以及影响畜禽健康和生产能力的物质，因此不仅影响了果蔬加工产品及其副产品的营养价值和适口性，而且给动物的健康生长和生产带来了很大的危害。抗营养因子普遍存在于植物性食物中，其作用主要表现为降低日粮中蛋白质、脂肪、淀粉等营养物质的利用率，降低动物的生长速度和动物的健康水平。根据不同的抗营养作用可以将其分为六大类：①抗蛋白质消化和利用的营养因子，如胰蛋白酶抑制因子、植物凝集素、酚类化合物、皂化物等。②抗碳水化合物的营养因子，如淀粉酶抑制剂、酚类化合物、胃胀气因子等。③抗矿物元素利用的营养因子，如植酸、草酸、棉酚、硫葡萄糖苷等。④维生素颉颃物或引起动物维生素需要量增加的抗营养因子，如双香豆素、硫胺素酶等。⑤刺激免疫系统的抗营养因子，如抗原蛋白质等。⑥综合性抗营养因子，指对多种营养成分的利用均产生影响，如水溶性非淀粉多糖、单宁等。

所有生的或加工不良的豆类，都含有不同水平的胰蛋白酶抑制因子。这些抑制因子能和小肠内的胰蛋白酶结合，形成一种无活性的复合物，结果正常抑制胰蛋白酶持续分泌的负反馈机制被阻断，以致胰腺合成过量的胰蛋白酶。已证实用未加热处理的大豆产品饲喂动物，其胰腺肥大，并表现生长抑制和饲料转化率下降。蛋白酶抑制物具有蛋白质的性质，因而易于通过热处理而使之失活。植物凝素是以一种非常特异的方式与各种糖和葡萄糖络合物发生可逆性结合的各种蛋白质结合，也可与小肠黏膜上皮的微绒毛表面各种糖蛋白结合，引起微绒毛的损失和发育异常，从而严重影响肠壁吸收养分的功能。结球甘蓝、羽衣甘蓝、芜菁、花椰菜、油菜籽和荠菜籽中具有明显毒性的物质，是致甲状腺肿的葡萄糖苷。用这些作为饲料饲喂小鼠、家禽、猪和牛后，它们的生长受到抑制、甲状腺对碘的吸收下降、甲状腺肿大和其他身体器官的病理变化。另外，马铃薯中也含有抗胰蛋白酶，必须加热后才能进行饲喂。因此，对于果蔬加工产品及其副产品的开发，需要通过科学的技术去除抗营养因子，从而有利于果蔬加工产品及其副产品营养价值的充分发挥，提高饲料转化率，降低生产成本，提高经济效益。

第四节　果蔬及其加工产品在动物生产中的应用

果渣的饲喂形式有很多种，主要有鲜果渣、青贮果渣、生物发酵果渣和果渣干粉。饲料工业中，鲜果渣可以作为优良辅料与其他原料一起配制饲料。新鲜果渣进入青贮池，通过微生物发酵作用，果渣中的糖类物质能被转化为乙醇。随着发酵的进行，氧气很快被消耗，在厌氧、酸性及高水分的条件下，乳酸菌快速繁殖，pH 进一步下降，其他杂菌很难侵染，从而形成一个安全的青贮小生态环境。果渣还可以通过自然晾晒，或者采用干燥设备烘干，处理后的干果渣含水量约为 10%，再用粉碎机粉碎成果渣干粉。在适量补充饼粕类蛋白质饲料后，果渣粉可以代替部分玉米和麸皮配制混合饲料。生物发酵果渣则以新鲜果渣为基质，利用有益微生物发酵；将适宜菌株接入其中，调节微生物所需的营养、温度、湿度、pH 和其他条件，通过发酵，消除或减少其中的抗营养因子，提高酸性洗涤纤维和中性洗涤纤维的消化率，提高蛋白质、氨基酸、维生素、酶类、核苷酸、有机酸及未知生长因子等生物活性物质含量，生产出具有酵母培养物和微生态制剂特点的果渣发酵物。

一、在养猪生产中的应用

我国传统的畜禽养殖中就有饲喂蔬菜渣的习惯，尤其是养猪。蔬菜渣可以提高仔猪的日增重，加快胃肠发育速度，降低发病率。另外，蔬菜渣还可降低仔猪断奶应激，调控肠道菌群平衡。Andrés-Elias 等（2007）研究了核苷和豆角渣对断奶仔猪生产性能及肠道健康的影响，结果表明核苷和豆角渣都能调节断奶仔猪肠道菌群组成，不同的是核苷主要在回肠起作用，而豆角渣在盲肠的作用较大。青贮后的苹果渣消化率提高，可饲喂牛、羊、猪和鸡等畜禽。杨福有等（2003）发现，在断奶仔猪饲料中添加 4% 青贮苹果渣（按风干物质计），提高了日增重，降低了料重比和仔猪腹泻率，且不会改变仔猪血液生化指标。张振国（2007）认为，在 15～45kg 的生长猪日粮中添加 5% 苹果渣干粉，不会影响猪的日增重，并可使饲料成本降低。刘海燕等（2008）发现，在 0～30kg 生长猪日粮中添加熟化 3% 葡萄籽粉有提高猪生长性能的趋势；当猪体重 >60kg 时，葡萄籽粉的添加比例可增加至 6%，猪的平均日增重、平均日采食量分别提高 4.42% 和 6.20%，耗料增重比降低 2.87%。

二、在反刍动物生产中的应用

豆角渣中也含有一定的抗营养因子，主要是单宁。对于反刍动物来讲，低浓度单宁可以降低日粮蛋白质在瘤胃中的降解，增加小肠中必需氨基酸的含量，但高水平的单宁会降低畜禽生产性能。刘瑞芳等（2011）研究发现，用 6% 和 10% 的葵花籽饲喂荷斯坦奶牛，其干物质、粗蛋白质、粗脂肪、中性洗涤纤维和酸性洗涤纤维的表观消化率得到了提高，而在 15% 葵花籽组均显著降低；进一步研究还显示，葵花籽 10% 组荷斯坦奶牛的产奶量提高了 3.81%。王喜乐等（2007）报道，饲喂葵花籽油后，山羊瘤胃中乙酸、丙酸和总挥发性脂肪酸的含量分别显著提高 32.30%、31.98% 和 29.65%；此外，瘤胃液中 C16：0、C18：0、C18：1 和 C18：2 含量也分别提高了 71.63%、157.19%、279.68% 和 69.73%。陈东等（2012）在日粮中添加葵花籽能够显著提高山羊血液中 CLA-c9，t11 和 t11-C18：1 含量，提高皮下脂肪中硬脂酰辅酶 A 去饱和酶基因的表达丰度。李会菊等（2010）报道，虽然在日粮中葡萄籽的添加比例达到 24% 时，对小尾寒羊成年母羊的采食量无显著性影响，但添加量为 16% 和 24% 时母羊粪中的蛋白质含量则分别提高 43.11% 和 41.48%，能量消化率分别降低 39.15% 和 33.06%。褚海义等（2008）研究在日粮中添加 5% 和 10% 亚麻籽对肉羊生长性能有无不良影响时发现，当添加量为 15% 时，肉羊平均日增重和平均日采食量分别降低 26.11% 和 10.16%；肉羊腿部肌肉和背最长肌脂肪比例也显著提高 63.52% 和 78.22%。这可能由于籽实原料脂肪含量，尤其是多不饱和脂肪酸含量较高，影响到了动物体内的脂类代谢，从而对采食量和养分的沉积产生影响。石传林和张照喜（2001）将鲜苹果渣与玉米秸秆按 1：3 比例混贮，并用该青贮饲料饲喂泌乳奶牛，其泌乳量提高 8.8％。含有较多的营养物质，且适口性较好；粗蛋白质在 0、6h、12h、24h、36h 和 48h 时的瘤胃降解率分别为 11.59％、28.63％、38.82％、43.73％、62.60％ 和 72.86％，动态降解率为 43.42％，其所含蛋白质的品质较好、蛋白质利用率较高。邝哲师等（2006）将经微生物发酵处理后的菠萝渣以 20％ 的比例替代部分青贮玉米秸秆饲喂奶牛，奶牛的采食量提高了 17.7％，干物质摄入量提高了 26.39％，说明有益微生物能有效作用于菠萝渣中的有机物，降解大分子物质，消除菠萝渣中多种抗营养因子的不良作用，提高奶牛的生产性能。而且发酵菠萝渣中粗蛋白质的动态降解率为 52.28％，快速降解率为 9.62％；DM、NDF、ADF 在 48h 的降解率分别为 80.67％、72.47％ 和 61.44％，而在 72h 的降解率分别为 85.51％、78.96％ 和 74.52％。

三、在家禽生产中的应用

苹果渣对蛋鸡饲料的消化利用不会构成不良影响，但在使用时也应注意营养补充与平衡。康永刚和陈永亮（2006）在雏鸡日粮中分别用风干未发酵苹果渣粉、半干发酵苹果渣粉、膜发酵苹果渣粉替代基础日粮中 5％ 的麸皮，结果发现苹果渣粉促进了雏鸡绒羽换长快、新羽光顺、紧贴体表、发育整齐，且成活率和饲料转化率均高。分别用 0、7.5％、15.0％、22.5％ 和 30.0％ 的干燥香蕉粉代替肉鸡饲料配方中等量的玉米，配方中干燥香蕉粉的添加量不超过 7.5％ 时不会对家禽产生负面影响；但如果添加量大于 7.5％，那么肉鸡增重就会明显降低。饲喂干燥无花果粉的仔鸡生长速度和饲料转化率分别比饲喂复合酶提高了 7％ 和 12％。同时，仔鸡消耗的水分减少了 3％，死亡率下降了 1.8％。番茄渣用于蛋鸡饲料中可以改善蛋黄的颜色和质量，也有助于家禽消化，饲喂番茄渣的仔鸡不容易发生腹泻，消化功能也得到了改善。这可能是番茄渣的抗氧化特性产生了作用。王宝维等（2010）分别在鹅日粮中添加葡萄籽粕 3％、6％、9％、12％ 和 15％，6％ 和 9％ 组鹅的净蛋白质利用率分别显著提高 64.73％ 和 42.81％；氮沉积量则分别提高 65.52％ 和 43.68％；葡萄籽粕 3％、6％、9％、12％ 和 15％ 组鹅的粪中氨态氮则显著降低 9.06％、28.27％、62.94％、49.25％ 和 32.46％，在鹅日粮中添加葡萄籽粕能够降低粪中氨态氮的浓度，从而减少环境污染。在氨基酸摄入量一致的情况下，葡萄籽粕 3％ 组谷氨酸表观消化率和葡萄籽粕 12％ 组天门冬氨酸表观消化率较对照组分别提高 5.97％ 和 2.89％。此外，当葡萄籽粕的添加量达到 9％ 时，中性洗涤纤维、酸性洗涤纤维和粗纤维的消化率较高；但当添加量＞9％ 时，其消化率呈下降趋势。

四、在水产动物生产中的应用

添加量为 5.1％ 和 10.3％ 的苹果籽虽没有显著影响团头鲂的生长性能，当添加量达到 15.4％ 时，苹果籽组团头鲂特定生长率较对照组显著降低 12.94％，饵料系数提高 18.9％。白瓜籽对团头鲂特定生长率的影响表现为随着添加量的增加而提高，饵料系数则随添加量的增加而降低，而黑瓜籽添加量则与团头鲂特定生长率呈负相关。但苹果籽、白瓜籽和黑瓜籽均有提高团头鲂黏液、血清溶菌酶及总超氧化物歧化酶活性的趋势。李婧等（2009）试验表明，1.5％油菜籽提高了团头鲂的特定生长率和蛋白质效率，饵料系数则有所降低。叶元土等（2005）研究发现，日粮中添加菜籽能够提高草鱼的瞬间生长率，饵料系数则显著降低，蛋白质利用率和蛋白质沉积率则显著提高21.43％和33.83％。

第五节　果蔬及其加工产品的加工方法与工艺

近年来，我国果蔬加工业通过国外引进和国内自主研发相结合的方式，加工工艺不断提高。生物技术、高温瞬时杀菌技术、膜分离技术、膨化和挤压技术、基因工程技术及相关配套设备等都已在果蔬加工领域得到了普遍应用，各种果蔬及其制成品的储存及运输技术、气调保鲜包装（modified atmosphere packaging，MAP）技术、气调储藏（controlled atmosphere storage，CA）技术等都已在我国主要果蔬的储运保鲜中得到了广泛应用。果蔬汁生产更加倾向于特色果蔬汁的开发，如沙棘汁、蓝莓汁、蔬菜汁、复合蔬菜汁饮料等，建立了严格的果蔬汁鉴伪技术。罐头生产采取绿色化、健康化、自动化、连续化、机械化、现代化的生产和检测方式，保质期长，可调节季节供应，在果蔬加工中占有重要地位。腌制蔬菜是蔬菜加工品中最大的一类，蔬菜腌制品主要包括酸菜、咸菜、酱菜、糖醋菜、盐渍菜五大类。有关腌制菜方面的研究，主要集中在降低和消除腌制菜中的亚硝酸盐含量；低盐、营养化、多样化新产品的开发；腌制菜货架寿命的延长等方面。在罐藏蔬菜的研究方面，过去人们集中在护绿和硬化方面，目前则重点开展杀菌工艺技术研究。果酒加工运用化学降酸法、离子交换树脂降酸法、电渗析降酸法及生物降酸等技术来调节果酒中的有机酸含量，降解果酒中的有机酸；采用嗅觉指纹分析系统（电子鼻）、指纹图谱技术、味觉指纹分析系统（电子舌）来检测果酒的香味、色泽、口感等指标。速冻蔬菜的特点是解冻后复原性能好，近似于新鲜蔬菜。冻结器作为速冻蔬菜加工的关键设备，一般采用空气强制循环，如隧道式连续速冻器、螺旋式连续速冻器和流化床式速冻器。近年也开始使用液化气体喷淋式，如液氮速冻器，而流化床式速冻器是目前工艺条件下的主流设备。果蔬加工的副产品，可以作为饲料添加剂进行再开发利用：①对于含有与果实同样丰富的汁液和营养成分，且含水量高、含有一定的抗营养因子的果渣，如菠萝渣，青贮发酵法是改善其营养价值、延长其保鲜期的较好的处理方法。菠萝渣经青贮后，粗蛋白质含量为5.42％、粗脂肪含量为8.40％、粗纤维含量为20.61％、总磷含量为0.065％、钙含量为0.23％、pH为3.5，颜色呈黄绿色，气味酸香，质地松软，湿润但不黏手。②为了提高番茄渣的饲喂价值，分别采用：在121℃的温度下加热30min（热处理）；用浓度为0.2mol/L的盐酸溶液在室温下浸泡20h（酸处理）；在水中浸泡20h（水处理）；加入1.5mL甲苯抑制微生物生长，用浓度为0.045 8mol/L的氢氧化钠溶液处理24h后，再用盐酸溶液进行中和（碱处理）。研究发现，化学处理方法可能更有利于番茄渣的储存灭菌或者营养物质变性。③将油橄榄渣用高压锅加热至120℃，或者用各种浓度不同的氢氧化钠溶液进行预处理，然后用生物催化剂处理的菌种接种培养10d。这样处理的目的是破坏油橄榄渣中的木质素，并且使其利用效率更高。

第六节　果蔬及其加工产品作为饲料资源开发与高效利用策略

一、加强果蔬及其加工产品作为饲料资源的开发利用

传统粮食，如玉米、小麦和大麦等原料的缺乏是制约畜禽养殖的重要因素，尤其是盛产各种水果的热带和亚热带地区。近年来，国家连续出台多项强农和惠农政策，大力支持和鼓励农产品深加工，对推动农产品加工业的发展起到了积极的作用。在农产品深加工过程中会产生大量废弃残渣，包括果蔬籽实。据不完全统计，每年仅葡萄加工过程中产生的葡萄籽就有 30 万 t。此外，对苹果、番茄、芝麻、花椒、柑橘、南瓜、石榴等进行加工的过程中也会产生为数不少的籽资源。随着生活水平的提高，人们开始提倡"变废为宝"。但在过去养殖业快速发展的几十年里，在一定程度上忽略了这一点，以至于出现"人畜争粮"的情况。如果能将糟渣类饲料科学、合理地加以利用，将这些副产品加入畜禽配料中，畜牧生产将更好地为人们生活服务。既解决了传统配料不足的问题，同时也可以"变废为宝"，减少大量果蔬副产品对环境的污染。如干燥无花果是一种天然酶源，其中含有纤维素酶、木聚糖酶和葡聚糖酶等多种酶类。当饲料中大麦等谷物含量较高时，家禽类的肠道内容物黏度较大，家禽对饲料的消化利用率较低，而添加酶类则有助于消化。

二、改善果蔬及其加工产品作为饲料资源的开发利用方式

对加工中产生的大量富含活性因子的副产品（包括皮和核）进行加工，将大大提高果蔬原料的利用率。综合利用后的果蔬不仅保持了原有果蔬的营养成分及风味，而且使一些营养和功能组分更利于消化吸收，是一种良好的全营养深加工产品。而且经过深加工可生产出良好的果渣饲料，在提高养殖业经济效益的同时还可减轻环境污染，具有很大的发展潜力。

三、制定果蔬及其加工产品作为饲料产品的标准

随着生活水平的提高和保健意识的增强，人们在选择畜禽产品时，不仅要求营养丰富，而且要求安全、卫生和保健，其中最重要的是无药物残留。饲料抗生素曾对预防动物疾病和提高饲料转化率起到积极作用，但是随着抗生素的长期使用和临床滥用，细菌抗药性的增强、畜产品的药物残留等问题已经对人体健康构成严重威胁，饲用抗生素所导致的负面效应成为人们关注的焦点。近年来"二噁英""三聚氰胺"等饲料安全事件频发，以及对抗生素滥用的危险性认识加深，选择无污染、无残留和无公害的绿色食品已成为人们的消费趋向。养殖业和饲料工业必须顺应这种要求，大力研发天然、有机和无残留的新一代饲料添加剂，寻求可以代替抗生素、激素的无公害饲料添加剂已成为当

务之急。果蔬富含黄酮类、有机酸和多糖等多种活性物质，可不同程度地影响动物机体的代谢，发挥一定的营养促生长作用，从而提高动物的生长性能及动物的免疫能力。因此，将果蔬加工产品及其副产品作为饲料添加剂取代抗生素或蛋白质资源已经成为可能。但将果蔬加工产品及其副产品直接添加到饲料中喂养动物，因其纤维含量高、适口性不佳，所以会直接影响采食量。如将活性物质提取出来，然后添加到饲料中，不但使用成本高，而且产生的渣没有得到高效利用。因此，为改善果蔬残渣的适口性，进一步提高果蔬残渣的生物活性和营养价值、实现果蔬的全生物量利用，根据不同果蔬的特性及加工特点制定相应的饲料添加标准是一种有效途径和方法。不仅要进行加工设备的改造和技术更新，而且还要重视果蔬产品及加工标准体系的建设，需要研究建立既适合我国国情又与国际接轨的果蔬产品及加工标准体系框架，清理现有的不适应生产和贸易现状的标准；加快制定急需的标准，做到尽可能所有果蔬产品及其每个加工过程都有标可依，达到全过程质量控制的目的，从而提高产品的质量安全水平。

四、科学制定果蔬及其加工产品作为饲料原料在日粮中的适宜添加量

近年来，关于果蔬及其加工产品添加到动物日粮中的研究日益增加。柑橘果渣也可以在家禽饲料中添加，但添加比例以不超过 7.5% 为宜。因为柑橘果渣不容易制粒，所以应该以液态方式饲喂家禽。由于番茄果渣中的粗纤维含量高，赖氨酸和含硫氨基酸含量较低，因此在鸡、鸭和鹅饲料中添加剂量不能超过 5%。椰子可以作为主要蛋白质源（含 73% 蛋白质）被制成颗粒料或以粉状加入到动物饲料中。椰子蛋白可以代替传统饲料中 20% 的蛋白质（如豆粕），而对动物行为没有负面影响。但如果添加比例过高，则会使家禽的生长速度和饲料转化率降低。这是因为椰子蛋白在加热时其中的赖氨酸降低所致。因此，科学制定果蔬加工产品及其副产品作为饲料原料的最适添加量迫在眉睫。

果蔬资源在动物生产中的应用表现出较大潜力，但在应用过程中仍然存在需要进一步探讨的问题，包括不同籽实在动物日粮中的适宜添加比例；果蔬籽实在动物生产应用过程中引起适口性降低及与之配伍的诱食剂的筛选；果蔬籽实自身有毒因子及抗营养因子检测。我国果蔬籽实资源丰富，合理开发利用好籽实资源，不仅可消纳大量的农产品加工废弃物，促进农业资源的循环再利用，而且对于缓解我国饲料资源紧缺具有积极意义。

参考文献

曹珉，刁其玉，宋慧亭，等，2002. 苹果粕生物活性饲料的研制及饲喂奶牛试验 [J]. 乳业科学与技术，25（2）：23-26.

陈东，屈小丹，富俊才，2012. 葵花籽对羊组织共轭亚油酸沉积及相关酶基因表达的影响 [J]. 中国农业大学学报，17（1）：110-118.

褚海义，富俊才，孙茂红，等，2008. 添加亚麻籽对肉羊生产性能和肌肉中功能性脂肪酸含量的影响 [J]. 中国畜牧杂志，44（7）：31-33.

代小芳，叶元土，蔡春芳，等，2010. 苹果籽、南瓜籽对团头鲂（*Megalobrama amblycephala*）生长和部分生理指标的影响 [J]. 中国粮油学报，25（9）：57-63，81.

刁其玉，屠焰，高飞，等，2003. 苹果发酵物对奶牛产奶性能和疾病的影响 [J]. 中国奶牛（5）：21-24.

冯幼，许合金，刘定，等，2013. 果蔬籽实在动物饲料中的应用潜力 [J]. 饲料博览（9）：53-56.

洪庆慈，汪海峰，杨晓蓉，等，2004. 苹果籽营养成分测定 [J]. 食品科学，25（7）：148-151.

黄晓亮，黄银姬，2007. 不同添加剂对青贮菠萝渣营养成分的影响 [J]. 饲料研究（3）：72-73.

康永刚，陈永亮，2006. 苹果渣饲喂雏鸡的效果 [J]. 安徽农业科学，34（7）：1372，1374.

邝哲师，陈家义，徐志宏，等，2007. 发酵菠萝渣养分瘤胃降解率的研究 [J]. 中国饲料（5）：28-29，32.

邝哲师，张玲华，孙晓刚，等，2006. 菠萝渣发酵培养物对奶牛生产性能的影响 [J]. 饲料研究，5：40-42.

李春燕，迟翠翠，崔二林，等，2011. 苹果籽蛋白与大豆蛋白的营养分析比较 [J]. 中国农学通报，17（20）：119-122.

李会菊，孙占鹏，张鑫，等，2010. 日粮中添加葡萄渣和葡萄籽对小尾寒羊成年母羊表观消化率的影响 [J]. 饲料工业，31（11）：37-39.

李婧，叶元土，蔡春芳，等，2009. 四种油籽原料对团头鲂（*Megalobrama amblycephala*）生长的影响 [J]. 动物营养学报，21（1）：88-94.

李银平，薛雪萍，袁春龙，等，2006. 葡萄籽成分与营养评价 [J]. 食品与发酵工业，32（12）：108-113.

李志西，李元瑞，于修烛，等，2005. 苹果籽及其油的理化特性研究 [J]. 中国油脂，30（11）：71-73.

连文伟，张劲，李明福，等，2003. 菠萝叶渣青贮饲料饲喂奶牛对比试验 [J]. 热带农业工程，4：23-25.

梁建光，刁其玉，张兴全，等，2002. 奶牛饲喂生物发酵与营养强化饲料——苹果粕试验 [J]. 饲料研究，11：1-4.

刘海燕，于维，苏秀侠，等，2008. 葡萄籽饲喂生长育肥猪的饲养试验 [J]. 黑龙江畜牧兽医，11：35-36.

刘庆华，梁学武，陈宝萍，等，2004. 苹果渣营养成分及粗蛋白瘤胃降解率的研究 [J]. 福建畜牧兽医，26（1）：16-17.

刘瑞芳，王哲鹏，曹晓娟，等，2011. 不同水平葵花籽对奶牛日粮养分消化率和产奶量的影响 [J]. 黑龙江畜牧兽医（8）：77-79.

刘玉梅，高智明，王健，等，2010. 裸仁南瓜籽及南瓜籽油的营养成分研究 [J]. 食品工业科技，31（6）：313-316.

柳艳霞，刘兴华，徐金瑞，等，2002. 籽用南瓜的食疗价值及开发利用 [J]. 粮油加工与食品机械，11：27-29.

沈心舒，2005. 番茄籽的综合利用 [D]. 无锡：江南大学.

石传林，张照喜，2001. 鲜苹果渣与玉米秸秆混贮料饲喂泌乳奶牛的效果 [J]. 饲料博览（6）：54.

石永峰，刘雪剑，2007. 果蔬加工副产品代替传统配料在家禽饲料中的应用 [J]. 饲料博览（技术版）（7）：47-48.

王宝维，张乐乐，姜晓霞，等，2010. 葡萄籽粕对鹅营养价值的评定 [J]. 动物营养学报，22（2）：466-473.

王喜乐，沈向真，杨俊花，等，2007. 添喂葵花籽油对山羊瘤胃消化代谢与瘤胃液脂肪酸组成的影响 [J]. 畜牧兽医学报，38（4）：356-361.

杨福有，李彩凤，黄建文，等，2005. 青贮苹果渣饲喂蛋鸡试验 [J]. 陕西农业科学，1：31-33.

杨福有，李彩凤，李明全，等，2003. 苹果渣与青干草饲喂山羊比较试验 [J]. 陕西农业科学（6）：14-15，37.

杨福有，李彩凤，祁周约，等，2003. 青贮苹果渣作酸化物饲喂断奶仔猪试验 [J]. 西北农业学报，12（2）：5-9.

杨桂芹，郭东新，田河，等，2011. 葵花籽粕和花生壳在生长兔上的营养价值评定 [J]. 动物营养学报，23（10）：1833-1839.

姚林杰，叶元土，许凡，等，2011. 葡萄籽和花椒籽营养成分分析 [J]. 饲料研究，12：28-29.

叶元土，蔡春芳，丁晓峰，等，2005. 在饲料中直接添加菜籽对草鱼生长的影响 [J]. 饲料工业，26（2）：25-30.

于修烛，2004. 苹果籽及苹果籽油特性研究 [D]. 杨凌：西北农林科技大学.

张玉海，2011. 日粮中添加花椒籽对蛋鸡生产性能及鸡蛋风味的影响 [J]. 黑龙江畜牧兽医，12：41-42.

张振国，2007. 苹果渣干粉在生长猪饲料中的应用 [J]. 当代畜牧，1：22-23.

钟灿桦，黄和，秦小明，2007. 菠萝皮发酵生产饲料蛋白的工艺条件研究 [J]. 饲料工业，28（11）：54-57.

钟荣珍，房义，2010. 果蔬渣在动物生产中的应用效果研究 [J]. 饲料博览（1）：32-35.

庄世宏，李孟楼，2002. 花椒籽油的成分分析 [J]. 西北农业学报，11（2）：43-45.

Andrés-Elias N, Pujols J, Badiola I, et al, 2007. Effect of nucleotides and carob pulp on gut health and performance of weanling piglets [J]. Livestock Science, 108: 280-283.

Davidson M H, McDonald A, Bender D A, et al, 1998. Fiber: forms and functions [J]. Nutrition Reseach, 18: 617-624.

Esmail S H E, 2002. Feeding fruit wastes to poultry [J]. Poultry International, 41 (12): 42-44.

Gill C, 2002. Lower protein forturkeys [J]. Feed International, 23 (5): 28-31.

Lannaon W J, 2002. The feeding value of yename for broilers and layers [J]. Poultry International, 41 (12): 46-47.

Leterme P, Thewis A, van Leeuwen P, et al. , 1996. Chemical composition of pea fibre isolates and their effect on the endogenous amino acid flow at the ileum of the pig [J]. Journal of the Science of the Food and Agriculture, 72: 127-134.

Massimiliano L, Alessandro P, Luisa B, et al, 2001. Replacement of cereal grains by orange pulp and carob pulp in faba bean-based diets fed to lambs: effects on growth performance and meat quality [J]. Animal Reseach, 50: 21-30.

Mattivi F, Vrhovsek U, Masuero D, et al, 2009. Differences in the amount and structure of extractable skin and seed tannins amongst red grape varieties [J]. Australian Journal of Grape Wine Research, 15 (1): 27-35.

McNabb W C, Waghorn G C, Barry T N, et al, 1996. The effect of condensed tannins in Lotus pedunculatus on the solubilization and degradation of ribulose-1, 5 bisphosphate carboxylase (EC 4.1.1.39; rubisco) protein in the rumen and the sites of rubisco digestion [J]. British Journal of Nutrition, 76 (4): 535-549.

Priolo A, Waghorn G C, Lanza M, et al, 2000. Polyethylene glycol as a means for reducing the impact of condensed tannins in carob pulp: effects on lamb growth performance and meat quality

［J］. Journal of Animal Science，78（4）：810-816.

Pritchard D A，Martin P R，O' Rourke P K，1992. The role of condensed tannins in the nutritional value of mulga（*Acacia aneura*）for sheep［J］. Australian Journal of Agricultural Research，43：1739-1746.

Swanson K S，Grieshop C M，Clapper G M，et al，2001. Fruit and vegetable fiber fermentation by gut microflora from canines［J］. Journal of Animal Science，79：919-926.

Vassilion A G，Neumann G M，Condron R，et al，1998. Purification and mass spectrometry-assisted sequencing of basic antifungal pro-teins from seeds of pumpkin（*Cucurbita maxima*）［J］. Plant Science，134（2）：141-162.

Wang H X，Ng T B，2003. Isolation of cucurmoschin, a novel antifungal peptide abundant in arginine, glutamate and glycine residues from black pumpkin seeds［J］. Peptides，24（7）：969-972.

［贵阳学院　周笑犁，中国农业大学　胡　杰　编写］

第十四章
柑橘渣开发现状与
高效利用策略

第一节 概 述

柑橘是世界第一大水果，全世界有140多个国家种植，年产量超过1亿t，其中约40%用于加工。我国是柑橘的重要原产地之一，也是柑橘生产大国。2014年，我国柑橘的种植面积达242.2hm²，约占世界柑橘种植面积的25%；柑橘产量为3 320.9万t，约占世界柑橘产量的24.5%（苟凯，2017），主要分布在重庆、福建、浙江、湖南、广西、四川、湖北、广东、江西和台湾等省（自治区）。随着我国柑橘产业的快速发展，越来越多的柑橘被用于深加工，主要生产橙汁、橘瓣罐头、果酱、果酒和果醋等。我国的橙汁加工业集中于重庆及湖北两地，以生产浓缩类果汁为主，由此产生大量的柑橘渣。柑橘渣主要包括果皮、种子、橘络和残余果肉等。其中，压榨制汁后的副产品，占果实重量的50%~70%；制罐后的副产品，占果实重量的25%~50%。我国柑橘加工能力位于世界前列，特别是柑橘罐藏技术，处于世界领先水平。随着我国柑橘加工业的发展，柑橘渣每年以3%的速度增长。国内外对柑橘渣的开发利用主要包括有效功能成分提取、有机肥生产、动物饲料制作、卫生填埋4种方式。欧美等发达国家对柑橘渣的综合利用率高，基本实现了对柑橘渣的全利用，开发出果胶、精油、动物饲料等30余种产品，涉及食品、化工、保健、化妆和饲料等多个领域。目前，我国柑橘渣的处理方式主要为卫生填埋，虽然操作简单，但是容易对土壤和水体环境造成二次污染，并不是理想的处理方式。由于柑橘渣干物质中的无氮浸出物、维生素和微量元素含量丰富，所含能量接近玉米和麦麸，因此可以作为畜禽的能量饲料使用。柑橘渣饲料化利用是一种比较经济的开发方式，不仅可以减轻环境污染问题，而且果渣中还含有抗菌和抗氧化等活性成分，有助于机体免疫功能的提升，可以缓解我国饲料资源短缺现状，降低饲料成本，提高经济效益。在美国、巴西等柑橘加工业发达的国家，柑橘渣已经被广泛应用于反刍动物饲料，并表现出了很高的经济价值。但是，在我国柑橘渣作为饲料原料的开发利用程度还不高，主要存在以下问题：一是柑橘渣含水量高（>80%），鲜渣易腐烂变质，难以储存，运输成本高，这使得柑橘渣的开发利用存在很强的地域性特征；二是柑橘渣中含有果胶、苦味物质等抗营养成分，且粗纤维含量高，酸度较大；三是柑橘渣的加工工艺不成熟，人工干燥成本高，自然晾晒费工、费时且易被细菌污染，生物发酵缺少完善的技术体系和配套的工艺设备等。以上这些因素都限制了柑橘渣作为畜禽饲料原料的使用。

第二节　柑橘渣的营养价值

新鲜柑橘渣含水量大约为 80%，含果胶类物质（约为 40%）（Hutton，1987；Grasser 等，1995），非纤维碳水化合物含量高达 70%（干物质基础），氮（1.06%～1.31%）（Broderick 等，2002）和钙（0.73%～1.33%）（Deaville 等，1994；姚焰础，2012）含量低，富含强抗氧化能力的橘皮苷类黄酮和柚皮苷，这些多酚类物质通过螯合金属、清除自由基、提供氢供体，以及抑制启动氧化反应的酶系统来发挥作用（Viuda-Martos 等，2010）。另外，柑橘皮中的这些特殊物质，还具有理气健脾、燥湿化痰的药理功能，且对葡萄球菌等细菌有抑制作用（陈海芳等，2009）。柑橘渣经发酵和青贮处理后，粗蛋白质含量显著提高。柑橘渣营养成分见表 14-1。

表 14-1　柑橘渣营养成分（DM,%）

项　目	干物质	无氮浸出物	粗蛋白质	粗脂肪	粗纤维	粗灰分	钙	磷	资料来源
鲜柑橘皮	89.30	55.70	7.70	3.40	18.60	3.90	1.69	0.17	程建华等（1999）
鲜柑橘渣	92.23	61.99	6.25	4.40	16.27	3.05	0.34	0.25	焦必林等（1992）
鲜柑橘渣	90.06	64.84	6.62	2.20	12.50	3.90	1.03	0.10	张石蕊等（2004）
鲜柑橘渣	93.51	64.34	8.00	2.35	14.90	3.92	0.83	0.13	姚焰础等（2012）
发酵柑橘渣	88.21	55.12	9.97	5.30	13.50	4.32	0.87	1.96	焦必林等（1992）
发酵柑橘渣	89.09	57.06	9.68	5.40	13.50	3.45	0.81	1.83	吴厚玖等（1997）
发酵柑橘皮	90.00	52.70	9.40	2.10	18.50	7.30	2.86	0.21	程建华等（1999）
发酵柑橘皮渣	96.62	—	21.26	5.89	10.31	3.20	0.76	1.42	刘树立（2008）
发酵柑橘皮渣	—	—	34.59	—	—	5.76	0.31	0.35	赵蕾（2008）
青贮柑橘渣	87.76	62.15	7.85	3.00	11.90	2.86	0.73	0.21	张石蕊等（2004）
青贮柑橘渣	92.38	43.28	18.21	5.54	17.38	7.97	0.47	0.52	姚焰础等（2012）

柑橘渣中的氨基酸组成全面（表 14-2；姚焰础等，2011），含有 18 种氨基酸，经青贮处理后大多数氨基酸的含量显著提高。

表 14-2　柑橘渣中的氨基酸成分（DM,%）

氨基酸种类	缬氨酸	异亮氨酸	亮氨酸	苯丙氨酸	蛋氨酸	色氨酸	苏氨酸	赖氨酸	脯氨酸	谷氨酸
未处理	0.32	0.23	0.36	0.26	0.08	—	0.25	0.35	0.98	0.53
青贮	0.53	0.39	0.64	0.36	0.12	—	0.32	0.37	1.12	1.45

柑橘渣中含有钙、磷、钾、镁等多种常量元素，以及铁、铜、锰、锌、硒、碘等多种微量元素，其中铁含量十分丰富。表 14-3 为柑橘渣中的矿物质含量（其中钙和磷含量见表 14-1）。

表14-3　新鲜柑橘渣的矿物质含量（DM）

矿物质种类	铁 (mg/kg)	铜 (mg/kg)	锰 (mg/kg)	锌 (mg/kg)	硒 (mg/kg)	碘 (mg/kg)	镁 (%)	钾 (%)	资料来源
未处理柑橘渣	49.7	3.72	8.75	1.62	—	0.07	—	—	张石蕊等 （2004）
未处理柑橘皮	67.57	2.43	8.67	8.96	0.021	—	—	—	赵义斌等 （2004）
未处理柑橘渣	204.8	未检出	未检出	20.0	—	—	0.050	—	焦必林等 （1992）
未处理柑橘皮	108.4	4.8	13.2	16.0	0.052	—	0.080	0.362	程建华等 （1999）

第三节　柑橘渣中的抗营养因子

柑橘渣中含有的苦味物质，主要是柠檬苦素类似物（系高度氧化的四环三萜类植物次生代谢产物，在柑橘中含量非常丰富，迄今已发现390多种，其代表物质是柠檬苦素和诺米林素），以及类黄酮类物质（具有C6-C3-C6结构的酚类化合物的总称，是色原酮或色原烷的衍生物，其代表物质是柚皮苷，此外还有橙皮苷、新橙皮苷等）。不同柑橘品种的苦味物质含量存在显著差异，同一品种不同组织间的苦味物质含量也存在差异。不同动物对柑橘渣的苦味敏感程度存在差异，因此在应用中可根据动物喜食程度进行适量添加。此外，柑橘渣的pH过低，一般在4.0左右，酸度过低时可适量添加碳酸氢钠进行中和处理。柑橘渣中的纤维含量高，对于单胃动物而言也是限制性因素之一。柑橘渣中的苦味物质含量见表14-4（姚焰础等，2011）。

表14-4　柑橘渣中的苦味物质含量（mg/kg）

成　分	未处理柑橘渣	青贮柑橘渣
柚皮苷	12.21	6.86
柠檬苦素	431.14	276.71

第四节　柑橘渣在动物生产中的应用

柑橘渣营养丰富，富含多种功能性成分，既可作为单胃动物饲料添加剂使用，又可作为反刍动物精饲料补充料。目前，柑橘渣作为饲料的处理方式主要有鲜喂、干燥制粒和发酵3种，但是鲜渣供给具有明显的季节性和地域性，且不易保存和运输，不能作为利用的主要途径。

一、在养猪生产中的应用

目前，柑橘渣饲料在养猪生产中的应用主要集中在生长育肥阶段。柑橘渣果酸味浓，具有增香诱食的功能。在生长育肥猪饲料中添加柑橘皮渣能促进猪的生长，提高饲料转化率（吴华，2004），降低背膘厚度和背脂胆固醇含量，提高眼肌面积（Yang 和 Chung，1987），改善肠道微生物群系（Cerisuelo 等，2010）。柑橘渣中因含有较高的中性洗涤可溶性纤维，可被大肠发酵产生大量能量，故也可部分替代猪配合饲料中的谷物类饲料。Watanabe 等（2010）试验发现，干燥柑橘渣可部分替代育肥猪饲料中的玉米，其适宜添加量为 10%。重庆市畜牧科学院于 2012 年系统研究了添加 20%、36% 和 48%（对应风干重为 8%、16% 和 24%）的新鲜柑橘渣青贮饲料对生长育肥猪生长性能、饲料成本、养分消化代谢、粪中臭味物质、胴体品质、肉质与血液生理指标的影响。结果表明，日粮中添加青贮柑橘渣不影响生长育肥猪的日采食量和日增重，可以提高饲料总磷的利用率，降低饲料成本，提高眼肌面积，降低粪便中吲哚和粪臭素的含量，显著提高猪血清尿素氮的水平，对其他血液生理指标均无显著影响，提出新鲜青贮柑橘渣在生长育肥猪饲料中的适宜添加量为 36%。同年研究了发酵柑橘渣在断奶仔猪上的应用效果，结果表明，饲料中添加 8% 发酵柑橘渣，对仔猪日增重、日采食量和料重比无显著影响，但能降低仔猪腹泻率，空肠、回肠 pH 分别下降 6.97% 和 13.04%，空肠和盲肠中乳酸菌数量呈增加趋势，大肠埃希氏菌数量呈减少趋势，小肠绒毛高度增加 34.03%，隐窝深度降低 12.05%，血糖、谷丙转氨酶和碱性磷酸酶含量分别增加 29.92%、41.60% 和 33.45%，血液尿素氮降低 15.02%。王帅（2014）发现，在仔猪饲料中添加 8% 发酵柑橘渣，可以提高仔猪的采食量，提高盲肠和空肠的乳酸杆菌数，改善肠道结构，提高仔猪的消化率，降低腹泻率。

二、在反刍动物生产中的应用

柑橘渣含有大量可消化粗纤维，中性洗涤纤维的含量介于精饲料和饲草之间，为 25% 左右，因此在反刍动物中的应用价值远高于其在猪和禽上的应用。柑橘渣中的有机物消化率和能量可利用率高，是一种很好的反刍动物精饲料补充料，可部分或完全替代反刍动物饲料中的玉米等谷物饲料，在反刍动物中的用量一般为其干物质采食量的 20%～30%，但不宜饲喂过多（<40%），否则会影响适口性。柑橘渣中的大量果胶物质可以增加瘤胃中的乙酸含量（Wing，1975；Fung 等，2010），但由于柑橘渣中纤维含量高，反刍时间长，产生的大量唾液进入瘤胃，因此可以对瘤胃的 pH 起到缓冲作用。因此，在混合日粮中添加柑橘渣不影响反刍动物瘤胃的 pH 和总挥发性脂肪酸的含量（Taniguchi 等，1999；Leiva 等，2000；Broderick 等，2002；Fung 等，2010）。

柑橘渣中的香味物质可刺激动物食欲，提高采食量，提高养分消化率；黄酮类化合物可促进泌乳动物对碳水化合物的利用和乳脂转化，提高乳脂率和乳脂产量，改善乳成分。Miron 等（2002）发现，用 11% 干燥柑橘渣等量替代全混合饲料中的玉米，可提高奶牛对饲料的转化效率。Assis 等（2004）用柑橘渣颗粒替代饲料中 100% 的玉米，不影响奶牛的产奶量和乳成分，但对粗脂肪的采食量随柑橘渣的增加而下降，饲料中每增加 1% 的柑橘渣颗粒，粗脂肪摄入量就减少 0.47 g。López 等（2014）在泌乳期的山羊饲料中用 61% 的柑橘渣替代玉米，可提高乳脂率，代谢能摄入量低于对照组，但是增加了甲烷的产量。姚焰础等（2012）研究表明，奶牛日粮中添加青贮柑橘渣可提高产奶量和乳脂率，降低饲料成本，提出奶牛日粮中青贮柑橘渣的适宜添加量为9kg，青贮柑橘渣可替代3kg的混合精饲料。张石蕊等（2007）研究表明，添加橘皮渣可以提高奶牛产奶量、乳脂率、乳固形物率、乳脂产量和乳固形物产量，并可提高全混合日粮养分的表观消化率。李远虎（2011）用柑橘渣发酵饲料替代部分精饲料饲喂奶牛，可显著提高产奶量，但乳脂率、乳蛋白率、乳糖及干物质含量变化不大，降低奶中体细胞数。柑橘渣在羔羊上的应用研究也较为普遍，柑橘渣中的橘皮苷等多酚类物质通过循环系统保留在肌肉组织中，能够有效延缓肉质氧化过程。Inserra等（2013）发现，分别用24％和35％的柑橘渣替代羔羊精饲料中的谷物类物质，可以降低羔羊肉脂质的氧化程度，保持稳定的肉色，提高肉质氧化稳定性。Gravador等（2014）分别用24％和35％的柑橘渣替代精饲料中的大麦饲喂羔羊发现，能够显著降低羔羊肉中的蛋白自由基和羰基化合物的含量，显著提高硫醇的含量，减缓肉质蛋白氧化过程。Rodrigues等（2008）用柑橘渣分别替代羔羊精饲料中33％、67％及100％玉米，可显著降低屠体脂肪含量。

三、在家禽生产中的应用

柑橘渣中含量丰富的非淀粉多糖，一方面对家禽肠道具有刺激作用，可增加小肠长度并且降低屠宰率；另一方面含量丰富的多糖类物质对鸡肉中脂肪酸的组成影响较大，可以提高鸡肉中多不饱和脂肪酸的含量，改善肉质风味（Mourão等，2008）。柑橘渣中富含大量的类胡萝卜素等着色物质，作为家禽饲料添加剂，具有增加蛋黄和皮肤色素沉积的功能。此外，饲料中添加柑橘渣，能够刺激卵泡成熟、增加排卵数，从而提高产蛋性能。Oluremi等（2006）研究表明，甜橙皮粉替代肉仔鸡饲料中玉米的适宜比例为15％，添加量为6.86％。Agu等（2010）证实，用8.89％甜橙皮粉替代饲料中20％玉米，对肉仔鸡的生长速度、胴体性状和内脏器官无不良影响。雷云等（2004）在饲料中添加2.5％橘皮粉，提高了罗曼蛋鸡的产蛋量。孟昭聚（1994）在蛋鸡饲料中添加3％柑橘皮粉显著提高了产蛋率，加深了蛋黄颜色，降低了死亡淘汰率。赵义斌等（2004）在产蛋鸡和肉鸡饲料中分别添加柑橘皮粉，均可提高蛋鸡的产蛋率、肉仔鸡的增重和饲料转化率。

第五节　柑橘渣的加工方法与工艺

新鲜柑橘渣水分含量高，约为80％，且富含可溶性糖类物质，易腐败变质，目前常用的处理方式有干燥法、青贮法和固态发酵法。

一、干燥法

干燥柑橘渣是直接或间接将柑橘皮渣中的水分含量降低到12％左右，可采用自然晾晒和机械制作两种方法干燥。自然晾晒是采用"有日则晒、无日则储"的手段，天气晴朗时将鲜柑橘皮渣晾晒至含水量约为 12%，然后粉碎。该法简单易行，设备投资少，但规模有限，且产品质量不稳定，不利于大面积推广应用。机械干燥法是将鲜柑橘皮渣切碎成约 0.6cm 的颗粒，加入其重量的 0.2%～0.5% 的石灰粉，混合反应至颜色变成淡灰色后，或经压榨、回添浓缩糖浆；或不经压榨，干燥至含水量低于 12% 时冷却、粉碎或制粒。该法工艺复杂，能量消耗大，生产成本高，但产品质量高，适合规模化生产。另外，柑橘皮渣干燥过程中使用有机溶剂对其适当脱油和脱色，可改善产品的适口性及外观。这种方法在美国佛罗里达州、巴西等柑橘加工业发达的地区和国家被广泛采用，仅巴西每年出口欧盟的柑橘渣颗粒就达上百万吨，美国每年也约有 70 万 t。

二、青贮法

青贮法是将柑橘渣填埋、压实和密封，通过厌氧发酵产生酸性环境，抑制和杀死腐败微生物，达到保存饲料的目的。青贮柑橘渣具有改善营养价值、适口性好、可长期保存、操作简单等优点。

三、固态发酵法

鲜柑橘渣中含有大量果胶、纤维素和半纤维素，可作为一种发酵基质。发酵柑橘渣是鲜皮渣经过某些特定微生物发酵而得的，通常只要菌种选择适当及发酵方法适宜，柑橘渣的营养价值都会有很大改善，且固态发酵具有能耗低、投资少、技术简单、产率高等优点。中国农业科学院柑橘研究所和重庆市畜牧科学院在柑橘渣发酵饲料方面做了大量研究工作，对柑橘渣的发酵菌种与方法、营养价值评定及其在动物生产中的应用开展了系列研究。随后，其他科研工作者也相继围绕柑橘渣的发酵及其在畜禽上的应用技术进行了探索。因发酵菌种、辅料及发酵工艺不同，所以柑橘渣发酵饲料的营养成分差异较大，据其营养特点主要可归纳为能量饲料和蛋白质饲料两大类。发酵柑橘渣中含有较多的无氮浸出物和蛋白质，热能值也高，氨基酸、矿物质和维生素的含量更为丰富。但固态发酵过程中存在严重的浓度梯度和传热不均的问题，同时对工艺要求严格，因此制约了固态发酵的生产应用。微生物固态发酵工艺流程见图 14-1。

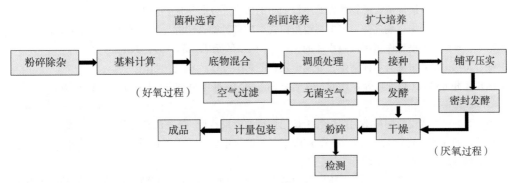

图 14-1 微生物固态发酵工艺流程
(资料来源：李爱科，2013)

第六节 柑橘渣作为饲料资源开发与高效利用策略

农业农村部《饲料原料目录》中批准了柑橘渣作为饲料原料，其中第 3 部分"饲料原料列表"分别在"其他籽实、果实类产品及其加工产品""微生物发酵产品及副产品""果蔬加工产品及副产品"三部分对柑橘渣作为饲料原料作出了具体规定。目前，加强开发利用柑橘渣作为饲料资源，需改善柑橘渣作为饲料资源的开发利用方式，形成成熟的生产工艺，同时完善质量控制体系。目前，许多成熟的饲料加工设备和工艺并不适用于柑橘渣这种纤维含量高的原料的加工，需要建立相应的配套体系。例如，将基因工程技术和高密度发酵工程相结合，通过一些高新技术的整合利用，建立柑橘渣固态发酵工程技术平台，创造出更经济和更有效的方法，实现柑橘渣规模化的稳定、廉价生产。柑橘渣中蛋白质含量较低，仅为 6%～7%，苦麻味重，适口性差，动物吸收不好，钙和磷不平衡；干燥的柑橘渣颗粒极易吸水，储存过程中应防止吸潮变质。因此，柑橘渣作为饲料产品需要从营养成分组成、适口性、抗营养因子、适用动物等方面进行综合评估，制定相关标准。目前研究得出，柑橘渣作为反刍动物饲料的一般用量不超过其干物质采食量的 30%，在单胃动物中的适宜添加量有待进一步研究。

➡ 参考文献

陈海芳，张武岗，杨武亮，等，2009. 柑橘属常用中药黄酮类成分的研究进展 [J]. 时珍国医国药，19（12）：2863-2865.

程建华，王舜华，史海林，等，1999. 发酵柑桔渣取代麦麸饲育肥猪试验 [J]. 粮食储藏，28（4）：48-51.

苟凯，2017. 柑橘种植加工农业园区废弃物循环利用模式及其分析 [D]. 重庆：重庆大学.

焦必林，王华，吴厚玖，等，1992. 柑橘皮渣发酵饲料研究 [J]. 饲料与畜牧（3）：6-9.

雷云，赵义斌，韩勇，2004. 添加 2.5% 桔皮粉对罗曼蛋鸡产蛋量的影响 [J]. 青海大学学报（自然科学版），19（3）：32-33.

李爱科，2013. 中国蛋白质饲料资源 [M]. 北京：中国农业大学出版社.

李远虎，2011. 柑橘皮渣发酵饲料在奶牛饲喂中的研究 [D]. 重庆：西南大学.

刘树立，2008. 增加柑橘皮渣发酵饲料粗蛋白含量的菌种筛选研究 [D]. 重庆：西南大学.

孟昭聚，1994. 桔皮粉作蛋鸡饲料添加剂 [J]. 中国畜牧杂志，30（5）：34-35.

王帅，2014. 发酵柑橘渣对仔猪生长和肠道发育的影响 [D]. 重庆：西南大学.

吴厚玖，焦必林，王华，等，1997. 柑桔皮渣发酵饲料中间试验研究 [J]. 中国饲料（17）：37-39.

吴华，2004. 柑桔皮粉饲料添加剂饲喂生长肥育猪的效果 [J]. 黑龙江畜牧兽医（1）：29.

姚焰础，刘作华，杨飞云，等，2011. 重庆市三峡库区柑橘渣的营养物质和苦味物质研究 [J]. 中国饲料（21）：19-20，30.

姚焰础，杨飞云，刘作华，等，2012. 柑橘渣青贮过程中营养物质和苦味物质含量的动态变化规律研究 [J]. 中国饲料（7）：14-15，19.

张石蕊，陈铁壁，金宏，2004. 柑橘加工副产品中饲料营养物质的测定 [J]. 饲料研究 (1)：28-29.

张石蕊，易学武，刘海林，等，2007. 橘皮渣对奶牛产奶性能和养分表观消化率的影响 [J]. 中国畜牧兽医，34 (6)：61-63.

赵雷，2008. 柑橘皮渣单细胞蛋白饲料生产技术及对生长猪饲喂效果研究 [D]. 雅安：四川农业大学.

赵义斌，周韶，雷凤，等，2004. 日粮中添加柑橘皮粉对产蛋鸡营养物质代谢的影响 [C] // 中国畜牧兽医学会动物营养学分会——第九届学术研讨会论文集. 北京：中国农业科技出版社.

Agu P N, Oluremi O I A, Tuleun C D, 2010. Nutritional evaluation of sweet orange (*citrus sinensis*) fruit peel as a feed resource in broiler production [J]. International Journal of Poultry Science, 9 (7)：684-688.

Assis A J D, Campos J M D S, Queiroz A C D, et al, 2004. Citrus pulp in diets for milking cows. 2. Digestibility of nutrients in two periods of feces collection and rumen fluid pH and ammonia nitrogen [J]. Revista Brasileira De Zootecnia, 33 (1)：251-257.

Broderick G A, Mertens D R, Simons R, et al, 2002. Efficacy of carbohydrate sources for milk production by cows fed diets based on alfalfa silage 1 [J]. Journal of Dairy Science, 85 (7)：1767-1776.

Cerisuelo A, Castelló L, Moset V, et al, 2010. The inclusion of ensiled citrus pulp in diets for growing pigs：effects on voluntary intake, growth performance, gut microbiology and meat quality [J]. Livestock Science, 134 (1)：180-182.

Deaville E R, Moss A R, Givens D I, et al, 1994. The nutritive value and chemical composition of energy-rich by-products for ruminants [J]. Animal Feed Science and Technology, 49 (3/4)：261-276.

Fung Y T E, Sparkes J, Ekris I V, et al, 2010. Effects of feeding fresh citrus pulp to Merino wethers on wool growth and animal performance [J]. Animal Production Science, 50 (1)：52-58.

Grasser L A, Fadel J G, Garnett I, et al, 1995. Quantity and economic importance of nine selected by-products used in California dairy rations [J]. Journal of Dairy Science, 78 (4)：962-971.

Gravador R S, Sisse J, Andersen M L, et al, 2014. Dietary citrus pulp improves protein stability in lamb meat stored under aerobic conditions [J]. Meat Science, 97 (2)：231-236.

Inserra L, Priolo A, Biondi L, et al, 2013. Dietary citrus pulp reduces lipid oxidation in lamb meat [J]. Meat Science, 96 (4)：1489-1493.

Leiva E, Hall M B, Horn H H V, 2000. Performance of dairy cattle fed citrus pulp or corn products as sources of neutral detergent-soluble carbohydrates 1 [J]. Journal of Dairy Science, 83 (12)：2866-2875.

López M C, Estellés F, Moya V J, et al, 2014. Use of dry citrus pulp or soybean hulls as a replacement for corn grain in energy and nitrogen partitioning, methane emissions, and milk performance in lactating Murciano-Granadina goats [J]. Journal of Dairy Science, 97 (12)：7821-7832.

Lundberg B, Pan X, White A, et al, 2014. Rheology and composition of citrus fiber [J]. Journal of Food Engineering, 125 (3)：97-104.

Miron J, Yosef E, Ben-Ghedalia D, et al, 2002. Digestibility by dairy cows of monosaccharide constituents in total mixed rations containing citrus pulp [J]. Journal of Dairy Science, 85 (1)：

89-94.

Mourāo J L，Pinheiro V M，Prates J A M，et al，2008. Effect of dietary dehydrated pasture and citrus pulp on the performance and meat quality of broiler chickens [J]. Poultry Science，87 (4)：733-43.

Oluremi O I A，Ojighen V O，Ejembi E H，2006. The nutritive potentials of sweet orange (*Citrus sinensis*) rind in broiler production [J]. International Journal of Poultry Science (7) .

Rodrigues G H，Susin I，Pires A V，et al，2008. Citrus pulp in diets for feedlot lambs：carcass characteristics and meat quality [J]. Revista Brasileira De Zootecnia，37 (10)：1869-1875.

Taniguchi K，Zhao Y，Uchikawa H，et al，1999. Digestion site and extent of carbohydrate fractions in steers offered by-product diets，as determined by detergent and enzymatic methods [J]. Animalence，68 (1)：173-182.

Viuda-Martos M，Navajas Y R，Zapata E S，et al，2010. Antioxidant activity of essential oils of five spice plants widely used in a Mediterranean diet [J]. Flavour and Fragrance Journal，25 (1)：13-19.

Watanabe P H，Thomaz M C，Ruiz U S，et al，2010. Effect of inclusion of citrus pulp in thediet of finishing swines [J]. Brazilian Archives of Biology and Technology，53 (3)：709-718.

Wing J M，1975. Effect of physical form and amount of citrus pulp on utilization of complete feeds for dairy cattle 1 [J]. Journal of Dairy Science，58 (1)：63-66.

Yang S J，Chung C C，1987. Studies on the utilization of citrus byproducts as livestock feeds. VI. Feeding value of dried citrus byproducts for growing-fattenfing pigs [J]. Korean Journal of Animal Science，29：258-266.

（重庆市畜牧科学院　黄金秀　杨飞云，广东农业科学院　李　平　编写）

第十五章
木本饲料开发现状与
高效利用策略

随着我国经济的发展，人民生活水平的日益提高，对奶类（肉类）的需求加大。在我国畜牧业发展的同时，草地面积却不断缩小，畜均占有草地面积大大减少，畜草矛盾日趋尖锐，严重影响了畜牧业生产的稳定发展。木本饲料资源，特别是植物枝叶，具有粗蛋白质含量高、氨基酸和矿物质含量丰富等特点，是反刍家畜重要的饲料补充。我国现有森林面积约为 14 200 万 hm²，年均约可产枝叶饲料 5 亿 t，可利用部分约 3 亿 t。因此，开发木本饲用资源可有效缓解畜牧业饲料短缺的问题，是确保我国畜牧业生产稳定发展的重要途径。

第一节　概　　述

一、我国木本饲料资源现状

木本饲料是指乔木、灌木、半灌木及木质藤本植物的嫩枝叶、花、果实、种子及其副产品，既可以直接被放牧利用，又可以通过采集、刈割、加工后饲喂畜禽，国际上称之为 wood grass 和 woody forage（靖德兵等，2003）。我国有木本植物 8 000 余种，其中可以用作木本饲料的种类有 1 000 多种（唐亚等，2002），是世界上木本饲用植物资源比较丰富的国家之一。如果将我国木本饲用植物产量的 1/5 用作饲料，就相当于目前全国饲料用粮的 3 倍。木本饲用植物资源根据其外貌特征可大致分为灌木、阔叶乔木、针叶乔木、木质藤本、竹类等类（孙祥，1999；靖德兵等，2003）。

（一）灌木、半灌木类饲料植物资源

灌木类饲料植物资源根据叶形和株高分为小叶灌木、宽叶灌木、肉质叶灌木、无叶灌木、鳞叶灌木、针叶灌木和中灌木。半灌木类饲用植物可分为蒿类、盐柴类、多汁盐柴类、宽叶和垫状半灌木，其中以旱生或超旱生植物尤其重要。世界上一些经济发达的国家都把灌丛草地资源看作"绿色黄金""立国之本"（田桂香等，1996）。我国灌木类饲料植物资源丰富，从温带到热带，从低平地到海拔 5 000m 以下的高山均有分布，半

灌木类饲用植物在西部干旱区常以建群种或优势种出现。由于各地地理环境、气候条件不同，因此灌木和半灌木类饲料植物资源也不尽相同（李满双等，2015）。半灌木饲用植物中适口性较好的种类有 112 种，占饲用灌木、半灌木的 43.6%。其中，种类最多的为豆科灌木、半灌木（41 种），其他依次为菊科（14 种）、藜科（12 种）和蓼科（11种）（李志勇等，2004）。主要的灌丛类型有锦鸡儿、柽柳、沙柳、黄柳、白刺、杨柴、花棒、沙拐枣、沙地柏、虎榛子、榛子、沙棘、山杏、山荆子、扁桃、柴桦和越橘柳等，从树种面积构成看，锦鸡儿具有绝对优势（刘永军等，2005）。截至 2001 年，宁夏灌木林面积超过 27.9 万 hm²，灌木林对林木覆盖率的贡献率达 64.9%（周全良等，2004），有灌木 384 种，其中野生灌木 35 科 315 种，以豆科、蔷薇科和藜科种类最为丰富，其中有 20 余种非常有饲用价值的、品质优良的灌木，如豆科的胡枝子、尖叶胡枝子、多花胡枝子、狭叶锦鸡儿、中间锦鸡儿、小叶锦鸡儿、柠条锦鸡儿、紫穗槐及藜科的驼绒藜等（李景斌等，2007）。青海省饲用灌木、半灌木植物有 23 科 50 属 189 种，其中蔷薇科（Rosaceae）有 8 属 34 种（孙海松，2004）。新疆维吾尔自治区品质较好的灌木类饲料植物有黄芪、驼绒藜、新疆绢蒿、锦鸡儿属、蔷薇属等。中部地区河南省灌木资源极其丰富，是我国灌木最为集中的地区，灌木植被占全省植被的 3/4 以上，灌木资源约占全国的 1/4，有灌木豆科 21 种，代表种有藕子梢、紫穗槐、绿叶胡枝子、短梗胡枝子、苦豆子和洋槐；半灌木豆科 23 种，代表种有中华胡枝子、达呼里胡枝子、苏木兰、马棘、渡氏术兰、野皂角等；半灌木蒿类 11 种，主要种有茵陈蒿、铁杆蒿、毛莲蒿等；阔叶灌木 65 种，优势种有黄荆、黄栌、连翘、盐肤术、杜鹃、杠柳、牛皮消等；小叶灌木 48 种，代表种有狭叶绣线菊、华北绣线菊、迎春花、枸杞等（郭孝，2001；李明等，2006）。

以我国西南部地区为例，贵州省饲用灌木资源丰富，天然草地饲用灌木植物约有 32 科 164 属 406 种，主要优质饲用灌木有 12 科 32 属 60 种，广泛分布于干旱、半干旱地区的山坡和灌丛，海拔 150～2 900m 均有灌木树种（陈超等，2014），全省各地均有多个品种交叉分布。贵州省最常见的半灌木、灌木有豆科、桑科、蔷薇科、蓼科、藜科、荨麻科等 25 科，主要优质饲用灌木有豆科、桑科、蔷薇科等，较重要的属有槐属、胡枝子属、山蚂蝗属、锦鸡儿属等（孙建昌等，2006）。云南省天然草地灌木植物约有 42 科 184 属 456 种，其中优质饲用灌木有 7 科 27 属 60 种，主要豆科饲用灌木有 17 属 47 种，大多适口性好、抗逆性强、营养价值高，有些品种营养成分含量可与野生的优良牧草相媲美（唐一国等，2003）。

（二）阔叶乔木饲料植物资源

阔叶乔木饲料植物种类丰富，仅杨柳科就有 100 种以上。阔叶乔木饲用植物资源在湿润、半湿润和热带雨林等地带的丘陵山地，干旱和半干旱地带水分条件较好的地区，各地灌丛草地中广泛分布。每年我国可饲阔叶树树叶产量 3 亿 t，若按 30% 利用率计，则为 0.9 亿 t，可生产各类叶粉 1 800 万～2 400 万 t（孙祥，1999；靖德兵等，2003）。

草原地带有饲用价值的阔叶乔木主要有山杨、银白杨、香杨、小叶杨、旱柳、青榆、白榆、蒙古栎、辽宁栎、白桦、黑桦、刺槐和梭梭。荒漠地带阔叶乔木有胡杨、灰杨、沙枣、尖果沙枣、乌柳和沙棘。北方山地分布广泛的刺叶栎、刺榆、黑榆、旱榆、大果榆、西伯利亚杏、稠李、山荆子、辽宁山楂等也都是构成山地灌草植被的重要组成部分。在我国南方，有饲用价值的阔叶乔木主要有肥牛树、辣木、相思、银合欢、南海蒲桃、任豆、洋紫荆、构树、羊蹄甲、栎、高山栎、华南朴等。

（三）针叶乔木饲料植物资源

我国有饲用价值的针叶乔木有 6 科 30 属 200 余种，主要为松属（*Pinus*）、落叶松属（*Larix*）、云杉属（*Picea*）、冷杉属（*Abies*）和柏木属（*Cupressus*）。针叶乔木饲料植物北起寒温带大兴安岭，南至海南岛，从东部平原到西部的高原山地都有分布。其中以东北和西南山地分布最广，其次是西北山地和南方的丘陵山地，各地还有一定数量的人工针叶林。针叶类木本饲料植物的饲用价值表现在具有较高的粗脂肪、维生素、胡萝卜素和叶绿素含量，用作饲料添加剂可改善饲料品质、促进畜禽生长、增强畜禽的抗病防病能力（孙建昌等，2006）。我国松针林资源丰富，占森林资源的 50% 以上，现有针叶林约 0.7 亿 hm²，按每公顷可产松针 3.0 t 计，全国针叶林年产松针就可达 2.1 亿 t。若能合理有效地利用好这些松针粉原料资源，则可提高畜产品的质量及饲料经济效益。

（四）木质藤本饲料植物资源

木质藤本饲料植物资源也较多，其中野葛、木防己、菝葜等分布广，具有较高的饲用价值。安徽省以葛藤最为常见。据统计，可利用茎、叶产量达 25 万 t，地下块根产量达 12 万 t，是畜禽的优质精饲料（汪立祥等，1993），华南农业大学也对木质藤本饲料植物资源剑豆做了引种、种源和家系试验。

（五）竹类饲料植物资源

已知可供饲用的竹类植物约 19 属 41 种。竹类饲料植物资源分布：南起海南岛，北至黄河流域，东从台湾，西至西藏聂拉木地区，但以长江流域以南的湿润地区分布较广，尤以热带、亚热带地区种类丰富，多分布在各地的丘陵山地或河谷地带。饲用价值较重要的小竹类主要有箬竹属、箭竹属、华箬竹属、拐棍竹属和短穗竹属的一些种。高竹类较重要的有慈竹属、刺竹属、刚竹属、方竹属、苦竹属、牡竹属等部分种（孙祥，1999）。

二、国内外应用现状

各地依据本土的自然环境，对木本饲料的开发利用已进行了相应的研究。过去的十几年里，非洲东部地区的农民种植了大量木本饲料植物，这些植物大多数作为蛋白质资源用来饲养奶牛和山羊，其中种植数量最大、面积最广、利用最多的木本饲料是朱樱花（*Calliandra calothyrus*）。据统计，在东非至少有 4 万农民种植朱樱花，而且每年能带来将近 220 万美元的净收入。研究表明，朱樱花的适口性好，将朱樱花添加入饲料饲养奶牛，产奶量平均每天增加 1.5 L，奶质也因牛奶含水量减少和口味增强而有所提高，并且朱樱花的耐刈割能力也很强（Kingkamkono 和 Lyamchai，2003）。除朱樱花外，东非地区的人们还开发利用了其他木本饲料资源，如在肯尼亚，外来木本饲料银合欢属

（*Leucaena trichandra*）、本土木本饲料桑树（*Morus alba*）和田菁属（*Sesbania*）也被广泛利用，不过与朱樱花相比，银合欢属的抗虫能力和田菁属的耐修剪能力较差。在非洲西部气候环境湿润地区，大叶合欢（*Albizia lebbeck*）是人们公认的重要木本饲料（Larbi 等，1996）。同时，人们常把具有潜在饲料功能的植物，如微白金合欢（*Acacia albida*）、阿拉伯金合欢（*Acacia nilotica*）、阿拉伯胶树（*Acacia senegal*）、印楝（*Azadirachta indica*）、风车子属（*Combretum*）、羊蹄甲属（*Bauhinia*）等混种，以提高经济产量。在非洲北部，开发利用的木本饲料植物主要来自于仙人掌属（*Cacti*）、滨藜属（*Saltbushes*）和金合欢属（*Wattles*）（le Houérou，2000）。在亚洲，有 13 种木本饲料植物被广泛使用，并被纳入反刍动物喂养系统。这些物种是相思属（*A. catechu*、*A. nilotica*、*A. sieberiana*）、木薯（*Manihot esculenta*）、朱樱花、刺桐（*Erythrina variegata*）、榕属（*F. exasperata*、*F. bengalnensis*、*F. religiosa*）、毒鼠豆属（*Gliricidia*）、波罗蜜（*Artocarpus heterophyllus*）、大叶合欢（*A. lebbeck*）、银合欢属（*Leucaena*）、牧豆树属（*P. juliflora*，*P. glandulosa*）、木豆（*Cajanus cajan*）、田菁属和罗望子（*Tamarindus indica*）。澳大利亚种植大量木本饲料植物，主要有种植在澳大利亚西南部和南部的金雀花（*Chamaecytisus proliferus*），东北部的银合欢（*Leucaena leucocephala*），西部、南部、维多利亚州和新南威尔士州的滨藜（*Atriplex spp.*）（Lefroy，2002）。在北美洲，美国在 20 世纪 80 年代就已经建成了利用山杨、柞树木屑生产碳水化合物饲料的工厂。在过去的 20 年里，美国南部与中部热带地区引入了若干种木本饲料资源，如相思等。在中美洲和南美洲，尤其是哥斯达黎加、洪都拉斯和哥伦比亚，克拉豆能够适应干旱气候和酸性土壤，而且营养价值高，越来越多地被农户用来直接放牧或是制成青贮饲料加以利用。山蚂蝗属（*D. velutinum*）和大叶千斤拔（*Flemingia macrophylla*）由于能够适应酸性土壤，在南美洲被当作有开发潜力的木本饲料。拉丁美洲本土常见的木本饲料资源有银合欢属、合欢属、克拉豆和南洋樱（*G. sepium*），其中南洋樱为最常用的多功能木本饲料植物。

中国木本植物资源丰富，总数达到了 1 000 种以上，位居世界之最。如果其产量的 1/5 用作饲料，就相当于目前全国饲料用粮的 3 倍（靖德兵等，2003）。而各地由于地理环境、气候条件不同，其木本植物饲料资源不尽相同。资料显示，内蒙古自治区饲用木本植物有 19 科 127 种（王承斌，1987），包括锦鸡儿（柠条）、胡枝子、岩黄蓍、紫穗槐、驼绒黎、紫苑木、沙拐枣、梭梭、地肤等；青海省有 53 科 128 属 500 种，其中在数量上以蔷薇科、黎科、豆科、菊科为主体（范青慈等，1998）；新疆维吾尔自治区有约 15 科 54 属 210 种，其中品质较好的为梭梭、白梭梭、沙拐枣、木本黄茂、灌木黄蓍、驼绒黎、新疆绢蒿、锦鸡儿属、蔷薇属、樟味黎、盐生桦和盐豆木等饲用木本植物（张清斌和陈玉芬，1996）；河西走廊东部木本饲用植物共有 27 科 66 属 238 种（万国栋，2004）；贵州是植物资源较为丰富的省份之一，有种子植物 227 科 127 属 4 716 种，其中木本植物 2 306 种（孙建昌等，2006），具体的种类有针叶乔木类的马尾松，阔叶乔木类刺槐、槐树、构树、桑树、拓木、泡桐、肥牛树、银合欢、羊蹄甲等，竹类的有箭竹、刺刚竹等，灌木类有白刺花、胡枝子、锦鸡儿、山蚂蝗等，木质藤本植物有黎豆及葛属植物等。海南省的木本植物种类也较多，一共约有 45 科 97 属 189 种，包括阔叶乔木 25 科 56 属 122 种（如枫香、面包果、大叶相思、红花天料木等），阔叶灌木 20 科

41 属 66 种，以及少量针叶乔木（刘国道和罗丽娟，1998）。

中国木本饲料的发展具有悠久的历史，早在东汉时期，人类就利用采集的新鲜木本饲料叶饲喂畜禽，而对木本饲料加工树叶饲料进行研究始于 20 世纪 70 年代末。目前，中国第 1 条万吨级木本饲料生产线投产于山东省滨州市惠民县，它是集短期速生杨种植、木本饲料生产、肉牛养殖和沼气发电的一体化项目。它的建立充分说明了木本饲料开发利用有着广阔的前景。1979 年，中国林业科学研究院林产化学工业研究所与江苏省农业科学院畜牧研究所共同研制利用桉树叶提取饲料添加剂，还开展了松针粉的研究。1981 年，连云港市墟沟林场建成了我国第 1 家松针叶粉加工厂。到 1985 年底，我国建成投产的松针粉加工厂就有 35 个，当年共产松针粉 2 万 t。如今，我国新疆地区树叶利用率已达 20%。张家界市某公司利用杜仲树提取的杜仲素作为饲料添加剂，替代某些抗生素，可快速生产出能保持特种风味的安全肉食品，提高肉食品的内在质量，和畜禽水产品的保鲜度，改善营养、风味和色泽，成为安全的绿色食品。目前，在我国作为饲料研究的树种有 50 余种。其中，对桑树、辣木、柠条和胡枝子的研究较多。

三、木本饲料利用存在的问题

（一）营养价值、抗营养因子等基础数据不全，使用须谨慎

一些木本饲料直接饲喂可能会引起畜禽中毒，必须通过一定的加工处理，降低饲料毒性。例如，一些木本植物中的单宁可使动物中毒，必须通过物理方法（冷水或温水浸泡，沸水煮沸）或化学方法（木灰、尿素、生石灰等稀释液浸泡）处理才能够进行饲喂；桑叶中的单宁，能干扰蛋白质的利用，阻碍钙的吸收，过量易引起畜禽消化障碍。这一问题可通过饲料配比方式解决，将桑叶等木本饲料与其他精饲料合理搭配，提高饲料中的蛋白水平可减少单宁的不利影响。

（二）在不同动物配合应用中参数不确实

木本饲料一般搭配饲喂，为保障饲料绿色安全、避免负效应产生，不同饲料搭配应在研究试验之后进行。在畜禽饲喂过程中，当桑叶和大豆粕的比例为 4∶6 时出现负组合效应，为 2∶8 组合时则出现正组合效应，这可能与其中的抗营养因子有关，但原因尚未确定，有待进一步研究（苏海涯等，2002）。同时，桑叶中含水量较高，尤其是鲜桑叶，饲喂时应与其他含水量较低的饲料进行搭配，为保证营养均衡，在饲喂时应根据不同动物的特性和不同季节随时调整用量。由此可见，为充分发挥木本饲料的营养价值必须进行大量研究试验，进一步确定木本饲料的使用方式、元素负组合效应及用量的最佳配比等问题。

（三）规模化种植程度低、加工技术不完善

目前，我国木本饲料研究还处于科学试验阶段，发展木本饲料产业并非一朝一夕能够完成的，开发研究木本饲料涉及面广，涵盖畜牧业、林业甚至草业等各领域。需要各有关部门密切配合，协同作战，打破传统畜牧业的生产观念，充分认识发展木本饲料的

重要性，要把开发利用木本饲料资源提高到畜牧业生产发展的战略高度上来。

（四）人工栽培的资源不够

很多优质饲用林木在实际生产中未能广泛引起人们关注、接受并合理利用，选择适宜本土地区的木本饲料资源，并进行人工规模化栽培，是建立木本饲料产业体系的重要条件。

（五）对木本饲料收获与加工机械化的研究较少

我国利用现代木本饲料加工工艺生产加工木本饲料历史较短。20 世纪 70 年代，木本饲料研究刚起步，主要集中在乔木、灌木、叶粉的开发和利用（靖德兵等，2003）。目前，我国木本饲料原料利用率和饲料转化率不高，全国乔木枝叶饲料的平均利用率仅为 1％，木材水解工业也很落后，木本饲料加工工艺创新研究十分乏力，工艺老旧，在利用生物工程技术把林业木材废弃物转化为饲料酵母这方面基本上是空白（王梓贞等，2015）。

四、开发木本饲料的意义

随着中国畜牧业的迅速发展，草本饲料和粮食类饲料已经不能满足畜牧业生产的需求。饲料资源生产和供应面临的总体状况是饲料资源总量不足、以粮食为主的能量饲料不足、以粮油加工副产品为主的蛋白质饲料严重短缺、以农作物秸秆等为主的粗饲料资源有余，整个饲料资源供求关系具有精饲料短缺、蛋白质饲料短缺、绿色饲料短缺和总量不足，即"三缺一不足"的特点。近 10 年来，人们开始将目光转向林木，且越来越重视木本饲料的开发，其重要意义可概括为以下几点。

（一）粮食安全问题日益成为国际社会关注的焦点

饲料粮供应已成为研究我国粮食安全问题的关键点之一，我国饲料粮短缺，必须寻求新的饲料资源。2004—2014 年，我国粮食生产实现"十连增"，然而我国进口粮食总量依然不断飙升。2004 年，我国净进口粮食 1 784 万 t；2007 年，净进口粮食增到 3 000 万 t；2009 年，净进口粮食增到 4 894 万 t；2011 年，净进口粮食超过 6 000 万 t；2013 年，净进口粮食超过 7 000 万 t；2014 年，突破 1 亿 t。进口的粮食主要用于畜牧业。目前，畜牧业用粮占国内粮食消费增加量的 2/3 以上，饲料粮的需求越来越多，安全保障不易。因此，寻求新的饲料资源、解决好饲料粮供应是确保粮食安全的关键点之一。

（二）部分木本植物可用作饲料，且开发潜力大

发展木本饲料，是解决饲料不足的有效途径。我国有丰富的树木资源，其中针叶树、阔叶树和小灌木等 100 多种树木的枝叶能用来饲喂畜禽。据统计，无毒树木的嫩枝叶片，每年可提供 3 亿 t 饲料，开发木本饲料能够缓解饲料用粮日趋紧张、"人畜争粮"的矛盾。

（三）木本植物枝叶和种实中既含有丰富的蛋白质、氨基酸和维生素，也含有功能性饲料成分

发展木本饲料是解决我国蛋白质饲料严重不足、提高饲料品质和饲养质量的有效途径。到 21 世纪 30 年代，我国人口将由 13 亿增长到 16 亿，按人均日消费动物性蛋白质的量仍是 25 g 的保守数字计算，则需要 1 460 万 t 动物性蛋白质，那么最少需要种植业或饲料工业提供 7 300 万 t 饲用粗蛋白质。按现在我国种植业可提供的饲料蛋白质资源量预测，缺口将在一半以上。木本饲料能够提供廉价的蛋白质源。例如，苜蓿中粗蛋白质含量为 18%，而辣木、构树、桑树、银合欢、刺槐和木豆中粗蛋白质含量分别为 27%、24%、22%、24%、20% 和 20% 以上，均高于苜蓿。此外，木本饲料氨基酸种类丰富，且含量高；另外，还含有功能活性成分，能提供绿色的动物保健品。

（四）木本饲料产量高，可持续生产

木本饲料一经种植，经过 5～10 年就进入盛产期，只要经营得当，每年都有较高而稳定的收获，可以长期利用。同等面积上饲料林的产量可比草本高 1～3 倍。此外，当草本饲料植物进入成熟期以后，其作为饲料的价值便会降低，而木本饲料有较长的青绿期，在草本饲料缺乏时仍可以维持较高的蛋白质与矿物元素含量。

（五）发展木本饲料是实现畜牧业"不与人争粮，不与粮争地"、经济发展与生态建设并举的有效途径

我国大量耕地已被侵占，18 亿亩（约 1.2 亿 hm²）耕地红线是否还能坚守？令人担忧！林木可以种在荒山、荒滩上，不与粮争地。此外，树木成林就会有生态效益，更何况木本饲料植物多为灌木，它们的根系发达，有利于水土保持和困难立地植被恢复。不少木本饲料植物为豆科植物，具有固氮作用，能够改良土壤。

第二节　木本饲料的营养价值

我国木本植物资源极为丰富，有 900 余种分布较广的天然或人工栽培的乔木、灌木可用作饲料，全国每年仅各种乔木类幼嫩枝、叶的产量就约达 5 亿 t，具有巨大的资源优势和生产潜力（曾明义等，1989），目前我国用于饲料生产或深加工的木本植物主要包括槐叶、松针、辣木、桑树、构树、灌木类（木豆、柠条、银合欢）及胡枝子等。与草本饲料相比，木本饲料含有较高的营养成分，特别是蛋白质和钙的含量。有关研究表明，木本饲料的粗蛋白质含量比禾草饲料高 54.4%，钙的含量比禾草饲料高 3 倍，粗纤维则比禾草饲料低 62.5%，灰分和磷的含量与禾草饲料相近（李忠喜等，2007）。同时，木本饲料的可消化养分也远远高于作物秸秆，仅比草本饲料的稍低。木本饲料最为显著的优势就是受益时间非常长，大多数木本饲料一经种植，经过 5～10 年就进入盛产期，只要经营得当，每年都有较高而稳定的收获量（唐亚等，2002），同等面积上饲料林的产量可比草本高 2～4 倍，在半干旱和干旱地区，尤其在年降水量少于 400mm 的地区，灌木和乔木的幼嫩枝叶是饲料的重要来源。发展木本饲料，广泛种植木本植物，不仅可以给动物提供饲料，广开饲料来源，同时具有绿化植被、保持水土、改善农牧区环境、防风固沙等价值。除此之外，其对调整林业结构、提高森林覆盖率、促进生态平衡大为有利（郭志芬，1989）。与草本植物相比，木本植物有很长的根系扎到土壤深处，即使在干燥少雨的季节仍可以维持较高的蛋白质与矿物元素含量。

一、槐叶的营养价值

槐叶作为一种新型饲料源，其粗蛋白质含量高达 20％～25％，也就是说 1 kg 干槐叶与 0.6 kg 豆饼相当。同时，槐叶还含有多种维生素、微量元素及许多天然活性物质，具有抗应激、增强体质耐力和提高畜禽抗病能力的功能。槐树为根深性植物，有紫穗槐和洋槐，其适应性强，全国各地均可种植。紫穗槐（indiobush amorpha falseindigo；*Amorpha fruticosa* L.）又名紫花槐，是很有价值的饲用灌木类。刺槐（black locust；*Robinia pseudoacacia* L.）又名洋槐，为豆科乔木。化学分析表明，槐叶中含有丰富的营养物质，其中粗蛋白质含量为 20％～25％、粗脂肪含量为 5％～10％、粗纤维含量为 8％～15％、无氮浸出物含量为 39％～44％、粗灰分含量为 8％～12％、钙含量为 1％～3％、磷含量为 0.3％～0.6％（上述各种物质的含量均指干重）。此外，槐叶中含有多种维生素，每 100g 槐叶中含有维生素 C30～40mg、维生素 B_1 0.5～0.8mg、维生素 B_5 3～5mg、维生素 B_{11} 0.5～0.6mg、维生素 B_{12} 0.8～1.5mg、维生素 E 30～40mg。槐叶不仅含有丰富的营养物质，且氨基酸种类齐全，动物所必需的氨基酸含量也高。槐叶消化能（猪）达 11MJ/kg，代谢能（鸡）达 5.4MJ/kg。试验表明，用新鲜槐叶或槐叶粉饲喂猪和鸡，可获得增长速度快、饲料转化率高和节粮等效果。添加量为：一般鸡料 3％～5％，猪料 8％～15％。几种槐叶营养价值见表 15-1。

表 15-1　几种槐叶营养价值（％）

类　别	干物质	粗蛋白质	粗脂肪	粗纤维	无氮浸出物	粗灰分	钙	磷
槐树叶	23.7	5.3	0.6	4.1	11.5	1.8	0.23	0.04
	100.0	22.4	2.5	17.3	48.5	7.6	0.97	0.17
紫穗槐叶	42.3	9.1	4.3	5.4	20.7	2.8	0.08	0.40
	100.0	21.5	10.1	12.7	48.9	6.6	0.18	0.94
洋槐叶	23.1	6.9	1.3	2.0	11.6	1.8	0.29	0.03
	100.0	29.9	5.6	8.6	48.9	7.8	1.25	0.12

二、松针的营养价值

松针（pine；*Pinus massoniana* Lamb）叶主要是指马尾松、黄山松、油松，以及桧、云杉等树的针叶。我国针叶林资源丰富，分布于全国各地，占我国森林总面积的一半以上。主要树种有油松、马尾松、黑松、黄山松、云南松、樟子松、红松、华山松、赤松、落叶松等。我国辽宁、吉林、河北、河南、江苏、云南、陕西、山西、山东、湖南、湖北、四川、贵州和安徽等地都种植大量针叶林。据调查，我国针叶林面积约为 0.7 亿 hm²，按每公顷年产松针 3.0 t 计算，全国针叶林可年产松针 2.1 亿 t。由此可见，生产松针粉具有很丰富的原料来源。

我国针叶乔木类木本饲料特指几十个常绿针叶树种的鲜嫩枝、叶，因为目前利用的以松属类针叶为主，故在我国又被称为松针叶饲料。松针叶饲料所含营养物质较为全面，特别是含有大量的维生素和多种微量元素及色素，是良好的饲料添加剂和天然着色剂。经测定，每千克松针叶粉中含有维生素 550～600mg、叶绿素 1 350～2 220mg、胡萝卜素 120～300mg，并含有 19 种以上的氨基酸，但由于树种、产地和加工方式不同，松针叶粉中常规养分含量有一定差异（表 15-2）。

表 15-2　几种松针叶粉常规营养含量比较（%）

品　种	粗蛋白质	粗脂肪	粗纤维	无氮浸出物	粗灰分	钙	磷
浙江马尾松	13.40	9.32	28.99	45.70	2.59	0.70	0.06
福建马尾松	12.59	11.39	26.91	46.03	3.08	1.47	0.07
江苏马尾松	11.06	8.57	30.17	46.83	3.37	0.44	0.06
黄山松	13.39	7.93	32.12	44.00	2.56	1.17	0.04
高山松	13.51	6.47	18.02	55.11	6.92	—	—
赤松和黑松	7.78	11.40	34.38	43.11	3.33	0.69	0.13
油松	6.52	12.21	22.09	55.43	3.75	0.51	0.10

据分析，马尾松针叶干物质含量为 53.1%～53.4%、总能含量为 9.66～10.37MJ/kg、粗蛋白质含量为 6.5%～9.6%、粗纤维含量为 14.6%～17.6%、钙含量为 0.45%～0.62%、磷含量为 0.02%～0.04%。富含维生素、微量元素、氨基酸、激素、抗生素等，对多种畜禽均具有抗病和促生长的效果。在提高产蛋量、产奶量、节省精饲料、改善蛋黄色泽和提高瘦肉率等方面有明显效果。几种松针的营养价值见表 15-3。

表 15-3　几种松针的营养价值

品　种	水（%）	粗蛋白质（%）	粗脂肪（%）	粗纤维（%）	钙（mg/kg）	磷（mg/kg）	胡萝卜素（mg/kg）	维生素 D（mg/kg）
马尾松	11.04	9.84	7.62	26.84	0.39	0.05	292	2 505
黄山松	10.97	11.92	7.06	28.60	1.04	0.05	273	527
赤松	6.01	10.60	13.10	26.48	0.45	0.03	117	954
黑松	6.92	7.12	3.80	31.06	0.57	0.04	167	627
红松	17.62	8.35	7.78	29.04	1.47	0.06	72	—
油松	9.80	8.05	10.18	29.32	0.48	0.13	78	10.91

三、辣木的营养价值

辣木（Moringa）为白花菜目辣木科辣木属植物，是多年生热带落叶小乔木，原产于印度和非洲的干旱或半干旱地区。辣木作为一种新型营养保健食品，其叶片、嫩荚、嫩芽、花朵、嫩茎和根均可食用，且含多种矿物质、维生素和药理活性成分，现被广泛种植于亚洲、非洲和中美洲的热带、亚热带国家或地区。目前，全世界约有 14 个品种，使用最广、栽培规模最大的是印度传统辣木种（Moringa oleifera）。我国 20 世纪 60 年代就已引进辣木。2003 年，云南省热带作物科学研究所又从国外引入印度传统辣木、印度改良种辣木和非洲辣木这 3 个较常食用品种。目前，辣木在我国主要种植在云南、广东、广西、海南、福建、四川、贵州等部分地区。

目前，辣木已在很多国家种植，它不仅是发达国家素食者的理想食物，还是贫穷地区人们的天然营养库，同时作为动物饲料也有着得天独厚的优势，它含有动物生长所需要的一切营养物质，包括大量蛋白质、粗纤维、各种氨基酸、多种矿物元素及维生素等。作为饲料，辣木在巴西种植规模最大，饲料收割机械化和加工能力也最强。近年来，刘昌芬等（2004）采集云南西双版纳种植的辣木传统种、传统种的改良种及非洲种新鲜叶片组织，经 50℃烘箱干燥后，检测其营养成分和含量。结果表明，在西双版纳种植的 3 个辣木品种，营养成分含量基本一致，大约含有 27.37% 的粗蛋白质、8.67% 的脂肪、47.43% 的碳水化合物，每 100g 叶片中还含有约 2.36g 钙、41.87mg 维生素 A 等，只有少数成分，如维生素 C、维生素 E 和硒的含量在 3 个种间存在较大差异，其中非洲种维生素 C 含量比传统种和改良种分别高 2.36 倍和 3.35 倍（表 15-4）。同时，辣木叶粉绝大多数营养成分含量均高于奶粉、黄豆粉、肉松、干胡萝卜、脱水蔬菜等常见食物，其中矿物质元素钙、镁、铁，维生素 A、维生素 C 和维生素 E 含量分别是奶粉和鲜牛奶的 3.49 倍和 22.66 倍、5 倍和 36 倍、11.28 倍和 45.13 倍，296.95 倍和 1 744.58 倍、18.48 倍和 73.9 倍、324.31 倍和 741.29 倍，表现出辣木独特的营养价值（表 15-5；刘昌芬和李国华，2004）。另外，氨基酸在辣木中总量达到 20.49%，种类达到 17 种，其中天门冬氨酸含量最高，占总氨基酸含量的 14.89%。而且，辣木中还含有 11 种人体必需氨基酸，尤其是赖氨酸和苏氨酸含量比较丰富（表 15-6；饶之坤等，2007）。与辣木叶相比，100g 辣木梗粉中粗蛋白质含量为 11.2g、粗脂肪含量为 2.6g、粗纤维含量为 28.6g（闫文龙等，2008），其中粗蛋白质和粗脂肪的含量显著低于 100g 辣木叶干粉的含量（27.37g 和 8.67g），而 100g 辣木根中蛋白质含量仅为 6.47g（闻向东等，2006），显著低于辣木叶和梗中蛋白质含量。

表 15-4 不同品种辣木叶营养成分含量（按 100g 干叶粉计）

成　分	辣木传统种	传统种的改良种	非洲种
水分（%）	6.6	7.3	5.3
能量（kJ）	1 218	1 204	1 151
蛋白质（g）	27.2	27.7	27.2

（续）

成　分	辣木传统种	传统种的改良种	非洲种
脂肪（g）	9.5	8.5	8
碳水化合物（g）	46.6	46.6	49.1
总膳食纤维（g）	23.3	22	26
钙（mg）	2 279.4	2 466.9	2 324.8
镁（mg）	326	365.8	493.3
磷（mg）	224.2	308.4	309.8
钾（mg）	1 739.9	1 592.4	1 945.8
钠（mg）	309	294.3	646.1
铜（mg）	0.45	0.57	0.49
铁（mg）	12.9	12.11	15.6
锌（mg）	2.97	2.73	2.64
硒（μg）	13.8	9.6	15.9
锰（mg）	65.6	58.11	69.24
维生素 A（μg）	45 730.9	34 525.6	45 362.2
维生素 B_1（mg）	0.01	0.12	0.2
维生素 B_2（mg）	1.04	1.03	0.91
维生素 B_3（mg）	10.71	10.88	10.62
维生素 B_6（mg）	2.77	2.46	1.57
维生素 B_{12}（μg）	1.5	1.4	1.3
维生素 C（mg）	54.5	38.4	128.8
维生素 E（mg）	187.02	156.9	123.08
叶酸（μg）	1 107.8	1 241.3	1 204.6
生物素（μg）	84.5	89.8	61.5
泛酸（μg）	4 158.2	4 328.3	4 461.1
胆碱（mg）	63.5	45.5	53.9

表 15-5　辣木营养成分与某些食品成分的比较（100g 可食部分）

成分	辣木	奶粉	鲜牛奶	黄豆粉	鸡肉松	牛肉松	猪肉松	干胡萝卜	干甜椒	干油菜	干蘑菇
水分（%）	6.3	2.3	89.8	6.7	4.9	2.7	9.4	10.9	10.5	9	13.7
能量（kJ）	1 191	2 000	226	1 749	1 841	1 862	1 657	1 339	1 284	96	1 057
蛋白质（g）	27.5	20.1	3	32.7	7.2	8.2	23.4	4.2	7.6	7.6	21
脂肪（g）	8.7	21.2	3.2	18.3	16.4	15.7	11.5	1.9	0.4	0.6	4.6

（续）

成分	辣木	奶粉	鲜牛奶	黄豆粉	鸡肉松	牛肉松	猪肉松	干胡萝卜	干甜椒	干油菜	干蘑菇
碳水化合物（g）	47.47	51.7	3.4	37.6	65.84	67.7	49.7	77.9	76.6	74.3	52.7
总膳食纤维（g）	23.77	—	—	7	—	—	—	6.4	8.3	8.6	21
钙（mg）	2 357.03	676	104	207	76	76	41	458	130	596	127
镁（mg）	395.03	79	11	129	29	52	55	82	145	105	94
磷（mg）	280.8	469	73	395	83	74	162	118	106	182	357
钾（mg）	1 759.37	449	109	1 890	109	128	313	1 117	1	635	1 225
硒（μg）	13.1	11.8	1.94	2.47	3.07	2.66	8.77	4.06	13.14	3.01	39.18
铜（mg）	0.5	0.09	0.02	1.39	0.07	0.05	0.13	0.81	1.17	3.06	1.05
锌（mg）	2.78	3.14	0.42	3.89	0.58	0.55	4.28	1.85	4.78	1.65	6.29
铁（mg）	13.54	1.2	0.3	8.1	7.1	4.6	6.4	8.5	7.4	19.3	51.3
钠（mg）	416.47	260.1	37.2	3.6	1 687.8	1 945.7	469	300.7	405.3	26	23.3
维生素A（μg）	41 870	141	24	380	90	90	44	17 250	16	3 460	1 640
维生素B₁（mg）	0.14	0.11	0.03	0.31	0.03	0.04	0.04	0.12	0.23	0.33	0.01
维生素B₂（mg）	0.99	0.73	0.14	0.22	0.01	0.11	0.13	0.15	0.18	0.19	1.1
维生素B₃（mg）	10.74	0.9	0.1	2.5	1	0.9	3.3	2.6	4	10.5	30.7
维生素C（mg）	73.9	4	1	—	—	—	—	32	846	124	5
维生素E（mg）	155.67	0.48	0.21	33.69	14.58	18.24	10.02	—	6.05	7.73	6.18

资料来源：刘昌芬和李国华（2004）。

表 15-6　辣木中氨基酸含量（%）

氨基酸名称	含量	氨基酸名称	含量
天门冬氨酸	3.05	异亮氨酸（Lle）*	1.04
苏氨酸*	0.95	亮氨酸（Leu）*	1.47
丝氨酸	0.90	酪氨酸（Tyr）	0.54
谷氨酸	3.05	苯丙氨酸（Phe）	2.00
甘氨酸	0.82	赖氨酸（Lys）*	1.23
丙氨酸	1.06	组氨酸（His）	0.36
胱氨酸	0.34	精氨酸（Arg）	1.07
缬氨酸*	1.34	脯氨酸（Pro）	0.82
蛋氨酸	0.45		

注：* 指人体必需却不能自身合成的氨基酸。

资料来源：饶之坤等（2007）。

四、桑树的营养价值

桑树（*Morus alba*）是桑科桑属多年生木本植物，原产于中国中部，全世界有 15 个种和 1 个变种，我国有 12 个种，占世界的 80%，是全球桑种资源最丰富的国家。目前，我国桑树大面积规模化栽培主要集中在江苏、浙江、四川、重庆、广东、广西、云南、山东等蚕桑业发达地区。按生态类型分类，我国桑树主要有珠江流域的广东桑类型、太湖流域的湖桑类型、四川盆地的嘉定桑类型、长江中游的摘桑类型、黄河下游的鲁桑类型、黄土高原的格鲁桑类型、新疆的白桑类型和东北的辽桑类型。桑叶营养含量丰富，作为饲料对畜禽体内蛋白质的合成具有较高的营养价值（何雪梅等，2004）。同时，桑叶中的矿物质、维生素含量也比较丰富，甚至超过一些水果和蔬菜（李正涛和花旭斌，2000）。目前，桑叶在畜禽养殖上的使用价值已经得到广泛认可，饲料桑在长江流域、黄河流域的栽培已形成规模。研究表明，成熟桑叶中水分含量为 75%、干物质含量为 25%。以干物质为基础，桑叶中粗蛋白质含量为 15%～30%、粗脂肪含量为 4%～10%、粗纤维含量为 8%～12%、无氮浸出物含量为 30%～35%、粗灰分含量为 8%～12%、钙含量为 1%～3%、磷含量为 0.3%～0.6%（李勇和苗敬芝，1999；张爱芹，2008）；同时含有 18 种氨基酸，动物必需氨基酸和半必需氨基酸占总量的 50% 以上（何雪梅等，2004），尤其是在糖代谢和蛋白质代谢过程中起重要作用的几种氨基酸（如谷氨酸、赖氨酸、蛋氨酸等）含量高，作为畜禽饲料对其体内蛋白质合成具有重要意义。另外，每 100g 桑叶中还含有维生素 B_1 0.5～0.8mg、维生素 B_2 0.8～1.5mg、维生素 B_5 3～5mg、维生素 B_{11} 0.5～0.6mg、维生素 C 30～40mg、维生素 E 30～40mg、烟酸 4.05mg、胡萝卜素 7.44mg、视黄醇 0.67mg（杨贵明，2003）。桑叶粉与苜蓿粉相比（表 15-7），粗蛋白质含量低 9.59%、粗脂肪高 12.5%、粗纤维高 100%、碳水化合物低 24.32%、灰分和总能量相当。比较桑叶与苜蓿、甘薯叶和大豆粕的氨基酸组成，桑叶中氨基酸种类更丰富、含量更高（表 15-8），苜蓿、甘薯叶和大豆粕中都只有 12 种氨基酸，桑叶中含有 18 种，特别是 8 种动物必需氨基酸含量丰富，在畜禽饲料中加入桑叶有利于调节饲料氨基酸平衡。此外，桑叶中还含有相当多的生物活性物质，如谷甾醇、胡萝卜素、叶绿素、异槲皮素、叶黄素、槲皮素和紫云英素等。这些物质可增强机体的自免疫能力、增强促进保健，有利于动物健康快速生长。

桑树作为饲料，生物产量高，一般可达 25～45t/hm²，而黑麦草为 17～25t/hm²，甘蔗最高也只达 42t/hm²。桑叶（及嫩枝）几乎对所有家畜都有良好的适口性。动物首次接触桑叶时，一般很容易接受而无采食障碍。如果动物已熟悉桑叶，则它会优先采食桑叶而不是其他饲草。

表 15-7　桑叶与其他饲料作物的营养成分比较（DM）

营养成分	桑叶粉	甘薯粉	苜蓿粉
粗蛋白质（g/kg）	198	192	219
粗脂肪（g/kg）	27	33	24

（续）

营养成分	桑叶粉	甘薯粉	苜蓿粉
粗纤维（g/kg）	290	144	145
碳水化合物（g/kg）	392	499	518
灰分（g/kg）	93	132	94
总能量（kJ/kg）	4.25	1.26	4.2
猪消化能（kJ/kg）	1.7	1.18	1.48
鸡代谢能（kJ/kg）	1.01	0.98	1.2
奶牛产奶净能 NE_1（kJ/kg）	0.58		0.85

表 15-8　桑叶与其他饲料作物的氨基酸组成（mg/g）

氨基酸种类	桑叶	苜蓿	甘薯叶	大豆粕
天冬氨酸	102	9.4	6.8	1.5
苏氨酸	51.8	—	—	—
丝氨酸	33.1	—	—	—
谷氨酸	111.2	—	—	—
甘氨酸	99.9	—	—	—
丙氨酸	105.5	—	—	—
胱氨酸	11.1	2.5	3.3	3.1
缬氨酸	80.4	12.7	8.6	1.7
蛋氨酸	22.2	3.6	1.9	4.3
异亮氨酸	50.1	10.6	6.1	16.1
亮氨酸	89.9	16.1	11.1	2.8
酪氨酸	25.5	6.7	3.4	17.7
苯丙氨酸	39	11.1	7.6	18.8
赖氨酸	46.3	9.3	7.1	24.7
组氨酸	15.7	4.5	3.4	16.9
精氨酸	53.8	1.1	8.8	26
脯氨酸	70.3	—	—	—
色氨酸	43.2	4	2.4	6.9

五、构树的营养价值

构树（*Broussonetia papyrifera*）为桑科构树属落叶乔木，全世界共有 5 种构树，我国构树共有 3 种，即构树、小构树和藤构。构树是一种强阳性树种，抗逆性及抗污染性强，适应性优，在我国华北、华中、华南、西南和西北各地区都有分布，尤其是南方地区极为常见，在日本、印度、马来西亚、泰国、印度、越南、缅甸及太平洋诸岛等也有分布。过去很少有人对构树进行研究和利用，但近几年科研人员发现构树叶中蛋白质、氨基酸、维生素、碳水化合物及微量元素等营养成分十分丰富，认为经科学加工后可用于畜禽饲料生产。一般而言，因采摘时间和产地不同，构树营养成分略有差异，但粗蛋白质平均含量仍高达 20% 以上（表 15-9），同时含有 16 种氨基酸成分（表 15-10），为优质的饲料原料。

表 15-9　构树营养成分分析（%）

水　分	粗蛋白质	粗脂肪	粗纤维	粗灰分	无氮浸出物	钙	磷	数据来源
13.00	24.00	3.00	11.70	11.40	36.90	2.70	0.30	杨祖达和陈华（2002）
—	21.30	6.20	15.40	19.10	28.50	0.05	1.37	徐又新和汤福全（1990）
10.33	22.97	3.20	9.07	12.19	42.24	0.89	0.61	何国英（2005）
9.46	19.22	3.94	13.93	15.38	37.36	—	—	赵峰等（2006）
0.08	19.58	11.94	9.69	12.37	38.02	3.15	0.50	唐亮（2008）

表 15-10　构树氨基酸含量分析（%）

氨基酸	含　量	氨基酸	含　量
天冬氨酸	1.44	蛋氨酸	0.74
苏氨酸	0.80	亮氨酸	1.32
丝氨酸	0.74	异亮氨酸	0.74
谷氨酸	1.72	酪氨酸	0.54
脯氨酸	1.00	苯丙氨酸	1.10
甘氨酸	0.84	赖氨酸	0.67
丙氨酸	0.88	组氨酸	0.30
缬氨酸	1.04	精氨酸	0.85
氨基酸总量	14.72		

六、胡枝子的营养价值

胡枝子属是豆科（Leguminosae）山蚂蝗族的模式属。根据《中国植物志》第 41 卷中记录，胡枝子属植物世界有 60 余种，分布于东亚、澳大利亚东北部及北美洲，我国产 26 种。其中，二色胡枝子（*Lespedeza bicolor* Turcz.）为豆科胡枝子属直立灌木，对土壤的适应性强、耐旱、耐寒、耐瘠薄、耐盐碱、耐酸性，再生性很强，每年可刈割 3～4 次。自然分布于我国东北、华北、西北、西南、华南及台湾等地，蒙古、俄罗斯、朝鲜、日本也有分布，主要用作灌木饲草和环境保护植物。胡枝子作为饲料植物，鲜嫩茎叶丰富，是马、牛、羊、猪等家畜的优质青饲料，带有花序或荚果的干茎秆是家畜冬、春季的优质青饲料。据分析，胡枝子中粗蛋白质含量高，纤维素含量较低，钙、磷也较为丰富（表 15-11）；赖氨酸含量比苜蓿高，其他必需氨基酸含量与苜蓿相近（表

15-12）；同时，胡枝子中还含有较高含量的维生素 C、B 族维生素和 β-胡萝卜素，叶酸含量与绿色蔬菜相近（表 15-13），这为牲畜提供了较为丰富的营养物质，并提高其适口性（陈默君等，1997）。

表 15-11　胡枝子营养成分分析（％）

部 位	采样地点	发育期	水 分	粗蛋白质	粗脂肪	粗纤维	灰 分	钙	磷
全株	北京	分枝期	6.5	13.4	4.7	25.1	7	1.18	0.2
叶	北京	开花期	8.1	17	5.9	15.8	7.9	1.94	0.26
茎	北京	开花期	7.3	4	0.9	49.6	2.3	0.34	0.51
全株	北京	开花期	8.7	14.1	3.6	24.7	6.3	1.22	0.26
全株	河北	苗期	8.2	10.4	2.4	22.3	7.7	1.19	0.17
全株	河北	结果期	9.4	16.4	1.8	24.4	6	0.96	0.17

资料来源：陈默君等（1997）。

表 15-12　胡枝子中的氨基酸含量分析（％）

氨基酸	苗　期	现蕾期	开花期（茎）	开花期（叶）	结果期
天门冬氨酸	1.93	1.33	0.36	1.64	0.98
苏氨酸	0.89	0.60	0.16	0.77	0.40
丝氨酸	0.83	0.55	0.19	0.70	0.44
谷氨酸	2.68	1.62	0.36	2.22	1.08
甘氨酸	1.18	0.68	0.18	0.87	0.40
丙氨酸	1.27	0.74	0.20	0.98	0.42
胱氨酸	0.16	0.10	0.13	0.15	0.10
缬氨酸	1.21	0.86	0.31	1.03	0.51
蛋氨酸	0.29	0.20	0.17	0.29	0.14
异亮氨酸	1.11	0.77	0.31	0.94	0.52
亮氨酸	1.81	1.21	0.41	1.55	0.82
酪氨酸	0.87	0.57	0.25	0.79	0.45
苯丙氨酸	1.10	0.75	0.19	0.95	0.44
赖氨酸	1.06	0.65	0.21	0.83	0.57
组氨酸	0.43	0.28	0.09	0.35	0.24
精氨酸	1.14	0.72	0.19	0.95	0.55
脯氨酸	0.83	0.44	0.16	0.65	1.01

资料来源：陈默君等（1997）。

表 15-13 胡枝子植株维生素含量（mg/kg）

组　分	茎	叶	花
维生素 C	424.20	206.60	332.20
β-胡萝卜素	7.70	120.50	15.50
维生素 B_1	10.50	2.20	9.20
维生素 B_2	20.90	8.60	10.80
维生素 B_5	55.00	11.10	19.30
叶酸	3.60	8.50	3.80

七、灌木类营养价值

（一）柠条的营养价值

柠条（*Caragana korshinskii* Kom.）是锦鸡儿属植物栽培种的通称，是落叶灌木，为欧亚大陆特产，根系极为发达，具有抗旱、抗寒及耐贫瘠等特性。全世界的柠条品种达 100 多种，其中我国就有 66 种，占全世界的 60％以上，主要分布于内蒙古、陕西、宁夏、甘肃等地。柠条根深叶茂，覆盖率高，长期以来被广泛用于防风固沙和水土保持。同时，柠条枝、叶、花、荚果和种子都具有较好的饲用营养价值，但作为饲用还处在粗放的放牧利用状态。

柠条具有较强的适应性和抗逆性，营养价值高、适口性好，是我国北方家畜的主要食物来源之一，特别是在冬、春季节被誉为"家畜救命草"。目前，关于开发柠条饲料资源的报道较多，但都处在试验研究阶段，在实践应用中未达到商品化生产。弓剑和曹社会（2008）报道，柠条草粉蛋白质品质较好，达到 16.4％，与苜蓿草粉相当，而且还含有丰富的必需氨基酸，尤以赖氨酸、亮氨酸和缬氨酸含量最为丰富，特别是赖氨酸含量与苜蓿草粉的赖氨酸含量相同，各种微量矿物元素含量（除硒外）均高于苜蓿草粉；而柠条叶粉中除 Ca、P、Se、Met、Cys 和 Trp 及粗纤维之外，其他营养指标均高于苜蓿草粉，总体营养价值优于苜蓿草粉（表 15-14）。初花期柠条草粉的营养价值可以与蚕豆秸和青贮苜蓿相媲美，其粗蛋白质含量近玉米秸的 2 倍，是小麦秸的 5 倍，青贮玉米的 3 倍；钙含量也较高，仅低于青贮苜蓿（表 15-15）。柠条种类繁多，不同品种相同器官的发育程度和代谢机理都有差别，因而体内营养成分也有差别（牛西午，2003）。从表 15-16 中可见，在开花结果期柠条锦鸡儿蛋白质含量最高，毛刺锦鸡儿的粗脂肪和粗灰分含量最高，矮锦鸡儿的粗纤维含量最高。同一品种不同生长阶段营养成分也不一样（董宽虎等，1998），营养期粗蛋白质和粗灰分含量最高，粗纤维含量最低，结实期粗蛋白质和粗脂肪含量最低（表 15-17）。同一植株不同生长部位营养成分也不一样（任余艳等，2015）。一般而言，叶、花和果实中的粗蛋白质、粗脂肪及氮的含量较高，根和茎粗纤维的含量较高，营养物质主要集中在叶片、花和果实上（表 15-18）。根据以上柠条的营养特点，从饲料利用的角度出发，柠条采集应选在植株生长营养丰富的时期，即应在枝叶生长繁茂期采集，如果到了晚秋，蛋白质和脂肪的含量随着叶片与花的凋落而大量流失，柠条的饲用价值就会大大降低。

表 15-14 柠条草粉与柠条叶粉的营养成分含量

成　分	柠条叶粉	柠条草粉	苜蓿草粉
干物质 DM（%）	95.6	95.8	87.6
粗蛋白 CP（%）	24.8	16.4	19.1
粗脂肪 EE（%）	4.34	3.74	2.30
粗纤维 CF（%）	19.5	32.4	22.7
粗灰分 Ash（%）	8.20	6.50	7.60
钙（%）	0.53	0.48	1.40
磷（%）	0.25	0.18	0.51
铁（mg/kg）	563	569	372
铜（mg/kg）	18.8	19.7	9.10
锰（mg/kg）	63.3	38.4	30.7
锌（mg/kg）	27.3	25.4	17.1
硒（mg/kg）	0.14	0.10	0.46
镁（mg/kg）	3.11	1.25	—
钴（mg/kg）	0.26	0.14	—
铬（mg/kg）	2.20	7.90	—
钼（mg/kg）	1.04	0.89	—
赖氨酸 Lys（%）	1.25	0.83	0.82
蛋氨酸 Met（%）	0.18	0.11	0.21
胱氨酸 Cys（%）	0.12	0.06	0.22
苏氨酸 Thr（%）	0.75	0.55	0.74
异亮氨酸 Ile（%）	0.78	0.57	0.68
亮氨酸 Leu（%）	1.30	0.87	1.20
精氨酸 Arg（%）	1.14	0.70	0.78
缬氨酸 Val（%）	0.99	0.65	0.91
组氨酸 His（%）	0.47	0.33	0.39
酪氨酸 Tyr（%）	0.69	0.40	0.58
苯丙氨酸 Phe（%）	0.84	0.49	0.82
色氨酸 Trp（%）	0.30	0.17	0.43
天冬氨酸 Asp（%）	2.03	1.48	—
丝氨酸 Ser（%）	0.80	0.57	—
谷氨酸 Glu（%）	1.88	1.20	—

（续）

成　分	柠条叶粉	柠条草粉	苜蓿草粉
脯氨酸（%）	1.12	0.85	—
甘氨酸（%）	0.77	0.50	—
丙氨酸（%）	0.93	0.52	—

表 15-15　柠条草粉与各类秸秆及青贮饲料的营养对照（%）

饲料类别	干物质	粗蛋白质	粗脂肪	钙	磷
柠条草粉	95.8	16.4	32.4	0.48	0.18
玉米秸	91.3	9.3	26.2	0.43	0.25
小麦秸	91.6	3.1	44.7	0.28	0.03
蚕豆秸	93.1	16.4	35.4	—	—
青贮玉米	29.2	5.5	31.5	0.31	0.27
青贮苜蓿	33.7	15.7	38.4	1.48	0.3

表 15-16　几种柠条开花结果期的营养成分比较（%）

柠条种类	粗蛋白质	粗脂肪	粗纤维	粗灰分
小叶锦鸡儿	16.84	3.22	35.25	5.93
毛刺锦鸡儿	3.86	7.46	24.73	16.02
柠条锦鸡儿	19.07	4.56	30.35	4.97
狭叶锦鸡儿	17.29	4.52	28.11	4.79
矮锦鸡儿	14.9	4.56	35.53	6.35
鬼箭锦鸡儿	18.96	6.06	31.86	4.76

表 15-17　柠条不同发育时期营养成分分析（%）

生育期	水　分	粗蛋白质	粗脂肪	粗纤维	粗灰分	钙	磷
营养期	12.27	36.01	5.11	26.49	10.03	2.09	0.45
分枝期	14.95	26.43	5.86	32.75	8.68	2.16	0.52
初花期	10.00	21.31	4.10	30.14	5.79	1.14	0.22
盛花期	8.40	25.21	4.44	39.64	5.38	1.55	0.33
结实期	17.68	13.99	3.51	35.63	6.96	1.51	0.22

表 15-18　同一柠条植株不同部位营养成分（％）

部　位	可溶性氮	总　氮	粗蛋白质	粗脂肪	粗纤维	总可溶性糖	淀　粉
根	0.05	1.35	2.55	0.79	78.40	8.63	11.30
茎	0.06	0.81	4.98	0.75	72.02	3.32	8.35
叶	0.18	2.21	14.58	1.01	71.91	6.15	4.86
花	0.60	2.29	8.81	0.03	60.22	7.38	29.87
果实	0.28	1.11	16.13	1.30	1.43	12.06	52.16

（二）木豆的营养价值

木豆（*Cajanus cajan*）为豆科木豆属多年生常绿小灌木，木豆属植物共有 32 个种，我国有 7 个种及 1 个变种，木豆是唯一的一个栽培种。木豆原产于南亚的印度半岛，目前广泛分布于亚洲、非洲和拉丁美洲，是世界第六大食用豆类，也是唯一的木本食用豆类。近年来，我国南方部分省份的林业、农业科技部门引入了几十个蔬菜食用型木豆品种，在云南、广西、广东、贵州、重庆、四川、湖北等地推广。木豆用途非常广，全株均可用，成熟籽实可食用，也可兼用作动物饲料，青籽实可作蔬菜，茎秆可作薪柴，嫩枝叶是草食家畜的优质饲料，也可入中药，还可用作水土保持的覆盖作物。木豆具有耐旱、耐瘠、繁殖栽培容易等特性。其生长速度快、再生能力强，一般每年可收割鲜茎叶 4～5 次，而且木豆嫩茎叶无毒、适口性好、粗蛋白质含量丰富，既可用于放牧和鲜喂，也可作青贮、微贮或制成其他配合饲料，具有巨大的商业价值。李茂等（2013）通过测定 20 种热带木本饲料植物嫩茎叶主要营养成分含量发现，木豆干物质、有机物、粗蛋白质和粗脂肪含量较高，尤其是粗蛋白质水平达到 22.61％，显著高于平均水平 12.67％（表 15-19）。字学娟等（2011）比较了木豆与银合欢、大叶千斤拔及假木豆嫩茎叶中的营养成分含量发现，木豆中的干物质、粗蛋白质和粗脂肪含量高，总纤维含量较平均水平低，作为优质蛋白质饲料具有巨大潜力（表 15-20）。木豆叶粉中的粗蛋白质含量达到 24.26％，显著高于苜蓿草粉的 16.23％，而且除了粗纤维、钙和灰分外，其余营养含量都高于或等于苜蓿草粉 17.86％ 和 7.05％（表 15-21）。

蛋白质饲料是指干物质中粗纤维含量低于 18％、粗蛋白质含量在 20％ 或 20％ 以上的豆类、饼粕类等饲料。木豆籽粒中的粗蛋白质含量为 21％（Eltayeb 等，2010），比豇豆和大豆低（Nwokolo 和 Oji，1985），粗脂肪含量与豇豆和大豆相似，粗纤维含量仅为 2.5％（表 15-22），同时还含有多种矿物质（表 15-23），尤其是钙、镁、磷和钾含量比较丰富，所含的 17 种氨基酸中，还存在多种动物生长发育所必需的氨基酸（Nwokolo，1987）。由此可见，木豆籽粒的营养成分完全达到了蛋白质饲料的标准，是优质的植物性蛋白质饲料。同时，木豆籽粒的价格比较低，用木豆生产饲料具有市场竞争优势。

表15-19　20种木本饲料营养成分含量（%）

物　种	生长阶段	干物质	有机物	粗蛋白质	粗脂肪	酸性洗涤纤维	中性洗涤纤维
银柴（Aporusa dioica）	营养期	34.78	85.89	6.65	3.29	26.69	29.67
	花　期	35.64	88.17	9.86	10.95	36.55	38.73
	结果期	34.83	90.44	6.20	4.39	29.83	30.69
牛大力（Millettia speciosa）	营养期	29.33	95.74	11.41	3.09	42.36	44.02
	花　期	32.22	95.31	10.66	2.85	32.34	34.16
	结果期	28.64	96.10	10.73	1.89	37.36	40.89
儿茶（Acacia catechu）	营养期	29.96	94.45	9.38	2.69	24.84	29.19
	花　期	33.41	95.10	9.38	3.37	21.55	26.96
	结荚期	43.81	93.96	14.61	4.96	31.21	36.41
红背山麻杆（Alchornea trewioide）	营养期	34.07	95.59	9.38	4.66	21.15	24.57
	花　期	34.95	95.38	9.38	3.64	23.30	26.76
盾柱木（Peltophorum pterocarpum）	营养期	35.17	93.56	9.38	2.70	36.39	40.37
	结荚期	33.78	95.30	9.38	3.99	31.05	34.52
土密树（Bridelia monoica）	营养期	36.71	92.70	8.56	4.74	29.14	31.40
两粤黄檀（Dalbergia benthami）	营养期	32.57	94.98	10.39	2.60	31.18	34.41
坡柳（Dodomaea viscose）	营养期	31.85	94.04	11.24	6.01	20.99	28.89
凤凰木（Delonix regia）	结荚期	40.85	96.15	10.18	6.18	19.20	23.64
山乌桕（Sapium discolor）	营养期	44.61	94.14	9.51	8.30	16.91	19.04
糙伏山蚂蝗（Desmodium strigillosum）	营养期	33.44	94.80	12.56	3.29	37.35	48.89
洋金凤（Caesalpinia pulcherrima）	营养期	36.26	93.16	14.05	2.77	39.38	56.06
卵叶山蚂蝗（Desmodium ovalifolium）	营养期	36.16	93.77	13.17	1.82	43.28	55.14
山毛豆（Tephrosia vogelii）	花　期	29.13	94.98	18.32	3.65	34.60	49.89

（续）

物　种	生长阶段	干物质	有机物	粗蛋白质	粗脂肪	酸性洗涤纤维	中性洗涤纤维
圆叶舞草 (Desmodium gyroides)	结荚期	38.00	94.88	13.79	2.51	42.55	56.31
木蓝 (Magnolia paernetalauma)	结荚期	20.76	93.25	24.66	4.14	26.58	44.79
大叶山蚂蝗 (Desmodium gangeticum)	结荚期	34.18	92.71	17.12	2.56	36.08	52.77
木豆 (Cajanus cajan)	营养期	33.79	95.15	22.61	4.55	31.60	38.63
猪屎豆 (Crotalaria mucronata)	结荚期	30.54	95.58	23.34	3.16	22.30	32.42
银合欢 (Leucaena leucocephala)	花　期	42.95	96.13	18.80	3.47	19.37	28.31
平均值		34.37	93.98	12.67	4.01	30.18	37.05

资料来源：李茂等 (2013)。

表 15-20　4 种灌木植物营养成分含量 (%)

物　种	干物质	粗蛋白质	粗脂肪	中性洗涤纤维	酸性洗涤纤维	粗灰分	单　宁
木豆 (Cajanus cajan)	36.54	22.61	4.55	38.60	31.6	4.85	0.98
银合欢 (Leucaena leucocephala)	29.50	18.79	3.47	28.30	19.3	3.87	2.23
大叶千斤拔 (Moghania macrophylla)	32.15	15.09	2.30	61.10	43.90	5.25	1.48
假木豆 (Dendrolobium triangulare)	39.18	17.22	3.32	46.20	38.10	5.44	0.89
平均值	34.34	18.43	3.41	43.55	33.23	4.85	1.40

资料来源：字学娟等 (2011)。

表 15-21　木豆叶粉与苜蓿草粉中的基本营养含量比较（%）

组　分	木豆叶粉	苜蓿草粉
粗蛋白质	24.26	16.23
粗脂肪	4.34	3.02
粗纤维	17.86	26.91
灰分	7.05	10.65
钙	1.35	1.5
总磷	0.28	0.28
赖氨酸	1.09	0.69
蛋氨酸	0.2	0.2

表 15-22　木豆、豇豆和大豆种子粉中的营养成分（%）

组　分	木　豆	豇　豆	大　豆
干物质	89.4	90.17	86.19
粗蛋白质	21	22.53	45.13
粗纤维	2.5	5.33	6.28
粗脂肪	1.7	1.6	1.39
灰分	3.2	3.81	3.85

表 15-23　木豆种子中的矿物质和氨基酸含量

名　称	含　量	名　称	含　量
磷（mg/kg）	2 450	甘氨酸（mg/g）	7.3
钙（mg/kg）	1 500	丙氨酸（mg/g）	8.1
镁（mg/kg）	1 410	胱氨酸（mg/g）	1.8
钾（mg/kg）	12 500	缬氨酸（mg/g）	7.7
锌（mg/kg）	24	蛋氨酸（mg/g）	1.9
铁（mg/kg）	39	异亮氨酸（mg/g）	6.6
锰（mg/kg）	13	亮氨酸（mg/g）	13.8
铜（mg/kg）	18	酪氨酸（mg/g）	5.1
天冬氨酸（mg/g）	17.4	苯丙氨酸（mg/g）	15.6
苏氨酸（mg/g）	6.4	组氨酸（mg/g）	8.8
丝氨酸（mg/g）	8.7	赖氨酸（mg/g）	13
谷氨酸（mg/g）	34.7	精氨酸（mg/g）	12.2
脯氨酸（mg/g）	8.4		

（三）银合欢的营养价值

银合欢是含羞草科银合欢属速生灌木或乔木树种，原产于热带中美洲，现广泛分布

于各热带地区，如我国海南、台湾、广东、广西、云南等地。银合欢叶量大，鲜嫩枝占
60%以上，一年四季均可采摘，可与禾本科牧草混播供放牧利用，也可晒干后制成草粉
饲料，是各种家畜的优质饲草。银合欢不同部位的营养价值不同，其中籽粒粗蛋白质含
量最高，而嫩枝叶中的钙含量较高（表15-24）。从常规营养成分测定情况看，银合欢
的嫩枝叶、籽粒和荚果均可作为牲畜的饲料来源。同时，银合欢含有17种氨基酸，其
中的9种是动物生长的必需氨基酸，但银合欢含有毒性物质含羞草氨酸，所以用量要求
比较严格（余雪梅，2012）。

表 15-24　银合欢风干样品中的各种营养成分及氨基酸含量（%）

营养成分	嫩枝叶粉	籽 粒	荚 果
水分	9.4	9.8	9.4
粗蛋白质	19	23.1	18
粗纤维	11.4	15	22.3
粗脂肪	6.1	6.7	3.5
粗灰分	11.7	3.9	3.7
钙	2.99	0.41	0.46
磷	0.13	0.34	0.22
天门冬氨酸	1.57	1.98	1.68
苏氨酸	0.659	0.453	0.39
丝氨酸	0.753	0.703	0.62
谷氨酸	1.89	2.73	2
甘氨酸	0.863	0.853	0.75
丙氨酸	0.989	0.962	0.85
胱氨酸	0.097	0.121	0.1
缬氨酸	0.923	0.685	0.6
蛋氨酸	0.251	0.196	0.17
异亮氨酸	0.775	0.739	0.65
亮氨酸	1.383	1.18	1.03
酪氨酸	0.531	0.296	0.26
苯丙氨酸	0.764	0.594	0.53
赖氨酸	0.994	0.932	0.82
组氨酸	0.482	0.547	0.48
精氨酸	0.849	1.37	1.2
脯氨酸	1.01	0.637	0.56
氨基酸总量	14.783	14.978	12.69

八、其他主要木本饲料植物的营养价值

我国为多树种国家，有着种类繁多的阔叶林木，人们很早就有利用杨、柳、槐、榆等阔叶树枝、叶饲喂畜禽的习惯。阔叶林木中的树叶含有丰富的养分。对杨、榆、苹果、山桃、杏等13种阔叶树落叶进行测定发现，其水分平均含量为5.12%，粗蛋白质平均含量为12.27%，灰分平均含量为10.96%，粗纤维的含量一般比较低。杨树和洋槐是典型的阔叶木本植物，中国共分布有18种杨树。杨树具有适应性强、速生丰产的特性，是中国北方最主要的阔叶树种。据分析，杨树雄花序干物质中的粗蛋白质含量高达30%以上，这一水平比玉米、高粱、小麦和大麦多2～2.5倍，仅次于大豆；而且每千克杨树落叶中含维生素C大约1 891mg、叶绿素3 076mg、胡萝卜素197mg，并含有13种以上的氨基酸。槐树在中国温带、暖温带和亚热带干湿季分明的地区广泛分布，尤以洋槐的分布范围广、利用多、价值大。经测定，洋槐树叶干物质中的粗蛋白质一般在20%左右，粗纤维含量多在15%左右，属阔叶乔木类饲料中的上乘种类。由于地区或加工工艺的影响，来自不同地区的洋槐树叶制成的叶粉，其粗蛋白质含量有一定差异（表15-25）。

表15-25　其他阔叶树营养含量分析（%）

名　称	粗蛋白质	粗脂肪	粗纤维	无氮浸出物	粗灰分	钙	磷
意大利杨叶	13.40	4.50	16.30	55.80	10.00	2.38	0.09
胡杨叶	11.76	8.04	18.12	50.59	11.49	1.28	0.28
胡杨种子	34.99	3.00	14.60	35.21	12.20	1.53	0.61
四川槐树	18.83	5.08	16.76	51.37	6.96	2.53	0.16
湖北槐树	24.31	3.89	16.33	49.22	6.25	1.06	0.24
黄梁木	17.64	3.86	17.46	—	7.87	—	—
任豆	25.7	9.6	19.0	—	6.3	1.36	1.19

在秦岭、淮河以南，分布大量的灌丛植被。据调查，灌丛草地占中国南方热带、亚热带草地总面积的40%～50%，在西南山区则高达70%以上。在众多的有刺灌木中，以白刺花、悬钩子、乌泡子、火棘和铁仔等饲用价值较高，且分布较广。据分析（表15-26），我国南方几种主要有刺灌木的粗蛋白质含量一般要比该地区禾草粗蛋白质含量高1～2倍（禾草多为6%～10%），尽管其利用率不高（一般可食部分占全株的10%左右），但其分布比较广、总量大、适口性好，具有巨大潜力。

表15-26　南方几种有刺灌木的常规养分含量分析（%）

物　种	生长期	粗蛋白质	粗脂肪	粗纤维	无氮浸出物	粗灰分	钙	磷
白刺花	开花期	24.31	3.88	16.33	49.22	6.25	1.06	0.24
悬钩子	开花期	11.4	2.96	31.59	46.8	7.25	—	—
乌泡子	营养期	10.78	3.49	26.01	52.43	7.29	2.22	0.1
火棘	结实期	10.64	5.37	16.5	62.42	5.07	2.09	0.09
铁仔	结实期	9.43	6.07	21.94	57.42	5.14	1.94	0.02

第三节　木本饲料中主要的抗营养因子

抗营养因子（anti nutritional factors，ANF）可归为对动物生长或健康造成不良影响的自然物质成分。不仅不利于动物对饲料中养分的消化、吸收和利用，还会影响畜禽的健康和生产力。饲料中发现多达数百种的抗营养因子，且其分布也很广。据检测表明，抗营养因子种类多，存在于几乎所有饲料中，有些饲料中的抗营养因子含量较低，不易被发现，或者对家畜的毒害作用还没有被发现，所以还没有引起人们的注意。抗营养因子的作用源于植物千万年进化的结果，其目的是保护自身免受霉菌、细菌、病毒、昆虫、鸟类及野生草食兽的侵害和采食，从而保证这些物种在自然界繁衍生息，因而又被称为"生物农药"。虽然部分 ANF 具有一定的药用价值，但它是影响饲料营养价值充分发挥的主要因素，研究 ANF 对于提高饲料转化率和饲料工业的经济效益、开发饲料新资源、减少环境污染具有重要意义。表 15-27 中概括了饲料中主要抗营养因子的种类、来源、作用机理，旨在全面加深对 ANF 的认识，进而为采取有效措施实现对饲料中 ANF 的监控、高效利用或无害化处理奠定基础。

表 15-27　饲料中主要的抗营养因子种类、来源及其作用机理

抗营养因子	主要来源	作用机理
蛋白酶抑制剂	豆类	降低胰（糜）蛋白酶活性，畜禽生长速度迟缓，胰腺增生、肿大
低聚寡糖	豆类、菜籽饼	微生物发酵产生大量 CO_2、H_2，畜禽胀气、腹泻，进而影响养分消化
植酸	谷、豆类	与蛋白质和微量元素形成复合物，抑制微量元素的吸收
抗维生素因子	豆类、草木犀	破坏维生素的生物活性，与该维生素竞争，降低利用率
棉酚	棉籽粕	细胞血管神经性中毒
环丙烯类脂肪酸	棉籽饼	改变肝氧化酶系统，影响生殖系统机能
芥子碱	菜籽饼	可分解为芥子酸和胆碱，具有抗雄激素的活性
硫苷	饲草、油菜籽等	酶水解后产生致甲状腺肿素和噁唑酮类等有毒物质
芥酸	菜籽饼	阻碍脂肪代谢，与动物心肌中的脂肪沉积有关
单宁	高粱、玉米、菜籽粕	易形成不溶性复合物，降低饲料的营养价值
草酸	几乎所有植物	结合金属离子，如钙、镁、铁等，影响金属离子吸收
生氰糖苷	豆科、蔷薇科、稻科	水解产生有毒的氢氰酸、丙酮
龙葵碱	甘薯	使人和畜禽胃肠功能及神经系统紊乱
皂苷	豆类	减弱消化酶和代谢酶活性，并能与锌形成不溶性复合物
茄属生物碱	马铃薯	肝毒性作用
植物雌激素	豆类、三叶草、苜蓿	抑制生长，子宫增大
生物碱	羽扇豆、高粱、小麦、大麦等谷物	抑制胆碱酯酶的活性，使肠道和神经紊乱
植物凝集素	豆类	主要影响小肠上皮细胞对营养物质的吸收

（续）

抗营养因子	主要来源	作用机理
大豆脂肪氧化酶	豆类	氧化不饱和脂肪酸产生豆腥味，破坏类胡萝卜素
大豆抗原蛋白	豆类	过敏反应，造成动物腹泻、生产性能下降等
脲酶	豆类	水解尿素产生氨和CO_2，在尿素循环中产生过量的氨
非淀粉多糖	豆类	形成聚合物，使肠道食糜黏度增加，阻碍消化酶的作用
纤维素、木质素	葵花籽饼	难消化，阻碍正常营养成分的消化吸收
有毒氨基酸	山蔾豆、银合欢	干扰结缔组织和胶原蛋白纤维交联
有机硝基化合物	沙打旺、小冠花	具有三致（致癌、致畸、致突变）效应
真菌毒素	甘薯、苜蓿	产生毒性强的肺水肿毒素
氨腈类神经毒素	香豌豆、雏豆	性成熟迟缓、器官损伤和瘫痪
生物胺	动物副产品	以组胺为例，扩张毛细血管，导致血压过低和神经兴奋
抗生肭、卵白素	家禽蛋	阻碍维生素的吸收利用
抗硫胺素因子	鱼粉	使胃酸分泌亢进，内脏中含有硫胺素酶破坏硫胺素

一、槐叶中主要的抗营养因子

要合理开发利用槐叶资源，必须从其生理活性物质、药理活性、病理、毒理和免疫机理等各个方面和层次进行全面和系统分析研究。研究结果表明，单宁影响槐叶的营养价值，因为单宁会沉淀蛋白质（包括消化酶），还可与饲料中纤维素、半纤维素及果胶等聚合物反应生成稳定复合物，从而降低蛋白质消化率，影响这些养分的消化利用。单宁在植物中的含量因土壤肥力、自然气候及植物生长期等的不同而不同。减少和去除单宁的影响对于充分发挥槐叶的营养价值具有重要意义。另外，叶柄的含量也会影响槐叶的营养价值。推测其中可能含有某些特殊的抗营养因子。关于这些抗营养因子的具体成分和作用机制等也有待以后进一步研究。

二、辣木中主要的抗营养因子

辣木叶粉中含有单宁（21.19±0.25）%、植酸盐（2.59±0.13）%、胰蛋白酶抑制剂（3.00±0.04）%、皂苷（1.60±0.05）%、草酸盐（0.45±0.01）%以及少量的氢氰酸（0.10±0.01）%（表15-28；Ogbe 和 Affiku，2011）。植酸盐是一种有机磷酸化合物，能与必需的矿物质（如钙、铁、镁和锌）在消化道中结合形成不溶性盐，导致矿物质缺乏。单宁是植物多酚，具有与生物大分子形成复合物的能力，如蛋白质和多糖等，从而降低饲料的营养价值。皂苷味苦，有刺激黏膜的作用，饲料中含量过高影响植物饲料的适口性，但其药用价值高，具有降低胆固醇、增强免疫力、抗氧化等作用。草酸与钙结合形成草酸钙晶体，影响其吸收利用。胰蛋白酶抑制剂，可抑制胰蛋白酶和胰凝乳蛋白酶，影响动物蛋白质消化。氢氰化物是有毒的，对摄入辣木叶粉的动物各器官造成损伤。

表 15-28　辣木叶粉中抗营养因子成分分析（%）

抗营养因子	含　量
植酸盐	2.59±0.13
草酸盐	0.45±0.01
皂苷	1.60±0.05
单宁	21.19±0.25
胰蛋白酶抑制剂	3.00±0.04
氢氰酸	0.10±0.01

三、桑叶中主要的抗营养因子

单宁是桑叶中最主要的抗营养因子，能与饲料中的蛋白质等生物大分子物质结合，形成不易消化的复合物；与畜禽口腔中的唾液蛋白或糖蛋白作用后产生苦涩感，影响适口性；与畜禽消化道内的消化酶结合，使其失活，减缓饲料的消化吸收，降低采食量；对肠道微生物具有广谱抑菌作用，并阻止钙、铁等离子的吸收（白静等，2005）。另外，桑叶乳汁中存在防御蛋白，如 MLX56（Wasano 等，2009）、几丁质酶（Kitajima 等，2010），以及生物碱类物质（Konno 等，2006），对采食桑叶的动物具有一定的毒副作用。

四、柠条中主要的抗营养因子

柠条粉由柠条经粉碎加工制成，可作为食草动物的粗饲料来源。柠条粉中含有丰富的营养成分，但质地坚硬、含有单宁等抗营养因子，导致动物采食量少、消化率和利用率低（张雄杰等，2010）。柠条经膨化加工后，单宁含量由 2.01%～2.96%降至 0.18%～0.27%，降低 1.83%～2.69%；粗纤维含量由 33.96%～39.12%降至 28.23%～33.95%，降低 5.73%～5.17%；无氮浸出物的含量由 39.42%～42.91%增加至 45.33%～48.42%，增加了 5.91%～5.31%，上述指标的变化幅度均达到了极显著程度。膨化后的柠条粉质地柔软、蓬松，容重变小，纤维变为长度为 2mm 以下的细小绒毛状，苦味减轻，涩感消失，颜色由淡黄色变为黄褐色，有清淡的豆香气味，适口性变好。

五、木豆中主要的抗营养因子

比较 6 种不同豆科植物种子抗营养成分发现，木豆中含有的主要抗营养因子为植物凝集素、α-半乳糖苷、植酸及单宁（表 15-29；Oboh 等，1998）。其中，植物凝集素和α-半乳糖苷为豆科植物特有的抗营养因子，植物凝集素主要影响小肠上皮细胞对营养物质的吸收，而 α-半乳糖苷能使肠道食糜黏度增加，阻碍消化酶的作用，引起动物腹泻。植酸和单宁则可以分别与微量矿物元素及生物大分子物质形成复合物，同样影响营养物质的吸收利用。

表 15-29 6 种豆类种子抗营养因子成分比较（%）

品　种	皂苷 B	植　酸	生物碱	α-半乳糖苷	植物凝集素	单　宁
利马豆（红色）	1.268±0.004	0.475±0.029	ND	3.372±0.002	0.075±0.028	0.140±0.001
利马豆（白色）	1.391±0.002	0.377±0.012	ND	3.628±0.085	2.749±0.709	0.080±0.001
木豆（棕色）	ND	0.322±0.032	ND	2.346±0.232	0.085±0.021	0.140±0.001
木豆（乳白色）	ND	0.349±0.034	ND	3.517±0.079	0.085±0.021	0.080±0.001
非洲山药豆	ND	0.148±0.013	ND	3.844±0.011	5.556±1.389	0.140±0.001
刀豆	0.489±0.004	0.299±0.013	0.041±0.002	2.830±0.034	1.701±0.340	0.090±0.002

注：ND 表示含量很少，未检出。

资料来源：Oboh 等（1998）。

六、银合欢中主要的抗营养因子

银合欢中主要抗营养因子是含羞草素和单宁，含羞草素含量较高，为4.4%，而单宁含量为1.3%（张建国等，2010）。反刍动物瘤胃中的微生物能把含羞草素降解为3，4-二羟吡啶（dihydroxypy ridine，DHP），DHP为植物氨基酸含羞草碱的衍生物，可影响甲状腺中碘与含碘化合物的结合，导致甲状腺肿大（Hegarty等，1976）。

第四节　木本饲料在动物生产中的应用

随着世界人口的不断增长及耕地面积的逐年减少，"人畜争粮"的问题越来越严重。我国是世界上第一人口大国、农业大国，多年来人均粮食占有量仅为美国的1/3，同时随着我国养殖业连续多年的高速增长，畜牧主产区的饲料资源短缺问题也越来越严重，尤其是蛋白质饲料资源。但是，随着疯牛病等由动物性饲料引起的动物疾病在世界范围的流行，欧洲各国已相继提出禁止饲用动物性饲料。因此，解决畜牧业中蛋白质饲料的缺乏，尤其是优质植物性蛋白质饲料缺乏的问题，已备受关注。木本植物枝叶中通常含有丰富的粗蛋白质等营养物质，可以为畜牧业提供大量优质饲料资源。同时，这些饲料林木还具有抗逆性强、收益时间长、产量高等优点，目前已越来越多地用作畜禽饲料。

一、在养猪生产中的应用

猪育肥过程中，用5%～10%柠条叶粉代替麸皮，不仅不会影响增重，反而在添加5%时表现出良好的增重性能和料重比（崔茂忠和曹社会，2005）。这可能是由于添加柠条叶粉后，饲料中的粗纤维含量提高，促进了胃肠蠕动，从而改善了猪的消化机能（杨玉芬等，2003）。木豆作为猪的蛋白质和能量饲料资源，猪饲料中添加6%～12%的木豆籽实，猪健康情况正常，日增重881g，高于国家标准的750g，饲料转化率3.66∶1符合国家标准（吕福基等，1995）。添加鲜桑叶后，饲养育肥猪的体重变化较常规饲养有所增加，试验组猪平均日增重为576g，对照组为340g（刘爱君等，2007）。桑叶不仅对育肥猪的生长性状有显著影响，精饲料中添加桑叶也能提高母猪的繁殖性能（郭建军等，2010）。在繁殖母猪饲料中分别添加3%和5%桑叶粉的结果表明，试验组母猪繁殖率、仔猪成活率比对照组分别提高12%、12%和5.62%、4.08%，且差异显著。构树作为一种优质的非常规蛋白质饲料资源，其叶中的粗蛋白质含量高达18%～24%，作为新型饲料原料具有巨大的开发潜力。许健（2005）报道了用构树叶做饲料喂猪不但绿色环保、适口性好、利用率高，而且猪生长速度快、屠宰率高。在生长育肥猪日粮中加入20%～25%构树叶替代麦麸和米糠，虽然其增重效果与对照组没有显著差异，然而每千克增重成本降低了2.74%～3.05%（彭超威和程幼学，1992）。用秸秆及酒糟等发酵的构树叶，其气味芬芳、柔软多汁、适口性好，营养价值明显提高，替代部分精饲料饲喂生长猪可取得良好的增重效果，而添加未经发酵的构树叶可导致育肥猪增重速度缓慢（陶兴无等，2006）。夏中生等（2008）试验指出，生长猪能较好地消化构树叶粉，配合饲料中添加20％的构树叶粉，对猪的采食量和生长增重无不利影响。银合欢是优良的木本饲料植物，蛋白质含量高，营养全面，含有多种家畜生长发育所必需的氨基酸，在日粮中加入5％～8％的银合欢叶粉，猪的日增重提高6％～8％（郭宝忠，2005）。在猪日粮中添加5％的银合欢叶粉，可达到全部用混合精饲料饲喂的相似增重效果，同时增加了眼肌面积和提高了瘦肉率，减少了精饲料的喂量，降低了成本。陈龙星和郑世山（2000）在育肥猪饲料中分别添加2％和4％的松针粉，结果表明试验组比对照组平均日增重提高25g和91g，分别提高3.6％和13.2％。在猪饲料中添加3％～5％的松针粉，可使猪增重15％，且猪的毛皮光亮、红润，肉质得到明显改善，瘦肉率有所提高。同时，还减少了猪瘟、猪肺疫、副伤寒、流感等疾病的发生。陈艳珍（2004）研究表明，在生长育肥猪日粮中添加4％～5％的松针粉，可使生长猪的日增重、饲料转化率和经济效益分别提高8％～12％（$P<0.05$）、3％～9％和23％～38％。范福贤和周爱倩（2005）证实，试验组仔猪每头每天添加20g松针粉后其日增重比对照组提高0.09kg，即提高22％；发病情况试验组比对照组减少82％；给哺乳母猪每头每天每千克体重加喂2g松针粉，可使仔猪白痢的发病率由89％降到28％，而且还可提高仔猪的断奶体重。

二、在反刍动物生产中的应用

分别用新鲜辣木、青贮处理辣木及象草饲养奶牛后，新鲜辣木具有较好的适口性，而青贮处理辣木消化率较高，同时饲喂新鲜辣木的奶牛产的奶风味较好。结果表明，不管是新鲜辣木还是青贮处理辣木完全可以饲喂奶牛，且没有任何负面影响（Mendieta-Araica等，2011）。用辣木叶粉替代豆粕饲养野绵羊，与对照组相比，试验组羊个体的采食量、饲料消化率、血液参数都没有发生显著变化，辣木叶粉完全可以替代豆粕（Jelali和Salem，2014）。作为饲料添加剂，用15％的辣木叶粉替代75％的芝麻粉，试验组奶山羊的采食量、营养物质的消化率、瘤胃发酵程度和产奶量较对照组都有不同程度的提高，但乳脂肪酸含量却有所下降，辣木叶粉是奶山羊优等饲料添加剂（Kholif等，2015）。在对辣木籽（皂苷含量为40.9g/kg DM）和胡黄连根（单宁含量为97.6g/kg DM）的提取物进行体外发酵时，二者使反刍动物瘤胃液氨态氮浓度分别降低了14％和35％，且不影响反刍动物饲料消化率（Alexander等，2008）。可能的机制在于，提取物抑制了瘤胃内氨化菌的繁殖。柠条作为奶牛日粮的组成部分，取代部分粗饲料后，每头奶牛每日的产奶量比对照组多65g，乳脂肪、乳蛋白质、乳糖及乳干物质均略高于对照组，其中乳脂肪高出对照组0.14个百分点，在对照组的基础上提高了3.8％，乳蛋白质、乳糖和乳干物质提高的相应数值分别为12.8％、2.4％和5.1％（李连友等，2002），柠条饲喂泌乳牛是可行的。同时，不同生长期的柠条及柠条不同的加工方式对牛的采食也有影响（王珍喜，2004），饲喂花期柠条组奶牛的采食率略高于结实期柠条组，花期柠条粉碎饲喂牛优于揉碎饲喂牛。柠条喂羊消化试验表明，在生产中可以利用柠条喂羊，如能搭配其他粗饲料和一定量的精饲料，则饲喂效果更佳（罗惠娣等，2003）。在春季将没有发芽的2～3年生柠条切碎，代替基础日粮中50％干玉米秸秆，羊日增重为 129g，效果最佳（罗惠娣等，2006）。木豆籽实中蛋白质含量约为 20%，淀粉含量为 55%，含人体必需的 8 种氨基酸，是以禾谷类为主食的人类最理想的补充食品之一，木豆叶中含蛋白质 19%，也是牛、羊喜食的优质牧草资源。桑叶可为瘤胃微生物提供可快速利用的氮源，改善瘤胃的微生态环境，增加瘤胃内纤维分解菌等的附着率和繁殖率，从而提高牛对饲料的消化率和采食量，最终提高牛的生长速度（Benavides，2002）。在肉牛稻秸型日粮中添加桑叶粉，增加了肉牛日粮中的蛋白质含量，且肉牛采食量及对干物质、有机质、粗蛋白质等的表观消化率也显著增加（Huyen 等，2012）。也有报道称，将桑叶作为幼犊的补充饲料，可促进幼犊瘤胃生长发育，减少对牛奶或代乳料的消耗（Delgado 等，2007）。在日粮中添加 500g 桑叶粉，相应减少 1kg 羊草量，用此饲料早晚饲喂荷斯坦泌乳奶牛，不仅可以延缓奶牛泌乳曲线下降的速度，而且还能增加产奶量、降低乳脂率和提高乳蛋白率，明显降低奶中体细胞的含量（李胜利等，2007）。用桑叶粉代替部分豆饼饲喂荷斯坦泌乳奶牛后，每头奶牛的日产奶量增加 727g（刘先珍和朱建录，2006）。以上研究表明，饲喂桑叶可提高奶牛产奶量，改善奶品质，降低奶牛乳房炎发生概率，并能增加养殖效益。在黑白花种公牛日粮中添加 5% 的桑叶粉，种公牛的精子畸形率极显著下降，明显提升了精液品质（郭建军等，2010）。用桑叶替代绵羊日粮中的苜蓿干草，对日粮中干物质、粗蛋白质和粗纤维的消化率没有明显差异，表明桑叶可作为绵羊饲料的蛋白质来源（Kandylis 等，2009）。在日粮中添加一定比例的桑叶，能提高蒙古羯羊的日增重、屠宰率，增加眼肌面积，增强机体的抗氧化能力和免疫力等，且对肉的品质及风味有一定的改善作用（李伟玲，2012）。而桑叶与菜籽饼以不同比例混合饲养湖羊存在负组合效应（严冰和刘建新，2002）。另有试验表明，用湖羊瘤胃液体外培养桑叶与大豆粕的混合物，当两者质量比为 40∶60 时出现负组合效应（苏海涯等，2002）。这可能是由于桑叶中含有的单宁、植物凝集素等抗营养因子与饲料原料中的蛋白质等大分子结合后降低了肠道消化酶的分泌和生物活性，且会使肠黏膜受到损伤，从而影响湖羊对营养物质的消化吸收。银合欢是一种很有潜力的热带豆科木本饲料，蛋白质含量高，质量好，可作为牛饲料。但是银合欢叶粉中含有一种非蛋白质氨基酸含羞草素，它是一种抗营养因子，吸收进入体内以后，不能被降解，过量吸收会造成采食动物食欲下降及甲状腺肿大。但 Jones 和 Hegarty（1984）发现，夏威夷山羊的瘤胃微生物具有将含羞草素降解为其他无毒化合物的能力。冯定远和 Atreja（1997）研究表明，银合欢叶粉中含羞草素并不影响牛瘤胃发酵程度和发酵类型。同时，尿素氨化可有效降低银合欢中的含羞草素，并具有提高粗蛋白质含量和降低中性洗涤纤维含量的作用；氨化后的银合欢叶粉单独使用不利于养分的消化和利用，与不同饲料组合为日粮后可提高养分的发酵利用程度，并有助于维持南江黄羊瘤胃的 pH；配合使用经 4% 尿素氨化的银合欢叶粉可通过提高日粮营养物质的消化率和蛋白质利用效率提高南江黄羊的生产性能，并对南江黄羊血液常规指标等水平无显著影响（杨宇衡，2010）。胡枝子适口性好，粗蛋白质和粗脂肪含量高，适用于各种家畜，尤其是作为牛、羊的饲料价值特别高。美国许多大牧场都种植胡枝子，在美国的阿肯色州一个叫贝茨的小镇，5 年的放牧效果表明，以胡枝子喂养的 1 岁牛犊平均每天增重 0.82kg。在 7 月、8 月经过 80d 的放牧试验发现，胡枝子牧场的载畜量为 16.5～22.5 头/hm²。在小麦-胡枝子的混交复合系统中每公顷能产出牛肉 1 950kg，1 岁牛犊平均每天增重 0.77kg，在密苏里州北部一个胡枝子与草本植物的混交牧场中，在没有施用氮肥的条件下，平均每公顷能产出牛肉 1 365kg，1 岁牛犊平均每天增重 0.92kg（孙显涛等，2005）。胡枝子不仅是马、牛、羊和兔的饲料，调制成干草粉后也是鸡、鸭、猪等的好饲料。例如，宋静等（1994）在麝鼠饲料中添加 3%～6% 的胡枝子粉，试验组的总采食量和总增重均高于对照组，而且可减少饲料用量 10% 左右。1995 年，江西省某鹅鸭场以 10% 的美国截叶胡枝子（*Lespedeza cuneata*）草粉饲喂肉鸭 49d 后，鸭的平均体重比对照组增加 0.16kg，每增重 1kg 耗精饲料比对照组降低 0.03kg，降低成本 0.22 元（吴志勇等，1996）。刘忠琛（2004）在奶牛日粮中添加 8% 的松针粉后，奶牛的产奶量可提高 7.4%。此外，饲喂松针粉对奶牛的胃肠道疾病、维生素缺乏症等疾病也有良好的防治效果。在羔羊、育成羊和淘汰羊的日粮中添加 4%～8% 的松针粉，育肥 70d 日增重分别比对照组提高 54.6g、24.5g 和 47.9g。在日粮中添加槐叶或槐叶粉，可降低饲料成本，起到增重速度快、饲料转化率高和节省粮食等效果，值得推广应用。试验证明，日粮中以 20kg 的鲜槐叶糊代替 20kg 的青贮玉米秸，泌乳奶牛的平均日产奶量提高 5%，并对其采食、生长无不良影响；在奶山羊日粮中，用 35% 的刺槐叶替代 30% 的麦麸、2% 的豆饼和 3% 的玉米，虽然奶山羊的产奶量差异不大，但羊奶中的蛋白质、乳糖和灰分含量均明显提高，并能降低饲料成本，提高利润。

三、在家禽生产中的应用

作为饲料添加剂，以 5% 的辣木粉替代蛋鸡日粮中的豆粕，对蛋鸡产蛋量、鸡蛋品质和鸡蛋孵化率没有显著负影响，甚至更好（Tesfaye 等，2014）。在木薯饲料中可最大限度地添加 5% 的辣木叶粉，对肉鸡生产效率和血液学指标均不产生有害影响（Olugbemi 等，2010）。在基础日粮相同的基础上增加 20% 的木豆粉喂养肉用仔鸡，鸡的增重率提高 26.16%；用木豆加少量花生饼或大豆饼、向日葵饼配成混合饲料饲喂蛋鸡后，也能收到很好的效果，木豆粉和叶可取代 46.5% 的商品饲料（李正红等，2001）。将桑叶粉添加到蛋鸡日粮中，可明显提升鸡蛋品质，桑叶粉中的胡萝卜素、叶黄素等色素会沉积到蛋黄中，使蛋黄颜色加深（章学东等，2012）；随着桑叶粉添加量的增加，蛋黄中胆固醇的含量也逐渐减少（Kamruzzaman 等，2012）。在评估桑叶粉在蛋鸡日粮中的含量上限时发现，当桑叶粉添加量增至 20% 时，蛋鸡的采食量和产蛋量均显著降低，当桑叶粉添加量达 40% 时，蛋鸡拒绝采食，产蛋量明显下降（彭晓培等，2010）。在肉鸡日粮中添加 0、5%、10%、15% 和 20% 的桑叶粉，结果表明随饲料中桑叶粉添加量的增加，肉鸡的采食量下降，在 10% 的添加量下，可获得最高的饲料转化率和平均体重增加量（Chowdary 等，2009）。还有研究表明，肉鸡饲料中添加桑叶粉，能有效减少肉鸡血液中总胆固醇和低密度脂蛋白含量，增加高密度脂蛋白、血糖和白蛋白含量（Park 和 Kim，2012）；在日粮中添加桑叶粉，可显著提高淮南麻黄鸡鸡肉中的苏氨酸、异亮氨酸、酪氨酸、苯丙氨酸和组氨酸含量，从而改善鸡肉的风味（吴东等，2013）；以含 3% 桑叶粉的日粮饲喂出栏前 4 周的肉鸡，能使鸡肉更细腻、香味更浓郁、口感更好。此外，添加桑叶粉还能降低鸡粪中氨气的含量，改善养鸡环境（Sudo 等，2000）。综上所述，肉鸡饲料中添加桑叶粉，对促进鸡健康生长、提升鸡肉品质及口感、改善养殖环境具有重要意义。胡枝子营养价值高，也可作为干饲料和优良的饲料添加剂。胡枝子在花蕾期至初花期进行收割，经太阳自然晒干后粉碎可加工成优质的干草粉。江西省某鹅鸭场以 10%、15%、20% 的胡枝子草粉进行肉鸭饲喂试验，结果表明以添加 10% 的试验组效果最好，其平均体重比对照组日增加 0.16kg，每增重 1kg 耗精饲料比对照组降低 0.028kg，降低成本 0.22 元。以胡枝子草粉替代部分肉鸭日粮，不仅节约了粮食，同时提高养鸭效益 5% 左右（吴志勇等，1996）。用构树叶饲喂三黄鸡的试验证明，鸡能较好地利用构树叶中的粗蛋白质，但对能量的利用率偏低（何国英，2005）。为探讨在饲料中添加构树叶对蛋鸡生产性能及蛋品质的影响，试验将 45 周龄体况一致的健康海兰灰蛋鸡 400 只随机分为 5 个组，每组 4 个重复。对照组饲喂基础日粮，试验组分别在基础日粮中添加 0.5%、1%、1.5% 和 2% 的构树叶，定期采样测定各组鸡的生产性能和蛋品质指数。结果表明，在蛋鸡日粮中添加不同水平的构树叶均可增加蛋重，以 2% 添加组效果最佳，各试验组对产蛋率有一定的改善，而对采食量和料蛋比无显著影响；1.5% 添加组的蛋黄颜色、蛋壳相对重和蛋壳厚度均显著优于对照组，提示日粮中添加 1.5%~2% 的构树叶即可提高蛋鸡生产性能及蛋品质（李艳芝等，2010）。饲料中使用 2%~6% 构树叶粉饲喂良凤花肉鸡，与对照组相比，良凤花肉鸡的生产性能、血清生化指标、胴体性状及饲料养分利用率均无显著变化，证明构树叶粉饲养良凤花肉鸡可行（吴健平等，2010）。倪耀娣等（2006）研究银合欢对肉鸡的临床毒性，得出安全用量不超过饲料的 5% 为最佳的结论。给种鸡饲喂适量的鲜槐叶，能够刺激其食欲，增加采食量，提高种鸡产蛋率和种蛋受精率，降低饲料消耗，提高饲养种鸡的经济效益。槐叶粉喂猪具有耗料少、增重快、节省粮食、降低成本、易于推广、经济效益高的优点；刺槐叶粉以 3%~5% 的比例在蛋鸡饲料中应用，具有提高产蛋率、降低料蛋比、提高饲料转化率和经济效益的作用；在肉鸡日粮中加入 8% 槐叶粉，能增加日增重，提高饲料转化率和节约精饲料。日粮中添加 5% 的松针粉后蛋鸡的产蛋率提高 13.82%，并改善了蛋黄色泽。日粮中添加 2% 马尾松针粉（试验组）和 2% 槐叶粉（对照组）进行饲喂对比试验，结果表明添加马尾松针粉后，试验组增重速度较快，饲料转化率试验组为 2.15：1、对照组为 2.55：1，试验组饲料转化率高。有报道在艾维茵雏鸡中添加松针粉，能够提高采食添加松针粉作为饲料的肉用种鸡的生长阶段和产蛋阶段的存活率，试验组平均育成率比对照组高 2.4%，差异显著（$P < 0.05$）。说明添加松针粉可以减少死淘数，从而提高育成率。从统计结果来看，两组各期体重及均匀度无明显差异，说明添加松针粉对体重及均匀度无明显影响。沈真祥（2000）用松针粉替代微量元素和部分维生素研究其对生长鸡发育的影响，结果表明对生长鸡无不良影响，且可以减少耗料，降低饲料成本。

四、在水产动物生产中的应用

韩如刚等（2013）以 15% 的辣木叶粉替代 8.7% 的次粉和 6.3% 的菜籽粕构成全价颗粒饲料配方，研究辣木叶粉对鱼生长和饲料利用的影响。试验组罗非鱼平均鱼体末重和平均增重均比对照组明显提高，而饵料系数则比对照组显著降低，试验组罗非鱼的存活率比对照组略低。该研究可为水产动物营养研究和进一步研制高效且廉价的温水性鱼人工配合饲料提供基础资料。但是，Richter 等（2003）对罗非鱼的饲喂试验有不同发现。其研究结果表明，添加10％的辣木叶粉对罗非鱼的生长影响不显著，而且当辣木叶粉添加量超过10％后会对其生长造成负面影响，并认为这是由于抗营养因子（如皂苷、丹宁酸、凝集素、胰蛋白酶抑制剂、肌醇六磷酸等）随辣木叶粉添加量的增加而增加造成的。但是，用含13％辣木叶粉的饲料喂食驴耳鲍的结果发现，饲喂该饲料后驴耳鲍呈现出高生长率、低饲料转化率和高蛋白质利用率的情况，说明辣木叶粉可作为驴耳鲍饲料的蛋白质来源（Reyes 和 Fermin，2003）。用发酵桑叶替代部分鱼粉、芥子油饼和米糠饲喂印度小鲤，结果表明当饲料中添加65％发酵桑叶粉，同时减少50％鱼粉、64％芥子油饼及77％米糠时，鱼的体重显著增加，生长速率、日增体重系数、饲料转化率、营养物质的沉积率、热膨胀系数和消化酶的活性均显著提高（Mondal 等，2012）。将桑叶粉和鱼内脏粉混合发酵，可用于替代印度小鲤饲料中80％的鱼粉，显著降低饲料成本（Kaviraj 等，2013）。在草鱼饲料中添加5％桑叶粉，对草鱼的生长性能无显著影响，但能降低草鱼脏体比、肝体比、内脏脂肪率及肌肉脂肪含量，同时也降低草鱼体内的血清胆固醇及甘油三酯含量，提升鱼肉的营养价值；但当桑叶粉添加量达10％时，草鱼的生长受到显著影响，其体重增长率和特定生长率明显下降（马恒甲等，2013）。

五、在其他动物生产中的应用

将辣木叶粉分5个梯度（0、5％、10％、15％和20％）替代混合饲料中的豆粕饲喂幼兔，结果发现试验组平均日增重显著高于对照组，生殖能力及血液指标均无不良反应，说明辣木叶粉在兔饲料中可以部分甚至全部替代豆粕（Nuhu，2010）。柠条粉可作为家兔的饲料之一，添加量以10％～20％为宜；饲料中加入10％～20％柠条粉，对其采食量、日增重、胴体重等性状无显著影响；当饲料中柠条添加至30％时，对其采食量、日增重、胴体重等指标有显著影响。结果表明，家兔饲料中柠条比例不宜高于20％（王爱武，2008）。研究表明，桑叶对兔的适口性好，兔会优先采食；用桑叶粉饲喂兔可以提高采食量及增加体重，降低发病率和死亡率，降低饲料转化率，并且能使兔肉更加细腻，膻味变淡，口感更佳（罗明华等，2004；石艳华等，2007）。用桑叶替代苜蓿饲喂育肥兔，虽然兔的采食量减少，但兔对粗纤维的消化率增加，屠宰时的活体质量、胴体质量和皮毛质量降低，肩胛骨脂肪和肾周脂肪沉积也明显减少，肌间脂肪不饱和脂肪酸的比例增加，瘦肉率提高（Martinez 等，2005）。采构树叶代替青草和青菜喂兔发生中毒，停喂构树叶，并改喂青菜和青草后，短时间内兔即开始采食，对试验兔继续观察和追访，病兔均恢复正常，唯独增重速度缓慢（章寿民，1997）。

第五节　木本饲料的加工方法与工艺

我国现有8 000余种木本植物，其中可以用作木本饲料的种类有1 000多种，资源十分丰富。与草本饲料相比，木本饲料中含有较丰富的营养成分，特别是蛋白质品质好，必需氨基酸含量丰富，是潜在的草食动物优质粗饲料。在我国牧场面积不断缩小且草场退化严重的情况下，开发木本饲料不但成本低，而且不与农业争地，既增加了饲料来源又可促进畜牧业发展。但是由于收获的木本饲料植物枝干质地坚硬，含有抗营养物质，因此会导致动物采食量少、消化率利用率低。为了解决以上问题，近年来国内外学者尝试了多种旨在改善木本植物饲用性能的加工处理方法，包括刈割、粉碎、制粒、青贮、微贮、氨化、生物酶解、聚乙二醇添加调制等。这些处理技术各有优点，并得到了一定程度的推广应用。

一、刈割

植物所含营养物质的量，随着生育期的变化而有很大变化，尤其是植物种类和植物成熟程度不同时其酸性洗涤纤维和粗蛋白质含量变化比较大（Rittner 和 Reed，1992）。粗蛋白质含量随季节变化呈现下降趋势，而酸性洗涤纤维含量变化没有固定规律（Khazaal 等，1993）。因此，刈割时期不同时会影响饲用植物干物质和粗蛋白质的利用效率（Coblentz 等，1998）。

柠条刈割的最佳时期，要根据柠条生育期、平茬目的和经济效益等因素综合考虑。可以对现有柠条天然草场隔年隔带平茬 1 次，时间最好在冬季和早春，此时营养物质已储存到根部且茎秆硬脆，既便于平茬，又有利于翌年生长（刘晶等，2003），留茬高度为 2～4cm，太低或太高均不利于枝条的分蘖与再生（常春，2010）。饲用柠条刈割最佳时间在开花期（6 月），此时期蛋白质含量最高，而木质素含量最低，也可在停止生长前 30～40d 即果后营养期刈割，以保证有充足的时间储藏营养物质，利于越冬，同时也能保证翌年的高产量（刘晶等，2003）。

木豆鲜草产量以每年刈割 2 次的产量最高，达 111.86t/hm^2，其次为刈割 3 次，以刈割 1 次的产量最低。不同的刈割时期处理，第 1 次刈割越早再发能力越强，全年鲜草产量越高。8 月 15 日左右开始第 1 次刈割的再发产量和全年产量分别为 52t/hm^2 和 112.44t/hm^2。8 月中旬，正处于第 1 批荚鲜食期，在第 1 批荚鲜食期进行第 1 次刈割；11 月中下旬，植株即将停止生长时进行第 2 次刈割，这样木豆鲜草产量最高。不同的留桩高度，以 100cm 的再发能力强、全年鲜草产量最高（谢金水等，2003）。为防止桑枝条纤维木质化，应及时刈割。当苗木枝条未木质化，即苗木长至 60～80cm 时进行刈割，可保证饲料鲜嫩多汁，提高其利用率，每次刈割注意留茬 10～15cm。1 年生植株刈割 2～3 茬，2 年及多年生植株刈割 3～4 茬，分别在 6 月中旬、7 月中旬、8 月中旬和 10 月上旬进行，两次刈割间隔时间为 25～30d。每刈割 1 次追肥 1 次，可促使枝条再生，每次追肥后视天气情况酌情补水，遇干旱季节或刈割后要适时灌溉，浇透表层土，既可加快植株对肥料的吸收，促进生长，又可提高其单株产生物量和品质（闫巧凤，2015）。对胡枝子的刈割研究表明，随着刈割频度的增加，根数、根质量、根瘤及可溶性糖等指标明显下降，1 年之中刈割 3 次，每 6 周刈割 1 次，其地上生物量最大，有利于胡枝子的收获和生长（孙显涛等，2005）。银合欢刈割留茬高度在 40cm 时，地上干物质量最大，而且能更好地促进银合欢的再生长过程（张明忠等，2013）。

二、干燥、粉碎、制粒

牧草最佳的干燥方法是直接烘干，其次是晒后烘干、阴干，晒干最差。这是由于日光的光合作用会破坏胡萝卜素（维生素 A 的主要来源），所以日晒时间越长且直射作用越强，养分损失就越大（贾慎修，1987）。熊瑶（2012）对辣木叶采用晒干、热风干燥、杀青后热风干燥、远红外干燥、微波干燥和热泵干燥 6 种方法干燥，通过外观及内在品质分析研究不同干燥方法对辣木叶的影响，结果表明 6 种干燥法对辣木叶外观品质的影响有显著差异，影响最小的是热泵干燥法，其次是热风干燥和晒干；微波干燥、晒干和远红外干燥对辣木叶中热敏性、光敏性的营养物质破坏显著；虽然热泵干燥时间相对较长，但其对辣木叶中脂肪、多糖的含量保持最好，是辣木叶的最适干燥方法。

柠条揉碎加工后，动物的采食量最大，每天体重增加的效果明显，可能是由于柠条中营养价值高但较难消化的部分经揉碎后变得质地松软，口感好且易于采食（张平等，2004）。柠条经过机械粉碎混合其他原料制成颗粒后，其利用率可提高 10%～20%（温学飞等，2005）。直接粉碎制粒后饲喂家畜，其利用率提高 50%，家畜采食量增加20%～30%，体重提高 15%左右（王峰等，2004）。

三、青贮、微贮、氨化

柠条青贮后粗蛋白质含量降低 0.06%，粗纤维含量降低 1.6%，木质素含量降低2.68%，无氮浸出物含量降低 1.87%（王峰等，2004）。用青贮后的柠条喂羊，羊能保持体重并略有增膘，羊群喜食青贮柠条且食欲良好（田晋梅和谢海军，2000）。桑叶中水分和可溶性糖类含量较高，青贮难度大，半干桑叶袋贮，颜色和营养含量测定结果均优于其他方法青贮的桑叶（马群忠等，2012）。选用 10 月下旬一年生构树枝干上的叶片，以酵母和米曲霉为发酵菌种，发酵后作为饲料。在添加作物秸秆发酵 5d 和 9d 时，发酵后饲料中粗蛋白质含量提高了 16.3%和 23.9%；在不添加作物秸秆发酵 5d 和 9d时，发酵后饲料中粗蛋白质含量提高 35.7%，粗纤维含量降低 15.3%，同时所有的发酵饲料均达到无毒级（张益民等，2008）。青贮处理能降低银合欢中含羞草素和单宁的含量，在青贮 90d 内随着青贮时间的延长含羞草素和单宁含量逐渐降低。青贮 90d 后，添加蔗糖使含羞草素降解 49.0%，添加蔗糖＋乳酸菌使单宁降解 54.7%，单独添加乳酸菌的效果不及蔗糖（张建国等，2010）。微贮饲料是在饲料作物采用专业设备揉搓软化后，添加有益微生物，通过微生物的发酵作用而制成的一种具有酸香气味、适口性好、利用率高且耐储的粗饲料。微贮饲料可保存饲草料原有的营养价值，在适宜的保存条件下，只要不启封即可长时间保存。吕海军等（2005）研究表明，柠条微贮后，粗蛋白质、粗脂肪、粗纤维和木质素含量变化不显著，粗灰分含量提高 1.36%，无氮浸出物含量提高 2.59%。温学飞等（2005）研究表明，新鲜柠条微贮后粗蛋白质提高6.62%，粗纤维降低 7.64%，木质素降低 5.30%；风干柠条微贮后粗蛋白质提高6.01%，粗纤维降低 3.64%，木质素降低 5.34%，微贮后饲喂滩羊，试验组的日增重比对照组多增重 76g。微贮处理能够显著改善柠条各营养组分的瘤胃降解特性，显著提高其瘤胃降解率，表明微贮处理能够破坏植物结构性碳水化合物中的纤维素晶体结构，弱化或破坏木质素与纤维素或半纤维素之间的酯键，促进木质化纤维素或半纤维素在瘤胃的发酵，提高其消化率。氨化主要用于反刍动物的饲料处理，氨化饲料就是用尿素、碳酸氢铵或氨水溶液等含无机氮物质与植物秸秆混合后密闭，进行氨化处理，以提高秸秆的消化率、营养价值和适口性。柠条氨化处理后粗蛋白质含量提高 5.92％，粗纤维含量降低 0.9％，木质素含量降低 0.51％，无氮浸出物含量降低 2.75％；柠条添加 5％玉米进行氨化处理后，粗蛋白质含量提高 6.32％，粗纤维含量降低 3.67％，木质素含量降低 1.32％，无氮浸出物含量降低 1.49％（王峰等，2004）。新银合欢枝叶氨化后粗蛋白质含量显著升高，含羞草素、粗脂肪含量极显著降低，中性洗涤纤维含量显著降低。氨化处理新银合欢对瘤胃 pH 有明显影响，提高了氨释放速度，添加玉米共同氨化发酵有利于维持瘤胃稳定和提高对氨氮的利用效率（黄文明等，2009）。

四、叶蛋白质制备

叶蛋白质是以新鲜的青绿植物茎叶为原料，经压榨取汁、汁液中蛋白质分离和浓缩干燥而制备的蛋白质浓缩物，是一种具有高开发价值的蛋白质资源，可作为饲料添加剂。而植物叶、茎是世界公认的蛋白质资源的最大宝库，也是获取蛋白质的廉价途径之一。研究表明，木本植物刺槐叶蛋白质的提取率可达 4.7％，原料总氮的提取率达到 75.9％，高于紫云英、紫苜蓿等草本植物（刘芳，1999）。

第六节　木本饲料资源开发与高效利用策略

一、建立木本饲料的基础数据库

畜牧业是我国农业农村经济的支柱产业，饲料是畜牧业生产赖以发展的物质基础。饲料原料数据库是饲料配方制作和实现的基础，是饲料技术研发与创新的结果，也是饲料技术研发与创新的工具。改革开放以来，我国饲料工业快速发展，已成为世界饲料生产大国。饲料资源供求关系呈现出精饲料缺、蛋白质饲料缺、绿色饲料缺、总量不足等特征。近年来研究表明，与草本饲料相比，木本饲料的显著优势是具有较高的营养成分，特别是蛋白质含量高。充分开发和高效利用高蛋白质木本饲料产品对缓解饲料供需矛盾，尤其是蛋白质饲料资源问题，优化饲料结构，促进畜牧业可持续发展将具有积极的推动作用。但目前木本饲料资源的基本数据信息还十分匮乏，对全国木本饲料资源及其矿物元素的含量与分布规律进行系统和专门的调研，建立相关基础数据库及其共享信息平台，已显得非常必要和紧迫。

二、改善木本饲料的开发利用方式

虽然我国有利用木本饲料的传统，但却从来没有将木本饲料当成一种重要的资源来经营和开发。因此，在木本饲料的发展和利用中，首先，应该转变观念，把木本饲料作为一种重要的饲料资源来经营和利用。其次，要促进实践性研究。为使人们更有信心利用当地可利用的木本饲料资源，除在实验室、实验站用传统方式研究外，还应采用大规模的现场研究方法。科研除了确定技术可行性，还要重视成本效益分析，进一步缩小科研和推广的距离。科学选用和处理饲料，切忌盲目饲喂。木本饲料常含有一些抗营养因子，包括单宁、皂苷和非蛋白氨基酸，一些木本饲料含有有毒成分，未经处理会对饲养的牲畜产生毒害，而且木本饲料饲喂方式不同效果也不同。此外，应该认识到，发展木本饲料并不是要替代草质饲料，而是将其作为一种重要的蛋白质资源，优化我国现有的饲料结构，充分利用我国的饲料资源，促进畜牧业的健康发展。

三、制定木本饲料产品标准

我国饲料工业起步于 20 世纪 80 年代中期，饲料工业标准化工作也随着饲料工业的发展而发展。全国饲料工业标准化技术委员会成立于 1986 年，成立之初，饲料工业标准的制定重点放在饲料原料类及饲料添加剂产品标准上，先后完成了多项原料标准及添加剂产品标准，在饲料工业发展初期发挥了重要作用。进入 21 世纪后，饲料工业进入成熟发展期，为适应饲料工业持续健康发展的需要，建设安全、优质、高效的饲料生产体系，健全和完善饲料安全监管体系，我国开始着手考虑饲料标准化的统筹规划。在标准的制定方面，相应加大了卫生标准和添加剂检测方法标准的制定力度。同时，地方饲料工业标准化工作也随之发展起来。目前，饲料行业基本形成了上下互动的饲料工业标准化工作格局。

随着中国畜牧业的迅速发展，草本饲料和粮食类饲料已经不能满足畜牧业生产的需求。饲料资源生产和供应面临的总体状况是饲料资源总量不足、以粮食为主的能量饲料不足、以粮油加工副产品为主的蛋白质饲料严重短缺、以农作物秸秆等为主的粗饲料资源有余，整个饲料资源供求关系具有精饲料缺、蛋白质饲料缺、绿色饲料缺和总量不足的特征。目前，已有研究表明一些木本植物幼嫩枝叶、花、果实、种子及其副产品营养成分丰富，特别是蛋白质和钙含量丰富，可作为木本饲料饲喂畜禽。实现木本饲料工业标准化是提高畜禽产品质量安全的重要基础，也是畜禽产品规模化生产的重要技术保障。制定出既符合我国国情又能与国际接轨的木本饲料工业标准化体系，将能进一步推动我国木本饲料工业的发展。制定木本饲料产品标准需要注意以下几个方面的问题：建立以国家标准、行业标准为主导，以地方标准为补充，以企业标准为基础的饲料工业标准体系；向发达国家标准看齐，技术水平、提高科学性和可操作性；加强标准执行和监督检查力度；加强国际交流，培养国际标准化人才等。

四、木本饲料功能性物质的开发利用

据测定，针叶中含有较多的粗蛋白质、丰富的粗脂肪和无氮浸出物，以及较少的粗纤维，但生物碱、有机酸、树脂等物质的存在使其适口性降低，因此利用率不高。阔叶乔木一般枝叶产量较高，就多数种而言，其枝叶和果实中含有丰富的粗蛋白质、粗脂肪和较少的粗纤维，营养价值可与优良的牧草相媲美，适口性一般良好，消化利用率较高，只有少数种营养价值中等或偏低。竹类一般枝叶丰富，营养价值较高，含较多的粗蛋白质和粗脂肪，粗纤维含量相对较低，竹类一般适口性良好。灌木的饲用价值差异很大，饲用价值居首位的是锦鸡儿属的灌木，其多数种营养丰富，适口性好，饲用价值高。半灌木饲用价值差异也很大，其价值居首位的是蒿属半灌木，这类饲用植物富含粗脂肪和无氮浸出物，且粗蛋白质含量较高，而粗纤维相对含量较低，适口性以春季和秋季最好。

◆ 参考文献

白静，赵志军，黄科明，2005. 饲料中单宁的抗营养性及其消除 [J]. 河南畜牧兽医，26（5）：12-14.

常春，2010. 柠条生长季刈割关键技术研究 [D]. 呼和浩特：内蒙古农业大学.

陈超，朱欣，陈光燕，等，2014. 贵州饲用灌木资源评价及其开发利用现状 [J]. 贵州农业科学，42（9）：167-171.

陈龙星，郑世山，2000. 饲料添加松针粉饲养肥育猪试验 [J]. 福建农业科技（5）：19.

陈默君，李昌林，祁永，1997. 胡枝子生物学特性和营养价值研究 [J]. 自然资源（2）：74-81.

陈艳珍，2004. 松针粉对生长肥育猪生产性能的影响 [J]. 饲料研究（11）：38-40.

崔茂忠，曹社会，2005. 柠条叶粉对肥育猪的饲养效果研究 [J]. 黑龙江畜牧兽医（10）：62-63.

董宽虎，张建强，王印魁，1998. 山西草地饲用植物资源 [M]. 北京：中国农业科技出版社.

范福贤，周爱倩，2005. 中草药松针粉添加剂对养猪业的效果观察 [J]. 中兽医学杂志（4）：12-13.

范青慈，黄金嗣，杨阳，1998. 青海省木本饲用植物资源分布特点及作用 [J]. 青海草业，7（3）：31-35.

冯定远，Atreja P P，1997. 银合欢叶粉中含羞草素在牛瘤胃内代谢降解的研究 [J]. 动物营养学报，9（3）：23-28.

弓剑，曹社会，2008. 柠条饲料的营养价值评定研究 [J]. 饲料博览（技术版）（1）：53-55.

郭宝忠，2005. 介绍几种喂猪的叶粉和草粉饲料 [J]. 中国农村科技（7）：33-33.

郭建军，李晓滨，齐雪梅，等，2010. 饲料中添加桑叶对种母猪繁殖性能的影响 [J]. 中国畜禽种业（9）：63-64.

郭建军，张会文，李晓滨，等，2010. 日粮中添加桑叶粉对种公牛精液品质的影响 [J]. 当代畜牧（10）：38-39.

郭孝，2001. 河南省灌木资源的饲用价值与生态意义 [J]. 家畜生态，22（3）：31-34.

郭志芬，1989. 我国南方重要的木本饲料资源及其综合利用 [J]. 自然资源（4）：9-15.

韩如刚，蔡志华，梁国鲁，等，2013. 辣木叶粉在鱼饲料中的应用研究 [J]. 安徽农业科学，41（4）：1537-1538.

何国英，2005. 非常规饲料——构树叶（LBP）的营养价值评定研究 [D]. 南宁：广西大学.

何雪梅，廖森泰，刘吉平，2004. 桑树的营养功能性成分及药理作用研究进展 [J]. 蚕业科学，30（4）：390-394.

黄文明，刘利平，王之盛，等，2009. 氨化处理对新银合欢的营养成分和人工瘤胃发酵特性的影响 [J]. 中国畜牧杂志，45（17）：39-41.

贾慎修，1987. 中国饲用植物志 [M]. 北京：农业出版社.

靖德兵，李培军，寇振武，等，2003. 木本饲用植物资源的开发及生产应用研究 [J]. 草业学报，12 (2)：7-13.

赖志强，钟坚，1991. 银合欢及其开发利用 [J]. 广西林业科技，20 (2)：82-86.

李景斌，任伟，周志宇，2007. 宁夏野生灌木资源的饲用价值与生态意义 [J]. 草业科学，24 (3)：28-30.

李连友，杨效民，李军，等，2002. 柠条的饲用价值及喂奶牛试验研究 [J]. 中国乳业 (8)：31-34.

李满双，金海，薛树媛，2015. 灌木、半灌木饲料资源及其开发利用 [J]. 黑龙江畜牧兽医 (7)：120-123.

李茂，字学娟，周汉林，等，2013. 二十种热带木本饲料的营养价值研究 [J]. 家畜生态学报，34 (7)：30-34.

李明，郭孝，王桂林，2006. 河南省灌木饲料资源开发与利用的研究 [J]. 家畜生态学报，27 (6)：210-212.

李胜利，郑博文，李钢，等，2007. 饲用桑叶对原料乳成分和体细胞数的影响 [J]. 中国乳业 (7)：60-61.

李伟玲，2012. 桑叶对肉羊生产性能、血液生化指标、免疫抗氧化功能和肉品质的影响 [D]. 呼和浩特：内蒙古农业大学.

李艳芝，李茜，王彦超，等，2010. 构树叶对蛋鸡生产性能及蛋品质的影响 [J]. 中国家禽，32 (15)：26-29.

李勇，苗敬芝，1999. 桑叶的功能性成分及保健制品的开发 [J]. 中国食物与营养 (3)：25-25.

李正红，周朝鸿，谷勇，等，2001. 中国木豆研究利用现状及开发前景 [J]. 林业科学研究，14 (6)：674-681.

李正涛，花旭斌，2000. 桑叶汁饮料的开发 [J]. 食品科技 (1)：45-45.

李志勇，师文贵，宁布，2004. 内蒙古灌木、半灌木饲用植物资源 [J]. 畜牧与饲料科学 (4)：16-17.

李忠喜，张江涛，王新建，等，2007. 浅谈我国木本饲料的开发与利用 [J]. 世界林业研究，20 (4)：49-53.

刘爱君，李素侠，吴国明，等，2007. 鲜桑叶对育肥猪增重效果的对比 [J]. 中国牧业通讯 (18)：76-77.

刘昌芬，李国华，2004. 辣木的营养价值 [J]. 热带农业科技，27 (1)：4-7.

刘昌芬，伍英，龙继明，2004. 不同品种和产地辣木叶片营养成分含量 [J]. 热带农业科技，26 (4)：1-2.

刘芳，1999. 刺槐叶蛋白提取工艺条件的初步研究 [J]. 中南林业科技大学学报 (1)：64-67.

刘国道，罗丽娟，1998. 海南木本饲用植物资源考察及营养价值评价 [J]. 草地学报，6 (1)：59-67.

刘晶，魏绍成，李世钢，2003. 柠条饲料生产的开发 [J]. 草业科学，20 (6)：32-35.

刘先珍，朱建录，2006. 桑叶粉代替部分豆饼或精料喂奶牛的研究 [J]. 现代农业科技 (5)：65-66.

刘永军，武智双，阎德仁，2005. 内蒙古灌木资源与效益评价 [J]. 内蒙古林业科技 (4)：28-29.

刘忠琛，2004. 松针粉的饲用价值和加工利用方法 [J]. 四川畜牧兽医 (4)：41.

罗惠娣，毛杨毅，牛西午，等，2003. 柠条喂羊消化试验 [J]. 中国草食动物 (S1)：104-106.

罗惠娣，牛西午，毛杨毅，等，2006. 柠条饲喂山羊效果试验 [J]. 草业科学，23 (4)：63-66.

罗明华，丁任华，宁新蕾，等，2004. 桑叶养兔试验 [J]. 江西畜牧兽医杂志 (3)：22-22.

吕福基，袁杰，李正洪，等，1995. 木豆籽实饲喂肉猪研究 [J]. 饲料工业，16 (7)：29-31.

吕海军，温学飞，张浩，2005. 提高柠条饲料利用率的研究 [J]. 草业科学 (3)：35-39.

马恒甲，刘新轶，谢楠，等，2013. 桑叶粉在草鱼饲料中的应用初探 [J]. 杭州农业与科技 (3)：29-30.

马群忠，王永亮，黄传书，等，2012. 饲料桑叶青贮法质量比较研究 [J]. 饲料研究 (9)：77-79.

倪耀娣，宫新城，王春光，等，2006. 银合欢对肉鸡的临床毒性及减毒实验观察 [J]. 中国兽医杂志，42 (7)：36-37.

牛西午，2003. 柠条研究 [M]. 北京：科学出版社.

彭超威，程幼学，1992. 构树叶饲喂生长肥育猪试验 [J]. 广西农业科学 (3)：136-137.

彭晓培，张孝和，肖西山，2010. 桑饲料在蛋鸡日粮中含量上限的评估 [J]. 当代畜牧 (10)：29-31.

饶之坤，封良燕，李聪，等，2007. 辣木营养成分分析研究 [J]. 现代仪器，13 (2)：18-20.

任余艳，高崇华，赵雨兴，等，2015. 饲用柠条的营养特点及青贮技术研究 [J]. 饲料研究 (5)：1-2，34.

沈真祥，2000. 在鸡饲料中添加松针粉代替多种维生素微量元素的效果 [J]. 吉林畜牧兽医 (4)：25.

石艳华，杨晓东，马双马，等，2007. 桑叶粉替代玉米豆粕饲喂肉兔试验 [J]. 黑龙江畜牧兽医 (7)：72-73.

宋静，张颖，张序，1994. 麝鼠饲料添加胡枝子效果的研究 [J]. 黑龙江畜牧兽医 (5)：37-38.

苏海涯，吴跃明，刘建新，2002. 桑叶中的营养物质及其在反刍动物饲养中的应用 [J]. 中国奶牛 (1)：26-28.

孙海松，2004. 青海省饲用灌木半灌木植物及其利用评价 [J]. 当代畜牧 (7)：28-30.

孙建昌，杨艳，方小平，等，2006. 贵州木本饲料植物资源及开发利用研究 [J]. 贵州林业科技，34 (3)：1-4.

孙显涛，陈晓阳，贾黎明，等，2005. 不同刈割频度下二色胡枝子根系及地上生物量的研究 [J]. 草业科学，22 (5)：25-28.

孙祥，1999. 中国木本饲用植物资源及其开发利用 [J]. 内蒙古草业 (3)：21-30.

唐亮，2008. 饲粮中构树叶粉对生长肥育猪生产性能、胴体品质、血清生化指标及养分消化率的影响 [D]. 南宁：广西大学.

唐亚，陈克明，谢嘉穗，等，2002. 发展木本饲料前景及其在水土保持中的地位 [J]. 水土保持研究，9 (4)：150-154.

唐一国，龙瑞军，李季蓉，2003. 云南省草地饲用灌木资源及其开发利用 [J]. 四川草原 (3)：39-42.

陶兴无，柳志杰，张求学，等，2006. 构树叶发酵工艺及饲喂生长猪试验 [J]. 武汉工业学院学报，25 (3)：5-7.

田桂香，山薇，杨珍，等，1996. 草灌乔结合建立人工灌木草地的技术及效益 [J]. 中国草地 (2)：11-16.

田晋梅，谢海军，2000. 豆科植物沙打旺、柠条、草木犀单独青贮及饲喂反刍家畜的试验研究 [J]. 黑龙江畜牧兽医 (6)：14-15.

万国栋，2004. 河西走廊东部木本饲用植物资源及其利用 [J]. 草业科学，21 (10)：9-12.

汪立祥，叶永恒，凌荣春，等，1993. 黄山地区木本饲料资源现状及其开发利用 [J]. 安徽农业科学，21 (3)：273-276.

王爱武，2008. 柠条饲喂家兔效果试验 [J]. 安徽农学通报，14（23）：25，147.

王承斌，1987. 内蒙古的木本饲用植物资源 [J]. 中国草地（5）：1-5.

王峰，吕海军，温学飞，等，2005，提高柠条饲料利用率的研究 [J]. 草业科学，22（3）：35-39.

王珍喜，2004. 柠条对牛、羊饲用价值的研究 [D]. 太原：山西农业大学.

王梓贞，王闯，李琪，2015. 我国发展木本饲料的前景和展望 [J]. 饲料与畜牧（5）：38-40.

温学飞，李明，黎玉琼，2005. 柠条微贮处理及饲喂试验 [J]. 中国草食动物，25（1）：56-57.

温学飞，王峰，黎玉琼，等，2005. 柠条颗粒饲料开发利用技术研究 [J]. 草业科学，22（3）：26-29.

闻向东，王淑萍，李庆华，2006. 印度辣木根化学成分分析 [J]. 农产品加工·学刊（7）：66-67.

吴东，钱坤，周芬，等，2013. 日粮中添加不同比例桑叶对淮南麻黄鸡生产性能的影响 [J]. 家畜生态学报，34（10）：39-43.

吴健平，卢雪芬，夏中生，等，2010. 饲粮中使用构树叶粉饲喂良凤花肉鸡的效果 [J]. 畜牧与兽医，42（12）：51-55.

吴志勇，戴征煌，欧阳延生，等，1996. 截叶胡枝子粉饲喂肉鸭的效果观察 [J]. 江西畜牧兽医杂志（2）：16-17.

夏中生，何国英，廖志超，等，2008. 构树叶粉用作生长肥育猪饲料的营养价值评价 [J]. 粮食与饲料工业（12）：37-38.

谢金水，王兰英，彭春瑞，等，2003. 印度改良木豆品种栽培技术研究初报 [J]. 中国农学通报，19（2）：6-9.

熊瑶，2012. 辣木叶蛋白质提取及其饮品研制 [D]. 福州：福建农林大学.

徐又新，汤福全，1990. 构树叶饲用价值的初步评价 [J]. 中国野生植物（1）：12-13.

许健，2005. 新型饲料——构树 [J]. 中国牧业通讯（22）：63-65.

严冰，刘建新，2002. 氨化稻草日粮补饲桑叶对湖羊生长性能的影响 [J]. 中国畜牧杂志，38（1）：36-37.

闫巧凤，2015. 沙地饲料桑的丰产栽培技术探析 [J]. 科学种养（2）：46.

闫文龙，任安祥，黎红妹，等，2008. 辣木梗粉主要营养成分测定及对肉鸡生长的影响 [J]. 安徽农业科学，36（18）：7644-7645.

杨贵明，2003. 桑叶作畜禽饲料的营养价值及应用技术 [J]. 农业科技通讯（3）：22-23.

杨宇衡，2010. 氨化银合欢对南江黄羊瘤胃发酵和生产性能的影响 [D]. 雅安：四川农业大学.

杨玉芬，卢德勋，许梓荣，2003. 日粮纤维对仔猪生产性能和养分消化率影响的研究 [J]. 江西农业大学学报，25（2）：299-303.

杨祖达，陈华，2002. 构树叶资源利用潜力的初步研究 [J]. 湖北林业科技（1）：1-3.

余雪梅，2012. 新银合欢营养成分分析及饲用研究 [J]. 四川畜牧兽医，39（11）：30-31.

曾明义，徐载春，周洪群，1989. 中国木本饲料的应用及前景展望 [J]. 四川草原（2）：8，15-21.

张爱芹，2008. 畜牧业新型饲料源——桑叶的营养价值及青贮技术 [J]. 甘肃农业（9）：60.

张建国，冯帆，庄骐，等，2010. 青贮处理降解银合欢中含羞草素和单宁的研究 [C] //中国草学会青年工作委员会学术研讨会论文集（上册）：303-308.

张明忠，史亮涛，金杰，等，2013. 不同刈割方式对干热河谷银合欢生物量和生长的影响 [J]. 草原与草坪，33（2）：77-79.

张平，黄应祥，王珍喜，2004. 采用不同方法加工的柠条饲喂育肥羊效果的研究 [J]. 中国畜牧兽医，31（11）：7-9.

张清斌，陈玉芬，1996. 新疆野生木本饲用植物评价及其开发利用 [J]. 草业科学，13（6）：1-4.

张雄杰，梅灵，达赖，等，2010. 膨化加工改善柠条饲用营养价值的研究 [J]. 畜牧与饲料科学，31（9）：39-41.

张益民，于汉寿，张永忠，等，2008. 构树叶发酵饲料中营养成分的变化 [J]. 饲料工业，29（23）：54-55.

章寿民，1997. 家兔构树叶中毒试验 [J]. 中国兽医科技，27（12）：39.

章学东，李有贵，张雷，等，2012. 桑叶粉对蛋鸡生产性能、蛋品质和血清生化指标的影响研究 [J]. 中国家禽，34（16）：25-28.

赵峰，刘丹，黄所含，等，2005. 构树叶饲喂小白鼠的亚慢性毒性试验 [J]. 粮食与饲料工业（6）：30-32.

周全良，楼晓钦，温学飞，2004. 宁夏野生灌木资源及开发利用前景 [J]. 宁夏农学院学报，25（4）：15-21.

字学娟，李茂，周汉林，等，2011. 4 种热带灌木饲用价值研究 [J]. 西南农业学报，24（4）：1450-1454.

Alexander G，Singh B，Sahoo A，et al，2008. *In vitro* screening of plant extracts to enhance the efficiency of utilization of energy and nitrogen in ruminant diets [J]. Animal Feed Science and Technology，145（1）：229-244.

Benavides J E，2002. Utilization of mulberry in animal production systems [J]. Mulberry for animal production. FAO Animal Production and Health Paper.

Chowdary N B V，Rajan M，Dandin S B，2009. Effect of poultry feed supplemented with mulberry leaf powder on growth and development of broilers [J]. The IUP Journal of Life Sciences，3（3）：51-54.

Coblentz W K，Fritz J O，Fick W H，et al，1998. *In situ* dry matter, nitrogen, and fiber degradation of alfalfa, red clover, and eastern gamagrass at four maturities [J]. Journal of Dairy Science，81（1）：150-161.

Delgado D C，González R，Galindo J，et al，2007. Potential of Trichantera gigantea and Morus alba to reduce *in vitro* rumen methane production [J]. Cuban Journal of Agricultural Science，41（4）：319-322.

Eltayeb A R S M，Ali A O，Haron R，2010. The chemical composition of Pigeon pea (*Cajanus cajan*) seed and functional properties of protein isolate [J]. Pakistan Journal of Nutrition，9（11）：1069-1073.

Hegarty M P，Court R D，Christie G S，et al，1976. Mimosine in *Leucaena leucocephala* is metabolised to a goitrogen in ruminants [J]. Australian Veterinary Journal，52（10）：490-490.

Huyen N T，Wanapat M，Navanukraw C，2012. Effect of mulberry leaf pellet (MUP) supplementation on rumen fermentation and nutrient digestibility in beef cattle fed on rice straw-based diets [J]. Animal Feed Science and Technology，175（1）：8-15.

Jelali R，Salem H B，2014. Daily and alternate day supplementation of *Moringa oleifera* leaf meal or soyabean meal to lambs receiving oat hay [J]. Livestock Science，168：84-88.

Jones R J，Hegarty M P，1984. The effect of different proportion of Leucaena leucocephala in the diet of cattle on growth, feed intake, thyroid function and urinary excretion of 3-hydroxy-4 (lH) -pyridone [J]. Australian Journal of Agriculture Research，35：317.

Kamruzzaman M，Rahman M S，Asaduzzaman M，et al，2012. Significant effect of mulberry leaf (*Morus alba*) meal in the reduction of egg-yolk cholesterol [J]. Bangladesh Research Publications Journal，7（2）：153-160.

Kandylis K，Hadjigeorgiou I，Harizanis P，2009. The nutritive value of mulberry leaves（*Morus alba*）as a feed supplement for sheep［J］. Tropical animal health and production，41（1）：17-24.

Kaviraj A，Mondal K，Mukhopadhyay P K，et al，2013. Impact of fermented mulberry leaf and fish offal in diet formulation of Indian major carp（*Labeo rohita*）［J］Proceedings of the Zoological Society，66（1）：64-73.

Khazaal K，Markantonatos X，Nastis A，et al，1993. Changes with maturity in fibre composition and levels of extractable polyphenols in Greek browse：effects on *in vitro* gas production and in sacco dry matter degradation［J］. Journal of the Science of Food and Agriculture，63（2），237-244.

Kitajima S，Kamei K，Taketani S，et al，2010. Two chitinase-like proteins abundantly accumulated in latex of mulberry show insecticidal activity［J］. BMC Biochemistry，11（1）：6.

Konno K，Ono H，Nakamura M et al，2006. Mulberry latex rich in antidiabetic sugar-mimic alkaloids forces dieting on caterpillars［J］. Proceedings of the National Academy of Sciences of the United States of America，103（5）：1337-1341.

Larbi A，Smith J W，Kurdi I O，et al，1996. Feed value of multipurpose fodder trees and shrubs in West Africa：edible forage production and nutritive value of *Millettia thonningii* and *Albizia lebbeck*［J］. Agroforestry Systems，33（1）：41-50.

le Houérou H N，2000. Utilization of fodder trees and shrubs in the arid and semiarid zones of West Asia and North Africa［J］. Arid Soil Research and Rehabilitation，14（2）：101-135.

Martinez M，Motta W，Cervera C，et al，2005. Feeding mulberry leaves to fattening rabbits：effects on growth，carcass characteristics and meat quality［J］. Animal science，80（3）：275-280.

Mendieta-Araica，B，Spörndly E，Reyes-Sánchez N，et al，2011. Feeding *Moringa oleifera* fresh or ensiled to dairy cows—effects on milk yield and milk flavor［J］. Tropical Animal Health and Production，43（5）：1039-1047.

Mondal K，Kaviraj A，Mukhopadhyar P K，2012. Effects of partial replacement of fishmeal in the diet by mulberry leaf meal on growth performance and digestive enzyme activities of Indian minor carp *Labeo bata*［J］. International Journal of Aquatic Science，3（1）：72-83.

Nuhu F，2010. Effect of *Moringa* leaf meal（molm）on nutrient digestibility，growth，carcass and blood indices of weaner rabbits［D］. Kumasi：Kwame Nkrumah University of Science and Technology.

Nwokolo E，Oji U I，1985. Variation in metabolizable energy content of raw or autoclaved white and brown varieties of three tropical grain legumes［J］. Animal Feed Science and Technology，13（1）：141-146.

Nwokolo E，1987. Nutritional evaluation of pigeon pea meal［J］. Plant Foods for Human Nutrition，37（4）：283-290.

Oboh H A，Muzquiz M，Burbano C，et al，1998. Anti-nutritional constituents of six underutilized legumes grown in Nigeria［J］. Journal of Chromatography A，823（1）：307-312.

Ogbe A O，Affiku J P，2011. Proximate study，mineral and anti-nutrient composition of Moringa oleifera leaves harvested from Lafia，Nigeria：potential benefits in poultry nutrition and health ［J］. The Journal of Microbiology，Biotechnology and Food Sciences，1（3）：296.

Olugbemi T S，Mutayoba S K，Lekule F P，2010. Effect of *Moringa*（*Moringa oleifera*）inclusion in cassava based diets fed to broiler chickens [J]. International Journal of Poultry Science, 9(4): 363-367.

Park C I, Kim Y J, 2012. Effects of dietary supplementation of *Mulberry* leaves powder on chicken meat quality stored during cold storage [J]. Korean Journal for Food Science of Animal Resources, 32 (2): 184-189.

Reyes O S, Fermin A C, 2003. Terrestrial leaf meals or freshwater aquatic fern as potential feed ingredients for farmed abalone *Haliotis asinina* (Linnaeus 1758) [J]. Aquaculture Research, 34 (8): 593-599.

Richter N, Siddhuraju P, Becker K, 2003. Evaluation of nutritional quality of moringa (*Moringa oleifera* Lam) leaves as an alternative protein source for *Nile tilapia* (*Oreochromis niloticus* L.) [J]. Aquaculture, 217 (1/4): 599-611.

Rittner U, Reed J D, 1992. Phenolics and *in vitro* degradability of protein and fibre in West African browse [J]. Journal of the Science of Food and Agriculture, 58 (1): 21-28.

Tesfaye E B, Animut G M, Urge M L, et al, 2014. Cassava root chips and Moringa oleifera leaf meal as alternative feed ingredients in the layer ration [J]. Journal of Applied Poultry Research, 23 (4): 614-624.

Wasano N, Konno K, Nakamura M, et al, 2009. A unique latex protein, MLX56, defends mulberry trees from insects [J]. Phytochemistry, 70 (7): 880-888.

（南京农业大学　毛胜勇，华南农业大学　陈晓阳　孙加节　张永亮，

中国农业大学　庞家满　编写）

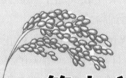

第十六章
桑叶及其加工产品开发现状与高效利用策略

第一节 概 述

一、我国桑叶及其加工产品资源现状

桑树属桑科（Moraceae）桑属（*Morus*）的落叶乔木，适应范围广，对环境的抗逆性极强，具有耐涝、耐渍、耐旱、耐盐碱、耐贫瘠等特性，既能够抵抗−30℃以下的低温，也能耐受40℃的高温，在pH为4.5～9.0时都能正常生长，土壤含盐量在0.2%时也能正常生长，即使是在极度干旱的沙漠边缘和冰冷的北疆地带也都可见到桑树。桑树有30多个种和几个亚种，其原产地或自然分布可大体分为亚洲大陆东部、西南部，非洲西部等地区。

我国是桑树种植面积最大的国家，常年种植面积在100万hm²左右。桑树适应性强、在不同生态区域都有分布，而且桑树年产鲜叶量高。黄自然等（2006）比较发现，天然林木或高产饲料作物单位面积年产鲜物（m_f）或干物量（m_d）均以桑树为最高。桑树年产鲜物量平均为15t/hm²，最高产量在中国，可达60t/hm²。桑树的平均日产量为8～11.5g/m²，年产干物量为7～8t/hm²，较大豆（2～3t/hm²）、牧草（0.91～1.5t/hm²）及木薯（0.76～0.83t/hm²）产量都高。同时，桑叶中含有丰富的营养物质，桑叶干物质中粗蛋白质含量22%，碳水化合物含量为21%以上，含有18种氨基酸，其中必需氨基酸的占比达43%，符合WHO及FAO的要求（36%以上），比苜蓿叶粉、甘薯叶粉及大豆饼的营养效价高。我国科研人员通过人工选择与杂交育种，培育出的最新抗逆性品系——饲料桑，是一种产量高、营养丰富、饲用价值大、极具开发潜力的功能性饲料资源。

饲料桑膨芽期一般在3月下旬，4月上旬为脱苞期，4月中旬为鹊口期，开叶期在4月下旬，5月上旬缓慢生长，快速生长期在5月中旬至8月下旬，9月便进入缓慢生长期，10月中旬停止生长。为了有利于饲料桑分枝生长和不影响田间管理及机械化作业，饲料桑的栽植密度以8株/m²为佳。一年生饲料桑单株大部分为2个枝条，少量为1个或3个枝条，刈割可促进翌年分枝。其主枝条的长度、地径、叶数的生长速度要比次枝条快；主枝地径、主枝条长呈现缓慢生长、快速生长、停止生长的趋势。饲料桑叶数快速生长达到高峰后便开始下降，早期生长的叶片会枯黄脱落，生产中要及时利用饲料桑叶片。

饲料桑抗干旱能力极强，在 50mm 降水的地区便可生存，250mm 自然降水即可正常生长、开花、结实，完成其生命周期。另外，饲料桑萌发力极强且耐刈割，每天的平均生长量在 2cm 以上。在 6 月、7 月、8 月和 9 月 4 个月雨热同步期间，饲料桑茎部平茬刈割后，经过 25~30d 再生株可高达 60cm，半湿润地区可高达 80cm。饲料桑的生态学特性决定了其旺盛的生命力，因而其产量相当可观。

二、开发利用桑叶及其加工产品作为饲料原料的意义

桑叶作为家畜饲料的最显著特性是一方面具有很高的消化率，通常情况下，无论体内试验还是体外试验，桑叶的消化率均可以达到 70%~90%；另一方面桑叶作为饲料具有很好的适口性，当家畜首次接触桑叶时，很容易接受它而无采食障碍。桑叶既可作为青绿饲料直接饲喂家畜，也可作为蛋白质饲料的替代物应用于畜牧业。

（一）发展饲料桑有利于缓解我国畜牧业与饲料产业的供需矛盾及饲料短缺现状

桑树一年之中鲜叶供应时间可达 10 个月之久，特别是夏季 7—8 月严重缺乏鲜草时正是桑叶产量最丰的时期，当期产量占全年的 30% 以上，可有效弥补夏季青绿饲料供应的不足。我国是蛋白质饲料资源短缺的国家，目前生产豆粕的大豆约 70% 需要进口。桑叶作为饲料具有来源广泛、资源丰富等优点，开发成饲料后将有利于缓解目前的饲料短缺问题。桑叶资源饲料化开发还可充分挖掘桑叶资源价廉与保健的优势，与常规饲料进行有机整合后能以桑叶的保健成分来弥补常规饲料的不足，丰富饲料品种来源，降低饲料价格，促进饲料产业的发展。

（二）有利于提高畜禽的抗病能力，降低成本，促进畜牧业良性发展

提高畜禽免疫抗病能力是整个畜牧业共同关注的焦点之一。从畜禽饲料源入手，寻找一种天然、无毒副作用而又具有抗病能力的饲料源具有重大意义。桑叶中的许多天然活性物质具有抗应激作用，能增强机体的耐力和提高畜禽的抗病能力。

（三）饲料桑可改善畜禽产品的品质和风味，减少氨的排放量

桑叶中含有的特殊功能因子，能有效改善畜禽产品的品质和风味。在肉鸡饲料中添加桑叶粉能降低鸡的采食量和料重比，提高体重，降低腹脂率；胸肌中的鲜味物质（肌苷酸）含量增加 20.6%，新鲜度提高 12.1%，鸡肉颜色和肉质风味显著改善，在肉嫩度和汤鲜味方面表现出了明显优势；同时，胸肌中的硫代巴比妥酸水平显著降低，鸡肉储存时间延长。在蛋鸡饲料中添加桑叶粉，可以提高蛋重和产蛋量，改善蛋黄颜色。兔饲料中添加桑叶粉，兔生长速度加快，体质增强，肉质改善。给肉山羊饲喂桑叶后，在相同烹饪条件下，试验羊比对照羊肉质细嫩、膻味轻、味道更鲜美（徐万仁，2004）。日粮中添加桑叶粉能提高氮的利用率，增加氨基酸的沉积量，降低鸡粪中氨的排放量（侯建国等，2013）。

三、桑叶及其加工产品作为饲料原料利用存在的问题

桑叶作为一种非常规饲料资源，由于其产量高、适口性好、营养价值丰富，因此已引起 FAO 的重视，近年来作为畜禽饲料应用越来越广泛，但是目前饲料桑产业化程度不高，究其缘由主要有以下几个方面。

（一）采收成本较高

桑叶采收机械化程度不高，需要很多人力，增加了成本，限制了饲料桑产业化发展。农业机械化系统的功能表现在实现农业生产力的置换，在农业生产力置换过程中，促进农业生产的发展，促进经济增长和科学技术水平的不断提高。我国目前农业机械化水平总体上处于较低的初级阶段，而桑叶采收则基本上处于全手工采摘现状中。

（二）饲料桑加工技术不成熟

饲料加工对饲料原料与产品的物理特性、运输储存特性、营养品质、饲喂特性及安全卫生特性都有重要影响，最终对饲料产品的综合经济效益和生态效益产生重要影响，而针对饲料桑加工设备和加工技术的研究较少。

（三）桑叶的抗营养因子研究不透彻

桑叶中的抗营养因子及有毒有害物质是影响动物生长性能的重要因素，因而也是在动物饲料中不能大量添加的主要原因。抗营养因子在饲料中的种类有很多，不同的抗营养因子其作用不同。而且相同的抗营养因子对不同品种的动物作用效果也不同，对同种动物的不同品种的影响程度也存在差异。而目前对这方面的研究不多也不透彻，且针对消除桑叶中抗营养因子及有毒物质的生物技术手段或加工工艺研究很少。

（四）添加量较少

由于桑叶中的粗纤维含量较高，且含有单宁、植物凝集素及乳汁中的多种有毒有害物质，因此桑叶在畜禽饲料中的添加量较低：在鸡饲料中的添加量为 $3\%\sim10\%$，在猪饲料中的添加量为 $5\%\sim15\%$，在牛饲料中的添加量为 $20\%\sim40\%$，在羊饲料中的添加量为 $10\%\sim20\%$。另外，饲喂添加桑叶的饲料后部分畜禽的生长性能有不同程度的下降，与其他饲料原料存在负组合效应。

第二节　桑叶及其加工产品的营养价值

桑叶被称为"天然的植物营养库"，其粗蛋白质和粗脂肪含量高，动物生长发育所需氨基酸、维生素和矿物元素含量十分丰富，且较为全面。

一、常规营养成分

与饲料原料相比，饲料桑粉中的粗蛋白质含量为 20.04％～21.90％，高于玉米、麦麸和稻谷；粗脂肪含量为 2.40％～3.55％，与玉米中的粗脂肪含量相当，但比麦麸低，比稻谷高；钙的含量为 2.49％，远远高于玉米、麦麸和稻谷中的钙含量；总磷含量高于玉米和稻谷，低于麦麸（表 16-1）。

表 16-1　饲料桑粉与部分饲料原料及饲料作物的常规养分含量比较

营养水平	饲料桑粉	玉 米	麦 麸	稻 谷	苜蓿粉	甘薯粉
干物质（%）	90.60	86.00	87.00	86.00	87.00	
粗蛋白质（%）	20.04～21.90	8.70	14.30	7.80	19.80	19.20
粗脂肪（%）	2.40～3.55	3.60	4.00	1.60	2.70	3.30
粗纤维（%）	14.50～17.18	1.60	6.80	8.20	29.00	14.40
无氮浸出物（%）	36.64～37.30	70.70	57.10	63.80	10.20	35.50
粗灰分（%）	9.40～13.19	1.40	4.80	4.60	9.30	13.20
钙（%）	2.49	0.02	0.10	0.03	1.40	
总磷（%）	0.41	0.27	0.93	0.36	0.51	
猪消化能（kJ/kg）	1.48				1.70	1.18
鸡消化能（kJ/kg）	1.20				1.01	0.98
奶牛消化能（kJ/kg）	0.85				0.58	

FAO 报道，桑树品种的长期选择和改进已使其比其他饲草植物在营养价值和单位面积可消化的营养成分上更具有优势，是潜在的动物饲草资源。众多研究均论述了桑叶营养效价良好，可作为畜牧业的新饲料源（王建芳和陈芳，2005；吴浩和孟庆翔，2010）。王雯熙等（2012）对 29 种桑叶的成分进行研究发现，桑叶中富含微量元素，蛋白质含量、有机物降解率和代谢能估测值均显著高于羊草，纤维含量则显著低于羊草。

饲料桑粉中氨基酸种类齐全，且必需氨基酸含量较高，其所含蛋白质是品质较优的蛋白质资源（表 16-2；杨静等，2015）。饲料桑粉中不饱和脂肪酸的含量占脂肪酸总量的一半以上，所含的亚麻酸最高，达到 34.71％（表 16-3；杨静等，2015）。桑叶中含有 50 多种维生素和微量元素，以干物质为基础，每 100g 桑叶中含维生素 B_1 0.5～0.8mg、维生素 B_2 0.8～1.5mg、维生素 B_3 4.1mg、维生素 B_5 3～5mg、维生素 B_{11} 0.5～6mg、维生素 C 30～40mg、维生素 E 30～40mg、视黄醇维生素 A 0.67mg、胡萝

卜素 7.44mg。每 1kg 桑叶中含钾 9 875mg、铁 306mg、锰 270mg、钠 202mg、锌 66mg、镁 30mg、铜 10mg。这些营养物质对维持机体免疫功能和抗氧化机能具有重要作用。

表 16-2　饲料桑粉的氨基酸含量（％）

氨基酸	含　量	氨基酸	含　量
精氨酸	0.68	天冬氨酸	1.23
组氨酸	0.15	谷氨酸	1.25
异亮氨酸	0.53	丝氨酸	0.51
亮氨酸	1.05	甘氨酸	0.65
赖氨酸	0.50	丙氨酸	0.67
蛋氨酸	0.09	脯氨酸	0.63
苯丙氨酸	0.61	酪氨酸	0.47
苏氨酸	0.52	总非必需氨基酸	5.41
缬氨酸	0.68		
总必需氨基酸	4.81		

资料来源：杨静等（2015）。

表 16-3　饲料桑粉脂肪酸的相对含量（％）

脂肪酸	相对含量
肉豆蔻酸	2.80
棕榈酸	29.10
棕榈油酸	2.26
硬脂酸	5.23
油酸	6.96
亚油酸	17.16
亚麻酸	34.71
花生酸	1.78

资料来源：杨静等（2015）。

桑叶的营养价值随收获季节不同有异。上位叶中的粗蛋白质与磷的含量高于下位叶，而粗脂肪、粗灰分、钙、镁和铁的含量则低于下位叶。晚秋蚕期，桑叶中的钙含量比春蚕期高，但镁与磷的含量却与钙情况相反。

二、生物活性成分

桑叶属天然植物，含有黄酮类、多糖类、植物甾醇、γ-氨基丁酸、1-脱氧野尻霉素（1-deoxynojirimycin，DNJ）等多种天然活性物质，能增强动物机体的新陈代谢、促进蛋白质和酶的合成、促进动物生长、提高繁殖力和生产性能及提高动物的免疫力。

（一）黄酮类

桑叶中黄酮类化合物占桑叶干重的 1%～3%，是植物界中茎叶含量较高的一类植物。韩国和日本学者从桑叶中分离出 9 种类黄酮，主要是芸香苷（芦丁）、槲皮素、异槲皮苷、槲皮素-3-三葡糖苷等化合物。这些黄酮类物质可抑制脂质氧化、预防动脉硬化和增强机体抵抗力等。

（二）生物碱

生物碱是桑叶的主要活性成分，日本学者 Asano 等（1994）从桑叶中分离出多种多羟基生物碱，包括 DNJ、N-甲基-1-DNJ（N-Me-DNJ）等 7 种生物碱。其中，DNJ 是一种糖苷酶的抑制剂，在植物界中为桑叶所独有，对于抑制血糖的升高和治疗糖尿病发挥重要作用。

（三）植物甾醇

每 100g 干桑叶中含有植物甾醇 49mg，是绿茶中含量的 4～5 倍。这些植物甾醇物质可抑制胆固醇在肠管内吸收，降低胆固醇浓度。

（四）γ-氨基丁酸

桑叶中丰富的 γ-氨基丁酸（每 100g 平均含量为 226mg）引人注目，γ-氨基丁酸由谷氨酸转化而来，而桑叶中 γ-谷氨酸含量最高（每 100g 额中含 2 323mg），它是神经传递介质，并且有降压作用。

（五）桑叶多糖

桑叶中富含桑叶多糖，具有显著的降血糖和抑制血脂升高的作用。除此之外，桑叶中还含有一种酶——超氧化物歧化酶（Superoxide dismutase，SOD），它能清除体内的自由基，具有抗癌作用，增强机体的抵抗力。更含有独特的植物激素异黄酮、抑菌素、杀菌素、生物碱等有效的抗病成分，在动物体内对金黄色葡萄球菌、白喉杆菌和炭疽杆菌有较强的抑制作用，对大肠杆菌、伤寒杆菌、痢疾杆菌等也有抑制作用。英国研究表明，桑叶中还含有一种叫做"达菲"的物质，其对防治 H5N1 型禽流感有效。

三、桑叶的药理功效

国内外学者对桑叶化学成分及药理作用进行了深入研究，认为桑叶次生代谢物的药理活性主要有以下几个方面：

（一）降血糖作用

自古以来，中医就将桑叶作为治疗"消渴症"（即现代医学的糖尿病）的中药应用于临床，日本古书《吃茶养生记》也记载桑叶有改善"饮水病"（即现代医学的糖尿病）

的作用。国内外研究资料证实，生物碱和多糖是桑叶中主要的降血糖成分。桑叶在脱皮固酮对四氧嘧啶引起的大鼠糖尿病，或肾上腺素、胰高血糖素、抗胰岛素血清引起的小鼠高血糖症均有降血糖的作用。桑叶的降血糖作用是通过两个途径实现的：一是通过生物碱 DNJ 对二糖类分解酶活性产生抑制作用，从而抑制小肠对双糖的吸收，降低食后血糖的高峰值；二是通过桑叶生物碱 fagomine 及桑叶多糖促进 β 细胞分泌胰岛素，而胰岛素可以促进细胞对糖的利用、肝糖原合成及改善糖代谢，最终达到降血糖的效果（Nakamura 等，2009）。从桑叶中分离出的多羟基去甲莨菪碱具有很强的糖苷酶抑制作用，N-Me-DNJ、GAL-DNJ 和 fagomine 都可显著降低血糖水平，其中 GAL-DNJ 和 fagomine 降血糖作用最强。

（二）降血脂、降胆固醇、抗血栓形成和抗动脉粥样硬化作用

桑叶有抑制脂肪肝的形成、降低血清脂肪和抑制动脉粥样硬化形成的作用。活性成分包括 DNJ、植物甾醇、黄酮类等。桑叶中含有强化毛细血管、降低血液黏度的黄酮类成分。另外，桑叶茶内含有抗体内 LDL-脂蛋白氧化的成分，所以桑叶在减肥、改善高脂血症的同时，又有预防心肌梗死和脑溢血的作用。日本学者证实，桑叶提取物对高脂血症血清脂质升高及动脉粥样硬化有抑制作用。桑叶可使高脂血症大鼠血清高密度脂蛋白胆固醇、高密度脂蛋白胆固醇和总胆固醇的比值明显升高，总胆固醇、低密度脂蛋白胆固醇、三酰甘油明显降低，过氧化脂质显著降低（李向荣等，2009；江正菊等，2011），可降低育肥猪血清甘油三酯含量（宋琼莉等，2016），说明桑叶可降低血脂、软化血管、清除体内过氧化物，从而对高脂血症血清脂质升高及动脉粥样硬化有抑制作用。

（三）抗氧化、抗应激作用

桑叶中的黄酮类低分子化合物及桑叶多糖是天然的强抗氧化剂，能清除超氧化物自由基、氧自由基、过氧化氢、脂质过氧化物及羟自由基等，从而抑制动物体内自由基诱导的氧化损伤，增进动物健康（Imran 等，2010；黄静等，2014；Zhang 等，2016；Liao 等，2017）。Cheong 等（2012）认为在韩牛的全混合日粮中添加 10％青贮桑叶增加了牛肉背最长肌中的谷胱甘肽过氧化物酶、SOD、过氧化氢酶和谷胱甘肽-S-转移酶等抗氧化物酶的活性；对 1,1-二苯基-2-苦味自由基的清除活性提高了 75.5％，同时也加强了对羟自由基、超氧自由基和烷基的清除。宋琼莉等（2016）证实，在饲料中添加桑叶粉能显著提高猪肉中 SOD 的活性，降低肌肉中丙二醛的含量，有效提高肌肉的抗氧化能力。

（四）抑菌、抗炎作用

体外试验表明，鲜桑叶煎剂对金黄色葡萄球菌、乙型溶血性链球菌、白喉杆菌和炭疽杆菌均有较强的抗菌作用，对大肠埃希氏菌、伤寒杆菌、痢疾杆菌和绿脓杆菌也有一定的抗菌作用（de Oliveira 等，2015）。另外，煎剂还有杀灭钩端螺旋体的作用。桑叶汁对大多数革兰氏阳性菌和革兰氏阴性菌及部分酵母菌不仅有良好的抑制生长作用（樊黎生，2001），而且所需的抑菌浓度低、pH 范围宽（4～9）、热稳定性

强。桑叶中的芸香苷能显著抑制大鼠创伤性浮肿，并能阻止结膜炎、耳廓炎和肺水肿的发展。经体外试验和体内试验发现，桑叶通过减少特应性皮炎皮肤病变（如糜烂），表皮和真皮增生达到抗炎作用（Lim 等，2014）。桑叶具有较强的抗炎作用，与祛风和清热功效相符。

（五）抗病毒、抗肿瘤作用

桑叶能预防癌细胞生成，提高动物免疫力，主要功能成分是 DNJ、类黄酮、桑素、γ-氨基丁酸及维生素，能抑制染色体突变和基因突变。DNJ 有显著的抗逆转录酶病毒活性，且随剂量的增加，抑制力增强。DNJ 对肿瘤转移的抑制率是 80.5%，其抑制机理可能是 DNJ 通过抑制糖苷酶的活性在肿瘤细胞表面产生未成熟的碳水化合物链，削弱了肿瘤的转移能力。从桑叶中分离纯化出的两种类黄酮槲皮素-3-β-D 吡喃葡萄糖苷和槲皮素-3-7-二氧-β-D-吡喃葡萄糖苷对人早幼粒白血病细胞（HL-60）的生长表现出了显著的抑制效应。此外，桑叶中的桑素具有抗癌活性、维生素具有抑制变异原效应。

（六）改善肠功能、润肠通便及减肥作用

DNJ 矿物质及小肠内未被吸收的糖类进入大肠后由肠内菌丛作用引起发酵，产生丁酸、丙酸、乳酸和乙酸等有机酸，使肠内环境变成酸性，肠道内容物酸度增加，能抑制有害细菌增殖，起到调节肠道、改善便秘、改善腹胀的作用，具有导泻通便、减少某些急腹症的发生、保护肠黏膜和减肥等作用。

（七）其他作用

Sungkamanee 等（2014）给摘除卵巢的大鼠饲喂桑叶和蓼草叶复合提取物时发现，其活性物质通过降低氧化应激和破骨细胞密度、增加成骨细胞密度和皮质厚度，来提高血清钙、碱性磷酸酶和骨钙素含量，达到治疗绝经期动物骨质疏松症的作用。

第三节　桑叶及其加工产品中的抗营养因子

单宁是桑叶中最主要的抗营养因子，能与饲料中的蛋白质等生物大分子物质结合，形成不易消化的复合物；与畜禽口腔中的唾液蛋白和糖蛋白作用后产生苦涩感，影响其采食；与畜禽消化道内的消化酶结合，使其失活，减缓饲料的消化吸收速度，降低动物的采食量；对肠道微生物具有广谱抑菌作用，并阻止钙、铁等离子的吸收。植物乳汁含有多种对草食性动物有毒的防御蛋白及活性物质，但这些植物的防御性物质却类似于动物的毒液（Konno，2011）。研究发现，桑叶乳汁中含有一个 56ku（394 个氨基酸）的防御蛋白 MLX56，其使桑叶具有很强的抵御昆虫咬食危害的能力（Wasano 等，2009）。在人工饲料中添加 2%～5% 的桑叶乳汁饲喂蓖麻蚕和卷心菜蛾后，试验虫的生长受到了显著抑制；当桑叶乳汁添加量达 20% 时，2 种试验虫第 4 天即大量死亡。可见，桑叶乳汁中的防御蛋白及生物碱类等物质对昆虫具有毒害作用，可进一步推测其对采食桑叶的动物同样具有一定的毒副作用。

第十六章 桑叶及其加工产品开发现状与高效利用策略

严冰等（2002）用桑叶代替精饲料中的菜籽饼饲喂湖羊，体外产气法和饲养试验均发现桑叶与菜籽饼之间存在负组合效应。如混合补饲菜籽饼和桑叶的湖羊其日增重分别比单独补饲菜籽饼的低19%～31%，比单独补饲桑叶的低15%～27%，这可能与桑叶中的抗营养因子有关。赵春晓等（2007）研究发现，饲喂桑叶粉的鸡试验初期采食量有下降趋势，而后期产蛋量和饲料转化率有所降低，其中添加量越高则影响越大。饲喂桑叶粉导致前期鸡的采食量的降低，可能与这一阶段鸡不能很快适应桑叶有关，而产蛋量下降则可能归因于桑叶中含有的单宁影响了蛋白质的利用和阻止机体对钙的吸收。

第四节　桑叶及其加工产品在动物生产中的应用

近年来，研究者们对桑叶与动物生产相关的营养特性、桑叶作为动物饲料的营养饲喂效果等进行了广泛研究。

一、在养猪生产中的应用

桑叶用于生长育肥猪饲养取得了良好的饲用效果（李有贵等，2012）。刘爱君等2007年报道，在猪日粮中添加2.5kg新鲜桑叶，猪日增重从0.34kg提高到0.58kg，每头猪的饲养效益也从13.84元增长到95.94元，增加了6.93倍。郭建军等（2011）分析，在育肥猪饲料中添加一定比例的鲜桑叶能够增加有益菌的数量，从而提高饲料转化率和猪的平均日增重。越来越多的研究表明，饲料中添加桑叶能改善猪肉品质。刘子放等（2010）发现，在基础日粮中添加10%的桑枝叶粉，饲喂体重60kg左右的中大猪50d，可改善猪肉的品质与风味，增加肌间脂肪含量和大理石纹，对猪的生产性能影响不显著。杨静等（2014）研究表明，饲用桑粉可减缓猪屠宰后肌肉pH的下降速度，改善猪肉品质和风味。郭建军等（2011）报道，在饲料中添加鲜桑叶能提高背最长肌中高密度脂蛋白、胆固醇、肌苷酸、维生素E、亚油酸、总氨基酸和赖氨酸的含量，降低总胆固醇和硬脂酸的含量。可见，桑叶在促进猪的生长、提高瘦肉率、改善肉质和风味方面具有独特的优势，可广泛用于优质猪肉生产的饲料中。此外，郭建军等（2010）通过在大约克夏种母猪饲料中加入3%桑叶粉发现，其能促进繁殖母猪的产后发情，促进卵泡发育，改善母猪的身体状况，提高奶的营养水平，可以明显提高种母猪的繁殖率和仔猪成活率。桑叶中矿物质种类较多且含量丰富，尤其是钙含量比鱼粉中的还高，这一特点对调节猪饲料中钙的含量有着重要的意义。仔猪在饲喂石粉补钙时易引起腹泻，科研人员现在正在研究可否用钙含量较高的桑叶代替部分或全部石粉，通过饲料调节手段来缓解仔猪断奶应激。

二、在养牛生产中的应用

（一）肉牛饲养

桑叶作为饲料尤其是青绿饲料，最显著的特性是具有很高的消化率。桑叶可为瘤胃微生物提供可快速利用的氮源，改善瘤胃的微生态环境，增加瘤胃内纤维分解菌等的附着率和繁殖率，从而提高牛对饲料的消化率和采食量，提高生长速度。刘爱君等（2007b）试验显示，每天在育肥牛饲料中添加 6kg 鲜桑叶，可以使平均日增重增加 62.8%，并且整个饲养期每头牛增收 26.4 元，表明添加鲜桑叶可以明显提高肉牛养殖的经济效益。马双马等（2008）给试验组每头牛中午饲喂 1 次桑叶，62d 后牛被毛细密、柔顺、有光泽，皮肤有弹性，颈及肩胛部宽厚，且肌肉丰满，腹部大而圆。Huyen 等（2012）研究桑叶对瘤胃调控机制的结果表明，饲喂经尿素处理的桑叶颗粒明显能提高干物质的采食量；且随着桑叶颗粒添加量的增加，营养物质表观消化率也有不同程度的提高，总挥发性脂肪酸、乙酸、丁酸及乙酸/丙酸比值也随桑叶颗粒添加量的增加呈线性增加。Tan 等（2012）的研究证明，经尿素处理的桑叶颗粒可以提高肉牛采食量和营养物质消化率，当添加量达 600g/（d·头）时，瘤胃微生物和纤维分解菌数量明显增加。崔振亮等（2011）在肉牛日粮中分别添加比例为 7.5%、15% 和 22.5% 的青贮桑叶，结果表明桑叶对肉牛瘤胃细菌区系产生了显著影响。此外，由于桑叶中的生物碱类物质具有抑制瘤胃产甲烷菌活性及降低瘤胃中氢生成的作用（Wanapat 等，2013），因此日粮中添加桑叶能有效减少甲烷的产生与排放。

（二）奶牛饲养

饲喂桑叶可提高奶牛的产奶量，改善乳品质，降低奶牛乳房炎发生的概率，并能增加养殖效益。苏海涯等（2002）报道，桑叶中的蛋白质含量高、适口性好，饲喂奶牛可提高产奶量 5%～7%。刘先珍和朱建录（2006）利用桑叶粉代替豆饼饲喂泌乳中国荷斯坦奶牛发现，试验组（对照日粮中减去 0.70kg 豆饼，增加 1.00kg 桑叶粉）奶牛比对照组多产奶 0.727kg/（d·头），每吨饲料降低 60～65 元的原料成本，平均每头泌乳奶牛每天可多获利 0.62 元。也就是说，1kg 桑叶粉与 0.7kg 豆饼相当。李胜利等（2007）发现，在奶牛日粮中添加桑叶粉，可以显著降低牛奶中的体细胞数，同时乳蛋白率显著提高。李阜景等（2009）用桑枝青贮饲料饲喂泌乳奶牛后，青贮枝叶和基础日粮采食率较干贮枝叶提高了 11.8% 和 7.3%，日产奶量分别提高了 17.9% 和 20.5%，可节约日粮中的蛋白质精饲料（豆饼）20%，经济效益十分显著。

三、在养羊生产中的应用

桑叶中蛋白质、矿物质和维生素含量丰富，可以补充干草、秸秆等常用粗饲料的营养水平；另外，桑叶中的生物碱类、多糖等活性物质具有抗菌消炎、提高免疫力的作用。Doran 等（2007）在试验中对羊分别饲喂桑叶、苜蓿干草、燕麦干草，苜蓿干草和燕麦干草，桑叶和燕麦干草后，结果表明桑叶在一些方面优于苜蓿干草，桑叶有潜在的优势，能够在气候温和的地区成为重要的饲料资源。苏海涯（2002）指出，桑叶和大豆粕在瘤胃发酵时相互影响。用湖羊瘤胃液体外培养二者的混合物，当桑叶和大豆粕的比例为 40∶60 时出现负组合效应，而为 20∶80 组合时又出现正组合效应。郭建军等（2008）用酒糟蛋白饲料、桑叶代替豆饼育肥羔羊发现，在相同饲养条件下，试验组比对照组每千克增重的饲料成本降低 0.33 元，经济效益显著提高。梅宁安等（2010）研究用桑饲料育肥肉用杂交公羔的结果表明，桑饲料能提高肉用杂交公羔的产肉性能，改良羊肉理化性质，提高羊肉的大理石纹值和熟肉率，有提高羊肉嫩度的趋势。桑叶作为青饲料可以改善绵羊瘤胃微生态环境和瘤胃营养物质平衡，从而可以提高采食量。程妮和刁维毅（2005）认为，这可能是因为桑叶能改善瘤胃生态环境，增加瘤胃内纤维分解菌在纤维物质颗粒上的附着，促进其繁殖，从而提高秸秆的消化率和采食量。Sahoo 等（2011）在羊的饲喂试验中添加桑叶与紫茎泽兰发现，桑叶能在一定程度上减少体内气体的产生、降低丙酸酯的比例，可以代替昂贵的蛋白质浓缩料。严冰等（2002）发现，桑叶是湖羊很好的蛋白质补充料，可以完全替代菜籽饼，而不影响湖羊的增重速度、饲料转化率和生产成本。

四、在家禽生产中的应用

（一）肉鸡饲养

规模化肉鸡养殖使其肉质和风味变差，在鸡饲料中添加桑叶既可以改善舍饲肉鸡肉质和风味，又可以杜绝雏鸡互啄尾毛的现象。吴萍等（2007a）发现，饲料中添加桑叶，肉鸡的日增重、成活率、半净膛率、全净膛率及肉色等指标都有显著提高。日本北海道家禽养殖研究所的科学家在饲料中加 3％的桑叶粉，用以饲喂出栏前 4 周的肉鸡发现，添加桑叶使鸡肉肉质变细、香味变浓、口感更好。肉鸡饲料中添加桑叶粉能有效减少肉鸡血液中总胆固醇和低密度脂蛋白含量，增加高密度脂蛋白、血糖和白蛋白含量（Park 和 Kim，2012）。在日粮中添加桑叶粉，可显著提高淮南麻黄鸡鸡肉中的苏氨酸、异亮氨酸、酪氨酸、苯丙氨酸和组氨酸含量，从而改善鸡肉的风味（吴东等，2013）。饲用桑叶粉的添加显著提高肉鸡胸肌中鲜味物质肌苷酸含量；降低血清尿素氮含量，提高氮的利用率，从而有利于氨基酸的沉积（常文环，2007）。王军等（2007）报道，在鸡饲料中添加一定比例的桑叶粉，可以减少雏鸡互啄尾毛的现象，保持雏鸡羽毛整洁、光亮，并节省青年鸡饲料 10％。多个研究结果表明，鸡饲料中添加桑叶粉能显著提高肉鸡的屠宰性能且降低腹脂率，有利于肉和蛋色泽的加深及风味的改善，但是桑叶粉在家禽日粮中添加量不宜过高，过高的桑叶粉含量（15％）会降低肉鸡生长速度，提高增重的饲料成本。

（二）蛋鸡饲养

在饲料中适量添加桑叶有助于调节蛋鸡的抗氧化状况，提高蛋鸡生产性能和蛋品质（Lin 等，2017）。桑叶粉中的胡萝卜素、叶黄素等色素会沉积到蛋黄中，使蛋黄颜色加深（张雷等，2012）。随着桑叶粉添加量的增加，蛋黄中胆固醇的含量也逐渐减少，这主要是由于桑叶中的生物活性物质植物甾醇具有抑制蛋鸡肠道吸收胆固醇的作用，能控制血液中的胆固醇水平，从而降低胆固醇在蛋黄中的沉积。添加桑叶粉可提高鸡蛋品质检测中的哈夫单位与 β-胡萝卜素、多不饱和脂肪酸和维生素 E 的含量，从而提升鸡蛋的营养价值并能改善蛋形指数、蛋壳厚度和强度（张晓梅等，2007；孙振国和裴来顺，2011）。吴萍等（2007b）将桑叶添加于绿壳蛋鸡饲料中发现，可以显著加深蛋黄色泽，提高蛋重及哈夫单位。张乃峰等（2009）研究表明，添加 5％桑叶粉显著加深了蛋黄色泽，但当桑叶粉添加量达 7％时，鸡的采食量、产蛋量和产蛋率均降低。赵春晓等（2007）报道，添加桑叶粉的蛋黄黄度均显著大于对照组，而且饲料中添加的桑叶粉越多，蛋黄比色越大。然而，桑叶粉在提高鸡蛋品质的同时，对蛋鸡生产性能有一定的影响，会降低蛋鸡采食量、饲料转化率、体重、产蛋量及平均蛋质（Al-Kirshi 等，2010；章学东等，2012），这与桑叶粉中粗纤维含量较高而代谢能较低，蛋鸡吸收率降低有关。因此，生产中要逐渐增加桑叶粉的用量以使蛋鸡逐渐适应饲料的变化。彭晓培等（2010）评估了桑饲料在蛋鸡日粮中的添加上限后认为，为保证较高的产蛋性能，桑饲料的添加量宜低于 20％。

五、在水产动物生产中的应用

饲料中添加 5％的桑叶粉对草鱼生长无显著性影响，但对降低草鱼脏体比、肝体比、内脏脂肪率及肌肉脂肪含量有明显的促进作用，同时也降低了草鱼血清胆固醇及甘油三酯含量（马恒甲等，2013）。添加 10％桑叶不仅不会降低罗非鱼的生长速度，还可减缓其肌肉 pH 的下降速度，降低滴水损失，改善肌肉品质；加速罗非鱼胆固醇的转运和代谢，降低血脂水平（李法见等，2014）。将桑叶粉和鱼内脏粉混合发酵，可用于替代印度小鲤饲料中 80％的鱼粉，显著降低饲料成本。在低鱼粉饲料（含 5％鱼粉）中，桑叶发酵蛋白替代 40％的鱼粉不会影响罗非鱼的生长，替代 80％鱼粉可以降低罗非鱼的血脂和血糖含量，但会显著抑制罗非鱼的生长（陈文燕等，2015）。以上研究结果表明，桑叶粉可直接添加到鱼饲料中，但添加量不宜过高。桑叶经过发酵等加工后的营养价值更高，鱼饲料中添加发酵后的桑叶能明显提高饲养效果。

六、在其他动物生产中的应用

桑叶对兔的适口性好，兔会优先采食。利用桑叶配合饲料饲喂家兔 12 周后，家兔的体重增重显著（马双马等，2012）。石艳华等（2007）认为，桑叶能降低兔的发病率和死亡率，提高饲料转化率，并且能使兔肉更加细腻，膻味变淡，口感更佳。Martinez 等（2005）用桑叶替代苜蓿饲喂育肥兔，虽然兔的采食量降低，但兔对粗纤维的消化率提高，屠宰时的活体重、胴体重、皮毛质量降低，肩胛骨脂肪和肾周脂肪沉积也明显减少，肌间脂肪不饱和脂肪酸的比例增加，瘦肉率提高。另外，桑叶还是动物园野生动物的饲料资源。用桑叶及嫩枝饲喂动物园中的野生动物（包括长颈鹿、梅花鹿、大羚羊及骆驼等 20 种草食动物及金丝猴、黑猩猩等杂食动物），结果这些动物生长良好，未出现死亡，说明桑叶可以作为动物园中野生动物的良好饲料（姚锡镇等，2000）。

第五节　桑叶及其加工产品的加工方法与工艺

由于鲜桑叶含水量高，因此不宜长时间保存。经加工调制后，可以延长桑叶的使用时间，提高桑叶的利用价值，便于包装与运输，可以实现桑叶饲料的商品化。常用的桑叶加工调制技术主要有青贮调制技术与干燥调制技术。

一、桑叶青贮技术的研究

桑叶青贮是保证桑叶常年青绿多汁的有效措施，其技术的关键是将压实的桑叶密封在相对湿度为 70%、温度为 25~35℃的容器中，选择先压实再裹包的青贮设备进行青贮，以达到更加理想的效果。发酵过程一般 4 周即可完成。为防止二次发酵，在桑叶青贮时，可以添加防腐剂（如丙酸、甲酸等）和促进发酵的专用微生物接种剂。青贮发酵良好的桑叶具有浓郁的酸香味，颜色黄绿或略黑，叶脉清晰；而制备不良的青贮桑叶有臭味或霉味，不适于做饲料。若因密封不严导致青贮桑叶表面发霉时，可去除发霉部分后饲喂。

饲喂青贮桑条的采食率比饲喂干贮桑条的采食率提高 20.7%（吴配全等，2011）。利用乳酸菌发酵桑叶的研究发现，在接种乳酸菌 9%、发酵时间 60h、尿素添加量 2.0%、发酵温度 36℃的条件下生产的微生物饲料，粗蛋白质比青贮前提高了一半（青贮后粗蛋白质含量为 29.56%，青贮前粗蛋白质含量为 19.92%）（王熙涛等，2010）。青贮桑叶中的粗蛋白质含量远高于青贮玉米（2.7%~4.5%），可以完全取代青贮玉米，作为冬季舍饲奶牛青绿多汁饲料的首选。

二、桑叶干燥技术的研究

桑叶干燥方法分为地面干燥法、叶架干燥法和高温快速干燥法 3 种。地面干燥法即桑叶在平坦硬化的地面自然干燥，制成的干桑叶含水量为 15%~18%。在一些潮湿和多雨地区或季节，常常无法进行桑叶地面干燥，此时可采用叶架干燥法干燥。该法是将桑叶放在叶架上，使物料离开地面一定高度，有利于通风和加快桑叶的干燥速度。高温快速干燥法是将桑叶通过烘干机烘干，干燥后的桑叶可粉碎或制成颗粒后饲喂。

三、桑叶的加工利用技术研究

（一）切碎利用

用普通的饲草切碎机把桑叶切碎，直接喂食家畜。

（二）粉碎利用

利用饲料粉碎机或秸秆揉搓机对桑叶进行粉碎，根据需要不仅可直接制成草粉、饼状和块状饲料，而且还可与其他秸秆混合制成混合饲料。

（三）制粒利用

桑叶干燥粉碎后先与精饲料混合，然后用颗粒饲料机加工成颗粒饲料，可以直接饲喂牛、羊等。桑叶制粒后，利用率最高可达100%，将桑叶粉碎加工制成草粉、颗粒等成品饲料饲喂家畜，不仅解决了蛋白质饲料原料问题，而且大大降低了饲料成本。

第六节　桑叶及其加工产品作为饲料资源开发与高效利用策略

一、准确定位

从饲料产业角度对饲料桑产业定位：一是利用其粗蛋白质含量高的特点，作为畜禽日粮中的粗饲料大规模利用，以缓解我国饲料蛋白源不足的问题；二是作为功能性饲料组分，在畜禽动物生长的特定时期添加，以改善和提高畜禽产品品质。

二、加强开发与利用

饲料桑具有适应性广、抗逆性强、耐剪伐、生长速度快、产量高等优点，具有潜在的生态价值和饲料价值，开发前景十分广阔。饲料桑的桑叶和嫩茎可用作家畜饲料，直接刈割鲜食是最简单、最适用和经济效益最高的方法，还可以将其发酵、青贮、盐浸、水贮、干燥粉碎与其他饲料配合使用。基于以上显著优势和易开发推广的特点，应大力开发利用桑叶及其加工产品，在改善生态环境的同时，开拓新的饲料源来缓解饲料不足的状况。

三、改善其开发利用方式

第一，由春季到夏季的过程，桑叶的质地和营养价值都有较大变化，夏季好于春季。对桑叶而言，任何采叶时期，其上位叶中的粗蛋白质与磷的含量都比下位叶高，而粗脂肪、粗灰分、钙、镁和铁含量都倾向于下位叶较高，饲喂动物时应适应这种变化。

第二，桑叶用作家畜饲料时，鲜食桑叶不会破坏其中的维生素和生物活性物质，保留了桑叶原有的营养和风味。但是鲜桑叶含水量相对较高，饲喂时应与其他含水量较低的饲料搭配，特别是与木本植物叶冠饲料搭配饲喂效果会更好。

第三，桑叶中含有单宁等抗营养因子，在用作饲料添加剂时，用量过多易引起家畜的消化障碍。针对桑叶中存在的这些抗营养物质，应研发各种酶制剂、营养补充剂和化学试剂，以及采用物理方法、微生物发酵等饲料加工工艺消除桑叶中抗营养因子及有毒物质对饲养动物的影响，从而提高桑叶在动物饲料中的添加量。

第四，将桑叶加工成饲料，通过青贮技术将多余的桑叶及时青贮起来，能够解决青饲料季节性缺少的问题，使畜禽一年四季均能吃到富含营养的青饲料。

第五，针对桑叶与其他饲料间的负组合效应，探究其互作机制，研究桑叶在各种动物饲料中的科学配方，科学确定桑叶及其加工产品作为饲料原料在日粮中的适宜添加量。

四、合理开发利用桑叶及其加工产品作为饲料原料的战略性建议

桑叶用作饲料具有明显的优点和很好的前景，但桑叶在畜牧业中的应用技术研究才开始起步，其产业化发展之路任重而道远。①加大科研力度，攻克饲料桑产业化发展中存在的诸多问题，如饲料桑中抗营养因子的研究、饲料桑采收技术机械化研究和饲料桑生产加工技术研究。②政府制定相关优惠政策，引导与培育饲料桑生产龙头企业、制定相关生产设备实施补助政策等，提高农民生产的积极性。③适宜用作饲料的桑品种及配套栽培技术措施研究也有待开展研究。④借鉴桑基鱼塘模式，研究桑叶-饲料-畜禽-粪便-桑叶的生态循环生产模式。⑤研发成本更加低廉的含桑叶粉的优质饲料，进一步提升畜禽产品品质，并且利用桑叶中的活性物质可在动物体内富集的特点，研制开发诸如"减肥鸡蛋""增强免疫力牛奶""预防三高猪肉"等具有保健作用的功能性畜禽产品。

➡ 参考文献

常文环，2007. 桑叶粉对肉鸡生长性能、血清尿素氮和肉品质的影响 [J]. 当代畜禽养殖业（1）：61-63.

陈文燕，陈拥军，彭祥和，等，2015. 罗非鱼低鱼粉饲料中桑叶发酵蛋白替代鱼粉的研究 [J]. 动物营养学报，27（12）：3968-3974.

程妮，刁维毅，2005. 桑叶的营养特性及其在畜牧业中的应用 [J]. 饲料工业，26（17）：49-51.

崔振亮，孟庆翔，吴浩，等，2011. PCR-DGGE 技术研究青贮桑叶对肉牛瘤胃细菌区系的影响 [J]. 饲料研究（1）：1-4.

樊黎生，2001. 桑叶抑菌效果的探讨 [J]. 天然产物研究与开发，13（4）：30-32.

郭建军，白春会，孔祥霞，等，2008. 酒糟蛋白饲料、桑叶代替豆饼育肥羔羊试验研究 [J]. 今日畜牧兽医（4）：8.

郭建军，李晓滨，齐雪梅，等，2010. 饲料中添加桑叶对种母猪繁殖性能的影响 [J]. 中国畜禽种业，6（9）：63-64.

郭建军，邱殿锐，李晓滨，等，2011. 日粮鲜桑叶对育肥猪生长性能和肉质的影响 [J]. 畜牧与兽医，43（9）：47-50.

侯建国，严会超，王修启，2013. 桑叶在鸡饲料中的应用研究进展 [J]. 广东饲料，22（7）：30-32.

黄静，邝哲师，刘吉平，等，2014. 桑叶在动物饲料的应用研究现状与发展策略 [J]. 蚕业科学，40（6）：1114-1121.

黄自然，杨军，吕雪娟，2006. 桑树作为动物饲料的应用价值与研究进展 [J]. 蚕业科学，32（3）：377-385.

江正菊，宁林玲，胡霞敏，等，2011. 桑叶总黄酮对高脂诱导大鼠高血脂及高血糖的影响 [J]. 中药材，34（1）：108-111.

李法见，杨阳，陈文燕，等，2014. 桑叶对罗非鱼生长性能、脂质代谢和肌肉品质的影响 [J]. 动物营养学报，26 (11)：3485-3492.

李阜景，海涛，李凤兰，等，2009. 青贮桑树枝叶饲喂奶牛试验 [J]. 饲料博览 (7)：5-6.

李胜利，郑博文，李钢，等，2007. 饲用桑叶对原料乳成分和体细胞数的影响 [J]. 中国乳业 (7)：60-61.

李向荣，陈菁菁，刘晓光，2009. 桑叶总黄酮对高脂血症动物的降血脂效应 [J]. 中国药学杂志，44 (21)：1630-1633.

李有贵，张雷，钟石，等，2012. 饲粮中添加桑叶对育肥猪生长性能、脂肪代谢和肉品质的影响 [J]. 动物营养学报，24 (9)：1805-1811.

刘爱君，李素侠，吴国明，等，2007. 鲜桑叶对育肥猪增重效果的对比 [J]. 中国牧业通讯 (18)：76-77.

刘先珍，朱建录，2006. 桑叶粉代替部分豆饼或精料喂奶牛的研究 [J]. 现代农业科技 (9)：65-66.

刘子放，邝哲师，叶明强，等，2010. 桑枝叶粉饲料化利用的营养及功能性研究 [J]. 广东蚕业，44 (4)：24-28.

马恒甲，刘新轶，谢楠，等，2013. 桑叶粉在草鱼饲料中的应用初探 [J]. 杭州农业与科技 (5)：29-30.

马双马，霍妍明，宋永学，等，2012. 桑叶配合饲料的研究 [J]. 安徽农业科学，40 (11)：6561-6562.

马双马，王军，宋永学，等，2008. 桑叶在畜牧业中的应用研究 [J]. 安徽农业科学，36 (21)：9091-9092.

梅宁安，李如冲，张雪山，等，2010. 桑饲料育肥肉用杂公羔屠宰性能及理化指标测试分析 [J]. 上海畜牧兽医通讯 (5)：34-35.

彭晓培，张孝和，肖西山，2010. 桑饲料在蛋鸡日粮中含量上限的评估 [J]. 当代畜牧 (10)：29-31.

石艳华，杨晓东，马双马，等，2007. 桑叶粉替代玉米豆粕饲喂肉兔试验 [J]. 黑龙江畜牧兽医 (7)：72-73.

宋琼莉，韦启鹏，邹志恒，等，2016. 桑叶粉对育肥猪生长性能、肉品质和血清生化指标的影响 [J]. 动物营养学报，28 (2)：541-547.

苏海涯，2002. 反刍动物日粮中桑叶与饼粕类饲料间组合效应的研究 [D]. 杭州：浙江大学.

苏海涯，吴跃明，刘建新，2002. 桑叶中的营养物质及其在反刍动物饲养中的应用 [J]. 中国奶牛 (1)：26-28.

孙振国，裴来顺，2011. 桑叶粉对蛋鸡生产性能及蛋品质的影响研究 [J]. 畜牧兽医杂志，30 (5)：18-21.

王建芳，陈芳，2005. 桑叶的营养成分及在饲料中的应用 [J]. 中国饲料 (12)：36-37.

王军，马双马，宋永水，等，2007. 饲料中添加桑叶粉对蛋鸡生产性能的影响 [J]. 沈阳农业大学学报，38 (6)：868-870.

王雯熙，杨红建，薄玉琨，等，2012. 不同品种桑叶营养成分分析与代谢能值评定研究 [J]. 中国畜牧杂志，38 (3)：41-45.

王熙涛，何连芳，张玉苍，2010. 利用乳酸菌发酵桑树叶生产非常规饲料的研究 [J]. 饲料工业，31 (1)：49-52.

尾崎凖一，1938. 蚕丝化学和利用 [M]. 东京：裳华堂出版社.

吴东，钱坤，周芬，等，2013. 日粮中添加不同比例桑叶对淮南麻黄鸡生产性能的影响 [J]. 家畜生态学报，34（10）：39-43.

吴浩，孟庆翔，2010. 桑叶的营养价值及其在畜禽饲养中的应用［J］. 中国饲料（13）：38-40，43.

吴配全，任丽萍，周振明，等，2011. 饲喂发酵桑叶对生长育肥牛生长性能、血液生化指标及经济效益的影响［J］. 中国畜牧杂志，47（23）：43-46.

吴萍，厉宝林，李龙，等，2007a. 日粮中添加桑叶粉对黄羽肉鸡生长性能、屠宰性能和肉品质的影响［J］. 中国家禽，29（7）：13-15.

吴萍，厉宝林，李龙，等，2007b. 日粮中添加桑叶粉对绿壳蛋鸡产蛋性能及蛋品质的影响［J］. 蚕业科学，33（2）：280-283.

徐万仁，2004. 利用桑叶作为家畜饲料的可行性［J］. 中国草食动物，24（5）：39-41.

严冰，刘建新，姚军，2002. 氨化稻草日粮补饲桑叶对湖羊生长性能的影响［J］. 中国畜牧杂志，38（1）：36-37.

杨静，曹洪战，李同洲，等，2015. 饲料桑粉对生长育肥猪的营养价值评定［J］. 中国兽医学报，35（8）：1371-1374.

杨静，李同洲，曹洪战，等，2014. 不同水平饲用桑粉对育肥猪生长性能和肉质的影响［J］. 中国畜牧杂志，50（7）：52-56.

姚锡镇，苏力，黄翠莲，等，2000. 桑叶饲养野生动物初报［J］. 广东蚕业，34（2）：49-50.

张雷，章学东，李庆海，等，2012. 日粮中添加桑叶粉对海兰灰蛋鸡的血清蛋白、血脂及蛋品质的作用［J］. 中国畜牧兽医文摘（12）：208-209.

张乃峰，刁其玉，王海燕，等，2009. 桑叶粉对蛋鸡生产性能及鸡蛋品质的影响［J］. 中国家禽，31（2）：19-22.

张晓梅，任发政，葛克山，2007. 饲料中添加桑饲料对蛋鸡生产性能和鸡蛋品质的影响［J］. 食品科学，28（3）：89-91.

章学东，李有贵，张雷，等，2012. 桑叶粉对蛋鸡生产性能、蛋品质和血清生化指标的影响研究［J］. 中国家禽，34（16）：25-28.

赵春晓，纪祥龙，吴绪东，等，2007. 桑叶粉对蛋鸡产蛋性能和蛋品质的影响［J］. 蚕桑通报，38（2）：13-15.

中国饲料数据库，2011. 中国饲料成分及营养价值表（2011年第22版）［J］. 中国饲料，25（22）：32-42.

Al-Kirshi R，Alimon A R，Zulkifli I，et al，2010. Utilization of mulberry leaf meal (*Morus alba*) as protein supplement in diets for laying hens［J］. Italian Journal of Animal Science，9：265-267.

Cheong S H，Kim K H，Jeon B T，et al，2012. Effect of mulberry silage supplementation during late fattening stage of Hanwoo (*Bos taurus coreanae*) steer on antioxidative enzyme activity within the longissimus muscle［J］. Animal Production Science，52：240-247.

Doran M P，Laca E A，Sainz R D. 2007. Total tract and rumen digestibility of mulberry foliage (*Morus alba*)，alfalfa hay and oat hay in sheep［J］. Animal Feed Science and Technology，138：239-253.

Huyen N T，Wanapat M，Navanukraw C，2012. Effect of mulberry leaf pellet (MUP) supplementation on rumen fermentation and nutrient digestibility in beef cattle fed on rice straw-based diets［J］. Animal Feed Science and Technology，175：8-15.

Imran M，Khan H，Shah M，et al，2010. Chemical composition and antioxidant activity of certain Morus species［J］. Journal of Zhejiang University Science B，11：973-980.

Konno K，2011. Plant latex and other exudates as plant defense systems：roles of various defense chemicals and proteins contained therein [J]. Phytochemistry, 72 (13): 1510-1530.

Liao B Y, Zhu D Y, Thakur K, et al, 2017. Thermal and antioxidant properties of polysaccharides sequentially extracted from mulberry leaves (*Morus alba* L.) [J]. Molecules, 22: 2271.

Lim H S, Ha H, Lee H, et al, 2014. *Morus alba* L. suppresses the development of atopic dermatitis induced by the house dust mite in NC/Nga mice [J]. BMC Complementary and Alternative Medicine, 14: 139.

Lin W C, Lee M T, Chang S C, et al, 2017. Effects of mulberry leaves on production performance and the potential modulation of antioxidative status in laying hens [J]. Poultry Science, 96 (5): 1191-1203.

Martinez M, Motta W, Cervera C, et al, 2005. Feeding mulberry leaves to fattening rabbits: effects on growth, carcass characteristics and meat quality [J]. Animal Science, 80: 275-280.

Nakamura M, Nakamura S, Oku T, 2009. Suppressive response of confections containing the extractive from leaves of *Morus Alba* on postprandial blood glucose and insulin in healthy human subjects [J]. Nutrition and Metabolism, 6: 29.

Park C I, Kim Y J, 2012. Effects of dietary supplementation of mulberry leaves powder on carcass characteristics and meat color of broiler chicken [J]. *Food Science of Animal Resources*, 32: 789-795.

Sahoo A, Singh B, Sharma O P, 2011. Evaluation of feeding value of *Eupatorium adenophorum* in combination with mulberry leaves [J]. Livestock Science, 136 (2): 175-183.

Sungkamanee S, Wattanathorn J, Muchimapura S, et al, 2014. Antiosteoporotic effect of combined extract of *Morus alba* and *Polygonum odoratum* [J]. Oxidative Medicine and Cellular Longevity (3): 579305.

Tan N D, Wanapat M, Uriyapongson S, et al, 2012. Enhancing mulberry leaf meal with urea by pelleting to improve rumen fermentation in cattle [J]. Asian-Australasian Journal of Animal Sciences, 25: 452-461.

Wanapat M, Kang S, Polyorach S, 2013. Development of feeding systems and strategies of supplementation to enhance rumen fermentation and ruminant production in the tropics [J]. Journal of Animal Science and Biotechnology, 4 (1): 32.

Wasano N, Konno K, Nakamura M, et al, 2009. A unique latex protein, MLX56, defends mulberry trees from insects [J]. Phytochemistry, 70 (7): 880-888.

Zhang D Y, Wan Y, Xu J Y, et al, 2016. Ultrasound extraction of polysaccharides from mulberry leaves and their effect on enhancing antioxidant activity [J]. Carbohydrate Polymers, 137: 473-479.

（湖南省畜牧兽医研究所　刘盈盈，中国农业大学　朴香淑　编写）

第十七章

苎麻及其加工产品开发
现状与高效利用策略

第一节 概 述

一、我国苎麻及其加工产品资源现状

苎麻［*Boehmeria nivea*（L.）Gaud］是原产自中国的荨麻科多年生植物，俗称"中国草"，广泛分布于亚热带及热带地区，也有少数分布于温带。苎麻属（*Boehmeria*）约有苎麻120种，其中亚洲约有75种、美洲约有30种，大洋洲和非洲也有少量分布。普遍栽培的苎麻为白叶种，绿叶种苎麻在热带地区有少量分布。我国约有苎麻31种，分布于自西南、华南到河北、辽宁等地。我国特产的苎麻分类群有12个种5个变种，多数分布于云南、广西、贵州等地（中国农业科学院麻类研究所，1992；王文采和陈家瑞，1995；朱睿等，2014）。

饲用苎麻是以收获青绿茎、叶等营养体为目的，可在适宜生育期内多次刈割利用的高蛋白质优质饲草，需兼具生物产量高、营养品质好、发蔸能力强、耐刈性强、生态适应性广及适口性好等特点（郭婷等，2012）。在饲用苎麻品种选育方面，2004年中国农业科学院麻类研究所利用"湘杂苎1号"和"圆叶青5号S3"杂交，成功研制出了世界首个苎麻饲用品种"中饲苎1号"，其干物质年产量比对照苎麻品种湘3、湘0104、湘0106等平均增产31.27％，营养品质高，粗蛋白质含量为22.00％、粗纤维含量为16.74％、粗灰分含量为15.44％、钙含量为4.07％、粗脂肪含量为4.07％、维生素 B_2 含量为13.36mg/kg、赖氨酸含量高达1.02％，是高产优质饲料用苎麻新品种（熊和平等，2005）。苎麻饲用产物的来源主要包括两个方面：一是苎麻纤维收获以后的各种副产品；二是全株收获的饲用苎麻。苎麻纤维收获以后的副产品主要有麻叶、麻骨、麻屑等，这些副产品都可以作为饲料开发利用（Cleasby 和 Sideek，1958）。我国苎麻常年种植面积为（1.0～2.0）×10⁵hm²，占世界的90％以上（揭雨成和冷鹃，2000）。长期以来，苎麻主要是作为一种纺织原料被人们利用，所利用的纤维仅占其植株的15％，而近85％的苎麻副产品很少得到合理利用，造成了资源的极大浪费（熊和平，2001；刘瑛等，2003）。苎麻副产品既可以做成青贮饲料饲喂家畜（Permana 等，2011），也可以粉碎后做成颗粒饲料供各种畜禽及鱼类饲用（岁止玮等，1989）。

除了选育饲用苎麻新品种之外，我国的科研人员也对现有苎麻资源中饲用性能较好的苎麻品种进行了筛选。杨瑞芳和郭清泉（2004）研究了141份苎麻品种资源嫩叶的粗蛋白质含量，结果表明苎麻嫩叶中粗蛋白质含量普遍较高，绝大部分品种的苎麻嫩叶中粗蛋白质含量在20％以上，最高的达29.89％，而粗蛋白质含量在20％以下的品种不到15％。姜涛和熊和平（2008）从国家苎麻种植资源圃中选出了33个苎麻品种为试验材料，测定了各品种的生物学产量（主要指标有鲜产量、干产量及叶茎比）和品质性状（粗蛋白质、粗纤维、粗脂肪、粗灰分、钙和磷的含量）。其研究结果显示，苎麻粗灰分含量和钙含量之间极显著相关，相关系数达到0.6527；粗纤维含量和叶茎比之间则极显著负相关（相关系数为0.4574）；鲜重和干重显著正相关（相关系数为0.3643）；鲜重与叶茎比、干重与粗蛋白质含量、粗蛋白质含量与粗纤维含量之间均呈负相关（相关系数分别为0.3547、0.3278和0.4079）。通过聚类分析综合产量和品质性状评价，研究人员筛选出了涟源竹根麻、邻水野麻、青皮麻、青麻苎、巫山线麻、天柱青麻、梁平青麻、泸县青皮和阳新细叶绿共9个苎麻品种，这9个苎麻品种适合饲料开发利用。揭雨成等（2009）从湖南农业大学苎麻资源圃内筛选出再生、发蔸能力强的30份饲用苎麻为试验材料，在"二麻"期，株高50～60cm时刈割，对其生物学产量和粗蛋白质含量进行了比较研究，结果表明巫山线麻适宜作为饲用苎麻开发利用，该苎麻品种在头麻收获后，6次刈割的生物学总产量高达22 215kg/hm²，粗蛋白质含量为25.43％。福建省农业科学院的曾日秋等（2009）连续两年（2007—2008年）对7个饲用苎麻新品系的生长动态、草产量和饲用品质进行了研究，结果表明参试品系的再生能力均极强，年均刈青可达10次左右；发蔸能力强，年均单蔸分蘖数最高的可达28株；4—10月的草产量占全年的主要部分，1号饲用苎麻品系的年鲜草产量和粗蛋白质产量显著高于其他参试品系，分别达到了318.8t/hm²和12.15t/hm²，2号品系次之，7个参试品系70cm左右收割时的粗蛋白质含量为20％以上的有5个，且相对饲用价值均达到了100％以上。康万利等（2010）对湖南农业大学苎麻资源圃内120份饲用苎麻的植物学与品质性状进行了鉴定，结果表明不同饲用苎麻植物学性状差异较大，苎麻叶片中的粗蛋白质含量普遍较高，绝大多数品种的叶中粗蛋白质含量在19％以上，最高的达到了23.69％，且大部分品种纤维素含量在20％左右，适宜做牧草开发利用。曾日秋（2010）征集了20份饲用苎麻作试验材料，对其生物学特性、植物性特征、草产量、生长速度、营养成分等方面进行了综合分析和比较，初步筛选出了平和苎麻、本所苎麻2号和石观音苎麻3号，这3种苎麻适合作饲料开发利用。

衡量饲用苎麻产量主要考察其特定收获高度的生物量。生物量是指单位面积内植物生物的总重量，以鲜重或干重表示，其含量的高低可反映出植物光合产物积累状况及植物生态经济效益的高低。在我国长江流域，作为饲料用的苎麻每年可刈割8～10次，每公顷产鲜茎叶达150 000kg，相当于18t以上的干料。饲用苎麻产量和营养远高于其他牧草，如意大利黑麦草每公顷收获的干物质为9 000～15 000kg（杨瑞芳和郭清泉，2004）。在热带地区，作为饲料用的苎麻，每年可收割14次，每公顷可产鲜茎叶300 000kg，即相当于42 000kg的干料（Blasco等，1967）。

二、开发利用苎麻及其加工产品作为饲料原料的意义

改革开放以来，养殖业的迅速发展导致了蛋白质饲料和能量饲料的紧缺。同时，随着国家对食品安全越来越重视，用一些优质牧草代替部分饲料，对解决"人畜争粮"问题具有重要意义，积极寻找牧草以外可替代的植物性饲料就显得尤为重要。

苎麻是一种多年生宿根作物，同时又是一种湿草类速生性多叶植物，其叶片重约占植株重的 40%，它不但是光合作用的器官，而且还是植物体内蛋白质的代谢中心。苎麻不仅是一种传统的纺织纤维作物，更是一种优质饲草，因其蛋白质含量高且氨基酸组成极其合理，所以可替代部分蛋白质饲料（曹涤环，2001；刘国道，2006）。苎麻中含有丰富的蛋白质、赖氨酸、蛋氨酸、类胡萝卜素、维生素 B_2 和钙，叶片中仅含有少量纤维（马曼云等，1981；Almeida 和 Benatti，1997；喻春明，2002；Elizondo，2002），是很好的植物性蛋白质饲料原料（喻春明，2001）。苎麻在热带地区整株作饲草开发利用时，每年可收获 14 次，每公顷可产新鲜苎麻嫩茎叶 300t（相当于干料 42t）（Blasco 和 Bohórquez，1967）。这些产量表明每年每公顷蛋白质产量比在相同条件下种植苜蓿的蛋白质产量至少高 3 倍（Arias，1968）。Dinh 等（2007）研究表明，在越南北部的红河三角洲地区整株收割苎麻用作反刍动物饲草比仅利用麻叶效果要好。在该地区新鲜苎麻嫩茎叶的年产量可达 126t/hm^2（相当于干料 17.3t/hm^2），而鲜麻叶的年产量仅为 56t/hm^2（相当于干料 9.6t/hm^2）。同时，苎麻全株和麻叶中的粗蛋白质含量均占干物质的 20% 以上。早在 20 世纪 50 年代，国外就开始用苎麻叶作为畜禽饲料（Mehrhof 等，1950；Squibb 等，1954），美国、巴西、哥伦比亚、西班牙、日本等国家用苎麻叶饲喂猪、鸡、牛等均获得了很好的效果（Machin，1977）。近年来研究发现，苎麻还具有一定药理活性，对家禽和家畜常见疾病的防治有重要意义（段叶辉等，2014）。我国长江流域，气候湿润，夏季高温时间长，这种气候环境下，苎麻有更强的生长优势。利用苎麻饲料产品代替部分苜蓿及作为天然绿色饲料添加剂有很大的市场，开发前景十分广阔。

长期以来，人们除了只注意利用占整个苎麻植株 4% 左右的纤维外，其余占 96% 的苎麻叶、骨和壳都白白地浪费了，如果将其开发出新产品，不仅充分利用了苎麻资源，同时也提高了单位面积种植苎麻的经济效益，拓展了苎麻新的利润增长点。

三、苎麻及其加工产品作为饲料原料利用存在的问题

（一）苎麻收获效率低

苎麻目前的收获方法主要采用人工收获，其效率低、劳动强度大、成本高，并导致产量和品质下降，已成为苎麻产业化的主要瓶颈（汪波和彭定祥，2007）。

（二）苎麻叶的"不良反应"未引起足够重视

苎麻叶营养成分丰富，且富含药用活性成分，已得到广大畜禽养殖户的认可，但苎麻叶纤维素含量也较高，加上叶面茸毛多，适口性差，很多畜禽不愿意食用，或食用后

出现不同程度的胃肠道不适和躁动不安等症状，直接影响了畜禽的生长发育。尽管研究人员针对这一情况采取了相应措施，如调整苎麻叶的饲料用量，作为肉猪饲料在日粮中的用量以不超过10%为宜、作为肉鸡饲料不超过5%、作为蛋鸡饲料不超过8%、作为鱼饲料不超过3%为宜，但是这给饲料生产企业和广大养殖户造成了生产和使用的诸多不便，导致了厂家不愿意生产、养殖户不愿意使用的窘境（贺海波等，2013）。

（三）苎麻叶饲料加工过于简单

目前，苎麻叶饲料加工多局限于制成青贮饲料和苎麻叶粉等粗加工，未根据苎麻叶面茸毛多的特点和方便养殖户使用的实际情况，进行苎麻叶营养成分和生理活性成分的进一步分离，如围绕制成动物营养粉和预防动物常见病的饲料添加剂方向开展苎麻叶的精加工（贺海波等，2013）。

（四）苎麻叶中营养成分不均衡

苎麻叶中虽然含有丰富的蛋白质、赖氨酸、类胡萝卜素、维生素B_2和钙，但由于其含蛋氨酸较少，如果不在畜禽日粮中适当地补充蛋氨酸，则会降低其日粮中蛋白质的转化率。这提示我们，要想提高含苎麻叶饲料的饲料转化率，就必须适当补充一定种类的氨基酸，同时根据畜禽不同生长阶段的发育特点，以苎麻叶主要成分为中心，进行多种饲料的研发就显得非常必要（贺海波等，2013）。

（五）兽药研发不足

尽管苎麻具有广泛药理活性早为人们所认知，但是真正成功研发成为兽药的品种很少，目前仅有利用苎麻根开发兽用抗菌注射液产品：苎麻根注射液，由于特色不鲜明及价格等原因，市场推广应用乏力（贺海波等，2013）。

第二节　苎麻及其加工产品的营养价值

早在20世纪就有人对苎麻营养成分进行了研究，发现苎麻嫩茎叶营养成分丰富，含有丰富的赖氨酸、类胡萝卜素、维生素B_2、钙和磷等营养物质。尹邦奇（1987）研究了5个苎麻品种发现，其蛋白质含量为20.5%～23.8%，而且新叶中的蛋白质含量比老叶中的高。罗正玮等（1989）进一步研究发现，苎麻叶中的粗蛋白质含量在头茬、二茬均超过20%（表17-1），超过任何一种禾本科谷实，也高于糠饼、麦麸等的蛋白质含量。更为重要的是，苎麻中的氨基酸组成非常合理，除蛋氨酸略低（表17-2）外，赖氨酸的含量也较禾本科谷物及糠麸等的高。

后人在此基础上深化了对苎麻饲料评价及收获高度与营养成分相关性的研究。朱涛涛（2014）对苎麻和2种我国南方地区广泛种植的牧草（桂牧1号杂交象草和多年生黑麦草）在相同环境条件下进行了营养品质的比较研究（表17-3），同时对不同收获高度下苎麻的营养品质进行了测定，以期为苎麻整株作饲料开发利用时确定合理的收割高度提供依据（表17-4）。

表 17-1 苎麻叶不同采摘期营养成分及含量

营养成分	头茬苎麻叶		二茬苎麻叶		三茬苎麻叶	
	鲜叶	干叶	鲜叶	干叶	鲜叶	干叶
干物质（%）	15.50	100.00	17.70	100.00	22.50	100.00
粗蛋白质（%）	3.60	23.5	4.10	23.30	3.30	14.70
粗脂肪（%）	0.90	5.80	1.50	8.20	1.40	6.10
无氮浸出物（%）	5.70	38.10	6.60	37.30	10.30	45.70
粗纤维（%）	2.60	16.50	2.30	13.10	2.40	10.60
粗灰分（%）	2.70	17.10	3.20	18.00	5.10	22.80
钙（%）	0.56	3.60	0.80	4.50	1.30	5.70
磷（%）	0.05	0.37	0.05	0.30	0.24	0.50
总能（MJ/kg）	2.68	17.53	2.97	16.78	3.68	16.40

资料来源：罗正玮等（1989）。

表 17-2 头茬苎麻叶中的氨基酸及蛋白质质量（%）

样品状态	赖氨酸	蛋氨酸	胱氨酸	精氨酸	苏氨酸	丙氨酸	苯丙氨酸	酪氨酸	亮氨酸	异亮氨酸	甘氨酸	缬氨酸	组氨酸	蛋白质	干物质
鲜叶	0.13	0.01	0.03	0.17	0.15	0.22	0.18	0.10	0.28	0.14	0.18	0.18	0.06	3.80	18.20
干叶	0.71	0.05	0.16	0.93	0.82	1.20	0.98	0.54	1.53	0.78	0.98	0.98	0.32	20.90	100.00

表 17-3 3 个试验苎麻和牧草的营养成分（%）

牧 草	粗蛋白质	粗脂肪	粗纤维	粗灰分	无氮浸出物
中饲苎 1 号	21.20	3.76	24.69	15.07	35.30
NC03	18.66	3.53	26.60	15.43	35.78
中苎 2 号	19.47	3.84	26.35	14.28	36.05
桂牧 1 号杂交象草	10.59	2.56	28.35	10.20	48.03
多年生黑麦草	16.69	5.06	25.40	9.89	42.96

资料来源：朱涛涛（2014）。

表 17-4 中饲苎 1 号苎麻营养品质变化

部 位	高度（cm）	粗蛋白质（%）	粗纤维（%）	粗脂肪（%）	粗灰分（%）	钙（%）	磷（%）
叶	60	22.48	19.75	5.04	14.73	4.60	0.27
	80	21.59	16.70	5.59	16.25	5.12	0.21
	100	19.56	15.65	5.11	19.10	6.26	0.21
	120	17.28	13.95	6.40	19.59	6.03	0.20
茎	60	9.33	38.65	1.66	11.10	2.80	0.26
	80	6.32	42.75	1.13	8.28	2.10	0.18
	100	5.45	46.20	0.98	7.54	2.03	0.19
	120	3.86	48.10	0.72	6.06	1.65	0.19

第三节　苎麻及其加工产品中主要生物活性物质

苎麻不仅营养成分丰富，且富含多种生物活性物质。苎麻中的生物活性物质具有抗炎、抗氧化及抗真菌等生物学功能，对于畜禽常见疾病及人类炎症、糖尿病及癌症等慢性病的防治均具有重要意义。生物活性物质是指参与人体新陈代谢、调节有关的生理活动，对人体保健和疾病防治有重要作用的天然功能性物质。近年来，随着分离技术的不断发展和进步，国内外学者从苎麻根叶中分离出了许多生物活性物质，主要含有苎麻多酚、三萜类化合物、有机酸类化合物和生物碱类化合物等成分（表 17-5）。苎麻主要生物活性物质的研究一般包括提取与纯化技术、鉴定与检测技术这几个方面（表 17-6；段叶辉等，2014）。

表 17-5　苎麻中主要生物活性物质及功效

主要活性成分	组成成分	功　效
苎麻多酚	分为酚酸和黄酮类化合物两大类。酚酸主要有绿原酸，黄酮类化合物主要有芦丁、表儿茶酸和槲皮素等	降脂降糖、清除自由基及抗菌抗病毒等功效
三萜类化合物	主要有齐墩果烷型（齐墩果酸、常春藤皂普元、马斯里酸）、乌苏烷型（乌苏酸、19α-羟基乌苏酸、委陵菜酸、2α-羟基乌苏酸）、羽扇豆烷型（白桦酸）	通过作用于肿瘤细胞、肿瘤新生血管、线粒体和肿瘤相关基因蛋白等途径来发挥抗癌作用
有机酸类化合物	咖啡酸、奎宁酸、咖啡酰奎宁酸	具有止血和抗菌作用
生物碱类化合物	主要成分是喹诺里西丁生物碱	具有直接或协同抗菌作用

表 17-6　苎麻中主要生物活性物质研究的主要方法

技　术	主要研究方法	举　例
提取苎麻生物活性物质的技术	热水提取法、有机溶剂提取法、微波提取法、超声波提取法、超临界流体萃取法、酶解法、双水相提取技术、半仿生提取法、热压流体萃取法、高压液相提取法等	采用超声辅助提取法提取苎麻叶黄酮类化合物，并确定了提取的最优条件：液固比 30∶1，乙醇浓度 70%，超声功率 60W，超声时间 30min，超声温度 60℃，提取 1 次
纯化苎麻中生物活性物质的技术	硅胶柱层析法、大孔树脂层析法、活性炭吸附法、葡聚糖凝胶柱色谱、高效液相色谱法等	在此工艺条件下苎麻叶中黄酮类化合物获得率为 4.94%，接着采用 AB-8 大孔吸附树脂对苎麻叶黄酮进行吸附洗脱，采用葡聚糖凝胶 LH-20 分离得到芦丁与异黄酮类化合物这两种黄酮类化合物（贺波，2010）
鉴定苎麻生物活性物质种类和含量的技术	分光光度法、薄层扫描法、色谱法、色谱-质谱联用法、荧光法及电化学法	Sung 等（2013）用 Folin-Ciocalteu 比色法鉴定了苎麻叶中 6 种主要的多酚

（续）

技 术	主要研究方法	举 例
检测苎麻中生物活性物质的技术	体外模拟试验和体内试验分析	采用体外模拟试验研究苎麻根提取物抑制乙型肝炎功效（Huang 等，2006） 采用体内试验分析的方法研究苎麻根提取物对SCID 鼠体内抗乙肝病毒血症功效（Chang 等，2010）

资料来源：段叶辉等（2014）。

第四节　苎麻及其加工产品在动物生产中的应用

学术界在苎麻的营养价值研究及用苎麻饲养动物的试验方面均做了大量的工作，不仅证明了苎麻粉饲喂动物的可行性，而且将添加的比例具体量化为 5%～15%，为节约苎麻资源、增加肉类产量提供了科学依据（表 17-7）。

表 17-7　苎麻及其加工产品在畜禽生产中的应用

养殖品种	试验方案	饲喂效果	资料来源
猪	用苎麻叶干粉、玉米、香蕉叶、紫花苜蓿及其他脂肪性饲料喂猪	苎麻粉蛋白质利用效果最好	Squibb 等（1954）
	苎麻叶粉饲喂生长育肥猪	苎麻叶的收获时间与麻叶的适口性和日均采食量均呈线性相关，即随着麻叶收获时间的推迟其适口性和日均采食量均呈下降趋势	Giraldo 等（1980）
	用鲜苎麻叶代替青菜或青草喂猪	适口性好，猪生长好、增重速度快，喂苎麻叶的明显优于常规喂法，差异达到显著水平	刘劲凡等（1988）
	将32头三元杂交生长育肥猪随机分为4组，各组苎麻叶粉添加量分别为：试验1组20%；试验2组15%；试验3组10%；试验4组0（对照组）	对日增重、饲料消耗量、营养物质消化率、屠宰率及瘦肉率、肉质等均无不良影响	罗正玮等（1989）
	将30头三元杂交生长猪随机分为3组，将用苎麻叶干粉制成的浓缩料添加到各组日粮中：试验1组，1号浓缩料＋能量饲料；试验2组，2号浓缩料＋能量饲料；试验3组，一般配合饲料（对照）	各组猪的增重速度、饲料转化率均以试验1组较好，但组间差异不显著（$P>0.05$）	罗正玮等（1989）
	选择大×本二元杂交断奶仔猪32头，随机分为4组，每组8头，第1组、第2组、第3组分别喂以含苎麻叶粉5%、10%、15%的基础全价配合饲料，第4组饲喂不含苎麻叶粉的基础全价配合饲料（对照组）	对生长育肥猪的采食量、日增重、饲料转化率、胴体瘦肉率和饲料营养物质消化率等均无不良影响	张彬等（1999）

（续）

养殖品种	试验方案	饲喂效果	资料来源
猪	以（35±0.5）kg 生长育肥猪为试验材料，进行苎麻叶的总干物质和粗蛋白质消化率试验	苎麻叶（去叶柄）的总干物质消化率和粗蛋白质消化率分别达到 54.59%和 67.21%	Garnica 等（2010）
反刍动物	用苎麻叶饲喂绵羊和山羊	苎麻叶是一种不错的补充饲料	Cleasby 等（1958）
	以 5 岁的杂交羊为实验动物，分别测定了狼尾草和苎麻的消化率	狼尾草的营养成分消化率与红顶草相似，苎麻的粗蛋白质、粗脂肪、无氮浸出物及粗纤维消化率均高于苜蓿等豆科植物	Squibb 等（1958）
	用 7~15kg 的苎麻粉和苜蓿粉分别饲喂 6~8 个月的保加利亚红牛	发现喂苎麻粉的小牛比为喂苜蓿粉的小牛长得更快、出肉率更高	Maknev 等(1970)
	用收获纤维后的苎麻下脚料代替盘固草（pangola grass）饲养山羊的试验。第 1 组试验按 4×4 的拉丁方设计，以哺乳期的山羊为实验动物，分别用苎麻下脚料代替 0、25%、50%和 75%的盘固草。第 2 组试验就 16 只 180 日龄的公山羊，随机分成 4 组，分别用苎麻下脚料代替 0、34%、66%和 100%的盘固草进行饲养	各处理间的山羊增重，以及干物质、粗蛋白质、粗脂肪和总能的摄入量差异均不显著。用 25%苎麻下脚料代替盘固草处理山羊，其产奶量显著高于其他处理	Santos 等（1990）
	进行了苎麻对杂交小母牛（Holstein×Brahman）的适口性试验（28d）和饲养试验（100d）。饲养试验共有 4 个处理：T1［1kg 精饲料/（头·d）＋苎麻嫩茎叶（不限量）］、T2［1kg 精饲料/（头·d）＋其他牧草（不限量）］、T3［15kg 鲜苎麻＋其他牧草（不限量）］、T4［30kg 鲜苎麻＋其他牧草（不限量）］	适口性试验结果表明，苎麻的适口性与其他牧草相似，但同时将苎麻和其他牧草混合饲喂的适口性显著低于单独饲喂苎麻和其他牧草。饲养试验结果表明，试验小母牛总干物质采食量最高的是 T4 处理，达到了 8.44kg；最低的是 T3 处理，为 6.32kg；日均采食量 T1 及 T3 组显著高于 T4 组；各处理的饲料转化率差异不显著	Trung 等（2001）
家禽	等量苎麻粉代替苜蓿粉饲喂雏鸡	没有不良反应	Mehrhof 等(1950)
	在小鸡日粮中添加 5%的苎麻叶粉和少量维生素 A	可有效防止小鸡维生素 A 缺乏症的出现，并能保证小鸡血清液中胡萝卜素和核黄素处于高水平	Squibb 等（1955）
	用干苎麻叶做成配合饲料，色泽淡绿，略带清香，饲喂 30 日龄的沅江土鸡	肉鸡喜食，肉鸡吃了含苎麻叶的配合饲料后生长正常、增重速度快、效益高	刘劲凡等（1988）
	将 28 日龄白洛雏鸡 180 只（肉鸡）随机分为 3 组，各组苎麻叶粉的添加量分别为：对照组，0；试验 1 组，4%；试验 2 组，8%	对增重，每千克增重所消耗的饲料、粗蛋白质及能量、营养物质的消化率、屠宰率和出肉率、肉中氨基酸含量均无不良影响	罗正玮等（1989）
	将 102 只 56 日龄的杂交商品蛋鸡随机分为 3 组，各组苎麻叶粉添加量分别为：试验 1 组，8%；试验 2 组，14%；试验 3 组，0（对照组）	对增重、性成熟、产蛋量和蛋品质均无不良影响	罗正玮等（1989）

（续）

养殖品种	试验方案	饲喂效果	资料来源
家禽	用 13％的干苎麻叶粉、49％的碎米粉、21％的统糠、6％的菜饼、10％的蚕蛹、1％的添加剂制成的配合饲料喂鸡	用含有苎麻叶粉的配合饲料饲喂小鸡，40d 内可增重 0.335kg，饲料转化率达到了 3.3∶1，与用常规饲料饲喂的鸡相比多增重 0.226kg，增产高达 110.8％，差异极显著	孙进昌（1999）
	将 200 只 21 日龄的肉鸡分为 4 组，每组分别饲喂 0（对照组）、5％（试验 1 组）、10％（试验 2 组）、15％（试验 3 组）苎麻嫩茎叶粉的等粗蛋白质和等代谢能的日粮	加入 5％苎麻干粉效果最好，既能保证肉鸡获得高的生长性能，又可显著降低饲料成本。由于苎麻嫩茎叶中的纤维含量远高于豆粕和碎米，因此苎麻嫩茎、叶粉超过 10％后会降低肉鸡的采食量和生长性能	牟琼等（2000）
	添加 6％苎麻草粉替代蛋鸡混合饲料中的蛋白质组分	苎麻混合饲料与公司提供的蛋鸡混合饲料相比较，产蛋率与淘汰率差异不显著（$P>0.05$），但死亡率降低 50％，差异极显著（$P<0.01$）	王贤芳和揭雨成（2012）
水产	利用苎麻叶饲喂草鱼和鳊主养池塘中的鱼	投喂苎麻叶的池塘鱼产量相比其他池塘提高了 12.1％（3 年数据的平均值，下同）；饲料系数由 27.5 下降到了 24.5；投喂含有干苎麻叶混合饲料（干苎麻叶粉 50％＋糠饼粉 50％）的池塘相比投喂糠饼、菜饼等常规精料的池塘鱼产量提高了 10.6％，饲料系数由 4.8 降到了 4.3。用鲜苎麻叶和干苎麻粉分别替代 50％的常规青饲料和精饲料，可在节约饲料成本的同时达到增产的目的	郭正良（1992）
	用鲜苎麻叶、青草、含 50％干苎麻叶粉＋50％的统糠做成颗粒统糠饲料进行试验，试验持续 37d	喂鲜麻叶的鱼增重 100g，比喂青草的多增重 15g，增产 20％，喂干麻叶的效果不如鲜麻叶，但仍比喂统糠的效果要好很多	金红春等（2012）
	以苎麻、桂牧 1 号草和美国矮象草为试验材料，研究了不同饲草饲喂下草鱼主养池塘中鱼类的生长和效益	苎麻组的草鱼增重率、特定增长率显著高于美国矮象草（$P<0.05$），但显著低于桂牧 1 号象草组（$P<0.05$）；各试验组中鲢和青鱼的增重率及特定增长率差异不显著，美国矮象草组的鳊增重率和特定增长率显著高于其他试验组（$P<0.05$）；苎麻试验组的鲢成活率显著高于美国矮象草组，但也显著低于桂牧 1 号组（$P<0.05$），各试验组的青鱼、草鱼和鳊的成活率差异不显著；饲喂桂牧 1 号象草试验组的鱼类总产量最高、效益最高，分别达到了 934.25g/m² 和 26 967.75 元/hm²	陈丽婷等（2013）

（续）

养殖品种	试验方案	饲喂效果	资料来源
其他	选取 35 日龄的诺福克公兔和母兔各 6 只，平均体重分别为 1.14kg 和 1.13kg，在等氮饲料中分别添加 0、25%和50%的苎麻干草粉	各试验组的平均日增重分别为 22.3g、22.1g 和 6.5g；日均采食量分别为 93.3g、95.9g 和 47.3g；屠宰率分别为 52.9%、53.2%和45.1%；各试验组的皮毛占活体重的比例分别为 10.3%、11.2%和9.3%	Mendes 等（1980）
	将 20 日龄的杂交肉兔 24 只随机分为 2 组，各组日粮情况如下：试验组，鲜苎麻叶（不限量）；对照组，牛皮菜（第 2 期受生产季节限制，将对照组的青饲料改用蕹菜）	两组增重及每千克增重耗干物质量差异不显著	罗正玮等（1989）
	用苎麻鲜叶和串叶松香草为青饲料饲养肉兔 60d	两组肉兔的日增重差异不显著，但苎麻叶试验组的肉兔经济效益优于饲喂串叶松香草的试验组，综合考虑用苎麻叶饲喂肉兔效益优于串叶松香草	龙忠富和韩永芬（1999）
	将 39 只 40 日龄生长肥兔随机分为 3 组，每组日粮（非颗粒料，主要成分为玉米粉和大豆粉）中添加不同比例的苜蓿草粉和苎麻草粉：T1（日粮中添加 15%苜蓿干草粉）、T2（日粮中添加 15%的苎麻干草粉）、T3（日粮中添加 7.5%的苜蓿干草粉＋7.5%的苎麻干草粉）	3 个处理间的饲料转化率及屠宰参数差异均不显著。据此推测，在饲养生长肥肉兔时，苎麻干草粉可以替代 15%的苜蓿干草粉，同时加入苎麻干草粉和苜蓿干草粉的效果会更好	Toledo 等（2008）

第五节　饲用苎麻收获技术

　　饲用苎麻的刈割高度对饲用品质影响较大，主要是对粗蛋白质和粗纤维含量的影响。具体表现为粗蛋白质含量随收获高度的增加而降低，粗纤维含量的变化规律则与之相反，即随着刈割高度的增加而增加。因此，在对饲用苎麻进行收割时，应着重考虑收获高度对其饲用品质的影响。

　　Squibb 等（1954）在对不同收获高度苎麻茎叶营养成分进行化学分析时发现，当饲用苎麻高度为40～60cm 时其赖氨酸含量最高。在较好的水肥条件下，饲用苎麻的适宜收获高度为 65cm，此时苎麻的产量和粗蛋白质含量均较高，符合植物饲料蛋白的要求（喻春明，2002）。但有研究提出，苎麻收割的标准高度应严格控制在 50～60cm，低于或高于此高度都会影响苎麻的营养价值。若低于 50cm 会导致麻株水分含量偏高，生物产量降低；若高于 60cm 则麻株粗蛋白质含量降低，纤维含量提高，影响其适口性（揭雨成和冷鹃，2000）。

第六节　苎麻及其加工产品作为饲料资源开发与高效利用策略

　　综上所述，当前对苎麻叶饲用的开发要从根本上摆脱瓶颈，必须围绕苎麻叶中营养成分和生理活性成分进行深度开发研究，研制成适用范围广泛的苎麻叶动物营养粉和防治动物常见病及多发病的饲料添加剂及特色鲜明的兽药。

一、动物营养粉制备

苎麻叶中营养成分含量丰富，且营养组成较为合理。因此，可采用现代提取分离工艺获取其蛋白质、氨基酸、类胡萝卜素、核黄素、钙和磷等营养成分，通过添加一定蛋氨酸成分，根据动物种类及不同生长阶段的生理特点，制成系列动物营养粉，以满足动物生长发育及提高其肉质的需要。

二、饲料添加剂研发

苎麻自古以来就作为一味中药在广泛使用，苎麻叶中的许多营养成分和生理活性物质，如蛋白质、氨基酸、绿原酸、原儿茶酸、黄酮、野漆树苷和芸香苷等，兼有营养性和药性的双重作用，不但能直接杀菌抑菌，而且能调节机体的免疫机能，具有非特异抗菌作用，具有明显的促生长、抗菌抑菌和改善肉质等功效。因此，围绕苎麻叶中的营养成分和生理活性成分积极开展苎麻叶的饲用添加剂研发将为苎麻叶饲用产业链发展提供原动力。

三、兽药的研发

苎麻叶中含有丰富的绿原酸、原儿茶酸、野漆树苷和芸香苷等生理活性物质，具有止血、抗菌、抗病毒和抑制子宫收缩等特点，配伍一定的中药枝叶等边角料及民间常用的草药，进行以止血、抗菌、抗病毒及提高动物受孕率，减少流产为主导方向的兽药研发，其市场潜力不可低估。①止血兽药，以苎麻叶中成分为主，配伍三七枝叶、槐树叶、藕节及大小蓟等，制成具有广泛止血活性的兽药；②抗菌抗病毒抗感染兽药，以苎麻叶中成分为主、以树银花枝叶和板蓝根叶等为辅，制成具有抗菌抗病毒抗感染作用的兽药；③保胎和安胎兽药，为了提高畜禽的受孕率和防止流产，可提取苎麻叶中的黄酮类有效成分，必要时配伍紫苏、白术、砂仁和艾叶等成分，制成天然的保胎和安胎兽药。

➡ 参考文献

曹涤环，2001. 苎麻叶的开发与利用 [J]. 特种经济动植物，4（12）：19-19.

陈丽婷，肖光明，王晓清，等，2013. 投喂不同饲草的草鱼主养池塘中鱼类的生长和效益比较 [J]. 湖南农业大学学报（自然科学版），39（4）：419-422.

段叶辉，喻春明，王延周，等，2014. 苎麻生物活性物质的作用及其研究利用进展 [J]. 天然产物研究与开发（26）：152-158.

郭婷，佘玮，肖呈祥，等，2012. 饲用苎麻研究进展 [J]. 作物研究，26（6）：730-733.

郭正良，1992. 苎麻叶养鱼效果好 [J]. 内陆水产（1）：34.

贺波，2010. 苎麻叶黄酮的提取、分离纯化、结构及抗氧化活性的研究 [D]. 武汉：华中农业大学.

贺海波，白彩虹，邹坤，等，2013. 苎麻叶的饲用研究与开发利用 [J]. 饲料研究（4）：83-87.

姜涛，熊和平，2008. 苎麻饲用资源产量与品质性状的研究 [D]. 北京：中国农业科学院研究生院.

揭雨成，冷鹃，2000. 中国苎麻种质资源研究的现状与展望 [J]. 中国麻作，22（3）：13-15.

揭雨成，康万利，邢虎成，等，2009. 苎麻饲用资源筛选 [J]. 草业科学，26（9）：30-33.

金红春，杨春浩，严宜明，等，2012. 饲用苎麻在生态鱼养殖上的应用 [J]. 湖南饲料（3）：41-42.

康万利，揭雨成，邢虎成，等，2010. 饲用苎麻种质资源植物学与品质性状鉴定 [J]. 草业科学，27（10）：74-78.

李宗道，黎觐臣，1995. 苎麻综合利用的研究 [J]. 作物研究（9）：28-31.

刘国道，2006. 热带牧草栽培学 [M]. 北京：中国农业出版社.

刘劲凡，周为民，于至亮，等，1988. 苎麻叶产量的观测及其饲用效果 [J]. 中国麻作（2）：29-31.

刘瑛，李选才，陈晓蓉，等，2003，麻类作物副产品的综合利用现状 [J]. 江西棉花，25（1）：3-7.

龙忠富，韩永芬，1999. 苎麻叶饲喂肉兔效果初探 [J]. 贵州畜牧兽医（4）：4.

罗正玮，兰丙基，陈孝姗，等，1989. 苎麻叶饲用效果及苎麻叶配制浓缩饲料的研究 [J]. 湖南农学院学报（15）：137-143.

吕江南，贺德意，王朝云，等，2004. 全国麻类生产调查报告 [J]. 中国麻业，26（2）：95-102.

马曼云，黄美华，李宗道，等，1981. 苎麻叶饲用价值的研究 [J]. 饲料研究（4）：6.

牟琼，吴佳海，陈瑞祥，2000. 苎麻嫩茎叶粉饲喂肉鸡试验 [J]. 兽药与饲料添加剂（5）：27-28.

孙进昌，1999. 苎麻叶的饲用开发 [J]. 适用技术市场（2）：16.

汪波，彭定祥，2009. 苎麻产业现有问题的若干思考 [J]. 中国麻业科学，29（2）：393-395.

王文采，陈家瑞，1995. 中国植物志 [M]. 北京：科学出版社.

王贤芳，揭雨成，2012. 蛋鸡苎麻配合饲料的效果试验 [J]. 中国畜禽种业（10）：140-142.

熊和平，2001. 苎麻多功能深度开发利用系列报道之一：苎麻多功能开发潜力及利用途径 [J]. 中国麻作（1）：6.

熊和平，喻春明，王延周，2005. 饲料用苎麻新品种中饲苎1号的选育研究 [J]. 中国麻业，27（1）：1-4.

杨瑞芳，郭清泉，2004. 高蛋白苎麻系质资源的筛选 [J]. 湖南农业科学（5）：10-11.

尹邦奇，1987. 苎麻叶蛋白的初步研究 [J]. 作物研究（1）：18-19.

喻春明，2001. 苎麻多功能深度开发利用系列报道之二：苎麻作为牲畜饲料的利用价值及潜力 [J]. 中国麻业，23（2）：23-26.

喻春明，2002. 饲用苎麻收割高度对产量和粗蛋白质含量影响的研究 [J]. 中国麻业科学，24（4）：31-33.

曾日秋，洪建基，卢劲梅，等，2009. 饲用苎麻生长动态及其饲用品质研究 [J]. 热带农业工程，33（3）：20-24.

曾日秋，2010. 饲用苎麻资源筛选及其高产栽培技术研究 [D]. 北京：中国农业科学院.

张彬，李丽立，谭长青，等，1999. 麻叶粉对生长肥育猪饲用效果研究 [J]. 饲料研究（5）：31-32.

中国农业科学院麻类研究所，1992. 中国苎麻品种志 [M]. 北京：农业出版社.

朱睿，杨飞，周波，等，2014. 中国苎麻起源、分布与栽培利用史 [J]. 中国农业通报，30（12）：258-266.

朱涛涛，2014. 苎蔴与南方主要牧草的饲用价值比较研究 [D]. 北京：中国农业科学院.

Almeida D V C S, Benatti R, 1997. Composition and nutritive value of leaf meal ramie for monogastric animals [J]. Pesquisa Agropecuária Brasileira, 32：1295-1302.

Blasco L M, Bohórquez A N, 1967. Algunas características químicas del ramio en el Valle del Cauca [J]. Acta Agronómica (Colombia), 17：71-77.

Chang J M, Huang K L, Yuan T T, et al, 2010. The anti-hepatitis B virus activity of boeh-meria nivea extract in HBV-viremia in HBV-viremia SCID mice [J]. Original Art, 7：189-195.

Cleasby T G, Sideek O E, 1958. A note on the nutritive value of ramie leaves (*Bochemeria nivae*) [J]. The East African Agricultural Journal, 23：203-211.

de Toledo G S P, da Silva L P, de Quadros A R B, et al, 2008. Productive performance of rabbits fed with diets containing ramie (*Boehmeria nivea*) hay in substitution to alfalfa (*Medicago Sativa*) hay [C] //9th World Rabbit Congress.

Elizondo J, 2002. Boschini. Nutritional quality of plant ramie [*Bohemeria nivea* (L.) Gaud] for animal feed [J]. Agronomia Mesoamericana (147)：116-139.

Garnica J, Restrepo J, Parra J, 2010. Total digestibility of dry matter and crude protein of *Boehmeria Nivea* L. Gaud in growing pigs [J]. Livestock Research for Rural Development：22.

Giraldo E, Ospina M, Owen B, 1980. Consumption by growing-fattening pigs of whole ramie plants cut at three stages with two levels of milled maize [J]. Acta Agronomica (Colombia), 30：127-134.

Huang K L, Lai Y K, Lin C C, et al, 2006. Inhibition of hepatitis B virus production by Boehmeria nivea root extract in HepG2 2.2.15 cells [J]. World Journal of Gastroenterology, 12：5721-5725.

Jeong S M, Munkhtugs D, Sung K, et al, 2013. Boehmeria nivea attenuates LPS-induced inflammatory markers by inhibiting p38 and JNK phosphorylations in RAW264.7 macrophages [J]. Pharmaceutical Biology, 51：1131-1136.

Maknev K, Slavchev G, Donev N, et al, 1970. Comparison of ramie and lucerne in calf rearing [J]. Nauchni Trudove Vissh Selskostopanski Institut Vasil Kolarov, 19：57-64.

Mendes A, Funari S, Nunes J, et al, 1980. Increasing levels of ramie hay in diets for growing rabbits [J]. Revista Latino-Americana de Cunicultura, 1：27-35.

Permana I G, Safarina S, Tatra A, 2011. Addition of water soluble carbohydrate sources prior to ensilage for ramie leaves silage qualities improvement [J]. Media Peternakan, 34：69-76.

Santos L, Dupas W, Lemos M, et al, 1990. The use of decorticated ramie (*Boehmeria nivea* Gaud.) residue in goat feeding [J]. Boletim de Indústria Animal, 47：73-80.

Squibb R L, Méndez J, Guzmàn M A, et al, 1954. Ramie-a high protein forage crop for tropical areas [J]. Grass and Forage Science, 9：313-322.

Squibb R L, Guzmán M A, Scrimshaw N S, 1955. Forrajes deshidratados de desmodio, grama kikuyu, ramio y hoja de banano como fuentes de suplementos de proteina, riboflavina y carotinoides en raciones para polluelos; Dehydrated desmodium, kikuyu grass, ramie and banana leaf forages as supplements of proteins, riboflavin, and carotenoides in chick rations [J]. Boletín de la Oficina Sanitaria Panamericana (OSP), 39：180-186.

Squibb R L, Rivera C, Jarquin R, 1958. Comparison of chromogen method with standard digestion trial for determination of the digestable nutrient content of kikuyu grass and ramie forages with sheep [J]. Journal of Animal Science, 17：318-321.

（中国科学院亚热带农业生态研究所　段叶辉，中国农业大学　庞家满　编写）

第十八章
沙棘及其加工产品开发现状与
高效利用策略

第一节 概 述

一、我国沙棘及其加工产品资源现状

沙棘（*Hippophae rhamnoides* L.）为胡颓子科（Elaeagnaceae）酸刺属的灌木或小乔木，果为浆果，主要生长于干旱和半干旱地区，抗逆能力强，有广泛的适应性。中国是世界上沙棘资源最丰富的国家。沙棘在我国分布广泛，东起大兴安岭的西南端，西至天山山麓，南抵喜马拉雅山南坡，北到阿尔泰山的广大地区，集中分布在青藏高原、黄土高原及新疆，遍及东北、华北、西北、西南等的 13 个省、自治区。沙棘资源总面积 92 万 hm²，其中天然林 67.54 万 hm²，占沙棘资源总面积的 73.4%，以内蒙古、新疆和青海等地为主；人工林 24.46 万 hm²，占沙棘资源总面积的 26.6%，辽西、内蒙古东南部、晋西、陕北和陇南是我国近年来新建的人工沙棘林基地（张郁松和罗仓学，2005）。较为典型的几个基地有：辽宁省建平县，现有人工沙棘林 66 700hm²；陕西省吴旗县，现有人工沙棘林 46 700hm²；内蒙古自治区准格尔旗，现有人工沙棘林 33 300hm²；山西省右玉县，现有沙棘林 20 000hm²（郑新民和王俊峰，2002）。随着沙棘产品数量的不断增加，沙棘种植面积不断增加，其果渣产量也相应增加。按每加工 1 000kg 沙棘果可产生鲜果渣 400～500kg、120～165kg 烘干干果渣计算，每年产生果渣几百万吨。若不能很好地对其进行综合利用，将会造成严重的资源浪费，同时引起环境污染。目前，将提取完沙棘籽油的种粕全部用作动物饲料，经济价值较低。若将其进行合理的加工处理，则可以提高其利用价值，从而扩大饲料的来源。

二、开发利用沙棘及其加工产品作为饲料原料的意义

我国西部地区土壤贫瘠、气候干燥，相当大面积的草原为低产干旱草原，且草场不断退化和沙化，加之近年来人们片面强调牲畜数量，过度放牧，草场产量逐年减少，不能适应畜牧业生产发展的需求，已成为制约畜牧业发展的主要因素。因此，开发各种饲料资源

是发展畜牧业生产的战略任务。木本植物是重要的饲料来源，适宜西部地区生长的沙棘，是最理想的饲料林树种之一：第一，沙棘适应性强，根系发达，速生，平茬后再生能力强，可持续利用；第二，人工造林容易，短时期内能生产大量嫩枝叶；第三，在人口稀少的沙荒地上营造沙棘饲料林，可促进西部地区的畜牧业发展，给农民带来丰厚的收益；第四，沙棘饲料具备草本植物的适口性和木本植物的再生性，且无污染，粗蛋白质含量超过优良牧草苜蓿，同时含有多种对人体有益的生物活性物质，单位面积上能提供更多的绿色产品，具备经济开发的巨大潜力（张彩芳和刘绪川，1989；尚磊和刘学英，1990；张丽和李敏，1996）。沙棘饲料的类型主要有：①沙棘嫩枝叶风干粉碎后直接按一定比例添加进基础饲料；②沙棘叶经过干燥、粉碎、过筛后按一定比例添加进基础饲料；③将提取过的沙棘果渣干燥粉碎后按一定比例添加进基础饲料；④将未经提取的沙棘果实干燥后直接打粉，按一定比例添加进基础饲料；⑤从沙棘果中提取黄酮类化合物作为饲料添加剂；⑥从沙棘叶中提取黄酮类化合物作为饲料添加剂等（苏本山等，2013）。

三、沙棘及其加工产品作为饲料原料利用存在的问题

沙棘及其加工产品作为饲料原料具有其潜在的应用价值，但同时也存在着以下几方面问题：第一，沙棘及优良品种的选育问题，野生沙棘果小、刺多，不利于采收，因而需要选育果大、质优的品种，并在已有基础上加速其产业化及饲料化应用；第二，沙棘的生长地基本位于我国西北地区，作为饲料原料资源会在运输上增加成本；第三，沙棘茎中粗蛋白质含量低而粗纤维含量高，作为饲料原料的利用营养价值较低；第四，沙棘中含有的抗营养因子单宁，会对动物产生负面影响。

第二节　沙棘及其加工产品的营养价值

沙棘是药食同源的植物品种，其根、茎、叶、花和果，特别是果实中含有丰富的营养物质和生物活性物质，其果实具有很高的营养保健价值，含有多种维生素、糖类、有机酸、蛋白质、氨基酸和微量元素。其中，维生素 C 含量高，素有"维生素 C 之王"的美称，具有保肝、增强免疫力、抗氧化、抗衰老等作用（Süleyman 等，2001；刘畅等，2009）。

沙棘果渣是沙棘果榨取沙棘汁后剔除果核的残渣，或沙棘果核提取沙棘油后的残渣。沙棘叶及沙棘果渣有与沙棘果相类似的饲用及药用作用，沙棘叶及沙棘果渣的一般营养成分如表 18-1 所示（尚磊和刘学英，1990）。由表 18-1 可知，沙棘叶中钙含量较高，沙棘果渣中粗蛋白质含量丰富，两者可分别作为钙源饲料原料和蛋白源饲料原料。

表 18-1　沙棘叶及沙棘果渣的一般营养成分

成　分	沙棘叶	沙棘果渣
干物质（%）	—	92.1
粗蛋白质（%）	14.6	18.3

（续）

成　分	沙棘叶	沙棘果渣
粗脂肪（%）	4.1	11.6
粗纤维（%）	16.3	12.7
无氮浸出物（%）	63.3	64.7
粗灰分（%）	4.3	2.0
钙（%）	2.63	0.19
磷（%）	0.01	0.15
样品数（个）	13	13

资料来源：尚磊和刘学英（1990）。

沙棘叶及沙棘果渣中氨基酸含量丰富（尚磊和刘学英，1990）。由表 18-2 可知，沙棘叶及沙棘果渣中赖氨酸和蛋氨酸等必需氨基酸含量丰富，其含量高于常规饲料原料。

表 18-2　沙棘叶及沙棘果渣中的氨基酸含量

氨基酸种类	沙棘叶	沙棘果渣
粗蛋白质（%）	14.6	18.3
蛋氨酸（%）	0.19	0.84
赖氨酸（%）	1.13	0.06
苏氨酸（%）	0.76	0.68
甘氨酸（%）	—	0.86
缬氨酸（%）	0.94	0.83
异亮氨酸（%）	0.71	0.69
亮氨酸（%）	1.31	1.38
酪氨酸（%）	—	0.61
苯丙氨酸（%）	0.91	0.82
组氨酸（%）	—	0.51
精氨酸（%）	—	2.42
色氨酸（%）	—	1.15
样品数（个）	7	7

资料来源：尚磊和刘学英（1990）。

沙棘叶及沙棘果渣中维生素及微量元素含量丰富，尤其是维生素 C 和铁含量较高（表 18-3；尚磊和刘学英，1990）。

表 18-3　沙棘叶及沙棘果渣中的维生素及微量元素含量

成　分	沙棘叶	沙棘果渣
维生素 C（mg/kg）	1 291.0	80.0
胡萝卜素（mg/kg）	—	15.0
类胡萝卜素（mg/kg）	290.0	70.0

（续）

成　分	沙棘叶	沙棘果渣
铁（mg/kg）	544.3	218.3
铜（mg/kg）	—	12.2
锰（mg/kg）	84.5	11.9
锌（mg/kg）	9.3	34.7
钴（mg/kg）	—	0.56
硒（mg/kg）	4.19	—
样品数（个）	7	7

资料来源：尚磊和刘学英（1990）。

　　综上所述可以看出，沙棘叶和沙棘果渣是一类含营养物质种类多，且营养价值高的优良畜禽饲料资源。

　　沙棘籽既是一种优质油料资源，也是一种蛋白质资源，其粗蛋白质含量为20%～25%，必需氨基酸种类齐全，而提油后的沙棘籽粕中仍含有丰富的蛋白质（崔彦民等，2006；姜明珠，2007；张文博等，2008）。

　　沙棘籽粕及其蛋白质的主要组成成分如表18-4所示（崔淼等，2012）。

表 18-4　沙棘籽粕及其蛋白的主要组成成分（%）

项　目	粗蛋白质	粗纤维	水　分	粗脂肪	灰　分
沙棘籽粕	38.66	20.33	8.03	2.79	4.30
沙棘籽粕蛋白	80.51	—	3.88	—	2.93

资料来源：崔淼等（2012）。

第三节　沙棘及其加工产品中的抗营养因子

　　沙棘及其加工产品中的抗营养因子主要是单宁。单宁是水溶性的多酚异聚化合物，分子质量在5 000ku以上，常被认为由两类多酚化合物组成：可水解单宁和浓缩型单宁。单宁是一种重要的次级代谢产物，也是除木质素以外含量最多的一类植物酚类物质（Bhat等，1998）。单宁可以通过与蛋白质形成复合物和抑制消化分泌液中蛋白水解酶的活性来降低蛋白质的消化率。随着分子质量的增加，单宁与蛋白质的亲和力增强（万建美等，2014）。单宁对动物的抗营养作用主要表现在：降低动物采食量；降低营养物质，如蛋白质、糖、钙、铜和锌等的消化与吸收量；降低动物体内的氮沉积量；改变动物消化道菌群；损害消化系统等方面（艾庆辉等，2011）。

第四节　沙棘及其加工产品在动物生产中的应用

　　沙棘及其加工产品作为植物饲料添加剂安全、无毒、无任何残留物质（车振明和刘宝琦，1995)，沙棘饲料对家畜的生长、生产性能具有不同程度的促进作用，并有提高机体抗病能力的作用（胡建忠，1998)。

一、在养猪生产中的应用

杨应栋（2009）发现，在日粮中添加沙棘果渣提取物（0.5%、1%和2%）能显著提高体重，提高生产性能，各添加水平之间无明显差异，并对肉质特征有明显影响，生长育肥猪机体抗病能力增强。金赛勉等（2007）发现，在饲料中添加0.1%的沙棘提取物可以提高断奶仔猪血清中胰岛素样生长因子-1的浓度，并具有改善断奶仔猪生长性能的趋势。另外，还可以降低血清生长抑素和皮质醇的水平，在一定程度上缓解仔猪的断奶应激反应。

二、在反刍动物生产中的应用

雷新民等（1989）的研究结果表明，与玉米相比，沙棘果渣具有促进羔羊多吃快长、提高饲料转化率、改善胴体品质的特点。羔羊肌肉丰满、充实，脂肪分布均匀，肉质细嫩多汁，香而不腻，颇受欢迎。沙棘果渣混合饲料可节省粮食，又能降低成本，还可提高羔羊的生长速度，提高饲料转化率，特别是对脂肪沉积有积极作用。另有研究表明，在放牧育肥的基础上，9~10月龄羔羊补饲，日粮中搭配50%~60%沙棘果渣的效果更好（雷新民等，1990)。

三、在家禽生产中的应用

丁保安等（2010）分别用0、2%、4%沙棘果渣替代基础日粮中的麸皮饲喂肉鸡，结果表明日粮中添加4%的沙棘果渣可显著提高肉鸡的日增重、饲料转化率，粗蛋白质表观代谢率随着添加量的增加有增加的趋势，而粗脂肪的表观代谢率则是随着添加量的增加而降低。另有研究结果显示，在蛋鸡基础日粮中添加0.5%、1%和2%的沙棘果渣，与对照组相比，各试验组蛋鸡肠道中大肠杆菌数显著降低，双歧杆菌数显著增加（杜延萍等，2014)。由此可见，沙棘果渣可改善蛋鸡肠道环境，促进肠道中有益菌的生长繁殖，抑制有害细菌的生长。此外，沙棘果渣还具有调节脂质代谢的作用，蛋鸡日粮中添加0.5%、1%和2%的沙棘果渣，随着添加水平的增加，甘油三酯、总胆固醇和低密度脂蛋白呈下降趋势，而高密度脂蛋白呈上升趋势（吴华等，2014)。

第五节　沙棘及其加工产品的加工方法与工艺

沙棘黄酮是沙棘的主要药用成分，广泛存在于沙棘果、叶、茎、根等不同部分中。沙棘黄酮具有清除超氧阴离子自由基及羟自由基、抗肿瘤、抗心血管疾病、防癌抗癌、抗骨质疏松及调节免疫系统等作用。因此，从沙棘及其加工产品中提取黄酮有重要意义。白生文等（2015）用正交设计法确定提取黄酮的最佳条件为60%乙醇、提取时间40min、料液比1∶50（g/mL）；在此条件下，河西走廊沙棘果渣中的总黄酮提取率为2.55%，果皮渣中总黄酮提取率为0.651%，沙棘籽粕中总黄酮提取率为1.901%。沙棘中含有抗营养因子单宁，在作为动物饲料添加时要注意对其进行加工处理。目前，关于单宁的去除方法主要包括物理化学方法和生物方法。

一、物理方法和化学方法

溶液浸提、干燥方式、脱壳、挤压、碱、聚乙二醇及射线处理等。大部分植物的单宁存在于壳中，因此脱壳可以减少部分单宁含量（Egounlety和Aworh，2003）。挤压过程中产生高温，能对热不稳定的抗营养因子起到一定程度的破坏甚至是去除作用。研究表明，单宁对碱比较敏感，在碱性条件下单宁的活性受到抑制。Canbolat等（2007）用不同浓度的NaOH溶液（0、20g/L、40g/L、60g/L和80g/L）分别对2种树叶进行处理，结果显示随着NaOH溶液浓度的升高，样品中单宁含量直线下降。射线处理对单宁具有明显的去除作用，de Toledo等（2007）用不同剂量的γ线（2kGy、4kGy和8kGy）照射5种不同的大豆发现随着放射剂量的增加，其包括单宁在内的多种抗营养因子含量显著下降。

二、生物方法

主要是指通过微生物作用将单宁降解。单宁降解菌在自然界分布相当广泛。在单宁含量丰富的水体（如皮革厂排出的废水等）、土壤、某些发酵食物及摄食富含单宁饲料的动物消化道、粪便中，往往能较容易地分离出单宁降解菌。Mahadevan和Muthukumar（1980）总结了以往研究报道的能够在水体中分离到的微生物种类时发现，水体中分布的单宁降解菌以青霉属（*Penicillium*）和曲霉属（*Asper-gillus*）种类居多。

第六节　沙棘及其加工产品作为饲料资源开发与高效利用策略

随着我国畜牧业的迅猛发展，饲料资源紧张的问题尤其是蛋白质饲料原料来源问题越来越明显。沙棘及其加工产品中蛋白质含量丰富，加强开发利用沙棘及其加工产品作为饲料资源可以缓解饲料资源紧张问题并且节约成本。在深入研究的基础之上，趁着西部地区开发的大好时机，使沙棘农林繁育-工业生产-环境改造等各方面形成一条产业链，政府部门可以给予资金和政策上的支持以便吸引国内外有实力的企业来开展此项工作。各大高校、科研院所应深入研究沙棘果实、种子、根茎和枝叶中化合物的营养价值，并开展综合利用。尤其针对沙棘及其加工副产品中含有的活性成分和抗营养因子，采取合适的方式进行提取再利用或者加工处理去除抗营养因子，同时沙棘生产及加工的相关部门应该制定产品标准，根据生产实际科学制定该种原料在日粮中的适宜添加量。

与此同时，注重沙棘的可持续利用价值，增强沙棘作为生态产品的生产能力，充分发挥沙棘的生态效益。

◉ 参考文献

艾庆辉，苗又青，麦康森，2011. 单宁的抗营养作用与去除方法的研究进展 [J]. 中国海洋大学学报（自然科学版），41（1）：33-40.

白生文，汤超，田京，等，2015. 沙棘果渣总黄酮提取工艺及抗氧化活性分析 [J]. 食品科学，36（10）：59-64.

车振明，刘宝琦，1995. 沙棘黄天然色素的研究 [J]. 食品工业科技（1）：34.

崔淼，唐年初，陈聪颖，等，2012. 沙棘籽粕蛋白的功能性质研究 [J]. 中国油脂，37（4）：52-56.

崔彦民，王立新，张琳，等，2006. 沙棘籽蛋白与大豆蛋白的氨基酸成分分析比较 [J]. 内蒙古石油化工，32（4）：7-8.

丁保安，陈福军，秦迎新，2010. 日粮中添加沙棘果渣对肉鸡生产性能和免疫机能的影响 [J]. 中国饲料（13）：32-34.

杜延萍，吴华，张辉，等，2014. 日粮中添加沙棘果渣对蛋鸡生产性能及肠道菌群的影响 [J]. 中国饲料（15）：35-36，40.

胡建忠，1998. 沙棘饲料价值的综合评定价值 [J]. 饲料研究（5）：20-21.

姜明珠，2007. 沙棘籽油的提取分离技术研究 [D]. 长春：吉林农业大学.

金赛勉，李垚，左金国，等，2007. 沙棘提取物对东北民猪断奶仔猪生长性能和血清激素水平的影响 [J]. 中国饲料（19）：17-19.

雷新民，豆景仁，张付舜，1989. 沙棘果渣喂羊效果研究 [J]. 饲料研究（8）：21-24.

雷新民，习文东，陈勤锁，1990. 沙棘渣肥育羔羊最佳试验 [J]. 甘肃畜牧兽医（6）：46.

刘畅，王昌涛，李刚，等，2009. 沙棘汁抗氧化活性的初步研究 [J]. 食品工业科技（9）：130-132.

尚磊，刘学英，1990. 沙棘叶、沙棘果渣的营养价值与饲用 [J]. 饲料与畜牧（6）：4-7.

苏本山，苗新生，马骥，2013. 沙棘饲料质量评价与开发研究进展 [J]. 畜牧与饲料科学，34（9）：43-46.

万建美，孙相俞，E B Etuk，等，2014. 高粱中抗营养因子的化学性质及其对畜禽的影响与作用机制 [J]. 国外畜牧学（猪与禽）（12）：9-11.

吴华，张辉，唐显兵，等，2014. 饲粮中添加沙棘果渣对蛋鸡生产性能和脂类代谢的影响 [J]. 黑龙江畜牧兽医（5）：70-72.

杨应栋，2009. 沙棘果渣提取物对育肥猪生产性能的影响 [J]. 家畜生态学报，30（4）：61-62.

郁利平，隋志仁，范洪学，1993. 沙棘汁对细胞免疫功能及抑瘤作用的影响 [J]. 营养学报，15（3）：280-283.

张彩芳，刘绪川，1989. 沙棘资源在畜牧生产上的综合利用 [J]. 甘肃畜牧兽医（5）：27-29.

张文博，库尔班江，张焱，2008. 新疆野生沙棘种仁蛋白的提取和氨基酸分析 [J]. 粮油加工（8）：56-58.

张丽，李敏，1996. 沙棘放牧利用经济效益浅析 [J]. 沙棘，9（4）：29-31.

张郁松，罗仓学，2005. 沙棘资源开发与沙棘黄酮提取 [J]. 食品研究与开发，26（3）：46-47.

郑新民，王俊峰，2002. 加入WTO后我国沙棘产业面临的问题及对策 [J]. 沙棘，15（2）：1-3.

Bhat T K, Singh B, Sharma O P, 1998. Microbial degradation of tanninsa current perspective [J]. Biodegradation, 9 (5): 343-357.

Canbolat O, Ozkan C O, Kamalak A, 2007. Effects of NaOH treatment on condensed tannin contents and gas production kinetics of tree leaves [J]. Animal feed science and technology, 138 (2): 189-194.

de Toledo T C F, Canniatti-Brazaca S G, Arthur V, et al, 2007. Effects of gamma radiation on total phenolics, trypsin and tannin inhibitors in soybean grains [J]. Radiation Physics and Chemistry, 76 (10): 1653-1656.

Eccleston C, Baoru Y, Tahvonen R, et al, 2002. Effects of an antioxidant-rich juice (sea buckthorn) on risk factors for coronary heart disease in humans [J]. The Journal of Nutritional Biochemistry, 13 (6): 346-354.

Egounlety M, Aworh O C, 2003. Effect of soaking, dehulling, cooking and fermentation with Rhizopus oligosporus on the oligosaccharides, trypsin inhibitor, phytic acid and tannins of soybean (*Glycine max* Merr.), cowpea (Vigna unguiculata L. Walp) and groundbean (*Macrotyloma geocarpa* Harms) [J]. Journal of Food Engineering, 56 (2): 249-254.

Mahadevan A, Muthukumar G, 1980. Aquatic microbiology with reference to tannin degradation [J]. Hydrobiologia, 72 (1-2): 73-79.

Süleyman H, Demirezer L Ö, Büyükokuroglu M E, et al, 2001. Antiulcerogenic effect of Hippophae rhamnoides L [J]. Phytotherapy Research, 15 (7): 625-627.

（华南农业大学　王文策　翟双双　编写）

第十九章
干草及其加工产品开发现状与高效利用策略

第一节　苜蓿及其加工产品开发现状与高效利用策略

一、概述

苜蓿（alfalfa）也称紫花苜蓿、紫苜蓿，属于豆科牧草，是我国最古老、最重要的栽培牧草之一。苜蓿广泛分布于西北、华北、东北地区，江淮流域也有种植，其特点是产量高、品质好、适应性强，是最经济的栽培牧草，被冠以"牧草之王"。苜蓿在我国已有 2 000 多年的栽培历史，但其栽培规模和产业化程度远不及其他作物；而在美国不足 200 年的栽培历史，却已成为美国的第四大栽培作物，年经济收入超过 100 亿美元。近年来，我国畜牧业尤其是奶业发展迅速，对苜蓿的需求量日益增加，但我国苜蓿产品的产量和品质远不能满足市场需要，苜蓿产业面临着严峻挑战。目前，我国苜蓿单位面积产量低（一般在 6 000kg/hm²），干草品质差（粗蛋白质含量一般在 15％以下），总量供应不足，优质苜蓿尤为紧缺，与苜蓿产业发达的国家相比，差距很大。美国苜蓿产业的特点是品种更新换代快、单位面积产量高（一般在 15 000kg/hm²以上）、干草品质好（粗蛋白质含量达 18％）、草产品的商品率高，除满足本国需要外，还远销到日本、韩国、中国及东南亚地区。我国每年都从美国进口大量苜蓿干草，目前进口量仍呈增加趋势。2007 年，进口苜蓿 0.23 万 t；2008 年，猛增到 2.04 万 t；2009 年，进口 7.66 万 t，同比增加 275.49％；2010 年，已飙升到 22.72 万 t，同比增加 196.61％；2011 年 1—11 月进口量已达 23.92 万 t，同比增加 149.21％。伴随着苜蓿进口量的不断增加，其价格也在不断升高，2009 年，苜蓿口岸价为 266.71 美元/t；2010 年，为 270.61 美元/t，2011 年 1—11 月平均为 400 美元/t，同比增加 44.4％。进口苜蓿给我国苜蓿产业的发展带来巨大的压力，大力发展国内苜蓿种植业、振兴我国苜蓿产业，是防范进口苜蓿对我国苜蓿产业冲击的有效途径。

苜蓿营养丰富、全面，是很好的精饲料替代品。用鲜苜蓿喂猪，可替代 30％～40％的精饲料。饲喂草食家畜和家兔，可替代 100％的精饲料，且适口性好，可消化蛋白质比颗粒饲料高 22.2kJ/kg；除粗脂肪外，鲜苜蓿中各营养物质的消化率均高于颗粒饲料，饲喂家兔后蛋白质利用率可高达 36%。采用人工脱水方式生产的苜蓿，在禽类日粮中至少可替代 5%～7% 的精饲料，在家兔日粮中可替代 20% 的精饲料，在猪日粮中比重可占 10% 以上，在牛和羊日粮中比重可达 100%。用脱水苜蓿适量搭配尿素，可完全取代奶牛、肉牛、肉羊、鹿等高水平生产需求的全部蛋白质饲料。由此可见，苜蓿在养殖业生产中具有很高的营养价值。如果我国国内饲料生产中仅添加 5% 的苜蓿草粉，则每年就需 200 万 t，可直接节约 200 多万 t 的饲用粮食。

苜蓿中的主要抗营养因子是皂苷，该类物质能引起牛、羊膨胀病，影响鸡生长和降低产蛋量。同时，其还是代谢颉颃物。皂苷主要存在于苜蓿的叶、根和茎中，花和叶中皂苷的含量最高，为 2.5%～3.5%，茎中含量最低，约为 0.5%。

二、苜蓿及其加工产品的营养价值

苜蓿是优质的粗饲料，也是精饲料的良好替代品和配合饲料的原料。苜蓿茎叶中含有丰富的蛋白质、矿物质、多种氨基酸、维生素和胡萝卜素，其中以叶片含量最高。其总能、消化能和代谢能也很高，称之为"牧草之王"可谓名副其实。苜蓿以其粗蛋白质含量高而著称。不同阶段其营养成分各不相同，具体变化可见表 19-1。苜蓿氨基酸含量见表 19-2。

表 19-1　不同生长阶段苜蓿营养成分的变化（%）

生长阶段	粗蛋白质	粗脂肪	粗纤维	无氮浸出物	灰　分
营养生长期	26.1	4.5	17.2	42.2	10.0
花前期	22.1	3.5	23.6	41.2	9.6
初花期	20.5	3.1	25.8	41.3	9.3
1/2 盛花期	18.2	3.6	28.5	41.5	8.2
花后期	12.3	2.4	40.6	37.2	7.5

表 19-2　苜蓿中的氨基酸含量（%）

名　称	赖氨酸	组氨酸	精氨酸	谷氨酸	丙氨酸	甘氨酸
苜蓿	1.80	0.58	1.03	1.84	1.16	0.30

此外，苜蓿的干物质中消化能为 13 211.1kJ/kg、总能为 19 083.96kJ/kg、代谢能为 10 831.8kJ/kg、可消化蛋白质为 194.5g/kg，蛋白质利用率可达 36%，可消化无氮浸出物 168.9g/kg，可消化干物质 709.2g/kg，可消化总营养物质是禾本科的 2 倍，可消化蛋白质是禾本科的 2～5 倍，可消化矿物质是禾本科的 6 倍。

三、苜蓿及其加工产品的加工方法与工艺

苜蓿常见的加工调制方法主要有青刈、晒制干草、青贮等，随着苜蓿加工技术的提高，加工的产品由最初的草捆、草粉、草颗粒、草块等初级产品发展到苜蓿叶蛋白质等

系列深加工产品。苜蓿干草和青贮是目前奶牛养殖业用量多、市场需求量比较大的草产品。

苜蓿干草是草食家畜冬春必不可少的粗饲料，其具有饲用价值高、原料丰富、调制方法简单、成本低、便于长期储存等特点，是北方牧草调制加工的主要类型。为了便于储存和运输，常将调制的干草打成干草捆。草捆通常由捡拾打捆机将经过自然干燥或人工高温烘干后干燥到一定程度的牧草打制而成，其他干草产品基本上都是在其基础上进一步加工而成的。根据所打制的草捆密度，草捆又有低密度草捆或高密度草捆之分，通常低密度草捆由捡拾打捆机在田间直接作业而成，高密度草捆在低密度草捆的基础上由二次压缩打捆机打成。

干草调制的基本程序为：鲜草刈割、压扁、干燥、捡拾打捆、堆储、二次加压打捆和储存。

（一）适时刈割

为保证苜蓿干草良好的营养物质基础，适时刈割是关键。苜蓿一般在孕蕾期或初花期进行收割，也即以百株开花率在10％以下为宜，这样经晾晒粗蛋白质可达18％以上。刈割时，土壤表层干燥程度与苜蓿干草的加工质量有关，如果土壤表面过湿，则影响苜蓿干草的加工质量。一般认为留茬高度应控制在7.6～10cm，过低不利于下一茬草的生长。最后一茬应在7cm，以利于苜蓿过冬，并且刈割频率为春季至夏季每30～40d刈割一次，盛夏至秋季每40～50d刈割一次。

（二）干燥

苜蓿干草捆制作工艺流程中，掌握草捆打制时干草的最佳含水量是关键，一般以20％～25％为宜，以避免营养物质过量损失。常见的干燥方法有自然干燥法、人工干燥法和物理化学干燥法。自然干燥法简便易行，成本低廉，是国内外干草调制常采用的方法。但一般情况下，此法干燥时间长，受气候及环境影响大，养分损失也较大。自然干燥法又分地面干燥和草架干燥。地面干燥简便易行，为常用的干燥方法。

苜蓿干草调制中，为最大限度减少营养物质的损失，必须加快干燥速度，使分解营养物质的酶失去活性，并且要及时堆放，避免曝晒以减少胡萝卜素损失。压扁处理能显著提高干草中的粗蛋白质和胡萝卜素水平，并明显缩短干燥时间，减少苜蓿呼吸、酶活动所造成的损失。而且压扁处理效果显著优于曝晒和阴干。研究表明，电镜下压扁茎秆最明显的效果就是将木质化和非木质化细胞分开，增加茎秆表面积，减弱其持水力。将刚刈割的苜蓿含水量降到14％的安全含水量所用的时间称为干燥速度，而干燥速度决定了干燥后苜蓿的营养水平和质量。

1. 压裂茎秆干燥法　苜蓿干燥时间的长短主要取决于其茎秆干燥所需的时间，叶片的干燥速度比茎秆快得多。常用割草压扁机将茎秆压裂，消除茎秆角质层和纤维素对水分蒸发的阻碍，增大导水系数，加快茎中水分蒸发的速度，尽快使茎秆与叶片的干燥速度同步。压裂茎秆干燥牧草的时间比不压裂干燥缩短30％～50％的时间，可减少呼吸作用、光化学作用和酶的活动时间，从而减少苜蓿营养损失，但压扁可以使细胞破裂而导致细胞液渗出导致营养损失。机械方法压扁茎秆对初次刈割的苜蓿干燥速度影响较大，而对于再次刈割的苜蓿干燥速度影响不大。干草捆采用压扁割晒，并于干草含水量为 22% 时打捆，同时采用生物干草保护剂处理，可减少叶片脱落等损失 30%～35%，减少营养损失近 50%。

2. 地面晾晒   苜蓿自然干燥常用地面晾晒法。把收割的苜蓿在地面铺成 10～15cm 厚的草层，含水量至 50% 左右时集成小垄或小堆，隔一定时间进行翻草，有利于苜蓿干燥。

苜蓿的茎和叶中蛋白质含量差别很大，叶是茎的 2 倍。自然干燥过程中，叶的干燥速度比茎快得多，当叶已达到安全水分时，茎中的含水量还很高，只要轻微移动就会造成严重的落叶损失，这也是苜蓿自然干燥造成蛋白质含量急剧减少的原因之一。苜蓿叶子开始脱落的时间是在叶子含水量为 26%～28% 时，整株含水量则为 35%～40% 时。晾晒 1d 后，水分达 40% 时，利用晚间、早晨翻晒 1 次，此时叶片坚韧，干物质损失少，既能加快苜蓿干燥速度，又能使苜蓿鲜嫩而具有光泽、留叶率高。当含水量在 20% 以下时，即可进行打捆作业。苜蓿叶片中富含蛋白质，叶片散失是干草营养物质损失的主要原因，最大限度保存叶片是减少苜蓿干草损失的重要环节，据此可采用高水分打捆。

3. 人工干燥   自然条件下晒制的苜蓿干草营养物质损失大，人工干燥可实现迅速干燥，减少苜蓿干草营养物质损失。人工干燥有风力干燥和高温快速干燥 2 种方法。风力干燥是利用电风扇、吹风机和送风器对草堆或草垛进行不加温干燥的方法。常温鼓风干燥适合用于苜蓿收获时期，昼夜相对湿度低于 75% 而温度高于 15℃ 的地方使用。采用人工加热方法，可使苜蓿水分快速蒸发直到安全水分。由于干燥速度决定了干燥后苜蓿营养物质的含量和干草质量，故通常采用高温快速烘干机，其烘干温度可达 500～1 000℃，苜蓿干燥时间仅为 3～5min，但其烘干成本较高。采用高温烘干后的干草，其中的杂草种子、虫卵及有害杂菌能全部被杀死，有利于长期保存。

4. 干燥剂干燥   将一些碱金属盐的溶液喷洒到苜蓿上，经过一定化学反应，能破坏草茎表皮角质层，加快草株体内水分散失，此种方法不仅减少干燥中的叶片损失，而且可提高干草营养物质消化率。常用干燥剂有氯化钾、碳酸钾、碳酸钠和碳酸氢钠等。

（三）田间打捆

一般在含水量达到 15%～25% 时打捆。田间晾晒 2d 后，含水量达到 22% 以下时，可在早晚空气湿度大时打捆，以减少叶片损失及破碎。虽然在苜蓿含水量大于 20% 时打捆，可减少植物细胞呼吸，从而保留叶子，但此时打捆会使苜蓿在储存过程中变质。国内外也有人用高水分调制苜蓿干草。在含水量为 29% 时打捆，比 14% 时（传统方法）打捆的每亩产草量高 107kg、干物质产量高 4.9kg、粗蛋白质产量高 12.7kg，随含水量下降，茎叶比增加，叶片损失率增大；在含水量为 29% 时打捆与含水量 18% 时打捆相比，前者粗蛋白质含量明显高于后者，NDF 和 ADF 极显著低于后者，但对灰分的影响不大。美国制作含水分高的苜蓿草捆时常在草捆中添加丙酸，以防止霉变，便于保存营养。

传统打捆实践中多采用体积为 26cm×46cm×90cm、重为 15～20kg 的规格，现多打成 500kg 的大草捆，一般雨水渗不透，不易变质，不过需要相关的机械设备。打捆后的草捆要及时包装，以便于商品化。

(四)草捆的储存

草捆常进行堆垛储存，储存草捆的草棚应选在干燥、阴凉通风处。草捆堆垛时，草捆间要留有通风口，以利于空气流动。苜蓿干草中的含水量为20％～25％时，用0.5％丙酸喷洒；含水量为25％～30％时，用1％丙酸喷洒储存效果好。要常备杀虫灭鼠药，远离火源，草捆用塑料袋包，能提高草捆商品化水平。干草长期储存后干物质含量及消化率降低，胡萝卜素被破坏，草香味消失，适口性也差，营养价值下降，因此不宜长时间储存。含水量为20％以上的草捆，可加入干草防腐添加剂。防腐添加剂中含多种乳酸发酵微生物，通过发酵能产生乳酸、乙酸和丙酸，降低草捆pH，抑制有害微生物繁殖，防止草捆发热腐烂，还可使干草获得较佳的颜色和气味。

四、苜蓿及其加工产品在牛羊生产中的应用

苜蓿干草是目前牛羊饲养中利用最多的形式。李志强（2014）对苜蓿干草在高产奶牛日粮中的适宜添加量进行了研究，结果表明在以苜蓿干草为主的奶牛日粮中提高粗蛋白质水平能极显著提高产奶量，干物质采食量（dry matter intake，DMI）显著增加，乳脂肪率、乳蛋白质率、乳糖及干物质含量没有变化，乳脂肪量显著增加，乳蛋白质量极显著增加，体细胞数（somatic cell count，SCC）显著下降。在日粮NDF相同的条件下用苜蓿干草替代玉米青贮，不会降低乳脂肪率。在奶牛日粮中大量使用苜蓿干草并不增加日粮成本，且可以大幅度提高经济效益。试验证明，与对照组相比，每头奶牛每天喂量9kg组的纯增效益最高，苜蓿干草在高产奶牛日粮中的适宜添加量为9kg。使用拉伸膜裹包苜蓿青贮代替全株玉米青贮饲喂奶牛，在对60头奶牛进行12周的饲养试验后发现，随着苜蓿青贮取代率（0、27％和54％）的增加，试验奶牛的日产奶量显著增加，分别为34.99kg、35.96kg和36.89kg。3组乳脂肪率变化不显著（均为3.77％），但乳蛋白质率显著增加，分别为3.02％、3.10％和3.17％。此外，使用苜蓿青贮取代全株玉米青贮还可以显著提高乳脂肪中共轭亚油酸的含量，取代率为27％和54％的试验组乳脂肪中共轭亚油酸含量，较对照组的提高幅度达每100g脂肪0.1g和每100g脂肪0.08g。

五、苜蓿及其加工产品作为饲料资源开发利用与政策建议

(一)美国苜蓿产业发展可借鉴

为了实现苜蓿生产的优质高产高效，美国大力推广科学种植技术，如合理轮作、测土施肥技术、测土调整酸碱度技术、根瘤菌接种技术、精细播种技术、杂草防除技术、大田灌溉技术和适时收获技术。强化苜蓿质量控制管理，主要包括苜蓿种植、苜蓿刈割调制和调制苜蓿草后评估3个控制过程。

(二)制订苜蓿产业发展战略规划

为提高苜蓿产业化水平和产品竞争力，除继续巩固和扩大传统主产区苜蓿发展及种植面积外，还应把苜蓿种植作为民族地区、边疆地区、贫困地区、易灾地区和革命老区

开发的重要措施，把加工作为振兴我国苜蓿支柱产业给予优先扶持。

（三）完善苜蓿生产补贴政策

政府应尽快出台包括良种补贴、种植面积和农资综合补贴等扶持苜蓿种植的政策措施，对农机具购置给予高额补贴；鼓励大型企业集团选育优良品种进行苜蓿种植，对苜蓿种植企业也应给予一定的补贴。

（四）鼓励苜蓿科技创新

加强科研基础设施建设，改善研发条件和手段，迫切需要优质高产的苜蓿新品种、资源利用率高的苜蓿栽培模式、低成本低损耗的苜蓿加工调制技术与设备和小型轻简化苜蓿收获机械（割草机、翻晒机和打捆机）。

（五）建设现代苜蓿产业示范基地

在苜蓿优势产区可选择 15～20 个县进行优质苜蓿规模化、标准化生产基地建设示范，重点开展苜蓿新品种新技术应用、田间水利工程、土壤改良、适宜农机具配置、综合服务体系等建设，以提升苜蓿综合生产能力。

（六）积极扶持苜蓿龙头企业

在苜蓿产业发展中，龙头企业是整个产业振兴的引擎，必须培育苜蓿民族企业，加大对大型企业集团的扶持力度，培养一批高素质企业。

（七）整合苜蓿产业资源

积极调整种养结构，实行草田轮作制，推动种植业向"粮、经、饲"三元结构转变，充分利用农区坡地和零星草地，建设高产、稳产的苜蓿草地，提高苜蓿产出能力，增强农区、农牧交错区苜蓿产业的发展，引导和鼓励苜蓿以就地消化为主、外销售为辅，继续巩固和扩大传统主产区苜蓿发展成果及保持种植面积不断增加，推进苜蓿产业带与奶牛养殖带、肉牛养殖带的结合，扭转目前我国苜蓿产区不养牛、养牛地区不产苜蓿的不合理局面。

第二节　羊草及其加工产品开发现状与高效利用策略

一、概述

羊草（Chinese wildrye）又名碱草，蒙文名黑雅嘎，是温带半干旱及半湿润（年降水量在 500～600mm）地区特有的优势草甸植被，是欧亚大陆草原区东部草甸草原及干旱草原的重要建群种之一，在我国东北、华北、西北等地均有大面积分布。羊草为多年生禾本科牧草，在北方的草原区多为群落的优势种或建群种，以羊草为主要构成的各种类型草原草场的面积约 333.3 万 hm^2。近年来，经过人工驯化栽培已成为北方地区优良的栽培草种。羊草具有耐寒、耐旱、耐盐碱、耐践踏、营养价值高和适口性好的特点。羊草草甸草原中其他物种侵入较难，因此羊草草甸草原所含杂草种类相对较少。羊草的植株较高，一般为 30～90cm。羊草是一种多年生根茎性禾草，在自然条件下，以无性繁殖为主、有性繁殖为辅。羊草的无性繁殖主要取决于根茎的生长状况，而根茎的生长在很大程度上受根茎所处的土壤物理性质的影响。一般来说，土壤越板结（土壤硬度、容重大而孔隙度小），根茎受到的阻力越大。羊草根茎的寿命一般为 11～12 年，其种子发芽率较低，并且种子萌发的最适 pH 为 8.0～8.5。

反刍动物养殖量不断增加，对羊草需求量呈现逐年递增趋势。在国外，仅东南亚地区每年的需求量就达 500 万 t；在国内，目前较大规模的奶牛场每年对干羊草的需求量为 2 000 万～3 000 万 t。由于绿色期较长，羊草不但可用于放牧，还可以制作干草。由羊草制成的干草色泽青绿，气味芳香，是反刍动物优质的粗饲料。羊草叶多茎细，粗纤维含量低，营养价值高。通常认为 2.5kg 的羊草干草与 1kg 燕麦的营养价值相同，并且羊草还为反刍动物所喜食，夏、秋季可抓膘催肥，冬季又能补饲营养。根据平原农牧民的经验，常在羊草草地放牧的牛羊很少发生疾病，甚至对家畜传染性口蹄疫也有奇特的预防作用。同时，羊草还具有防风固沙、保持水土、改良土壤、涵养水源等重要的生态功能。

羊草在反刍动物日粮粗饲料中通常占 40%～70% 或更高，它不但能维持反刍动物正常的生理功能，还能保持瘤胃中微生物的正常、连续发酵。NRC（1989）推荐泌乳牛饲料至少应该含有 19%～21% 的 ADF 或 25%～28% 的 NDF，并且日粮纤维类物质的 75% 必须由粗饲料提供，奶牛饲料中最适宜的 NDF 为 35%，其乳脂肪率将达到 3.5%，无氮浸出物为 8.61%。当 NDF 含量过高时会增加奶牛的热增耗，降低纤维的消化率，若过低会造成瘤胃酸中毒。因此，羊草能够很好地为反刍动物提供粗蛋白质与粗纤维，利于反刍动物对营养物质的吸收。

二、羊草及其加工产品的营养价值

羊草茎秆细嫩，叶量多，粗蛋白质含量显著高于其他禾本科牧草，具有较高的营养价值，是反刍动物重要的粗饲料。另外，羊草适口性好，既可调制干草，又可青贮，且放牧和刈割均佳。羊草还能提供很好的粗纤维，通过增加粗纤维含量，促进反刍动物咀嚼和反刍，利于唾液分泌。不同阶段的羊草其营养成分不同，具体变化见表 19-3。

表 19-3　不同刈割期羊草的营养成分（DM，%）

生长期	粗蛋白质	粗脂肪	粗纤维	无氮浸出物	灰　分	磷	钙
分蘖期	20.35	4.04	35.62	32.95	7.03	0.43	1.12
拔节期	17.99	3.07	35.21	25.19	6.74	0.45	0.42
抽穗期	14.82	2.86	34.92	41.63	5.76	0.48	0.38
结实期	4.97	2.96	33.56	52.05	6.46	0.62	0.16

三、羊草及其加工产品的加工方法与工艺

羊草主要用于制作干草，其干制模式有自然风干和人为烘干。羊草由湿到干的调制过程一般可分为两个变化阶段，每个阶段的衡量指标都是以水分含量为依据的。第1阶段，从羊草收割到水分降至40%左右。这个阶段的特点是：细胞尚未死亡，呼吸作用继续进行，此时羊草养分分解作用很大，此期为营养物质损失阶段（时间越长，损失越大）。为了减少此阶段的养分损失，必须尽快使水分降至40%以下，以促使细胞及早死亡，这个阶段养分的损失量一般为5%～10%。羊草收割后自然晾干，则这个阶段的持续时间长，如果遇到阴雨天时间会更长，营养成分损失就更大。而用人工干燥，这个阶段的时间就短。第2阶段，羊草水分从40%降至17%以下。这个阶段的特点是：羊草细胞的生理作用停止，多数细胞已经死亡，呼吸作用不再进行，但仍有一些酶参与一些微弱的生化活动，养分受细胞内酶的作用而被分解，仍有少量营养物质损失。当羊草的水分低于14%时，微生物已处于生理干燥状态，繁殖活动也已趋于停止，羊草处于可储备时期，此期羊草的养分损失很少。

适宜的刈割时间能够影响和保持草地单位面积产量、牧草总产量和再生产量，并能影响羊草的营养价值。羊草的适宜刈割时间为抽穗-开花期，这样既可获得较高的生物产量，又可获得较高的营养价值。刈割后要将其调制成干草，调制过程中，干燥过程越短越好，因为干燥得越快，损失的营养物质就越少。

人为控制牧草的干燥过程，主要是加速收割牧草水分的蒸发过程，能在很短的时间内将刚收割牧草的水分迅速降到40%以下，可以使牧草的营养损失降到最低，获得高质量的干草。羊草一般采用压裂草茎方法进行干燥。羊草刈割后使用压扁机将其压扁，压扁机的功能就是能将羊草茎秆压裂，破坏茎的角质层及维束管，并使之暴露于空气中，茎内水分散失的速度就可大大加快，基本能跟上叶片的干燥速度。这样既可缩短干燥期，又使羊草各部分干燥均匀，之后就是干燥晒制期。为了使植物细胞迅速死亡，停止呼吸，减少营养物质的损失，一般选晴朗的天气，将刚收割的羊草在原地或附近干燥的地面铺成又薄又长的长条状曝晒4～5h，使鲜羊草中的水分迅速蒸发，水分含量由原来的75%以上减少到40%左右，完成晒干的第一阶段目标，随后继续干燥使羊草水分含量由40%减少到14%～17%，最终完成干燥过程。干燥过程完成后改变晾晒的方式，因为如果此时仍采用平铺曝晒法，不仅会因阳光照射过久使胡萝卜素大量损失，而且一旦遭到雨淋后养分损失会更多。因此，当水分降到40%左右时，应利用晚间或早晨的时间进行一次翻晒，同时将两行草垄并成一行，或将平铺地面的半干青草堆成小堆（堆高约1m、直径1.5m、重约50kg），继续晾晒4～5d，待全干后收储。

羊草干燥后为便于运输和储藏需要打捆，打捆通常有以下3个过程：①原地打捆。羊草收割后在晴天阳光下晾晒2～3d，当含水量在18%以下时，可在晚间或早晨进行打捆。打捆过程中，应特别注意的是不能将田间的土块、杂草和霉变草打进草捆里。调制好的干草应为深绿色或绿色，闻起来有芳香的气味。②草捆储存。草捆打好后，应尽快将其运输到仓库里或在储草坪上码垛储存。码垛时草捆之间要留有通风间隙，以便草捆能迅速散发水分。但要注意底层草捆不能与地面直接接触，应垫上木板或水泥板。在储

草坪上码垛时垛顶要用塑料布或防雨设施封严。③二次压缩打捆，草捆在仓库里或储草坪上储存 20～30d 后，当其含水量降到 12%～14% 时即可进行二次压缩打捆，两捆压缩为一捆，其密度可达 350kg/m³ 左右。高密度打捆后，体积减少了一半，降低了运输和储存的成本。

调制好的羊草应及时妥善保存，若含水量比较高，则其营养物质容易发生分解和破坏，严重时会引起羊草发酵、发热和发霉，失去原有的色泽，并有不良气味，使饲用价值大大降低。储存时应尽量缩小与空气的接触面，减少日晒雨淋等影响。

四、羊草及其加工产品在牛和羊生产中的应用

为提高饲喂效果，饲喂前最好将羊草进行处理。如用于牛，可以铡短成 3～5cm 的短草；用于羊应铡短到 2～3cm。不同的动物羊草用量也不尽相同，通常奶牛每天饲喂羊草 5kg 左右，肉牛每天饲喂 5～7kg，羊每天饲喂 1～2kg。

草捆在使用前要经过解捆、铡短和粉碎处理，草块使用前需要用水浸泡，使其松散，便于饲喂。使用牧草、牧草粉或草块喂家畜时一定要注意营养搭配，特别是要注意矿物质的平衡。

五、羊草及其加工产品作为饲料资源开发利用与政策建议

(一) 优化农业种植结构

我国的饲料粮供应有很大的缺口，只有保证了饲料粮安全，才能保证粮食安全。也可以说，饲草料的自给率越高，自给量比重越大，我国的粮食安全性可能会更高。应加快推行粮食、经济作物和饲料作物三元种植业结构，增加饲料作物（包括牧草）种植面积，提供充足的高品质专用饲草料，缓解粮食生产压力。三元种植结构已提倡多年，取得了一定进展，但仍然存在粮饲不分的问题，在饲料作物品种选择和饲草料加工处理方法上，还未发挥饲料作物的特点和优势。建议尽快将饲料作物种植有计划地纳入农业生产，实行优势区域布局；示范推广饲料作物的种植模式，做好饲草料加工处理，彻底解决饲料粮的稳定供应问题。

(二) 加大羊草种植力度，提高优质牧草的供应量

应对牧草种植实行优惠政策，并给以适当补贴，使羊草在发展牛、羊等草食家畜和优化畜牧业结构中发挥重要作用。建议在退耕还林还草工程中加大种草的比例和优质羊草的生产总量，提高优质羊草供应量和在家畜日粮中的比例，降低饲料粮消耗，为我国粮食安全作出贡献。

(三) 提高羊草利用率

饲草料经过营养调配和加工，转化效率大幅度提高。目前，我国规模化养殖的比例不高，分散养殖仍占很大比重，饲草料的浪费惊人。推广饲草料科学加工与利用技术，特别是青贮技术，提高我国羊草的加工率、利用率和转化率，增加优质羊草在草食家畜

日粮中的比例，能够减少小规模散养户消耗原粮的比例。不仅节约养殖用粮，缓解粮食安全的压力，而且提高养殖效益，增加农民收入。

第三节　黑麦草及其加工产品开发现状与高效利用策略

一、概述

黑麦草（ryegrass）属有 20 多种，其中最有饲用价值的是多年生黑麦草和一年生黑麦草，我国南北方都有种植。黑麦草生长速度快、分蘖多，一年可多次刈割，产量高，茎叶柔嫩光滑，适口性好，以开花前期的营养价值最高。多花黑麦草，又名意大利黑麦草、一年生黑麦草，是具世界栽培意义的禾本科牧草，并且应用范围最为广泛，多花黑麦草因其优良的生长特性和品质好、各种家畜喜食、适于集约化栽培利用等特点，所以深受农民欢迎，已成为目前农区种植广、播种面积大的牧草。我国南方气候温和、雨量充沛，夏、秋天然牧草较多，但冬、春季节天然牧草枯黄，严重缺草，利用冬、春闲田种植多花黑麦草，其产草量高、草质好、营养丰富、养畜效果好，种植多花黑麦草能够很好地解决这一突出矛盾。近年来，四川农区在推广种植多花黑麦草方面成效显著，四川省农区种草 77.29 万 hm²，其中多花黑麦草占 40%，达 30.67 万 hm²，为增加农民收入起到了重要作用。近年来，我国在多花黑麦草品种选育、丰产栽培、收获储藏、种子生产、草地生产系统、牧草养畜等方面进行了广泛而深入的研究，推动了农民种植多花黑麦草的积极性。

二、黑麦草及其加工产品的营养价值

黑麦草干物质的营养组成因其刈割时期及生长阶段不同而不同（表 19-4）。由表 19-4 可见，随生长期的延长，黑麦草中的粗蛋白质、粗脂肪和灰分含量逐渐减少，粗纤维含量明显增加，尤其是难以消化的木质素显著增加，故刈割时期要适宜。

表 19-4　不同刈割期黑麦草的营养成分（DM，%）

刈割期	粗蛋白质	粗脂肪	灰　分	无氮浸出物	粗纤维	粗纤维中木质素含量
叶丛期	18.6	3.8	8.1	48.3	21.1	3.6
花前期	15.3	3.1	8.5	48.3	24.8	4.6
开花期	13.8	3.0	7.8	49.6	25.8	5.5
结实期	9.7	2.5	5.7	50.9	31.2	7.5

黑麦草可青饲、调制干草、放牧利用或青贮，各类家畜都喜食。特别是多年生黑麦草，其分蘖多、再生性强且耐践踏是很好的放牧草，与白三叶、红三叶、百脉根等混播，能建成高产优质的刈牧兼用草地。黑麦草制成干草或干草粉再与精饲料配合，是肉牛与羊的好饲料。试验证明，周岁阉牛在黑麦草地上放牧，日增重为 700g；喂黑麦草颗粒料（分别占饲料 40%、60% 和 80%），日增重分别为 994g、1 000g 和 908g，而且肉质较细。

三、黑麦草及其加工产品的加工方法与工艺

黑麦草晒制干草的最佳刈割时期为抽穗中期至盛花期，晒制干草常用田间干燥法和架上晒草法 2 种方法。田间干燥法是将鲜草刈割后，选择地块将青草摊开曝晒，每隔数小时适当翻晒。此种方法特别适用于日照充足和雨水少的地区。草架晒草法适用于多雨地区或阴雨季节。储藏干草常用的方法是搭棚堆，存放干草时，干草与棚顶保持一定距离，便于通风散热；露天堆垛法也是储存干草较理想的方法，而且投资很小；草捆储存法，是近年来发展的新技术，也是最先进和最好的干草储存方式。

在鲜草产量比较高的季节，在满足家畜需要外还有盈余，晒制干草是一种较间接的加工方式，并且储存也较容易。但南方的天气往往难以满足晒制干草的条件，因此如何在短时间内把黑麦草鲜草的含水量降到安全水平以下是一个重要问题，目前在此方面的研究较少。研究表明，喷化学干燥剂在缩短"特高"多花黑麦草干燥时间上无效，但在提高其体外消化率上效果显著。与自然晒干和阴干相比，压扁茎秆、喷化学干燥剂及两者结合使用有效提高了牧草的体外消化率。

多花黑麦草调制干草受我国南方春季阴雨天气影响，不易调制成优质干草。多花黑麦草用于青贮，牧草水分含量为 84%～88%，对青贮的质量有一定的影响。杨春华等（2006）以含水量为 55% 和 70% 的多花黑麦草为材料，进行袋装青贮并对其品质进行鉴定。结果表明，采用含水量为 55% 多花黑麦草青贮效果最好，其粗蛋白质含量比含水量为 70% 的多花黑麦草青贮高出 2.2%，而粗纤维含量和氨态氮与总氮比值分别比含水量为 70% 的多花黑麦草青贮饲料低 2.1% 和 0.045%。沈益新等（2004）研究了多花黑麦草拔节期和抽穗期刈割后直接青贮、凋萎后青贮、凋萎后添加甲酸或乳酸或丙酸等有机酸青贮。结果发现，多花黑麦草春季拔节期或抽穗期刈割后直接青贮，因植株含水量过高而导致青贮失败；但经过凋萎，植株含水量降至 70% 左右，青贮可使青贮饲料感官品质达到中等水平；在凋萎的基础上再添加甲酸、乳酸或丙酸等有机酸后青贮，可提高春季多花黑麦草青贮饲料的品质。张瑞珍等（2008）研究了不同刈割高度牧草中的水分含量，30cm 高刈割牧草水分含量为 87.9%，粗蛋白质含量为 25.2%，茎叶比为 1：5.78；75cm 刈割，牧草水分含量为 86.9%，粗蛋白质含量为 15.8%，茎叶比为 1：1.87。说明不同刈割高度对牧草水分含量的有影响，对粗蛋白质和碳水化合物含量的影响较大，刈割高度增加有利于青贮。

干燥和青贮牧草是解决季节或地区间草畜不平衡的关键，特别在城市周边畜牧场和养殖场的供应上具有更重要的作用。因此，选择适宜的方法干燥和青贮牧草，减少调制过程中营养物质的损失，是保证干草质量的有效措施。

四、黑麦草及其加工产品在动物生产中的应用

用多花黑麦草饲喂牛羊可降低饲料成本，提高养殖效益。苟文龙等（2007）研究不同梯度多花黑麦草和配合饲料的日粮组成饲喂奶牛的效果。结果表明，多花黑麦草、配合饲料和青贮玉米的采食量及比例不同会影响产奶量和经济效益，以每头饲喂 6kg 配合饲料＋

30kg 多花黑麦草＋自由采食青贮玉米试验组奶牛每天平均产奶量最高，达到 11.59kg/头；以每头饲喂 5kg 配合饲料＋40kg 多花黑麦草＋自由采食青贮玉米试验组奶品质最好，经济效益最高。李彩之（2005）报道，用多花黑麦草与野生杂草饲喂育肥肉牛，日增重提高 13.4％，配合饲料减少 11.81％，头均获利提高 138.21 元，日增重提高且增收效果显著。张新跃等（2006）研究利用不同搭配的多花黑麦草、野干草、扁穗牛鞭草、苜蓿干草和不同补饲量的精饲料育肥肉用波尔山羊。结果表明，饲喂多花黑麦草、野干草和精饲料 0.65kg/（只·d）的组日增重达到每天 188.9g/只，但效益不甚理想，为 0.41 元/（只·d）；多花黑麦草和野干草，再配合 10％的精料补充料 0.12kg/（只·d）搭配饲喂肉羊，每只羊日增重为 129.06g，每只羊每天获利 0.64 元，日粮转化为活体质量的比例最高为 6.58：1，是理想的日粮组成；而饲喂扁穗牛鞭草、苜蓿干草和精饲料的组由于扁穗牛鞭草粗蛋白质含量低，紫花苜蓿成本高，因此各组日增重和效益都比较低。

　　多花黑麦草茎叶柔嫩，营养丰富，适口性好，消化率高，是兔和鹅的优质青饲料，用来饲喂兔和鹅可明显节约精饲料，降低养殖成本，提高养殖效益。陈培赛（2003）对肉兔冬、春育肥期多花黑麦草和精饲料的适宜比例进行了探讨，结果表明经济效益与多花黑麦草的用量呈正相关，但以 40％多花黑麦草＋60％精饲料组合的增重速度最快。李元华等（2007）研究了多花黑麦草饲喂肉兔的结果表明，在肉兔日粮中多花黑麦草鲜草占 25.95％～35.89％（以干物质计），对肉兔增重无显著影响，饲喂多花黑麦草可明显节约精饲料；自由采食多花黑麦草，配合饲料最少的试验 1 组，干物质的转化效率最高，达 2.79：1（肉兔增重 1kg 消耗草料总干物质 2.79kg），显著高于其他 3 组，表明多饲喂优质牧草可以提高饲养肉兔的配合饲料转化率。张新跃等（1992）进行了牧草养鹅试验，试验牧草夏季用籽粒苋，冬、春季用多花黑麦草，试验组精饲料限量定时供给，青草自由采食。结果表明，多花黑麦草养鹅育肥效益很好，利用牧草养鹅节粮效果十分显著；育肥效果较好的 5 个组 10 周龄平均采食多花黑麦草 45.87kg/只，平均饲料转化率 2.3：1，与传统养鹅方法相比，肉鹅平均每增 1kg，节约粮食 1.1kg；育肥效果好的 5 个组 70 日龄平均活体重为 3.35～3.52kg/只，每只鹅平均纯收入 4.3 元，最高达 5.25 元。王自能（2007）研究了多花黑麦草与野生杂草饲喂肉鹅效果。结果发现，每增重 1kg，用多花黑麦草饲喂比用野生杂草饲喂可降低 8.78％的精饲料和 26.22％的青饲料；多花黑麦草饲喂可使每只肉鹅平均盈利 14.87 元，而用野生杂草饲喂，平均每只肉鹅仅盈利 10.97 元；用多花黑麦草饲喂比用野生杂草饲喂肉鹅可提高纯收入 35.55％，养殖经济效益显著。

　　南方农村有种植厚皮菜等青饲料和割野草喂猪的习惯，种植优质、高产的多花黑麦草代替传统青饲料和部分精饲料，可降低养殖成本，减轻劳动强度，提高养猪效益。张新跃等（2001）开展了多花黑麦草饲喂肉猪效果研究，结果表明饲喂一定量的多花黑麦草可明显降低生长肉猪成本，与对照组比较，饲喂 44.04％（占日粮干物质比例）多花黑麦草组减少精饲料消耗 30.5％，每头猪平均节约精饲料 49.16kg，每头喂鲜草 527.06kg，每头猪饲料成本下降 58 元，养猪效益增加 51.3 元，多花黑麦草对肉质影响不明显。王进波（2008）用黑麦草代替 10％的配合饲料来饲喂生长育肥猪，试验组与对照组的增重无显著差异，经屠宰测量猪的胴体品质也与对照组没有显著差异；而对母猪的试验表明，用黑麦草代替 20％的配合饲料对母猪的产仔数、仔猪初生重、仔猪断奶重及母猪的体重不但无负面影响，反而会提高母猪的泌乳量和仔猪的日增重。

五、黑麦草及其加工产品作为饲料资源开发利用与政策建议

(一)调整种植业结构

调整种植业结构,关键是打破以传统的粮食作物和经济作物为主的二元种植结构,改变长期以来饲料依附于粮食的状态,改人畜混粮为人畜分粮,建立起粮食作物、经济作物和饲料作物相结合,农牧业相促进的三元种植结构。农业产业结构调整重点在于,种植业方面要打破传统的种植模式,在南方可大力发展黑麦草生产,以促进草食畜牧业发展的需要。

(二)加快品种开发

我国生态条件十分复杂,地跨热带、亚热带、温带和寒带。但黑麦草喜温暖湿润气候,冬怕严寒,夏怕酷暑。在东北、内蒙古和西北地区不能越冬或越冬不稳定,在北京地区越冬率约为50%。在南方夏季,高温条件下越夏困难,往往容易枯死。这些缺点限制了黑麦草在牧草及草坪草生产上的地位。我国的植物资源丰富,可对各地区黑麦草继续开展种质资源的收集和整理,加强野生种质资源的驯化和地方品种的整理及评价,筛选出具有优良的适应性和抗逆性品质的品种。

(三)加大资金投入

目前,我国生产的黑麦草种子质量差、产量低,很大程度上是由于收获、加工技术落后,缺乏必备的设备。应加强科技队伍建设,提高设备的先进化水平。同时,必须提高对草种子生产的高度重视,加大研发投入,解决当前牧草种质资源和育种研究中经费短缺的问题;进一步完善我国牧草育种及良种繁育体系,加快育种进程。

(四)规范生产流程

从种子田选择、田间管理、收获、加工、储藏及收种后的草地管理等一系列的过程规范化,并严格遵守。因地制宜且灵活多变地实施各项生产程序。

第四节 象草及其加工产品开发现状与高效利用策略

一、概述

象草(elephant grass, napiergrass)又称紫狼尾草,因大象喜食而得名,为多年生草本植物,产于非洲大陆和 Bioko 岛屿,现已广泛种植于非洲、亚洲、美洲、大洋洲的热带和亚热带地区。20 世纪 30 年代,从缅甸引入我国广东、四川等省试种。1975 年前后,广东和广西的一些大型畜牧场大面积种植该草饲喂奶牛,取得了良好的成效,受到种植者和饲养者的一致好评。至 20 世纪 80 年代,象草在我国南方各省、自治区大面积栽培。具有产量高、管理粗放且利用期长等特点,已成为南方青绿饲料的重要来源。象草植株高大,一般株高为 2～3m,高的可达 5m 以上,根系发达,具有强大伸展的须

根，多分布于深为 40cm 左右的土层中，最深者可达 4m。茎丛生，直立，圆形，直径为 1～2cm；茎分节，每节长为 10～30cm。在温暖潮湿季节，中下部的茎节处能长出气生根。分蘖多，通常达 50～100 个。叶互生，长为 40～100cm、宽为 1～3cm，叶面具微小茸毛，圆锥花序呈褐色或黄色，长为 15～30cm，每穗有小穗 250 多个，每小穗有 3 朵花。种子成熟时容易脱落，种子发芽率很低，幼苗生长速度极为缓慢，故一般采用无性繁殖。象草耐旱力较强，对土壤条件要求不严，再生能力强，生长迅速，产量高。据观察，象草在昆明地区正常情况下可常绿过冬，通常不会抽穗开花，但遇极端寒冷天气时地上部分也会枯死，人工种植通常长至高为 1.2～1.5m 时收割，每年可收割多次。目前，在非洲、亚洲、美洲等广大热带和亚热带地区，象草已被广泛种植和研究。在我国，象草自引种以来，其良好的适应性也得到了普遍认可，在南方地区的种植面积逐步扩大。不但在温暖湿润、排灌良好的地区生长旺盛，在坡地、沟边及公路两旁也可生长。一般在热带地区，象草基本终年可用，即使在亚热带地区，象草一年也可利用 7～8 个月。虽然象草种子成熟时容易脱落，发芽率低，采取无性繁殖的方式繁衍后代，但象草具有一次栽种、多年收割、一年之中可刈割多次的优点，如果栽培管理得当，象草可生长 4～6 年，甚至 10 年以上。象草的种植利用已经吸引了广大的种植户和研究者的注意，并展开了多项利用和深入研究。

二、象草及其加工产品的营养价值

象草质地柔软，叶量丰富，主要用于青饲和青贮，也可以调制成干草备用。适时刈割的象草，柔软多汁，适口性好，利用率高，是牛、羊、马、兔和鹅的良好饲草。幼嫩时也可以喂猪和禽，也可作为养鱼饲料。象草种类繁多，各个种类之间营养成分有差异（表 19-5）。

表 19-5 不同种类象草的营养成分

营养成分	桂牧 1 号杂交象草	台湾象草	紫色象草	矮象草	桂闽引象草	桂闽引象草 2 号	红象草
干物质（%）	36.2	25.1	35.7	33.3	26.5	31.1	24.7
灰分（%）	8.24	7.53	4.73	9.43	3.64	4.86	7.71
粗纤维（%）	44.8	45.8	50.1	44.7	50.7	49.3	43.3
半纤维素（%）	25.8	29.2	19.6	26.4	29.6	33.9	28.7
木质素（%）	10.2	7.58	13.2	17.1	12.9	8.06	6.91
粗蛋白质（%）	17.0	18.9	11.9	24.2	21.1	18.6	12.4
粗脂肪（%）	3.48	2.50	2.74	2.84	2.34	2.65	2.64
无氮浸出物（%）	34.8	39.1	44.7	27.8	33.2	33.3	38.5
总糖（%）	5.29	6.93	12.5	10.2	8.19	5.08	9.11
热值（MJ/kg）	18.7	18.1	17.8	16.5	18.1	17.3	17.5
硫（%）	0.23	0.05	0.10	0.28	0.17	0.10	0.02
钾（%）	0.82	1.27	0.18	0.58	0.14	0.79	0.98
钙（%）	0.62	0.62	0.52	0.52	0.56	0.35	0.44
磷（%）	0.37	0.33	0.48	0.26	0.39	0.22	0.13

三、象草及其加工产品的加工方法与工艺

象草一般多用作青饲，但也可晒制干草或制作青贮饲料。紫色象草再生力强，种植后 50d 开始刈割利用，每隔 20～30d 刈割 1 次，一年可刈割 5～8 次，产量高，产鲜草（22.5～37.5）×10⁴kg/hm²。拔节初期是紫色象草营养品质最好、生物产量最高的时期，随着刈割次数的增加逐渐降低，粗纤维含量逐渐提高，草质逐渐变劣，应及时刈割利用。用于养鹅、兔和鱼的在草高为 50～60cm 时刈割，留茬高度为 2～5cm，刈割后青草用切草机或铡刀切短，长度为 2～5cm。用作兔、鹅等小畜禽或草食鱼类的饲料，在株高为 70～100cm 时刈割。用作草食大家畜牛、羊、鹿等的饲料，在株高为 130～150cm 刈割利用。

晒制干草一般过程如下：

（1）适宜的刈割时期　广东、广西、福建和台湾等地，气候温暖，雨水充沛，象草在种植当年即可刈割。在生长旺季，每隔 20～30d 即可刈割 1 次，每年可刈割 6～8 次，一般每公顷可产鲜草 225～375t，高者可达 450t。据广东省燕塘畜牧场资料，3—5 月每 40～50d 刈割 1 次；6—9 月每 25～30d 刈割 1 次，10 月至翌年 2 月每 70～80d 刈割 1 次。象草是高秆牧草，茎部易于老化，收割太迟则纤维含量增加，品质下降；如果收割过早，草质细嫩，采食量高，但产量较低。一般以株高为 100cm 左右刈割为宜。用于喂兔以株高为 30～50cm 刈割较适宜，留茬 10cm 左右。总之，象草株高为 100～130cm 时即可刈割头茬草，每隔 30d 左右刈割 1 次，1 年可刈割 6～8 次，留茬以 5～6cm 为宜。割倒的草稍等萎蔫后切碎或整株饲喂畜禽，这样可提高适口性。

（2）晒制干草　象草割倒后，就地摊晒 2～3d，晒成半干，搂成草垄，使其进一步风干，待象草的含水量降至 15% 左右时运回保存，严防叶片脱落。

（3）储存　在南方地区由于雨水多，露天储存易蓄水霉变，因此用草棚进行储存。要因地制宜，在草棚中间堆成圆锥形或方形、长方形草垛，这样既可以防水，又可以通风，堆积方便，损失也少。

（4）品质鉴定　味芳香、没有霉变、水分含量没有超标等，则储存的是优等象草。储存后应每隔 15～20d 检查 1 次温度、湿度，一旦发现问题及时处理。

象草生长旺季，将鲜喂用不完的部分切成 3～5cm 小段装成袋或入窖青贮。青贮后的象草味酸、色黄绿，质地柔软且湿润，茎和叶脉纹清晰，品质中上，在缺少优质青饲料的冬季利用。做法是：①切碎揉搓，象草刈割后，晾晒 3～5h，使含水量降至 70%～75%。由于茎秆粗、叶片大，不利于打捆包裹，经切碎揉搓能使茎叶破碎、柔软，打捆更紧实，裹包效果更好，饲喂转化率更高。②打捆，利用打捆机，将揉搓后的象草匀速喂入打捆机，机械自动打捆。③拉伸膜包裹，将草捆送入包裹机，开机后踩紧制动阀，包裹机旋转，将膜贴紧草捆，拉伸膜自动包裹，包膜 2 层后放开制动阀，剪断拉伸膜，完成裹包。④储存。草捆包膜后可放入草料房，置于空地上也行。储存期间，要注意定期检查包膜是否破损，特别是防止老鼠危害，出现破损后及时用塑胶布封好，以免空气、雨水进入，影响青贮品质。质量好的拉伸膜牢固耐用，在露地存放 6 个月均无破损现象。⑤利用。在储料经 30～40d 完成发酵过程后，即可按需要利用。利用前需要检查

青贮饲料品质，如果手握松软，颜色青黄或黄褐色，具酸香味，表明青贮饲料品质较好，一般裹包青贮有较好的品质保证，保质期在 1 年以上。如果出现腐烂发霉且酸臭味的包裹，即为变质，不能利用。象草经裹包青贮后，保存期长，也便于运输和存放，且象草易种植、产量高，裹包青贮质量稳定且成本低，经济效益高，前景十分广阔。

四、象草及其加工产品在动物生产中的应用

象草叶片光滑无毛，质地柔软，多汁，且含有 12％的总糖，微甜，因此具有较好的适口性。再从营养成分分析来看，象草品质极佳，不仅具有含量较高的粗蛋白质、总糖及氨基酸等有益营养物质，而且粗纤维、无氮浸出物等含量低，极大地促进了山羊等反刍家畜对其的消化吸收，是饲喂山羊的优良饲草。在相同的管理条件下，利用优质的象草饲喂山羊，可以提高采食量，提高产肉性能，节省饲料成本，提高经济效益。由此可以看出，象草是饲喂山羊和奶牛的优质饲草。

2000 年报道，象草适口性好，肉兔喜食，对照组、10％草粉组、20％草粉组、30％草粉组和 40％草粉组的平均日增重分别为 20.31g、19.56g、16.91g、16.79g 和 15.50g，10％草粉组与对照组差异不显著，表明在肉兔日粮中添加 10％象草草粉，可有效促进肉兔的生长，降低饲养成本，经济效益比不添加草粉的每只多盈利 1.1 元。

象草用于喂鱼，每半月可轮割 1 次，每公顷草地可饲养 2hm² 水面的草鱼。在节粮型养鱼迅速发展时期，若只给鱼类投喂象草，不仅具有提高鱼种成活率、降低养殖成本的优势，并且鱼的肉质鲜嫩，鱼池的水质清新，是名副其实的绿色产品。

综上所述，象草是一种适合在草食动物和草食鱼类日粮中添加利用的优质饲草，值得在生产中进一步推广应用。

五、象草及其加工产品作为饲料资源开发利用与政策建议

（一）做好象草生产基地的选择

象草虽然能在红壤、黄壤、潮土、水稻土、紫色土和石灰土中生长，但各种土壤中象草的生产力有很大差别，即使在同一土壤中，水文、地形和土壤肥力不同，单位面积产量也有很大差别。按照对象草生长的适宜性和适宜程度，可将全国各地土壤划分成很多等级。象草种在最适宜其生长的土地类型上，就能获得最佳的经济效益。因此，为了将象草种在最适宜生长的土地类型上，首先就要对拟种植地进行科学考察，了解土壤类型和水文状况、土壤肥力、运输条件等，然后根据这些因素和条件筛选象草生产基地，并根据土地生产力和需求量确定种植面积。

（二）建立技术队伍，增加科技含量

在整地、施肥、播种、田间管理到收割、冬储和间种其他作物等方面，象草种植都有一系列的技术问题，其中有许多关键技术仍不清楚。因此，发展象草时要建立技术队伍，向农民普及栽培技术，做到科学种草。

非粮型能量饲料资源开发现状与高效利用策略

（三）聚土栽培，合理密植

每亩象草栽培密度达到 4 万～5 万有效植株，亩产茎秆（干重）可达到 3～6t。通常采用双行平放法播种，株距为 10～15cm，行距一般应为 70cm，特别肥沃的土壤行距也不应大于 80cm。有些地方象草单产不够高，其原因就是株行距过大，有效植株不足，未深挖撩壕，土壤蓄水蓄肥能力小，抗旱力弱。

（四）因地制宜确定开发经营模式，增强象草开发后劲

不同地方可以采用公司或公司＋农户的模式种植，种植过程中要加强技术研发，增强象草开发后劲。

（五）综合利用象草茎叶，提高经济效益

象草可加以综合应用，象草茎秆是优良的造纸纤维原料，鲜叶是青绿饲料，干叶是纸板原料。象草收割时间相对集中，其叶喂鱼喂牛一时难以全部利用，因此鲜叶要青贮，分次取出喂牛。

➡ 参考文献

陈培赛，2003. 肉兔冬春育肥期黑麦草和精料的适宜比例探讨 [J]. 浙江畜牧兽医，28（1）：7-8.

苟文龙，张新跃，李元华，等，2007. 多花黑麦草饲喂奶牛效果研究 [J]. 草业科学，24（12）：72-75.

李彩之，2005. 多花黑麦草与野生杂草饲喂育肥肉牛对比试验报告 [J]. 云南畜牧兽医（2）：26.

李元华，张新跃，宿正伟，等，2007. 多花黑麦草饲养肉兔效果研究 [J]. 草业科学，24（11）：70-72.

李志强，2014. 高比例优质饲草应用于奶牛日粮探讨 [J]. 中国奶牛（11）：41-43.

沈益新，杨志刚，刘信宝，2004. 凋萎和添加有机酸对多花黑麦草青贮品质的影响 [J]. 江苏农业学报，20（2）：95-99.

王自能，2007. 多花黑麦草与野生杂草饲喂肉鹅对比试验初报 [J]. 现代农业科技（8）：99，111.

杨春华，杨兴霖，左艳春，等，2006. 不同含水量多花黑麦草青贮效果研究 [J]. 草业与畜牧（3）：1-3.

张瑞珍，张新跃，何光武，等，2008. 不同刈割高度对多花黑麦草产量和品质的影响 [J]. 草业科学，25（8）：68-72.

张新跃，龙光录，章仕林，等，1992. 利用栽培牧草快速育肥肉鹅试验 [J]. 草业科学，9（3）：14-18.

张新跃，李元华，叶志松，2001. 多花黑麦草饲喂肉猪效果的研究 [J]. 草业学报，10（3）：72-78.

（南京农业大学　毛胜勇，中国农业大学　曹云鹤　编写）

第二十章
秸秆及其加工产品开发现状与高效利用策略

第一节　稻草及其加工产品开发现状与高效利用策略

一、概述

（一）我国稻草及其加工产品资源现状

稻草（rice straw）是水稻收获后剩下的茎叶，其营养价值很低，但数量非常大。我国稻草产量为 1.9 亿 t，占全部秸秆数量超过 30%。中国南方 16 个省（自治区、直辖市）稻草产量为 14 960.75 万 t，占全国稻草总产量的 81.12%。中国北方 15 个省份中，水稻主要集中于辽宁、吉林、黑龙江 3 省，其稻草产量占北方总产量的 74.27%，占全国稻草总产量的 14.02%。分省份来看，2009 年，中国有 7 个稻草产量超过 1 000 万 t 的省份，它们分别是湖南、江苏、江西、黑龙江、湖北、四川和安徽，其稻草产量为 11 751.44 万 t，占全国稻草总产量的 63.72%。中国稻草产量较大的省、自治区还有广西、广东、浙江、云南、重庆、辽宁、吉林、贵州、福建、河南等。

（二）开发利用稻草及其加工产品作为饲料原料的意义

稻草中纤维素含量较高，经过加工调制后，能改善理化性质和适口性，提高采食速度、采食量和消化率，同时也是降低饲养成本、提高经济效益的有效方法。充分开发利用稻草资源，可缓解我国耕地有限和天然草地不足的矛盾，促进草食动物生产的规模化发展，对环境的净化及粮食危机的解决也都具有重要意义。

（三）稻草及其加工产品作为饲料原料利用存在的问题

稻草是一种劣质粗饲料，适口性差，营养价值低，消化率低。稻草除木质素含量较高外，细胞壁硅化程度高，尤其是不可溶性硅含量高，这进一步限制了瘤胃微生物对稻草纤维素的降解利用。稻草的体外消化率仅为 42.2%，比玉米秸秆低 7%。单纯饲喂稻草很难满足动物的营养需要，甚至有可能造成负增重。这就制约了稻草在我国畜牧业生产中大量使用。

二、稻草及其加工产品的营养价值

稻草的营养成分见表 20-1（郭庭双，1996）所示。据测定，稻草的产奶净能为 3.39～4.43MJ/kg，增重净能为 0.21～7.32MJ/kg，消化能（羊）为 7.32MJ/kg。

表 20-1　稻草的常规营养指标（%）

名　称	干物质	营养成分占干物质含量					
		CP	EE	CF	NDF	钙	磷
稻草	85	4.8	1.4	25.6	39.8	0.69	0.60

资料来源：郭庭双（1996）。

三、稻谷及其加工产品中的抗营养因子

稻谷及其加工产品中的抗营养因子见表 20-2。

表 20-2　稻谷中常见的营养因子（%）

名　称	纤维素	半纤维素	木质素	灰　分	固醇抽提物	其　他
稻草	32.48	23.45	13.95	10.16	5.81	14.15

纤维素和半纤维素为动物利用的对象，木质素是抗营养因子，含量越高，动物消化率越低。

四、稻草及其加工产品在动物生产中的应用

稻草是水稻地区牛群过冬渡春时期传统的甚至是唯一的饲料，由于长期大量单纯地饲喂稻草，常导致牛发生疾病，甚至死亡，因此必须根据其特性合理使用，才能充分发挥其效能。

1. 稻草直接饲用　喂牛要挑选干净的早稻草，少用晚糯稻草。先用铡刀切成长 3～4cm 的小草段，再浸泡在 20% 石灰水中 1～2d，然后用清水冲洗晾干，再拌入少量切碎的青饲料和精饲料，这样不仅有利于牛的咀嚼、吞咽和反刍，提高饲料营养价值和消化率，而且可以提高适口性。

2. 稻草微贮　在 30d 后可开封饲喂，开封后稻草保持咖啡色，有的呈烧焦样，特香，适口性好。每头奶牛每天可饲喂 5～10kg。

3. 营养调控法　通过营养调控的方式，可促进瘤胃发酵，提高微生物产量和稻草纤维素消化率；通过过瘤胃养分（或吸收后营养素）的平衡，降低热增耗，从而提高稻草代谢能转化率。调控的主要措施有调节瘤胃 pH、补充适量能量物质、可发酵氮源、矿物质元素硫和微量元素等。近年来，以粗饲料为基础的全混合日粮（total mixed ration，TMR）逐步成为国外反刍动物饲料研究的热点之一，并且有由散状 TMR 向颗

粒化 TMR 转变的趋势。皮祖坤用复合预处理过的稻草制成全混合日粮饲喂肉羊,肉羊的采食量为 909~914g,达到体重的 4.6%,平均日增重达 88g,饲料转化率为 10.49%~10.75%,促进了试验羊的生长,改善了胴体性状,明显提高了波尔杂二代肉用山羊肉品质。

五、稻草及其加工产品的加工方法与工艺

稻草要得以充分利用,必须解决 3 个问题:一是改善适口性;二是要破坏稻草的组织结构和细胞壁成分;三是给家畜消化道中的微生物提供良好的活动环境,促使纤维素水解酶的分泌。近年来,随着机械设备和处理工艺等方面的发展,稻草的处理方法也得到改进,从而得以促进稻草在家畜饲养中的进一步利用。目前,对稻草的处理方法主要有以下几种。

(一)切短和粉碎

切短和粉碎将秸秆做成草粉是处理稻草最简单、最常用的方法。切短和粉碎后的草粉便于牛羊采食、咀嚼,加快其通过瘤胃的速度,能减少能量消耗,提高采食量及利用率。研究表明,动物对切短和粉碎后的稻草采食量能增加 20%~30%,牛饲喂稻草的适宜长度是 4~6cm,羊饲喂稻草的适宜长度是 2~3cm。

(二)浸泡

将稻草放入水中浸泡一段时间(具体时间根据季节、温度而定),可以将稻草中的纤维软化,提高其适口性。在浸泡过程中加入一定量的食盐,饲喂时拌入一定量的精饲料,不仅能提高适口性、采食量和消化率,还能提高代谢能和利用率,增加体内脂肪中不饱和脂肪酸的比例。浸泡处理的饲料在瘤胃中发酵,能减弱瘤胃内的氢化作用,提高挥发性脂肪酸生成的速度,降低乙酸、丙酸生成的比例。用此方法调制的饲料,含水量不能过高,应按用量处理,浸后一次性喂完。

(三)加工成颗粒料

将稻草粉碎后与饲料添加剂混合搭配,再利用造粒机能制成颗粒状的混合饲料。选择的稻草要无腐烂、无金属物、无石块、无污染物,另外不能含有太多泥土。稻草饲料的加工工艺流程:选料→粉碎→拌菌剂→拌水→装容器→发酵→造粒→晾干→装袋储存或直接饲喂。颗粒料的优点为营养价值全面;有效保存营养成分,减少养分流失,适口性好,采食时间短;体积小,便于保存;经过高温烘干和制粒过程,有效杀灭了原料中的病原微生物和寄生虫卵;粉尘少,有利于牲畜健康;适合规模化生产。缺点是需要整套设备,成本和运行费用较高,投资较大。

(四)碾青

在晒场先铺厚约 30cm 的稻草,再铺厚约 30cm 的鲜苜蓿或其他多汁鲜草,最后再铺厚约 30cm 的稻草,用石磙碾压,鲜草汁液流出后被稻草吸收,这样既能缩短鲜草干

燥时间，又能提高稻草的营养价值和利用率。

（五）氨化

稻草的氨化是利用尿素在尿酶的作用下分解成氨而使稻草发生氨化作用。在牛舍附近地势较高、干燥、清洁、排水良好、交通方便的地方建造氨化窖。窖形以圆井形为优，窖的大小按所需氨化稻草的数量而定，一般以窖面直径为 2.5～3m 为宜，从地面垂直下挖，深为 3～4m，窖壁砌上砖石，并比地面砌高 1m，这样既可增加容量，又可防止人畜掉入窖内。内壁及底部抹一层水泥或石灰沙浆，并打磨光滑，防止透风渗水。窖顶离地面 2m 高盖瓦，防止雨淋。氨化工作开始时，预先把窖内清理干净，窖底和窖壁用干草点火进行火焰消毒，然后把稻草切成长为 5～10cm 的小段，每吨稻草用 3% 尿素水溶液 600kg 均匀喷洒在草段上，填入窖内，层层踩实压紧，直至高出窖面 50cm，充分压实后，盖上一层塑料薄膜，上面再铺上一层厚为 30～50cm 的碎土进行封顶，严防透风和雨淋。工作结束后半个月内，由于氨化的稻草逐渐下沉，因此要加强检查，如发现封顶的碎土出现裂缝，则要立即添加碎土进行密封，严防泄气。密封窖藏后，夏天经 15～20d、冬天经 30d，便可达到氨化的目的，可取出喂牛。如不开窖，可长期保存。取出的氨化稻草要摊开放置 1d，使其残留的氨气完全挥发后才能饲喂。开始饲喂时，从少量开始，逐渐增加饲喂量，经过 5～7d 的逐渐适应过程，才可敞开饲喂。稻草经氨化处理后，植物的细胞壁松软膨胀，木质素也可发生部分溶解，木质素和半木质素的结构遭到了破坏，从而提高了稻草有机物的消化率，且又能为牛提供非蛋白质氮，供瘤胃内微生物利用，从而起到强化粗蛋白质营养的作用，提高稻草的营养价值。但氨化稻草并非"万能饲料"，仍需与其他饲料配合饲喂，才能充分发挥各种饲料的效能。氨化是目前最经济、最简便、应用也最广泛的化学处理方法。

（六）微贮

微贮是将稻草切短、粉碎后通过专用优良菌种在适宜的厌氧环境下对稻草中的粗纤维进行分解，使其变成香、甜、熟并带酒香味的饲料。该处理方法可提高稻草的营养价值和利用率，改善适口性，并且成本低，制作简单。以"华巨秸秆微贮宝"微贮 1t 稻草为例，首先是复活菌种。将 50mL 菌种倒入 2 000mL 1% 糖水中，充分溶解，常温下静置 1～2h。其次是菌液配制。将复活的菌种倒入 0.7%～1.0% 的食盐水［食盐（8～12kg）＋水（1 200～1 400L）］中拌匀，配制好的菌液不能过夜，即配即用。然后将切短的稻草（养牛 4～6cm、养羊 2～3cm）装入窖中，每装 20～30cm 喷洒一遍菌液，喷洒均匀，用脚踩实，继续装填，反复操作直至秸秆高出窖顶 30～35cm，最后用聚乙烯薄膜覆盖，清除窖内空气，封严后加盖稻草，再盖土，含水量控制在 60%～70%。取用时间随温度变化有所不同，夏季一般 10d 可取用，冬季至少经 30d 才可用。含水量的检查方法：取样，用双手扭拧，如滴水，则含水量在 80% 以上；如不滴水，松开后手上水分明显，则含水量为 60% 左右。

六、稻草及其加工产品作为饲料资源开发利用与政策建议

(一)稻草的收获与储藏

水稻应选择晴天收割，除去谷粒后，如稻田干爽，则可把稻草就地平铺摊开晾晒；如稻田潮湿，则把稻草移到附近干燥地带摊晒，尽量摊薄些，每天翻动2~3次，在2~3d内晒干、捆起。在干燥地方储存，防止潮湿、雨淋，保持新鲜的青绿颜色。若曝晒时间过长，由于阳光破坏和雨露的浸润，稻草颜色褪去后其营养物质会受到消耗和损失；若遇雨天，常引起发霉，而丧失饲用价值。

(二)不能长期单纯喂稻草

稻草营养价值低，又难消化，长期单纯饲喂稻草时，牛体会越来越消瘦，更因钙、磷缺乏而导致钙、磷不足，且维生素D缺乏而影响钙、磷的吸收，从而引起成年牛（特别是孕牛和泌乳牛）的软骨症和犊牛佝偻病，产科病增多。在粗纤维消化过程中，又产生大量马尿酸，机体为了中和马尿酸而消耗大量钾、钠，引起钾、钠缺乏症。缺钾则会引起神经机能麻痹，全身疲惫，四肢乏力，不愿行走，步行时呈"黏着步样"跛行；缺钠则会引起消化液分泌减少，消化功能恶化，体质每况愈下，最后全身虚脱而卧地死亡。因此，不能给牛长期单纯喂稻草，必须与玉米、麦麸、米糠、块根块茎类饲料（尤以含胡萝卜素较多的黄心甘薯为优）、豆饼、花生饼、芝麻饼、青贮饲料、青绿饲料（甘蔗梢、燕麦苗）等配合饲喂。

(三)供足饮水

稻草容积大，含水量少，粗纤维含量高，难消化，排出速度慢。牛采食后，常使瘤胃内充满而呈饱食感，采食量逐渐减少，特别是在饮水和多汁饲料缺乏的情况下，易引起前胃迟缓、瘤胃积食，甚至发生瓣胃阻塞（俗称百叶干）。因此，给牛饲喂稻草时必须供足饮水，天气寒冷时，最好喂给温水，使其尽量多饮，并适当搭配多汁饲料。

第二节　麦秸及其加工产品开发现状与高效利用策略

一、概述

(一)我国麦秸及其加工产品资源现状

我国年产5.7亿t农作物秸秆，其中麦秸约占1/3。我国是世界小麦产量最大的国家，每年的小麦秸秆产量大约为2.19亿t。目前，麦秸的用途主要集中于还田、作为动物饲料、生产纤维板材等工业原料、作为能源物质等。但是，由于受到科学技术、经济效益，以及畜牧业、农业生产者的消费观念和生活方式的限制，麦秸被人们综合利用的比例较小，大部分麦秸都被人为地就地焚烧或者直接丢弃在田间地头，不但造成了资源的极大浪费，而且不利于环境保护。

（二）麦秸及其加工产品作为饲料原料利用存在的问题

麦秸粗纤维含量高，而蛋白质、矿物质及微生物含量低，这即有效能量低，这使麦秸的饲用受到了极大的限制。

（三）开发利用麦秸及其加工产品作为饲料原料的意义

麦秸来源广，收集和晒制麦秸用作奶牛的粗饲料需要的投入少、成本低。用麦秸饲喂奶牛还具有以下作用：一是能调节饲草的软硬，麦秸容积较大，质地粗硬，对奶牛肠胃有一定刺激作用，这种刺激有利于促进和保持奶牛的正常反刍，是奶牛饲养过程中不可缺少的粗饲料原料；二是将麦秸铡短后与青绿饲料或青贮饲料一起饲喂奶牛，能够调节瘤胃的酸碱度，并防止单纯饲喂青绿饲料引起的腹泻；三是能够促进瘤胃中挥发性脂肪酸的形成，特别是乙酸的形成，从而提高牛奶中的乳脂肪率。

二、麦秸及其加工产品的营养价值

一般小麦秸秆的干物质含量为 95%、粗蛋白质含量为 3.6%、粗脂肪含量为 1.8%、粗纤维含量为 41.2%、无氮浸出物含量为 40.9%、灰分含量为 7.5%。

三、麦秸及其加工产品在动物生产中的应用

因小麦秸秆本身营养成分不足，无论采取哪种处理方法都需要添加其他饲料进行配比。

四、麦秸及其加工产品的加工方法与工艺

（一）化学方法

1. 氨化

（1）氨化池氨化法　其具体的做法是：①选取向阳、背风、地势较高、土质坚硬、地下水位低而且便于制作、饲喂、管理的地方建氨化池。池的形状可为长方形或圆形。池的大小及容量根据氨化秸秆数量而定，而氨化秸秆的数量又取决于饲养家畜的种类和数量。一般每立方米氨化池可装切碎的风干秸秆 100kg 左右。一头体重 200kg 的牛，年需要氨化秸秆 1.5～2.0t。挖好氨化池后，用砖或石头铺底，砌垒四壁，用水泥抹面。②将秸秆粉碎或切成 1.5～2.0cm 的小段。③将 3%～5% 的尿素用温水配成溶液，温水多少视秸秆的含水量而定，一般秸秆的含水量为 12%，每 100kg 秸秆加 30kg 左右尿素水溶液。④将配好的尿素水溶液均匀地洒在秸秆上，边洒边搅拌，或者一层秸秆均匀洒一次尿素水溶液，边装边踩实。⑤装满后，用塑料薄膜盖好氨化池口，四周用土覆盖密封。

（2）塑料袋氨化法　塑料袋一般长为 25m、宽为 1.5m。制作材料为无毒的聚乙稀薄膜，厚度在 0.12mm 以上，最好用双层塑料袋。把切断的秸秆用配制好的尿素水溶

液（相当于秸秆风干重 4%～5% 的尿素溶解在相当于秸秆重 40%～50% 的清水中）均匀喷洒，装满塑料袋后，封严袋口，放在向阳的干燥处。存放期间，应经常检查，若嗅到袋口处有氨气味，应重新扎紧；发现塑料袋有破损，要及时用胶带封严。秸秆氨化一定时间后，就可饲用。氨化时间的长短要根据气温而定。气温 20～30℃ 需 7～14d，气温高于 30℃ 只需 5～7d。氨化秸秆在饲喂家畜之前要进行品质鉴定。一般来说，经氨化的秸秆颜色应为杏黄色，有糊香味和刺鼻的氨味。若发现氨化秸秆大部分已发霉时，则不能用于饲喂家畜。秸秆氨化处理后，粗蛋白质含量由 3%～4% 提高到 8% 左右，有机物的消化率提高 10～20 个百分点，并含有多种氨基酸，可以代替 30%～40% 的精饲料。另外，还可杀死野草籽，防止霉变。因此，用氨化秸秆喂羊、牛等，效果很好。秸秆也可以粉碎成草糠，作为动物的辅助饲料。

2. 生石灰喷粉法　即将切碎秸秆的含水量调至 30%～40%，然后把生石灰粉均匀地撒在湿秸秆上，使其在潮湿的状态下密封 6～8 周，取出即可饲喂家畜。石灰的用量为干秸秆重的 6%。也可按 100kg 秸秆加 3～6kg 生右灰拌匀，放适量水以使秸秆浸透，然后在潮湿状态下保持 3～4 昼夜，即可取出饲喂。用此种方法处理的秸秆饲喂家畜，可使秸秆的消化率达到中等干草的水平。石灰处理秸秆的效果虽然不如氢氧化钠，但其具有原料来源广、成本低、不需清水冲洗等优点，另外还可补充秸秆中的钙质。经石灰处理后的秸秆消化率可提 15%～20%，家畜的采食量可提高 20%～30%。由于经石灰处理后秸秆中钙的含量提高，而磷的含量却很低，钙磷比达（4～9）：1，极不平衡，因此在饲喂此种秸秆饲料时应注意补充磷，钙磷比以 2：1 为优。

3. 碱化法　将麦秸铡成小段，按每 100kg 麦秸取浓度为 1.6%～2% 的氢氧化钠溶液 6kg，用喷雾器边喷边拌，使麦秸均匀湿润。24h 后再用清水洗净，即可饲用。有关试验证明，用这种方法加工处理的麦秸，可保持麦秸的清香气味，牛、羊爱吃，而且消化率和营养价值都可明显提高。

（二）物理方法

1. 麦秸铡短　将从大田收集的麦秸利用铡草机切成长 1～2cm 的草段，用于饲喂奶牛，可以提高奶牛的采食量和采食速度。

2. 麦秸粉碎　将收集的麦秸通过筛底孔径为 0.8cm 的粉碎机进行粗粉碎，但粉碎的细度太细会影响奶牛的正常反刍。

3. 麦秸揉搓　将收集的麦秸通过揉搓机进行揉搓，揉搓成丝条状后再与其他饲草料搭配饲喂奶牛，饲喂效果明显。经过处理的麦秸与青贮饲料、精饲料补充料、优质干草混合搭配饲喂奶牛，或直接用 TMR 机制作全混合日粮饲喂奶牛，能够显著提高产奶量。

五、麦秸及其加工产品作为饲料资源开发利用与政策建议

（一）麦秸堆放场地的选择与布局

奶牛场内麦秸堆放场地应远离生产区、生活区和办公区，距离远近可根据储存量的大小来定。麦秸储存量为 5 000t 以上的堆放场，与生产区、生活区和办公区的距离应在 50m 以上；麦秸储存量为 2 000t 以下的堆放场与生产区、生活区和办公区的距离应

不低于 20m。麦秸堆放场地应准备充足的消防水源和畅通的消防通道。麦秸堆放场地距场外道路不少于 15m，距场内主要道路不少于 10m。麦秸堆放场地应选在地势高燥、平坦、不积水、垛基比自然地面高出 30cm 以上的地方。麦秸堆放场地应有安全检查员，定期对麦秸堆放场的安全隐患进行检查，若有危险情况及时进行处置。麦秸堆放场四周最好设置围墙或铁丝网进行隔离，墙（网）高度一般不低于 2m，与麦秸堆垛之间的距离不小于 5m。

（二）麦秸码垛存放

奶牛场对准备码垛存放的麦秸要严格控制含水量，码垛时麦秸含水量应在 20％以下，并做好记录。麦秸堆垛的长边应当与当地常年主导风向平行。麦秸堆垛的垛顶披檐到结顶应当有流水坡度。

（三）麦秸垛自燃的预防

麦秸是易发生自燃的秸秆原料，堆垛时需留有通风口或散热洞、散热沟，并设有防止通风口、散热洞塌陷的措施。发现堆垛出现凹陷变形或有异味时，应当立即拆垛检查，并清除霉烂变质的原料。麦秸码垛后，要定时测温。当温度上升到 40～50℃时，要采取预防措施，并做好测温记录；当温度达到 60～70℃时，必须拆垛散热，并做好灭火准备。

（四）麦秸堆放场地的用电安全保证

为保证麦秸堆放场地内用电安全，需要安全使用电气设备，安装安全的照明灯具和电源控制设备。

（五）电气设备

麦秸堆放场地内尽量采用直埋式电缆供电，电缆埋设深度不小于 70cm；场内机电设备的配电导线，应当采用绝缘性能良好、坚韧的电缆线；架空线路与堆垛的水平距离应当不小于杆高的 1.5 倍，堆垛上空严禁拉设临时线路。

（六）照明灯具

麦秸堆放场内的防尘灯、探照灯等都应安装护罩，灯具的镇流器也要采取隔热、散热防火措施，严禁使用移动式照明灯具，照明灯杆与堆垛最近水平距离应当不小于灯杆高度的 1.5 倍。灯杆宜采用水泥杆，埋设深度根据灯杆的长度来确定，杆越长埋的深度就要越深。

（七）电源控制设备

场内配电箱应当采用非燃材料制作，使用移动式用电设备时，其电源应当从固定分路配电箱内引出；所使用的电源开关、插座等设备，要安装在封闭式配电箱内。电动机应当设置短路、过载、失压保护装置。各种电器设备的金属外壳和金属隔离装置必须接地或接零保护。在麦秸堆放场地内作业结束后，除消防供电外，都要拉闸断电。电器设备必须由持有安全操作证的电工负责安装、检查和维护。

(八) 麦秸的运输与安全

麦秸运输车辆多种多样，但要符合道路交通要求和车辆的载量规定，车辆长一般不超过 14m，宽不超过 3.5m，麦秸装载的高度以不超过 4m 为宜。麦秸运输车辆进出麦秸堆放场地时，易产生火花部位要加装防护装置，排气管安装性能良好的防火帽，严禁机动车在麦秸堆放场地内加油。常年在麦秸堆放场地内进行装卸作业的车辆要经常清理防火帽内的积炭，确保性能安全可靠。每次场内装卸作业结束后，一切车辆都要离开麦秸堆放场地，不能在麦秸堆放场地内停留、保养和维修。发生故障的车辆应拖至麦秸堆放场外修理。

第三节　玉米秸及其加工产品开发现状与高效利用策略

一、我国玉米秸及其加工产品资源现状

目前，干玉米秸秆通常有 3 种利用形式：过腹还田、直接还田、焚烧。最为合理的玉米秸秆处理方法为过腹还田，将秸秆作为饲料资源饲喂牛、羊等反刍动物，将其排出的粪便作为农作物生长有机肥料。这样不仅能从根本上解决秸秆焚烧带来的环境污染问题，而且发展秸秆养牛、养羊还能取得可观的经济效益、社会效益和生态效益，促进农业良性循环。玉米秸与水稻秸及小麦秸的结构不同，玉米植株高大，直径比稻秸和麦秸粗壮。玉米植株成熟后一部分养分存留在秸秆内部组织中，不像麦秆和稻秆那样形成中空的髓腔，内部的空隙由储存营养物质的植物基本组织所填充，所以玉米秸能够更多地储存植物所需的营养物质，营养价值要高于稻秸和麦秸。从常规养分分析上看，干玉米秸秆含有 5% 左右的粗蛋白质，粗脂肪含量不到 1%，粗纤维含量占到 35%，无氮浸出物约为 55%。可见玉米秸秆的粗纤维和无氮浸出物含量十分丰富，可以作为反刍动物的粗饲料资源。

玉米秸外皮光滑，质地坚硬，一般作为反刍家畜的饲料，若用来喂猪，则难以消化。反刍家畜对玉米秸粗纤维的消化率在 65% 左右，对无氮浸出物的消化率在 60% 左右。玉米秸青绿时，胡萝卜素含量较高，为 $3\sim7mg/kg$。

生长期短的夏播玉米秸粗纤维含量比生长期长的春播玉米秸少，易消化。同一株玉米，上部比下部的营养价值高，叶片又比茎秆的营养价值高，牛、羊较为喜食。玉米秸的营养价值优于玉米芯，而与玉米苞叶的营养价值相似。

玉米秸的饲用价值低于稻草。为了提高玉米秸的饲用价值，一方面，在果穗收获前，在植株的果穗上方留下一片叶后，削取上梢饲用，或制成干草、青贮饲料。割取青梢后改善了通风和光照条件，并不影响籽实产量。另一方面，收获后立即将全株分成上半株或上 2/3 株切碎直接饲喂或调制成青贮饲料。

我国农作物秸秆资源十分丰富，每年可生产秸秆 6.4 亿 t，占全世界秸秆总量的 20%～30%。其中，玉米秸秆产量达 2.2 亿多 t。

二、玉米秸及其加工产品的营养价值

玉米秸粗蛋白质含量显著高于其他禾本科牧草，具有较高的营养价值，是反刍动物重要的粗饲料。另外，其适口性比稻草等好，既可调制干草，又可青贮。同时，玉米秸还能提供很好的粗纤维，通过增加粗纤维含量，促进反刍动物的咀嚼和反刍，利于唾液分泌，防止瘤胃酸中毒。玉米秸的营养成分与营养价值见表 20-3。

表 20-3　玉米秸的营养成分与营养价值（DM）

名　称	产奶净能 (MJ/kg)	增重净能 (MJ/kg)	消化能 (MJ/kg)	粗蛋白质 (%)	粗纤维 (%)	钙 (%)	磷 (%)
玉米秸	6.1～6.4	3.1～3.5	—	6.5	24～28	0.43	0.25

三、玉米秸及其加工产品的加工方法与工艺

（一）青贮玉米秸

与未处理的玉米秸相比较，青贮后的玉米秸营养得到了全面改善。玉米秸青贮后的 CP 含量较青贮前提高 70g/kg 左右，在适宜收获期将玉米秸进行青贮处理，不仅保存了玉米秸的营养价值，而且使 CP 含量有所提高，CF 含量有所降低，有利于提高消化率。青贮可以明显改善玉米秸的适口性，将青贮与添加剂联用，在反刍动物养殖中被广泛利用。

1. 袋贮玉米秸　将铡短的玉米秸一层一层地装入塑料袋内，排出袋内空气，把袋口扎紧，放在适当的地方，经 30d 后就可开口取料喂畜。塑料袋可用市售无毒塑料薄膜，口袋大小以贮料多少而定，一般以 1 袋装料 100～150kg 为宜，便于搬动。

2. 窖贮玉米秸　窖贮就是选择地势高、水位低的地方挖窖，圆形、方形均可。窖的大小视养畜头数多少而定，一般 2m 见方、2m 深的窖能贮玉米秸 5t 左右。为了减少损失，窖的四周应铺上塑料薄膜，把玉米秸铡短，层层入窖，踩实、封严。一般经过 17～21d 的乳酸发酵，即可开窖利用。

3. 堆贮玉米秸　就是把新鲜玉米秸，梢朝里、根朝外，层层上垛踩实，垛底四周挖好排水沟，垛顶覆盖杂草苫严防雨水，进行堆贮，留待冬天喂畜，牛和羊特别爱吃。

4. 盐化玉米秸　玉米秸盐化就是把铡短的玉米秸用一定浓度的盐水浸泡，增强其适口性的一种方法。铡短的玉米秸按 25kg 加入 0.1～0.15kg 食盐，然后加入 5kg 温水，在温度 15℃ 下浸泡 6～12h，再加上适量精饲料，就可供 1 头奶牛食用 1d，饲料转化率在 80% 以上。盐化玉米秸适口性好，奶牛吃过几次就会迅速适应。这种方法安全、简便易行，适合个体养牛户采用。

（二）氨化玉米秸

氨化玉米秸是生产中会用到的一个方法，玉米秸氨化后粗蛋白质可提高 3.38 个百分点。奶牛日采食量增加 0.62kg，采食速度增加 0.62kg/h，日产奶量平均增加

2.36kg，每千克鲜奶成本降低 0.03 元，效果优于普通玉米秸。有研究报道，氨化后的玉米秸粗蛋白质含量比氨化前增加了 2 倍多，相当于羊草。奶牛日粮中饲喂 50％氨化玉米秸与全部饲喂羊草无变化，可添加氨化玉米秸降低奶牛饲养成本。

1. 氨水调制玉米秸　首先准备好氨化窖（池）。若是土坑则应铺上塑料薄膜。然后将铡短的玉米秸放入氨化窖（池）内，同时按玉米秸质量 1∶1 的比例喷洒 3％浓度的氨水，装满后用塑料薄膜封严。在 20℃左右密封 2～3 周就可启封，取出晒干后就可饲喂。

2. 尿素氨化玉米秸　在准备好的氮化窖（池），一边加入铡短的玉米秸，一边均匀地喷洒尿素水溶液（尿素用量占饲料干物质质量的 4％左右，水的用量占饲料质量的 20％～30％）。也可在铡碎的玉米秸中，每 500kg 玉米秸喷洒 0.5kg 尿素水溶液，加 3.5kg 食盐、1.5kg 玉米面，喷洒约 250kg 清水，以手捏不滴水为宜。经踏实后，再用塑料薄膜密封好。3 周左右就可开封饲喂。

（三）热喷玉米秸

把铡碎的玉米秸放在特定的容器内加热，当达到一定压力时迅速喷爆，使其膨化，这是一项新的饲料加工技术。处理后的玉米秸外观呈焦黄色，柔软，具有糊香味，适口性提高，采食量提高。但由于膨化机价格高，且需要煤作热源，因此此法只适于有一定实力和规模的国有农场和养殖大户采用。

（四）微贮玉米秸

微生物青贮简称微贮。从 20 世纪 90 年代开始，应用微生物和酶制剂处理秸秆的研究与开发兴起，而且正在被广大农村养殖户所接受。微贮甜玉米秸饲料的品质优于传统青贮处理，具有更高的营养价值和适口性。在饲养管理和基础日粮相同的前提下，饲喂微贮甜玉米秸饲料可显著提高产奶量（3.79％），每头日均增产牛奶 0.76kg，每头日均多收益 2.04 元，每头年均多收益 622.20 元。因此，对大规模奶牛场来说，大力推广微贮甜玉米秸的经济效益非常可观。

四、玉米秸及其加工产品在动物生产中的应用

玉米秸营养价值较低，适口性差，消化率低，直接饲喂效果并不是很好。

（一）玉米秸中的粗蛋白质含量低

玉米秸中的粗蛋白质含量为 6％，低于反刍家畜饲料蛋白质含量的要求（不应低于 8％），并且玉米秸中蛋白质生物学价值也很低，不能为瘤胃微生物的迅速生长繁殖提供充足的氮源，结果导致瘤胃微生物的活力降低，难以充分消化食入的玉米秸。

（二）玉米秸的消化率低，消化能含量低

一般牛、羊对秸秆的消化能力为 7.8～10.5MJ/kg DM，远远低于牛、羊饲料中所需要的消化能值，如体重 40kg 左右的育肥羔羊要求饲料中含消化能 17.0～18.8MJ/kg DM，

玉米秸中所含消化能与羔羊的需要相差较多。

秸秆的总能含量一般为 15.5~25.0MJ/kg，与干草相近，但其消化能只有 7.8~10.5MJ/kg，比干草的消化能 12.5MJ/kg 低得多，并且其营养价值也只相当于干草的一半。这是因为秸秆中木质素、纤维素等含量较高，导致其消化率较低。秸秆的消化率一般低于 50%，牛、羊为 40%~50%，猪为 3%~25%，鸡几乎难以消化利用，因而不能充分发挥秸秆中的潜能，且其他营养物质不能被家畜消化利用。

（三）玉米秸中维生素缺乏

玉米秸是草食家畜冬春的主要饲料，而玉米秸中胡萝卜素含量仅为 2~5mg/kg，因此饲喂家畜时，应将玉米秸和胡萝卜等维生素含量较高的饲料进行搭配，或直接添加维生素添加剂。

（四）玉米秸中钙、磷含量低，硅酸盐含量高

高硅酸盐的存在不利于其他营养成分的消化利用，秸秆中钙、磷含量低及比例不适宜，都不能满足家畜的需要。一般奶牛饲料中钙、磷的比例应为（2~13）∶1，肉牛为 1∶（1~0.7），绵羊为（2~12）∶1。因此，在饲喂玉米秸时应注意调整钙、磷的含量及比例。

综上所述，以上限制因素导致玉米秸直接饲喂家畜的效果很差。但如果对其进行适当合理的加工调制，可使其利用率、适口性、采食量增加，提高饲喂效果。

五、玉米秸及其加工产品作为饲料资源开发利用与政策建议

我国玉米秸资源量大而广，但是大部分秸秆在田间、地头或场院被烧掉，这些现象在山区、半山区和经济发达的大、中城市郊区较为普遍，或者农户直接用于生活燃料，或者将秸秆弃置不用。这样做不仅浪费了资源，而且还污染了环境。随着畜牧业发展，玉米秸也越来越受到重视。但是，目前我国玉米秸的利用方式还处于较低水平，与发达国家相比仍有很大差距。针对此状况，笔者提出以下建议：

（一）采用合理的加工调制方法

如采用颗粒化、青贮、氨化和生物处理等方法，提高玉米秸的采食量、适口性和消化率，将玉米秸作为草食家畜的主要粗饲料，用其替代部分精饲料，发展节粮型畜牧业。

（二）确定适当的收割高度

玉米植株上部比下部的瘤胃降解率高。因此，玉米秸的收割高度对营养价值的高低有很大影响。确定适宜的收割高度，就能得到较高质量的玉米秸。另外，玉米秸中的青嫩叶片比衰老叶片有较高的可消化性，处于生长发育阶段早期的植株青绿部分具有较高的可消化性。不同收获时期的玉米秸营养价值不同。同一时期收割的秸秆成熟度越高，木质化程度也越高，秸秆的消化率就越低。这是由于随着植物的逐渐成熟，NDF、纤

维素和木质素的含量有所增加，而中性洗涤可溶物（neutral detergent solubles，NDS）和半纤维素则有所下降，更有利于家畜的消化吸收。

（三）掌握适当的收割时间

收获时间对玉米秸养分含量的影响很大。普通种植玉米在达到籽实成熟后便逐渐停止养分的吸收，植株由绿色逐渐变为黄色，最后死亡。在这一过程中养分有很大的损失。随着收获时间的拖后，秸秆的粗蛋白质和粗脂肪含量逐渐降低，而粗纤维的含量逐渐增加。普遍认为，提早收割玉米，有利于玉米秸作为饲料利用。收获时间不同，玉米秸 NDF 含量也有变化，且随收获期推迟呈上升趋势。作物成熟收获前期秸秆的营养价值较高，成熟后随着时间的推移营养价值越来越低。因此，适时收获是获得高质量玉米秸的关键措施之一。

第四节　花生秸及其加工产品开发现状与高效利用策略

一、我国花生秸及其加工产品资源现状

我国是世界上最大的农业国家，每年在生产超过 4 亿 t 粮食的同时，也产生超过 1 亿 t 的玉米秸和 0.3 亿 t 的花生秸等农副产品。这是一个巨大的饲料资源，其数量之大相当于北方草原每年打草量的 12 倍之多。玉米秸富含碳水化合物，容易调制成青贮饲料，是冬、春季节家畜的粗饲料来源。但是由于其蛋白质、维生素及矿物元素含量较低，因此影响到它的饲喂效果，影响到群众利用的积极性。花生为豆科作物，花生秸中富含粗蛋白质、粗脂肪、各种矿物质及维生素，而且适口性好，能够弥补青贮玉米秸营养的不足。如果在青贮玉米秸中加入适量的花生秸，则会较大程度地提高青贮饲料的营养价值，提高两者的利用效果。我国花生秸资源相当丰富，但利用率低、浪费大；我国畜牧业发展又迅速，对饲料的需要量大，如果把两者结合起来，则会极大地促进当地农牧业的可持续发展。

秸秆饲料资源的开发利用在缓解我国"人畜争粮"矛盾，保证畜牧业持续发展中起到重要作用。花生是世界上广泛种植的经济作物之一，全世界花生产量以中国、印度、美国较多。花生是我国重要的经济作物，其种植面积约 460 万 hm²。值得注意的是，在花生大规模生产的同时，花生秸的产量也相当可观，每年为 2 000 万～3 000 万 t。花生秸营养丰富，富含粗蛋白质、粗脂肪、各种维生素及矿物质，而且适口性好，但多年来这一宝贵的饲料资源除少数被利用外，大多数被白白地浪费掉了，没有得到有效、合理的开发利用。为此，应加强对花生秸的认识，以进一步促进花生秸的饲料化利用，促进有效资源的合理开发利用和循环农业的发展。

花生秸营养丰富，味甘芳香，是各种草食牲畜所喜食的饲料。但由于花生秸的粗纤维不易被消化，尤其饲喂半干的花生秸时，稍有不慎就会使奶牛发生前胃迟缓或形成瘤胃积食等前胃疾患，从而影响奶牛的发育、生产，严重者可引起死亡。

随着我国畜牧业快速发展，蛋白饲料越来越缺乏，而富含蛋白的花生秸远未得到充

分利用，因此积极开发利用花生秸作为畜禽饲料，这在当前蛋白饲料相对缺乏的情况下，无疑具有十分重要的现实意义。

二、花生秸及其加工产品的营养价值

花生属豆科植物，其秸秆所含营养物质丰富。丛生型生长的花生秸茎叶中含有12.9％粗蛋白质，2％粗脂肪，46.8％无氮浸出物。其中，花生叶的粗蛋白质含量高达20％，其营养价值与优良牧草及饲料作物相比，粗蛋白质是优质墨西哥饲料玉米及苏丹草秸秆的1.5倍，也高于多年生黑麦草，接近盛花期紫花苜蓿的含量，钙含量也明显高于其他牧草，但磷含量较低。畜禽采食1kg花生秸产生的能量相当于0.6kg大麦所产生的能量，一般亩产300kg花生就可以得到300kg的花生秸，用于饲喂家畜则相当于180kg大麦的饲养效果。花生秸的营养成分与营养价值见表20-4。

表20-4　花生秸的营养成分与营养价值（DM）

名　称	产奶净能（MJ/kg）	增重净能（MJ/kg）	消化能（MJ/kg）	粗蛋白质（％）	粗纤维（％）	钙（％）	磷（％）
花生秸	5～5.6	2.1	—	12～14.3	24.6～32.4	2.69	0.04

花生秸除含有上述营养成分外，还含有丰富的黄酮类化合物，如芸香苷、槲皮素、小犀草素等，其中花生叶中含量最高，其次是花生茎。黄酮类化合物是植物经光合作用产生的一大类化合物，作为一种功能成分，具有许多有益的生理效应和药理作用。其作用主要是：①具有生物抗氧化性，能清除自由基作用，抗衰老；②抗肿瘤作用；③抗菌作用、增强免疫力及预防消化系统溃疡的发生。另外，花生蔓中黄酮提取物是天然产物，安全、无毒，可以放心地应用于饲料与食品中。

三、花生秸及其加工产品的加工方法与工艺

（一）刈割

为了使花生秸的许多营养价值得到开发和利用，越来越多的人开始研究科学利用花生秸的具体措施。刈割时期和刈割高度对花生秸饲料利用影响的定量研究表明，花生提前收获既对维生素B_2、粗蛋白质、粗脂肪含量有影响，又对花生产量和质量有较大影响。其中，提前10d收获，比正常收获粗蛋白质、粗脂肪水平均提高20％，维生素B_2、维生素B_6也可达到较高的水平，显著高于正常收获。粗纤维的含量差异不大。提前15～20d收获虽然维生素含量较高、粗蛋白质和粗脂肪含量低，但对花生的自粒重、饱果数及单株总果数有较大影响，使花生产量与质量极大地降低，得不偿失，不可采取。另外，刈割高度为3～5cm能够使粗蛋白质、粗脂肪含量达到最大值，分别比正常收获时提高31％、72％，其营养价值完全可以与优良牧草及饲料作物相比。

（二）青贮

青贮能否成功的关键因素是青贮原料中水溶性碳水化合物含量的高低，乳酸菌充分

发酵与否将取决于此。青贮原料中水溶性碳水化合物的含量一般要求不低于2％。花生秸尽管营养物质丰富，但水溶性碳水化合物含量较低决定了其不宜单独青贮。有研究者认为，对花生秸进行青贮饲喂家畜的效果较好。

目前，花生秸作为青贮饲料来源，通常采用与其他碳水化合物含量较高的青贮原料混合进行青贮的方式，如花生秸与甘薯秧、苜蓿、玉米秸及多种原料混合青贮等，营养效果较好。

（三）微贮

微贮的机理是，在花生秸中加入微生物高效活性菌种，在密封、厌氧的环境中，使其发酵成为具有酸香味，且蛋白质、脂肪含量增加，粗纤维软化，消化率提高，奶牛喜食的饲料。

1. 建窖　选择地势高燥、向阳、距牛舍近的地方挖一长方形窖，窖长、宽、深分别为5m、2.5m、2m，窖四壁铺一层砖，用水泥抹平，使四壁光滑，四角呈半圆形以利于踏实。

2. 花生秸预处理　将花生秸抖干净，铡短（为5cm左右），测含水量（24.8％）后，待用。

3. 微贮活干菌的配制　活干菌用量为每吨花生秸3g。配制方法：在2kg清水中溶入20g食糖，再加"微贮王"活干菌，因该贮量为13t，故加"微贮王"39g，置常温下活化1～2h，将复活后的菌剂倒入预先配制好的0.8％的盐水中，拌匀备用。每吨花生秸需加0.8％的食盐水1 000kg，使微贮料含水量达62％。

4. 方法　窖底铺放铡短的花生秸30cm厚，压实，均匀喷洒菌液，以每吨花生秸2kg的比例均匀抛撒玉米面以增效；随后再铺30cm铡短的花生秸，压实、喷菌液、撒玉米面增效。如此循环操作，直至高出窖口30cm左右，再压实、喷菌液、撒玉米面。最后按250g/m²的量均匀撒上细盐粉，盖上塑料膜，膜上再铺30cm厚的干秸秆，上面覆土20cm，堆成山包状，并拍实封严。

微贮花生秸自收贮后经36d可开窖取用。开窖后微贮花生秸呈黄绿色，具有微酸、醇香味，手感松软、湿润。经分析对比，微贮前花生秧的粗蛋白质、粗脂肪分别为干物质的11.28％、2.11％，微贮后分别占干物质的12.11％、2.76％，比微贮前分别提高0.83和0.65个百分点。为防止贮料霉坏变质，要从窖的一端开窖取料，并注意掌握好每天用量，喂多少取多少。当天取当天喂完，每次取用后要及时将塑料膜盖严。

花生秸经微贮后，蛋白质及脂肪含量均有所提高，并有浓郁的酸香味，适口性很好。在微贮过程中半纤维素-木聚糖链和木质素聚合物的酯链酶解，增加了花生秸的柔软性和膨胀度，使瘤胃微生物能直接与纤维素接触，从而提高了粗纤维的消化率，使奶牛避免了由于花生秸纤维不易消化而导致的前胃疾患，成为饲喂奶牛的好饲料。

微贮不像青贮那样必须趁鲜储存，可在任何时候、植物的任何生长阶段进行储存，不受储存时间的制约，不受所贮秸秆含水量多少的限制，不会像青贮玉米秸那样和播种小麦争劳力。另外，微贮又不像氨化那样需高投资来购置充氨设施，因此是目前秸秆处理的较佳选择。微贮可使花生秸营养成分含量提高，变为适口性好、消化率高的好饲料。其他作物秸秆，如麦秸、玉米秸、甘薯蔓、树叶、杂牧草等均可进行微贮处理，以提高品质、改善饲喂效果、增加饲养效益。

四、花生秸及其加工产品在动物生产中的应用

玉米秸富含碳水化合物，容易调制成青贮饲料，但是由于蛋白质、维生素及矿物质元素含量较低，因此影响其饲喂效果。花生作为豆科作物，秸秆中富含粗蛋白质、粗脂肪、各种矿物质及维生素，适口性好，能够弥补青贮玉米秸营养的不足；另外，由于花生秸水分含量少，缺乏糖分，因此不适于单独青贮，如果在青贮玉米秸中加入适量的花生秸，则会较大地提高青贮饲料的营养价值及两者的利用效果。有研究表明，在玉米秸青贮过程中，增加15%花生秸不仅不影响青贮效果，而且还能显著地提高青贮饲料的营养价值，改善饲料品质，粗蛋白质、粗脂肪的含量分别提高23.6%、15.5%，维生素、胡萝卜素也明显增加；同时，味道、柔软性、适口性得到进一步提高。该方法在畜牧生产中既可行，又方便，逐步得到推广与应用。

用微贮花生秸代替青贮玉米饲喂奶牛，每头每日均多产标准奶1.77kg，按当时当地价格每千克奶1.80元计算，每头每日多产奶的收益为3.19元。花生秸微贮和玉米青贮过程中的费用相近，试验期内饲喂微贮花生秸比饲喂青贮玉米多收入12 760元，经济效益显著。

花生秸作为一种粗饲料来源，已经开始在动物饲料中使用，并且由单一的成分替代逐步发展到与精饲料不同配比模式的推广。用青贮花生秸饲喂奶牛的试验表明，青贮花生可提高奶牛的产奶性能和生长性。

随着我国畜牧业的快速发展，蛋白质饲料越来越缺乏，而富含蛋白质的花生秸远未得到充分利用。因此，积极开发利用花生秸作为畜禽饲料，在当前蛋白质饲料相对缺乏的情况下，无疑具有十分重要的现实意义。

五、花生秸及其加工产品作为饲料资源开发利用与政策建议

（一）优化花生产业结构

为提高花生产业化水平和产品竞争力，除继续巩固和扩大传统主产区发展及种植面积外，还应把花生种植作为开发民族地区、边疆地区、贫困地区、易灾地区和革命老区的重要措施。

（二）提高花生秸利用率

饲草料经过营养调配和加工后，饲料转化率大幅度提高。目前，我国规模化养殖的比例不高，分散养殖仍占很大比重，饲草料浪费惊人。通过提高规模养殖的比重，大量推广饲草料科学加工与利用技术，特别是青贮技术，提高我国花生秸的加工率、利用率和转化率，增加花生秸在草食家畜日粮中的比例，能够减少小规模散养户消耗原粮的比例。不仅能节约养殖用粮、缓解粮食安全的压力，而且能提高养殖效益、增加农民收入。建议增加饲草料加工与高效利用科研与技术推广的投入力度，通过示范，提高规模养殖及农民科学饲养的水平，为粮食安全及养殖业现代化贡献力量。

第五节　豆秸及其加工产品开发现状与高效利用策略

一、我国豆秸及其加工产品资源现状

我国豆秸（stem）资源十分丰富，但是这种资源长期没有得到合理有效的开发和利用，约 2/3 的豆秸被焚烧掉，造成资源浪费和环境污染。豆秸由于质地硬、木质素含量较高，仅在春季饲草短缺、饲草价格昂贵的时候才用作牛、羊粗饲料。豆秸是大豆的副产品，我国年产豆秸 1 500 万 t。豆秸营养价值较高，是冬季牲畜越冬的良好饲料。由于豆秸成熟后其维生素大部分分解、蛋白质减少、茎木质化且质地坚硬，因此只有将豆秸进行加工调制，才能保证其充分利用。

豆秸有大豆秸、豌豆秸和蚕豆秸等。由于豆科作物成熟后叶子大部分凋落，因此豆秸主要以茎秆为主，茎已木质化，质地坚硬，维生素与蛋白质含量也减少，但与禾本科秸秆相比，其粗蛋白质含量和消化率都较高。

风干大豆茎含有的消化能：猪为 0.71MJ/kg，牛为 6.82MJ/kg，绵羊为 6.99MJ/kg。大豆秸适于喂反刍家畜，尤其适于喂羊。在各类豆秸中豌豆秸的营养价值最高，但是新豌豆秸水分较多，容易腐败变黑，要及时晒干后储存。在利用豆秸类饲料时，要对其进行很好的加工调制，搭配其他精、粗饲料混合饲喂。

二、豆秸及其加工产品的营养价值

豆秸的营养成分与营养价值见表 20-5。

表 20-5　豆秸的营养成分与营养价值（DM）

名　称	产奶净能（MJ/kg）	增重净能（MJ/kg）	消化能（MJ/kg）	粗蛋白质（%）	粗纤维（%）	钙（%）	磷（%）
豆秸	2.9～3.0	—	8.20	5.1～9.8	48～54	1.33	0.22

三、豆秸及其加工产品的加工方法与工艺

秸秆等非常规饲料资源被随意丢弃和焚烧，除了人们的思想观念陈旧以外，最主要的原因是其本身的结构所决定的。作物秸秆等低质粗饲料的主要成分是纤维物质，中性洗涤纤维（NDF）占干物质的 70%～80%；酸性洗涤纤维（ADF）占干物质的 50%～60%；而粗蛋白质含量很少，仅含 3%～6%。低质粗饲料中纤维含量高，粗蛋白质含量低和可消化能低，不仅降低了其消化利用率，而且适口性也大受影响，限制了动物采食，往往不能满足反刍动物的营养需要。通过近 20 年的不断努力，伴随着现代营养学原理的建立和发展应用，国内外学者研究并试用了许多改善作物秸秆营养价值的方法，取得了一定的进展，主要有以下几种方法。

（一）物理处理

物理处理技术就是借助人工和机械等手段，通过浸泡、蒸煮、切短、揉碎、粉碎、膨化、热喷、射线照射等方法改变大豆秸的物理性状，便于家畜咀嚼，减少能耗，同时也可改善适口性，提高采食量。这种处理方式是最传统的方法。虽然切短、揉碎、粉碎及浸泡等方法在实践中被经常使用，但是均不能提高秸秆的消化率，需与其他方式结合起来。热喷、膨化和射线照射等技术可以提高秸秆消化率，但是设备一次性投资高，加上设备安全性差、技术不成熟等，因此限制了其在生产实践中的推广应用。

（二）化学处理

化学处理法主要是通过添加一定量的化学试剂，再经一段时间作用后达到提高秸秆消化率的目的。

（三）碱化处理

氢氧化钠处理对提高豆秸等粗饲料营养价值的作用最大。与未处理的豆秸相比，碱化处理后一般可使有机干物质的消化率提高。碱化处理的原理就是借助碱类物质能使饲料纤维内部的氢键结合变弱，酯键或醚键被破坏的作用，使细胞壁中纤维素和半纤维素与木质素之间的联系削弱，纤维素分子膨胀，半纤维素和一部分木质素溶解。这样就有利于反刍动物前胃中的微生物发挥作用从而提高秸秆的消化率，改善适口性，增加采食量。郭佩玉等1990年电镜观察也证实了碱处理能使粗饲料的组织结构发生变化，更易被瘤胃微生物附着消化这一事实。目前，碱处理常用试剂为氢氧化钠或氢氧化钙。氢氧化钠的处理效果是各种处理中最好的，然而由于过量钠离子随粪便排出可引起土壤渗透压增高，容易导致土壤板结，且氢氧化钠处理量添加过多则影响适口性，因此碱化处理有被氨化处理代替的趋势。

（四）氨化处理

氨化处理的方法是在平整、干燥的地上将0.1～0.2mm厚的无毒聚乙烯塑料薄膜铺开，按每100kg（干物质质量）秸秆添加12kg碳酸氢铵、45kg水的比例，将水均匀喷到大豆秸上。将混匀的大豆秸逐层撒到铺开的无毒聚乙烯塑料薄膜上，边堆垛边撒碳酸氢铵，并逐层踩紧压实。最后，根据场地大小或饲喂需要，将垛堆到适宜大小，并把垛下铺的和垛上盖的无毒聚乙烯塑料薄膜一起盖好，四周用泥土填实封严，避免漏气。处理时间为30d。启封后，把氨化大豆秸放在自然光照下干燥晾晒，并用农具不断翻晒使余氨散尽，等到自然干燥后即可饲喂。

大豆秸经氨化处理后，可以改善其营养价值，提高其体外消化利用率，至于能否真正改善其营养价值及改善的幅度如何，还有待于以后进一步来验证。

（五）其他处理

硫酸、盐酸、甲酸、磷酸、二氧化硫等酸化剂处理原理基本上与碱化处理相似。因为秸秆纤维内部纤维素、半纤维素与木质素之间形成的氢键、酯键及醚键等化学键不仅可以被碱性物质破坏打开，还可以被酸性物质分解。目前，酸化处理远没有碱化处理和氨化处理普及，主要原因是成本问题，其次就是环境污染问题。

（六）生物处理

青贮是一个复杂的微生物群落动态演变生化过程，其实质就是在厌氧条件下，利用秸秆本身所含有的乳酸菌等有益菌将饲料中的糖类物质分解产生乳酸，当酸度达到一定程度（pH 3.8～4.2）后，抑制或杀死其他各种有害微生物，如腐败菌、霉菌等，最后乳酸菌的繁殖也受到酸度影响而被抑制，从而可以长期保存饲料。青贮可分为普通常规青贮和半干青贮。半干青贮的特点是干物质含量比一般青贮饲料中的多，且发酵过程中微生物活动较弱，原料营养损失少，因此半干青贮的质量比一般青贮要好。

四、豆秸及其加工产品在动物生产中的应用

大豆秸由于质地硬、木质素含量较高，因此仅在春季饲草短缺、饲草价格较高时才用作牛、羊粗饲料。未经处理的豆秸蛋白质含量低，豆科秸秆的粗蛋白质含量为5％～9％，其中可消化粗蛋白质为2.65～4.68g/kg，适口性差，奶牛采食量低、消化率低。下面就一些常用的豆秸及其加工产品在动物生产中的应用加以阐述。

豆秸颗粒（块）具有饲喂损失小、容量大、便于储存运输等优点；由生变熟，具有糊香味，适口性提高，采食率达100％。其饲喂牛的效果与羊草相当，同常规秸秆饲喂相比，肉牛增重提高15％，奶牛产奶量提高16.4％，乳脂肪率提高0.02％。

豆秸直接作为饲料用的营养价值较低，其干物质瘤胃有效降解率仅为17.98％，豆秸经过氨化后自由采食量提高22.7％，干物质瘤胃有效降解率提高32.09％。氨化豆秸瘤胃有效降解率提高的幅度低于稻草和玉米秸，这与不同秸秆的纤维物质含量和结构有关。豆秸质地坚硬，组织结构比较密实，妨碍氨进入细胞壁组织中。因此，氨化豆秸养分瘤胃消化率提高的幅度低于氨化玉米和氨化水稻秸。

豆秸经过微生物处理后，采食速度和采食量显著提高，但豆秸干物质瘤胃有效降解率提高的幅度较小，豆秸经过以乳酸菌和酵母菌为主的益生菌处理后，产生一些有机酸等可溶性物质，表现为秸秆中快速降解部分增加，同时改善了适口性，因此提高了采食速度和采食量。但微生物处理对秸秆细胞壁结构破坏程度很小，因此对秸秆养分瘤胃降解率提高幅度很小。

目前，秸秆饲料的营养成分已经明确，但在生产中仍处于粗放型使用的初级阶段，在产业化的道路上仍未找到豆秸有效降解的途径。因此，对于豆秸合理优质利用的研究仍需进一步加强。

五、豆秸及其加工产品作为饲料资源开发利用与政策建议

我国畜牧业发展有优良传统，秸秆养畜历来是养殖业的常规模式。当前饲料粮短缺的情况越来越严峻，我们应该充分利用我国潜在的丰富的作物秸秆等非常规饲料资源，

通过适当的加工处理技术，来提高其消化利用率，替代部分饲料粮，减少成本，增加养殖收益。

（一）加强豆秸及其加工产品作为饲料资源的利用

随着中国畜牧业的快速发展，尤其是反刍动物饲养量的不断增加，发展反刍动物生产所必需的粗饲料的质量与供给日益成为限制反刍动物生产发展与生产水平提高的主要因素。我国土地资源有限，但农作物秸秆资源十分丰富（年产量估算可达 8×10^{11} kg），天然草场与人工牧场的草产量远远不能满足养殖需要，必须将大量农作物副产品主要是将秸秆资源作为粗饲料饲喂反刍动物。

（二）改善豆秸及其加工产品作为饲料资源开发利用的方式

目前，在粗饲料利用方面存在的问题是反刍动物对秸秆的消化利用率较低，其主要原因是纤维素、半纤维素和木质素共存于秸秆纤维中，形成非常复杂的结构，特别是木质素很难被瘤胃微生物降解，其严重阻碍了反刍动物对纤维素、半纤维素等多糖类物质的降解利用。因此，如要提高反刍动物对秸秆消化利用的效率，首先，降解限制纤维多糖利用的木质素；其次，需要将纤维多糖类物质进一步降解为单糖或寡糖，以便反刍动物能更好地吸收利用。

参考文献

范华，裴彩霞，董宽虎，2016. 豆秸营养价值的研究 [J]. 畜牧与饲料科学 (6)：28-29，34.

郭庭双，1985. 草捆青贮技术 [J]. 国外畜牧学　草原与牧草 (4)：50-53.

郭庭双，李晓芳，1993. 我国农作物秸秆资源的综合利用 [J]. 饲料工业，14 (8)：48-50.

胡功铭，1995. 花生秸营养特性的研究 [J]. 湖南畜牧兽医 (6)：12-13.

寇玉微，杨大为，沈维力，2011. 浅谈稻草喂牛的技术措施 [J]. 中国畜禽种业，7 (2)：72-73.

李金娥，李梅清，2005. 稻草喂牛技术要点 [J]. 现代畜牧兽医 (3)：10-10.

刘纪成，张敏，刘佳，等，2017. 花生秸秆在畜禽生产中的利用现状及其生物发酵技术 [J]. 中国饲料 (20)：36-38.

卢焕玉，李杰，2010. 大豆秸秆作为粗饲料的营养价值评定 [J]. 中国畜牧杂志，46 (3)：41-43.

卢敏，孙莉，2007. 稻米中抗营养因子的研究进展 [J]. 粮食加工，32 (5)：33-36.

鲁琳，张栓洋，孟庆翔，等，2006. 补氮碱化处理提高小麦秸营养价值的研究 [J]. 中国奶牛 (4)：29-33.

祁宏伟，于维，闫晓刚，等，2016. 我国玉米秸秆饲料加工处理技术发展现状 [J]. 中国畜牧兽医文摘，32 (10)：217.

单洪涛，吴跃明，刘建新，2007. 氨化处理对豆秸营养价值的影响 [J]. 中国饲料 (8)：40-41.

孙世荣，郭祎，岳金权，2015. 我国稻草资源化利用现状及其评价 [J]. 农业与技术，38 (17)：26-29.

王国祥，龙梅，2010. 稻草的调制及利用 [J]. 猪业观察 (18)：38.

王勤肖，宋维国，1993. 氨化饲料的制作与利用 [J]. 中国畜牧杂志 (6)：49-50.

王永宏，2006. 玉米秸秆饲草加工的实践与探究 [J]. 农业技术与装备 (7)：28-29.

吴明国，1995. 麦秸制作饲料的加工处理法 [J]. 农家顾问 (8)：26.

刑廷铣，1995. 农作物秸秆营养价值及其利用 [M]. 长沙：湖南科学技术出版社.

于辉，2006. 麦秸做饲料怎样加工好 [J]. 北方牧业 (12)：29.

张莹莹，2015. 小麦秸和玉米芯在畜牧上的应用 [J]. 新农业 (1)：9-10.

周易，1987. 加工稻草、麦秆生产化工产品 [J]. 资源开发与市场 (3)：73.

（南京农业大学   毛胜勇，中国农业大学   陆文清   编写）

第二十一章
青贮饲料开发现状与高效利用策略

第一节 概　　述

一、我国青贮饲料及其加工产品资源现状

青贮饲料是指将新鲜的青绿饲料切短装入密封容器中，经过微生物的发酵作用，制成一种具有特殊芳香气味、营养丰富的多汁饲料。我国从 20 世纪 50 年代便开始推广青贮技术，但由于受生产水平和经济条件等因素的制约，发展速度较缓慢。

我国青贮原料目前用得较多的是青贮玉米（带穗）、摘穗后的玉米秸、甘薯藤，以及季节性的多汁饲料（如大头菜、竹笋壳）等。我国可供青贮利用的农作物及副产品在 10 亿 t 以上。20 世纪 80 年代初，南方青贮原料多以甘薯藤、花生秸为主。国家"九五"重点科技攻关计划中，中国农业大学研究了作物秸秆与多汁饲料、块根饲料、鸡粪等复合青贮技术，获得了能保证青贮质量的各种原料的适宜比例。国内的青贮方法主要为普通青贮法。近年来，对其他青贮技术，如混合青贮、袋装青贮等也开始进行研究和推广。1978 年，四川内江地区畜牧技术人员首次采用塑料袋青贮甘薯藤并获得成功。2000 年，黑龙江叶喜庭、于亚军等对紫花苜蓿进行拉伸膜裹包青贮法收到了很好的效果。目前，稻草与紫云英、稻草与大头菜、稻草与竹笋混合青贮技术已在浙江省的有关奶牛场应用。"九五"期间，国内在秸秆利用技术方面开展了干黄秸秆青贮工程技术的研究，探索了青绿饲料复合青贮新工艺，对南方地区的紫云英进行了补饲稻草的研究并研制出了一些新型秸秆加工设备。

目前，我国对添加剂青贮的研究还不深入。发酵抑制剂方面，如 1998 年郭金双用 85% 的甲酸以 2.5～5.5mL/kg 的用量处理蜡熟期的全株玉米。结果表明，玉米青贮饲料的可溶性碳水化合物含量显著增加，乳酸、乙酸、氨态氮含量有所降低。2001 年，中国农业大学席兴军研究发现，在玉米秸秆青贮中添加己酸可以在较高干物质回收率的情况下，明显提高青贮饲料的感官及水分、pH 综合评定得分，同时有效抑制霉菌的生长。添加盐酸降低了乳酸和总酸的含量，使得青贮饲料的质量下降。而己酸和盐酸的共同作用可降低消化性纤维、酸性洗涤纤维、酸性洗涤木质素的含量，提高玉米秸秆青贮

饲料的发酵品质和营养价值。

营养型添加剂方面，如将玉米秸进行糖化发酵处理发现，其蛋白质含量明显增加，干物质、纤维瘤胃降解率明显提高。山东农业大学动物科技学院的研究人员在玉米秸中添加 0.5% 的碳酸氢铵＋尿素青贮发现，碳酸氢铵＋尿素青贮的 pH 和粗蛋白质的含量均有升高，快速降解成分极显著低于普通青贮，且通过育肥试验肉牛平均日增重较普通青贮组提高了 15.67%。2000 年，青海畜牧兽医职业技术学院的研究试验结果表明，糖稀和发酵酸不仅可以降低青贮饲料的 pH，提高青贮物的耐贮性，还可使其适口性提高，进而提高家畜的采食量。

发酵促进型添加剂方面，在对酶制剂的研究上，"九五"期间，中国农业大学非常规饲料研究所承担"秸秆利用技术研究"的研究中，使用复合酶制剂（产纤维素酶酶活力 4 500U/g，木聚糖酶活力 750U/g）对玉米秸秆进行处理，与对照组相比，能显著分解纤维物质，降低纤维含量、pH 和氨态氮含量，且可增加青贮玉米秸秆中有机酸特别是乳酸的含量，改善了青贮秸秆的发酵品质。2001 年，吉林农业大学的杨连玉和日本国岩手大学的中岛芳报道，使用纤维素酶对玉米秸秆进行处理时，纤维素组分虽然有下降趋势，但无显著差异。他们分析其原因可能是酶作用受温度和 pH 等多方面的影响。对用复合产乳酸菌处理的玉米秸秆研究中发现，其青贮发酵质量有所改善，在发酵初期乳酸含量明显增加。对于混合制剂的研究发现，利用纤维素酶和高产单细胞蛋白（single-cell protein，SCP）菌种对新鲜玉米秸秆进行混合菌发酵处理，玉米秸秆粗蛋白质含量达到 19.63%～24.14%，粗纤维利用率达到 70% 左右。2001 年，中国农业大学的研究人员在玉米秸秆青贮中分别添加乳酸菌、纤维素酶和乳酸菌＋纤维素酶。结果表明，添加纤维素酶可以明显提高玉米秸秆青贮饲料的综合评分。与对照组相比，纤维素酶处理可以大大提高玉米秸秆青贮饲料的发酵品质和营养价值。添加乳酸菌使青贮玉米秸秆饲料的丁酸占总酸的比例下降 72%；但是乳酸菌的处理使青贮饲料中 NDF 含量增加了 6%，氨态氮占总氮的比例增加了 17%，乳酸的含量降低了 5%，青贮玉米秸秆饲料的发酵品质和营养价值有所下降。乳酸菌和纤维素酶的共同作用则使玉米秸秆青贮饲料的干物质消化率提高 8%，氨态氮占总氮的比值降低 33%，提高了青贮饲料的发酵品质和营养价值。

与国外相比，国内青贮饲料制作技术仍较落后，青贮质量不稳定、效益偏低。目前，国内对青贮技术整体研究多数集中在工艺改进和设备上，对添加剂青贮的研究有所欠缺。而且添加剂的研究多集中在营养型添加剂上，对营养价值及添加剂使用效果的研究还不够深入。

二、开发利用青贮饲料及其加工产品作为饲料原料的意义

青贮饲料能够长期保存青绿多汁饲料的特性，扩大饲料资源，保证家畜均衡供应青绿多汁饲料；另外还具有气味酸香、柔软多汁、颜色黄绿、适口性好等优点。目前，该类饲料已在世界各国畜牧业生产中普遍推广应用，是饲喂草食家畜的重要饲料之一。生产实践证明，饲料青贮是调剂青绿饲料丰歉，以旺养淡、以余补缺，合理利用青饲料的一项有效方法。

三、青贮饲料及其加工产品作为饲料原料利用存在的问题

青贮饲料使用过程中必须注意品质，防止青贮饲料与空气长时间接触而出现霉变。当青贮饲料开封后有刺鼻气味，颜色发黄或发黑，肉眼可见的腐烂、霉变或粘连现象，说明青贮饲料变质，生产中不能使用。使用青贮饲料时要注意用量，品质良好的青贮饲料可以适量多喂，但不能完全替代全部饲料。一般情况下，青贮饲料干物质可以占粗饲料干物质的 1/3～2/3。要注意青贮饲料的饲喂频率，冰冻青贮饲料不能饲喂牛；否则，易引起孕牛流产。取青贮饲料时，一定要从青贮窖的一端开口，按照一定厚度，自上而下分层取用，以保持表面平整，防止泥土混入。

第二节　青贮饲料的营养价值

青贮饲料在青贮过程中化学变化复杂，其化学成分及营养价值与原料相比，有许多方面是不同的。

一、化学成分

青贮饲料干物质中各种化学成分与原料有很大差别。从表 21-1 可以看出，从常规分析成分看，多年生黑麦草青草与其青贮饲料没有明显差别，但从其组成的化学成分看，青贮饲料与其原料相比则差别很大。青贮饲料中粗蛋白质主要由非蛋白氮组成。而无氮浸出物中，青贮饲料中糖分极少，乳酸与醋酸则相当多。虽然这些非蛋白氮（主要是游离氨基酸）与脂肪酸使青贮饲料在饲喂性质上与青饲料有所不同，但对动物的营养价值比较高。

表 21-1　多年生黑麦草与其青贮饲料的化学成分比较（DM,%）

名　称	多年生黑麦草青草		多年生黑麦草青贮	
	含量	消化率	含量	消化率
有机物质	89.8	77	88.3	75
粗蛋白质	18.7	78	18.7	76
粗脂肪	3.5	64	4.8	72
粗纤维	23.6	78	25.7	78
无氮浸出物	44.1	78	39.1	72
蛋白氮	2.66	—	0.91	—
非蛋白氮	0.34	—	2.08	—
挥发氮	0	—	0.21	—
糖类	9.5	—	2.0	—
聚果糖类	5.6	—	0.1	—

（续）

名　称	多年生黑麦草青草		多年生黑麦草青贮	
	含量	消化率	含量	消化率
半纤维素	15.9	—	13.7	—
纤维素	24.9	—	26.8	—
木质素	8.3	—	6.2	—
乳酸	0	—	8.7	—
醋酸	0	—	1.8	—
pH	6.3	—	3.9	—

二、营养物质的消化利用

从常规分析成分的消化率看，各种有机物质的消化率在原料和青贮饲料之间非常相近，两者无明显差别，因此它们的能量价值也是近似的。据测定，青草与其青贮饲料的代谢能分别为 10.46MJ/kg 和 10.42MJ/kg，两者非常相近。由此可见，可以根据青贮原料当时的营养价值来考虑青贮饲料。多年生黑麦草青贮前后营养价值见表 21-2。

表 21-2　多年生黑麦草青贮前后营养价值的比较

项　目	多年生黑麦草	乳酸青贮	半干青贮
pH	6.1	3.9	4.2
DM（g/kg）	175	186	316
乳酸（g/kg DM）	—	102	59
水溶性糖（g/kg DM）	140	10	47
DM 消化率（%）	78.4	79.4	75.2
GE（MJ/kg DM）	18.5	—	18.7
ME（MJ/kg DM）	11.6	—	11.4

青贮饲料与其他原料相比，蛋白质的消化率相近，但是它们被用于增加动物体内氮素的沉积效率则往往低于原料。其主要原因是由大量青贮饲料组成的饲料，在反刍动物瘤胃中往往产生大量的氨，这些氨被吸收后，相当一部分以尿素形式从尿中排出。因此，为了提高青贮饲料对氮素的作用，可以按照反刍动物应用尿素等非蛋白氮的方法，在饲料中增加玉米等谷实类富含碳水化合物的比例，以获得较好的效果。如果由半干青贮或甲醛保存的青贮饲料来组成饲料，则可见氮素沉积的水平提高。常见青贮饲料的营养价值见表 21-3。

表 21-3　常见青贮饲料的营养价值（DM）

饲　料	干物质（%）	产奶净能（MJ/kg）	奶牛能量单位（NND）	粗蛋白质（%）	粗纤维（%）	钙（%）	磷（%）
青贮玉米	29.2	5.02	1.60	5.5	31.5	0.31	0.27
青贮苜蓿	33.7	4.82	1.53	15.7	38.4	1.48	0.30

（续）

饲　料	干物质 （%）	产奶净能 （MJ/kg）	奶牛能量单位 （NND）	粗蛋白质 （%）	粗纤维 （%）	钙 （%）	磷 （%）
青贮甘薯藤	33.1	4.48	1.43	6.0	18.4	1.39	0.45
青贮甜菜叶	37.5	5.78	1.84	12.3	19.4	1.04	0.26
青贮胡萝卜	23.6	5.90	1.88	8.9	18.6	1.06	0.13

三、动物对青贮饲料的随意采食量

许多试验指出，动物对青贮饲料的随意采食量干物质比其原料和同源干草都要低些，其原因可能有以下几点。

（一）青贮饲料酸度

青贮饲料中游离酸的浓度过高会抑制家畜对青贮饲料的随意采食量。用碳酸氢钠部分中和后，可以提高青贮饲料的采食量。游离酸对采食量的影响可能有 2 个原因：一是瘤胃中酸度增加；二是体液酸碱平衡的紧张所致。

（二）酪酸菌发酵

有试验证明，动物对青贮饲料的采食量及其中含有的醋酸、总挥发性脂肪酸含量与氨的浓度呈显著的负相关，而这些往往与酪酸发酵相联系。对不良的青贮饲料，家畜的采食量往往较少。

（三）青贮饲料中干物质含量

一般青贮饲料品质良好，而且含干物质较多者家畜的随意采食量较多，可以接近采食干草的干物质量。因此，青贮良好的半干青贮饲料效果良好。半干青贮饲料中发酵程度低，酪酸发酵也少，故适口性增加。

第三节　青贮饲料的加工方法与工艺

一、适宜青贮的原料

青贮能否成功，首先与所选用的饲料种类相关。一般来说，禾本科牧草比豆科牧草易于储存，含糖量高的牧草比含糖量低的牧草易于储存。

（一）容易青贮的原料

主要有玉米、高粱、甘薯、向日葵、燕麦等，它们中的含糖量一般高于最低需要含糖量（含糖 2%）。

(二) 不易青贮的原料

主要有花生、紫云英、黄花苜蓿、三叶草、大豆、豌豆、苕子和马铃薯等豆科植物的茎叶。这类原料含糖分较少，不利于乳酸菌的繁殖，宜与其他青贮的禾本科混合青贮或采用半干青贮。

(三) 不能单独青贮的原料

主要有南瓜蔓、西瓜蔓、甜瓜蔓和番茄茎叶等。这类原料含糖极少，单独青贮不易成功，只有与其他易于青贮的原料混贮或加入添加剂等才能成功。

青贮饲料的制作可以采用常规青贮法和特种青贮法，其青贮原理和制作方法有些差异。

二、常规青贮法

(一) 青贮饲料的特点

1. 能够保存青绿饲料的营养特性 青绿饲料在密封厌氧条件下保存，既不受日晒、雨淋的影响，又不受机械损失影响；储存过程中，氧化分解作用微弱，养分损失少，一般不超过 10％。据试验，青绿饲料在晒制成干草的过程中，养分损失一般达 20％～40％。每千克青贮甘薯藤干物质中胡萝卜素含量可达 94.7mg；而在自然晒制的干藤中，每千克干物质中胡萝卜素含量只有 2.5mg。据测定，在相同单位面积耕地上，所产的全株玉米青贮饲料的营养价值比所产的玉米籽粒＋干玉米秸的营养价值高出 30％～50％。

2. 可以四季供给家畜青绿多汁饲料 调制良好的青贮饲料，若管理得当，可储存多年，因此可以保证家畜一年四季都能吃到优良的多汁料。青贮饲料仍保持青绿饲料的水分、维生素含量高、颜色青绿等优点。我国西北、东北、华北地区，气候寒冷，生长期短，青绿饲料生产受限制，整个冬、春季节都缺乏青绿饲料，调制青贮饲料能把夏、秋多余的青绿饲料保存起来，供冬、春季节利用，解决了冬、春季节家畜缺乏青绿饲料的问题。

3. 消化性强，适口性好 青贮饲料经过乳酸菌发酵，产生大量乳酸和芳香族化合物，具酸香味，柔软多汁，适口性好，各种家畜都喜食。青贮饲料对提高家畜日粮内其他饲料的消化率也有良好的作用。用同类青草制成的青贮饲料和干草，青贮饲料的消化率有所提高 (表 21-4)。

表 21-4　青贮饲料与干草消化率比较 (％)

种　类	干物质	粗蛋白质	脂　肪	无氮浸出物	粗纤维
干草	65	62	53	71	65
青贮饲料	69	63	68	75	72

4. 青贮饲料单位容积内储量大 青贮饲料储存空间比干草小，可节约存放场地。$1m^3$ 青贮饲料质量为 450～700kg，其中干物质含量为 150kg。而 $1m^3$ 干草质量仅 70kg，

约含干物质 60kg。1t 青贮苜蓿占体积 $1.25m^3$，而 1t 苜蓿干草占体积 $13.3\sim13.5m^3$。在储存过程中，青贮饲料不受风吹、日晒、雨淋的影响，也不会发生火灾等事故。青贮饲料经发酵后，可使其所含的病菌、虫卵和杂草种子失去活力，减少对农田的危害。如玉米螟的幼虫常钻入玉米秸越冬，翌年便孵化为成虫继续繁殖为害。秸秆青贮是防治玉米螟的有效措施之一。

5. 青贮饲料调制方便，可以扩大饲料资源 青贮饲料的调制方法简单、易于掌握。修建青贮窖或制备塑料袋的费用较少，一次调制可长久利用。调制过程受天气条件的限制较小，在阴雨季节或天气不好时，晒制干草困难，而对青贮的影响较小。调制青贮饲料可以扩大饲料资源，一些植物和菊科类及马铃薯茎叶在青饲时，具有异味，适口性差，饲料转化率低。但经青贮后，气味改善，柔软多汁，提高了适口性，成为家畜喜食的优质青绿多汁饲料。有些农副产品，如萝卜叶、甜菜叶等收获期很集中，收获量很大，短时间内用不完，又不能直接存放，或因天气条件限制不易晒干，若及时制成青贮饲料，则可充分发挥此类饲料的作用。

（二）青贮原理

青贮发酵是一个复杂的微生物活动和生物化学变化过程。青贮过程为青贮原料上的乳酸菌生长繁殖创造有利条件，使乳酸菌大量繁殖，将青贮原料中可溶性糖类变成乳酸，当达到一定浓度时，抑制了有害微生物的生长，从而达到保存饲料的目的。因此，青贮的成败，主要取决于乳酸发酵的程度。

1. 青贮时各种微生物及其作用 刚刈割的青绿饲料中带有各种细菌、霉菌、酵母等微生物。其中，腐败菌最多，乳酸菌很少（表 21-5；王成章，1998）。

表 21-5 每克新鲜饲料上微生物的数量（个）

饲料种类	腐败菌（$\times10^6$）	乳酸菌（$\times10^3$）	酵母菌（$\times10^3$）	酪酸菌（$\times10^3$）
草地青草	12.0	8.0	5.0	1.0
野豌豆、燕麦混播	11.9	1173.0	189.0	6.0
三叶草	8.0	10.0	5.0	1.0
甜菜茎叶	30.0	10.0	10.0	1.0
玉米	42.0	170.0	500.0	1.0

资料来源：王成章（1998）。

由表 21-5 看出，新鲜青饲料上腐败菌的数量远远超过乳酸菌的数量。青绿饲料如不及时青贮，在田间堆放 $2\sim3d$ 后，腐败菌会大量繁殖，每克青绿饲料中往往有数亿个以上。因此，为促使青贮过程中有益乳酸菌的正常繁殖活动，必须了解各种微生物的活动规律和对环境的要求（表 21-6；王成章，饲料生产学，1998），以便采取措施，抑制各种不利于青贮的微生物活动，消除一切妨碍乳酸形成的条件，创造有益于青贮的乳酸菌活动的最适宜环境。

（1）乳酸菌 乳酸菌种类很多，其中对青贮有益的主要是乳酸链球菌（*Streptococcus lactis*）、德氏乳酸杆菌（*Lactobacillus delbruckii*）。它们均为同质发酵的乳酸菌，发酵后只产生乳酸。此外，还有许多异质发酵的乳酸菌，除产生乳酸外，还产生大量乙醇、醋酸、甘油和二氧化碳等。乳酸链球菌属兼性厌氧菌，在有氧或无氧条件下均能生长繁殖，耐酸能力较低，当青贮饲料中酸量达 0.5%～0.8%、pH 为 4.2 时即停止活动。乳酸杆菌为厌氧菌，只在厌氧条件下才生长和繁殖，耐酸力强，青贮饲料中当酸量达 1.5%～2.4%、pH 为 3 时才停止活动，各类乳酸菌在含有适量的水分和碳水化合物、缺氧环境条件下，生长繁殖速度快，可使单糖和双糖分解生成大量乳酸。

$$C_6H_{12}O_6 \rightarrow 2CH_3CHOHCOOH$$

$$C_{12}H_{22}O_{11} + H_2O \rightarrow 4CH_3CHOHCOOH$$

上述反应中，每摩尔六碳糖含能 2 832.6kJ，生成乳酸仍含能 2 748kJ，仅减少 84.6kJ，损失不到 2.99%。

表 21-6 几种微生物生存时对环境的要求

微生物种类	氧 气	温度（℃）	pH
乳酸链球菌	±	25～35	4.2～8.6
乳酸杆菌	—	15～25	3.0～8.6
枯草菌	＋	—	
马铃薯菌	＋	—	7.5～8.5
变形菌	＋	—	6.2～6.8
酵母菌	—		4.4～7.8
酪酸菌	—	35～40	4.7～8.3
醋酸菌	＋	15～35	3.5～6.5
霉菌	＋	—	

注："＋"指需氧呼吸，"－"指厌气呼吸，"±"指兼性呼吸。
资料来源：王成章（1998）。

五碳糖经乳酸发酵，在形成乳酸的同时，还产生其他酸类，如丙酸、琥珀酸等。

$$C_5H_{10}O_5 \rightarrow CH_3CHOHCOOH + CH_3COOH$$

根据乳酸菌对温度要求不同，可分为好冷性乳酸菌和好热性乳酸菌。好冷性乳酸菌在 25～35℃ 温度条件下繁殖最快，正常青贮时，主要是好冷性乳酸菌在活动。好热性乳酸菌发酵后，可使温度达到 52～54℃，如超过这个温度，则意味着还有其他好气性腐败菌等微生物参与发酵。高温青贮养分损失大，青贮饲料品质差，应当避免。

乳酸的大量形成，一方面为乳酸菌本身生长繁殖创造了条件；另一方面产生的乳酸使其他微生物，如腐败菌、酪酸菌等死亡。乳酸积累的结果使酸度增强，乳酸菌自身也受抑制而停止活动。在良好的青贮饲料中，乳酸含量一般占青绿饲料质量的 1%～2%，当 pH 下降到 4.2 以下时，只有少量乳酸菌存在。

（2）酪酸菌（丁酸菌） 它是一种厌氧、不耐酸的有害细菌，主要有丁酸梭菌、蚀果胶梭菌、巴氏固氮梭菌等。它们在 pH 4.7 以下时不能繁殖，原料上的数量本来不多，只在温度较高时才能繁殖。酪酸菌活动的结果，使葡萄糖和乳酸分解既能产生具有挥发性臭味的丁酸，也能将蛋白质分解为挥发性脂肪酸，使原料发臭、变黏。

$$C_6H_{12}O_6 \rightarrow CH_3CH_2CH_2COOH + 2H_2\uparrow + 2CO_2\uparrow$$

$$2CH_3CHOHCOOH \rightarrow CH_3CH_2COOH + 2H_2\uparrow + 2CO_2\uparrow$$

当青贮饲料中丁酸含量达到万分之几时，即影响青贮饲料的品质。青贮原料幼嫩、碳水化合物含量不足、含水量过高、装压过紧，均易促使酪酸菌活动和大量繁殖。

（3）腐败菌　凡能强烈分解蛋白质的细菌统称为腐败菌。此类细菌很多，有嗜高温的、嗜中温或低温的。有好氧的（如枯草杆菌、马铃薯杆菌）、厌氧的（如腐败梭菌）、兼性厌氧菌（如普通变形杆菌）。它们能使蛋白质、脂肪、碳水化合物等分解产生氨、硫化氢、二氧化碳、甲烷和氢气等，使青贮原料变臭、变苦，养分损失大，不能饲喂家畜，导致青贮失败。不过腐败菌只在青贮饲料装压不紧、残存空气较多或密封不好时才大量繁殖；在正常青贮条件下，当乳酸逐渐形成、pH下降、氧气耗尽后，腐败细菌活动即迅速被抑制，以至死亡。

（4）酵母菌　酵母菌是好气性菌，喜潮湿，不耐酸。在青饲料切碎尚未装贮完毕之前，酵母菌只在青贮原料表层繁殖，分解可溶性糖，产生乙醇及其他芳香类物质。待封窖后，空气越来越少，其作用随即减弱。在正常青贮条件下，青贮饲料装压较紧，原料间残存氧气少，酵母菌活动时间短，所产生的少量乙醇等芳香物质使青贮饲料具有特殊气味。

（5）醋酸菌　属好气性菌。在青贮初期有空气存在的条件下，可大量繁殖。酵母或乳酸发酵产生乙醇，再经醋酸发酵产生醋酸。醋酸产生的结果可抑制各种有害不耐酸的微生物，如腐败菌、霉菌、酪酸菌的活动与繁殖。但在不正常的情况下，青贮窖内氧气残存过多，醋酸产生过多，因醋酸有刺鼻气味，所以影响家畜的适口性并使饲料品质降低。

（6）霉菌　它是导致青贮变质的主要好气性微生物，通常仅存在于青贮饲料的表层或边缘等易接触空气的部分。正常青贮情况下，霉菌仅生存于青贮初期。在酸性环境和厌氧条件下，霉菌的生长受到了抑制。霉菌能破坏有机物质，分解蛋白质产生氨，使青贮饲料发霉变质并产生酸败味，降低其品质，甚至失去饲用价值。

2. 青贮发酵过程　一般青贮发酵过程可分为3个阶段，即好气性菌活动阶段、乳酸菌发酵阶段和青贮稳定阶段。

（1）好气性菌活动阶段　新鲜青贮原料在青贮容器中被压实密封后，植物细胞并未立即死亡，在1~3d仍进行呼吸作用，分解有机物质，直至青贮饲料内氧气消耗尽，呈厌氧状态时才停止呼吸。

在青贮开始时，附着在原料上的酵母菌、腐败菌、霉菌和醋酸菌等好气性微生物，利用植物细胞因受机械压榨而排出的富含可溶性碳水化合物的液汁，迅速繁殖。腐败菌、霉菌等繁殖最为强烈，它使青贮饲料中的蛋白质被破坏，形成大量吲哚和气体以及少量醋酸等。好气性微生物活动结果及植物细胞的呼吸，使得青贮原料间存在的少量氧气很快被消耗尽，形成厌氧环境。另外，植物细胞呼吸作用、酶氧化作用及微生物的活动还放出热量。厌氧和温暖的环境为乳酸菌发酵创造了条件。

如果青贮原料中氧气过多，植物呼吸时间过长，好气性微生物活动旺盛，会使原料内温度升高，有时高达60℃左右，因而削弱了乳酸菌与其他微生物的竞争能力，使青贮饲料营养成分损失过多，青贮饲料品质下降。因此，青贮技术的关键是尽可能缩短第1阶段时间，通过及时青贮和切短压紧密封好来减少呼吸作用及好气性有害微生物的繁殖，以减少养分损失，提高青贮饲料质量。

（2）乳酸菌发酵阶段　厌氧条件及青贮原料中的其他条件形成后，乳酸菌迅速繁殖，产生大量乳酸。酸度增大，pH下降，促使腐败菌、酪酸菌等活动受抑制，甚至绝迹。当pH下降到4.2以下时，各种有害微生物都不能生存，就连乳酸链球菌的活动也受到抑制，只有乳酸杆菌存在。当pH为3时，乳酸杆菌也停止活动，乳酸发酵即基本结束。

一般情况下，糖分适宜原料发酵5～7d，微生物总数达到高峰，其中以乳酸菌为主。玉米青贮过程中，各种微生物的变化情况见表21-7。从表21-7可以看出，玉米青贮后半天，乳酸菌数量即达到最高峰，每克饲料中达16.0亿个。第4天时，下降到8.0亿个，pH达4.5，而其他微生物则已全部停止繁殖而绝迹。因此，玉米青贮发酵过程比豆科牧草快，青贮品质也好，是最优良的青贮作物。

表21-7　玉米青贮发酵过程中各种微生物数量的变化

青贮天数（d）	每克饲料中细菌数量（×10⁴个）			pH
	乳酸菌	大肠好气性菌	酪酸菌	
开始	甚少	0.03	0.01	5.9
0.5	160 000.0	0.025	0.01	—
4	80 000.0	0	0	4.5
8	17 000.0	0	0	4.0
20	380.0	0	0	4.0

资料来源：南京农学院（1980）。

（3）青贮稳定阶段　在此阶段，青贮饲料内各种微生物停止活动，只有少量乳酸菌存在，营养物质不会再损失。一般情况下，糖分含量较高的玉米、高粱等青贮后20～30d就可以进入稳定阶段，豆科牧草需3个月以上。若密封条件良好，青贮饲料可长久保存下去。

3. 调制优良青贮饲料应具备的条件　在制作青贮饲料时，要使乳酸菌快速生长和繁殖，就必须为乳酸菌创造良好的条件。有利于乳酸菌生长繁殖的条件是青贮原料应具有一定的含糖量、适宜的含水量及厌氧环境。

（1）青贮原料应有适当的含糖量　乳酸菌要产生足够数量的乳酸，就必须有足够数量的可溶性糖分。若原料中可溶性糖分很少，即使其他条件都具备，也不能制成优质青贮饲料。青贮原料中的蛋白质及碱性元素会中和一部分乳酸，只有当青贮原料中pH为4.2时，才可抑制微生物活动。因此，乳酸菌形成乳酸，使pH达4.2时所需要的原料含糖量是十分重要的条件，通常把它称作最低需要含糖量。原料中实际含糖量大于最低需要含糖量，即为正青贮糖差；相反，原料实际含糖量小于最低需要含糖量时，即为负青贮糖差。凡是青贮原料为正青贮糖差的就容易青贮，且差值越大越易青贮；凡是原料为负青贮糖差的就难以青贮，且差值越大，则越不易青贮。

最低需要含糖量根据饲料的缓冲度计算，即：

饲料最低需要含糖量＝饲料缓冲度×1.7×100％

饲料缓冲度是中和每100g全干饲料中的碱性元素，并使pH降低到4.2时所需的

非粮型能量饲料资源开发现状与高效利用策略

乳酸克数。因青贮发酵消耗的葡萄糖只有 60% 变为乳酸，所以得 100/60＝1.7 的系数，也即形成 1g 乳酸需葡萄糖 1.7g。

例如，玉米每 100g 干物质需 2.91g 乳酸才能克服其中碱性元素和蛋白质等的缓冲作用，使其 pH 降低到 4.2。因此，2.91 是玉米的缓冲度，最低需要含糖量为 2.91%×1.7＝4.95%。玉米的实际含糖量是 26.80%，青贮糖差为 21.85%。

紫花苜蓿的缓冲度是 5.58%，最低需要含糖量为 5.58%×1.7＝9.50%。因紫花苜蓿中的实际含糖量只有 3.72%，所以青贮糖差为 -5.78%。豆科牧草青贮时，由于原料中含糖量低，乳酸菌不能正常大量繁殖，产乳酸量少，pH 不能降到 4.2 以下，会使腐败菌、酪酸菌等大量繁殖，导致青贮饲料腐败发臭，品质降低。因此，要调制优良的青贮饲料，青贮原料中必须有适当的含糖量。一些青贮原料干物质中含糖量见表 21-8（王成章，1998）。

表 21-8　一些青贮原料干物质中含糖量

	易青贮原料			不易青贮原料	
饲料	青贮后 pH	含糖量（%）	饲料	青贮后 pH	含糖量（%）
玉米植株	3.5	26.8	紫花苜蓿	6.0	3.72
高粱植株	4.2	20.6	草木樨	6.6	4.5
菊芋植株	4.1	19.1	箭舌豌豆	5.8	3.62
向日葵植株	3.9	10.9	马铃薯茎叶	5.4	8.53
胡萝卜茎叶	4.2	16.8	黄瓜蔓	5.5	6.76
饲用甘蓝	3.9	24.9	西瓜蔓	6.5	7.38
芜菁	3.8	15.3	南瓜蔓	7.8	7.03

资料来源：王成章（1998）。

（2）青贮原料应有适宜的含水量　青贮原料中含有适量水分，是保证乳酸菌正常活动的重要条件。水分含量过高或过低，均会影响青贮发酵过程和青贮饲料的品质。如水分含量过低，青贮时难以踩紧压实，窖内留有较多空气，造成好气性菌大量繁殖，使饲料发霉腐败。水分含量过多时易压实结块，利于酪酸菌的活动。同时，植物细胞液汁被挤后流失，使养分损失（表 21-9）。

表 21-9　青贮原料含水量与排汁量、干物质损失的关系

原料含水量（%）	干物质含量（%）	每 100kg 青贮原料中		排汁中干物质的损失（%）
		排汁量（kg）	排汁中干物质的量（kg）	
84.5	15.5	21.0	1.05	6.7
82.5	17.5	13.0	0.65	3.7
80.0	20.0	6.0	0.30	1.5
78.0	22.0	4.0	0.20	0.9
75.0	25.0	1.0	0.05	0.2
70.0	30.0	0	0	0

从表 21-9 可以看出，青贮原料中含水量为 84.5% 时，排汁中损失的干物质占青贮

318

原料干物质的 6.7%；而含水量为 70% 的青贮原料，已无液汁排出，干物质不受损失。青贮原料中水分过多时，细胞液中糖分被过于稀释，不能满足乳酸菌发酵所要求的一定糖分浓度，反而利于酪酸菌发酵，使青贮饲料变臭、品质变坏。因此，乳酸菌繁殖活动，最适宜的含水量为 65%～75%。豆科牧草的含水量以 60%～70% 为好。但青贮原料适宜含水量因质地不同而有差别，质地粗硬的原料含水量可达 80%，而收割早、幼嫩多汁的原料则以 60% 较合适。判断青贮原料水分含量的简单方法是：将切碎的原料紧握手中，然后手自然松开，若仍保持球状且手有湿印，则其含水量为 68%～75%；若草球慢慢膨胀，手上无湿印，则其含水量为 60%～67%，适于豆科牧草的青贮；若手松开后，草球立即膨胀，则其含水量为 60% 以下，只适于幼嫩牧草低水分青贮。

豆科牧草由于含糖量较少，含水量以 60%～70% 较适宜；质地粗糙的禾本科牧草，含水量可高达 72%～82%。含水量过高或过低的青贮原料，青贮前应进行处理或调节。对于水分过多的饲料，青贮前应稍晾干凋萎，使其含水量达到要求后再青贮。如凋萎后还不能达到适宜含水量，则应添加干料进行混合青贮。也可以将含水量高的原料和含水量低的原料按适当比例混合青贮，如玉米秸和甘薯藤、甘薯藤和花生秸、玉米秸和紫花苜蓿是比较好的组合，但组合比例以含水量高的原料占 1/3 为适合。

（3）创造厌氧环境　为了给乳酸菌创造良好的厌氧生长繁殖条件，须做到原料切短、装实压紧、青贮窖密封良好。

青贮原料切短的目的是为了便于装填紧实，取用方便，家畜便于采食，且减少浪费。同时，原料切短或粉碎后，青贮时易使植物细胞渗出液汁，湿润表面，糖分流出附在原料表层，有利于乳酸菌的繁殖。切短程度应视原料性质和畜禽需要来定，对牛、羊来说，细茎植物，如禾本科牧草、豆科牧草、草地青草、甘薯藤、幼嫩玉米苗等，切成 3～4cm 长即可；对粗茎植物或粗硬的植物，如玉米、向日葵等，切成 2～3cm 长较为适宜。叶菜类和幼嫩植物也可不切短青贮。对猪、禽来说，各种青贮原料均应切得越短越好，细碎或打浆青贮更佳。

原料切短后青贮，易装填紧实，使窖内空气排出；否则，窖内空气过多，好气菌大量繁殖，氧化作用强烈，温度升高（可达 60℃），使青贮饲料糖分分解，维生素破坏，蛋白质消化率降低。一般原料装填紧实适当的青贮，发酵温度在 30℃ 左右，最高不超过 38℃。

青贮的装料过程越快越好，这样可以缩短原料在空气中暴露的时间，减少由于植物细胞呼吸作用造成的损失，也可避免好气性菌大量繁殖。窖装满压紧后立即覆盖，造成厌氧环境，促使乳酸菌的快速繁殖和乳酸的积累，保证青贮饲料的品质。

4. 青贮设备　青贮容器的种类很多，但常用的有青贮窖和青贮塔。这些设备都应有它的基本要求，才能保证良好的青贮效果。青贮的场址应选择土质坚硬、地势高燥、地下水位低、靠近畜舍、远离水源和粪坑的地方。青贮设备要坚固牢实、不透气、不漏水。

（1）青贮塔　是地上的圆筒形建筑，一般用砖和混凝土修建而成，长久耐用，青贮效果好，便于机械化装料与卸料。青贮塔的高度应不小于其直径的 2 倍，不大于直径的 3.5 倍，一般塔高为 12～14m、直径为 3.5～6.0m。在塔身一侧每隔 2m 高开一个 0.6m×0.6m 的窗口，装时关闭，取空后敞开。

近年来，国外采用气密（限氧）的青贮塔，由镀锌钢板乃至钢筋混凝土构成，内边有玻璃层，防气性能好。可以从塔顶或塔底用旋转机械提取青贮饲料。可用于制作低水分青贮饲料、湿玉米青贮饲料或一般青贮饲料。青贮饲料品质优良，但成本较高，只能依赖机械装填。

（2）青贮窖　青贮窖有地下式及半地下式2种。地下式青贮窖适于地下水位较低、土质较好的地区，半地下式青贮窖适于地下水位较高或土质较差的地区。青贮窖以圆形或长方形为好。有条件的可建成永久性窖，窖四周用砖石砌成、三合土或水泥抹面，坚固耐用，内壁光滑，不透气、不漏水。圆形窖做成上大下小，便于压紧，长形青贮窖窖底应有一定坡度，以利于取用完的部分雨水流出。青贮窖容积，一般圆形窖直径为2m，深为3m，直径与窖深之比以1：（1.5～2.0）为宜。长方形窖的宽深之比为1：（1.5～2.0），长度根据家畜头数和饲料多少而定。

（3）圆筒塑料袋　选用厚实的塑料膜做成圆筒形，可以作为青贮容器进行少量青贮。为防穿孔，宜选用较厚、结实的塑料袋，可用两层。袋的大小，如不移动可做得大些；如要移动，以装满青贮饲料后2人能抬动为宜。塑料袋可用土埋住或放在畜舍内，要注意防鼠防冻。美国玉米生产带利用玉米穗轴破碎后填入塑料袋中，饲喂肉牛。或用一种塑料拉伸膜，这种青贮装置是将青草用机器卷压成圆捆，然后用专门裹包机拉伸膜包被在草捆上进行青贮。

（4）青贮建筑物容积的计算　青贮建筑物容积可参考下列公式计算：

$$圆形窖（塔）的容积＝3.14×半径^2×深$$

$$长方形窖的容积＝长×宽×深$$

各种青贮原料的容积，因原料的种类、含水量、切碎和踩实程度不同而不同。一般来说，叶菜类、紫云英、甘薯块根为 $800kg/m^3$，甘薯藤为 $700～750kg/m^3$，牧草、野草为 $600kg/m^3$，全株玉米为 $600kg/m^3$，青贮玉米秸为 $450～500kg/m^3$。

5. 青贮的步骤和方法　饲料青贮是一项突击性工作，事先要检修青贮窖、青贮切碎机或铡草机、运输车辆，并组织足够的人力，以便在尽可能短的时间完成。青贮的操作要点，概括起来要做到"六随三要"，即随割、随运、随切、随装、随踩、随封，连续进行，一次完成；原料要切短、装填要踩实、窖顶要封严。

（1）原料的适时收割　良质青贮原料是调制优良青贮饲料的物质基础。适期收割，不但可以在单位面积上获得最大营养物质产量，而且水分和可溶性碳水化合物含量适当，有利于乳酸发酵，易于制成优质青贮饲料。一般收割宁早勿迟，随收随贮。

整株玉米青贮应在蜡熟期，即在干物质含量为25％～35％时收割最好。其明显标记是，靠近籽粒尖的几层细胞变黑而形成黑层。检查方法是在果穗中部剥下几粒，然后纵向切开或切下尖部寻找靠近尖部的黑层，如果黑层存在，就可刈割做整株玉米青贮。

收果穗后的玉米秸青贮，宜在玉米果穗成熟、玉米茎叶仅有下部1～2片叶枯黄时，立即收割玉米秸青贮；或玉米成熟时削尖后青贮，但削尖时果穗上部要保留一片叶片。

一般来说，豆科牧草宜在现蕾期至开花初期进行收割；禾本科牧草在孕穗至抽穗期收割；甘薯藤、马铃薯茎叶在收薯前1～2d或霜前收割。原料收割后应立即运至青贮地点切短青贮。

（2）切短　少量青贮原料的切短可用人工铡草机，大规模青贮可用青贮切碎机。大型青贮饲料切碎机每小时可切 5～6t，最高可切 8～12t。小型切草机每小时可切 250～800kg。若条件具备，使用青贮玉米联合收割机，在田内通过机器一次完成割、切作业，然后送回装入青贮窖内，效率会得到很大提高。

（3）装填压紧　装窖前，先将窖或塔打扫干净，窖底部可填一层 10～15cm 厚的切短的干秸秆或软草，以便吸收青贮液汁。若为土窖或四壁密封不好，则可铺塑料薄膜。装填青贮饲料时应逐层装入，每层装 15～20cm 厚，即应踩实，然后再继续装填。装填时应特别注意四角与靠壁的地方，要达到弹力消失的程度。如此边装边踩实，一直装满并高出窖口 70cm 左右。长方形窖或地面青贮时，可用拖拉机进行碾压，小型窖也可用人力踏实。青贮饲料紧实程度是青贮成败的关键之一，青贮饲料紧实度适当，发酵完成后饲料下沉不超过深度的 10%。

（4）密封　严密封窖，防止漏水漏气是调制优良青贮饲料的一个重要环节。青贮容器密封不好，进入空气或水分，有利于腐败菌、霉菌等繁殖，使青贮饲料变质。填满窖后，先在上面盖一层切短秸秆或软草（厚 20～30cm）或铺塑料薄膜，然后再用土覆盖拍实，厚 30～50cm，并做成馒头形，有利于排水。青贮窖密封后，为防止雨水渗入窖内，距离四周约 1m 处应挖排水沟。以后应经常检查，发现窖顶下沉有裂缝时，应及时覆土压实，防止雨水渗入。

三、特种青贮法

青贮原料因植物种类不同，本身含可溶性碳水化合物和水分不同，青贮难易程度也不同。采用普通青贮方法难以青贮的饲料，必须进行适当处理，或添加某些添加物，这种青贮方法称为特种青贮。特种青贮所进行的各种处理，对青贮发酵的作用主要有 3 个方面：一是促进乳酸发酵，如添加各种可溶性碳水化合物、接种乳酸菌、加酶制剂等青贮，可迅速产生大量乳酸，使 pH 很快达到 3.8～4.2；二是抑制不良发酵，如添加各种酸类、抑菌剂、凋萎或半干青贮，可防止腐败菌和酪酸菌的生长；三是提高青贮饲料的营养物质，如添加尿素、氨化物等，可增加粗蛋白质含量。

（一）低水分青贮

低水分青贮也称半干青贮。青贮原料中的微生物不仅受空气和酸的影响，也受植物细胞质渗透压的影响。低水分青贮饲料制作的基本原理是：青饲料刈割后，经风干含水量达 45%～50%，植物细胞的渗透压达（55～60）×10⁵Pa。这种情况下，腐败菌、酪酸菌及乳酸菌的生命活动接近于生理干燥状态，生长繁殖受到限制。因此，在青贮过程中，青贮原料中糖分的多少及最终 pH 的高低已不起主要作用，微生物发酵微弱，有机酸形成数量少，碳水化合物保存良好，蛋白质不被分解。虽然霉菌在风干植物体上仍可大量繁殖，但在切短、压实和青贮厌氧条件下，其活动也很快停止。

低水分青贮法近十几年来在国外很盛行，我国也开始在生产上采用。它具有干草和青贮饲料两者的优点。调制干草常因脱叶、氧化、日晒等使养分损失 15%～30%，胡萝卜素损失 90%，而低水分青贮饲料只损失 10%～15% 的养分。低水分青贮饲料含水量低，干物质含量比一般青贮饲料多 1 倍，具有较多的营养物质；低水分青贮饲料味微酸，有果香味，不含酪酸，适口性好，pH 达 4.8～5.2，有机酸含量约 5.5%；优良低水分青贮饲料呈湿润状态，深绿色，结构完好。任何一种牧草或饲料作物，不论其含糖量多少，均可低水分青贮，难以青贮的豆科牧草（如苜蓿、豌豆等）尤其适合调制成低水分青贮饲料，从而为扩大豆科牧草或作物的加工调制范围开辟了新途径。

根据低水分青贮的基本原理和特点，制作时青贮原料应迅速风干，要求在刈割后 24～30h，豆科牧草含水量应达 50%，禾本科牧草含水量达 45%。原料必须短于一般青贮，装填必须更紧实，才能形成厌氧环境以提高青贮饲料品质。

（二）加酸青贮法

难青贮的原料加酸之后，pH 会很快下降至 4.2 以下，抑制了腐败菌和霉菌的活动，达到长期保存的目的。加酸青贮常用无机酸和有机酸。

1. 加无机酸青贮 对难青贮的原料可以加盐酸、硫酸、磷酸等无机酸。盐酸和硫酸腐蚀性强，对窖壁和用具有腐蚀作用，使用时应小心。用法是 1 份硫酸（或盐酸）加 5 份水，配成稀酸，100kg 青贮原料中加 5～6kg 稀酸。青贮原料加酸后，很快下沉，遂停止呼吸作用，杀死细菌，降低 pH，使青贮饲料质地变软。

国外常用的无机酸混合液由 92 份 30% HCl 和 8 份 40% H_2SO_4 配制而成，使用时 4 倍稀释，青贮时每 100kg 原料加稀释液 5～6kg。或 8%～10% 的 HCl 70 份、8%～10% 的 H_2SO_4 30 份混合制成，青贮时按原料质量的 5%～6% 添加。

强酸易溶解钙盐，对家畜骨骼发育有影响，因此应注意家畜日粮中钙的补充。使用磷酸时价格高，腐蚀性强，虽然能补充磷，但饲喂家畜时应补钙，使其钙、磷平衡。

2. 加有机酸青贮 添加在青贮饲料中的有机酸有甲酸（蚁酸）和丙酸等。甲酸是很好的发酵抑制剂，一般用量为每吨青贮原料加纯甲酸 2.4～2.8kg。添加甲酸可减少青贮中乳酸、乙酸含量，降低蛋白质分解，抑制植物细胞呼吸，增加可溶性碳水化合物与真蛋白含量。

丙酸是防霉剂和抗真菌剂，能够抑制青贮中好气性菌的繁殖，作为好气性破坏抑制剂很有效，但作为发酵剂不如甲酸，其用量为青贮原料的 0.5%～1.0%。添加丙酸可控制青贮的发酵，减少氨、氮的形成，降低青贮原料的温度，促进乳酸菌的生长。

加酸制成的青贮饲料，颜色鲜绿，具香味，品质好，蛋白质分解损失仅为 0.3%～0.5%，而在一般青贮饲料中则达 1%～2%。苜蓿和红三叶加酸青贮结果，粗纤维减少 5.2%～6.4%，且减少的这部分粗纤维水解变成低级糖，可被动物吸收利用。而一般青贮饲料的粗纤维仅减少 1% 左右，胡萝卜素、维生素 C 等加酸青贮时损失少。

3. 添加尿素青贮 青贮原料中添加尿素，通过青贮微生物的作用，形成菌体蛋白，能提高青贮饲料中的蛋白质含量。尿素的添加量为原料质量的 0.5%，青贮后每千克青贮饲料中增加消化蛋白质 8～11g。

添加尿素后的青贮原料可使 pH，以及乳酸、乙酸、粗蛋白质、真蛋白、游离氨基酸含量提高。氨的增多增加了青贮缓冲能力，导致 pH 略微上升，但仍低于 4.2，尿素还可以抑制开窖后的二次发酵。饲喂尿素青贮饲料可以提高干物质的采食量。

4. 添加甲醛青贮　甲醛能抑制青贮过程中各种微生物的活动。40％的甲醛水溶液俗称福尔马林，常用于消毒和防腐。在青贮饲料中添加 0.15％～0.30％的福尔马林，能有效抑制细菌，发酵过程中没有腐败菌活动，但甲醛异味大，影响适口性。

5. 添加乳酸菌青贮　用加乳酸菌培养物制成的发酵剂或由乳酸菌和酶母培养制成的混合发酵剂青贮，可以促进青贮饲料中乳酸菌的繁殖，抑制其他有害微生物的作用，这是人工扩大青贮原料中乳酸菌群的方法。值得注意的是，菌种应选择那些盛产乳酸而不产生乙酸和乙醇的同质型乳酸杆菌和球菌。一般每 1 000kg 青贮饲料中加乳酸菌培养物 0.5L 或乳酸菌制剂 450g，每克青贮原料中加乳酸杆菌 10 万个左右。

6. 添加酶制剂青贮　在青贮原料中添加以淀粉酶、糊精酶、纤维素酶、半纤维素酶等为主的酶制剂，可使青贮饲料中的部分多糖水解成单糖，有利于乳酸发酵。酶制剂由胜曲霉、黑曲霉、米曲霉等培养物浓缩而成，按青贮原料质量的 0.01％～0.25％添加，不仅能保持青绿饲料特性，而且可以减少养分损失，提高青贮饲料的营养价值。豆科牧草苜蓿、红三叶添加 0.25％黑曲霉制剂青贮，与普通青贮饲料相比，纤维素减少 10.0％～14.4％、半纤维素减少 22.8％～44.0％、果胶减少 29.1％～36.4％。如酶制剂添加量增加到 0.5％，则含糖量可高达 2.48％，蛋白质提高 26.7％～29.2％。

7. 湿谷物的青贮　用作饲料的谷物，如玉米、高粱、大麦、燕麦等，收获后带湿储存在密封的青贮塔或水泥窖内，经过轻度发酵产生一定量（0.2％～0.9％）的有机酸（主要是乳酸和醋酸），以抑制霉菌和细菌的繁殖，使谷物得以保存。用此法储存谷物，青贮塔或窖一定要密封、不透气，谷物最好压扁或轧碎，可以更好地排出空气，减少养分损失，并利于饲喂。整个青贮过程要求从收获至储存 1d 内完成，迅速造成窖内的厌氧条件，限制呼吸作用和好气性微生物繁殖。青贮谷物的养分损失，在良好条件下为 2％～4％，一般条件下可达 5％～10％。用湿贮谷物喂奶牛、肉牛、猪，增重和饲料转化率按干物质计算，基本与干贮玉米相近。

第四节　青贮饲料在牛和羊生产中的应用

一、取用方法

青贮过程进入稳定阶段，一般糖分含量较高的玉米秸等经过 1 个月即可发酵成熟，开窖取用，或待冬、春季节饲喂家畜。

开窖取用时，如发现表层呈黑褐色并有腐败臭味时，应把表层弃掉。对于直径较小的圆形窖，应由上到下逐层取用，以保持表面平整。对于长方形窖，自一端开始分段取用，不要挖窝掏取，取后最好覆盖，以尽量减少与空气的接触。每次用多少取多少，不能一次取大量青贮饲料堆放在畜舍慢慢饲用，要用新鲜的青贮饲料。青贮饲料只有在厌氧条件下才能保持良好品质，如果堆放在畜舍里与空气接触，就会很快感染霉菌和杂菌，使青贮饲料迅速变质。尤其是夏季，正是各种细菌繁殖最旺盛的时候，青贮饲料也最易霉坏。

二、饲喂技术

(一) 先做青贮饲料的品质鉴定

1. 颜色 优质青贮饲料的颜色呈青绿色或黄绿色。如果发现青贮饲料的颜色变为黑色或褐色，则说明青贮饲料已变质、发霉，须将变质的青贮饲料全部取净后，再饲喂奶牛。

2. 气味 优质的青贮饲料气味酸甜，并带有浓烈的酒香味或酸梨味。如果气味酸臭，则说明青贮饲料已发生霉变，必须查明原因，并采取相应的补救措施，之后才能饲喂奶牛。

3. 手感 优质青贮饲料抓在手里柔软、湿润。如果抓在手里发黏或干燥、粗硬，则说明青贮饲料已发生霉变，必须经过处理之后才能饲喂奶牛。

(二) 饲喂数量

对于各种家畜，要根据品种和青贮饲料的种类及品质决定喂量，品质良好的青贮饲料可以多喂一点儿。一般情况下，成年泌乳牛每100kg体重日喂青贮饲料量为5～7kg，妊娠最后1个月的母牛每头每日喂量不应超过12kg，临产前10～12d停喂青贮饲料，产后10～15d在日粮中重新加入青贮饲料。成年育肥牛每100kg体重日喂青贮饲料量为4～5kg，成年役牛每100kg体重日喂青贮饲料量为4～4.5kg，种公牛每100kg体重日喂青贮饲料量为1.5～2.0kg。羊能有效地利用青贮饲料，成年绵羊每100kg体重日喂量为4～5kg，羔羊每100kg体重日喂量为0.4～0.6kg。泌乳奶山羊每100kg体重日喂量为1.5～3.0kg，青年母羊每100kg体重日喂量为1.0～1.5kg，公羊每100kg体重日喂量为1.0～1.5kg。马对青贮饲料品质的要求苛刻，反应敏感，只能喂给高质量、含水量少的玉米青贮饲料。每匹役马每日的饲喂量为10～15kg；种母马和1岁以上马驹每匹每日的饲喂量为6～10kg；怀孕的母马少喂或不喂青贮饲料，以免引起流产。驴每头每日的喂量为5～8kg；兔每只每日的喂量为400～600g。

(三) 饲喂方法

给奶牛饲喂时，初期应少喂一些，以后逐渐增加到足量，让其有一个适应过程，切不可一次性足量饲喂；否则，造成奶牛瘤胃内的青贮饲料过多，酸度过大，反而影响奶牛的正常采食和产奶性能。喂青贮饲料时奶牛瘤胃内的pH降低，容易引起酸中毒。可在精饲料中添加13%的碳酸氢钠，促进胃的蠕动，中和瘤胃内的酸性物质，提高pH，增加采食量，提高消化率，增加产奶量。每次饲喂的青贮饲料应与干草搅拌均匀后再饲喂奶牛，避免奶牛挑食。有条件的奶牛户，最好将精饲料、青贮饲料和干草进行充分搅拌，制成全混合日粮饲喂奶牛，效果会更好。青贮饲料或其他粗饲料，每天最好饲喂3次或4次，增加奶牛反刍的次数。奶牛反刍时产生并吞咽的唾液，有缓冲胃酸、促进氮素循环利用、促进微生物对饲料的消化利用等作用。农村中有很多奶牛养殖户，每天2次喂料，此法是极不科学的。一是增加了奶牛瘤胃的负担，影响奶牛正常反刍的次数和时间，降低了饲料转化率，长此以往易引起奶牛前胃疾病。二是影响奶牛的消化率，造成产奶量和乳脂肪率下降。另外，冰冻青贮饲料不能饲喂奶牛，必须经过化冻后才能饲喂；否则，易引起妊娠母牛流产。

第五节　青贮饲料作为饲料资源开发与高效利用策略

一、广泛宣传，提高认识

发展饲草饲料是进行农业结构调整和加快畜牧业发展的重要举措，因此一定要采取多种形式，加快宣传培训力度，大力宣传青贮作物在调整农业结构、建设生态农业和畜牧生产中的重要意义。通过引导和典型示范，来提高青贮饲料在畜牧生产中的应用。

二、制订计划，抓好落实

要全面推广高蛋白质、高油、高淀粉和甜、糯等专用青贮玉米新品种，重点抓好玉米青贮工作。在种植安排上要注意区域布局，尽可能将青贮玉米种在土地面积大，奶牛、肉牛、肉羊饲养量大的乡、村、组、户（场）周围，实行集中连片、统一播种、统一管理。这样既可以收到较强的示范效应，又利于收割青贮，减少运输时间和费用。要实行优惠措施，帮助养殖户解决建窖用地问题。

三、紧密配合，抓住关键

大面积推广青贮工作，涉及种子、农业技术、畜牧等许多方面，只有从种、管到贮、饲等环节都需要各方相互配合，密切协作，才能保证该项工作全面完成。因此，相关部门要各司其职，各负其责，切实抓住关键环节。一是抓好饲料供种和种植。种子部门要做好种子调剂供应，满足播种需要；农技部门要对青贮作物从播种到收获实行全程技术服务，指导农民及时灌水，增施肥料，以促为主，科学管理，千方百计地提高青贮作物的产量和效益。二是抓好青贮建窖。要求奶牛场和肉牛、肉羊育肥场修建永久性青贮窖。三是抓机具配备。对现有切割机具要提前搞好保养维修，配齐零件，机具不足的要及早购置。四是抓好技术培训。要开展技术培训，按照青贮作物的栽培技术要点，施足氮肥，增加密度，确保亩株数不少于 5 000 株，以保证青贮作物获得最佳效益。在青贮期间，各级畜牧技术人员都要包片抓点，进行技术指导，及时解决青贮中的技术难题。

四、突出重点，抓点示范

在青贮作物推广工作中，要转变工作方式。深入生产第一线，建立示范田、示范点。种子部门重点抓好青贮作物新品种示范和展示，农技部门抓好栽培等配套技术的推广，畜牧部门突出抓好青贮工作，特别是肉牛育肥场和奶牛饲养大户都要推广青贮。通过典型示范，来辐射带动整个面上的青贮推广工作。

五、成立组织，加强领导

青贮推广是一个系统工程，牵涉面广、涉及部门多，如果不加强领导，很难保证此项工作的协调运转。因此，各级农业农村行政主管部门要把青贮作物推广列入重要议事日程，建立由政府牵头，种子、农技、畜牧等有关部门参加的领导机构。通过强化领导，加大行政推动力度，来保证此项工作的顺利开展。

⊙ 参考文献

丁玉娟，单庆美，王桂英，2002. 优质青贮饲料的制作技术要领 [J]. 农业知识，912（18）：37-38.

韩文林，杨琴霞，2014. 浅谈青贮饲料的优点及制作方法 [J]. 中国畜牧兽医文摘（10）：210.

姜慧敏，布仁图雅，2014. 豆科牧草与禾本科牧草的营养品质指标的比较研究 [J]. 环境与发展（8）：79-86.

马丽华，2004. 饲料青贮原理与技术 [J]. 饲料世界（5）：34-35.

聂柱山，玉兰，1991. 不同处理对青贮料干物质采食量的影响 [J]. 畜牧与饲料科学（4）：4-7.

邵涛，王昆昆，2009. 青贮饲料的优点和生产条件 [J]. 农家致富（8）：38.

王成章，陈桂荣，1998. 饲料生产学 [M]. 郑州：河南科学技术出版社.

席兴军，韩鲁佳，原慎一郎，等，2002. 添加己酸和盐酸对玉米秸秆青贮饲料质量的影响 [J]. 中国农业大学学报，7（6）：54-60.

杨连玉，中岛芳也，2001. 化学和生物学处理对玉米秸秆营养价值的影响 [J]. 吉林农业大学学报，23（1）：84-88.

杨志忠，艾克拜尔，丁敏，等，2005. 青贮饲料的优点及制作技术 [J]. 草食家畜（1）：60-61.

张庆华，姚忠军，杨连玉，2000. 糖化处理对玉米秸秆干物质、纤维组分瘤胃降解影响 [J]. 吉林农业大学学报，22（3）：90-93.

张巍，2016. 饲料的生物加工调制技术 [J]. 农民致富之友（12）：279.

张云玲，2000. 特种青贮与提高特种青贮饲料的技术 [J]. 青海草业（1）：46-47.

赵君成，2012. 青贮饲料的原理及制作 [J]. 现代畜牧科技（4）：84.

朱孔欣，2012. 我国青贮饲料收获机的现状及发展趋势 [J]. 农业机械（16）：67-69.

（南京农业大学　毛胜勇，中国农业大学　马永喜　编写）

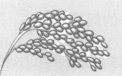

第二十二章
青绿饲料开发现状与
高效利用策略

第一节 概 述

一、我国青刈玉米及其加工产品资源现状

我国青刈型专用玉米品种很少，现在主要栽培的是墨西哥玉米和8493玉米等。近年来，我国育成了一些饲料专用玉米新品种，如龙牧3号、新多2号等，均适合青饲或青贮，属于多茎多穗型，即使果实成熟后茎叶仍保持鲜绿，草质优良，每公顷鲜草产量可达45～135t。

我国玉米主产区划分为北方春播玉米区、黄淮海夏播玉米区两个主要产区。此外，还有南方丘陵玉米区和西北灌溉玉米区。

二、开发利用青刈玉米及其加工产品作为饲料原料的意义

蛋白质资源紧缺是一个世界性的问题，我国由于人口众多，资源有限，蛋白质资源缺乏尤为严重，几乎每年都要进口大量的鱼粉、豆粕等蛋白质饲料原料。随着人口的增长和人民生活水平的不断提高，蛋白质的需要量越来越大。提高现有蛋白质资源的利用率、积极寻找新的蛋白质资源、开辟新的蛋白质饲料资源是缓解我国蛋白质资源短缺的有效途径。青刈玉米粗蛋白质含量可达5.5%～6.5%，必需氨基酸组成优于其他植物性蛋白质，且含有叶黄素、胡萝卜素，作为蛋白质饲料资源开发意义重大。

玉米作为我国主要的粮食和饲料兼用作物，其植株高大，生长迅速，产量高，茎中糖分含量高，胡萝卜素及其他维生素丰富，饲用价值高。青刈玉米是草食禽及牛、羊、兔、猪、鱼等的极佳青绿饲料，其质地脆嫩，味甜多汁，适口性好，营养丰富，富含各种酶、激素和有机酸，易于消化，青刈玉米中有机物消化率极高，反刍动物为75%～85%、猪为40%～50%，投喂22kg鲜草可产1kg草鱼。用其饲喂奶牛，产奶量比用普通玉米高4.5%～5%。青刈玉米每亩可产鲜草7～8t，高者可达15～20t。

三、青刈玉米及其加工产品作为饲料原料利用存在的问题

玉米作为一种经济作物，其生长受土地、气候和管理因素等诸多方面的影响，这些因素直接决定着其产量的高低。

（一）土壤与肥料

土壤是植物营养物质的主要来源之一。肥沃和结构良好的土壤，青绿饲料的营养价值较高；反之，在贫瘠和结构较差的土地上收获的青绿饲料营养价值就较低，特别是青刈玉米中的一些矿物质含量在很大程度上受土壤中元素含量与活性的影响。

（二）生长阶段和部位

青刈玉米的生长阶段不同其营养价值也各异。幼嫩时期水分含量高，干物质中蛋白质含量较多而粗纤维较少。随着生长期的延长，粗蛋白质等养分含量逐渐降低，而粗纤维特别是木质素的含量则逐渐上升，致使其营养价值、适口性和消化率都逐渐降低。

（三）气候条件

气候条件，如气温、光照及降水量等对于玉米的营养价值影响也较大。在多雨地区或季节，土壤经常被雨水冲刷，土壤中钙质容易流失，故植物体内的钙质积累就较少；反之，在干旱地区或少雨季节钙质较多。

（四）管理因素

刈割不及时，会使玉米变老，营养价值降低；过度刈割则会导致玉米不能恢复生长，也会导致产量降低。因此，应根据实际需要适当刈割，使其始终保持稳定的生产能力和较高的营养价值。

青刈玉米与玉米秸秆的常规营养成分见表 22-1。

表 22-1　青刈玉米与玉米秸秆的常规营养成分

种　类	粗蛋白质（%）	可消化蛋白质（%）	粗脂肪（%）	粗纤维（%）	无氮浸出物（%）	粗灰分（%）	产奶净能（MJ/kg）
青刈玉米	8.5	5.1	2.3	33.0	49.9	6.3	5.51
玉米秸	6.5	2.0	0.9	68.9	16.9	6.8	4.22

第二节　青刈玉米在动物生产中的应用

一、在单胃动物生产中的应用

青刈玉米干物质中含有较多数量的粗纤维，而对单胃动物（猪、鸡等）来说，它们

对粗纤维的消化主要在盲肠内进行，因而对青绿饲料的利用率较差。另外，青绿饲料容积大，而单胃动物的胃肠容积有限，对其采食量受到限制。因此，在猪、禽饲料中不能加入大量的青绿饲料，但是青绿饲料可以作为一种蛋白质与维生素的良好来源适量搭配于饲料中，以弥补其饲料组成的不足，从而满足猪、禽对营养的全面需要。

二、在反刍动物生产中的应用

青刈玉米是一种营养相对平衡的饲料，但其含水量高、干物质消化率低，从而限制了其潜在的营养优势。在肉牛育肥中，尤其在育肥后期，单一的青刈玉米不能满足其能量需要和脂肪沉积，因此一定要补充适量的精饲料（玉米、高粱等）和蛋白质饲料（豆饼、花生饼等），这样育肥效果才能更加显著。

用青刈玉米饲喂反刍动物时，不用堆积时间过长的青刈玉米，因为其含有硝酸盐，腐败菌能把硝酸盐还原为亚硝酸盐，动物食入后会发生中毒；不要饲喂过于幼嫩的玉米苗，因为玉米幼嫩阶段含有皂素，反刍动物食入过多，瘤胃内会产生大量泡沫，易发生瘤胃臌胀病。

第三节　青绿饲料的加工方法与工艺

一、选用优良品种

我国青刈型专用玉米品种很少，现在主要栽培的是墨西哥玉米和 8493 玉米等。

二、抓实整地

青刈玉米适应性广，抗逆性较强，无论是红壤、黄壤还是沙性土壤等都可栽培，但在土层深厚、肥水条件好的土地栽培易丰产，易旱和易涝（渍）的土地不适宜栽培。在红壤等薄瘦土地上栽培时，应尽量多施有机肥，否则将严重影响其产量和品质。整地要在其播种或定植前的 7～10d 进行。翻耕地前，每亩应施入腐熟猪、牛粪 2.5～3t，或泼洒腐熟猪、牛粪水 4～5t，酸性土壤（红壤等）还应每亩撒施生石灰粉 50～70kg；黏性重的土壤最好掺入适量细沙；接着翻地和耙碎各 2 次，然后按需整成宽为 1～1.5m、长任意的畦备用。如是留种田，翻耕地时每亩还应施入过磷酸钙 30～40kg。

三、精心播种

青刈玉米主要在春季播种。当地气温稳定在 15℃ 以上时，就可以播种。长江中下游多在 3 月底至 4 月中旬播种，黄河流域主要在 4 月底至 5 月上旬播种。青刈玉米既可直播，也可育苗移栽，但以育苗移栽的成活率和产量最高。育苗移栽每亩用种量为 300～400g，直播为 500～600g。

（一）种子处理

播种前种子要晒 4～5h，然后在 25～30℃温水中浸泡 24h，晾干后用 35%菲醌粉剂或按种子质量的 0.3%添加福美双粉剂拌种，可预防种传病害。

（二）育苗移栽

采用苗床和营养钵育苗都可以，但以营养钵育苗更好。苗床育苗以在肥沃的菜园地里进行为好，苗床背风向阳，整床时每平方米施入 5～8kg 腐熟猪、牛粪，整平畦面就可播种。播种后要盖一薄层细土，用量以不见籽为宜。如播种时气温过低或气温波动太大，则应覆盖地膜或搭建拱棚。用营养钵育苗时要选用直径为 3～4cm 的塑料小营养钵，其营养土配方为：菜园土 2/3，腐熟厩肥 1/3，每立方米营养土中加入 1kg 过磷酸钙，充分拌和后即可装钵、播种（每钵播种子 1 粒）育苗，当幼苗长有 4～5 片叶时就可移栽。肥沃的田块每亩栽 2 500～2 700 株，中等肥力的田块栽 3 000～3 200 株，贫瘠地 3 400～3 500 株，宜选阴天移栽。苗床起苗前 1d 要浇 1 次透水，可保起苗，少伤根系。幼苗随起随栽，栽多少起多少，栽后适当培土并浇透定根水。营养钵随栽随倒出，尽量保持钵中土的完整性。

（三）直播

多采用条播，株、行距为 0.4m×0.6m；若作种子田，株、行距应加大到 0.5m×1m。幼苗长到 13～20cm 后定苗，每穴留苗 1 株。

四、强化田间管理

（一）苗期管理

青刈玉米出苗后的 20～30d 生长速度缓慢，加之株、行距较大，易滋生杂草，要及时中耕除草 1～2 次。植株封行后，应及时蔸部培土，以防倒伏。

（二）追肥和灌水

青刈玉米生长期长，生长量大，鲜草产量高，对肥水需求量也大，故应适时追肥。①早施促蘖肥。幼苗移栽成活后及直播的幼苗长有 4～5 片叶时，每亩浇施稀薄人粪尿 600～700kg。②重施促叶肥。苗开始进入旺盛生长期（移栽苗在栽后 16～20d），每亩应沟施或穴施尿素 10～15kg。③及时施足再生肥。每次刈割前的 4～5d 每亩追施 1 次尿素 8～10kg，或泼施兑水腐熟猪、牛粪水 700～800kg，这对增产极为重要；如在刈割后追肥，一定要避免将肥撒（淋）在茬口上，否则会造成烂蔸死苗。青刈玉米的整个生长期都要保持土壤相对湿润，若遇干旱则应及时灌水。在旱区，应覆盖地膜栽培。

（三）病虫草害防治

青刈玉米用于直接饲喂畜、禽、鱼，其安全性尤其重要。草害主要在前期，宜采用

人工拔除，尽量不用或少用除草剂。发生病虫害时，如达不到为害水平，可不用药防治；不得不用药防治时，也要选用无公害的农药，且尽量减少使用次数。

五、刈割利用

青刈玉米以株高 90～100cm 时刈割为宜。在整个生长期内，一般可刈割 7～8 次。第 1 次刈割留茬高为 13～15cm，以后每隔 20～25d 刈割 1 次，每次留茬比原茬高 1.5～2cm，注意不要割掉生长点。留种田只可刈割 1 次，否则将影响产量，一般每亩可收种子 60～70kg。青刈玉米青饲时，应用多少割多少，饲用时将鲜茎叶切碎或打浆。青刈玉米若用不完，可在成熟时收割青贮或晒干粉碎供冬季使用。

⊙ 参考文献

敖礼林，2008. 青刈玉米优质丰产栽培技术［J］. 科学种养（3）：42.

妥海东，2007. 饲料作物的青刈利用方法［J］. 养殖技术顾问（3）：16-17.

辛秀红，2014. 猪优质青绿饲料的种类及饲喂方法［J］. 现代畜牧科技（9）：73-73.

（南京农业大学　毛胜勇，武汉轻工大学　任　莹　编写）

第二十三章
鱼油开发现状与
高效利用策略

第一节 概 述

一、我国鱼油资源现状

全球鱼油生产国主要分布于世界四大渔场（北海道渔场、纽芬兰渔场、北海渔场、秘鲁渔场）。目前，几乎所有的鱼油都是鱼粉和渔业加工的副产品。国际鱼粉鱼油协会数据显示，2015年世界鱼油产量达到100万t，高于2014年的84.3万t。我国鱼油生产总体上相对落后，国产鱼油产量较少，且大部分鱼油质量不高。由于国产鱼油质量不能满足行业对原料的需求，因此我国鱼油的进口量仍然较大。据中国海关总署电子口岸监测数据调查显示，2015年3月中国进口鱼油数量总量为3 820t，其中从越南和秘鲁进口的鱼油分别为582t和383t，从其他国家进口的鱼油比例也相当大。

二、开发利用鱼油作为饲料原料的意义

鱼油作为饲料原料，有其独特的优点和生理作用。鱼油能给动物机体提供必需脂肪酸，改善动物的生长发育，提高饲料转化率。另外，鱼油具有独特的鱼腥味，可以改善饲料的适口性，对动物有诱食作用。鱼油也能提高机体的免疫机能，改善动物的健康状况。对于水产动物而言，日粮中添加鱼油可以节约饲料中的蛋白质资源，降低饲料成本。总体而言，随着养殖业的蓬勃发展，鱼油在养殖生产中的应用越来越广泛，能给养殖业带来较好的经济效益。

三、鱼油作为饲料原料利用存在的问题

鱼油资源短缺且价格昂贵，严重制约养殖业健康、可持续发展。相对于其他油脂来讲，鱼油中富含的多不饱和脂肪酸（polyunsaturated fatty acid，PUFA）更容易被氧化，这就给鱼油存储带来困难。温度、光照、空气中的氧气等多种因素都可以导致鱼油

被氧化。氧化后 PUFA 的分子结构被破坏，失去其生理活性。而氧化过程中产生的过氧化物和自由基对机体是有害的，影响动物对营养物质的吸收。鱼油氧化也会产生哈喇味，影响饲料的适口性。

四、鱼油的营养价值

鱼油是以鱼为原料提取的油脂，主要成分为脂肪酸、甘油酯、磷脂、类脂、脂溶性维生素及蛋白质降解物等（马永钧和杨博，2011）。鱼油不同于其他动物脂肪，一般动物脂肪富含饱和脂肪酸，而鱼油富含 n-3 PUFA。鱼油富含的 n-3 PUFA 中，以二十碳五烯酸（eicosapentaenoic acid，EPA；C20：5n-3）和二十二碳六烯酸（docosahexaenoic acid，DHA；C22：6n-3）为主（鱼油中 EPA 和 DHA 含量见表23-1；唐武能，2011），是人和动物维持正常生长发育及生理功能的必需脂肪酸。EPA 和 DHA 在防止心脑血管疾病和促进大脑发育等方面具有重要作用，DHA 更有"脑黄金"之称。

表 23-1　鱼油中 EPA 和 DHA 含量（占脂肪酸总量，%）

鱼类油脂	EPA	DHA	EPA＋DHA
沙丁鱼油	10.40	6.70	17.10
鲭鱼油	9.20	9.80	19.00
马面鱼油	7.62	20.67	28.29
鲑鱼油	13.95	16.32	30.27

资料来源：唐武能（2011）。

五、鱼油的抗营养因子

随着环境污染的不断加剧，水产品的重金属污染问题也日渐突出。受原料、加工工艺等影响，鱼油产品中可能存在铅、砷、汞等重金属残留超标问题。精制工艺对脱除重金属效果比较明显，一般而言，粗鱼油中重金属含量较高，但精制鱼油中含量低。吴强（2012）以凹凸棒土和壳聚糖为原料，制成凹凸棒土负载壳聚糖新型吸附剂，可以脱除鱼油中的重金属。但是，针对处理鱼油中重金属残留措施的研究仍然相对较少。

第二节　鱼油在动物生产中的应用

一、在养猪生产中的应用

（一）鱼油对母猪的影响

养猪生产的效益与每头母猪每年提供的健康活仔猪数息息相关，而日粮中添加鱼油可以提高母猪的繁殖性能。越来越多的研究报道指出，通过日粮途径来提高母源n-3 PUFA的水平，可以进一步促进胎儿的生长发育，提高胎儿的成活率、初生重和健康水平。

在妊娠期和哺乳期母猪日粮中添加鱼油会影响母体和后代组织脂肪酸组成。母猪日粮中添加5%或7%鱼油，可以有效提高母乳中n-3 PUFA的含量（肖成林，2007）。类似的，Rooke等（1998）发现，在妊娠最后21d至分娩后14d的母猪日粮中添加3%金枪鱼油，与大豆油相比，显著提高了母体血浆、初乳和常乳中n-3 PUFA（特别是DHA）的含量，并且降低了亚油酸（C18：2n-6）的含量。Rooke等（2001a）进一步研究发现，在母猪饲料中分别添加0、0.5%、1%、2%鲑鱼油，仔猪组织中n-3 PUFA的沉积量与母猪日粮中鲑鱼油的含量相关，且添加1%鲑鱼油效果最佳。Gabler等（2007，2009）将1%鱼油添加到妊娠期和哺乳期母猪的日粮中，母体日粮中n-3 PUFA（DHA和EPA）能够分别通过胎盘和乳汁在新生仔猪肠道、肝、大脑等组织中有效沉积。类似的报道指出，n-3 PUFA在仔猪组织中增加的顺序为血浆＞肝＞红细胞＞脾＞大脑＞视网膜（Rooke等，1998）。这说明仔猪能够从母体中获取n-3 PUFA，并在组织中快速沉积。

母猪日粮中添加鱼油也会影响早期胚胎发育、产仔数和新生仔猪的生长性能。Perez等（1995）用初次配种的青年母猪对比研究了日粮添加4%椰子油、大豆油和鲱鱼油的影响。结果发现，与添加玉米淀粉日粮的对照组相比，鲱鱼油可增加初产母猪的活产仔数，而大豆油和椰子油则没有此效果。Smits等（2011）研究发现，在母猪分娩前期和哺乳期的饲料中添加0.3%鱼油，可以显著提高后续生产的每胎产仔数及产活仔数。在妊娠期和哺乳期给母猪饲喂含鱼油的日粮，可提高仔猪肌糖原含量和营养物质吸收率，降低仔猪断奶后体重损失（Gabler等，2007）。肖成林（2007）研究发现，在妊娠后期（103d）和哺乳期母猪日粮中添加7%鱼油可提高哺乳仔猪的生长性能，并在一定程度上提高仔猪的成活率和断奶育成率。但是，在母猪日粮中添加高剂量的鱼油，对仔猪反而产生不利的影响。一些报道显示，随着母猪日粮中鱼油添加量的增加，仔猪的存活数和体重下降（Cools等，2011）。Amusquivar等（2010）发现，在妊娠期母猪日粮中添加10%的鱼油，会过量补充n-3 PUFA，从而降低新生仔猪对花生四烯酸（C20：4n-6）的利用率。因此，选择合适的鱼油添加水平，通过母乳来调控哺乳仔猪的早期生长以达到最佳的生长性能显得十分重要。

（二）鱼油对公猪的影响

有关鱼油对公猪繁殖力影响的研究较少。已有的研究结果显示，饲喂公猪含n-3 PUFA日粮，可提高精子数量，改变公猪性行为特征（Estienne等，2008）。Rooke等（2001b）报道，饲喂鱼油可以提高公猪的精子活力，降低精子畸形率。该研究还发现，公猪连续饲喂添加了3%金枪鱼油的日粮6周，前3周精子的脂肪酸组成没有变化，后期精子磷脂脂肪酸中DHA含量升高，而C22：5（n-6）含量降低，说明日粮中添加鱼油可以改变精子的脂肪酸组成。另有研究显示，3%鱼油也可以提高精液中DHA含量（从33%增加到45%）和精液浓度（Maldjian等，2005）。但是，也有一些研究报道鱼油不会影响公猪精液的质量和产生（Castellano等，2010a，2010b）。因此，关于鱼油对繁殖公猪的影响有待进一步研究。

（三）鱼油对仔猪的影响

日粮中添加鱼油可以满足猪快速生长发育的能量需求。21日龄断奶仔猪日粮中添

加 4%鱼油能提高粗脂肪、总能的表观消化率（冷董碧，2007）。一些报道指出，添加
2%～10%鱼油可以提高仔猪的采食量和体增重（刘玉兰，2003；王石瑛，2009；
Langerhuus 等，2012）。

鱼油也可以提高仔猪的抗病力，起到预防疾病及保健的功能。日粮中添加鱼油可以
抑制脂多糖（lipopolysa ccharide，LPS）导致的血液、肝、肠道、肌肉和白细胞中炎性
细胞因子的过量产生（Gaines 等，2003；Liu 等，2003，2012，2013a，2013b；
Langerhuus 等，2012；Chen 等，2013）。Liu 等（2013a）研究发现，5%鱼油可以抑制
LPS 诱导的仔猪下丘脑、垂体、肾上腺炎症相关信号通路，包括 Toll 样受体 4（toll-
like receptor 4，TLR4）和核苷酸结合寡聚域受体（nucleotide-binding oligomerization
domain，NOD）信号通路的激活，减少炎性细胞因子，如白细胞介素-1（interleukin-
1，IL-1）、IL6 和肿瘤坏死因子-α（tumor necrosis factor-α，TNF-α）的释放，抑制下
丘脑-垂体-肾上腺轴的激活，缓解 LPS 导致的生产性能的降低。

此外，鱼油也可以影响仔猪肌肉的生长。给仔猪饲喂 5%鱼油可以影响肌肉的蛋白
激酶 B、叉头转录因子和泛素-蛋白酶体途径，从而抑制 LPS 导致的肌肉蛋白质的降解
（Liu 等，2013b）。饲喂 7%鱼油可使 n-3 PUFA 在仔猪肌肉中沉积，并且促进 70d 仔猪
部分骨骼肌（主要集中在中后躯的骨骼肌）生长（田春庄，2008）。造成这种部分肌肉
块增重的原因可能与 n-3 PUFA 调控骨骼肌的肌纤维类型相关，这一调控过程可能是通
过上调肌肉生长和肌纤维类型转化相关基因，如生长轴基因、生肌调节因子、肌细胞生
成素和过氧化物酶体增殖物激活受体 γ 辅激活因子-1α 等的表达来实现的（田春庄，
2008）。另有研究也得出日粮中添加鱼油可以提高仔猪胴体中部分肌肉块重量的结论，
这可能与长链 n-3 PUFA 通过提高肌肉中生肌决定因子家族基因的表达、促进肌肉中卫
星细胞的增殖与分化，并提高肌肉中酵解型肌纤维类型的比例有关（罗杰，2010）。

（四）鱼油对生长育肥猪的影响

吕玉丽等（2008）在育肥猪饲料中添加 2.5%鱼油发现，鱼油可以极显著提高脂肪
和肌肉中 EPA、DHA 含量。Haak 等（2008）同样给育肥猪饲喂鱼油，也发现鱼油可
以提高组织中 EPA 和 DHA 的比例（与总脂肪酸的百分比）。这些结果证明了在猪饲料
中添加鱼油进而生产富含 DHA 和 EPA 猪肉的可行性。尽管饲喂鱼油可以改善肉中脂
肪酸的水平和构成，有助于提供更健康、更优质的猪肉，但是过度添加鱼油会给猪组织
的感观性状带来不良影响（Bryhni 等，2002）。饲喂鱼油比例过高时会使胴体肌肉和脂
肪带有鱼腥味和臭味，影响猪肉的颜色和风味，不利于上市（Wood 等，2004；
Hallenstvedt 等，2010）。但 Haak 等（2008）的研究显示，添加鱼油对猪肉 pH、滴水
损失、感官特点、脂质氧化或肉色都没有影响。也有研究指出，鱼油不影响育肥猪
（145d）的生产性能和肉质（吕玉丽等，2008）。综上所述，关于鱼油对猪胴体品质的
影响有待进一步探讨。

二、在反刍动物生产中的应用

鱼油在反刍动物中的研究相对较少。现有的研究发现，随着奶牛日粮中鱼油添加量

的增加（0、150g/d、300g/d 和 450g/d），青贮饲料干物质摄入量减少，饲料的消化率增加（Keady 等，2000）。Annett 等（2009）给 55 只妊娠母羊饲喂青贮牧草＋精饲料，在妊娠最后 6 周补加 40g/d 鲑鱼油。结果发现，鲑鱼油也可以降低母羊对青贮饲料干物质摄入量，但是母羊的体重和体况评分不受日粮变化的影响。瘤胃插管试验结果显示，鱼油减少了反刍动物的采食量，但可促进瘤胃中有机物质和纤维的消化率，增加丙酸在挥发性脂肪酸中的比例，这在高剂量的鱼油添加量中更甚（Doreau 和 Chilliard，1997）。与此类似，Shingfield 等（2012）研究发现，鱼油减少了饲料的摄入，增加了瘤胃丁酸和丙酸的浓度。日粮中添加鱼油也可以影响牛或羊瘤胃细菌群落，这可能为鱼油调控瘤胃发酵提供了依据（贺云霞等，2008；Belenguer 等，2010）。相反，有研究表示鱼油对干物质采食量没有影响（Whitlock 等，2006），也不会影响瘤胃 pH 和挥发性脂肪酸的浓度及营养物质的降解消化（Toral 等，2010）。

研究也发现，饲喂鱼油可以延长母羊的妊娠周期，增加羔羊脑中 22：6（n-3）和 20：4（n-6）的比例，提高羔羊的成活率（Capper 等，2006）。Annett 等（2009）研究发现，添加低水平鱼油（20g/d）可提高新生羔羊成活率，改善其健康状况，但高添加量（40g/d）的效果则不明显。

此外，饲喂鱼油可以影响反刍动物的产奶量及其组成成分。在奶牛的研究中，日粮中添加鱼油增加了牛奶的产量（Keady 等，2000；Whitlock 等，2006；Kupczyński 等，2011）。Whitlock 等（2006）发现，与饲喂草料＋精饲料产奶量 21.5kg/d 相比，日粮中添加 0.33％、0.67％、1％不同比例的鱼油可以使产奶量分别达到 23.7kg/d、22.7kg/d、24.2kg/d。但对于母羊来讲，添加鱼油的母羊初乳量和总产奶量却较低（Capper 等，2006，2007；Annett 等，2009）。许多研究发现，日粮中额外添加鱼油可以提高奶中 n-3 PUFA 含量（Ramaswamy 等，2001；Mattos 等，2004；Whitlock 等，2006；Kupczyński 等，2011；Puppel 等，2015）。奶牛日粮中添加不同比例的鱼油（0、0.33％、0.67％、1％），牛奶脂肪（4.42％、3.81％、3.80％、4.03％）和粗蛋白质（3.71％、3.58％、3.54％、3.55％）含量减少，牛奶中每 100g 脂肪中 n-3 PUFA 的含量增加（0.82g、0.96g、0.92g、1.01g）（Whitlock 等，2006）。Ahnadi 等（2002）指出，鱼油可以通过降低奶牛乳腺中脂肪合成酶相关基因的表达，进而降低奶中的乳脂率。在羊上的研究显示，添加鱼油组的母羊泌乳 18 h 内脂肪含量、干物质含量、脂肪、蛋白和酪蛋白含量降低（Capper 等，2006，2007；Annett 等，2009）。但有研究显示，在日粮中添加 2％鱼油却没有发现牛奶中的脂肪、蛋白质、乳糖含量的变化（Kupczyński 等，2011）。

三、在家禽生产中的应用

日粮中添加鱼油对家禽生产性能的影响有不同的报道。对于产蛋鸡，日粮中添加鱼油对其生产性能的影响不大。陈士勇等（2003）研究表明，产蛋鸡日粮中添加鱼油（1％～5％）对产蛋率、平均蛋重、破蛋率和日耗料无明显改善作用。类似的，喻礼怀等（2014）在花凤蛋鸡日粮中添加 3％深海鱼油的结果发现，鱼油对蛋鸡生产性能和蛋品质均未造成影响。周德红和瞿明仁（2002）在万载康乐黄产蛋鸡日粮中添加 4％鱼油，虽然发现鱼油可使平均蛋重增加、平均采食量下降、料蛋比降低，但对产蛋率、体重、血清甘油三酯、总胆固醇等无明显影响。在鸭上的研究指出，饲喂不同比例的鱼油（1%、2%、3%）对绍鸭平均日采食量、平均蛋重、破蛋率、死淘率等无显著影响，却可以提高产蛋率，降低料蛋比（朱志刚，2010）。对于肉鸡，日粮中添加鱼油对其生产性能影响的报道较多，但结果却不一致。高士争和雷凤（1999）研究发现，鱼油可提高肉鸡的生长速度。冯定远等（1996）指出，在肉仔鸡日粮中使用鱼油可以提高肉鸡增重，改善肉仔鸡的饲料转化率，效果显著优于添加棕榈油和牛油。但 Jeun-Horng 等（2002）研究表明，鱼油对肉鸡屠宰率、半净膛率和全净膛率、肌肉的感观性状及肌肉的 pH 无影响。造成这些报道不一致的原因还不清楚，可能与肉鸡品种、日粮类型、是否添加其他添加剂（如抗生素、抗氧化剂等）、饲喂时间长短及鱼油的品质、添加量等有关。

鱼油对家禽胴体及禽蛋品质也有影响。添加鱼油后，北京鸭肝、皮脂和血液中 n-3 PUFA 的含量明显增加（万文菊，2003）。饲喂鱼油也可增加鸡肉中 n-3 PUFA 含量（López-Ferrer 等，2001；Bou 等，2004）。Bou 等（2004）发现，饲喂 2.5% 鱼油的鸡肉中 EPA 和 DHA 含量是饲喂 1.25% 鱼油的 2 倍。喻礼怀等（2014）发现，在花凤蛋鸡日粮中添加深海鱼油后可以促进蛋黄中多不饱和脂肪酸的沉积，提高鸡蛋的营养价值。朱志刚（2010）研究了鱼油对鸭蛋的影响发现，与饲喂基础日粮相比，饲喂 2%、3% 鱼油组鸭蛋蛋黄 DHA 含量分别提高了 9.7 倍和 9.33 倍，蛋黄 EPA 含量分别提高了 3.57 倍和 2.66 倍。给绍鸭饲喂不同水平（1%、2%、3%）的鱼油后，各组蛋黄中胆固醇较基础日粮组而言都显著降低，蛋黄颜色随着鱼油添加量的增加而趋深（卢元鹏等，2009）。类似的结果显示，鱼油降低了青壳Ⅱ号蛋鸭蛋黄中胆固醇含量（刘玮孟等，2011）。

鱼油也可以影响家禽的免疫功能。日粮中添加脂肪可明显促进肉鸡的体液免疫和细胞免疫功能，尤其是含有 n-3 PUFA 较多的鱼油对促进抗体生成的作用更显著（高士争和雷凤，1999）。陈士勇等（2003）研究了不同类型脂肪酸对产蛋鸡体液免疫功能的影响，发现日粮中添加鱼油可以提高血清抗体效价，影响血清溶菌酶含量和外周血淋巴细胞前列腺素 E_2 的合成量。而对于蛋鸭的研究发现，与饲喂基础日粮相比，日粮中添加 2% 鱼油可以使蛋鸭血清中 IgG、IgA 和 IgM 含量分别提高 9.76%、29.66% 和 37.12%（朱志刚，2010）。

四、在水产动物生产中的应用

饲料中添加一定量的脂肪酸对水产动物的生长发育、繁殖特性、健康等方面发挥了重要的作用（周永奎等，2005；吉红和田晶晶，2014；张红娟等，2015）。鱼、虾类等水产动物由于对碳水化合物特别是多糖利用率低，故脂肪作为能源物质的作用就显得特别重要（杨凤，2003）。杨建梅等（2006）指出，对于大多数水产养殖种类（尤其是鲑科鱼类），提高饲料中的脂肪含量对蛋白质具有明显的节约作用。鱼油尤其是深海鱼油中富含的 n-3 PUFA 是鱼虾类必需脂肪酸的重要来源之一（周永奎等，2005）。由于鱼油对水产动物有着特殊的营养作用和诱食效果，还可以减少蛋白质的分解供能，节约蛋白质饲料资源，降低饲料成本，因此已被广泛应用于水产饲料的生产中（周永奎等，2005）。

鱼油中的 n-3 PUFA 对鱼、虾的生长至关重要。王道尊（1986）研究发现，饲养到4周左右，缺乏必需脂肪酸的月桂酸组和无脂肪组的试验青鱼均出现眼球突出、竖鳞、体色变黑和鳍充血等病变现象，生长差，死亡率高；相对而言，饲喂了鱼油的青鱼生长最好，规格整齐，增重率达 134.6%。徐新章和何珍秀（1997）对比研究了4种油（鱼油、花生油、豆油和小麻油）对幼蟹的影响。结果显示，日粮中添加 7% 鱼油的幼蟹能获得高达 21.87% 的增重率，同样比例下饲喂花生油的幼蟹增重率只为 7.39%，而饲喂豆油和小麻油的幼蟹增重效果不明显。饲料中鱼油添加水平的升高有助于红鳍东方鲀幼鱼的生长，一定程度上降低了饵料系数和提高了幼鱼成活率，同时还有促进鱼体代谢的作用，通过综合分析幼鱼生长、生化和血液等指标可知，添加 8.93% 鱼油效果最佳（孙阳等，2013）。涂玮（2012）在尼罗罗非鱼日粮中分别添加 0、3%、6%、9%、12% 和 15% 的鱼油（实测脂肪水平分别为 0.20%、2.70%、6.11%、8.04%、11.13% 和 14.85%），饲养8周后随着饲料脂肪水平的升高，尼罗罗非鱼的增重率、特定生长率及蛋白效率均呈现先上升后下降的趋势，饵料系数呈现先下降后上升的趋势。通过对增重率、蛋白质效率、饵料系数和血清高密度脂蛋白胆固醇等指标进行回归分析，认为该幼鱼饲料最适脂肪水平为 8.30%～9.75%（涂玮，2012）。根据上面的研究结果可知，鱼油的添加情况因鱼虾种类不同而不同，添加过多的鱼油可能会产生负面效果，所以补充给鱼虾油脂中脂肪的组成和含量应尽量符合鱼虾品种的需要。

鱼油也能影响水产动物的亲体繁殖性能。孙瑞健等（2015）指出，必需脂肪酸影响亲鱼精卵和性腺的脂肪酸组成，对其产卵量、卵子和仔鱼质量均有促进作用。吕庆凯等（2012）研究发现，高 n-3 PUFA 含量的鱼油组半滑舌鳎亲鱼的卵子孵化率、卵子畸形率、初孵仔鱼畸形率、初孵仔鱼全长及仔鱼的生存活力指数等指标均比低 n-3 PUFA 含量的豆油组和橄榄油组好，这表明饲料中高 n-3 PUFA 含量对亲鱼繁殖有促进作用。另一个探讨饲料中添加不同脂肪来源对黄鳍鲷亲鱼影响的研究发现，饲养132d后，鱼油组（含 6.67% n-3 PUFA）黄鳍鲷的浮性卵比例、孵化率、仔鱼正常率、3 日龄仔鱼成活率、仔鱼的生存活力指数均显著高于 50% 葵花籽油与 50% 鱼油混合物组（含 4.26% n-3 PUFA）和葵花籽油组（含 2.92% n-3 PUFA）（Mohammad 等，2011）。该项研究还指出，鱼油对卵和幼鱼的脂肪酸组成有较大影响。

除此之外，鱼油对水产动物体脂组成也有影响。相比于亚麻油，添加了鱼油的育肥饲料更能促进鲤体 n-3 PUFA 含量的增加（Schultz 等，2014）。还有报道指出，鱼油可以影响鱼体的免疫力。如 Montero 等（2003）报道，摄食鱼油的乌颊鲷较摄食豆油、菜籽油或者亚麻籽油的乌颊鲷血清中溶菌酶活性更高。总体而言，鱼油在水产动物亲体中的作用不尽相同，这可能与水产动物所需的脂肪酸量、种类、比例不同有关。

值得关注的是氧化鱼油可引起试验鱼生长不良，出现瘦背病及以全身性水肿、竖鳞、突眼、腹水为特征的渗出性素质性病变，严重的可导致死亡（汪开毓和叶仕根，2001）。陈科全等（2015）研究指出，鱼油的氧化产物会导致草鱼生长速度、饲料转化率、蛋白质利用率下降。任泽林和霍启光（2001）研究发现，氧化鱼油损害鲤生

产性能，既降低鲤增重率、增加饵料系数，还破坏肌肉组织，使肌纤维间隙急剧扩大、肌原纤维降解、肌原纤维模式紊乱。吉红和田晶晶（2014）还发现，鱼油氧化酸败会破坏鱼体的抗氧化系统。总的来说，氧化鱼油会减少鱼虾对脂类、蛋白质等营养物质的吸收，其氧化产物对含硫氨基酸、脂溶性维生素具有破坏作用，严重影响虾蟹类的着色。另外，氧化鱼油具有不良风味，也影响鱼虾饲料的适口性（周永奎等，2005）。

第三节　鱼油的加工方法与工艺

一、鱼油的提取

鱼油的提取方法主要有压榨法、溶剂法、蒸煮法、酶解法、淡碱水解法和超临界流体萃取法等（王乔隆等，2008；刘春娥等，2009）。

1. 压榨法　是通过机械压力破坏鱼类原料中蛋白质和脂肪的结合关系，再离心分离得到的一种粗制鱼油。此方法操作简单，但提取率较低，得到的鱼油质量较差，目前已经很少采用。

2. 溶剂法　是利用有机溶剂（如乙醚和石油醚）萃取原料中的脂肪，缺点在于萃取过程中容易引起有机溶剂的残留，影响鱼油的品质。

3. 蒸煮法　是传统的提取工艺，在蒸煮加热的条件下，破坏鱼体细胞进而分离出鱼油，其原理简单、操作简便。但是这种提取工艺不能分离与蛋白质相结合的脂肪成分，而且高温的生产条件也会影响鱼油的性质。

4. 酶解法　是利用蛋白酶水解原料中的蛋白质，破坏蛋白质和脂肪的结合，进而使油脂释放出来。该法工艺流程简单，酶处理条件较温和，对油脂的功能成分及蛋白质破坏小，鱼油得率、高质量好。同时，水解过程中产生的酶解液含有大量氨基酸和小分子肽，可被进一步加以利用。酶解法包括自溶酶解法和加酶酶解法。自溶酶解法是利用原料鱼本身的酶系，而加酶酶解法是利用外源蛋白酶的作用。

5. 淡碱水解法　是利用淡碱液对蛋白质进行分解，这种方法鱼油提取率较高，品质也较好。传统淡碱水解法工艺成熟，使用的是氢氧化钠和氯化钠，但是提取过程中会产生新的废弃物——钠盐，对环境造成污染。氨法和钾法是在传统淡碱水解法基础上的改进方法，分别用氨水和铵盐、氢氧化钾和氯化钾代替传统方法中的氢氧化钠和氯化钠，克服了传统方法废水中钠盐含量高的问题，而且产生的废液可以用于制作肥料，解决了传统方法废弃物不能再利用的缺点。但是，氨法中用到的氨水挥发性较强，有刺激性，使该方法的应用受到一定限制。

6. 超临界流体萃取法　是近年发展起来的新型的化工分离技术，其利用超临界流体（一般采用 CO_2）作为萃取剂，通过调控体系的压力和温度，将脂肪从原料中分离出来。超临界流体萃取法的优点很多，如分离效率高、对鱼油的功能成分破坏小、产品纯度高、质量好、无溶剂残留、环境污染小等。但是由于设计和工艺复杂，设备投资大，目前实现规模化、工业化存在一定的难度。

二、鱼油的精制

经初步提取而得到的鱼油称为粗鱼油，又称作毛油。其品质较差，含有磷脂、黏液质、蛋白质、游离脂肪酸和色素等杂质，并伴有较浓的腥臭味。要想得到高品质的鱼油，还需要对粗鱼油进行精炼加工，即鱼油精制，主要包括脱胶、脱酸、脱色和脱臭等工艺（王乔隆等，2008；王海磊等，2012）。脱胶是采用酸法除去粗鱼油中的黏液质、磷脂和蛋白质等胶体杂质，用到的酸主要是磷酸、硫酸和柠檬酸等。脱酸的目的是除去鱼油中易氧化酸败的游离脂肪酸，具体方法主要借鉴植物油脂的脱酸方法，如化学脱酸、物理脱酸、生物脱酸、超临界萃取和膜分离等，目前使用最多的是化学脱酸。油脂脱色主要是为了除去鱼油中含有的天然色素和鱼油发生化学变化时产生的有色物质，常采用吸附法，用到的吸附剂主要有活性白土和活性炭。在鱼油加工和储存过程中，鱼油蛋白质的分解和油脂的氧化酸败等会产生许多臭味物质，脱臭可用气体吹入法、真空脱臭法、蒸汽脱臭法等方法脱臭。

第四节　鱼油作为饲料原料资源开发利用建议

鱼油富含 n-3 PUFA，具有重要的营养价值和保健作用，在饲料、食品及疾病防治中具有广阔的应用前景。在动物生产中，添加适当剂量的鱼油可以改善机体免疫功能和动物的生产性能，有助于生产富含 n-3 PUFA 的畜产品。但是，就目前而言，受原料来源、生产工艺等因素的影响，我国生产的鱼油仍然质量不高，急需通过改进鱼油提取方法及精制工艺以提高原料的利用率和鱼油的提取率；鱼油容易被氧化，而氧化鱼油会给动物带来严重的危害，因此需要进一步开发防止鱼油氧化的方法和技术；此外，不同种类、不同年龄段的动物对鱼油的需求量也不相同，而鱼油对畜、禽及水产动物生长发育、抗病力和产品品质等方面的研究报道也不尽一致。因此，还需继续深入研究，有针对性地制定科学合理的鱼油添加水平，不断解决实际生产中遇到的问题，使鱼油产业更加完善与成熟。

参考文献

陈科全，叶元土，蔡春芳，等，2015. 饲料中氧化鱼油对草鱼生长及肌肉脂肪酸组成的影响［J］. 动物营养学报，27（6）：1698-1708.

陈士勇，呙于明，夏兆刚，等，2003. 不同类型多不饱和脂肪酸对产蛋鸡免疫功能及肝脏脂质过氧化的影响［J］. 营养学报，25（4）：383-388.

冯定远，谢良，王征，等，1996. 鱼油在生长前期肉用仔鸡日粮中的应用［J］. 广东饲料（5）：12-14.

高士争，雷风，1999. 日粮脂肪来源对肉鸡免疫功能的影响［J］. 中国家禽，21（3）：4-6.

贺云霞，王加启，于萍，等，2008. 日粮中添加鱼油后肉牛瘤胃细菌区系的变化［J］. 生物技术

通讯，19（4）：552-557.

吉红，田晶晶，2014. 高不饱和脂肪酸（HUFAs）在淡水鱼类中的营养作用研究进展［J］. 水产学报，38（9）：1650-1665.

冷董碧，2007. 不同来源油脂对断奶仔猪生产性能的影响［D］. 长沙：湖南农业大学.

刘春娥，刘峰，许乐乐，2009. 鱼油提取方法研究进展［J］. 水产科技（3）：7-10.

刘玮孟，卢立志，石放雄，等，2011. 日粮不同种类脂肪酸对青壳Ⅱ号蛋鸭蛋黄胆固醇含量和肌肉 pH 值的影响［J］. 饲料工业，31（23）：18-20.

刘玉兰，2003. 鱼油对断奶仔猪抗免疫应激机理研究［D］. 北京：中国农业大学.

卢元鹏，原爱平，朱志刚，等，2009. 日粮不同 ω-3 多不饱和脂肪酸水平对绍鸭产蛋性能与蛋品质的影响［J］. 江苏农业学报，25（5）：1086-1090.

罗杰，2010. 长链 n-3 PUFA 对仔猪免疫成熟和生长的影响及调控作用研究［D］. 武汉：华中农业大学.

吕庆凯，梁萌青，郑珂珂，等，2012. 饲料中添加不同脂肪源对半滑舌鳎亲鱼繁殖性能和仔鱼质量的影响［J］. 渔业科学进展，33（6）：44-52.

吕玉丽，久保长政，刘建新，等，2008. 饲料中添加鱼油对肥育猪脂肪酸组成的影响［J］. 浙江农业学报，20（6）：484-486.

马永钧，杨博，2011. 海洋鱼油深加工技术研究进展［J］. 中国油脂，36（4）：1-6.

任泽林，霍启光，2001. 氧化鱼油对鲤鱼生产性能和肌肉组织结构的影响［J］. 动物营养学报，13（1）：59-64.

孙瑞健，吕庆凯，米海峰，等，2015. 必需脂肪酸对亲鱼繁殖性能影响的研究进展［J］. 中国饲料（7）：12-16.

孙阳，姜志强，李艳秋，等，2013. 饲料脂肪水平对红鳍东方鲀幼鱼生长、体组成及血液指标的影响［J］. 天津农学院学报，20（3）：14-18.

唐武能，邝声耀，唐凌，等，2011. 鱼油在饲料中的应用研究［J］. 四川畜牧兽医，38（4）：31-33.

田春庄，2008. 鱼油上调断奶仔猪肌纤维类型及相关基因表达促进肌肉生长的研究［D］. 武汉：华中农业大学.

涂玮，2012. 罗非鱼幼鱼饲料脂肪及必需脂肪酸需要量研究［D］. 武汉：华中农业大学.

万文菊，2003. 添加不同油脂对北京鸭生产性能、血脂及组织脂肪酸组成的影响［J］. 泰安：山东农业大学.

汪开毓，叶仕根，2001. 氧化鱼油对鲤鱼危害的病理学研究［J］. 鱼类病害研究，23（3）：86-87.

王道尊，丁磊，赵德福，1986. 必需脂肪酸对青鱼生长影响的初步观察［J］. 水产科技情报（2）：4-6.

王海磊，罗庆华，黄美娥，2012. 鱼油的提取方法及精制工艺探讨［J］. 湖南农业科学（9）：99-102.

王乔隆，邓放明，唐春江，等，2008. 鱼油提取及精炼工艺研究进展［J］. 粮食与食品工业，15（3）：10-12.

王石瑛，2009. 中草药饲料添加剂对猪生产性能的影响［J］. 畜禽业（11）：28-29.

吴强，2012. 脱除鱼油重金属吸附剂的制备与研究［D］. 舟山：浙江海洋学院.

肖成林，2007. 日粮中不同水平的鱼油对母猪繁殖性能及乳成分的影响［D］. 武汉：华中农业大学.

徐新章，何珍秀，1997. 不同脂肪源对幼蟹生长的影响［J］. 饲料工业，18（5）：16-18.

杨凤，2003. 动物营养学［M］. 2 版. 北京：中国农业出版社.

杨建梅，王安利，霍湘，等，2006. 鱼类利用脂肪节约蛋白的研究进展 [J]. 水利渔业，26（1）：74-76.

喻礼怀，刘颖，李志兵，等，2014. 深海鱼油对花凤鸡产蛋性能和鸡蛋脂肪酸组成的影响 [J]. 中国家禽，36（15）：29-32.

张红娟，陈秀玲，张瑞玲，等，2015. 海水鱼对脂肪的需求及脂肪源替代研究进展 [J]. 水产科学，34（2）：122-127.

周德红，瞿明仁，2002. 产蛋鸡日粮添加不同油脂对生产性能、血脂及蛋黄胆固醇的影响 [J]. 江西农业大学学报（自然科学），24（2）：159-163.

周永奎，李二超，陈立侨，2005. 鱼油在水产饲料中的应用 [J]. 饲料广角，14（4）：38-41.

朱志刚，2010. 日粮添加 ω-3PUFA 对绍鸭产蛋性能、脂质代谢及免疫功能的影响 [D]. 杭州：浙江大学.

Ahnadi C E, Beswick N, Delbecchi L, et al, 2002. Addition of fish oil to diets for dairy cows. II. Effects on milk fat and gene expression of mammary lipogenic enzymes [J]. Journal of Dairy Research, 69 (4): 521-531.

Amusquivar E, Laws J, Clarke L, et al, 2010. Fatty acid composition of the maternal diet during the first or the second half of gestation influences the fatty acid composition of sows' milk and plasma, and plasma of their piglets [J]. Lipids, 45 (5): 409-418.

Annett R W, Dawson L E R, Edgar H, et al, 2009. Effects of source and level of fish oil supplementation in late pregnancy on feed intake, colostrum production and lamb output of ewes [J]. Animal Feed Science and Technology, 154 (3/4): 169-182.

Belenguer A, Toral P G, Frutos P, et al, 2010. Changes in the rumen bacterial community in response to sunflower oil and fish oil supplements in the diet of dairy sheep [J]. Journal of Dairy Science, 93 (7): 3275-3286.

Bou R, Guardiola F, Tres A, et al, 2004. Effect of dietary fish oil, alpha-tocopheryl acetate, and zinc supplementation on the composition and consumer acceptability of chicken meat [J]. Poultry Science, 83 (2): 282-292.

Bryhni E A, Kjos N P, Ofstad R, et al, 2002. Polyunsaturated fat and fish oil in diets for growing-finishing pigs: effects on fatty acid composition and meat, fat, and sausage quality [J]. Meat Science, 62 (1): 1-8.

Capper J L, Wilkinson R G, Mackenzie A M, et al, 2006. Polyunsaturated fatty acid supplementation during pregnancy alters neonatal behavior in sheep [J]. Journal of Nutrition, 136 (2): 397-403.

Capper J L, Wilkinson R G, Mackenzie A M, et al, 2007. The effect of fish oil supplementation of pregnant and lactating ewes on milk production and lamb performance [J]. Animal, 1 (6): 889-898.

Castellano C A, Audet I, Bailey J L, et al, 2010a. Effect of dietary n-3 fatty acids (fish oils) on boar reproduction and semen quality [J]. Journal of Animal Science, 88 (7): 2346-2355.

Castellano C A, Audet I, Bailey J L, et al, 2010b. Dietary omega-3 fatty acids (fish oils) have limited effects on boar semen stored at 17℃ or cryopreserved [J]. Theriogenology, 74 (8): 1482-1490.

Chen F, Liu Y, Zhu H, et al, 2013. Fish oil attenuates liver injury caused by LPS in weaned pigs associated with inhibition of TLR4 and nucleotide-binding oligomerization domain protein signaling pathways [J]. Innate Immunity, 19 (5): 504-515.

Cools A，Maes D，Papadopoulos G，et al，2011. Dose-response effect of fish oil substitution in parturition feed on erythrocyte membrane characteristics and sow performance [J]. Journal of Animal Physiology and Animal Nutrition，95（1）：125-136.

Doreau M，Chilliard Y，1997. Effects of ruminal or postruminal fish oil supplementation on intake and digestion in dairy cows [J]. Reproduction Nutrition Development，37（1）：113-124.

Estienne M J，Harper A F，Crawford R J，2008. Dietary supplementation with a source of omega-3 fatty acids increases sperm number and the duration of ejaculation in boars [J]. Theriogenology，70（1）：70-76.

Gabler N K，Spencer J D，Webel D M，et al. 2007. In utero and postnatal exposure to long chain (n-3) PUFA enhances intestinal glucose absorption and energy stores in weanling pigs [J]. Journal of Nutrition，137（11）：2351-2358.

Gabler N K，Radcliffe J S，Spencer J D，et al. 2009. Feeding long-chain n-3 polyunsaturated fatty acids during gestation increases intestinal glucose absorption potentially via the acute activation of AMPK [J]. Journal of Nutritional Biochemistry，20（1）：17-25.

Gaines A M，Carroll J A，Yi G F，et al，2003. Effect of menhaden fish oil supplementation and lipopolysaccharide exposure on nursery pigs. II. Effects on the immune axis when fed simple or complex diets containing no spray-dried plasma [J]. Domestic Animal Endocrinology，24（4）：353-365.

Haak L，de Smet S，Fremaut D，et al. 2008. Fatty acid profile and oxidative stability of pork as influenced by duration and time of dietary linseed or fish oil supplementation [J]. Journal of Animal Science，86（6）：1418-1425.

Hallenstvedt E，Kjos N P，Rehnberg A C，et al，2010. Fish oil in feeds for entire male and female pigs：changes in muscle fatty acid composition and stability of sensory quality [J]. Meat Science，85（1）：182-190.

Jeun-Horng L，Yuan-Hui L，Chun-Chin K，2002. Effect of dietary fish oil on fatty acid composition, lipid oxidation and sensory property of chicken frankfurters during storage [J] Meat Science，60（2）：161-167.

Keady T W，Mayne C S，Fitzpatrick D A，2000. Effects of supplementation of dairy cattle with fish oil on silage intake，milk yield and milk composition [J]. Journal of Dairy Research，67（2）：137-153.

Kupczyński R，Szołtysik M，Janeczek W，et al，2011. Effect of dietary fish oil on milk yield，fatty acids content and serum metabolic profile in dairy cows [J]. Journal of Animal Physiology and Animal Nutrition，95（4）：512-522.

Langerhuus S N，Tønnesen E K，Jensen K H，et al，2012. Effects of dietary n-3 and n-6 fatty acids on clinical outcome in a porcine model on post-operative infection [J]. British Journal of Nutrition，107（5）：735-743.

Liu Y，Gong L，Li D，et al，2003. Effects of fish oil on lymphocyte proliferation，cytokine production and intracellular signalling in weanling pigs [J]. Archives of Animal Nutrition，57（3）：151-165.

Liu Y，Chen F，Odle J，et al，2012. Fish oil enhances intestinal integrity and inhibits TLR4 and NOD2 signaling pathways in weaned pigs after LPS challenge [J]. Journal of Nutrition，142（11）：2017-2024.

Liu Y，Chen F，Li Q，et al，2013a. Fish oil alleviates activation of the hypothalamic-pituitary-adrenal axis associated with inhibition of TLR4 and NOD signaling pathways in weaned piglets after a lipopolysaccharide challenge [J]. The Journal of Nutrition, 143 (11): 1799-1807.

Liu Y, Chen F, Odle J, et al, 2013b. Fish oil increases muscle protein mass and modulates Akt/FOXO, TLR4, and NOD signaling in weanling piglets after lipopolysaccharide challenge [J]. Journal of Nutrition, 143 (8): 1331-1339.

López-Ferrer S, Baucells M D, Barroeta A C, et al, 2001. n-3 enrichment of chicken meat. 1. Use of very long-chain fatty acids in chicken diets and their influence on meat quality: fish oil [J]. Poultry Science, 80 (6): 741-752.

Maldjian A, Pizzi F, Gliozzi T, et al, 2005. Changes in sperm quality and lipid composition during cryopreservation of boar semen [J]. Theriogenology, 63 (2): 411-421.

Mattos R, Staples C R, Arteche A, et al, 2004. The effects of feeding fish oil on uterine secretion of PGF2alpha, milk composition, and metabolic status of periparturient Holstein cows [J]. Journal of Dairy Science, 87 (4): 921-932.

Mohammad Z, Preeta K, Marammazi J G, et al, 2011. Effects of dietary n-3 HUFA concentrations on spawning performance and fatty acids composition of broodstock, eggs and larvae in yellowfin sea bream, Acanthopagrus latus [J]. Aquaculture. 310 (3/4): 388-394.

Montero D, Kalinowski T, Obach A, et al, 2003. Vegetable lipid sources for gilthead seabream (Sparus aurata): effects on fish health [J]. Aquaculture, 225 (1): 353-370.

Perez R A, Lindemann M D, Kornegay E T, et al, 1995. Role of dietary lipids on fetal tissue fatty acid composition and fetal survival in swine at 42 days of gestation [J]. Journal of Animal Science, 73 (5): 1372-1380.

Puppel K, Kuczyńska B, Nałęcz-Tarwacka T, et al, 2015. Effect of supplementation of cows diet with linseed and fish oil and different variants of β-lactoglobulin on fatty acid composition and antioxidant capacity of milk [J]. Journal of the Science of Food and Agriculture. doi: 10.1002/jsfa.7341.

Ramaswamy N, Baer R J, Schingoethe D J, et al, 2001. Composition and flavor of milk and butter from cows fed fish oil, extruded soybeans, or their combination [J]. Journal of Dairy Science, 84 (10): 2144-2151.

Rooke J A, Bland I M, Edwards S A, 1998. Effect of feeding tuna oil or soyabean oil as supplements to sows in late pregnancy on piglet tissue composition and viability [J]. British Journal of Nutrition, 80 (3): 273-280.

Rooke J A, Sinclair A G, Ewen M, 2001a. Changes in piglet tissue composition at birth in response to increasing maternal intake of long-chain n-3 polyunsaturated fatty acids are non-linear [J]. British Journal of Nutrition, 86 (4): 461-470.

Rooke J A, Shao C C, Speake B K, 2001b. Effects of feeding tuna oil on the lipid composition of pig spermatozoa and in vitro characteristics of semen [J]. Reproduction, 121 (2): 315-322.

Schultz S, Koussoroplis A M, Changizi-Magrhoor Z, et al, 2014. Fish oil-based finishing diets strongly increase long-chain polyunsaturated fatty acid concentrations in farm-raised common carp (Cyprinus carpio L.) [J]. Aquaculture Research. 46: 2174-2184.

Shingfield K J, Kairenius P, Arölä A, et al, 2012. Dietary fish oil supplements modify ruminal biohydrogenation, alter the flow of fatty acids at the omasum, and induce changes in the ruminal Butyrivibrio population in lactating cows [J]. Journal of Nutrition, 142 (8): 1437-1448.

Smits R J, Luxford B G, Mitchell M, et al, 2011. Sow litter size is increased in the subsequent parity when lactating sows are fed diets containing n-3 fatty acids from fish oil [J]. Journal of Animal Science, 89 (9): 2731-2738.

Toral P G, Shingfield K J, Hervás G, et al, 2010. Effect of fish oil and sunflower oil on rumen fermentation characteristics and fatty acid composition of digesta in ewes fed a high concentrate diet [J]. Journal of Dairy Science, 93 (10): 4804-4817.

Whitlock L A, Schingoethe D J, Abughazaleh A A, et al, 2006. Milk production and composition from cows fed small amounts of fish oil with extruded soybeans [J]. Journal of Dairy Science, 89 (10): 3972-3980.

Wood J D, Richardson R I, Nute G R, et al, 2004. Effects of fatty acids on meat quality: a review [J]. Meat Science, 66 (1): 21-32.

（武汉轻工大学　刘玉兰　王秀英　编写）

第二十四章
大豆荚壳及其加工产品开发现状与高效利用策略

第一节 概 述

一、我国大豆荚壳及其加工产品资源现状

大豆〔*Glycine max*（L.）Merr.〕，通称黄豆，原产于中国，广泛栽培于世界各地。抗除草剂大豆是经生物技术处理的主要栽培大豆（全球范围内 60％的大豆均为转基因作物），美国、加拿大、阿根廷、巴西和中国是主要的大豆生产国。中国大豆品种资源十分丰富，已经收集、整理、编目的栽培大豆品种资源有 20 000 余份（周新安等，1998）。中国保存有最多的栽培大豆品种资源数量，同时也是大豆遗传多样性的中心。栽培区域可划分为北方春大豆区、黄淮流域夏大豆区和南方大豆区（汪越胜和盖钧镒，2002）。大豆是中国重要粮食和经济作物之一，栽培历史悠久，全国普遍种植，西南地区和长江流域栽培较多，东北大豆质量最优（雷云富，2012）。大豆营养价值很高，植物蛋白质含量丰富，有"豆中之王""绿色牛乳"等称号。大豆通常用于加工生产各种豆制品、榨取豆油、酿造酱油和提取蛋白质，磨成粗粉的大豆或豆渣也常用于禽畜饲料。

我国是大豆生产大国。近年来，我国大豆年产量在 1 700 万 t 左右（丁声俊，2006）。豆荚壳和豆粒的比例约为 1∶2，在大量生产大豆的同时，会产生大量荚壳。随着我国大豆种植面积的扩展及其加工业的迅速发展，大豆生产过程中产生的大量大豆荚壳未得到充分利用，大多数被直接掩埋或遗弃。大豆荚壳填埋后易霉变发臭，造成资源浪费和环境污染（张磊等，2011）。因此，加强对大豆荚壳资源有效利用的研究和开发具有非常重要的现实意义。

二、开发利用大豆荚壳及其加工产品作为饲料原料的意义

大豆荚壳数量巨大，其营养成分中粗纤维和粗蛋白质含量非常丰富，适合用于饲喂反刍动物，目前主要用于肉牛的饲料，但利用量不大（Alemdar 和 Sain，2008）。

我国动物饲料资源紧缺，尤其是对于反刍动物，国内饲料缺口越来越大，常规饲料资源已不能满足现代畜牧业发展的需求（王宗礼，2009）。针对我国每年产生的大量农作物有机废弃物，可采取合理科学的技术与方法对非常规饲料资源进行充分利用（杨在宾，2008）。鉴于我国大豆荚壳产量丰富，对其进行合理开发利用显得非常重要。

三、大豆荚壳及其加工产品作为饲料原料利用存在的问题

新鲜大豆荚壳含水量高，直接堆放容易腐败，在将其作为饲料饲喂之前需要进行合理处理，如采取青贮等措施可以长期储存，同时提高其营养价值。另外，大豆荚壳中存在的胰蛋白酶抑制剂、植物凝集素等抗营养因子，会对动物生产造成不利影响，饲喂动物时需要注意调整日粮配方和饲喂量，以达到最佳饲喂效果。

第二节　大豆荚壳及其加工产品的营养价值

大豆荚壳主要成分包括纤维素、半纤维素、木质素和粗蛋白质；另外，还含有单宁、果胶素、有机溶剂抽取物（树脂、脂肪和蜡等）色素及灰分等少量组分（张磊等，2011；熊本海等，2013）。由表 24-1 可知，大豆荚壳中的营养成分丰富，粗蛋白质和粗纤维含量较高，可以将其作为饲料资源对象进行合理的开发利用。

表 24-1　大豆荚壳常规营养成分

营养成分	含　量	营养成分	含　量
干物质（%）	90	粗脂肪（%）	2.6
能值		其他	
NE_m（Mcal/kg）	1.81	Ash（%）	5
NE_g（Mcal/kg）	1.15	Ca（%）	0.55
NE_l（Mcal/kg）	1.74	P（%）	0.17
蛋白质		K（%）	1.4
CP（%）	13	Cl（%）	0.02
UIP（%）	28	S（%）	0.12
纤维物质		Zn（mg/kg）	38
CF（%）	38		
NDF（%）	62		
ADF（%）	46		

注：NE_m，维持净能；NE_g，增长净能；NE_l，泌乳净能；CP，粗蛋白质；UIP，过瘤胃蛋白比例；CF，粗纤维；Ash，粗灰分；NDF，中性洗涤纤维；ADF，酸性洗涤纤维。

大豆荚壳中的氨基酸，包括赖氨酸、蛋氨酸、异亮氨酸、苯丙氨酸、亮氨酸等 7 种必需氨基酸。其中，谷氨酸含量最高（王莹等，2011）。

第三节　大豆荚壳及其加工产品中的抗营养因子

大豆荚壳及其加工产品中还包括抗营养因子、生物毒素和重金属等成分，在用作饲料时其中的抗营养因子备受关注。大豆抗营养因子主要有胰蛋白酶抑制剂、植物凝集素、抗原蛋白、单宁和植酸等，会对家畜健康产生不同程度的影响（Bajpai 等，2005；鲍宇茹和魏雪芹，2010；梁雪华，2011）。

一、胰蛋白酶抑制剂

胰蛋白酶抑制剂是限制大豆及大豆荚壳等大豆相关产品在动物饲料中应用的重要因素之一（Makkar 等，2007）。胰蛋白酶抑制剂的存在使大豆不能直接饲喂畜禽，使用时必须进行加工处理，减少不利影响。目前，从大豆中分离出的主要胰蛋白酶抑制剂有 Kunitz 抑制剂和 Bowman-Birk 抑制剂，包含 7～10 种不同的化学结构，其抑制活性因结构而异（鲍宇茹和魏雪芹，2010）。当日粮中含胰蛋白酶抑制因子时，小肠内胰蛋白酶和胰凝乳蛋白酶会与其迅速反应，生成无活性复合物，降低蛋白质消化率，导致外源氮的损失；同时，可通过反馈机制造成胰蛋白酶和胰凝乳蛋白酶过度分泌，引起内源氮和含硫氨基酸损失，阻碍动物生长发育；并且，肠内胰蛋白酶能够与胰蛋白酶抑制剂结合，然后随粪便排出体外，从而减少肠内胰蛋白酶数量（Makkar 等，2007；佟荟全等，2015）。

二、植物凝集素

植物凝集素能够凝集细胞和沉淀单糖或多糖复合物（Hoff 等，2009；鲍锦库，2011），主要存在于豆类籽粒、花生及其饼粕中（殷晓丽等，2011）。秦贵信和王利民，2008 年报道，大多数植物凝集素对糖分子具有高度的亲和性，可以与小肠壁上皮细胞表面的特定受体结合，破坏小肠壁刷状缘黏膜结构，减少营养吸收面，干扰刷状缘黏膜分泌多种酶的功能，降低消化道消化和吸收营养物质的能力，使动物机体蛋白质利用率下降、生长受阻甚至停滞。肠黏膜损伤后，肠黏膜上皮通透性增加，植物凝集素进入体内，对动物器官和机体免疫系统产生不良影响（艾晓杰和金凌艳，2005）。

三、其他抗营养因子

大豆抗原蛋白具有抗原性和致敏性，能引起肠壁损害和免疫学反应，破坏肠道屏障功能，尤其会引起犊牛和仔猪肠功能紊乱，影响动物生长发育（孙泽威等，2006；韩鹏飞等，2009）。单宁主要存在于豆科籽实的种皮中，是酚类化合物的衍生物，能与蛋白质结合形成复合物，抑制消化酶并与黏膜表面细胞结合导致内源蛋白质的丢失（Gilani

等，2005)，对动物有害，且影响饲料的适口性；另外，反刍动物采食大量含单宁的饲料后，易引起不良反应（黎智峰等，2007)，并且单宁会降低单胃动物的饲料转化率（李海庆和吴跃明，2006)。

近年来，通过不同的加工工艺来消除或钝化大豆相关产品抗营养因子的研究较多，如通过加热法钝化蛋白酶抑制因子、微生物发酵以及膨化法降低大豆蛋白致敏性等。

第四节　大豆荚壳及其加工产品在动物生产中的应用

一、在反刍动物生产中的应用

大豆荚壳是大豆加工过程中的副产品，不仅粗纤维含量丰富，而且粗蛋白质含量也较高，作为反刍家畜非常规粗饲料原料，具有重要的开发利用价值。大豆荚壳作为纤维来源添加到反刍动物日粮中，可以促进纤维分解菌的分解活动，提高日粮营养价值（胡小丽，2013)。大豆荚壳中的中性洗涤纤维适合反刍动物瘤胃微生物的发酵利用，可提供日粮中的可消化性的纤维，在早期哺乳日粮中加入大豆荚壳可以配制出高中性洗涤纤维和适度非纤维性碳水化合物含量的高能量浓度配方。豆荚的粗蛋白质组成接近奶牛泌乳所需的营养水平，可以利用青贮大豆荚壳替代部分优质牧草（张磊，2012)。大豆荚壳非结构性碳水化合物含量约为 14%，经常用于降低奶牛日粮中的非结构性碳水化合物含量。

二、在养猪生产中的应用

近年来，相关研究证实日粮纤维可以维持猪肠道微生态平衡，对促进肠道健康具有重要作用（Noblet 和 Le，2001；乔建国和杨玉芬，2007；陈瑾等，2014)。有研究表明，用快速有氧发酵大豆豆荚皮粉替代 15%全价日粮饲喂生长育肥猪，同时添加氨基酸浓缩液，可以提高饲料转化率，经济效益非常显著（朱纯刚等，2004)。

三、在家禽生产中的应用

适宜的纤维添加量可以改善家禽器官发育、消化酶的产生和营养物质的吸收，促进家禽的生长和健康，但这些作用很大程度上取决于纤维来源的化学成分。有研究认为，当纤维添加量为 2%~3%时，能够改善仔禽的生长状况（Mateos 等，2012)。

第五节　大豆荚壳及其加工产品的加工方法与工艺

大豆荚壳加工工艺流程见图 24-1。

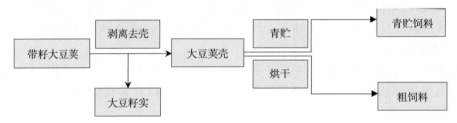

图 24-1　大豆荚壳加工工艺流程

目前对于饲用大豆荚的加工处理较为简易，主要包括以下步骤：

一、去壳

将收获的完整带籽大豆荚壳进行筛选清理，去掉杂物，再运用分离脱粒机等去壳机械进行剥离去壳，获得大豆荚壳。

二、加工

指将大豆荚壳进行饲用加工处理。一是制作青贮饲料。通过调控青绿大豆荚壳的水分，加入乳酸制剂等青贮制剂并混合均匀，利用青贮池或者青贮包进行发酵，至合适发酵时间后即成为优质青贮饲料。二是将大豆荚壳直接进行烘干处理，然后饲喂家畜，或者与其他粗饲料混合后饲喂家畜，也可将烘干后的大豆荚壳粉碎后与其他饲料混合饲喂家畜。

第六节　大豆荚壳及其加工产品作为饲料资源
开发与高效利用策略

一、加强大豆荚壳及其加工产品作为饲料资源的开发利用

我国是大豆生产大国，年产量约 1 600 万 t（周蓉，2009），同时也产生了数量巨大的大豆荚壳。大豆荚壳粗纤维和蛋白质等营养成分含量丰富，是一种良好的饲料资源，尤其是对于反刍动物非常有利用价值。因此，应加强大豆荚壳及其加工产品作为饲料资源的开发利用。

二、改善大豆荚壳及其加工产品作为饲料资源开发利用的方式

大豆荚壳的木质素含量较高，难以降解，并且与其他糖类结合，很难被动物消化利用，需要通过一定的粗饲料改进技术手段破坏其木质-纤维素结构，增强对豆荚资源的有效利用。针对其饲料化存在的问题，实现将机械加工技术与先进的生物工程技术相结合，采用化学、青贮等技术手段降解其木质素，饲用时选择合理的日粮配方、调节饲喂

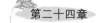

量等，确保家畜最佳营养物质消化率和生产性能。

三、制定大豆荚壳及其加工产品作为饲料原料的产品标准

目前，还没有专门针对大豆荚壳及其加工产品作为饲料原料的统一标准，为了加强大豆荚壳作为饲料资源的开发利用，需要制定统一的产品标准。

➡ 参考文献

艾晓杰，金凌艳，2005. 植酸酶使用中应注意的问题 [J]. 中国动物保健 (11)：42-45.

鲍锦库，2011. 植物凝集素的功能 [J]. 生命科学，23 (6)：533-540.

鲍宇茹，魏雪芹，2010. 大豆抗营养因子研究概况 [J]. 中国食物与营养 (9)：20-23.

陈瑾，邹成义，杨加豹，等，2014. 日粮纤维对猪肠道微生态环境的影响研究进展 [J]. 中国饲料 (3)：37-41.

丁声俊，2006. 我国大豆产业的特点、隐忧和出路 [J]. 中国粮食经济 (11)：13-19.

韩鹏飞，姜学，马曦，2009. 大豆抗原蛋白研究进展 [J]. 中国畜牧杂志，45 (19)：69-72.

胡小丽，2013. 不同粗饲料和蛋白质类型日粮对奶牛瘤胃功能细菌数量的影响 [D]. 北京：中国农业科学院.

雷云富，2012. 大豆密植高产栽培技术 [J]. 吉林农业 (9)：161.

李海庆，吴跃明，2006. 饲料中单宁对动物的影响 [J]. 饲料研究 (7)：29-31.

黎智峰，高腾云，周传社，2007. 单宁对反刍动物养分利用的营养机制 [J]. 家畜生态学报，28 (6)：97-103.

梁雪华，朱秀清，郑环宇，等，2011. 响应面法对大豆胰蛋白酶抑制剂粗提工艺的优化 [J]. 食品科学，32 (4)：97-101.

乔建国，杨玉芬，2007. 日粮纤维对猪营养物质消化率、消化道发育及消化酶活性的影响 [J]. 中国农学通报，23 (2)：18-21.

孙泽威，秦贵信，高云航，2006. 大豆球蛋白、β-伴大豆球蛋白对反刍前犊牛致敏作用的研究 [J]. 中国畜牧杂志，42 (15)：38-41.

佟荟全，张珈榕，胡文元，等，2015. 大豆抗营养因子研究进展 [J]. 饲料博览 (5)：10-13.

汪越胜，盖钧镒，2002. 中国大豆品种生态区划的修正 II. 各区范围及主要品种类型 [J]. 应用生态学报，13 (1)：71-75.

王莹，王桃云，钱玮，等，2011. 大豆荚壳营养成分分析与评价 [J]. 大豆科技 (2)：27-28.

王宗礼，2009. 牧草与粮食安全 [J]. 中国农业资源与区划，30 (1)：21-25.

熊本海，庞之洪，罗清尧，2013. 中国饲料成分及营养价值表 (2013 年第 24 版) [J]. 中国饲料 (21)：33.

杨在宾，2008. 非常规饲料资源的特性及应用研究进展 [J]. 饲料工业，29 (7)：1-4.

殷晓丽，李婷婷，刘东亮，等，2011. 豆科凝集素研究进展 [J]. 中国生物工程杂志，31 (7)：133-139.

张磊，王志耕，蔡海莹，等，2011. 安徽地区豆荚饲用营养价值评价 [J]. 饲料研究 (8)：81-83.

张磊，2012. 大豆豆荚作为奶牛饲料的研究 [D]. 合肥：安徽农业大学.

周新安，彭玉华，王国勋，等，1998. 中国栽培大豆品种的分类检索研究 [J]. 中国种业 (1)：1-4.

周蓉，2009. 大豆抗倒伏性评价体系的建立及主要农艺性状 QTL 定位 [D]. 武汉：华中农业大学.

朱纯刚，杨丽南，尤显红，2004. 发酵豆荚皮粉加复合氨基酸喂育肥猪试验研究初报 [J]. 现代畜牧兽医 (2)：15-15.

Alemdar A，Sain M，2008. Isolation and characterization of nanofibers from agricultural residues: wheat straw and soy hulls [J]. Bioresource Technology，99 (6)：1664-1671.

Bajpai S，Sharma A，Gupta M N，2005. Removal and recovery of antinutritional factors from soybean flour [J]. Food Chemistry，89 (4)：497-501.

Gilani G S，Cockell K A，Sepehr E，2005. Effects of antinutritional factors on protein digestibility and amino acid availability in foods [J]. Journal of AOAC International，88 (3)：967-987.

Hoff P L D，Brill L M，Hirsch A M，2009. Plant lectins: the ties that bind in root symbiosis and plant defense [J]. Molecular Genetics and Genomics，282 (1)：1-15.

Makkar H P S，Francis G，Becker K，2007. Bioactivity of phytochemicals in some lesser-known plants and their effects and potential applications in livestock and aquaculture production systems [J]. Animal: An International Journal of Animal Bioscience，1 (9)：1371-1391.

Mateos G G，Jiménezmoreno E，Serrano M P，et al，2012. Poultry response to high levels of dietary fiber sources varying in physical and chemical characteristics [J]. Journal of Applied Poultry Research，21 (21)：156-174.

Noblet J，Le G G，2001. Effect of dietary fiber on the energy value of feeds for pigs [J]. Animal Feed Science and Technology，83 (1)：35-52.

（中国科学院亚热带农业生态研究所　张秀敏　谭支良　编写）

第二十五章
大豆纤维开发现状与高效利用策略

第一节 概 述

大豆纤维作为一种具备营养和功能效用的纤维来源，能从大豆子叶和大豆豆皮、大豆荚中提取得到，它包含可溶性纤维和不可溶性纤维。我国大豆产量巨大，在对大豆进行加工利用的过程中，产生的大量豆渣和豆皮中含有丰富的大豆纤维。大豆纤维成分主要包括纤维素、果胶、木聚糖、甘露糖等。与其他纤维多糖比较，大豆纤维具有良好的功能特性，对其开发利用具有重要意义和广阔应用前景。

大豆纤维能够改善动物体营养状况，调节机体功能，在很多营养生理活动中起着重要作用，能够降低多种慢性病的发病率（Redondo-Cuenca 等，2008；李放和康玉凡，2015）。大豆纤维作为饲料原料添加到动物日粮中，可以有效降低饲料成本，提高经济效益。豆渣含水量高（约80％），容易腐败变质，一般直接用作饲料或者作为废弃物处理。提取大豆纤维用作饲料原料，可以改善豆渣和豆皮的利用状况，增强其利用价值。目前，大豆纤维在人类食品中应用较为广泛，作为动物饲料原料的应用研究相对较少。

第二节 大豆纤维的营养价值

一、理化性质

大豆纤维的主要成分是不溶性的戊聚糖（阿拉伯木聚糖），能与水分子结合，但不能完全溶解。用作动物饲料时，大豆纤维表面的一些活性基团可以与消化道内油脂和胆固醇等物质形成螯合结构，对胆固醇类物质代谢造成影响。同时，大豆纤维中包含的一些羧基和羟基基团可以与有机阳离子进行可逆交换，在交换时改变阳离子的瞬间浓度，起到稀释作用并延长阳离子的转换时间，从而对消化道的渗透压、pH 和氧化还原电位等产生影响，形成一个理想的缓冲环境。因范德华力、极性作用等因素影响，大豆纤维具备持水性，在胃肠道中不易被消化，吸水膨胀后易引起饱腹感，从而影响动物的消化道生理功能和发育（王向峰，2008）。

二、营养价值和生理功效

（一）调节血脂和胆固醇

大豆膳食纤维在降低胆固醇水平方面扮演着重要角色（Anderson 等，1999；Kushi 等，1999）。大豆纤维进入肠道后，可在小肠内形成一层凝胶膜，包围部分日粮脂肪，限制脂肪的消化吸收。同时，日粮中的大豆纤维可以增加小肠内容物的黏度和非搅动层的厚度，降低胆固醇的吸收率。

（二）调节血糖

日粮中的大豆纤维在小肠内形成的凝胶膜可以延缓和降低糖类物质的吸收，使血糖的升高得到有效控制。同时，针对糖尿病患者，它能够改善葡萄糖耐受性（Messina，1999；Chandalia 等，2000）。

（三）调控肠道食糜流通速度

大豆纤维作为不溶性纤维，不具备水溶性纤维吸水后产生的黏性，对肠道蠕动有促进作用，从而加快肠道食糜的流通速度。

（四）微生物发酵与肠道菌群调节

大豆纤维在肠道内经微生物发酵，产生乙酸、丙酸和丁酸等挥发性脂肪酸。产生的挥发性脂肪酸可以降低肠道 pH，促进益生菌的生长，并抑制有害菌繁殖，提高机体免疫力。同时，丙酸具备减少血清胆固醇的作用，丁酸可以结合有毒物质，对维持机体健康具有重要作用。

第三节　大豆纤维在动物生产中的应用

大豆纤维目前在人类食品中应用较多。在动物生产领域，大豆纤维主要是通过在饲料中添加大豆皮和豆渣的方式进行应用，在反刍动物生产中应用较广。

一、大豆纤维在反刍动物生产中的应用

目前，大豆纤维在反刍动物饲用领域主要以大豆皮的形式添加进饲料中。大豆皮中纤维含量较高，达到 38%。其中，ADF 含量约为 47%，NDF 含量约为 66%（NRC，1996）。大豆皮可以代替奶牛粗饲料中的低质秸秆等，提高采食量、干物质消化率和乳脂肪率，从而提高标准乳产量和经济效益。Underwood 等（1998）用大豆皮替代 30% 的干草，明显提前了产奶高峰期，并且提高了产奶性能。大豆皮也可用于替代部分精饲料。鲁琳等（2001）用大豆皮替代奶牛精饲料中 25% 的玉米后，奶牛日产奶量和饲料

转化率均无显著变化，但产 1kg 标准乳饲料成本降低 0.05 元。薛红枫等（2005）用大豆皮替代羔羊饲料中全部玉米发现，对干物质采食量、干物质消化率、日增重和饲料转化率均无显著影响。因此，利用大豆纤维替代部分粗饲料或者精饲料，可以提高饲料转化率和经济效益。

二、大豆纤维在猪生产中的应用

猪日粮中添加大豆纤维会对其生产性能、胴体品质和肉品质有一定影响。在健康生长猪日粮中添加大豆纤维后，猪的平均日采食量和平均日增重都显著降低，有降低猪屠宰率的趋势，但同时也有增加猪背最长肌中粗蛋白质含量的趋势。Shriver 等（2003）以向猪日粮中添加 10％大豆皮的形式添加大豆纤维发现，纤维添加对总体氮平衡和生长性能的影响很小。

一些研究认为，给仔猪饲料中添加日粮纤维可以有效缓解仔猪腹泻，主要原因包括以下几个方面：①日粮纤维可以刺激胃液和胆汁的分泌，稀释养分浓度，使机体产生饱感，从而有助于维持养分摄入量与仔猪消化能力之间的平衡。②日粮纤维可以吸收有害物质，促进肠道蠕动和排便，起到排毒作用，提高免疫力。③日粮纤维在后肠道经微生物发酵产生的挥发性脂肪酸可以降低肠道 pH，促进益生菌（如乳酸杆菌等）的生长，抑制有害菌（如大肠杆菌等）的繁殖，对维持仔猪肠道健康起到积极作用（袁森泉，1999）。因此，大豆纤维作为不溶性日粮纤维，添加到仔猪日粮中可以有效缓解仔猪腹泻。

三、大豆纤维的降血脂、血糖功能

大豆纤维具备降低血脂的功能，主要是因为它可以降低动物对日粮胆固醇的吸收率且减少胆汁酸的重吸收量（袁尔东等，2000）。以小鼠为模式动物进行的研究表明，饲喂含一定量大豆纤维的日粮可以显著降低血糖和血脂浓度，并且可以改善它们的代谢过程，对肝和肾起到保护作用（Xu 等，2001）。因此，可以尝试将大豆纤维的降血脂、血糖功能用于动物生产中，以改善动物机体的健康。

第四节　大豆纤维的加工方法与工艺

大豆膳食纤维通常从豆渣中提取，主要包括水浸提法和酶解法（李全宏，2009）。水浸提法提取大豆纤维的程序是：向烘干粉碎后的豆渣中加水，过滤，滤液用 4 倍体积的无水乙醇处理，静置，过滤，将沉淀物在 100℃下烘干即得成品（图 25-1）。该法工艺简单、成本低，可以同时提取不溶性膳食纤维和可溶性膳食纤维，更加充分地利用豆渣。酶解法提取大豆纤维的程序是向烘干粉碎后的豆渣中加水、醋酸-醋酸钠缓冲液，混匀，在沸水浴中煮沸 1h；冷却后加入纤维素酶液，酶解 1.5h；加热到 85℃，灭酶 10min；降温，加入木瓜蛋白酶溶液，酶解 30min；迅速冷却，过滤，将沉淀物在 100℃下烘干即得成品（图 25-2）。

非粮型能量饲料资源开发现状与高效利用策略

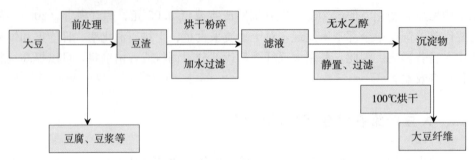

图 25-1　水浸提法提取大豆纤维流程

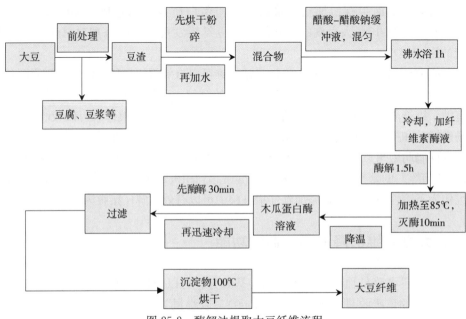

图 25-2　酶解法提取大豆纤维流程

第五节　大豆纤维作为饲料原料资源开发与高效利用策略

我国大豆资源丰富，大豆加工副产品年产量巨大，拥有开发利用大豆纤维的资源优势。目前，大豆纤维饲用方面的专门研究不多。随着我国畜牧业的发展，对非常规饲料资源开发利用的逐渐深入，以及相应配套的产业基础逐步完善，我们对大豆纤维的开发利用应该并且可以得到逐步加强，以便充分发挥大豆纤维对家畜的有益生理功能和营养效果，促进对非常规饲料资源的开发利用和畜牧业的发展。

⊙ 参考文献

李放，康玉凡，2015. 豆类膳食纤维研究进展 [J]. 粮食与油脂，28（3）：14-18.
李全宏，2009. 农副产品综合利用 [M]. 北京：中国农业大学出版社.

鲁琳，孟庆翔，史敬飞，等，2001. 大豆皮替代产奶牛日粮精料中玉米与小麦麸对产奶性能的影响 [J]. 中国畜牧杂志，37（1）：13-15.

王向峰，2008. 水溶性和不溶性纤维在幼龄单胃动物日粮中的功能研究 [D]. 福州：福建农林大学.

薛红枫，孟庆翔，熊易强，等，2005. 大豆皮替代羔羊饲粮中玉米或纤维成分对瘤胃消化率和生长性能的影响 [J]. 中国畜牧杂志，41（1）：15-18.

袁尔东，郑建仙，陈智毅，2000. 多功能大豆纤维的降脂作用及其机理探讨 [J]. 粮食与饲料工业（7）：45-47.

袁森泉，1999. 断奶仔猪日粮中的纤维 [J]. 国外畜牧学（猪与禽）（2）：25-27.

Anderson J W, Smith B M, Washnock C S, 1999. Cardiovascular and renal benefits of dry bean and soybean intake [J]. American Journal of Clinical Nutrition, 70 (3 Suppl)：464S.

Chandalia M, Garg A, Lutjohann D, et al, 2000. Beneficial effects of high dietary fiber intake in patients with type 2 diabetes mellitus [J]. New England Journal of Medicine, 342 (19)：1392-1398.

Kushi L H, Meyer K A, Jr J D, 1999. Cereals, legumes, and chronic disease risk reduction：evidence from epidemiologic studies [J]. American Journal of Clinical Nutrition, 70 (3)：451S-458S.

Messina M J, 1999. Legumes and soybeans：overview of their nutritional profiles and health effects. [J]. American Journal of Clinical Nutrition, 70 (Suppl 3)：439S.

Redondo-Cuenca A, Villanueva-SuÃ rez M J, Mateos-Aparicio I, 2008. Soybean seeds and its by-product okara as sources of dietary fibre. Measurement by AOAC and Englyst methods [J]. Food Chemistry, 108 (3)：1099-1105.

Shriver J A, Carter S D, Sutton A L, et al, 2003. Effects of adding fiber sources to reduced-crude protein, amino acid-supplemented diets on nitrogen excretion, growth performance, and carcass traits of finishing pigs [J]. Journal of Animal Science, 81 (2)：492-502.

Underwood J P, Spain J N, Lucy M C, 1998. The effects of feeding soy hulls in transition cow diet on lactation and performance of Holstein dairy cows [J]. Journal of Dairy Science, 81 (1)：296.

Xu H, Tan S M, Li S Q, 2001. Effects of soybean fibers on blood sugar, lipid levels and hepatic-nephritic histomorphology in mice with diabetes mellitus [J]. Biomedical and Environmental Sciences, 14 (3) 256-261.

（中国科学院亚热带农业生态研究所　张秀敏　谭支良　编写）

第二十六章
棉籽壳及其加工产品开发现状与高效利用策略

第一节 概　述

一、我国棉籽壳及其加工产品资源现状

棉籽壳是棉籽经剥壳处理后剩下的外壳，通常用于栽培食药用菌、作为牲畜饲料等。2014 年，全国棉花播种面积为 4 219.1khm²，全国棉花总产量为 616.1 万 t。其中，新疆最多，种植面积为 1 953.3khm²，产量为 367.7 万 t；其次是山东，种植面积为 592.9khm²，产量为 66.5 万 t（《中国统计年鉴》，2014）。棉籽壳是丰富的农作物副产品资源，具备良好的开发利用前景。

二、开发利用棉籽壳及其加工产品作为饲料原料的意义

生产中常用的棉籽壳粗蛋白质含量约为 5％，粗脂肪约为 2％，多聚戊糖为 22％～25％，粗纤维为 37％～48％，木质素为 29％～32％，氮、磷和钾的含量也较为丰富（王安平等，2010）。单胃动物利用棉籽壳的能力较弱，棉籽壳主要用于反刍动物的粗饲料。在棉花种植优势地区，如新疆等地，在粗饲料缺乏的季节，棉籽壳可以替代一部分优质粗饲料进行饲喂，以缓解粗饲料缺乏的情况。棉籽壳的饲喂试验表明，棉籽壳替代日粮粗饲料中的一部分时，可提高育肥羔羊日增重，增加雄性细毛羊及犊牛的胴体质量和屠宰率（阿依古力·阿不都克力木等，2015）。

三、棉籽壳及其加工产品作为饲料原料利用存在的问题

棉籽壳含有游离棉酚、非淀粉多糖等抗营养因子，在使用过程中要根据畜禽的耐受能力进行适量饲喂。反刍动物长期饲喂未处理的棉籽壳容易引起棉酚中毒，进而导致发情周期异常，受胎率也随着降低（罗晓花等，2007），并且极易引发妊娠奶牛流产、育肥羊出现尿石症等现象（院江等，2006）。可以将棉籽壳切碎或粉碎，添加部分玉米粉、

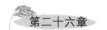

麦麸等能量饲料共同进行微生物发酵，以改善营养价值，提高利用效率。

第二节　棉籽壳的营养价值

棉籽壳是棉籽外部坚硬的褐色籽壳，略带未脱尽的棉花短绒，主要成分为粗纤维。中间夹杂着未脱尽的棉仁，富含油脂和棉籽蛋白，相对于玉米秸秆、麦秸等其他粗饲料，其适口性好、价格低廉、营养丰富，已成为农牧区牛、羊的主要饲料资源之一。棉籽壳常规营养成分见表 26-1（熊本海和庞之洪，2013）。

表 26-1　棉籽壳常规营养成分

营养成分	含　量	营养成分	含　量
干物质（%）	90	粗脂肪（%）	1.9
能值		其他	
NE$_m$（Mcal/kg）	0.99	Ash（%）	3
NE$_g$（Mcal/kg）	0.07	Ca（%）	0.15
NE$_l$（Mcal/kg）	0.97	P（%）	0.08
蛋白质		K（%）	1.1
CP（%）	5	Cl（%）	0.02
UIP（%）	45	S（%）	0.05
纤维物质		Zn（mg/kg）	10
CF（%）	48		
NDF（%）	87		
ADF（%）	68		

Mary 和 Adenike 2000 年报道，棉籽壳中粗纤维含量较高，可用于调节日粮的营养浓度，对反刍动物来说棉籽壳是一种非常好的粗纤维来源，但直接添加极易造成棉酚中毒，因此棉籽壳应经过发酵等加工措施处理后限量使用。目前，在新疆等产棉地区，农牧民一直在使用这种资源丰富、经济实惠的棉籽壳。这在很大程度上解决了当地粗饲料资源不足的问题。然而，过高含量的粗纤维、不易消化的木质素，且棉籽壳中游离棉酚的含量也相对较高等因素在一定程度上又制约了其在畜牧业中的利用。

第三节　棉籽壳中的抗营养因子

一、棉酚

棉酚（gossypol），又称棉毒素，是锦葵科棉属植物色素腺产生的多酚二萘衍生物，化学名为 2，2-双 1，6，7-三羟基-3-甲基-5-异丙基-8-甲醛-二萘，其分子式为 $C_{30}H_{30}O_8$，相对分子质量为 518.54。最早是由英国化学家 Longmor 从棉籽中分离出来，主要被用作真丝和羊毛的染料。棉酚纯品是由俄国人 Marchlewski 最先从棉籽油的下脚渣中分离出来的，经提纯后为一种黄色的晶体物质，并命名为棉酚。棉酚在不同溶液中有环缓基式、邻烃基内醚式、醇醛式 3 种互变异构形式，熔点分别为 184℃、199℃和 214℃。棉酚为黄色晶体，对碱、热、光均不稳定，易被氧化或分解，它是一种多元化合物，具有多种异构体（张继东等，2006）。

棉酚按其存在形式，可分为游离棉酚（free gossypol，FG）和结合棉酚（bound gossypol，BG）两类。FG 是指分子结构中活性基团（醛基和羟基）未被其他物质"封闭"的棉酚，其毒性较大。FG 可在生物体内与酶和蛋白质结合，破坏蛋白质的消化性，使胃黏膜组织易受破坏并引起消化功能紊乱。此外，棉酚与蛋白质中赖氨酸的 ε-氨基酸结合后，赖氨酸的有效成分被大大降低，其营养价值也随之降低（李艳玲等，2005）。BG 是 FG 和蛋白质、氨基酸、磷脂等物质互相作用形成的结合物，可在制油过程中，如煎炒、压榨、碱处理等处理过程中与蛋白质、氨基酸结合，从而失去活性，用于饲喂动物时会被动物排出体外。

棉籽壳的毒性主要是通过 FG 表现的。一般认为，棉酚在消化道内可刺激胃肠黏膜引起胃肠炎，吸收入血后能损害心脏、肝、肾等器官，最终使之变性、坏死。棉酚增加血管壁的通透性，促进血浆和血细胞渗到外周组织，使受害组织发生血浆性浸润和出血性炎症。棉酚易溶于类脂，能在神经细胞中积累并危害神经系统。此外，棉酚能与铁离子结合，从而干扰血红蛋白的合成，引起缺铁性贫血，并导致溶血（罗有文等，2006；侯红利和罗宇良，2005）。

目前，对有关棉酚的理化性质、生产工艺、质量标准、抗生育效果、作用环节、吸收分布、毒理、临床用药等都已经进行了系统和全面的研究。医用棉酚是从棉籽油中提炼出来的，经生物合成精制成为醋酸棉酚和甲酸棉酚，其属于一种抗精子发生的药物，可用作男性避精药，抗生育效果达 99％以上。另外，棉酚还具有抗肿瘤作用。体外试验表明，棉酚对起源于淋巴及粒细胞、肾上腺、乳腺、宫颈、直肠和中枢神经系统的多种肿瘤细胞株均有明显的增殖抑制活性（Gilbert 等，1995；胡承阅和蒋婵华，1997）。关于棉酚及其衍生物的抗病毒作用和免疫作用也已有较为详尽的综述（吴国沛和侯建英，1985）。

目前，常用物理或化学方法对棉籽壳进行脱毒处理，处理后游离棉酚含量降低，但产品营养成分会遭到破坏或流失，适口性也会受到影响（阎轶沽等，2005）。生物发酵法被认为是最有发展前途的脱毒方法（郭书贤等，2009）。该方法利用微生物发酵将棉酚转化为其他物质达到脱毒目的，同时又可改善粗饲料的营养价值，提高适口性和家畜采食量（张丛等，2012）。

世界卫生组织规定，棉仁中游离棉酚含量的食用安全标准为 0.02％～0.04％。在我国，《饲料卫生标准》（GB 13078—1991）规定了游离棉酚在各种畜禽饲料中的安全使用限量（表 26-2）。

表 26-2　我国游离棉酚在各种畜禽饲料中的安全使用限量（mg/kg）

饲　料	游离棉酚
棉籽饼（粕）（原料）	≤1 200
肉用仔鸡、生长鸡配合饲料	≤100

（续）

饲　料	游离棉酚
产蛋鸡配合饲料	≤20
生长育肥猪配混合饲料	≤60

二、其他抗营养因子

棉籽壳中的抗营养因子包括单宁、植酸、非淀粉多糖（non-starch polysaccharides，NSP）。其中，NSP 是主要的抗营养因子，是植物组织中除淀粉以外所有碳水化合物的总称，包括纤维素、半纤维素和果胶类物质等。棉籽壳中的 NSP 主要包括纤维素、阿拉伯木聚糖、果胶、β-葡聚糖、甘露聚糖等。理论上，占粗饲料干物质 80% 以上的纤维素及半纤维素都可以通过瘤胃微生物的作用被反刍动物消化利用，但实际上反刍家畜对粗饲料的消化率一般只有 40% 左右，这主要是由于纤维素、半纤维素在细胞壁中与木质素、硅等以复合物形式存在，难以被微生物充分降解利用。

纤维素是由葡萄糖 β-1，4-糖苷键结合而成的长链高分子化合物，分子相互并联成结晶型并构成微纤维素，部分可以散乱、无定型地存在于细胞壁中，大多数瘤胃微生物易于分解无定型部分，而难以分解结晶型部分。半纤维素是木糖、阿拉伯糖、半乳糖和其他碳水化合物的聚合物，其本身可以被瘤胃微生物降解，但其中含有大量 β-糖苷键，与木质素以共价键结合后很难被降解。木质素是以苯丙烷及其衍生物为基本单位构成的高分子芳香醇，基本上不能被瘤胃微生物所降解。随着作物的成熟，细胞壁中木质素增加并与半纤维分子铰链，将纤维素分子镶嵌于内，形成稳定复杂的木质素-半纤维素-纤维素复合体，从而阻碍了淀粉酶、蛋白酶及瘤胃微生物分解，降低了消化率（梁向红，2002；王菊花，2005；院江，2006；赛买提·艾买提，2008）。

三、棉籽壳重要营养成分重金属含量抽查分析

2012 年，国家食用菌产业技术体系对来自越南和我国湖北、湖南、山东、河北唐县、藁城县的 7 个（其中，山东 2 个样品、其余 1 个样品）棉籽壳样品的重要营养成分与重金属含量进行了分析（冯伟林等，2012）。从表 26-3（冯伟林等，2012）可知，7 个样品的水分含量为 11.04%～13.78%；碳含量为 46.71%～54.07%；氮含量为 0.79%～2.29%；矿物质磷含量为 0.13%～0.40%，钾含量为 1.50%～2.40%，钙含量为 0.20%～2.00%；重金属镉含量为 0.034～0.120mg/kg；在湖北和越南 2 个棉籽壳样品中未检出汞，其他样品的汞含量为 0.003 5～0.009 0mg/kg；来自越南和山东的 2 个棉籽壳样品中未检出铅，其他样品的铅含量为 0.25～0.59mg/kg。结果表明，所检测的不同来源棉籽壳样品的各元素含量存在差异，其中氮、钙、汞、铅等元素含量存在很大的差异，如产自湖北的棉籽壳的氮含量最高达 2.29%，是产自河北唐县（0.79%）的 2.9 倍。

表 26-3　不同产地的棉籽壳重要营养成分与重金属含量分析结果

产地	水分(%)	碳(%)	氮(%)	碳氮比	磷(%)	钾(%)	钙(%)	镉(mg/kg)	汞(mg/kg)	铅(mg/kg)
湖北	12.82	49.15	2.29	21.46	0.40	1.80	0.22	0.120	0	0.44
湖南	13.30	50.69	1.00	50.69	0.18	1.60	0.22	0.037	0.009 0	0.25
山东 1	11.68	52.26	1.18	44.29	0.22	1.80	1.70	0.034	0.008 4	0
河北唐县	11.04	52.30	0.79	39.59	0.13	1.50	2.00	0.076	0.008 4	0.59
山东 2	11.80	46.71	1.18	66.21	0.21	2.20	0.22	0.062	0.007 8	0.34
河北藁城	11.30	54.07	1.79	30.20	0.32	2.40	0.37	0.066	0.003 5	0.58
越南	13.78	51.96	1.56	33.31	0.30	1.60	0.20	0.048	0	0
平均	12.25	51.02	1.40	40.82	0.25	1.84	0.70	0.06	0.005 3	0.31

由分析结果可见，不同产地的棉籽壳所含的氮、钙及重金属等元素存在很大的差异。因此，在使用棉籽壳之前，应对不同来源、批次的各主要原料的重要营养成分含量进行测定与分析，根据分析结果调整原料的配方，以提高饲料配方的精准程度。

第四节　棉籽壳在动物生产中的应用

一、棉籽壳在反刍动物生产中的应用

棉籽壳对反刍动物来说是一种非常好的纤维来源，适宜的日粮纤维水平可有效消除大量进食精饲料所引起的采食量下降、纤维消化率降低等不良反应，防止酸中毒、瘤胃黏膜溃疡和蹄病的发生。

棉籽壳具有高的瘤胃发酵性，可提高反刍动物采食量，增加经济效益。反刍动物的饲料采食量受物理性充填的限制，高纤维和不易消化的饲料通常抑制饲料采食量，这是因为不消化的物质占据了瘤胃有限的空间，降低了瘤胃内容物的流通速度。但有些纤维饲料，如棉籽壳并不像其他高纤维和不易消化的饲料一样抑制采食量（Garleb 等，1988）。在粗饲料含量较低（占干物质 40%）的日粮中，当棉籽壳取代泌乳荷斯坦奶牛日粮中的青贮高粱时，采食量呈曲线上升（Hsu 等，1987）。添加棉籽壳以后，精饲料的采食量随着棉籽壳添加量的增加而增加。饲喂含有非饲草纤维来源的日粮可使奶牛干物质采食量提高20%，每天干物质采食量提高 2~5kg（Ordway 等，2002）。另外，棉籽壳替代饲草纤维无影响瘤胃功能及反刍活动的负面结果。这是因为棉籽壳适口性好，NDF 含量高，有效纤维较多，有助于避免酸中毒情况。由于奶牛产前的采食量与产后的采食量有明显的相关（Firkins 等，2002），而且产奶量又与饲料采食量有关。因此，制定有助于避免或减少围生期奶牛饲料采食量降低的饲喂策略十分重要，并由此确保母体发生健康问题的风险最低，并顺利产奶，达到产奶量的最大化。目前，美国的许多高产奶牛场，在干奶期奶牛的日粮中都添加棉籽壳等高发酵性的副产品饲料。推荐的干奶期奶牛日粮，其粗蛋白质含量为14%~15%，泌奶净能为 1.54Mcal/kg DM，NDF 大于 32%，而非饲草纤维来源的饲料可为 20%~30%。在奶牛的干奶期和泌乳早期日粮中配入 20%~30% 的棉籽壳作为非饲草

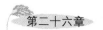

的纤维来源，不仅有助于解决许多代谢问题，而且还可提高产奶量。

棉籽壳可作为粗饲料用于肉牛育肥。在产棉区，棉籽壳由于量多价低、易配料装袋和出菇效果好等优点而被广泛用于食用菌栽培。食用菌栽培后废弃的培养料就是棉籽壳菌糠。与原料相比，棉籽壳菌糠疏松多孔，质地柔软细腻，一般呈灰白色，具有浓郁的菌香味。棉籽壳菌糠经电子显微镜照片显示，其中的棉籽壳粗料表面的角质层、硅细胞组织和微纤细的结晶结构均被破坏。利用含有棉籽壳的平菇菌糠饲喂育肥期肉牛，可以显著提高日增重，经济效益增加 70.8%（黄增利，2007）。用棉籽壳替代 50% 的苜蓿，可以提高肉牛的采食量和精饲料谷物的过瘤胃速度（Moore 等，1990）。棉籽壳菌糠用于饲喂绵羊也可取得良好的经济效益。利用棉籽壳菌糠对杜×寒杂交羊进行的育肥试验结果表明，饲喂棉籽壳菌糠可使羊的日增重提高 42.7%，经济效益增加 42.1%（胡月超等，2009）。同时，绵羊长期饲喂含棉籽壳饲料可能引发尿石症，主要是棉酚在绵羊体内的蓄积导致肝和肾等器官受损，尿液中形成结石结晶而表现为尿石症。这需要在养殖生产过程引起注意，通过适当调节日粮配方来防止尿石症的发生（刘芳，2008）。

二、棉籽壳在单胃动物生产中的应用

棉籽壳中含有大量棉酚，单胃动物对其尤为敏感，过量添加容易导致动物生长迟缓、繁殖性能及生产性能下降，甚至中毒死亡。因此，养殖中多利用棉籽壳栽培蘑菇后剩余的棉籽壳菌糠饲喂单胃动物，而其他微生物发酵棉籽壳对单胃动物生产效果的研究报道较少（董志国和胡建伟，2001）。

棉籽壳菌糠作为单胃动物饲料的安全性一直备受关注。试验表明，在以棉籽壳为主的菌糠中，棉酚含量较低（不足 0.1%），用胆碱酯酶法测定有机磷含量也在允许量（0.02mg/kg）以下，经白鼠试验，菌糠不会引起中毒反应。如果菌糠在调制时发霉，则可引起畜禽中毒，病理解剖表现为实质性器官肿大。另据郑国华等（1990）报道，棉籽壳菌糠对猪肉品质无不良影响，经屠宰测定，内脏器官正常。

实践表明，无论用何种菌糠，在猪的日粮中添加适量添加都是可行的。在饲喂初期及喂仔猪时量宜少，可先进行适口性训练，待习惯后再逐渐增加用量。由于菌糠中粗纤维含量较高，超过一般精饲料，故菌糠最高用量不超过日粮的 20%。用菌糠养猪，每增重1kg，养猪成本下降 35%，平均每头猪可节约粮食 75kg 左右。用菌糠饲料喂兔，既可鲜喂，也可配制成混合料饲喂，用菌糠喂肉兔配合比例以 10% 为宜。在蛋鸡饲料中添加10%～15% 的菌糠、肉鸡饲料中添加 10% 的菌糠，可取得较好的产蛋与增重效果。

第五节　棉籽壳及其加工产品的加工方法与工艺

一、棉籽壳加工方法

（一）已有的加工方法

籽棉经轧花机处理后，生成皮棉和棉籽。根据轧花机的结构和工艺不同，棉籽上还会残留不同程度的棉绒。棉籽在制油过程中，第一步是需要剥壳，生成棉籽壳和棉仁，棉仁用于榨油。早期的剥壳机有圆盘式剥壳机，圆盘式剥壳机是利用两磨盘上齿纹的挤压和摩擦作用，使棉籽外壳破碎，这种剥壳机的效率相对较低。随着技术的不断发展，目前用得较多的是对齿辊剥壳机，尤其是单对齿辊剥壳机的剥壳效果较为理想。

（二）需要改进的加工方法

棉籽剥壳后，生成的棉籽壳中除含有一定数量的棉仁外，还有一些粒度较小的棉籽，降低了棉籽的利用效率。因此，需综合考虑剥壳设备及工艺，以降低棉籽壳中棉仁和棉籽的数量。

二、棉籽壳加工的设备和工艺条件

（一）成型/成熟的设备和工艺条件

常用的老式剥壳机主要是圆盘式剥壳机，主要工作部件是一对表面带有齿纹的圆盘。一盘固定不动，称为固定盘；另一盘旋转，称为转动盘。物料置于两圆盘之间。在两圆盘之间的相对运动下，圆盘表面的齿纹对物料外壳产生揉搓作用，使外壳剥离、脱落而达到剥壳的目的。但圆盘式剥壳机的剥壳效率较低。

目前，应用较广的是对齿辊剥壳机。对齿辊剥壳机动力消耗低，采用高速及大差速剪剥，产量及剥壳率大大提高。根据齿辊的数量分为双对齿辊剥壳机和单对齿辊剥壳机。双对齿辊剥壳机的齿辊直径较小，一般有 $\phi225\text{mm}$ 和 $\phi250\text{mm}$ 两种规格。但小直径齿辊吃料能力较弱，也只有通过增大上面一对齿辊的间隙来提高吃料能力，从而提高产量，物料通过下面一对间隙较小的齿辊完成二次剥壳任务。一对直径较小的齿辊是无法完成剥壳任务的，棉籽须经过两次研磨才能达到剥壳效果。研磨的物料较碎，粉末度较大，从而增加了仁壳分离的难度，动力消耗也较大。这种小直径的齿辊多为面粉机的磨辊，重量小、获取方便（王振华和于学军，2002）。

单对齿辊剥壳机的齿辊直径较大，一般为 $\phi450\text{mm}$，这种辊径是棉籽剥壳机比较理想的。从研磨理论得知，单对齿辊剥壳机中的大辊径的齿辊剥壳机，钳入角小，吃料能力高，产量大。在棉籽直径和两辊间隙一定的前提下，大直径的齿辊对棉籽的研磨区长度长，研磨强度就大，研磨效果就好。同时，在研磨区长度和单位长度上的拉丝齿数一定的前提下，通过调节两辊的速比可以改变齿辊对棉籽的剥刮齿数，棉籽通过两辊之间时可以经过多次剥刮，从而完成双对齿辊剥壳机两对齿辊完成的研磨任务。单对齿辊的齿辊寿命长，维修费用低，动力消耗小。从原料加工成本和维修费用上综合考虑的话，选用单对齿辊剥壳机可以增加经济效益（王振华和于学军，2002）。

（二）潜在的工艺要求

棉籽剥壳是制油的第一步，其剥壳质量直接关系到制油的效率，以及棉籽饼（粕）中粗纤维的含量。因此，需改善剥壳工艺，提高剥壳速度和质量。同时，单对齿辊剥壳机的剥壳效率更高。但是因为所需的齿辊直径较大，一般为 $\phi450\text{mm}$，价格昂贵，所以通过工业加工技术降低该类型齿辊的生产成本是该设备的一个研发方向。

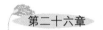

（三）棉籽壳加工标准与产品标准

棉籽壳通常分为大壳、中壳、小壳，或以棉绒量大小而分为大绒壳、中绒壳、小绒壳，绒极少的甚至称为"铁壳"。含绒量的多少取决于原料棉籽脱短绒程度。在原料棉籽正常含水量相同时通过棉壳的颜色通常能看出棉壳质地的好坏。如颜色发白（水分低，呈干枯样，绒极少），手握紧有刺痛感、无或只有极少量碎棉仁粉，则是由于追求高生产效率而使用对辊式剥壳机（加工脱酚棉蛋白时或棉仁回收率高时）破壳时棉仁粉碎率很低，至使含粉量低。此类棉籽壳西北部产量较多，采用新型机器加工的大型油厂基本都是这种棉籽壳，这种棉籽壳营养成分含量最低、价格低。反之，颜色呈正常白色、棕褐色、黄色（非棉籽水分高堆存时"烧坏"沤坏的黄色而是由于油粉多导致的黄色）等，手握有棉绒软感、油腻感，碎棉仁粉多，用水适量搓洗水呈米汤色、乳白色等浓稠状，无不正常的沤坏味，说明棉籽壳营养成分含量较高，通常是由圆盘剥壳机生产的，此种棉籽壳长江流域、河南省等产区或老油厂较多。

第六节　棉籽壳及其加工产品作为饲料资源开发与高效利用策略

一、加强棉籽壳及其加工产品作为饲料资源的开发利用

棉籽壳中含有粗蛋白质、粗脂肪等养分，但是也含有大量游离棉酚等抗营养因子，因此大量利用棉籽壳的前提是只有消除这些抗营养因子对畜禽的毒害影响，才能更有效地利用其中的养分。

二、改善棉籽壳及其加工产品作为饲料资源开发利用的方式

如前所述，由于棉籽壳中含有各种抗营养因子，因此其在畜禽饲料中的利用受到很大的限制。可以采用微生物发酵技术，利用由纤维分解菌、乳酸菌与酵母菌等主要有益菌组成的复合菌发酵棉籽壳。对发酵前后游离棉酚及主要营养成分粗蛋白质、中性洗涤纤维、酸性洗涤纤维的变化和发酵后微生物细胞数量进行测定的结果表明，棉籽壳发酵后游离棉酚含量降低，平均脱毒率达 67.2%，粗蛋白质平均提高了 2.57%，NDF 降低了 10.49%，ADF 降低了 7.83%，微生物细胞数量比发酵前显著增加，用该方法处理棉籽壳，棉籽壳营养价值明显提高（院江等，2006）。因此，可以充分利用微生物发酵技术对棉籽壳进行前处理，再将其作为畜禽饲料，可提高其饲用价值并降低安全风险。

三、制定棉籽壳及其加工产品作为饲料原料的产品标准

在最新出版的饲料原料目录当中，棉籽壳属于谷物及其加工产品，指棉籽剥壳，以

及仁壳分离后以壳为主的产品。目前还没有制定相应的国家标准或行业标准，因此应加紧制定的进度。

四、科学确定棉籽壳及其加工产品作为饲料原料在日粮中的适宜添加量

棉籽壳或发酵棉籽壳在利用过程中，要严格测定其中含有的各种抗营养因子的含量，根据不同畜禽的耐受力进行综合考虑，确定其适宜添加量。

五、合理开发利用棉籽壳及其加工产品作为饲料原料的建议

棉籽壳不仅可用作燃料、食用菌基质，而且还可以榨油后生产棉籽饼（粕），其余部分直接用作畜禽饲料。籽棉加工生产棉籽壳，其含水量较低，易于保存，因此需充分利用，加大在畜禽饲料中的利用。棉籽壳和一些能量类饲料共同发酵，也是加大其利用的一个重点研究方向。

参考文献

阿依古力·阿不都克力木，雒秋江，木萨·沙吾提，等，2015. 棉籽壳作为绵羊饲料营养特性的研究 [J]. 中国畜牧兽医，42（6）：1436-1442.

董志国，胡建伟，2001. 棉籽壳菌糠的饲用价值及其利用 [J]. 甘肃畜牧兽医，31（1）：37-38.

冯伟林，金群力，蔡为明，等，2012. 棉籽壳、玉米芯及麸皮的重要营养成分与重金属含量分析 [J]. 食药用菌（4）：220-221.

国家统计局，2014. 中国统计年鉴（2014）[M]. 北京：中国统计出版社.

郭书贤，王冬梅，梁运祥，2009. 微生物发酵棉籽饼粕脱毒与利用研究进展 [J]. 中国酿造，28（1）：4-10.

侯红利，罗宇良，2005. 棉酚毒性研究的回顾 [J]. 水生态学杂志，25（6）：100-102.

胡承阅，蒋婵华，1997. 国外医学计划生育分册 [M]. 北京：人民卫生出版社.

胡月超，辛英霞，闫振富，等，2009. 棉籽壳菌糠饲喂杜寒杂交羊育肥效果 [J]. 中国草食动物，29（3）：43-44.

黄增利，2007. 平菇菌糠在肉牛育肥中的应用 [J]. 安徽农业科学，35（14）：4203-4203.

李艳玲，李松彪，王毓蓬，2005. 棉籽蛋白的开发利用 [J]. 中国棉花加工（3）：22-23.

梁向红，2002. 采取理化处理与真菌协同作用相结合的途径进行秸秆降解的研究 [D]. 兰州：兰州大学.

刘芳，2008. 饲料中棉饼和棉籽壳与肉用绵羊尿结石发病关系的研究 [D]. 石河子：石河子大学.

罗晓花，孙新文，赵宏，2007. 棉籽壳微生物和理化联合脱毒 [J]. 黑龙江畜牧兽医（4）：64-65.

罗有文，周岩民，王恬，等，2006. 棉、菜籽饼粕源毒素对畜禽的影响及其毒理作用 [J]. 中国饲料（1）：38-41.

赛买提·艾买提，2008. 棉籽壳中游离棉酚在绵羊消化道中的变化及其代谢研究 [D]. 乌鲁木齐：新疆农业大学.

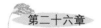

王安平，吕云峰，张军民，等，2010. 我国棉粕和棉籽蛋白营养成分和棉酚含量调研 [J]. 华北农学报，25（S1）：301-304.

王菊花，2005. 体外酶解棉籽粕的适宜参数及饲喂效果研究 [D]. 成都：四川农业大学.

王振华，于学军，2002. 单、双对齿辊棉籽剥壳机选用中的一些误解 [J]. 中国油脂，27（6）：72-73.

吴国沛，侯建英，1985. 棉酚及其衍生物的化学和应用研究概况 [J]. 有机化学（3）：193-204.

熊本海，庞之洪，罗清尧，2013. 中国饲料成分及营养价值表（2013年第24版）[J]. 中国饲料（21）.

阎轶沽，宋维平，张建云，2005. 棉籽饼粕在畜禽中的应用及棉酚的脱毒方法研究 [J]. 饲料工业，26（3）：47-50.

院江，孙新文，丁宁，等，2006. 微生物发酵对棉籽壳营养成分及游离棉酚的影响 [J]. 石河子大学学报（自然科学版），24（3）：299-301.

院江，2006. 棉籽壳发酵脱毒及其奶牛应用效果研究 [D]. 石河子：石河子大学.

张继东，王志祥，丁景华，等，2006. 棉籽饼粕中天然抗营养因子的危害机理及消除措施 [J]. 畜牧与饲料科学，27（3）：53-55.

郑国华，戴荣衮，蒋云生，等，1990. 菌糠的营养价值及其喂猪的效果（二报）[J]. 饲料工业（4）：21-23.

张丛，李佳，袁洪水，等，2012. 高效降解棉酚菌株的筛选鉴定及毒性试验 [J]. 中国农学通报，28（12）：112-117.

Firkins J L, Harvatine D I, Sylvester J T, et al, 2002. Lactation performance by dairy cows fed wet brewers grains or whole cottonseed to replace forage [J]. Journal of Dairy Science, 85（10）：2662-2668.

Garleb K A, Fahey G C, Lewis S M, et al, 1988. Chemical composition and digestibility of fiber fractions of certain by-product feedstuffs fed to ruminants [J]. Journal of Animal Science, 66（10）：2650-2662.

Gilbert N E, Reilly J E, Chang C J, et al, 1995. Stability of bound gossypol to digestion [J]. Life Science, 57（1）：61-67.

Hsu J T, Faulkner D B, Garleb K A, et al, 1987. Evaluation of corn fiber, cottonseed hulls, oat hulls and soybean hulls as roughage sources for ruminants [J]. Journal of Animal Science, 65（1）：244-255.

Moore J A, Poore M H, Swingle R S, 1990. Influence of roughage source on kinetics of digestion and passage, and on calculated extents of ruminal digestion in beef steers fed 65% concentrate diets [J]. Journal of Animal Science, 68：3412 - 3420.

Ordway R S, Ishler V A, Varga G A, et al, 2002. Effects of sucrose supplementation on dry matter intake, milk yield, and blood metabolites of periparturient Holstein dairy cows [J]. Journal of Dairy Science, 85（4）：879-888.

（天津市农业科学院 乔家运，中国科学院亚热带农业生态研究所　张秀敏　谭支良　编写）

图书在版编目（CIP）数据

非粮型能量饲料资源开发现状与高效利用策略/王
军军，刘德稳，李德发主编 . —北京：中国农业出版社，
2019.12
当代动物营养与饲料科学精品专著
ISBN 978-7-109-26405-2

Ⅰ . ①非⋯　Ⅱ . ①王⋯ ②刘⋯ ③李⋯　Ⅲ . ①高能饲
料－资源开发②高能饲料－资源利用　Ⅳ . ①S816.4

中国版本图书馆 CIP 数据核字（2019）第 292900 号

中国农业出版社出版
地址：北京市朝阳区麦子店街 18 号楼
邮编：100125
策划编辑：周晓艳
责任编辑：周晓艳　王森鹤　　文字编辑：耿韶磊
版式设计：王　晨　　责任校对：沙凯霖
印刷：北京通州皇家印刷厂
版次：2019 年 12 月第 1 版
印次：2019 年 12 月北京第 1 次印刷
发行：新华书店北京发行所
开本：787mm×1092mm　1/16
印张：24.75　　插页：2
字数：660 千字
定价：238.00 元